Marketing

Eine praxisorientierte Einführung mit zahlreichen Beispielen

Stefan Michel, Kay Buntschu und Karin Oberholzer Michel

7., überarbeitete Auflage 2018

Marketing
Eine praxisorientierte Einführung mit zahlreichen Beispielen
Stefan Michel, Kay Buntschu und Karin Oberholzer Michel

Grafisches Konzept und Realisation, Korrektorat: Mediengestaltung, Compendio Bildungsmedien AG, Zürich
Illustrationen: Oliver Lüde, Winterthur
Druck: Edubook AG, Merenschwand
Coverbild: © 2014, Thinkstock

Redaktion und didaktische Bearbeitung: Clarisse Pifko

Artikelnummer: 14360
ISBN: 978-3-7155-7334-2
Auflage: 7., überarbeitete Auflage 2018
Ausgabe: U1028
Sprache: DE
Code: XMK 001

Artikelnummer E-Book: E-16317
ISBN E-Book: 978-3-7155-7791-3
Code E-Book: XMKE 001

Die Printausgabe dieses Buchs ist klimaneutral in der Schweiz gedruckt worden. Die Druckerei Edubook AG hat sich einer Klimaprüfung unterzogen, die primär die Vermeidung und Reduzierung des CO_2-Ausstosses verfolgt. Verbleibende Emissionen kompensiert das Unternehmen durch den Erwerb von CO_2-Zertifikaten eines Schweizer Klimaschutzprojekts.
Mehr zum Umweltbekenntnis von Compendio Bildungsmedien finden Sie unter: www.compendio.ch/Umwelt

Das Zertifikat für Qualitätsmanagement nach ISO 9001:2015 ist für Kunden und Partner von Compendio Bildungsmedien ein unabhängiger Nachweis für Kompetenz und Leistungsfähigkeit des Unternehmens. Mehr dazu: www.compendio.ch/ISO

Inhaltsverzeichnis

Geleitwort von Swiss Marketing

In den über 60 Jahren seines Bestehens ist Swiss Marketing zum führenden Fach- und Berufsverband für Führungskräfte und Spezialisten aus Marketing und Verkauf in der Schweiz gewachsen. Das Erfolgsrezept waren visionäre Ziele, hoher Innovationswille und hartnäckige Arbeit im Dienst des Marketings.

Dass Marketing nicht nur eine betriebswirtschaftliche Disziplin, sondern auch eine unternehmerische Denk- und Geisteshaltung ist, braucht heute nicht mehr gesagt zu werden. Ob das Gesagte in genügendem Mass in die Tat umgesetzt wird, steht freilich auf einem anderen Blatt. Diese Umsetzungsleistung erfordert Wissen und Erfahrung über bzw. im Marketing. Beidem hat sich Swiss Marketing verschrieben, indem er in seinem Zweckartikel besonderes Gewicht auf den Erfahrungsaustausch, die zukunftsgerichtete Aus- und Weiterbildung der Kader im Marketing, die Förderung des beruflichen Nachwuchses für das Marketing und die Förderung des Verständnisses für das Marketing in Wirtschaft, Politik, Wissenschaft und Öffentlichkeit legt. Dass Swiss Marketing sich für ein Grundlagenlehrbuch über Marketing engagiert, ist eine Konsequenz daraus. Wir sind überzeugt, damit einem breiten Publikum die Faszination «Marketing» verständlich und praxisorientiert näherzubringen und uns damit erneut in den Dienst des Marketings zu stellen.

Prof. Dr. Peter Petrin
Ressortleiter Bildung und Forschung
Zentralvorstand Swiss Marketing
www.swissmarketing.ch

Vorwort zur 7. Auflage

Inhalt und Aufbau des Lehrmittels

Langweilig und schlecht strukturiert.

Gerade das darf ein Marketinglehrbuch nicht sein. Erfolgreiches Marketing lebt von der **Begeisterung und dem Engagement der Menschen,** die dahinter stehen. Diese Begeisterung wollen wir als Dozenten und als Autoren mit Ihnen teilen. In unserem Buch finden Sie deshalb über 150 Beispiele, die die Marketingpraxis in der Schweiz in ihrer ganzen Vielfalt aufzeigen. Besonders grossen Wert legen wir auf die Integration von neuen Themen wie digitalen Strategien, Web Analytics, Internet of Things und Social-Media-Strategien.

Damit der Blick fürs Ganze nicht verloren geht, liegt dem Buch ein Poster bei, das das Marketingkonzept in seiner Übersicht darstellt. Das Marketingkonzept hilft mit, Marketingprobleme systematisch anzugehen und strukturiert zu lösen.

Unsere Erfahrungen beim Dozieren, in der Marketingberatung von Unternehmen und als Verwaltungsräte zeigen, dass diese Systematik und dieses konzeptionelle Vorgehen häufig fehlen. In jedem Kapitel finden Sie deshalb einen **Abschnitt mit Marketingfehlern** und -problemen.

Ivo Ledergerber und Raymond Zenhäusern haben aus ihrer Praxis viele wertvolle Verbesserungsvorschläge eingebracht und zum Teil selbst geschrieben.

Das Kapitel Marktforschung wurde in der 6. Auflage von Dr. Anja Reimer, Senior Research Consultant bei GfK Switzerland, komplett aktualisiert.

Dieses Buch eignet sich zur Vorbereitung auf die höheren Berufsprüfungen im Bereich Marketing und für alle Studierenden und Lehrenden an Fachhochschulen und Universitäten, die sich einen ganzheitlichen Zugang zum Thema Marketing verschaffen wollen.

Vielleicht lesen Sie dieses Buch nicht nur zum Vergnügen – obwohl wir natürlich hoffen, dass es tatsächlich ein Vergnügen ist –, sondern um sich auf eine Prüfung vorzubereiten. Der Aufbau dieses Buchs, das auf dem Marketingkonzept mit den Teilen Analyse, Strategie und Instrumente beruht, wird es Ihnen leicht machen, die Übersicht zu behalten. Zusätzlichen Stoff, den wir in diesem Buch nicht behandeln, können Sie richtig einordnen und mit Ihrem erworbenen Wissen verknüpfen.

Das Buch gliedert sich in vier Teile:

- Teil A behandelt das Marketingkonzept.
- Im Teil B geht es um die Marktanalyse, die Marktforschung und die Marketingziele.
- Im Teil C werden die Marketingstrategien und der Strategiemix besprochen.
- Thema des Teils D sind die Marketinginstrumente Marktleistung, Kommunikation, Internetkommunikation, Preis, Distribution und Marketingmix und Marketingbudget und -kontrolle.

Zur aktuellen Auflage

Wir haben das Buch im Hinblick auf die Veränderungen in der Welt der Wirtschaft aktualisiert.

Das ehemalige **Kapitel 2 «Marktanalyse und Marktdiagnose»** haben wir in zwei Kapitel geteilt:

- Kapitel 2: Marktdefinition
- Kapitel 3: Marktanalyse und Marktdiagnose

Das **Kapitel 4 «Marktforschung»** wurde umstrukturiert und aktualisiert.

Das **Fallbeispiel 6 – Globus** wurde vollständig überarbeitet.

Folgende neue Texte wurden eingefügt:

Kapitel	Thema
3.1	Kundenanalyse
3.2	Marketing Analytics
12.2	Kundennutzen und Marktleistungen
14.1	Instrumente der Internetkommunikation
14.2.9	Mobile Apps
Fallbeispiel 11	Personalisierte Vorteilcoupons an der Kasse
18.2	Neues Beispiel für Konsumgüterwerbung – Lancierung des neuen Joghurts YoQua von Emmi

Bei einigen Kapiteln haben wir ein Fallbeispiel mit Aufgaben eingefügt, das auf dem im Kapitel vermittelten Stoff aufbaut. Die Lösungen finden Sie auf unserer Internetseite www.compendio.ch als Zusatzmaterial zum Downloaden.

In eigener Sache

Haben Sie Fragen oder Anregungen zu diesem Lehrmittel? Sind Ihnen Fehler aufgefallen? Über unsere E-Mail-Adresse postfach@compendio.ch können Sie uns diese gerne mitteilen.

Wir wünschen Ihnen viel Erfolg und Spass bei Ihrer Tätigkeit im Marketing.

Hünenberg am See, im Februar 2018

Stefan Michel, Kay Buntschu und Karin Oberholzer Michel

Teil A

Marketingkonzept

Einstieg

1925 gründete Gottlieb Duttweiler die Migros als Gegenmacht zu den etablierten Detailhandelskanälen, die seiner Meinung nach Güter des täglichen Bedarfs als Markenartikel viel zu teuer verkauft haben. Der bisherige Erfolg der Migros basiert zu einem grossen Teil auf der Strategie, den Kunden günstige und qualitativ gute Produkte in der Form von Nichtmarkenartikeln anzubieten. In den letzten Jahren ist die Migros aber vermehrt dazu übergegangen, auch Markenartikel wie Gillette, Nivea, Elmex und Knorr in ihr Sortiment aufzunehmen. Migros hat auch Denner und Globus übernommen.

Als Marketingprofis sollten wir uns bei diesem Beispiel folgende Fragen stellen:

- Sind diese Veränderungen eine Antwort auf geänderte Kundenbedürfnisse, auf geänderte Konkurrenzstrategien oder hat die Migros aus internen Gründen einen Strategiewechsel vollzogen?
- Wie entwickeln sich Umsatz, Absatz und Marktanteil der Migros bei den Markenartikeln im Vergleich zu den Eigenmarken? Werden jetzt weniger Eigenmarken verkauft, weil die Leute Markenartikel kaufen, oder werden mehr Eigenmarken verkauft, weil mehr Kunden die Migros frequentieren?
- Wie soll und kann die Migros Sortimente von Migros und Denner differenzieren?
- Kann sich die Migros glaubwürdig als Markenartikelkanal positionieren oder betreibt sie «Verrat» an der eigenen Sache und verwirrt die eigene Kundschaft?
- In welchen Sortimentsbereichen werden Markenartikel und wo Eigenmarken verkauft?
- Welche Preisdifferenz besteht zwischen Markenartikel und Eigenmarken und zwischen Migros und Denner?
- In welchen Migros-Verkaufskanälen werden Markenartikel, wo Eigenmarken angeboten?
- Wie werden Eigenmarken, wie Markenartikel beworben?

Um die bestmöglichen Antworten auf die sinnvollsten Fragen zu finden, vor allem wenn es sich nicht um Fälle aus der Zeitung handelt, sondern um unsere eigene Marketingentscheidung, schlagen wir ein Marketingkonzept vor.

Der Nutzen eines Konzepts wird am besten ersichtlich, wenn es fehlt. Man wirft dann den Verantwortlichen ein «konzeptloses Vorgehen» vor und meint damit, dass Massnahmen getroffen werden, die nicht zusammenpassen, die keine klare Linie erkennen lassen.

Marketingkonzept und Marketing ohne Konzept

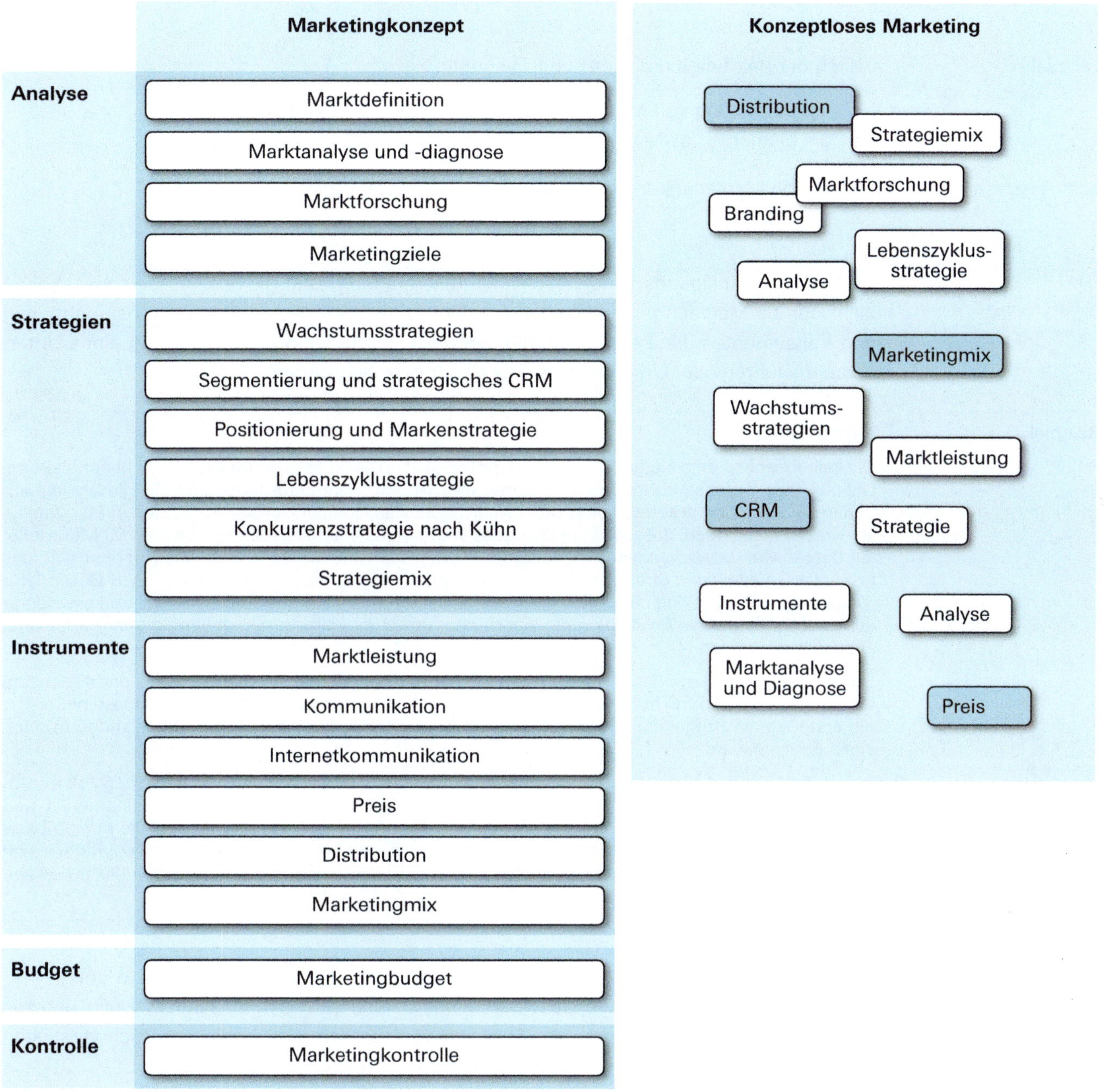

1 Einleitung und Übersicht

Lernziele

Nach der Bearbeitung dieses Kapitels können Sie ...

- die Bedeutung von Marketingkonzepten in der Praxis erklären.
- die Elemente des Marketingkonzepts benennen.

Schlüsselbegriffe

Arten von Marketingkonzepten, Konzept, Marketingkonzept

Marketingentscheidungen finden nicht im luftleeren Raum statt, sie beeinflussen unser Leben nicht nur als Marketingfachpersonen, sondern manchmal auch direkt als Konsumentinnen und Konsumenten. Eine einzige Marketingentscheidung kann zum Untergang eines Unternehmens führen oder ein phantastisches Wachstum begründen.

Beispiel

Netflix

Die kalifornische Firma Netflix wurde ursprünglich als DVD-Verleiher gegründet. 2007 begann sie, ins Online-Video-Geschäft zu investieren. Gegen eine Gebühr konnten Kunden sowohl Filme wie auch Serien auf ihren Computern, Tablets oder Smartphones anschauen. Anfang 2011 zeigten Marktanalysen von Netflix jedoch, dass sich die Lizenzgebühren in den nächsten Jahren von ca. 200 Mio. Dollar auf über 2 Mrd. Dollar vervielfachen würden. Die Geschäftsleitung beschloss, das Abonnement, das bisher DVD-Verleih und Streaming für 10 US-Dollar vereinte, zu trennen und jeweils 8 US-Dollar dafür zu verlangen. Zudem entschied sich die Geschäftsleitung für einen Strategiewechsel und investierte grosse Summen in die Produktion eigener Serien, um nicht vollkommen abhängig von den Inhaltsanbietern zu werden.

Durch diese Veränderungen am Markt und die dadurch entstandenen Risiken verlor der Aktienkurs von Netflix innerhalb von nur 4 Monaten 80% seines Werts. Im Februar 2013 feierte «House of Cards», die erste eigene Produktion, Premiere und errang mehrere Auszeichnungen, unter anderem auch einen Emmy Award.

Seither hat sich das Angebot auf rund 50 eigene produzierte Serien erweitert. In derselben Zeit expandierte Netflix auch geografisch und erschloss dabei zuerst Kanada, danach Lateinamerika und anschliessend Europa. Seit 2016 ist Netflix in 130 Märkten aktiv. Zudem konnte es die Kundenbasis von ca. 23 Millionen im 4. Quartal 2011 auf rund 90 Millionen Ende 2016 ausbauen. Dadurch hat sich der Aktienkurs über die letzten Jahre von 9 auf 120 US-Dollar vervielfacht. Damit hat Netflix bewiesen, dass die strategische Neuausrichtung vom Markt akzeptiert wurde.

In der Wirtschaftspresse können wir täglich nachlesen, wenn Unternehmen wichtige Entscheide im Marketing treffen. Das Marketing ist eine sehr dynamische Disziplin und die Erfolgsstrategie von heute kann das Desaster von morgen sein. In diesem Buch versuchen wir deshalb, **zwei unterschiedliche Ansprüche** zu befriedigen:

- Erstens soll das Marketing als lebendige Disziplin beschrieben werden. Die vielen Beispiele und Zeitungsartikel illustrieren aktuelle Entwicklungen und schärfen die Wahrnehmung der Leser.
- Zweitens wollen wir den Studierenden des Marketings eine strukturierte und systematische Vorgehensweise vorschlagen, die ihnen hilft, Aufgabenstellungen in der Marketingpraxis zu lösen und Marketingprüfungen für Marketingfachleute und -leiterinnen an Fachhochschul- und anderen Studiengängen erfolgreich zu absolvieren.

Wir können und wollen dabei nicht auf alle sich stellenden Fragen eine Antwort geben. Wir möchten aber die Studierenden dazu motivieren, sich die relevanten Fragen selbst zu stellen und darauf Antworten zu suchen.

1.1 Was ist ein Konzept?

Ein «Konzept» zeichnet sich generell durch folgende Merkmale aus:[1]

Abb. [1-1] **Merkmale eines Marketingkonzepts**

Merkmale eines Konzepts	Beispiel
Jedem Konzept liegt eine bestimmte Absicht, Zielsetzung oder Problemstellung zugrunde.	Das Carsharing-Unternehmen Mobility setzt sich zum Ziel, dass jeder siebte Einwohner, jede siebte Einwohnerin der Schweiz Mobility nutzt.
Jedes Konzept beruht auf Voraussetzungen oder Grundannahmen, die als gegeben angenommen werden.	Mobility richtet sich auf den Personentransport mit Autos aus. Die Kunden benutzen Mobility nicht exklusiv, sondern in Kombination mit anderen Verkehrsträgern. Das Unternehmen arbeitet wirtschaftlich.
Das Konzept enthält das Ordnungsmuster für die Gestaltung eines zusammenhängenden Ganzen.	Das Marketingkonzept von Mobility beruht auf den sechs Elementen • Marketinganalyse • Marketingziele • Marketingstrategie • Marketinginstrumente • Marketingbudget • Marketingkontrolle

Ein Konzept stellt also eine Entscheidung für eine bestimmte **Grundstruktur** dar. Im Einzelnen werden zwar viele Konkretisierungsmöglichkeiten offen gelassen, aber im Grundsätzlichen kann kaum mehr etwas verändert werden, ohne dass die Ordnung des Ganzen wieder verloren geht.

Marketingkonzepte können sich bezüglich **Umfang, Anlass, Empfänger, Zweck und Ersteller** erheblich unterscheiden. Ein Marketingkonzept kann sich auf ein gesamtes Unternehmen, auf ein strategisches Geschäftsfeld oder auf eine bestimmte Marktleistung beziehen. Marketingkonzepte können neue oder bereits bestehende Leistungen zum Gegenstand haben, sie können in ausserordentlichen Situationen oder auch regelmässig erstellt werden. Empfänger des Konzepts können interne, aber auch externe Stellen sein.

Die verschiedenen **Ausprägungen** lassen sich **miteinander erfassen.** Beispielsweise kann ein Marketingkonzept für ein Unternehmen im Rahmen der strategischen Planung jährlich durch die Marketingleiterin erarbeitet werden. Dieses Konzept wird dem Management kommuniziert und dient als Basis für das Briefing von Werbeagenturen und Marktforschungsinstituten.

Wenn wir ein Marketingkonzept erarbeiten, müssen wir festlegen, auf **welcher Ebene** des Unternehmens das Konzept anzusiedeln ist. Bei einem kleinen Unternehmen, das sich mit einer einzigen Marktleistung im Markt bewegt, mag diese Unterscheidung überflüssig sein, da das Marketingkonzept für ein Produkt mit dem Marketingkonzept für das Gesamtunternehmen gleichzusetzen ist. Bei grossen Unternehmen lassen sich in der Regel drei Ebenen unterscheiden (siehe Abbildung 1-2, S. 16):

- Marketingkonzept für den **Konzern** oder das **Gesamtunternehmen:** Das Marketingkonzept umfasst alle Märkte, in denen das Unternehmen tätig ist, und alle Marktleistungen, die es anbietet.
- Marketingkonzept für eine **strategische Geschäftseinheit (SGE):** Das Marketingkonzept bezieht sich auf einen Markt, einen Teilmarkt oder ein Marktsegment, in dem das Unternehmen häufig mehrere Produkte und Dienstleistungen anbietet.
- Marketingkonzept für ein **Produkt** oder eine **Dienstleistung:** Hier bezieht sich das Marketingkonzept auf eine einzelne Marktleistung. Diese Strategie ist am stärksten fokussiert, hat aber den Nachteil, dass sie unter Umständen mit anderen Produktstrategien koordiniert werden muss, wenn das Unternehmen verschiedene Produkte anbietet.

[1] Nach Ulrich, Hans: Überlegungen zu den konzeptionellen Grundlagen der Unternehmungsführung, in: Krulis-Randa, Jan S.; Staffelbach, Bruno; Wehrli, Hans Peter (Hrsg.): Führen von Organisationen. Festschrift für Edwin Rühli zum 60. Geburtstag, Bern; Stuttgart; Wien: Haupt, 1993, S. 37–54, S. 41.

Abb. [1-2] **Arten von Marketingkonzepten**

	Beispiel 1	Beispiel 2	Beispiel 3
Umfang	Gesamtes Unternehmen (z. B. Bank UBS AG)	Strategische Geschäftseinheit (z. B. Passivgeschäft Private Schweiz)	Marktleistung (Produkt / Dienstleistung) (z. B. neue Hypothek)
Anlass	Regelmässige Überarbeitung	Aussergewöhnliches Ereignis	Markteintritt
Empfänger	Management	Mitarbeitende	Partner, z. B. Werbeagentur, Marktforschungsinstitut (Briefing)
Zweck	Kapitalbeschaffung	Verkauf	Schulung
Ersteller	Geschäftsleitung	Marketingleiterin	Product Manager

Im Vordergrund unserer Betrachtung steht das **Marketingkonzept für eine strategische Geschäftseinheit (SGE),** weil dies in der Praxis die sinnvollste Ebene ist. Ein Marketingkonzept für ein Unternehmen mit mehreren strategischen Geschäftseinheiten wird sehr komplex. Ein Marketingkonzept auf der Ebene der Marktleistung (Produkt- oder Dienstleistung) ist auf der anderen Seite allzu isoliert.

1.2 Aufbau des Buchs

Wer im Marketing arbeitet wird früher oder später die Aufgabe erhalten, ein «Marketingkonzept» zu entwickeln. Wer in der Werbung, im Verkauf oder in der Marktforschung arbeitet, erkennt die Bedeutung seiner Tätigkeit, wenn er sie im Zusammenhang mit dem Marketingkonzept seines Unternehmens betrachtet. Das Marketingkonzept ist also der übergeordnete Rahmen für die Tätigkeiten im Marketing.

Das Konzept eignet sich als **Struktur für dieses Buch,** weil es die Fülle an Informationen und Wissen zum Thema Marketing logisch ordnet. Das Ziel ist, dass die Studierenden in der Lage sind, selbstständig und systematisch ein umfassendes Marketingkonzept mit den Teilen Marketinganalyse, Marketingstrategie und Marketinginstrumente zu erarbeiten.

Abb. [1-3] **Marketingkonzept**

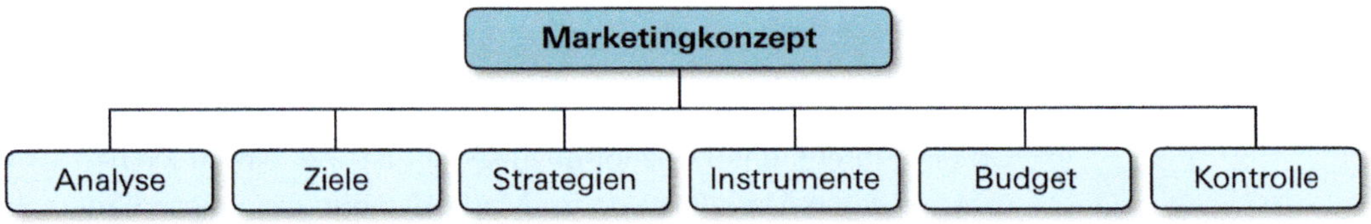

Im unternehmerischen Alltag ist es weder möglich noch notwendig, dass ein erarbeitetes Konzept eins zu eins in die Praxis umgesetzt wird. Im Rahmen des Marketing-Unterrichts ist es hingegen wichtig, dass die Studierenden befähigt werden, **methodisch kompetent Marketingkonzepte** zu erarbeiten. Die Konzepte sollen auf Fakten basieren, theoretische Zusammenhänge berücksichtigen, relevante strategische Fragestellungen beinhalten, geeignete Instrumente zur Umsetzung definieren sowie die Ertrags- und Kostenseite kalkulieren.

Auch wenn die Marketingkonzepte von Branche zu Branche, von Unternehmen zu Unternehmen und von Produkt zu Produkt anders aussehen mögen, eignet sich die Systematik des Konzepts als **«geistige Landkarte»** für weite Bereiche des Marketings.

Einige Studierende können sich die Reihenfolge besser mit dem Akronym **AnZiStrIBuK** merken: An(alyse), Zi(ele), Str(ategien), I(nstrumente), Bu(dget), K(ontrolle).

Leser, die ihr Marketingwissen auffrischen wollen, können die folgende Tabelle als Wegweiser zu den aktuellen Marketingthemen benutzen.

Abb. [1-4] **Wegweiser zu den topaktuellen Marketingthemen**

Thema	Behandelt in Kapitel
Kundenmanagement / CRM	3, S. 34
Brandmanagement, Marke	8.5, S. 153
Strategische Marketingplanung	Teil C, S. 101
Wettbewerbsstrategie / Positionierung	8, S. 146
Distribution	16, S. 282
Produkt-, Sortimentsplanung	6.2.2, S. 107
Dienstleistungs-, Servicemanagement	17.4, S. 298
Kommunikationsmanagement	13, S. 219
Preise, Konditionen	15, S. 270
Internetkommunikation	14, S. 247
Marktforschung, -analyse	4, S. 69

Zusammenfassung

Das Marketingkonzept ist der übergeordnete Rahmen für die Tätigkeiten im Marketing. Das Ziel ist, dass die Studierenden in der Lage sind, selbstständig und systematisch ein umfassendes Marketingkonzept mit den Teilen Marketinganalyse, Marketingziele, Marketingstrategie Marketinginstrumente, Marketingbudget und Marketingkontrolle zu erarbeiten.

Marketingkonzepte sind auf drei verschiedenen Ebenen anzutreffen: auf der Ebene des Konzerns oder des Gesamtunternehmens, auf der Ebene der strategischen Geschäftseinheit oder auf der Produkt-/Dienstleistungsebene. In der Regel betrachten wir ein Marketingkonzept für eine strategische Geschäftseinheit.

Repetitionsfragen

1 Kann ein Unternehmen ohne Marketingkonzept erfolgreich sein?

2 Kann man ein Marketingkonzept schreiben, das sich nur auf die Lancierung eines Produkts fokussiert, oder ist der Fokus immer das gesamte Unternehmen?

Teil B

Analyse und Ziele

Einstieg

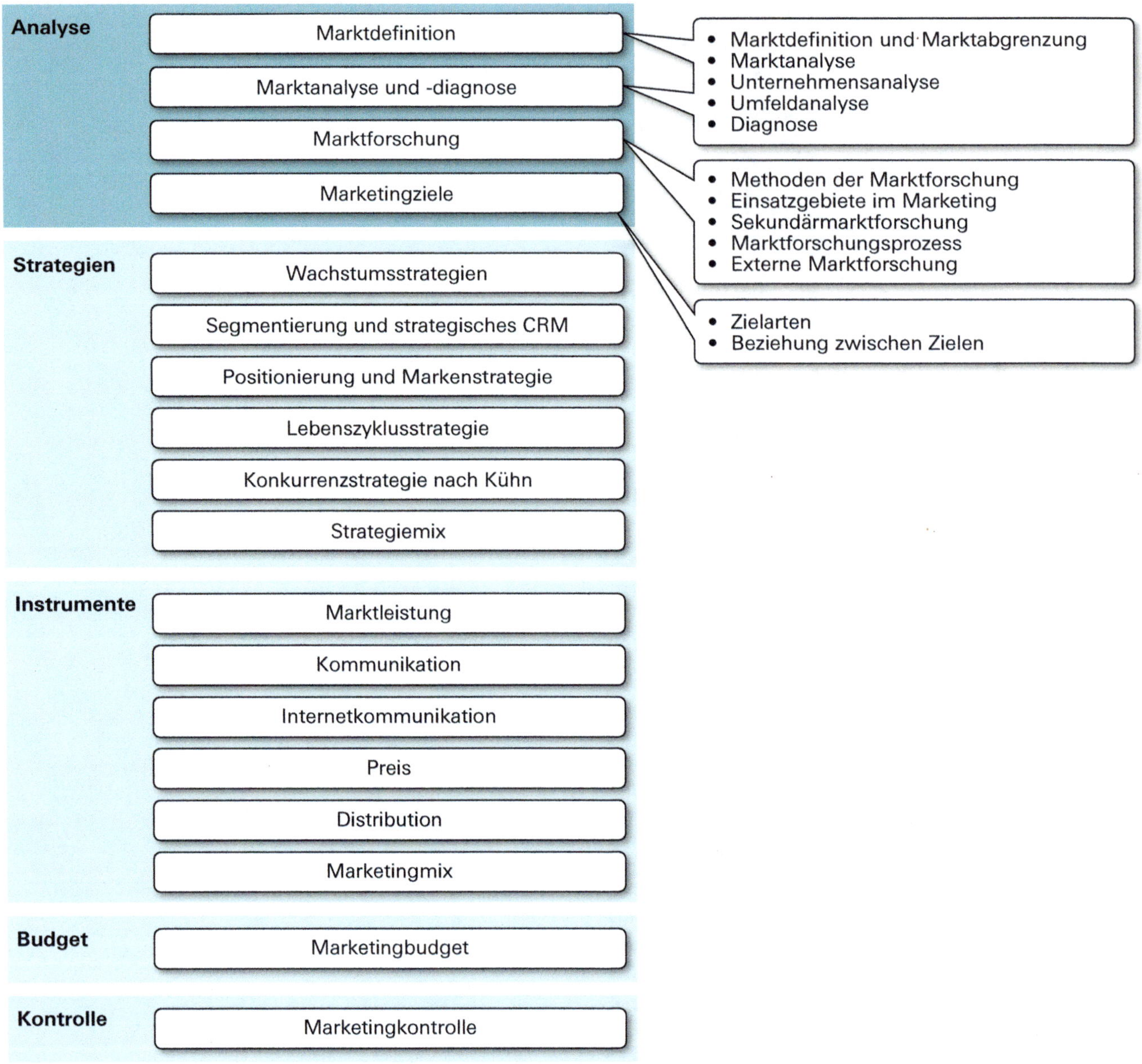

Lohnt es sich, das Restaurant zu vergrössern, um mehr Gäste bewirten zu können? Soll die neue Verpackungsmaschine bereits jetzt angeschafft werden, damit genügend Zeit für die Umstellung bleibt, oder soll man besser warten, bis die alte Maschine ihre Kapazität erreicht? Können wir den Preis für das Fitnessabonnement erhöhen, obwohl ein Konkurrenzunternehmen bereits die Eröffnung einer eigenen Filiale in der Stadt angekündigt hat? Sollen wir unser Sortiment auch im Internet anbieten? Soll unsere Computerschule spezielle Kurse für Senioren anbieten? Ist es wichtiger, dass wir unseren Marktanteil von 12% halten oder dass wir die Bruttomarge auf 32% halten, auch wenn wir dann einige Kunden verlieren?

Diese und viele andere Entscheidungen können besser getroffen werden, wenn Fakten vorliegen. Solche Fakten werden durch Markt-, Unternehmens- und Umfeldanalysen gewonnen. Das Ziel der Marktanalyse ist das systematische Sammeln von Daten und Informationen, die in einer Diagnose verdichtet und interpretiert werden. Verschiedene Entscheidungshilfen (engl. Management Tools) wie Portfolio- oder SWOT-Analysen, die wir in diesem Kapitel besprechen, erleichtern die Entscheidungsfindung und verringern die Komplexität.

2 Marktdefinition

Lernziele

Nach der Bearbeitung dieses Kapitels können Sie ...

- den relevanten Markt definieren und abgrenzen.
- den Markt, das eigene Unternehmen und das Umfeld analysieren.
- die Marktgrössen unterscheiden.
- die Phasen des Lebenszyklus aufzählen.

Schlüsselbegriffe

Grobmarktwahl, Lebenszyklusanalyse, Marktabgrenzung, Marktanteil, Marktdefinition, Marktgrössen, Marktkapazität, Marktpotenzial, Marktsegment, Penetrationsgrad, Sättigungsgrad, Segmentierung, strategische Geschäftseinheit (SGE), strategisches Geschäftsfeld (SGF), Teilmärkte

Der Begriff «Marketing» leitet sich aus dem Begriff «Markt» ab. Bei einem Marketingkonzept für ein Medikament zielen wir auf den Medikamentenmarkt, ein Reinigungsinstitut bearbeitet den Reinigungsmarkt usw. Leider ist es in der Praxis aber nicht immer so einfach zu definieren, was der Markt ist und welche Konkurrenten im selben Markt sind.

Beispiel

Konkurrenten und Marktgrenzen

- Wie heisst der gefährlichste Konkurrent des «Tages-Anzeigers»?
- Wie heisst der gefährlichste Konkurrent von Swisscom?
- Wie heisst der gefährlichste Konkurrent des Skigebiets «Adelboden-Lenk»?

Die üblichen Antworten lauten hier: «Neue Zürcher Zeitung» oder «20 Minuten», Sunrise und Grindelwald. Die überraschenden Antworten aber wären Google, Skype und Gran Canaria. Warum? Der «Tages-Anzeiger» und die NZZ sind beides Zeitungen, Swisscom und Sunrise sind beides Telekommunikationsanbieter und Adelboden-Lenk und Grindelwald sind beides Skigebiete. Aber Google bietet Inserenten eine Alternative zu Zeitungsinseraten, Skype erlaubt Ferngespräche und Videokonferenzen über das Internet und Gran Canaria bietet Ferien im Winter zu Last-Minute-Preisen.

Bei der Marktdefinition und -abgrenzung müssen wir uns also nicht an den traditionellen Branchen orientieren, sondern herausfinden, was aus Sicht der Kunden ein Markt ist.

2.1 Marktdefinition und Marktabgrenzung

Wer ein Marketingkonzept formulieren will, muss wissen, wie der relevante Markt definiert wird. Die Marktdefinition ist ein wichtiges Fundament für ein stimmiges Marketingkonzept. Marketingfachleute müssen deshalb mit den relevanten Begriffen vertraut sein.

Abb. [2-1] **Begriffe der Marktdefinition**

Begriff	Beschreibung	Beispiele
Grobmarktwahl	Die Marktwahl unterteilt den Markt in strategische Geschäftsfelder (SGF). Das Unternehmen muss sich entscheiden, in welchen SGF es Produkte und Dienstleistungen anbieten will.	Banken unterteilen den Markt traditionell in die SGF Retailkundschaft (Privatpersonen mit kleinen Vermögen), Private Banking (Privatpersonen mit grossen Vermögen) und Firmenkunden.
Strategisches Geschäftsfeld (SGF)	Ein SGF ist ein «Markt im Markt». Es unterscheidet sich von anderen SGF im selben Markt durch unterschiedliche Kunden, unterschiedliche Konkurrenten, unterschiedliche Angebote und unterschiedliche Marken.	Reisezusatzversicherungen sind ein SGF.
Segmentierung	Die Segmentierung unterteilt ein SGF in Segmente und Teilmärkte. In der Regel wird das Unternehmen verschiedene Segmente unterschiedlich bearbeiten.	Innerhalb der Retailkundschaft können die Banken weiter unterteilen in ein innovatives Segment, das elektronische Zahlungsmöglichkeiten nutzt, und in ein konservatives Segment, das den Schalter benützt.

Begriff	Beschreibung	Beispiele
Teilmarkt	Wenn ein SGF nach der Art des Angebots unterteilt wird, spricht man von einem Teilmarkt. (Lernhilfe: Angebot → TeilmArkt)	Der Automarkt kann in die Teilmärkte Sportwagen, Limousinen, Offroader und Vans unterteilt werden. Der private Immobilienmarkt wird in Wohnungen, Reihenhäuser und Einfamilienhäuser unterteilt.
Marktsegment	Wenn ein SGF nach der Art der Nachfrager (Kunden) unterteilt wird, spricht man von einem Segment. (Lernhilfe: Nachfrage → SegmeNt)	Eine Feriendestination unterscheidet zwischen Kongress- und Seminarteilnehmern, Familien mit Kindern, Senioren und jungen Erwachsenen.
Strategische Geschäftseinheit (SGE)	Eine strategische Geschäftseinheit (SGE) ist eine organisatorische Einheit im Unternehmen, die bestimmte strategische Geschäftsfelder bearbeitet.	Innerhalb eines Versicherungsunternehmens ist eine SGE zuständig für Reisezusatzversicherungen.

Schematisch ergibt sich ein **dreistufiges Vorgehen** (siehe dazu Abb. 2-2).

Wir müssen uns jedoch bewusst sein, dass in der Praxis auch andere Vorgehensweisen und Abgrenzungskriterien eingesetzt werden. In einem ersten Schritt muss der **Markt definiert** (z. B. Markt 2) und von den anderen Märkten (Markt 1 und 3) **abgegrenzt** werden. In einem nächsten Schritt wird dieser Markt 2 weiter in **strategische Geschäftsfelder (SGF)** unterteilt, die anschliessend in **Marktsegmente** und **Teilmärkte** gegliedert werden können. In den meisten Lehrbüchern wird die Marktdefinition (Schritt 1) und die Definition der SGF (Schritt 2) dem strategischen Management zugeordnet[1], während die Segmentierung (Schritt 3) zur Domäne des Marketings zählt[2].

Nach der Aufteilung des Markts in strategische Geschäftsfelder muss sich das Unternehmen entscheiden, in welchen **Geschäftsfeldern** es tätig sein will. Hat sich ein Unternehmen für die Bearbeitung eines strategischen Geschäftsfelds entschieden, so wird es innerhalb dieses Felds eine **Gliederung nach Teilmärkten und Marktsegmenten** vornehmen. Dabei werden in der Regel alle Marktsegmente differenziert, d. h. ausgerichtet auf die spezifischen Kundenbedürfnisse bearbeitet.

Abb. [2-2] **Marktdefinition und -abgrenzung als Vorbereitung der Analyse**

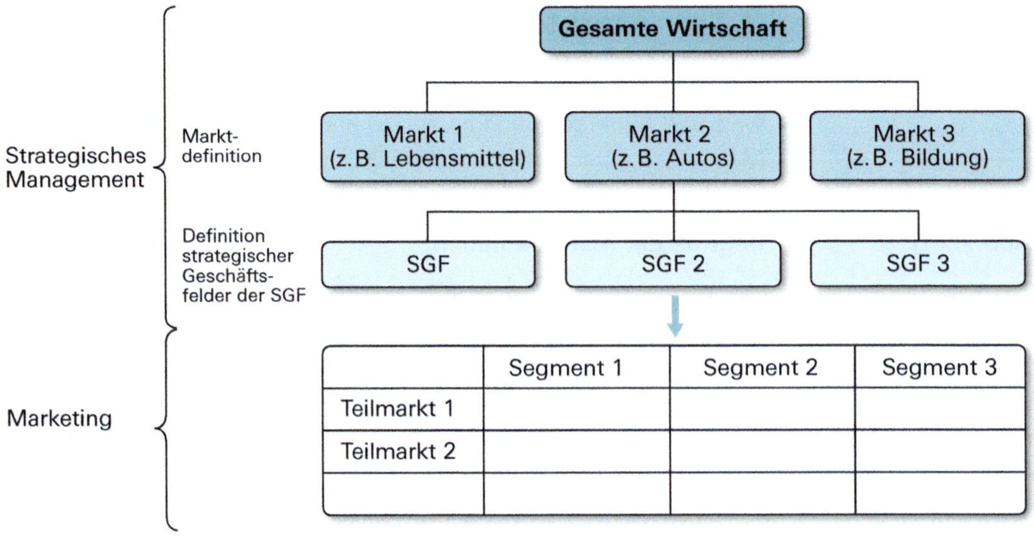

Diese klare Hierarchie ist besonders für grosse Unternehmen von Bedeutung, die ein breites Produkt- und Dienstleistungssortiment anbieten.

[1] Johnson, Gerry; Scholes, Kevan; Whittington, Richard: Exploring Corporate Strategy –Text and Cases, London 2005.
[2] Kotler, Philip; Keller, Kevin Lane; Brady, Mairead; Goodman, Malcolm; Hansen, Torben: Marketing Management, Harlow 2009.

Beispiel

Procter & Gamble

P&G, einer der führenden Konsumgüterhersteller der Welt, unterteilt den Markt für «Pflege» in die strategischen Geschäftsfelder Beauty Care (incl. Hair Care & Skin Care) / Baby, Feminine & Family Care (inkl. Pampers) / Health & Grooming (inkl. Wick, bam, Gillette) – und Fabric & Home Care. Im SGF «Baby» bietet P&G Pampers an. Das SGF «Beauty Care (Schönheitspflege)» wird unterteilt in die Teilmärkte «Haarpflege» (Pantene) und «Hautpflege» (Olaz, Max Faktor). Die Marken «Wick» und «blend-a-med» werden dem SGF «Health (Gesundheitspflege)» zugerechnet.

Pampers ist bei P&G ein Teilmarkt des SGF «Baby». Bild: Procter&Gamble

2.1.1 Segmente und Teilmärkte

In der Regel wird die Identifikation und Auswahl der SGF dem strategischen Management zugeordnet (Schritt 1 und 2 in Abb. 2-2, S. 22). Der dritte Schritt bei der Marktabgrenzung beinhaltet die Aufteilung eines strategischen Geschäftsfelds in Marktsegmente und Teilmärkte.

Für die Erarbeitung des Marketingkonzepts ist die **Segmentierung** sehr wichtig. Ihr wird deshalb das Kapitel 7, S. 133 gewidmet. Der Unterschied zwischen der Segmentierung und der Marktabgrenzung nach Kundengruppen (siehe Abb. 2-3, S. 24) liegt darin, dass die Segmentierung innerhalb von SGF nach Unterschieden sucht, während die **Marktabgrenzung** nach Kundengruppen Unterschiede zwischen SGF identifiziert. Die Segmentierung wird deshalb in den meisten Lehrbüchern dem Marketing zugeordnet[1], die Marktabgrenzung und Bildung von SGF dem strategischen Management[2].

Wie die Tabelle 2-3, S. 24 zeigt, lassen sich die gewählten SGF nach zwei Dimensionen unterteilen: nach **Segmenten** und nach **Teilmärkten.** Anders als die Segmente, die immer von der Nachfrage her definiert werden, lassen sich die Teilmärkte vom Angebot her unterscheiden. Mit anderen Worten: Verschiedene Nachfrager bilden die Segmente, unterschiedliche Angebote bilden die Teilmärkte.

Diese klare Trennung der Begriffe «Segmente» und «Teilmärkte» wird in einigen[3], jedoch nicht in allen Lehrbüchern vollzogen. Auch in der Wirtschaftspresse werden die Begriffe nicht einheitlich verwendet. Wir werden uns in diesem Buch bemühen, die Begriffe strikt auseinanderzuhalten.

[1] Kotler, Philip; Keller, Kevin Lane; Brady, Mairead; Goodman, Malcolm; Hansen, Torben: Marketing Management, Harlow 2009.
[2] Johnson, Gerry; Scholes, Kevan; Whittington, Richard: Exploring Corporate Strategy –Text and Cases, London 2005.
[3] Kühn, Richard; Pfäffli, Patrick: Marketing: Analyse und Strategie, Zürich 2014.

2.1.2 Zweidimensionale Darstellung von Segmenten und Teilmärkten

Die Unterteilung eines strategischen Geschäftsfelds in Segmente und Teilmärkte geschieht häufig in Form einer Tabelle[1]. Am Beispiel des strategischen Geschäftsfelds «Gartenpflege» kann die folgende Matrix gebildet werden:

Abb. [2-3] **Teilmärkte und Marktsegmente bei Rasenmähern**

Teilmärkte	Marktsegmente		
	Professionelle Gartenbau-dienstleister	Passionierte Hobbygärtner	Besitzer eines Reiheneinfamilien-hauses
Elektrorasenmäher	3	2	1
Benzinrasenmäher	2	1	2
Rasenmähertraktor	1	2	3

Legende: 1 = sehr geeignet, 2 = teilweise geeignet, 3 = ungeeignet

2.1.3 Stufen der Markt- und Teilmarktdefinition

Bei der Erarbeitung eines Marketingkonzepts ist es wichtig, dass die **Teilmärkte weder zu grob noch zu detailliert definiert** werden.

Stellen die «alkoholfreien Getränke» einen Teilmarkt des Markts «Getränke» dar? Oder muss der Markt «alkoholfreie Getränke» in die Teilmärkte «Mineralwasser», «Fruchtsäfte», «Milchgetränke», «Süssgetränke» etc. unterteilt werden?

Beide Varianten sind denkbar. Entscheidend ist, mit welchem **Ziel** eine Teilmarktdefinition vorgenommen wird. Wenn es darum geht, langfristige Trends im Ernährungsverhalten der Bevölkerung im Hinblick auf die Strategieformulierung abzuschätzen, wird der Teilmarkt eher breit gewählt. Hingegen wird im operativen Bereich, z. B. bei der Optimierung der Regalfläche in einem Supermarkt, eine engere Marktdefinition gewählt. Das Kriterium für die Marktabgrenzung und -unterteilung ist also nicht die «Richtigkeit», sondern die **«Nützlichkeit»** für die zu treffenden Marketingentscheidungen.

Beispiel

Marktanteil von Manor

Neben der Frage der Marktbearbeitung hat die Definition von Märkten, strategischen Geschäftsfeldern und Teilmärkten auch sehr konkrete Auswirkungen auf die Messung der Marktgrössen. Wenn z. B. der Umsatz von Manor im Jahr 2015 2.6 Mrd. CHF beträgt, entspricht das einem Marktanteil von 60%. Im Beispiel von Manor ist der Gesamtmarkt «Warenhäuser in der Schweiz». Definiert man den gesamten Schweizer Detailhandel mit einem Volumen von gegen 100 Mrd. CHF als Gesamtmarkt, dann beträgt der Anteil von Manor noch etwa 2.8%.

[1] Ibid., S. 25.

2.2 Marktgrössen und Kennzahlen

Im Rahmen der Marktanalyse werden verschiedene Marktgrössen und Kennzahlen berechnet. Die wichtigsten Marktgrössen sind hier in Form einer Hierarchie aufgelistet.

Die **Marktgrössen** werden für einen **bestimmten Zeitraum** (in der Regel ein Jahr) und für ein **bestimmtes geografisches Gebiet** (z. B. ganze Schweiz) berechnet. Besonders zu beachten ist jedoch, dass alle Marktgrössen abhängig sind von der Marktdefinition (siehe oben).

Abb. [2-4] **Definitionen von Marktgrössen**

Marktgrösse	Beschreibung	Beispiel
Marktkapazität	Maximale Menge einer bestimmten Marktleistung, die zum Preis 0 in einem bestimmten Zeitraum im relevanten Markt abgesetzt werden könnte.	Die Marktkapazität für Hundefutter entspricht der Menge, die von allen Hunden jährlich gefressen wird.
Marktpotenzial	Gesamter Umsatz oder Absatz aller Anbieter einer bestimmten Marktleistung, der unter optimalem Einsatz der Marketinginstrumente bei heutiger Kaufkraft in einem bestimmten Zeitraum im relevanten Markt erzielt werden könnte.	Absatz von Hundefutter in der Schweiz in einem Jahr, wenn alle Hundebesitzer, die sich Hundefutter leisten können, auch Hundefutter kaufen.
Marktvolumen	Mengenmässig: abgesetzte Menge im Markt, entspricht der Summe aller Absätze aller Anbieter. Wertmässig: Geldwert aller Käufe, entspricht der Summe aller Umsätze aller Anbieter im Markt.	Tatsächlicher Absatz und Umsatz von Hundefutter in der Schweiz.
Absatz von Produkt X	Anzahl verkaufter Produkte X (mengenmässig).	Tatsächlicher Absatz von «Frolic» in der Schweiz.
Umsatz von Produkt X	Geldwert aller Verkäufe in Franken von Produkt X.	Tatsächlicher Umsatz von «Frolic» in der Schweiz in Franken.
Marktanteil (Share of market)	Mengenmässig: (Absatz von X) / (mengenmässiges Marktvolumen) · 100% Wertmässig: (Umsatz von X) / (wertmässiges Marktvolumen) · 100%	Absatz von Frolic / Marktvolumen bzw. Umsatz von Frolic / Marktvolumen.
Relativer Marktanteil (wird für die Portfolio-Analyse berechnet)	Mengenmässig: (Absatz von X) / (durchschnittlicher Absatz der drei grössten Konkurrenten) · 100% Wertmässig: (Umsatz von X) / (durchschnittlicher Umsatz der drei grössten Konkurrenten) · 100%	Absatz von Frolic / durchschnittlicher Absatz von Iams Eukanuba, Purine und Asco. Umsatz von Frolic / durchschnittlicher Umsatz von Iams Eukanuba, Purine und Asco.
Sättigungsgrad	= Marktvolumen / Marktpotenzial · 100% (mengen- oder wertmässig)	= Marktvolumen von Hundefutter / Marktpotenzial von Hundefutter.
Penetrationsgrad	= Anzahl der Kunden (Haushalte, Betriebe), die das Produkt X in der Periode T mindestens einmal gekauft haben / alle potenziellen Kunden · 100%	Haushalte, die im letzten Jahr mindestens einmal Frolic gekauft haben / alle Schweizer Haushalte mit Hunden.

Die Hierarchie kann auch in einem **Diagramm** dargestellt werden, sodass sichtbar wird, dass beispielsweise das Marktvolumen nicht grösser sein kann als das Marktpotenzial oder dass der Marktanteil nicht grösser sein kann als das Marktvolumen. Setzt man den Absatz oder Umsatz ins Verhältnis zum Marktvolumen, so lässt sich der Marktanteil berechnen. Setzt man das Marktvolumen ins Verhältnis zum Marktpotenzial, so berechnet man den Sättigungsgrad.

Abb. [2-5] Diagramm der Hierarchie von Marktgrössen

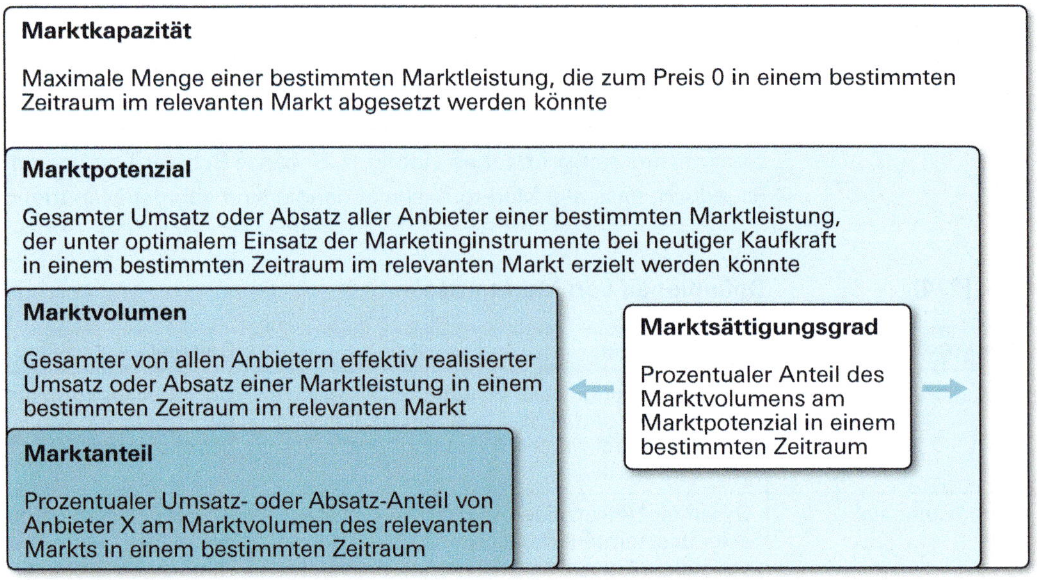

2.3 Markt als System

In diesem Kapitel werden folgende fünf Themen behandelt:

- Das Marketingsystem im Überblick
- Marktsystem für Konsumgüter
- Marktsystem für personalintensive Dienstleistungen
- Marktsystem für Investitionsgüter
- Marktsystem für Internetmodelle am Beispiel Google

2.3.1 Marketingsystem im Überblick

Es liegt in der Natur der Sache, dass sich Marketingleute vorwiegend mit der Beziehung zwischen dem eigenen Unternehmen und seinen Kunden beschäftigen. Tatsächlich ist diese Beziehung jedoch in einen **komplexen Kontext** eingebettet, der für die Erarbeitung eines Marketingkonzepts ebenfalls berücksichtigt werden muss. Zur Bewältigung praktischer Marketingprobleme benötigen wir deshalb einen **Gedankenrahmen,** der geeignet erscheint, die verschiedenen Dimensionen des Marketinggeschehens in systematischer, umfassender Art zu erfassen und darzustellen.

Mit der Anwendung der **Systemterminologie** im Marketing verfolgen wir den Zweck, das **komplexe Netz von Beziehungen** zwischen den Menschen, die als Mitglieder von Organisationen oder auch als Einzelpersonen am Austauschprozess eines Markts in irgendeiner Weise teilnehmen, zu ordnen und in seinen Zusammenhängen zu begreifen. Es liegt deshalb nahe, als System einen spezifischen Markt zu wählen und als Elemente Gruppen von Unternehmen, anderen Organisationen oder auch von Einzelpersonen, die im Austauschprozess des Markts spezifische «Rollen spielen» (z. B. als Produktverwender / Konsumenten, Handel, Konkurrenten). Als Beziehungen zwischen diesen Elementen interessieren in erster Linie **konkrete Aktivitäten oder Massnahmen,** durch die materielle Güter, Dienstleistungen, Informationen und Geldmittel von einem Element zum anderen «übertragen» werden und die im Wesentlichen die Marketingmassnahmen der Anbieter sowie die von den Produktverwendern ausgehenden Nachfragehandlungen umfassen.

2.3.2 Marktsystem für Konsumgüter

R. Kühn hat das grosse Verdienst, Marketing als System ganzen Generationen von Schweizer Marketingfachleuten näherzubringen. Die nächste Abbildung 2-6 zeigt die **Systemabbildung eines Markts,** dessen Struktur für eine Reihe von Konsumgütern typisch sein dürfte. Es handelt sich nur um ein Beispiel, das für viele Märkte speziell im Dienstleistungsbereich nicht repräsentativ ist.

Autos können Konsum- und Investitionsgüter sein. Bild: Top Photo Corporation / Thinkstock

Abb. [2-6] **Marktgeschehen als System nach Kühn**[1] oder auch Marktgesicht

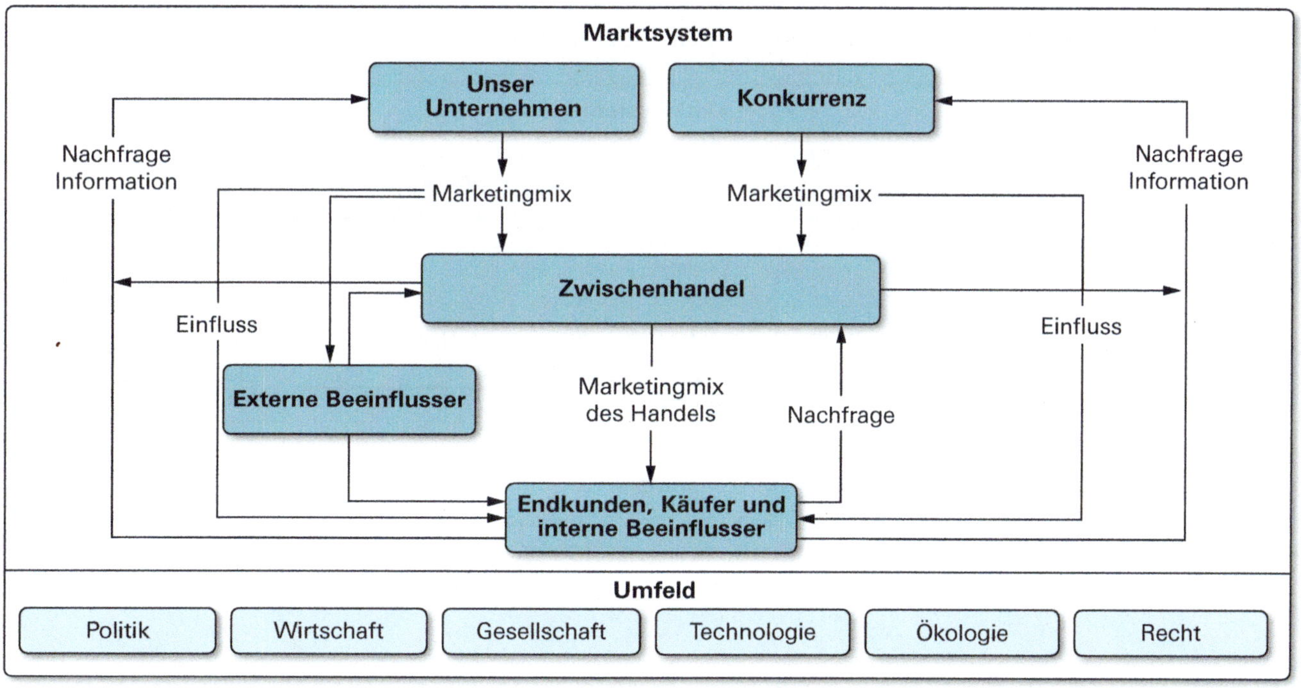

System Konsumgüter

[1] Kühn, Richard; Pfäffli, Patrick: Marketing: Analyse und Strategie, Zürich 2014.

In den folgenden Abschnitten werden wir die verschiedenen Elemente des Systems (Kunden, Handel, interne und externe Beeinflusser und Konkurrenz) im Detail besprechen. Bevor wir das tun, ist es jedoch notwendig zu zeigen, dass das bekannte Marktsystem von Kühn, das wir oben dargestellt haben, nicht für alle Märkte gilt, sondern hauptsächlich für schnelldrehende Konsumgüter (fast moving consumer goods, FMCG) wie Schokoriegel, Waschmittel, Zahnpasta, Konserven und dergleichen.

Um ein Marktsystem aufzuzeichnen, muss man zuerst die relevanten Akteure identifizieren und anschliessend ihre Beziehung zueinander aufzeigen. In den folgenden Darstellungen werden wir uns auf die wesentlichen Unterschiede konzentrieren und auf die Diskussion der Details verzichten.

2.3.3 Marktsystem für personalintensive Dienstleistungen

Bei personalintensiven Dienstleistungen (z. B. Unternehmensberatung, Aus- und Weiterbildung, Gesundheitswesen) spielen die Mitarbeitenden eine entscheidende Rolle. Sie sind die eigentlichen Leistungserbringer und ihre Interaktion mit dem Kunden ist die eigentliche Marktleistung. Aus diesem Grund haben einige Autoren vorgeschlagen, die 4 P des Marketingmix mit einem fünften P für «people» zu ergänzen.

Andere Autoren finden diese Ergänzung nicht ausreichend. Sie schlagen deshalb ein «Dreieck» vor, das die Beziehungen zwischen Kunden, Mitarbeitenden und dem Unternehmen beschreibt (siehe Kap. 17.4.1, S. 299).[1] Dabei unterscheiden wir zwischen

- dem externen Marketing zwischen Unternehmen und Kunden,
- dem internen Marketing zwischen Unternehmen und Mitarbeitenden und
- dem interaktiven Marketing zwischen Mitarbeitenden und Kunden.

Da häufig die Mitarbeitenden kritische Erfolgsfaktoren sind, gewinnt neben dem Absatzmarkt auch der Arbeitsmarkt an Bedeutung. Die folgende Abbildung zeigt deshalb ein modifiziertes Marktsystem.

Abb. [2-7] Marktsystem für personalintensive Dienstleistungen

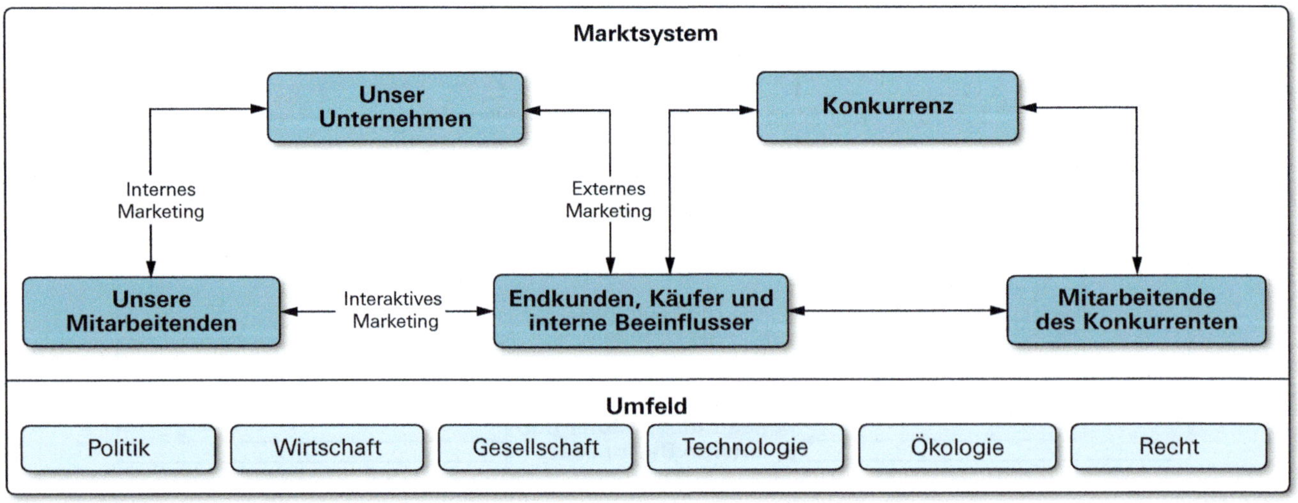

[1] Grönroos, Christian: A Service Quality Model and Its Marketing Implications, European Journal of Marketing 18 New Jersey 2012. Kotler, Philip; Keller, Kevin Lane; Brady, Mairead; Goodman, Malcolm; Hansen, Torben: Marketing Management, Harlow 2009.

2.3.4 Marktsystem für Investitionsgüter

Im Gegensatz zum Konsumgütermarketing, wo ein Produzent sehr viele Kunden über Distributionskanäle bedient, besteht beim Investitionsgütermarketing meistens ein direkter und intensiver Kundenkontakt. Dieser umfasst nicht nur den eigentlichen Kauf, sondern erstreckt sich über die gemeinsame Definition der Lösung über die Verhandlung der Modalitäten bis hin zur Installation, Schulung und Wartung.

Bedeutend beim Investitionsgütermarketing ist die Vielzahl der Personen, die beim Kauf involviert sind. Diese Gruppenentscheidung wird **Buying-Center** genannt und umfasst fünf verschiedene Rollen. Das Verkaufsteam muss sich bemühen, die unterschiedlichen und teilweise sich widersprechenden Kaufmotive der internen Anspruchsgruppen zu erkennen und zu befriedigen:

- **Benutzer:** Diese Person setzt das Investitionsgut in der täglichen Arbeit ein.
- **Einkäufer:** Diese Person ist für die Beschaffung zuständig, organisiert also den Beschaffungsprozess.
- **Beeinflusser:** Diese Person ist nicht formal entscheidungsberechtigt, kann aber den Entscheidungsprozess beeinflussen. Zum Beispiel können Qualitätsanforderungen formuliert werden, die nicht alle Anbieter erfüllen, oder die Gewichtung der Entscheidungskriterien wird beeinflusst.
- **Entscheider:** Diese Person oder diese Personengruppe ist formal entscheidungsberechtigt. Bei grösseren Beschaffungsprojekten handelt es sich um Geschäftsleitungsmitglieder.
- **Infomationsselektierer (Gate Keeper):** Diese Personen steuern den Informationsfluss zwischen den verschiedenen Parteien und erhalten so oft eine informelle Macht. Oft handelt es sich hier um Assistenten und Assistentinnen von Geschäftsleitungsmitgliedern.

Abb. [2-8] **Marktsystem für Investitionsgüter**

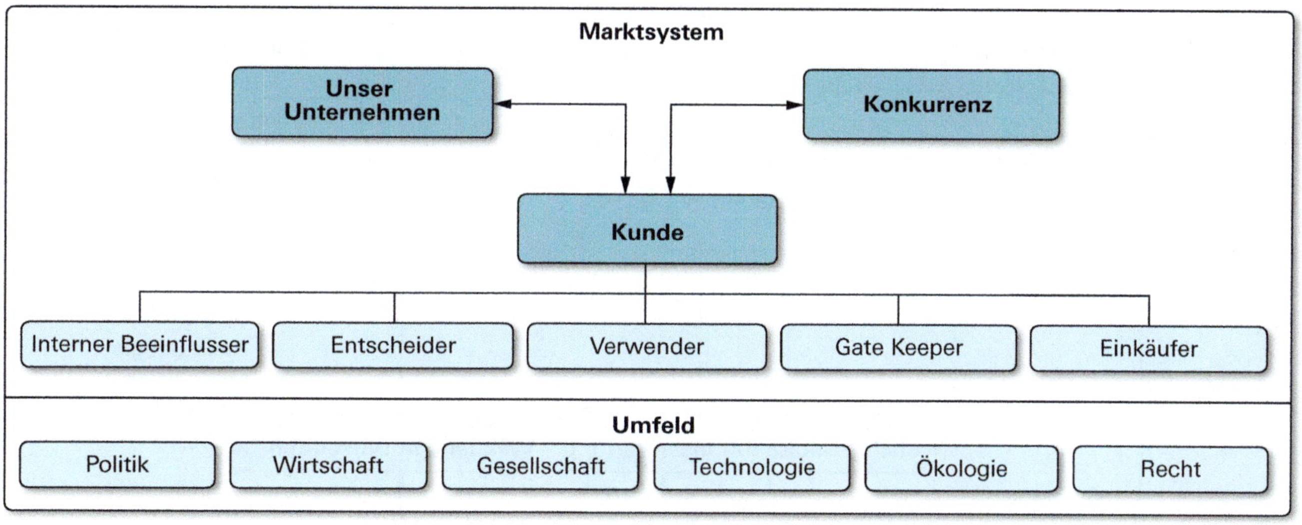

2.3.5 Marktsystem für Internetmodelle am Beispiel Google

Wie ist es möglich, dass Google eine Gratisdienstleistung (Internetsuche) erbringt und dabei 20-mal höher bewertet ist als Kellogg, neunmal höher bewertet ist als die UBS AG und immerhin noch dreimal so wertvoll ist wie Coca-Cola?[1]

Das **Geschäftsmodell von Google** beruht auf einer **Gratisdienstleistung** (Internetsuchresultate), die wegen ihrer **hohen Relevanz und Geschwindigkeit** von Millionen von Internetverwendern tagtäglich genutzt wird. Diese Aufmerksamkeit «verkauft» Google weiter durch das Programm **«AdWords».** Inserenten können bei Google bestimmte Suchbegriffe «kaufen». Wenn ein User den Suchbegriff «Hypothek» eingibt, erscheint beispielsweise in der rechten Spalte ein Link zu einer Bank. Für jeden Klick auf diesen Link bezahlt die Bank Google einen bestimmten Werbetarif (dargestellt auf der linken Seite der folgenden Abbildung).

Google geht aber noch einen Schritt weiter mit dem Programm **«AdSense».** Betreibern von Webseiten, z. B. eine Schweizer Zeitung, kann Google **einen Teil ihrer Webseite «untervermieten».** Google platziert dann interaktiv Werbelinks in dieser Webseite, die zum Thema der Seite passen. Wenn sich der User also über ein Fussballspiel in Rom informiert, ist es gut möglich, dass im Werbefenster für Städtereisen nach Rom geworben wird (dargestellt auf der rechten Seite der folgenden Abbildung).

Wir stellen das Marktsystem in der folgenden Abbildung dar und lassen alle anderen Innovationen von Google beiseite.

Abb. [2-9] **Marktsystem für Google**

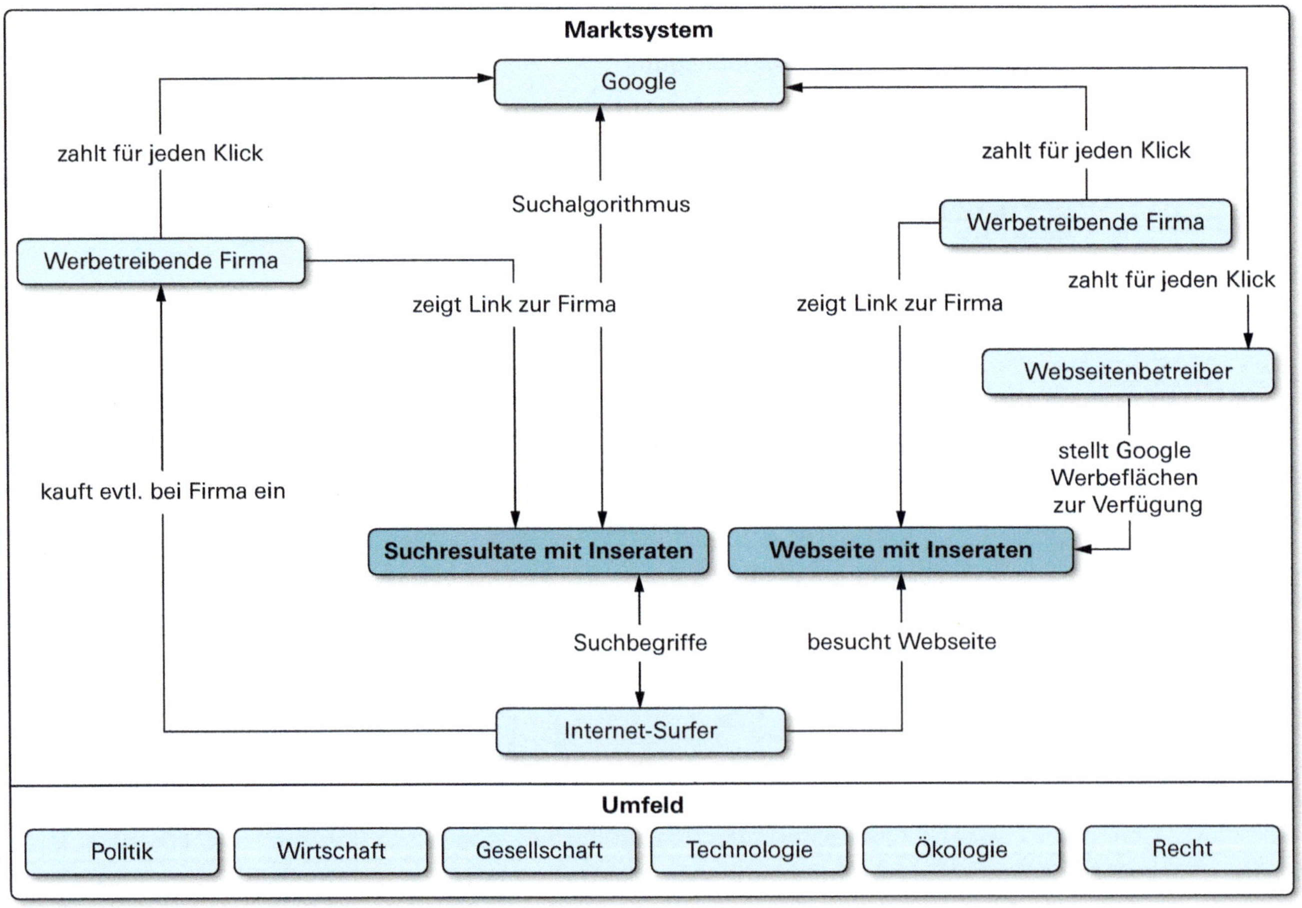

[1] Börsenkapitalisierungen am 29.10.16: Google: 535 Mrd. US$, Kellogg: 26 Mrd. US$, Coca-Cola: 178 Mrd. US$, UBS: 60 Mrd. US$.

2.4 Lebenszyklusanalyse

Eine der Hauptaussagen dieses Kapitels ist es, dass das Marketingkonzept nicht konstant bleibt, sondern **dynamisch dem Markt angepasst werden muss.** Für die Erstellung eines Marketingkonzepts ist es z. B. von grosser Bedeutung, ob ein Produkt neu auf dem Markt eingeführt wird oder ob es bereits zu den Produkten gehört, die jeder kennt und benutzt. Ein wichtiges Instrument für diese Analyse ist der Produktlebenszyklus (PLZ).[1] Dabei wird der Lebenszyklus eines Produkts oder einer Dienstleistung nach der Produktentwicklung in **sechs Phasen** unterteilt.[2]

Abb. [2-10] **Produktlebenszyklus mit Umsatz- und Gewinnkurve**

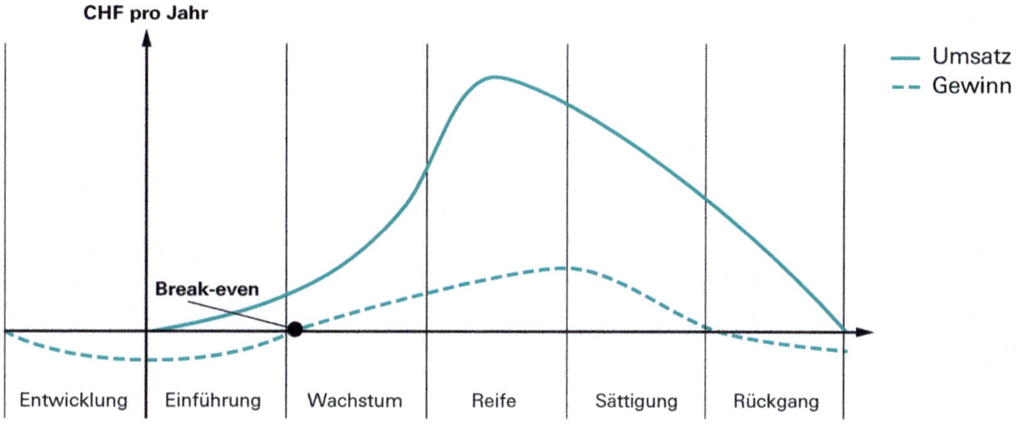

Entwicklung

In dieser Phase wird eine Dienstleistung oder ein **Produkt entwickelt, getestet** und die Markteinführung (engl. Launch) wird vorbereitet. In der Entwicklungsphase wird **kein Umsatz** erzielt. Da aber Kosten anfallen, ist der Gewinn negativ, d. h., es entsteht ein Verlust. Die Entwicklungsphase endet mit der Markteinführung.

Einführung

Ein neues Produkt wird angeboten. Der **Umsatz** ist noch **gering,** die **Kosten** sind jedoch **hoch.** Es muss z. B. viel in die Werbung investiert werden, um das neue Produkt bekannt zu machen. Vertriebskanäle müssen aufgebaut werden. Mitarbeitende müssen geschult werden. In der Einführungsphase entsteht deshalb häufig ein Verlust. Die Gewinnkurve in Abbildung 2-10 beginnt deshalb unter der Nulllinie.

Wachstum

In dieser Phase steigt der Umsatz an und die Unternehmen erreichen üblicherweise die **Gewinnzone** (Break-even).

[1] Hax, Arnoldo C.; Majluf, Nicolas S.: Strategisches Management. Ein integratives Konzept aus dem MIT, Frankfurt: Campus, 1988.
[2] Einige Autoren beschränken sich auf vier Phasen: Einführung, Wachstum, Reife, Rückgang.

Reife

Ein reifer Markt zeichnet sich durch ein sehr schwaches Wachstum oder durch eine Stagnation aus. Die Umsatz- und Gewinnkurven sind häufig im Maximum, deshalb versuchen viele Unternehmen, die Reifephase möglichst lange auszudehnen. Viele Produkte oder Märkte befinden sich seit Jahrzehnten in der Marktreife, z. B. viele Lebensmittel wie Kartoffeln oder Haushaltsgüter wie Schuhputzmittel.

Sättigung

Die Sättigungsphase unterscheidet sich von der Reifephase durch einen spürbaren Rückgang von Umsatz und Gewinn.

Rückgang

Der Umsatzrückgang beschleunigt sich, der Umsatz fällt zusammen und das Produkt verschwindet vom Markt. Die Abbildung 2-10 zeigt, dass der Gewinn bei der Einführung und im Wachstum eher gering ist (Star oder Fragezeichen im Portfolio) und dass er in der Reifephase am höchsten ist (Cash Cows).

Je nach Branche verlaufen die Umsatz- und Gewinnkurven unterschiedlich. Wie die Abbildung zeigt, steigt der Umsatz nach der Einführungsphase in der Wachstumsphase stark an, erreicht in der Reifephase eine Sättigung und sinkt mit dem Rückgang. Die Gewinnkurve verläuft nicht parallel zur Umsatzkurve und beginnt nicht beim Nullpunkt, sondern im negativen Bereich. Dabei gilt folgende Formel: Gewinn = Umsatz – Kosten.

Bei der Entwicklung und Einführung fallen hohe Kosten durch Produktentwicklung, Einführungswerbung, Beliefern aller Kanäle, Schulung der Mitarbeitenden bei Dienstleistungen etc. an. Da der Umsatz noch sehr gering ist, sind die Kosten höher als der Umsatz, und deshalb resultiert ein Verlust. In der Folge sollten jedoch die Umsätze stärker ansteigen als die Kosten, sodass in der Regel in der zweiten Hälfte der Wachstumsphase der Break-even, d. h. die Gewinnschwelle, erreicht wird.[1] Das Umsatzmaximum wird in der Reifephase erreicht, und zwar vor dem Gewinnmaximum, weil die Kosten in aller Regel weiter sinken.

Zusammenfassung

Voraussetzung und erster Schritt einer Marktanalyse ist die Marktdefinition und Abgrenzung. Das strategische Management definiert Märkte und unterteilt diese anhand der drei Dimensionen Bedürfnis / Verwendungszweck, Kundengruppen und Technologien in strategische Geschäftsfelder (SGF). Das Marketing identifiziert innerhalb des gewählten SGF nachfrageorientierte Marktsegmente und angebotsorientierte Teilmärkte.

Die Definition des relevanten Markts ist von grosser Bedeutung, weil sie die Basis der Marktanalyse ist und damit direkt jede Marktgrösse wie Marktkapazität, Marktpotenzial, Marktvolumen und Marktanteil beeinflusst.

Der Markt kann als System dargestellt werden, das das Zusammenspiel der verschiedenen Akteure illustriert. Bemerkenswert sind die grossen Unterschiede zwischen den verschiedenen Marktsystemen. Weil Märkte sich mit den Phasen Entwicklung, Einführung, Wachstum, Reife, Sättigung und Rückgang dynamisch entwickeln, ist es wichtig, neben einer Momentaufnahme auch eine Lebenszyklusanalyse vorzunehmen.

[1] Es handelt sich hier um den Zeitpunkt, ab dem der Gewinn positiv ist. Die Investitionskosten sind damit aber noch nicht bezahlt.

Repetitionsfragen

3 Kann für ein Produkt der Absatz steigen und der Umsatz gleichzeitig rückläufig sein?

4 Was ist der Unterschied zwischen einem strategischen Geschäftsfeld (SGF) und einem Segment?

5 Im Markt für Investitionsgüter muss der Verkauf das Buying-Center ansprechen, das verschiedene Rollen (z. B. Benutzer, Einkäufer etc.) hat. Ist die Aussage korrekt, dass der Verkäufer die wichtigste Person im Buying-Center identifizieren muss, um diese zu überzeugen, anstatt Zeit zu verschwenden, mit allen Rollen zusammenzuarbeiten?

6 Handelt es sich bei den folgenden Einteilungen um Teilmärkte oder Segmente?

Beispiel	Teilmarkt	Segment
Studierende an Fachhochschulen, Universitäten und ETHs, die Bücher kaufen	☐	☐
Lehrmittel für Fachhochschulen, Universitäten und ETHs, die von Verlagen produziert werden	☐	☐
Sportliche Fahrer, die BWM, Audi oder Ford Mustang lieben, und Luxus-Fahrer, die eher Mercedes oder Lexus fahren	☐	☐
Die Firma Dow Chemicals beliefert Unternehmen in der Kosmetikbranche und in der Automobilbranche mit Silikonen.	☐	☐

3 Marktanalyse und Marktdiagnose

Lernziele

Nach der Bearbeitung dieses Kapitels können Sie …

- eine Kundenwertanalyse sowohl auf individueller Ebene wie auch als Kohorte durchführen und verschiedene Kundenbewertungsmodelle erklären und anwenden.
- die Stufen des Wissensmanagements im Rahmen der Marketing Analytics identifizieren.
- Methoden des Data Mining und Big Data erkennen und unterscheiden.
- eine Konkurrenzanalyse anhand der fünf Kräfte nach Porter vornehmen.
- verschiedene Analysen mittels einer SWOT-Analyse interpretieren und aus diesen Analysen eine Marktdiagnose stellen.

Schlüsselbegriffe

Big Data, Boston-Consulting-Group-Portfolio, Data Management, Data Mining, Distributionsanalyse, Einzelkundenanalyse, Entscheidungsbaum, externe Beeinflusser, interne Beeinflusser, Kohortenanalyse, Konkurrenz, Kundenanalyse, Kundenertragsanalyse, Kundenwert, Marketing Analytics, Marktdiagnose, McKinsey-Portfolio, RFM-Modelle, SWOT-Analyse, Umfeldanalyse, Unternehmensanalyse, Wertketten-Analyse

Um die notwendige Analyse und Diagnose für ein Marketingkonzept zu erstellen, muss zuerst der Markt definiert werden. In diesem Kapitel geht es darum, die verschiedenen **Marktteilnehmer zu analysieren,** insbesondere Kunden, Distributoren, d. h. Vertriebspartner, interne und externe Beeinflusser, Konkurrenten. Ebenfalls muss das eigene Unternehmen analysiert werden. Diese Analysen dienen dazu, eine **Diagnose** zu erstellen, die häufig in einer Stärken / Schwächen-Chancen / Gefahren-Matrix zusammengefasst wird.

Pragmatisch kann man sagen, dass ohne solide Analyse und Diagnose jedes Marketingkonzept nur die persönliche unfundierte Meinung der Person ausdrückt, die das Konzept schreibt. Nur eine **sorgfältige Analyse und Diagnose des Markts** erlaubt es, gemeinsam das bestmögliche Konzept zu erarbeiten und gemeinsam zu lernen, welche Annahmen über den Markt und über die Kunden hilfreich sind und welche Parameter sich im Lauf der Zeit ändern.

3.1 Kundenanalyse

Um in den zunehmend gesättigten Käufermärkten, wie sie in den westlichen Märkten vorherrschen, zu bestehen und die Rentabilität des Unternehmens zu steigern, ist es für ein Unternehmen essenziell, **kundenorientierte und profitable Geschäftsprozesse** einzuführen.

Zunächst müssen die **Strukturen** aufgebaut werden, um die konkreten Geschäftsprozesse und das strategische Ziel, die Rentabilität und somit den Unternehmenswert zu steigern, zu verbinden. Mithilfe des Kundenbeziehungsmanagements bzw. des Customer Relationship Management (CRM) eruiert man, **welche Kunden profitabel** sind und **welche Bedürfnisse** diese haben.

In diesem Kapitel wird der Fokus auf den **Kundenanalyse-Modellen** liegen, die verwendet werden können, um die in den IT-Systemen vorhandene Menge von Daten in Informationen umzuwandeln. Auf die verschiedenen Elemente des CRM wird im weiteren Verlauf in einem eigenen Kapitel eingegangen.

3.1.1 Kundenwert

In den allermeisten Unternehmen sind **nicht alle Kunden gleich rentabel.** Einige Kunden generieren viel mehr Erträge als andere. Es ist deshalb für die Analyse wichtig, zu erkennen, welche Kunden rentabel sind und welche nicht. In diesem Zusammenhang sprechen wir vom **Kundenertragswert** oder kurz **Kundenwert (Customer Lifetime Value, CLV).** Die Analyse dieses Werts kann entweder auf dem einzelnen Kunden geschehen oder anhand von Kohorten.

Beispiel

Domino's Pizza, Stew Leonard und Carl Sewell Cadillac[1]

Phil Bressler, der Inhaber von Domino's Pizza in Baltimore, USA, berechnet auf diese Weise einen Kundenwert von $ 4 000 für einen Stammkunden seines Geschäfts. Die Annahmen sind, dass der Kunde in der Regel wöchentlich eine Pizza für $ 8 bestellt und 10 Jahre Kunde von Domino's Pizza bleibt.

$$\$\,8 \cdot 50 \text{ Wochen} \cdot 10 \text{ Jahre} = \$\,4\,000$$

Stew Leonard, ein für seine Kundenorientierung bekannter Lebensmittelhändler in Connecticut, kommt bei einem Einkaufsbetrag von $ 100 pro Woche auf einen Betrag von $ 50 000.

$$\$\,100 \cdot 50 \text{ Wochen} \cdot 10 \text{ Jahre} = \$\,50\,000$$

Mit derselben Formel berechnet Carl Sewell, ein Cadillac-Händler in Dallas, den Kundenwert eines Cadillac-Fahrers mit Anschaffungspreis, Service, Reparaturen, auf $ 332 000 für die gesamte Lebenszeit.

Der Kundenertragswert bezeichnet den **Barwert des Ertrags,** den das Unternehmen mit einem Kunden während der gesamten Beziehungsdauer erzielen kann. Wie man aus dem Beispiel erkennt, kann man den Kundenertragswert in **zwei Dimensionen** unterteilen. Zum einen in eine monetäre Dimension anhand des Ertrags und zum anderen in eine zeitliche Dimension anhand der Dauer der Kundenbeziehung.

3.1.2 Kundenwertanalyse

Um das Verständnis der einzelnen Kundenbewertungsverfahren zu vertiefen und die Wahl des richtigen Modells im Geschäftsalltag zu vereinfachen, ist eine systematische Darstellung der **Eigenschaften der verschiedenen Modelle** hilfreich.

Um die Vor- und Nachteile der verschiedenen Bewertungsmethoden auszugleichen, werden in der Praxis oft unterschiedliche Modelle gleichzeitig angewendet. Bei der Durchführung dieser Analysen gibt es immer **fünf Phasen:**

- Definition der Zielvariablen (Ergebnis)
- Definition der Einflussvariablen (Faktoren)
- Analyse der Datenbank mit bestehenden Kunden (Verfahren)
- Schaffen von Regeln
- Anwendung der Regeln auf neue Kunden

[1] Heskett, James Z.; Sasser, Earl W.; Schlesinger, Leonard A.: Service Profit Chain, New York 1997.

Beispiel

Zalando-Versandhandel

Die Profitabilität von Zalando ist unter anderem davon abhängig, wie viele Kleidungsstücke retourniert werden. Retouren verursachen hohe Logistikkosten und Porti, gleichzeitig führen ungewünschte Bestellungen zu Engpässen und erhöhen den Kapitalbedarf.

Zalando kann nun folgende Analyse definieren:

1. Zielvariable: prozentual weniger Retouren.
2. Kriterien: durchschnittliche Retouren, Anzahl Stücke pro Sendung, Anzahl Bestellung, Zahlungsmoral.
3. Analyse der bestehenden Kunden, z. B. mit der Diskriminanzanalyse (Verfahren).
4. Regel: Bei mehr als 50% Retouren und schlechter Zahlungsmoral wird nur eine Sendung pro Monat geliefert mit maximal 4 Kleidungsstücken.
5. Anwendung der neuen Regel und danach überprüfen, ob das Ziel erreicht wurde.

A] Einzelkundenanalyse

Die Berechnung des Kundenwerts kann auf verschiedene Arten erfolgen. Im einfachsten Fall werden folgende Grössen multipliziert:

- **Durchschnittspreis,** den ein Kunde bezahlt
- **Kaufhäufigkeit pro Jahr**
- **Beziehungsdauer in Jahren**

$$\varnothing \text{ Preis} \cdot \text{Häufigkeit} \cdot \text{Beziehungsdauer} = \text{Kundenwert}$$

Manchmal wird, wie in den folgenden Beispielen, der Ertrag ohne Berücksichtigung der Kosten berechnet. Manchmal werden die Kosten jedoch berücksichtigt, sodass wir bei der Interpretation der Resultate entsprechend vorsichtig sein müssen.

B] Kohortenanalyse

Die **Kundenwertanalyse (Customer Lifetime Value)** wird besonders für die Planung und Kontrolle von Marketingmassnahmen im Bereich des operativen CRM auf eine Kohorte angewendet. In diesem Zusammenhang bezeichnet eine **Kohorte** eine genau definierte Gruppe von Kunden, die mit einer gezielten Marketingmassnahme akquiriert worden sind. Der CLV dieser Kundengruppe wird über mehrere Perioden verfolgt, um festzustellen, ob sich die Akquisition finanziell gelohnt hat oder nicht. Die Kohortenanalyse ist eine **Längsschnittbetrachtung.**

Das folgende Beispiel zeigt eine Kohortenanalyse für eine Kleiderboutique-Kette.

Beispiel

Folgende Ausgangsdaten sind bekannt:

- Im Jahr 2015 wurden mit einer Kombination von Radiowerbung, Internetwerbung und Direktversand **2 000 neue Kunden** gewonnen. Diese 2 000 Kunden bilden die Kohorte, die wir untersuchen.
- Die **Akquisitionskosten** betrugen CHF 176 000.– oder CHF 88.– pro Kunde.
- Die **Kundentreue** dieser Kohorte beträgt 40% im ersten Jahr und steigt dann an. Dies ist oft der Fall, weil die echten Stammkunden im Lauf der Zeit einen immer grösseren Teil der Kohorte ausmachen.
- Der **Umsatz** pro Kunde steigt von CHF 200.– auf CHF 250.– pro Jahr an, die variablen Kosten nehmen ab, da der Beratungsaufwand abnimmt.
- Der Deckungsbeitrag wird auf das Jahr 2015 **abdiskontiert.** Als Diskontfaktor werden 16% gewählt. Es handelt sich also um eine klassische Net-Present-Value-(NPV-)Berechnung, wie sie in Lehrbüchern zur Finanzierung dargestellt ist. Die Begründung der Diskontierung ist, dass ein Franken, der heute eingenommen wird, mehr Wert ist als ein Franken, der in einem Jahr eingenommen wird, weil mit dem Geld in der Zwischenzeit gearbeitet werden kann.
- Für die **Berechnung des Diskontierungsfaktors** gibt es Tabellen. Bei 16% gelten folgende Ansätze: 1 Jahr: 0.862, 2 Jahre: 0.743, 3 Jahre: 0.641.
- Der **durchschnittliche Kundenwert** berechnet sich aus dem kumulativen diskontierten Deckungsbetrag dividiert durch alle Kunden der Kohorte. Wichtig ist, dass nicht nur die loyalen Kunden berücksichtigt werden, sondern alle 2 000 Kunden.

Abb. [3-1] **Kohortenanalyse für die Kleiderboutique Fash-In**

	t_0	t_1	t_2	t_3
	2015	2016	2017	2018
Anzahl Kunden	2 000	800	400	240
Kundentreue	40%	50%	60%	60%
Umsatz / Kunde	CHF 200	CHF 220	CHF 250	CHF 250
Gesamtumsatz	CHF 400 000	CHF 176 000	CHF 100 000	CHF 60 000
Var. Kosten in %	60%	50%	45%	45%
Var. Kosten in CHF	CHF 240 000	CHF 88 000	CHF 45 000	CHF 27 000
Akquisitionskosten CHF 88	CHF 176 000			
Gesamtkosten	CHF 416 000	CHF 88 000	CHF 45 000	CHF 27 000
Deckungsbeitrag DB	CHF –16 000	CHF 88 000	CHF 55 000	CHF 33 000
Diskontierung mit 16% p. a.	1	0.862	0.743	0.641
Disk. DB	CHF –16 000	CHF 75 862	CHF 40 874	CHF 21 142
Kumulativer disk. DB	CHF –16 000	CHF 59 862	CHF 100 736	CHF 121 878
Kundenwert CLV per t_0	CHF –8	CHF 30	CHF 50	CHF 61
Kum. DB	CHF 121 878			
Investition	CHF 176 000			
Return-on-Marketing	69%			

- Die Analyse zeigt, dass der DB im ersten Jahr wegen der hohen Akquisitionskosten negativ ausfällt. Bis zum Jahr 2018 ergibt sich jedoch ein kumulativer diskontierter DB von CHF 121 878.–, was einem Kundenwert von CHF 61.– entspricht. Mit anderen Worten: Das Kleidergeschäft erzielt mit jedem der 2 000 akquirierten Kunden einen durchschnittlichen Kundenwert von CHF 61.–.
- Mit diesen Angaben lässt sich nun auch der «Return-on-Marketing» oder «Marketing ROI» errechnen. Wie bei der klassischen Renditeberechnung wird das Verhältnis zwischen Gewinn und Investition berechnet. In unserem Fall beträgt der Return-on-Marketing 69%.

Wir haben bereits erwähnt, dass die Erstellung der Analyse in fünf Phasen abläuft. Wir zeigen diese Phasen anhand zweier Modelle, des Entscheidungsbaums und des RFM-Modells.

Entscheidungsbaum

Der Entscheidungsbaum ist eine grafische Darstellung, die zeigt, welche Variablen **«gute» und «schlechte» Kunden** trennen. «Gut» und «schlecht» bezieht sich dabei immer auf die gewählte Zielvariable, im folgenden Beispiel auf die Kreditwürdigkeit. Eine Bank will herausfinden, welche Kunden ihr Bankkonto häufig überziehen (schlechte Kreditwürdigkeit) und welche Kunden nie überziehen (gute Kreditwürdigkeit). Um das Beispiel zu vereinfachen, rechnen wir nur mit sechs Kunden. In der Praxis werden solche Modelle mit mehreren Hunderttausend Kunden berechnet.

Abb. [3-2] **Datenbank für die Erstellung eines Entscheidungsbaums**

Name	Wohnsituation	Zivilstand	Haushalts-einkommen	Kreditwürdigkeit
Susanne Müller	Eigenheim	Ledig	CHF 55 000	Gut
Roger Abegglen	Mieter	Verheiratet	CHF 55 000	Schlecht
Christian Röösli	Mieter	Ledig	CHF 48 000	Schlecht
Armin Tobler	Eigenheim	Verheiratet	CHF 136 000	Gut
Wolfgang Borgens	Mieter	Verheiratet	CHF 105 000	Gut
Graziano Ponte	Eigenheim	Verheiratet	CHF 80 000	Gut

Basierend auf diesen Daten errechnen Computerprogramme wie Answer Tree von SPSS Entscheidungsbäume. In diesem einfachen Beispiel sieht der Entscheidungsbaum folgendermassen aus.

Abb. [3-3] **Entscheidungsbaum**

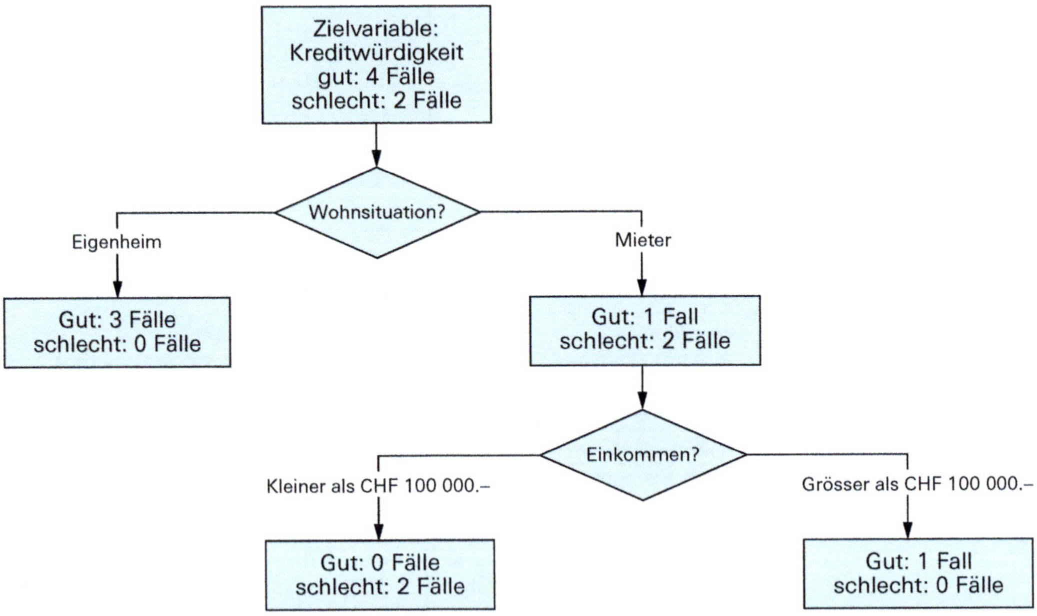

Basierend auf diesem Entscheidungsbaum können wir folgende **Regeln** ableiten:

- Eigenheimbesitzer haben eine gute Kreditwürdigkeit.
- Mieter mit mehr als CHF 100 000.– Einkommen haben eine gute Kreditwürdigkeit.
- Mieter mit weniger als CHF 100 000.– Einkommen haben eine schlechte Kreditwürdigkeit.
- Der Zivilstand hat keinen Einfluss auf die Kreditwürdigkeit.

RFM-Modelle

Ein Modell, das sich in der Praxis, vor allem im Versandhandel, gut durchgesetzt hat, ist das RFM-Modell. Das RFM-Modell beruht auf drei Einflussvariablen:

- R steht für **Recency,** d. h. Zeitpunkt der letzten Bestellung.
- F steht für **Frequency,** d. h. Häufigkeit aller gemachten Bestellungen.
- M steht für **Monetary,** d. h. Gesamtumsatz der gemachten Bestellungen.

Alle Kunden in der Datenbank werden nun basierend auf jeder Variablen in fünf Gruppen eingeteilt. Die Idee ist, dass sich in jeder Zelle pro Variable ca. 20% der Kunden befinden.

Abb. [3-4] **Gruppenbildung mit den RFM-Einflussvariablen**

Wert	Recency	Frequency	Monetary
5	5 = Kauf im letzten Monat	5 = mehr als zwölf Käufe	5 = Gesamtausgaben höher als CHF 1 100
4	4 = Kauf vor zwei bis vier Monaten	4 = sechs bis elf Käufe	4 = Gesamtausgaben höher als CHF 550
3	3 = Kauf vor fünf bis zehn Monaten	3 = drei bis fünf Käufe	3 = Gesamtausgaben höher als CHF 280
2	2 = Kauf vor elf bis 24 Monaten	2 = zwei Käufe	2 = Gesamtausgaben höher als CHF 100
1	1 = Kein Kauf in den letzten 24 Monaten	1 = ein Kauf	1 = Gesamtausgaben kleiner als CHF 100

Ein Kunde, der vor sechs Monaten das einzige Mal gekauft und dafür CHF 150.– bezahlt hat, erhält den Wert R = 3, F = 1, M = 2, d. h., RFM = 312. Eine Kundin, die diese Woche ihren 10. Kauf gemacht hat und insgesamt CHF 870.– ausgegeben hat, erhält den Wert RFM = 544.

Auf diese Art erhält jeder Kunde einen **RFM-Wert.** Wenn nun ein Versandhaus mit 250 000 Kunden in der Datenbank einen Katalog verschickt, kann es zuerst einen Test mit 10 000 Kunden machen. Das Management wertet aus, welche RFM-Gruppen überdurchschnittlich häufig aus dem Katalog bestellt haben. Dies können z. B. die Gruppen 555, 554, 545, 544, 543, 455, 454 und 444 sein. Von den verbleibenden 240 000 Kunden werden dann nur diejenigen angeschrieben, die einer der oben genannten Gruppen angehören.

3.1.3 Kundenloyalitäts- und Profitabilitätsportfolio

Das grosse Interesse am CRM beruht zu einem beträchtlichen Teil auf dem positiven Zusammenhang zwischen **Kundenloyalität** und **Kundenrentabilität.** Für diesen Zusammenhang gibt es einige plausible Erklärungen und bestätigende empirische Studien. Es wäre jedoch falsch zu glauben, dass sich Kundenloyalität zwangsläufig positiv auf die Rentabilität auswirkt. In den folgenden Fällen ist auch eine **negative Beziehung** denkbar:

- Das Unternehmen investiert zu viel in eine **Kundenbeziehung,** die **nicht rentabel** ist.
- Der **Kunde** ist **sehr mächtig** und das Unternehmen ist abhängig von ihm. Der Kunde diktiert einen Preis, der das Unternehmen gerade noch überleben lässt. Der Kunde ist sehr treu, weil er die Bedingungen definieren kann, das Unternehmen muss seine Bedingungen erfüllen, weil es ohne diesen Kunden die fixen Kosten nicht decken kann.
- **Neue Kunden sind weniger gut informiert** und bezahlen deshalb einen höheren Preis.
- Es findet eine **«Alterung»** statt, die sich negativ auf die Rentabilität auswirkt. Zum Beispiel sind bei Krankenkassen alte Leute «schlechte Risiken» oder bei Serviceverträgen von Aufzügen sind die neuesten die rentabelsten, weil die Schadenhäufigkeit gering ist.

Basierend auf diesen Ideen haben Reinartz und Kumar ein **Kundenloyalitäts- und Profitabilitätsportfolio** entwickelt. Es zeigt sich, dass sich mehr als 50% in den diagonalen Feldern «Fremde» und «Echte Freunde» befinden, was den Zusammenhang zwischen Rentabilität und Loyalität grundsätzlich bestätigt. Am Beispiel des Lebensmittelhandels sieht man jedoch auch, dass 30% diese Beziehung nicht bestätigen, sondern ihr widersprechen.

Abb. [3-5] **Kundenportfolio**[1]

	Kurzfristige Kunden	Langfristige Kunden
Hoch rentable Kunden	Schmetterlinge	Echte Freunde
	Lebensmittelhandel: 15%	Lebensmittelhandel: 36%
Wenig rentable Kunden	Fremde	Kletten
	Lebensmittelhandel: 34%	Lebensmittelhandel: 15%

[1] Reinartz, Werner J.; Kumar, V.: The Mismanagement of Customer Loyalty, Harvard 2005.

Die vier Kundentypen lassen sich wie folgt beschreiben:

- Schmetterlinge: Sie verfügen über ein hohes Gewinnpotenzial und die Marktleistung entspricht den Kundenbedürfnissen. Das Unternehmen sollte die Kunden kurzfristig zufriedenstellen, aber nicht langfristig in die Beziehung investieren. Das Gewinnpotenzial wird so rasch als möglich realisiert.
- Echte Freunde: Die Marktleistung entspricht ebenfalls den Kundenbedürfnissen und das Gewinnpotenzial ist sehr gross. Diese Kunden sollten regelmässig, aber nicht zu oft, kontaktiert werden. Das Unternehmen sollte ihnen die verdiente Wertschätzung anerbieten, damit sie nicht zur Konkurrenz wechseln.
- Fremde: Kundenbedürfnis und Marktleistung stimmen nicht überein, das Gewinnpotenzial ist sehr klein. Das Unternehmen darf nicht in diese Beziehungen investieren, sondern muss bei jedem Verkauf einen Gewinn realisieren.
- Kletten: Diese Kunden sind treu, aber das Gewinnpotenzial ist beschränkt. Häufig ist das Unternehmen nur ein Anbieter von mehreren. Dass heisst, die Kunden nutzen bewusst verschiedene Angebote. Das Unternehmen muss deshalb wissen, ob die Kunden generell nicht mehr kaufen oder ob sie vor allem woanders kaufen. Wenn sie vor allem woanders kaufen, sollten Cross- und Up-Selling-Massnahmen verstärkt werden. Wenn sie generell wenig kaufen, muss das Aufwand-Kosten-Verhältnis permanent hinterfragt werden.

Zu welchem Kundentyp gehört die Kundin auf dem Bild? Bild: anyaberkut / Thinkstock

3.2 Marketing Analytics

Die beschriebenen Analysen, wie RFM (recency, frequency, monetary scoring) werden im Unternehmen in der Regel nicht einmalig durchgeführt, sondern sind Teil eines Marketing-Informationssystems. Darunter verstehen wir alle Prozesse, die Marketing-Daten sammeln, speichern, analysieren und weiterleiten.

Das Marketing-Informationssystem ist deshalb Teil des unternehmerischen Wissensmanagements, das im folgenden Kapitel 3.2.1, S. 41 besprochen wird. In Kapitel 18.5, S. 324 werden wir das Marketing-Informationssystem (MIS) unter dem Aspekt der «Marketingkontrolle» vor allem aus Prozesssicht diskutieren, während wir hier die verschiedenen Verfahren zur Kundenanalyse diskutieren.

Anschliessend definieren wir die verschiedenen Elemente des Marketing-Informationssystems – Data Management, Data Analytics und Reporting – und vergleichen sie mit Big Data.

3.2.1 Data Management

Um das Konzept von Wissen und Wissensmanagement zu verstehen, verwenden wir das **Wissenstreppenmodell.** Wissen ist dabei die vierte Stufe, wobei jede Stufe auf der vorhergehenden basiert und mit einer zusätzlichen Logik (Syntax, Semantik usw.) ausgestattet wird. Informationen sind beispielsweise Daten, die mit einer zusätzlichen Bedeutungsebene versehen wurden. Eine Zeichenkette wie «20171016» kann im Kontext somit unterschiedliche Informationen preisgeben wie ein Datum 16.10.2017, einen Umsatz CHF 201 710.60 oder eine Kundennummer «20171016».

Abb. [3-6] Wissenstreppenmodell[1]

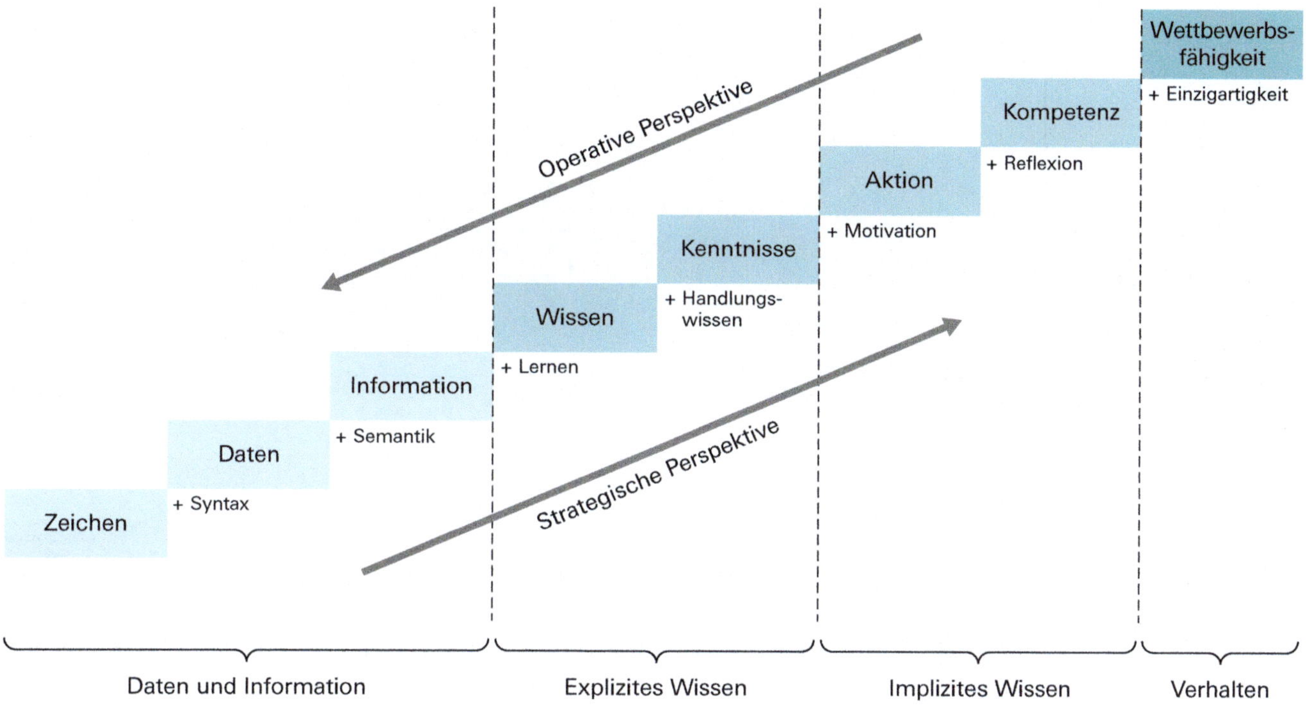

Es gibt zwei Möglichkeiten der wissensorientierten Unternehmensführung, die sich gegenseitig ergänzen und nicht ausschliessen: einen **Top-down-Ansatz** aus strategischer Sicht und einen **Bottom-up-Ansatz** aus dem operativen Blickwinkel. Dieses Kapitel ist eine kompakte Einführung in die Herausforderungen einer wissensorientierten Unternehmensführung.

Im Data Management wird die Grundlage für alle weitergehenden Analysen geschaffen, die auf eine hohe Datenqualität angewiesen sind. Dabei bestimmen Standards, wie **Daten erfasst und gespeichert** werden. Anschliessend müssen Daten aus unterschiedlichen Systemen zusammengezogen werden, um eine **zentrale Datenbank** zu schaffen. Diese Funktion übernimmt der **ETL-Prozess** (Extract, Transform, Load), der aus mehreren, meist unterschiedlichen Datenbankstrukturen Daten extrahiert, transformiert und anschliessend in ein Data Warehouse einliest.

Ein **Data Warehouse** ist eine zentrale Datenbank mit einheitlicher Semantik. Es ermöglicht eine globale Sicht auf die Daten, die für ein Unternehmen relevant sind. Der Einsatz eines Data Warehouse hat zudem den Vorteil, dass die operationellen Systeme neben den Geschäftstransaktionen nicht zusätzlich mit den Abfragen aus der Geschäftsanalyse belastet werden.

[1] Angelehnt an das Knowledge-Management-Modell von North.

Abb. [3-7] Prozess der Datenverarbeitung

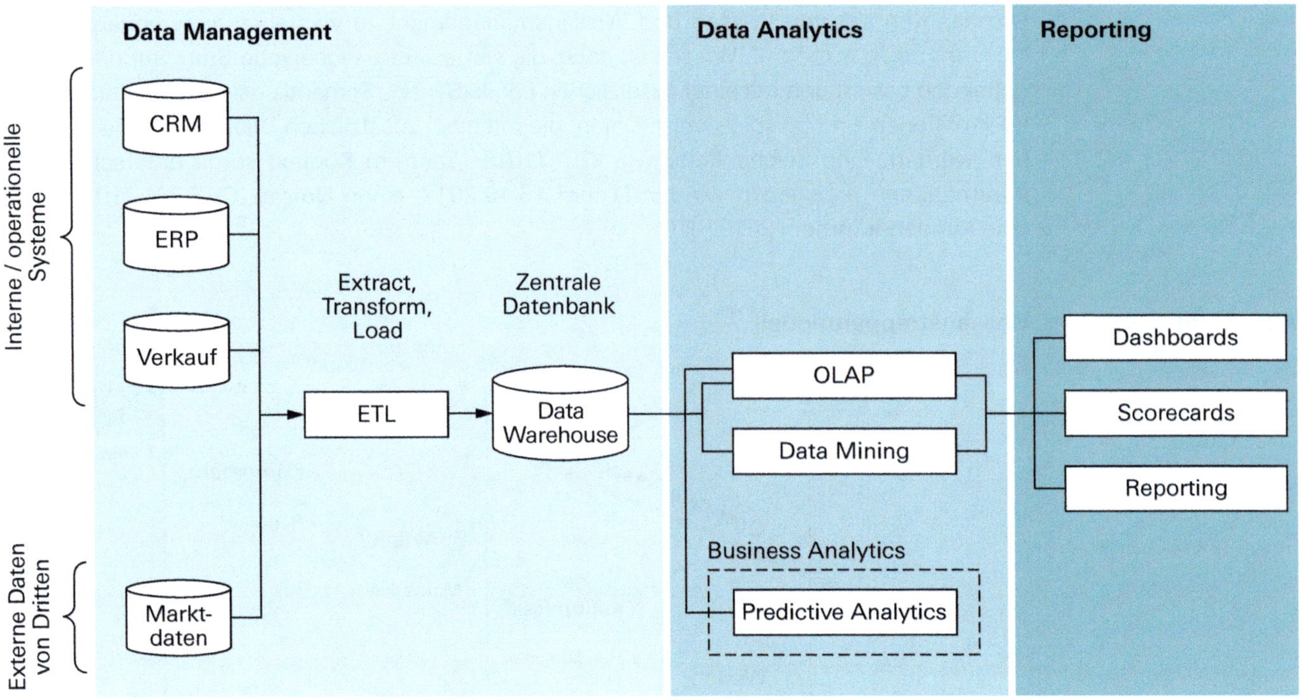

ERP = Enterprise Resource Planning
ETL = Extract, Transform, Load, Datenaufbereitung

Wir erklären die Begriffe im folgenden Text.

3.2.2 Data Analytics

Um Daten zu analysieren, wurde eine grosse Anzahl von Methoden entwickelt. Im Folgenden wird eine kleine Auswahl davon genauer erläutert.

A] OLAP

OLAP ist eine gebräuchliche Methode für die Durchführung von **multidimensionalen Analysen** von Geschäftsdaten und bietet die Möglichkeit für komplexe Berechnungen, Trendanalysen und Datenmodellierungen. Die Datenanalyse wird dabei nicht mehr datensatzorientiert durchgeführt, sondern in Cubes bzw. **Würfeln** dargestellt. Diese Würfel haben mehrere Dimensionen und sind hierarchisch geordnet.

Abb. [3-8] **Datenanalyse mit OLAP[1]**

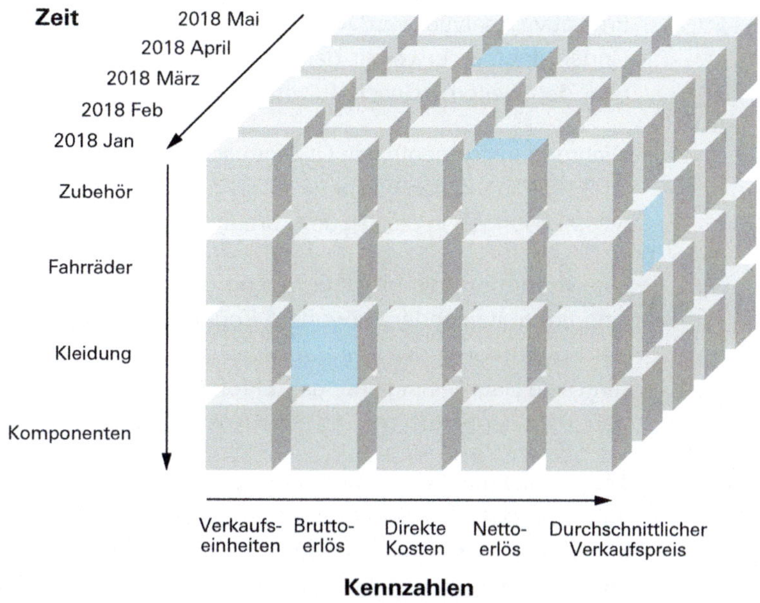

Anwender können somit übersichtlich durch grosse Datensätze navigieren. OLAP gehört zu den **hypothesenbasierten Analysemethoden,** da sich der Anwender schon vorab im Klaren sein muss, welche Fragestellung er mit einer Analyse beantworten will.

B] Data Mining

Unter Data Mining versteht man die **systematische Anwendung statistischer Methoden auf grosse Datenmengen** mit dem Ziel, Beziehungen und Muster zu ermitteln. Data Mining ermöglicht es, automatisch neue Hypothesen zu generieren. Damit steht die Methode im Gegensatz zu traditionellen statistischen Verfahren, die zur Überprüfung vorgegebener Hypothesen herangezogen werden. Data Mining ermöglicht es, automatisch neue Hypothesen zu generieren. Damit steht die Methode im Gegensatz zu traditionellen statistischen Verfahren, die zur Überprüfung von vorgegebenen Hypothesen herangezogen werden. Der Vorteil dabei ist, dass Fragen beantwortet werden, nach denen bisher mit hypothesenbasierten Analysemethoden nicht gefragt wurde.

Abb. [3-9] **Klassifizierung, Aufgaben und Methoden im Data Mining[2]**

Klasse	Aufgabe	Anwendung	Methodenbeispiele
Klassifikation	Zuordnung von Individuen zu bereits bekannten Klassen	Bonitätsbeurteilung	• Regelinduktion • Neuronale Netze • Regression
Vorhersage	Berechnung von zukünftigen Werten aus unabhängigen Variablen	Bonitätsbeurteilung	• Neuronale Netze • Regression
Clustering[1]	Bildung von Gruppen aufgrund von Ähnlichkeiten	Werbeadressaten einteilen	• Neuronale Netze • Clusteranalyse
Assoziation	Entdeckung und Quantifizierung von Abhängigkeiten	Marktkorbanalyse	• Statistische Zusammenhangsanalyse
Text Mining	Suche nach Textmustern	• Information • Retrieval[2]	• Suchalgorithmen

[1] Clustering: Gruppierung, statistische Zusammenfassung in Gruppen.
[2] Retrieval: Abrufen von relevanten Informationen, in diesem Beispiel Texte.

[1] Quelle: https://neo4j.com/blog/the-graph-space-jim-webber-graphconnect/
[2] https://entwickler.de/online/datenbanken/data-mining-typische-verfahren-und praxisbeispiele-115010.html.

C] Predictive Analytics

Predictive Analytics wird innerhalb der **Business Intelligence (BI)** im Business Analytics (BA) eingeordnet. Es erweitert das BI mit einem **Blick in die Zukunft und ermöglicht** Aussagen über den weiteren Geschäftsverlauf.

Während Instrumente wie OLAP üblicherweise vergangenheits- und gegenwartsbezogen die Ist-Situation mit den **geplanten und geschätzten Werten** vergleicht, blicken Predictive-Analytics-Lösungen in die Zukunft, um Entscheidungsträgern bei der Planung zu helfen.

Die **Methoden,** die im Data Mining und bei den Predictive Analytics angewendet werden, sind eng miteinander verwoben. Bei Predictive Analytics kommen vor allem noch Elemente der **Spieltheorie,** der **Simulationsverfahren** sowie des **maschinellen Lernens** hinzu. Während sich Data Mining eher darauf fokussiert, Daten in Segmente, Klassen und Muster zu ordnen, liegt der Fokus im Predictive Analytics bei der **Ableitung von Funktionen.**

Mit diesen Funktionen werden anschliessend **prädiktive (voraussagbare) Modelle** erstellt und zur Prognose möglicher Trends und Ergebnisse herangezogen. Predictive Analytics sind aber keine exakte Wissenschaft und Prognosen enthalten jeweils eine gewisse **Fehlerspanne.** Der Hauptvorteil besteht jedoch darin, dass sie zukünftige Chancen und Risikopotenziale aufzeigen kann, um die Qualität der Entscheidungsfindung rund um diese Ereignisse zu verbessern.

3.2.3 Reporting

Um **Analysen für die tägliche Arbeit nutzbar zu machen,** haben sich unterschiedliche Methoden und Instrumente etabliert.

A] Dashboards

Das Dashboard ist ein kompakter Überblick von für die Zielgruppe relevanten und aktuellen KPIs[1] und Unternehmenszahlen. Ziel ist es, die verschiedenen **Zahlen und Metriken zusammenzuführen, zu verdichten** und in einer möglichst einfach verständlichen Darstellungsart zu **visualisieren,** damit sie als Entscheidungshilfe verwendet werden können. Auf die Herleitung sowie die Definition der Kennzahlen wird im Dashboard selbst nicht mehr eingegangen. Daher muss es sich bei den genutzten Kennzahlen um allgemein bekannte Grössen handeln.

B] Balanced Scorecard

Eine Balanced Scorecard ist ein **Datenvisualisierungstool,** das Organisationen, Einzelpersonen und Gruppen hilft, auf ein Ziel hinzuarbeiten. Dazu bietet es dem Nutzer eine Übersicht darüber, wie sich die aktuelle **Ist-**Situation gegenüber der gewünschten **Soll-**Situation in Bezug auf vordefinierte Ziele verhält. Der Unterschied zwischen Scorecards und Dashboards liegt darin, dass Scorecards Fortschritte gegenüber einem gewissen Ziel aufzeigen müssen, während Dashboards auch einfach einzelne Kennzahlen anzeigen können.

C] Reports

Reports sind einfache **benutzerdefinierte Berichte,** die in BI-Systemen erstellt und generiert werden können. Dabei kann man zwischen Ad-hoc- und Regelreports unterscheiden. **Ad-hoc-Reports** sind individuell erstellte Berichte, die von Mitarbeitenden verfasst oder angefordert werden können und für eine spezifische Fragestellung benötigt werden. Diese einfachen Berichte können in kurzer Zeit erstellt werden und sind besonders hilfreich für Organisationen, die sich in einer schnell wandelnden Umwelt befinden.

[1] KPI: Key Performance Indicator. Das sind Kennzahlen, mit denen die Leistung von Aktivitäten in Unternehmen ermittelt werden kann.

Regelreports, auf denen auch Dashboards und Scorecards basieren, sind wiederkehrende Abfragen, die automatisch vordefinierte Berichte generieren, um Trends aufzuzeigen.

D] Big Data

Big Data wurde in den letzten Jahren oft als Schlagwort in Bezug auf die Nutzung von in IT-Systemen angefallenen **grossen Datenbeständen aller Art** verwendet. Eine einheitliche Definition lässt sich in der Literatur bisher nicht finden. Man kann aber **Hauptmerkmale** identifizieren, die sich grundsätzlich auf die Probleme beziehen, grosse Datenmengen mit herkömmlichen Methoden und Instrumenten zu verarbeiten. Big Data lässt sich somit über folgende Eigenschaften abgrenzen:

- **Volume (Menge):** Die Menge der Daten lässt sich nicht mit den herkömmlichen Instrumenten verarbeiten.
- **Velocity (Geschwindigkeit):** Die Daten fliessen schneller durch die Systeme, als sie mit herkömmlichen Instrumenten verarbeitet werden können.
- **Variety (Vielfalt):** Die Daten fallen zum grossen Teil unstrukturiert an, während herkömmliche Instrumente für strukturierte Daten entwickelt wurden.
- **Veracity (Glaubwürdigkeit):** Die Qualität der Daten beeinflusst die Glaubwürdigkeit des Ergebnisses. Grosse Datenmengen sind häufig verzerrt, falsch codiert, lückenhaft und ungenügend korrigiert, was sie nutzlos macht.

Big Data sind keine Stichproben, sondern umfassen die **Grundgesamtheit.** Umfang und Detaillierungsgrad der Daten sind sehr hoch. Folglich sind auch die daraus gewonnenen Informationen genauer und können einen **Wettbewerbsvorteil** bedeuten. Darüber hinaus steigt der Wert von Informationen, je schneller und kontextbezogener sie den entsprechenden Anwendern zur Verfügung gestellt werden können.

Im Gegensatz zu bestehenden Business-Intelligence-Systemen (BI-Systemen) arbeiten Big-Data-Instrumente in der Regel ohne zeitaufwendige Aufbereitung der Daten im ETL-Verfahren. Somit lassen sich **individuelle, kontextbasierte Schlüsse in Echtzeit** ziehen, die sich direkt auf den einzelnen Kunden anwenden lassen. Die grösste Herausforderung aktuell besteht darin, die Daten effektiv zu nutzen, um geschäftsrelevantes Wissen zu erzeugen und die Daten in operative Entscheidungs- und Geschäftsprozesse zu integrieren. Denn nur die Anwendung dieses Wissens führt schlussendlich zum Wettbewerbsvorteil und somit zu einem Wert, der oft als **fünftes V** dem **Value (Wert)** bei Big Data aufgeführt wird.

In diesem Zusammenhang spricht man auch von **Smart Data,** also nutzbringende, abgesicherte und hochwertige Daten aus der Big-Data-Analyse.

Beispiel

Wer bei Coop mit der Supercard einkauft, dessen Verhalten wird vom Grossverteiler systematisch erfasst. Neben dem Warenkorb, den Einkaufsorten und -zeiten wird z. B. auch die IP-Adresse beim Besuch der Website oder beim Verwenden der App registriert.

Damit kann Coop digitale Coupons erstellen, die zeit- und ortgerecht online verfügbar sind. Coop integriert auch Kundenprogramme wie Hello Family Club, den Weinclub Mondovino und das Selfscanning-System Passabene.

Basierend auf allen Daten im Kundenprofil werden Kunden in Vertrauensklassen eingeteilt. Je tiefer die Vertrauensklasse ist, desto eher wird beim Selfscanning des Kunden eine Stichprobe vorgenommen. Wenn bei der Stichprobe nicht gescannte Artikel entdeckt werden, wird die Vertrauensstufe gesenkt und der Kunde kann von der Benutzung von Passabene ausgeschlossen werden.

Gleichzeitig verspricht Coop den Kunden Rabatte auf Artikel, die für sie relevant sind.

3.3 Distributionsanalyse

Bei der Distributionsanalyse stehen zwei Fragen im Vordergrund. Erstens geht es darum, den Distributionsgrad zu bestimmen, und zweitens müssen die verschiedenen Vertriebswege (direkter Vertrieb, indirekter Vertrieb, Mischformen) analysiert werden.

3.3.1 Distributionsgrad

Die wichtigste quantitative Kenngrösse der Distribution, insbesondere bei Konsumgütern, ist der Distributionsgrad. Es wird zwischen einem numerischen und einem gewichteten Distributionsgrad unterschieden. Der numerische Distributionsgrad gibt an, wie gross die Marktabdeckung eines Produkts ist. Die Marktabdeckung ist das Verhältnis zwischen den Verkaufsstellen, die das Produkt führen, und allen Verkaufspunkten, die diese Produktkategorie führen. Beim gewichteten Distributionsgrad wird dieses Verhältnis nicht aufgrund der Verkaufsstellen berechnet, sondern mit dem Umsatz gewichtet.

$$DB_{\text{numerisch}} = \frac{\text{Anzahl Verkaufspunkte für Produkt X}}{\text{Sämtliche Verkaufspunkte, die Produktkategorie X führen}}$$

$$DB_{\text{gewichtet}} = \frac{\text{Umsatz der Verkaufspunkte für Prod. X in der Produktkategorie}}{\text{Gesamtumsatz der Produktkategorie von X}}$$

Ein rechnerisches Beispiel soll den Unterschied verdeutlichen. Nehmen wir an, es gibt 100 Verkaufspunkte für Apple-Computer in der Schweiz, die von 5 verschiedenen Anbietern betrieben werden. Alle führen Apple-Software. Das Produkt A ist bei allen Anbietern im Sortiment vorhanden (gelistet).

Abb. [3-10] **Ausgangslage zur Berechnung des Distributionsgrads**

	Anzahl Verkaufspunkte	Umsatz mit Software in CHF	Software A ist gelistet	Software B ist gelistet	Software C ist gelistet
Anbieter 1	40	3 Mio.	Ja		Ja
Anbieter 2	30	1 Mio.	Ja		Ja
Anbieter 3	10	2 Mio.	Ja	Ja	
Anbieter 4	10	3 Mio.	Ja	Ja	
Anbieter 5	10	1 Mio.	Ja		Ja
	100	10 Millionen			

Basierend auf dieser Ausgangslage können nun die Distributionsgrade berechnet werden.

Abb. [3-11] **Berechnung des Distributionsgrads**

	(a) Gelistete Verkaufspunkte	(b) Alle Verkaufspunkte	(a) / (b) · 100% Numerischer Distributionsgrad	(c) Umsatz der gelisteten Verkaufspunkte	(d) Gesamtumsatz	(c) / (d) · 100% Gewichteter Distributionsgrad
Software A	100	100	100%	CHF 10 Mio.	CHF 10 Mio.	100%
Software B	20	100	20%	CHF 5 Mio.	CHF 10 Mio.	50%
Software C	80	100	80%	CHF 5 Mio.	CHF 10 Mio.	50%

Die Berechnung zeigt, dass die Software A an allen Verkaufspunkten vorhanden ist. Die Software B ist zwar nur in 20 Verkaufspunkten vorhanden, aber diese erzielen 50% des gesamten Umsatzes. Die Verkaufspunkte für die Software C erzielen zwar auch einen Umsatz von 50%, aber sie benötigen dafür 80 Verkaufspunkte. Wir können davon ausgehen, dass die Software

B eine kostengünstigere Distribution aufgebaut hat als C. Es erzielt denselben gewichteten Distributionsgrad, muss aber viermal weniger Verkaufspunkte beliefern. Da es hier nur um die Marktabdeckung und nicht um den Marktanteil geht, spielt der effektive Umsatz der Software A, B und C keine Rolle.

3.3.2 Vertriebswege

Die physische Abwicklung von Verkäufen verläuft über die Vertriebskanäle. Diese Kanäle können nach Konsumenten und industriellen Abnehmern unterschieden werden. Und sie können auf direktem Weg, resp. durch unternehmenseigene Verkaufskanäle, oder auf indirektem Weg, resp. durch unternehmensfremde Verkaufskanäle, durchgeführt werden.
Direkte Distributionskanäle finden sich häufig bei Dienstleistungen, sie sind aber auch im Investitionsgüter- oder Konsumgütermarketing anzutreffen.

Abb. [3-12] **Typische direkte Distributionskanäle bei Dienstleistungen**

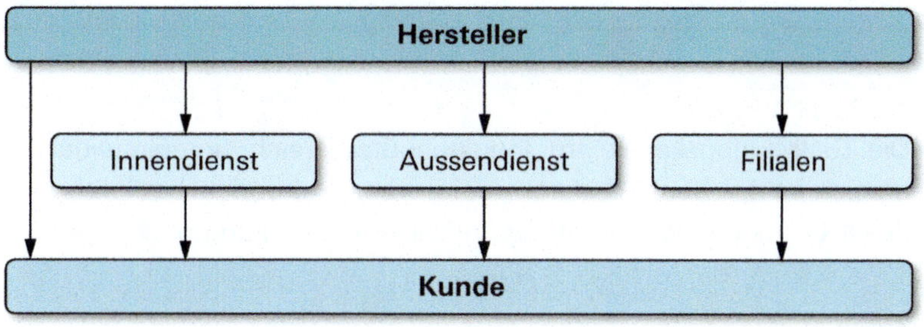

Indirekte Distributionskanäle sind typisch für Konsumgüter, bei denen ein Hersteller sehr viele Kunden erreichen will und eine Direktansprache aus Kostengründen nicht sinnvoll ist.

Beispiel **Wrigley's Kaugummi**

Es wäre ökonomisch nicht sinnvoll, wenn der Kaugummiproduzent Wrigleys einen Direktverkauf organisieren würde. Die Kosten für den Vertrieb wären im Verhältnis zum Kaufpreis auf keinen Fall zu rechtfertigen. Wrigley setzt deshalb einen indirekten Vertrieb über Grosshändler (z. B. Cash & Carry) und über den Detailhandel (z. B. Coop) ein.

Bei den indirekten Vertriebskanälen muss sich das Unternehmen entscheiden, mit welchen **Handelspartnern** es zusammenarbeiten will. Dabei unterscheidet man die folgenden Typen:

- **Grosshandel:** Verkauf an Weiterverarbeiter und Wiederverkäufer. Der Absatz der Ware erfolgt ohne Be- und Verarbeitung. Ein Grosshändler kauft z. B. Gartenschläuche in China, Indien und Thailand ein und verkauft sie in der Schweiz an Migros, Coop und das Hauenstein Garten Center.
- **Einzelhandel:** Verkauf von Dienstleistungen und Produkten an Endverbraucher ohne Be- und Verarbeitung. Beispiele: unabhängige Detaillisten, angeschlossene Detaillisten, freiwillige Ketten, integrierter Handel, Franchising.
- **Kommissionär:** externes Verkaufsorgan, das im eigenen Namen auf Rechnung des Herstellers Waren verkauft. Gegenüber dem Kunden tritt der Kommissionär auf (Aussenverhältnis), aber im Innenverhältnis übernimmt der Hersteller sämtliche Risiken.
- **Handelsvertreter:** Der Handelsvertreter ist auch selbstständig tätig, aber im Unterschied zum Kommissionär tritt er nicht im eigenen Namen auf, sondern geschäftet im Namen und auf Rechnung des Herstellers.
- **Makler:** Der Makler vermittelt zwischen dem Verkäufer und dem Käufer, ohne dass er Eigentümer oder Besitzer der Sache wird.
- **Versteigerer (Auktionator):** Er versteigert in einem Auktionsverfahren die Produkte an den meistbietenden Kunden. Neue Formen der Auktion funktionieren über das Internet.

Abb. [3-13] **Typische indirekte Distributionskanäle im Konsumgüterbereich**

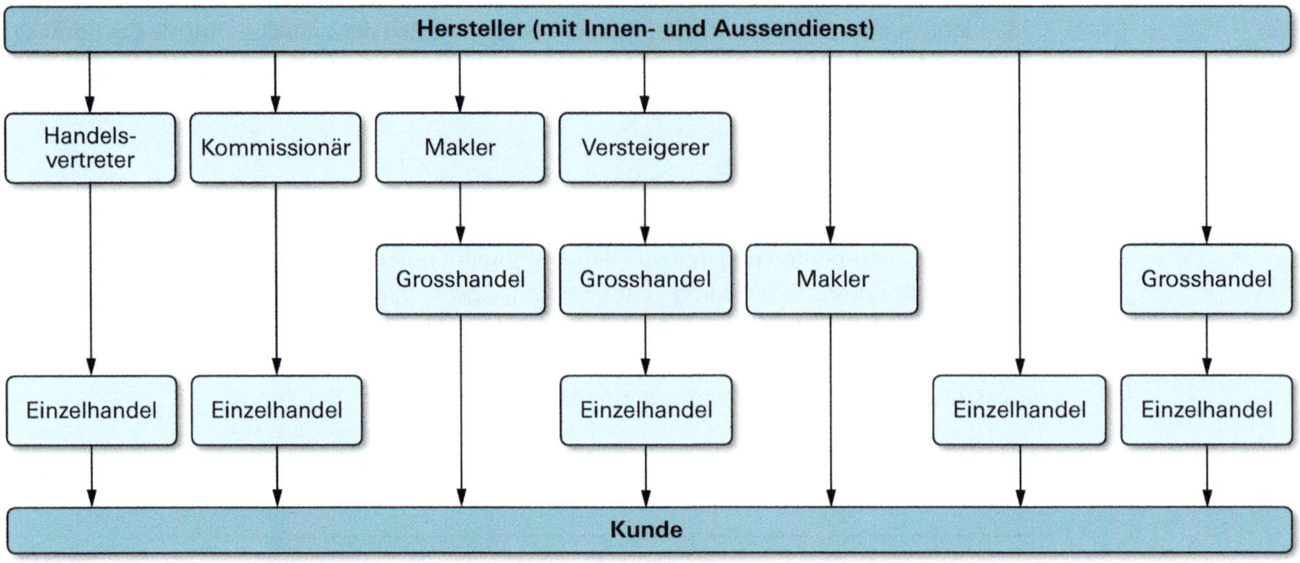

Die Distributionskanäle im Industriegüterbereich unterscheiden sich vom Konsumgüterbereich in der Regel dadurch, dass weniger Kunden bedient werden, dafür werden mehr Zusatzleistungen wie Beratung, Installation, Schulung oder Finanzierung angeboten.

Abb. [3-14] **Typische Distributionskanäle im Industriegüterbereich**

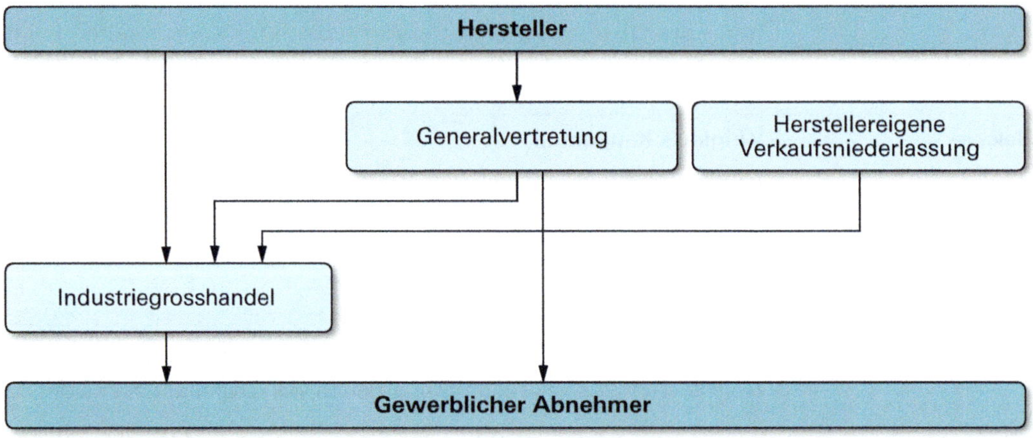

Abb. [3-15] **Typische Distributionskanäle im digitalen Bereich**

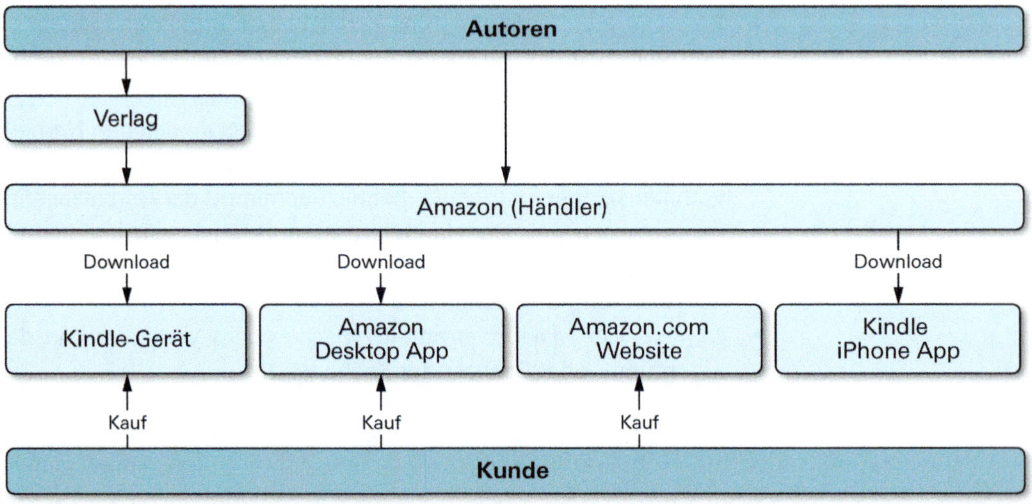

3.4 Interne und externe Beeinflusser

Interne und externe Beeinflusser spielen in vielen Märkten eine sehr wichtige Rolle und müssen deshalb im Marktsystem berücksichtigt werden. Ein **Beeinflusser** ist eine Person, die einen Kaufentscheid beeinflusst, jedoch weder Käufer noch Händler noch Verkäufer ist. Gemäss dieser Definition ist z. B. eine Aussendienstmitarbeiterin keine externe Beeinflusserin. Sie kann zwar einen Kaufentscheid beeinflussen, das ist sogar ihre Aufgabe, aber sie repräsentiert den Verkäufer. Weiter unterscheiden wir zwischen internen und externen Beeinflussern.

Interne Beeinflusser sind Personen in Unternehmen und privaten Haushalten, die einen Kaufentscheid beeinflussen, jedoch nicht über den Kauf entscheiden. Beim Kauf eines Investitionsguts z. B. entscheidet der technische Leiter über den Kauf einer neuen Maschine. Die Leiterin der Produktentwicklung, der Abteilungsleiter Produktion und der Finanzchef können den Kaufentscheid jedoch beeinflussen. Im Privathaushalt sind z. B. Kinder interne Beeinflusser.

Externe Beeinflusser sind Marktteilnehmer, die Kaufempfehlungen abgeben, ohne selbst bei der Transaktion teilzunehmen. Das klassische Beispiel sind Ärzte, die ein Rezept für ein Medikament schreiben. Interessant ist an diesem Fallbeispiel, dass der Arzt häufig auch die Rolle des Handelskanals übernimmt, wenn er nämlich das Medikament in seiner Praxis selbst verkauft. Dann ist er nicht mehr Beeinflusser, sondern Händler. Die folgende Tabelle zeigt weitere Beispiele von externen Beeinflussern.

Abb. [3-16] **Externe Beeinflusser**

Externer Beeinflusser	Käufer	Verkäufer	Produktempfehlung
Architekt	Bauherrin	Fensterfabrikant	Fenster
Bergführerin	Wanderer	Sportgeschäft	Kletterausrüstung
Journalist	Leserin	Versicherung	Lebensversicherung
Dozentin	Student	Buchverlag	Lehrbuch
Filmkritiker	Besucherin	Filmvertrieb	Kinofilm
Taxifahrerin	Tourist	Hotel	Hotel
Werbeagentur	Inserent	Zeitung	Inseratplatzierung

3.5 Konkurrenz

Im strategischen Marketing und Management analysiert man die Konkurrenz häufig anhand der **fünf Wettbewerbskräfte von Porter**[1]. Für Marketingleute ist es erstens wichtig zu erkennen, dass die Konkurrenz nicht nur innerhalb einer Branche spielt, sondern dass insbesondere die Bedrohung durch branchenfremde Konkurrenten nicht vernachlässigt werden darf. Die Grundaussage des Modells lautet, dass die Gewinne von Unternehmen unter Druck kommen, wenn die Wettbewerbskräfte stärker werden.

[1] Porter, Michael E.: Wettbewerbsstrategie, Frankfurt, New York 2013.

Abb. [3-17] **Modell der Wettbewerbskräfte nach Porter**

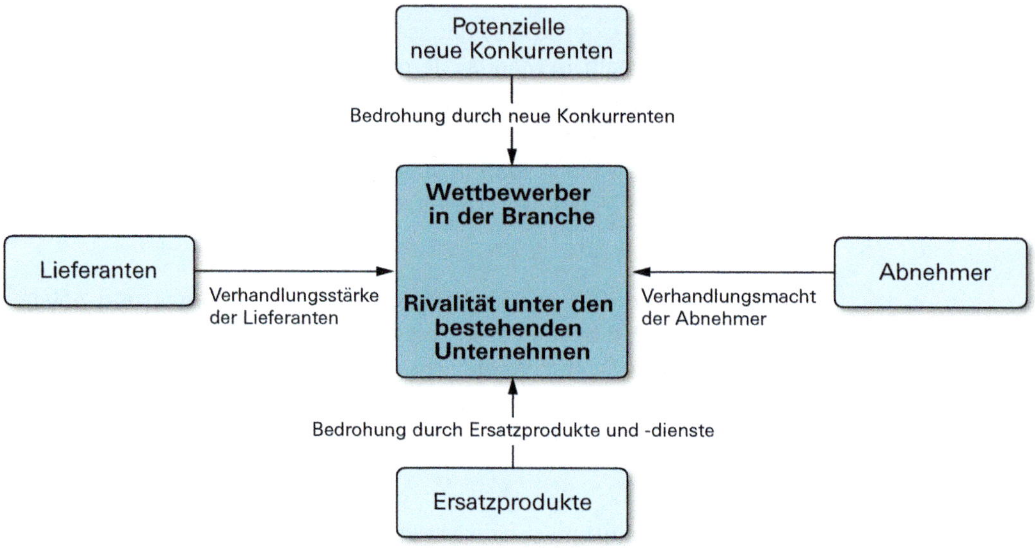

Im Folgenden werden die **Einflussfaktoren der folgenden fünf Kräfte** stichwortartig aufgelistet:

- Rivalität unter bestehenden Konkurrenten
- Bedrohung durch neue Anbieter
- Bedrohung durch Ersatzprodukte und -dienste
- Verhandlungsstärke der Lieferanten
- Verhandlungsmacht der Abnehmer

Rivalität unter bestehenden Konkurrenten

Die Konkurrenzanalyse startet mit den **aktuellen Konkurrenten,** die in denselben Märkten dieselben Kundengruppen ansprechen. Generell gilt, dass die Gewinne des Unternehmens mit zunehmender Rivalität abnehmen. Tendenziell ist diese Rivalität umso grösser,

- je kleiner das Branchenwachstum ist,
- je höher der Sättigungsgrad ist,
- je höher der Fixkostenanteil ist,
- je geringer die Produktunterschiede sind,
- je kleiner die Umstellungskosten sind, die dem Kunden bei einem Produktwechsel entstehen,
- je transparenter die Marktsituation ist,
- je gleichartiger die Konkurrenten sind und
- je höher die Austrittsbarrieren für das Unternehmen sind, d. h., je teurer das Unternehmen das Verlassen des Markts zu stehen kommt.

Bedrohung durch neue Anbieter

Die Praxis zeigt, dass ein schärferer Konkurrenzkampf sich oft nicht zwischen traditionellen Konkurrenten entwickelt, sondern von einem **Markteinsteiger** ausgelöst wird, der in den Markt eindringt. Für diesen Schritt hat der Einsteiger strategische Eintrittsbarrieren zu überwinden. Diese Eintrittsbarrieren sind vor allem dort hoch, wo die Produktionskosten mit zunehmenden Stückzahlen wesentlich sinken. In solchen Märkten muss auch der Neueinsteiger unmittelbar die kritische Grösse erreichen, um überhaupt konkurrenzfähig zu sein.

Die **Eintrittsbarrieren** sind zudem höher,

- je höher die Markenloyalität der Kunden zu den etablierten Produkten ist,
- je grösser die Umstellungskosten der Kunden bei einem Produktwechsel sind,
- je grösser der Kapitalbedarf für den Markteintritt ist,
- je schwieriger der Zugang zu den Distributionskanälen ist,
- je grösser die Kostenvorteile der etablierten Unternehmen a priori sind (z. B. historisch bedingter Zugang zu wichtigen Ressourcen),
- je stärker der Markt staatlich reguliert ist und
- je höher die erwarteten Vergeltungsmassnahmen der etablierten Unternehmen sind.

Bedrohung durch Ersatzprodukte und -dienste

Oft konzentriert sich die Branche auf die produktnahe Konkurrenz, die in den beiden obigen Abschnitten kurz erläutert wurde, und sieht nicht, dass **neuartige Problemlösungen** ihren Markt vollständig zerstören könnten. Wenn das Unternehmen die möglichen Substitutionskonkurrenten erkennen will, darf es nicht auf bestehenden Produktkategorien basieren, sondern muss sich fragen, welche Nutzenbündel dieselbe oder eine verwandte Funktion wie das eigene Produkt erfüllen oder erfüllen könnten.

Allgemein ist die Gefahr der **Substitutionskonkurrenz** umso grösser,

- je besser das Preis-Leistungs-Verhältnis des Ersatzprodukts ist,
- je geringer die Umstellungskosten für den Kunden sind und
- je eher die Kunden bereit sind, das Substitutionsprodukt zu probieren.

Verhandlungsstärke der Lieferanten

Starke Lieferanten können damit drohen, die Qualität ihrer Produkte zu senken oder die Preise zu erhöhen. Damit drücken mächtige Lieferanten auf die Rentabilität des Unternehmens, das die Preisänderung nicht an den Kunden übertragen kann.

Lieferanten sind tendenziell stark, wenn

- wenige grosse Lieferanten vielen kleinen Abnehmern gegenüberstehen,
- ihre Produkte nicht durch andere substituiert werden können,
- die Branche für die Lieferanten relativ unwichtig ist, d. h., wenn die Lieferanten auch andere, interessantere Märkte bearbeiten,
- das Produkt des Lieferanten ein wichtiger Input für das Produkt des Abnehmers ist,
- die Umstellungskosten für den Abnehmer hoch sind und
- wenn die Lieferanten mit Vorwärtsintegration drohen können. Zum Beispiel ist ein Textilhersteller gegenüber Textilgeschäften mächtiger, wenn er glaubhaft damit drohen kann, eigene Textilgeschäfte zu eröffnen, die seine Produkte ohne Zwischenhandel in den Markt bringen.

Verhandlungsmacht der Abnehmer

Die Stärke der Abnehmer lässt sich genau spiegelbildlich zur Wettbewerbsmacht der Lieferanten definieren.

3.6 Unternehmensanalyse

Die Unternehmensanalyse umfasst einerseits die Analyse der Wertkette, andererseits geht es darum, die verschiedenen Produkte und strategischen Geschäftseinheiten in einem Portfolio darzustellen.

Wir behandeln in diesem Kapitel folgende drei Themen:

- Wertketten-Analyse
- Portfolio-Analyse (BCG und McKinsey)
- Stärken- und Schwächenanalyse

3.6.1 Wertketten-Analyse

Die Idee der Wertkette von Michael Porter[1], die in der nächsten Abbildung dargestellt wird, liegt im **Prozessgedanken.** Jedes Unternehmen schafft Werte, indem verschiedene Prozesse miteinander verkettet werden. Die Wertkette identifiziert **neun Bereiche,** die Werte für den Kunden schaffen. Die fünf unteren Bereiche sind **primäre Aktivitäten,** weil sie direkt produktiv sind. Die vier oberen Bereiche sind **unterstützende Aktivitäten,** die notwendig sind, damit die Wertkette als Ganzes funktioniert.

Die Wertkette ist als Pfeil dargestellt, der über die primären Aktivitäten Eingangslogistik, Operationen, Marketing und Vertrieb, Ausgangslogistik und Kundendienst hin zum Kunden führt. Die Gewinnspanne zeigt, dass der generierte Kundennutzen grösser ist als die generierten Kosten und deshalb ein Gewinn möglich ist.

Abb. [3-18] Wertkette

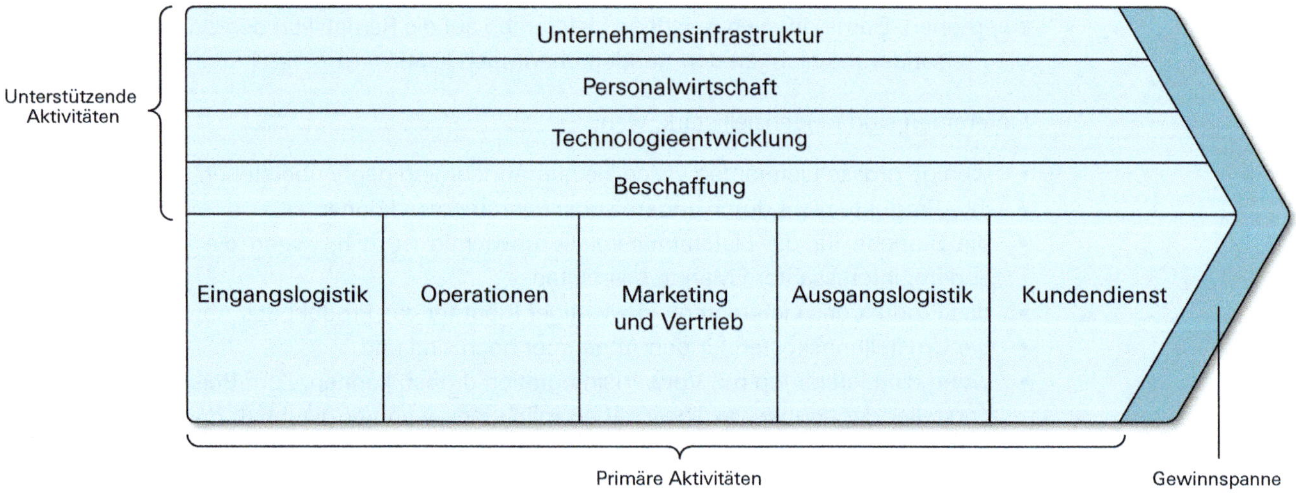

Die Wertkette ist ein **Analyseinstrument,** das dem Management helfen soll, Kosten und Nutzen aller Aktivitäten zu überprüfen und Verbesserungen des Kosten-Nutzen-Verhältnisses anzustreben. Vom Ansatz her entspricht diese prozessorientierte Sichtweise einer ausgeprägten **Marktorientierung,** weil sie das Unternehmen auf den Kundennutzen ausrichtet und in diesen wertschöpfenden Aktivitäten Wettbewerbsvorteile zu erringen sucht.

[1] Porter, Michael E.: Wettbewerbsvorteile, Frankfurt; New York: Campus 2013.

3.6.2 Boston-Consulting-Group-Portfolio

Viele Unternehmen sind in mehreren strategischen Geschäftsfeldern tätig und bieten verschiedene Produkte und Dienstleistungen an. Dabei wird es häufig so sein, dass sich die verschiedenen **Produkte** in unterschiedlichen Phasen des Produktlebenszyklus befinden. Da die verschiedenen **strategischen Geschäftseinheiten (SGE)** in ihren Märkten relativ unabhängig voneinander arbeiten, stellt sich für das Unternehmen die Frage der Finanzierung der verschiedenen Geschäftseinheiten oder Produkte.

Da die Finanzen zentral, also von der obersten Geschäftsleitung koordiniert werden, braucht das Unternehmen eine **Übersicht,** die zeigt, in welchen Märkten welche Erträge generiert werden bzw. welche Investitionen notwendig sind. In diesem Sinn spricht man von einem Portfolio, das aus den verschiedenen SGE zusammengesetzt ist.

Die Idee eines **«Portfolio»** oder Portefeuilles stammt ursprünglich aus der Finanztheorie, nach der ein Depot eine optimale Mischung von einzelnen Werten (Aktien, Obligationen etc.) enthalten soll. Übertragen auf das diversifizierte Unternehmen heisst das, dass das Unternehmen eine optimale Mischung der strategischen Geschäftseinheiten, die in verschiedenen Märkten agieren, erzielen muss.

Ein Instrument für diese Koordination bot die Unternehmensberatungsfirma «Boston-Consulting-Group» an; darum wird die folgende Produkt-Portfolio-Matrix auch **«BCG-Matrix»** oder «Bostoner Schema» genannt.

Abb. [3-19] **Boston-Consulting-Group-Portfolio**

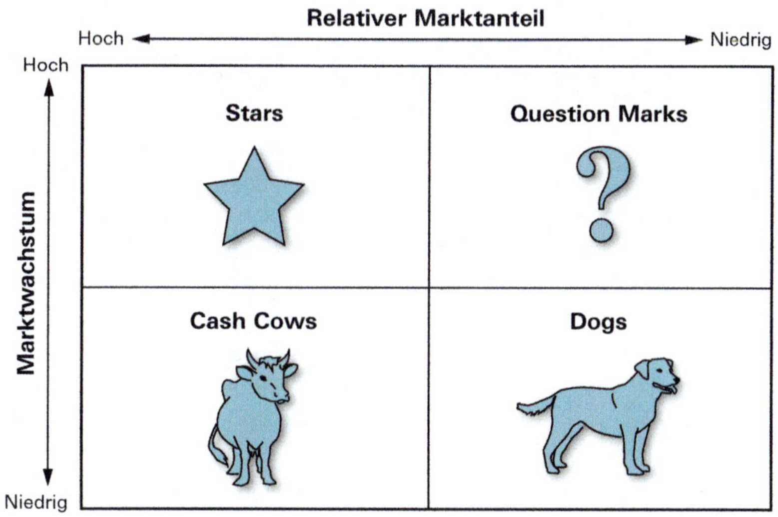

Auf der Vertikalen wird das Marktwachstum aufgezeichnet. In der oberen Hälfte finden sich alle SGE, die sich in einem wachsenden Markt befinden. Auf der Horizontalen wird der relative Marktanteil eingetragen. SGE, die einen hohen Marktanteil haben, sind links, diejenigen mit kleinem Marktanteil sind rechts. Daraus ergeben sich vier Felder:

- Question Marks
- Stars
- Cash Cows
- Dogs

Question Marks: Hat eine SGE einen relativ kleinen Marktanteil in einem wachsenden Markt, so sind in der Regel hohe Investitionen nötig, um in diesem Wachstumsmarkt mitzuhalten. Insofern stellt sich für das Unternehmen die Frage (deshalb das Fragezeichen), ob es weiter investieren will, um aus dem Fragezeichen einen Star zu machen.

Stars: Als Stars werden SGE bezeichnet, die über einen grossen Marktanteil in einem wachsenden Markt verfügen. Diese erfolgreichen Produkte und Dienstleistungen bringen in der Regel viel Umsatz, allerdings kostet es viel Geld, die Marktanteile zu halten und den Markt weiterzuentwickeln.

Cash Cows: Aus den Stars werden häufig Cash Cows, sobald das Marktwachstum sich verlangsamt. In der Regel zahlen sich hier die Investitionen aus: Die SGE hat einen hohen Marktanteil und der Markt verlangt keine hohen Investitionen mehr. SGE in diesem Feld liefern dem Unternehmen Geld (deshalb Cash Cow), sodass damit zukunftsträchtige Question Marks und Stars finanziert werden.

Dogs: In diesem Feld ist sowohl der Marktanteil wie auch das Marktwachstum niedrig. Die SGE sollten in ein anderes Feld überführt werden können, sonst werden sie in der Regel aufgelöst.

3.7 Stärken- und Schwächen-Analyse

Für die erfolgreiche Ausarbeitung eines Marketingkonzepts müssen die Stärken und Schwächen des eigenen Unternehmens bekannt sein. Die folgende Struktur mit sieben Dimensionen hat sich in der Praxis in verschiedenen Situationen gut bewährt:

- **Kunden:** In dieser Dimension wird beispielsweise analysiert, welches Unternehmen über die besseren Kundenbeziehungen verfügt.
- **Produkte und Dienstleistungen:** Hier wird geprüft, wer die besten Produkte herstellt und die besten Dienstleistungen anbietet.
- **Distribution:** Diese Dimension betrachtet die unterschiedlichen Distributionskanäle und vergleicht Standortvorteile.
- **Kommunikation:** Unternehmen unterscheiden sich auch in der Art und Weise, wie sie mit Marktteilnehmern kommunizieren.
- **Preise und Kosten:** Die Kostenstrukturen sind häufig ausschlaggebend dafür, welche Unternehmen langfristig überleben und welche zusammenbrechen. Die Preisstruktur muss mit der Kostenstruktur nicht identisch sein. Die Kostenstruktur bestimmt aber den Spielraum für die Preisbildung.
- **Management:** Hinter erfolgreichen Produkten und Dienstleistungen stehen nicht anonyme Unternehmen, sondern Menschen mit besonderen Fähigkeiten. Diese Menschen prägen die Entwicklung eines Unternehmens, ihre Organisation, ihre Entscheidungsprozesse, ihre Planung und ihre Unternehmenskultur. Bei kleineren Unternehmen ist die Unternehmerin häufig allein für den Erfolg oder Misserfolg des Unternehmens verantwortlich.
- **Finanzen und Infrastruktur:** Die finanziellen Mittel und die Infrastruktur sind ein wichtiger Faktor bei der Analyse des Unternehmens und der Konkurrenz. Sie definieren den Handlungsspielraum und setzen Grenzen bei der Ausarbeitung eines Marketingkonzepts.

Abb. [3-20] **Kriterien für die Erfolgsmessung**

Kriterien für die Erfolgsmessung	Kennzahleninhalte
Kunden	• Kundenkreis • Zufriedenheit der Kunden • Image bei den Kunden (und bei den Nicht-Kunden) • Etc.
Produkte und Dienstleistungen	• Produktvorteile gegenüber der Konkurrenz • Marktanteile der Produkte und DL • Portfolio von Innovationen • Etc.
Distribution	• Verfügbarkeit unserer Marktleistungen im Handel • Image beim Handel • Etc.

Kriterien für die Erfolgsmessung	Kennzahleninhalte
Kommunikation	• Dialog mit Kunden und anderen Anspruchsgruppen • Wahrnehmung der Produkte, des Unternehmens, der Marken • Reputation • Etc.
Preise und Kosten	• Beschaffungskosten • Produktionskosten • Marketingkosten • Flexibilität der Kostenstruktur (Können Fixkosten rasch abgebaut werden?) • Durchsetzungsfähigkeit von Preisprämien • Etc.
Management	• Unternehmenskultur • Organisation • Strategisches Denken • Führungsstil • Branchenkenntnisse, technisches Wissen • Vernetzung mit Kunden und anderen Anspruchsgruppen • Etc.
Finanzen und Infrastruktur	• Gewinn und Margen • Bilanzstruktur (Fremd- und Eigenkapital) • Liquidität • Bonität • Immobilien • Technische Infrastruktur (z. B. IT-Systeme) • Etc.

Darstellungsoptionen

Das Resultat einer Stärken-Schwächen-Analyse kann auf verschiedene Arten dargestellt werden. Häufige Formen sind die Kreuztabelle, das Profil und die Spinne. Das **Beispiel der fiktiven Firma Müller AG** zeigt, dass sie über gute Kundenbeziehungen und über ein gutes Management verfügt. Die Firma A hingegen zeichnet sich durch gute Produkte aus und verfügt über starke Finanzen und eine gute Kostenstruktur. Die Firma B kommuniziert praktisch nicht mit dem Markt, hat eine schlechte Kostenstruktur, das Management, die Kundenbasis und die Produkte sind unterdurchschnittlich.

Einziger Lichtblick ist die **Distribution.** Es wäre z. B. möglich, dass das Unternehmen B ein traditionsreiches Geschäft ist, das einen hervorragenden Standort hat (Distribution), dass die Eigentümerfamilie (Management) aber wenig von Marketing versteht (Kommunikation und Produkte). Der Kundenstamm ist mit dem Unternehmen alt geworden und die Ertragskraft ist sehr gering (Kosten, Finanzen).

Abb. [3-21] **Kreuztabelle**

	Müller AG	Konkurrent A	Konkurrent B
Kunden	10	6	5
Produkte	7	10	5
Distribution	8	4	10
Kommunikation	3	5	1
Preise und Kosten	6	10	2
Management	7	6	5
Finanzen	6	10	2

Abb. [3-22] Darstellung Profil (Beispiel eines Stärken-Schwächen-Profils der Firma Müller AG)

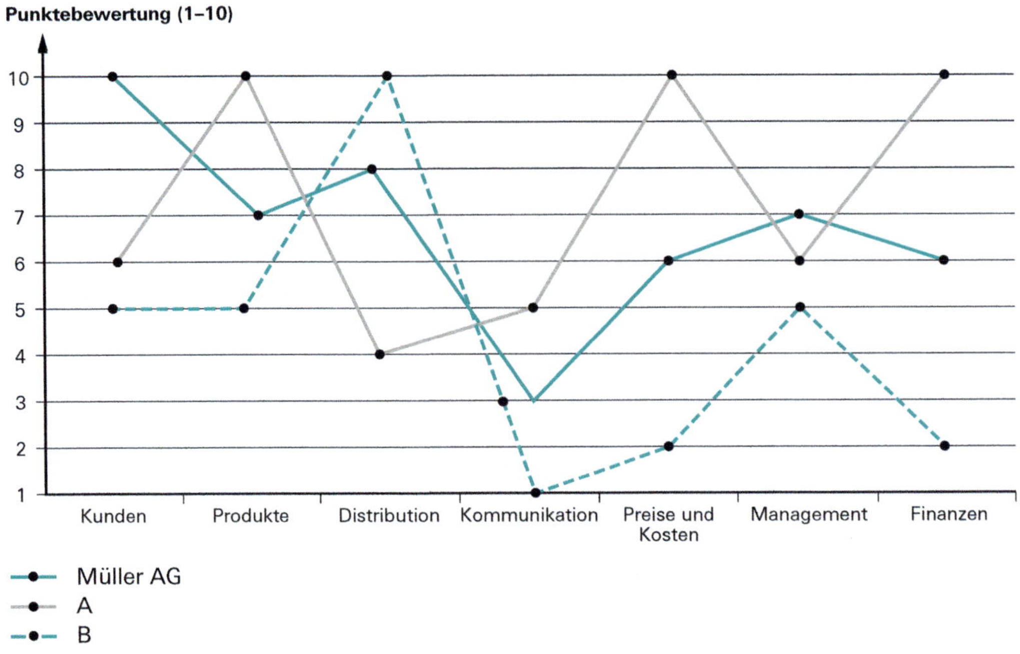

Abb. [3-23] Spinne

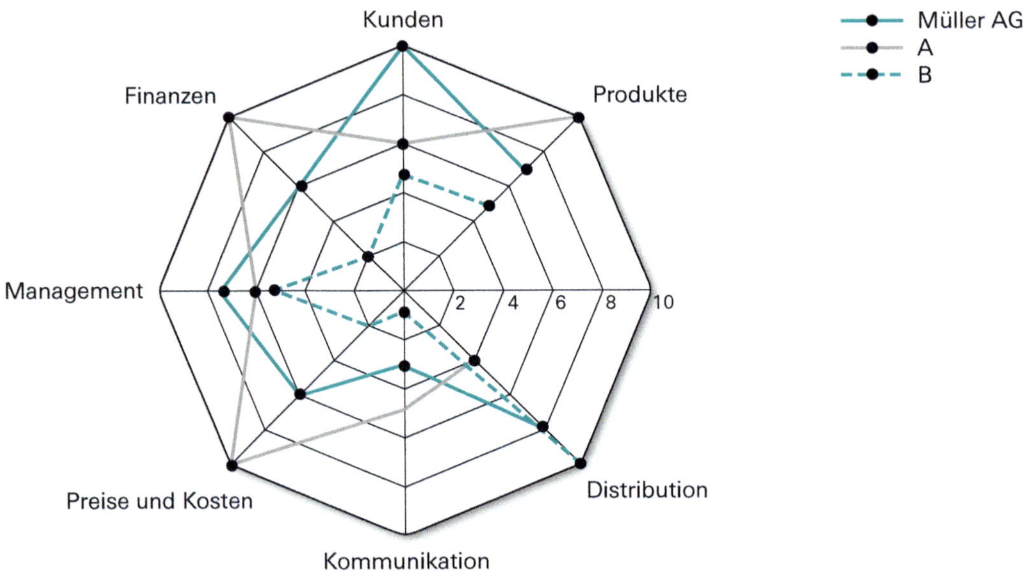

3.8 Umfeldanalyse[1] (PESTEL)

Ein Markt wird durch das Umfeld beeinflusst. Das Umfeld besteht aus mehreren Sphären. International hat sich die Abkürzung PESTEL durchgesetzt. Sie beschreibt **sechs verschiedene Sphären.**

P = Political (politische Aspekte)

E = Economical (wirtschaftliche Konditionen)

S = Social (gesellschaftliche Kräfte und Trends)

[1] Im Unterschied zu anderen Lehrbüchern vermeiden wir den Begriff «Umweltanalyse», da der Begriff «Umwelt» häufig ökologisch interpretiert wird (z. B. Umweltschutz). Der Begriff «Umfeld» ist breiter und beinhaltet die Umwelt.

T = Technology (technische Entwicklungen)

E = Ecological (ökologische Anliegen)

L = Legal (rechtliche Rahmenbedingungen)

Die folgende Liste zeigt einige konkrete Beispiele:

Abb. [3-24] **Beispiele von PESTEL-Faktoren**

Abk.	Sphäre	Indikatoren	Beispiel
P	Politisch	Innenpolitik, Gewerkschaften, Steuern, Zölle.	Eine Steuer auf Alcopops senkt den Konsum von Alcopops.
E	Wirtschaftlich	Inflation, Arbeitslosigkeit, Preisniveau, Zugang zu Rohstoffen.	Ein tiefes Zinsniveau führt zu einer erhöhten Nachfrage nach Wohneigentum.
S	Sozial, kulturell	Ausbildung, Zuwanderung, Religion, Demografie, Lebensstile.	Das lebenslange Lernen löst die einmalige Berufsausbildung ab. Die Nachfrage nach Nachdiplomstudien nimmt zu.
T	Technisch	Erfindungen, neue Produkte, neue Rohstoffe.	Die Miniaturisierung von Telefonen und neue Übertragungstechniken lösen einen Mobiltelefonboom aus.
E	Ökologisch	Die CO_2-Reduktion wird mittels Appellen und Steuern angestrebt.	Die Nachfrage nach Hybridautos und Autos mit weniger Benzinverbrauch nimmt zu.
L	Rechtlich	Die Buchpreisbindung in der Schweiz wird aufgehoben.	Der Buchhandel ist frei in der Preisfestsetzung. Die Preise von Bestsellern werden tendenziell sinken.

Die PESTEL-Analyse kann einerseits als **Checkliste** benutzt werden, sie kann aber auch als **Kriterienraster** für eine Standortanalyse dienen. Die folgende Tabelle zeigt eine Analyse von Exportländern eines Schweizer Maschinenherstellers. Über 35 verschiedene Kriterien wurden analysiert und gewichtet. Anschliessend wurden die Punkte addiert, wodurch Deutschland als attraktivstes Exportland hervorgeht, gefolgt von Frankreich und Italien. Natürlich ist diese Reihenfolge, wie jedes Ranking, nicht objektiv, sondern wird massgeblich durch die Wahl und Messung der Einflussfaktoren und die Bestimmung des Gewichtungsfaktors beeinflusst. Aber genau diese Diskussion ist sehr wertvoll in einem Unternehmen und führt zu einem besseren Verständnis der gegenseitigen Annahmen über verschiedene Märkte.

Abb. [3-25] **Analyse von Exportländern eines Maschinenherstellers**

	Belgien	Deutschland	Finnland	Frankreich	Irland	Italien	Norwegen	Österreich	Polen	Schweden	Spanien
Politik	12	21	30	15	18	3	27	24	6	27	9
Wirtschaft	105	210	94	182	66	162	97	123	119	70	139
Soziale Trends	79	160	50	141	56	113	54	66	54	83	96
Technologie	56	94	70	82	53	77	57	61	38	64	83
Ökologie	2	2	3	2	2	2	2	22	1	3	2
Recht	121	73	94	70	139	79	104	103	84	108	57
Total	375	560	340	492	334	436	341	399	303	354	385
Rang		1		2		3					

3.9 Marktdiagnose

Im Unterschied zu den meisten anderen Marketingbüchern unterscheiden wir zwischen **Analyse** und **Diagnose.** In Beratungsprojekten mit Kunden und in Projektarbeiten von Studierenden stellen wir immer wieder fest, dass sehr viel Zeit und Energie in die Analyse investiert wird. Leider werden die Ergebnisse der Analyse anschliessend oft nicht zu einer Diagnose aufbereitet. Während das Ziel der Analyse darin besteht, systematisch Fakten zu sammeln und zu kategorisieren, geht es bei der Diagnose um die **Interpretation** dieser Fakten.

Das folgende Beispiel soll den Unterschied zwischen Analyse und Diagnose illustrieren.

Beispiel

Analyse und Diagnose beim Arzt

Der Patient klagt über rasch aufgetretenen Brustschmerz (Analyse 1). Der Schmerz bleibt weiter bestehen und man erkennt im EKG eine infarkttypische Veränderung (Analyse 2). Der Mann hat mit allergrösster Wahrscheinlichkeit einen akuten Infarkt (Diagnose) und muss ohne Verzögerung sofort behandelt werden; dabei wird die Diagnose Infarkt noch verfeinert. Wenn in einem zweiten Beispiel der Brustschmerz eher in Ruhe auftritt (Analyse 1), nicht bei Anstrengung (Analyse 2), bei bestimmter Brustkorbstellung der Schmerz stärker wird (Analyse 3) und die ersten Abklärungen von EKG (Analyse 4) und Labor (Analyse 5) keinen Verdacht auf Infarkt ergeben, so hat man die «Diagnose» Brustschmerz. Niemand kann aber im ersten Moment sicher sein, ob nicht doch ein Infarkt als Ursache infrage kommt, und man stellt vielleicht die Arbeitshypothese auf: Brustschmerz, aktuell keine kardiale Ursache nachweisbar, Überwachung für 24 Stunden zum sicheren Ausschluss eines Infarkts.[1]

Überträgt man die Situation auf das Marketing, dann kann man sich ein Unternehmen vorstellen, das im vergangenen Jahr weniger Umsatz erzielte, den mengenmässigen Marktanteil jedoch halten konnte und wertmässig sogar zulegte. Bevor nun, basierend auf diesen Analysen, Massnahmen definiert werden, muss eine Diagnose stattfinden. Eine solche Diagnose kann z. B. zeigen, dass die Kunden im Markt generell preisempfindlicher geworden sind. Das Unternehmen konnte gleich viele Aufträge ausführen, allerdings für ein tieferes Honorar. Weil aber die Konkurrenz noch stärkere Preisnachlässe in Kauf nehmen musste, ist der wertmässige Marktanteil gestiegen.

3.9.1 SWOT (Stärken, Schwächen, Chancen, Gefahren)

Sie umfasst vier Bereiche: Stärken, Schwächen, Chancen und Gefahren. Die Bezeichnung **SWOT-Analyse** ergibt sich aus den englischen Begriffen für die vier Bereiche:

- S = Strengths (Stärken)
- W = Weaknesses (Schwächen)
- O = Opportunities (Chancen)
- T = Threats (Gefahren)

Chancen und Gefahren sind externe, Stärken und Schwächen sind interne Einflussfaktoren.

A] Chancen und Gefahren

Die Unternehmens-, Markt- und Umfeldanalyse kann bestenfalls den momentanen Zustand beschreiben, aber nicht die Zukunft voraussagen. Jede Entwicklung kann für das Unternehmen eine positive oder negative Auswirkung haben. Die Auswirkungen können kurzfristig oder langfristig, sie können eher wahrscheinlich oder eher unwahrscheinlich sein. Wichtig ist, dass sich Chancen und Gefahren im Gegensatz zu Stärken und Schwächen auf **Entwicklungen in der Zukunft** beziehen.

[1] Wir danken Dr. med. Peter Oberholzer für dieses Beispiel.

B] Stärken und Schwächen

Bei der Unternehmensanalyse haben wir die **sieben Dimensionen** definiert, die wir jetzt auch zum Stärken- und Schwächen-Vergleich mit der Konkurrenz benutzen: Kunden, Produkte und Dienstleistungen, Distribution, Kommunikation, Preise und Kosten, Management, Finanzen und Infrastruktur.

Jedes Unternehmen vergibt für jede Dimension eine bestimmte Punktzahl zwischen 1 und 10. Diese Punktzahlen können in ein Stärken-Schwächen-Profil übertragen werden.

3.9.2 SWOT-Matrix

In einem nächsten Schritt wird die Stärken-Schwächen-Analyse mit der Chancen-Gefahren-Analyse kombiniert.

Diese Kombination kann in einer SWOT-Matrix dargestellt werden, in der die **vier möglichen Fälle** erscheinen:

- **SO-Strategien:** Eine Stärke des Unternehmens trifft auf eine Chance im Markt. Diese Konstellation gilt es auszunutzen und zu multiplizieren.
- **WO-Strategien:** Eine Schwäche des Unternehmens trifft auf eine Chance im Markt. Hier besteht das grösste Verbesserungspotenzial für das Unternehmen. Wenn es gelingt, die Schwäche in eine Stärke zu verwandeln, kann das Unternehmen die Chance erfolgreich nutzen.
- **ST-Strategien:** Eine Stärke des Unternehmens trifft auf eine Gefahr im Markt. Diese Kombination kann einerseits eine «Versicherung» darstellen, weil das Unternehmen den widrigen externen Umständen wirksam entgegentreten kann. Andererseits ist es auch denkbar, dass eine Fehlallokation der Ressourcen vorliegt, weil sich die Stärke des Unternehmens nicht in einen Erfolg umwandeln lässt.
- **WT-Strategien:** Eine Schwäche des Unternehmens trifft auf eine Gefahr im Markt. In diesem Feld hat das Unternehmen keinerlei Vorteile und muss sich vom Markt zurückziehen.

Abb. [3-26] **SWOT-Matrix**

	Opportunities (Chancen)	Threats (Gefahren)
Strengths (Stärken)	SO-Strategien	ST-Strategien
Weaknesses (Schwächen)	WO-Strategien	WT-Strategien

Beispiel

Kieser Training

Die Kieser Training AG, ein Franchiseunternehmen mit Hauptsitz in Zürich, hat sich auf der Grundlage wissenschaftlich gesicherter Erkenntnisse auf gesundheitsorientiertes Krafttraining an Maschinen spezialisiert. Im Gegensatz zu Fitnesscentern, die möglichst viele Sportarten, Sauna, Bad, Solarium, Fitnessbar etc. offerieren, bietet jeder Kieser-Training-Betrieb unter standardisierten Voraussetzungen ausschliesslich diese besondere Form des präventiven und therapeutischen Krafttrainings an. Es gilt das Prinzip der Konzentration auf das Wesentliche: den gezielten Muskelaufbau. Konsequent wird auf alles verzichtet, was nicht zur Kräftigung beiträgt oder vom Training ablenkt.

Mit seinem Angebot positioniert sich Kieser Training bewusst zwischen dem Fitness- und dem Medizinmarkt und verzichtet damit gewollt auf gewisse Kunden-Segmente. Das Durchschnittsalter des typischen Kieser-Training-Kunden liegt bei 46 Jahren, 53% der Kunden sind weiblich, 88% haben keine Erfahrungen mit dem Krafttraining, 44% treiben keinen Sport. Häufig kommen die Kunden, um eine generelle Kräftigung zu erreichen oder um Schmerzen am Bewegungsapparat wie Rückenschmerzen zu lindern oder diesen vorzubeugen. Die Effizienz des präventiven und therapeutischen Krafttrainings ist in vielen internationalen Studien belegt.

Weitere wichtige Positionierungselemente von Kieser Training sind:

- Kompetenz und Effizienz durch Spezialisierung
- Medizinisch-wissenschaftliche Ausrichtung
- Integration von Ärzten im Leistungsangebot

In der folgenden Tabelle werden die externen und internen Faktoren aufgeführt.

Abb. [3-27] **Externe und interne Faktoren für Kieser**

Externe Faktoren	Interne Faktoren
(1) Überalterung der Bevölkerung (2) Bewegungsmangel der Bevölkerung (3) Mehr Bürojobs (4) Erhöhtes Körperbewusstsein der jungen Generation (5) Rückzug in die Privatsphäre (6) Zunehmende Mobilität (7) Vereinsamung der Berufstätigen (8) Erhöhte Scheidungsraten (9) Kostendruck bei Krankenkassen (10) Trend zu «sanften» Betätigungen (Pilates, Yoga) (11) Trend zu Outdoor-Betätigungen (12) Berufstätige leben unter Zeitdruck	• Kunden – (a) Konzentration auf eine klar definierte Zielgruppe • Produkte und Dienstleistungen – (b) Spezialisierung auf präventives Krafttraining und medizinische Kräftigungstherapie – (c) Medizinische Ausrichtung z. B. durch ärztliche Trainingsberatung und Vorabklärung – (d) Geringer Zeitaufwand (30 Min.) bei hoher Effizienz – (e) Hochwertige Trainingstechnologie für nahezu isoliertes Training der Muskulatur – (g) Drei begleitete Einführungstrainings, regelmässige Kontrolltrainings und Neuprogramme – (h) Individuelles, auf die Bedürfnisse des Kunden abgestimmtes Trainingsprogramm – (i) Qualitop-geprüfte (CH) und TÜV-geprüfte (DE) Betriebe • Distribution / Standort – (j) Standortkombination von Kieser Training und medizinischer Kräftigungstherapie – (k) Standardisierte Einrichtung aller Franchise- und Tochterbetriebe in Australien, Deutschland, Grossbritannien, Luxemburg, Österreich, den Niederlanden und der Schweiz in gut erschlossenen Lagen in der Stadt • Kommunikation – (l) Sachliche Kommunikation, Ursache → Wirkung • Preise und Kosten – (m) preisliche Positionierung im mittleren Segment

Abb. [3-28] **SWOT-Matrix für Kieser**

	Opportunities (Chancen)	Threats (Gefahren)
Strengths (Stärken)	SO-Strategien (1c) Ältere Leute suchen den medizinischen Nutzen des Krafttrainings und schätzen den Verzicht auf (zu laute) Hintergrundmusik beim Training (g, a, i). (2c) Schwächung der Muskulatur durch Bewegungsmangel kann mit Kieser Training wieder ausgeglichen werden. (3j) Berufstätige wollen ohne Zeitverlust trainieren, Kieser-Lokale sind nahe bei den Arbeitsplätzen, und dies in mehreren Städten (6k). (11d) Das Training braucht wenig Zeit, wenn ein Kieser-Center in der Nähe des Arbeitsorts ist (11j, k).	ST-Strategien (9b) Krankenkassen schliessen Krafttraining aus ihrer Deckung aus (9m).
Weaknesses (Schwächen)	WO-Strategien (4b) Die Jungen pflegen ihren Körper, brauchen aber mehr als nur Krafttraining. (7b, 8b) Andere Fitnesscenter dienen auch als Kontaktcenter, Kieser bietet dies jedoch nicht an. Die Atmosphäre ist nüchtern, der Kundenmix richtet sich nicht an Singles.	WT-Strategien (5j) Die Kunden können Krafttraining zu Hause betreiben, z. T. mit denselben Maschinen (5m). (10b) Der Trend zum ganzheitlichen Körper widerspricht der mechanistischen Kieser-Philosophie.

3.9.3 Darstellung im McKinsey-Portfolio

Wir haben bereits das Boston-Consulting-Group-(BCG-)Portfolio kennengelernt und es im Rahmen der Unternehmensanalyse dazu benutzt, Finanzströme für Produkte in verschiedenen Lebenszyklen (Dimension Marktwachstum) und Marktpositionen (Dimension relativer Marktanteil) zu beurteilen. Im Unterschied zum BCG-Portfolio ist das McKinsey-Portfolio **eher auf SGE und ganze Unternehmen ausgerichtet.** Es ist mehrdimensional und berücksichtigt auch die Zukunft.

Abb. [3-29] **Vergleich Boston-Consulting-Group-Portfolio und McKinsey-Portfolio**

	Boston-Consulting-Group-Portfolio (BCG), 4-Felder-Portfolio	McKinsey-Portfolio, 9-Felder-Portfolio
Analyseeinheit	Vor allem Produkte, teilweise auch SGE	Vor allem SGE und ganze Unternehmen
Stufe im Marketing-konzept	Teil der Unternehmensanalyse	Teil der Diagnose, basierend auf Unternehmens-, Markt- und Umfeldanalyse
Dimensionen	Eindimensionale Achsen (relativer Marktanteil und Marktwachstum)	Mehrdimensionale Achsen (Wettbewerbsvorteil und Marktattraktivität)
Betrachtungszeit	Ist-Zustand	Zukunftsbetrachtung, da Wettbewerbsvorteile und Marktattraktivität zukunftsgerichtet definiert sind

Das Ziel jedes Marketingkonzepts ist es, **attraktive Märkte** zu definieren und in diesen Märkten einen Wettbewerbsvorteil zu erlangen. Die Unternehmensberatung McKinsey stellt diese beiden Dimensionen in einer 9-Felder-Matrix dar, die durch die beiden Achsen «Marktattraktivität» und «Wettbewerbsvorteil» definiert ist. Das Ziel des Unternehmens wird es sein, möglichst nahe zum optimalen Feld «hohe Marktattraktivität» und «hoher Wettbewerbsvorteil» zu gelangen.

Die McKinsey-Matrix eignet sich hervorragend, wenn ein Unternehmen mit **verschiedenen strategischen Geschäftseinheiten (SGE) in verschiedenen strategischen Geschäftsfeldern (SGF) gleichzeitig tätig** ist.

Abb. [3-30] **9-Felder-Matrix von McKinsey**

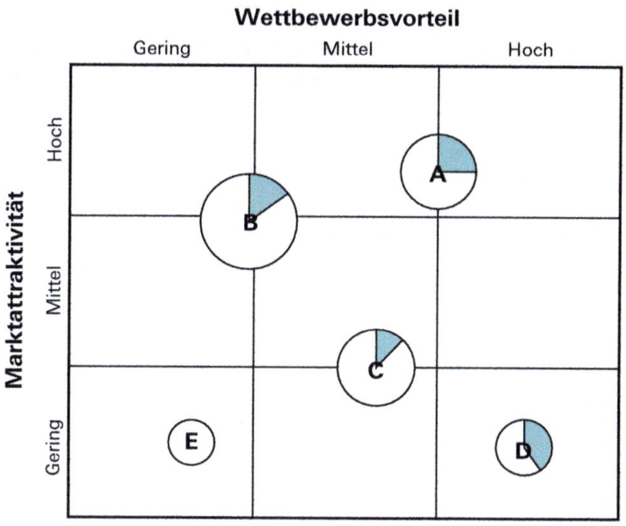

Die Darstellung zeigt **fünf verschiedene strategische Geschäftseinheiten eines Unternehmens,** die mit A, B, C, D und E gekennzeichnet sind. Der Mittelpunkt des Kreises ergibt sich aus den Koordinaten der Marktattraktivität und der Wettbewerbsstärke des jeweiligen Geschäftsfelds. Die Grösse des Kreises bezeichnet den jeweiligen Umsatz der Geschäftseinheit, der grau schraffierte Sektor bezeichnet den Gewinn[1]. Die Geschäftsfelder können wie folgt charakterisiert werden:

[1] Lombriser, Roman; Abplanalp, Peter A.: Strategisches Management: Visionen entwickeln, Strategien umsetzen, Erfolgspotenziale aufbauen, Zürich 2010. Es werden andere Kennzahlen für die Darstellung verwendet. Die Autoren liefern zusätzlich ein Modell, mit dem die Koordinaten quantitativ berechnet werden können.

A: Das Unternehmen verfügt in **einem attraktiven Markt** über **hohe Wettbewerbsvorteile.** Der Umsatz beträgt 1.1 Mio. CHF, der Gewinn CHF 250 000.–.

B: Dieser Geschäftsbereich bewegt sich in einem **attraktiven Markt,** verfügt jedoch über **wenige Wettbewerbsvorteile.** Der Umsatz beträgt 1.3 Mio. CHF, der Gewinn CHF 150 000.–.

C: Hier wird in einem eher **unattraktiven Markt** mit ansprechenden, wenn auch **nicht überragenden Wettbewerbsvorteilen** ein Umsatz von 1 Mio. CHF und ein Gewinn von CHF 100 000.– erzielt.

D: Dieser Geschäftsbereich bewegt sich in einem Markt, der am **Ende des Produktlebenszyklus** angekommen ist. Das Unternehmen war über 30 Jahre in diesem Markt tätig und konnte eine starke Wettbewerbsstellung aufbauen. Der Umsatz ist von 4 Mio. CHF auf CHF 300 000.– gefallen. Der Gewinn ist mit CHF 120 000.– recht hoch, weil keine Investitionen getätigt und keine Marktbearbeitung mehr betrieben wird. Der Geschäftsbereich wird in den nächsten Jahren liquidiert werden.

E: Dieser Geschäftsbereich verfügt über **wenige Wettbewerbsvorteile** und agiert in einem **wenig attraktiven Markt.** Bei einem Umsatz von CHF 200 000.– wird kein Gewinn erwirtschaftet. Es handelt sich um einen Bereich, der aus traditionellen Gründen beibehalten wird.

Dieses illustrative Beispiel beschreibt ein fiktives Unternehmen, das in mehreren Geschäftsbereichen gleichzeitig tätig ist. Man spricht deshalb auch von einem Portfolio, bei dem nicht nur die einzelnen Bereiche, sondern auch die gesamte Konstellation betrachtet und optimiert werden.

Viele **kleinere und neu gegründete Unternehmen** sind jedoch **nur in einem Geschäftsfeld** tätig. Sie können deshalb nicht Erträge aus dem einen Bereich für Investitionen in einem anderen Bereich einsetzen wie unser Beispielunternehmen, das den Gewinn des Bereichs D für die Stärkung des Bereichs B verwenden kann.

Für kleine Unternehmen ist es deshalb von entscheidender Bedeutung, dass sie

- sich in einem **attraktiven Markt** bewegen und
- in diesem Markt über **ausreichende Wettbewerbsvorteile** verfügen.

Beispiel

Adobe Creative Cloud

Die Softwarefirma Adobe, bekannt durch Programme wie Photoshop, Adobe Illustrator, Adobe und InDesign änderte 2013 das Business-Modell für die Adobe Creative Suite radikal. Anstelle des Verkaufs von unbeschränkt gültigen Software-Lizenzen – das gesamte Paket kostete ca. CHF 2 500.–– ist die Software Adobe Creative Cloud nur noch online für eine monatliche Nutzungsgebühr erhältlich.

Obwohl der Umsatz und der Ertrag im ersten Jahr des Wechsels einbrachen (es wurden keine «teuren» Lizenzen mehr verkauft, nur noch günstige Monatsmieten erzielt), war die Einführung von Adobe Creative Cloud ein durchschlagender Erfolg. Adobe kann in der Cloud die Applikationen besser integrieren und sieht in Echtzeit, wie Kunden die Programme nutzen. Gleichzeitig kann Adobe wichtige Assets (z. B. Bilder mit Adobe Stock oder Fonts mit Typekit) genau dann anbieten, wenn der Kunde danach sucht. Sämtliche Arbeitsschritte werden in der Cloud gespeichert. Das entlastet die Kunden und sichert Adobe eine sehr hohe Loyalität.

Die Verknüpfung von Online-Medien auf verschiedenen Plattformen (Internet, SmartPhones, Digital Displays) mit Print Medien, in der Kombination mit Social Media, hat zu einer grossen Nachfrage nach Grafikapplikationen geführt. Deshalb sprechen wir hier von einem attraktiven Markt. Gleichzeitig hatte Adobe durch die jahrzehntelange Kompetenz im Desktop Publishing (DTP) und eine breite Kundenbasis einen Wettbewerbsvorteil und konnte aus dieser Nachfrage Nutzen ziehen. Der Aktienkurs von Adobe hat sich zwischen April 2013 und September 2017 verdreifacht.

Das Management muss sich darüber im Klaren sein, dass die Nachteile eines unattraktiven Markts niemals vollständig mit dem Aufbau von Wettbewerbsvorteilen wettgemacht werden können. Erst die Kombination der beiden Dimensionen, «hohe Marktattraktivität» und «Wettbewerbsvorteile», führt zum langfristigen Markterfolg.

3.10 Marketingfehler

A] Marktdefinition

Marketingmanager und Unternehmerinnen beschäftigen sich so intensiv mit ihren Kunden, Produkten und Dienstleistungen, dass sie übersehen, wie sich ihr Markt entwickelt. Sie sehen vor lauter Bäumen den Wald nicht und nehmen die Marktdefinition als gegeben hin. Ted Levitt hat dieses Phänomen als **«Marketing-Kurzsichtigkeit»** bezeichnet.[1] Wichtig ist, dass der Markt nicht eine gegebene, statische Grösse ist, sondern vom Management immer wieder neu definiert werden muss.

Beispiel

Amerikanische Eisenbahnen

Levitt zeigt, dass die amerikanischen Eisenbahnen nicht weiter gewachsen sind, weil sie unter der «Marketing-Kurzsichtigkeit» litten. Tatsächlich wuchs die Nachfrage nach Personen- und Gütertransporten stetig. Aber die Eisenbahnen definierten ihren Markt als «Eisenbahnen», statt zu erkennen, dass sie im «Transport»-Geschäft tätig sind.

Snowboard

Ähnlich kurzsichtig verhielten sich die etablierten Skifabrikanten, als das Snowboard begann, die jungen Alpinisten zu begeistern. Sie nahmen diese Konkurrenz nicht ernst, weil sie glaubten, ihre Position im Skimarkt halten zu müssen. Tatsächlich befinden sie sich aber im Markt für «Winterspass und -sport».

Bild: maxoidos / iStock / Getty Images

B] Falsche Prognosen

Die Marktanalyse und -diagnose liefert Entscheidungsgrundlagen. Wenn die Prognosen jedoch falsch sind, fällen Unternehmen **falsche Entscheidungen.** Ein Beispiel für kollektive Falschprognosen sind die Annahmen, gemäss denen die Internet-Aktien ihren Höhepunkt erreichten und Unternehmen viel Geld in Projekte investierten, die sich nie rentierten. Die Bank Vontobel musste über 250 Mio. CHF abschreiben, als sie das Projekt «YOU» einstellte. «YOU» war das Projekt einer Internetbank, das bis zu 500 teure Unternehmensberater und Informatikspezialisten beschäftigte. Der Businessplan beruhte auf der Annahme, dass inner-

[1] Levitt, Theodore: Marketing-Kurzsichtigkeit, Harvard 2012.

halb der ersten sechs Monate 140 000 wohlhabende Kunden gewonnen werden können. Diese Prognose war jedoch völlig unrealistisch, wenn man bedenkt, dass die damals marktführende Internetbank «Youtrade» der Credit Suisse insgesamt 20 000 aktive Kunden akquirieren konnte.

C] Nichtkundenanalyse

Der bekannte Management-Professor Peter F. Drucker machte zu Recht darauf aufmerksam, dass es nicht reicht, die eigenen Kunden zu analysieren. Ein Unternehmen muss auch versuchen, **Erkenntnisse über die Nichtkunden** zu gewinnen, obwohl dies manchmal schwieriger ist. Die folgende Tabelle stellt die klassischen Fragestellungen den oft vernachlässigten Fragestellungen gegenüber.[1]

Abb. [3-31] **Ergänzung der Kundenanalyse durch die Nichtkundenanalyse**

Klassische Fragestellungen	Vernachlässigte Fragestellungen
Wer sind die Kunden?	Wer sind die Nichtkunden?
Was kaufen die Kunden von uns?	Was kaufen Kunden und Nichtkunden von anderen?
Wie kaufen die Kunden?	Wie sieht der gesamte Warenkorb der Kunden aus?
Worauf legen die Kunden Wert? Welche Wünsche befriedigt das Produkt bei den Kunden?	Welche (existierenden oder möglichen) Produkte wünschen die Kunden?
Welche Rolle spielt das Produkt bei den Kunden? Wie wichtig ist das Produkt für die Kunden?	Was hilft den Kunden, ohne das Produkt auszukommen?
Wann hat das Produkt keinen Wert für die Kunden?	Was sind die bestehenden Bestandteile des Produkts, die die Kunden honorieren?
Wer sind die Konkurrenten?	Wer sind die Nichtkonkurrenten und warum?
Wie verhalten sich die Konkurrenten heute und in Zukunft?	Für welche Unternehmen ist das Unternehmen Nichtkonkurrent?

Zusammenfassung

Innerhalb des Marktsystems werden Kunden, Handel und Beeinflusser untersucht. Die **Kundenanalyse** geschieht einerseits mittels ABC-Analyse, Scoring-Modellen und Customer-Lifetime-Value-Berechnungen. Die Kundenanalyse ist Teil der **Businessanalyse,** die unter anderem das Wissensmanagement beinhaltet und Methoden des Data Mining und Big Data nutzt.

Die Analyse des Handels unterscheidet zwischen einem **direkten Vertrieb und indirekten Vertrieb,** wobei die Vertriebskanäle bei Konsumgütern, Dienstleistungen und Industriegütern häufig sehr unterschiedlich sind. Die internen und externen Beeinflusser unterscheiden sich von den Handelspartnern durch die Tatsache, dass sie in die eigentliche Kauftransaktion nicht involviert sind, sondern bei der Kaufentscheidung von ausserhalb (externe Beeinflusser) oder von innerhalb der Käuferschaft (interne Beeinflusser) ihren Einfluss geltend machen.

Die Stärke der **Konkurrenz** des Unternehmens lässt sich anhand von fünf Wettbewerbskräften messen: die Rivalität innerhalb der Branche, die Verhandlungsmacht der Lieferanten und der Kunden, die Bedrohung durch neue Konkurrenten und die Bedrohung durch Ersatzprodukte.

[1] Nach Peter F. Drucker in: Eschenbach, Rolf; Kunesch, Hermann: Strategische Konzepte. Management-Ansätze von Ansoff bis Ulrich, 2. Auflage, Stuttgart: Schäffer-Poeschel, 1995, S. 61.

Die Unternehmensanalyse eruiert die Stärken und Schwächen des Unternehmens nach den Dimensionen Kunden, Produkte und Dienstleistungen, Distribution, Kommunikation, Preise und Kosten, Management sowie Finanzen und Infrastruktur. Mit dem Boston-Consulting-Group-Portfolio kann zudem eine Übersicht erstellt werden, die strategische Geschäftseinheiten (SGE) und Produkte nach dem Marktwachstum und dem Marktanteil beurteilt.

Die Umfeldanalyse zeigt anhand der 6 PESTEL-Dimensionen (political, economical, social, technological, ecological, legal) Chancen und Gefahren auf. Die Stärken und Schwächen (Strengths and Weaknesses) und die Chancen und Gefahren (Opportunities and Threats) werden in der SWOT-Matrix zu einer Diagnose zusammengefasst. Die McKinsey-Matrix wird mit den Dimensionen Wettbewerbsvorteile und Marktattraktivität erarbeitet.

Repetitionsfragen

7 Welchen Fehler bezeichnet Levitt als Marketing-Kurzsichtigkeit?

A] Prognosen werden nur kurzfristig erstellt.

B] Der Markt wird als gegeben betrachtet und nicht strategisch definiert.

8 A] Welche Beratungsfirma hat das folgende Modell entwickelt?

B] Was können wir über die Geschäftseinheiten A, B und C der Firma Anatasas (fiktiver Name) ausagen? Formulieren Sie einige Sätze zu den drei Geschäftseinheiten.

C] Welche Informationen können wir der Matrix nicht entnehmen?

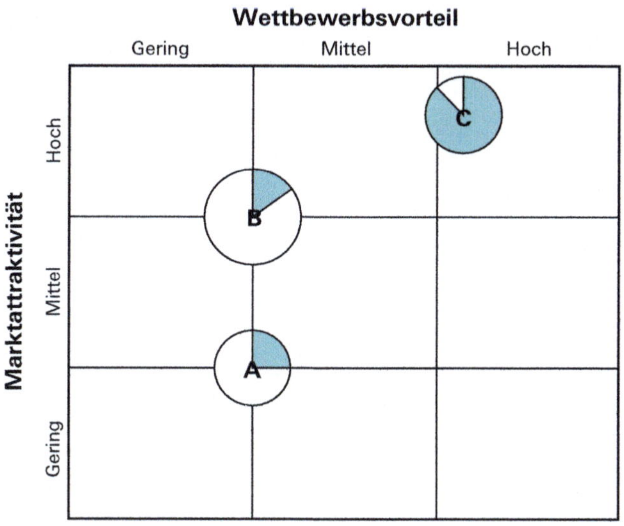

9 Basiert die SWOT-Matrix auf der Unternehmensanalyse oder auf der Umfeldanalyse?

10 Berechnen Sie den numerischen und den gewichteten Distributionsgrad für die Spiele AG und die Robotics AG, die elektronische Spielzeuge herstellt. Gehen Sie davon aus, dass insgesamt 100 Verkaufspunkte bestehen, die 20 Millionen Umsatz schaffen.

	Anzahl Verkaufspunkte	Umsatz mit Spielwaren	Spiele AG	Robotics
Kinderparadies	5	5 Mio.	Ja	Ja
Toys&More	10	5 Mio.	Ja	Nein
Spielzeug-fachgeschäfte	75	6 Mio.	In zwei Dritteln der Geschäfte	In einem Drittel der Geschäfte
Warenhäuser	10	4 Mio.	Nein	Ja
	100	20 Mio.		

11 Die Kleiderboutique Fash-In (siehe Beispiel in Kap. 3.1.2, B, S. 36, Kohortenanalyse) überlegt sich, einen Geburtstagsclub aufzubauen. Die Kundinnen geben dabei ihr Geburtsdatum und den Namen und die Adresse ihres Partners bekannt. Dieser erhält rechtzeitig vor dem Geburtstag ein Schreiben mit einer persönlichen Geschenkempfehlung durch eine Beraterin, die die Kundin kennt. Die Fixkosten betragen CHF 3 500.–.

Von den 2 000 Kundinnen machen 1 000 mit. Die Partner dieser 1 000 Frauen erhalten in der Folge jedes Jahr einen Brief mit der Geschenkempfehlung (Kosten: CHF 4.– pro Brief). Unabhängig davon, ob sie Kundinnen bleiben oder nicht, werden die Mailings jedes Jahr an 1 000 Adressen geschickt. Die Kundentreue steigt dank der Mailings im Vergleich z. B. oben um 10% an, d. h. zum Beispiel von 40% auf 50%, von 50% auf 60% und von 60% auf 70%. Der durchschnittliche Umsatz pro Kundin steigt im Vergleich zum Ausgangsbeispiel ebenfalls an, und zwar um CHF 10.– pro Jahr.

Berechnen Sie den neuen diskontierten DB und den Return-on-Marketing.

	t_0	t_1	t_2	t_3
	2015	2016	2017	2018
Mitglieder	1 000			
Anzahl Kunden	2 000			
Kundentreue				
Umsatz / Kunde				
Gesamtumsatz				
Var. Kosten in %	60%	50%	45%	45%
Var. Kosten in CHF				
Akquisitionskosten CHF 88				
Fixkosten				
Kundenbrief CHF 4				
Gesamtkosten				
Deckungsbeitrag DB				
Diskontierung mit 16% p. a.	1	0.862	0.743	0.641
Disk. DB				
Kumulativer disk. DB				
Kundenwert CLV per t_0				
Kum. DB				
Investitionen				
Disk. Investitionen				
Kum. disk. Investitionen				
Gesamtinvestitionen				
Return-on-Marketing				

12 Bei einer Wettbewerbsanalyse für das Hyatt Hotel in der Stadt Zürich können folgende Faktoren einen Einfluss auf die Marktattraktivität haben. Ordnen Sie sie einer der fünf Kräfte zu.

	Neue Konkurrenten	Abnehmer	Lieferanten	Ersatzprodukte	Rivalität
Airbnb-Vermietungs-plattform					
Booking.com-Reservationsplattform					
Tiefpreispolitik von Hilton in Zürich					
Fusion der grössten Konferenz- und Messeveranstalter					

13 Was ist im Rahmen der Businessanalyse der wesentliche Unterschied zwischen «Information», «Wissen» und «Handeln»? Übertragen Sie diese Einteilung am Beispiel einer Wanderung auf die Rigi ins Private.

Begriffe	Beispiel anhand einer Wanderung auf die Rigi
Information	
Wissen = Information + Vernetzung	
Handeln = Wissen + Anwendungsbezug + Wollen	

Fallbeispiel 1 – Pirelli und Formel 1

Autor: Stefan Michel

Ausgangslage

Die Formel 1 ist die **wichtigste Motorsportart der Welt** und für viele Akteure hochprofitabel. Seit der ehemalige Formel-1-Fahrer und Brabham-Teambesitzer Bernie Ecclestone das Zepter in die Hand genommen hat, werden mit Fernseh-Lizenzen, Werbebeiträgen, Eintrittstickets und Merchandisingmaterial jährlich Milliarden umgesetzt. Allerdings kämpft die Formel 1 mit einem **Zuschauerschwund.** Haben 2011 noch 515 Millionen die Rennen am Fernsehen verfolgt, waren es 2013 450 Millionen. Über die Gründe kann man spekulieren. Sicherlich hat die zunehmende Verbreitung von Pay-TV das Gratisfernsehen teilweise verdrängt. Klar ist aber auch, dass die **Dominanz von Sebastian Vettel** die Rennen insgesamt langweiliger macht. Besonders deutlich war das 2011, als in 19 Rennen nur acht verschiedene Fahrer einmal in Führung lagen und Sebastian Vettel 739 Runden (3 800 Kilometer) an der Spitze fuhr.

Um die Rennen interessanter zu gestalten, wurde unter anderem das **Reifenreglement** geändert und Pirelli mit der Lieferung aller Reifen für alle Teams beauftragt. Erlaubt sind neu sechs verschiedene Reifentypen, die sich bezüglich Haltbarkeit, Fahrverhalten und Belagseignung unterscheiden. Die Fahrer müssen nun zwingend einmal im Rennen, meistens zweimal, einen **Reifenwechsel** vornehmen. «Wir werden nun viele Boxenstopps sehen, die das Rennen doppelt interessant machen. Erstens ändert jeder Boxenstopp die Rangliste. Zweitens sind die Boxenstopps ein ‹Rennen im Rennen›», sagte der Pirelli-Sportchef Paul Hembery.

Einige Fahrer beklagen sich allerdings, dass die neuen Reifen weniger sicher sind und häufiger zu **Unfällen** führen. Pirelli streitet das ab mit dem Hinweis, dass alle Zwischenfälle ausschliesslich durch die falsche Montage der Reifen verursacht worden seien. Legendär wurden der Tweet von Nico Rosberg (@nico_rosberg): «Habe mich soeben bei 320 km/h in Bahrain gedreht. Ohne Vorwarnung ist der Reifen geplatzt. Dafür brauche ich jetzt etwas Toilettenpapier.»

Bild: Alexander Sandvoss / Dreamstime.com

Aufgaben

1	Wie könnte man das «Marktvolumen» der Formel 1 definieren?
2	In der Schweiz sind Rundstreckenrennen seit 1958 verboten. Kann man daraus schliessen, dass das «Marktpotenzial» für die FOCA in der Schweiz null ist?
3	In der Formel 1 hat Pirelli bei den Reifen einen Marktanteil von 100%, also ein reglementarisches Monopol. Ist das sinnvoll?

4 Marktforschung[1]

Lernziele

Nach der Bearbeitung dieses Kapitels können Sie …

- die Primärmarktforschung und die Sekundärmarktforschung unterscheiden.
- die wichtigsten Formen der Marktforschung, ihre Anwendungsgebiete sowie die jeweiligen Vor- und Nachteile beschreiben.
- das schrittweise Vorgehen bei der Durchführung einer Marktforschung erklären.

Schlüsselbegriffe

Befragung, externe Marktforschung, externe Quellen, Fokusgruppen, Handelspanels, Haushaltspanel, interne Quellen, Marktforschung, Marktforschungsprozess, Multi-Client-Studie, Mystery Shopping, Omnibus-Umfrage, Online-Befragung, Panel, persönliche Befragung, Primärmarktforschung, qualitative Marktforschung, quantitative Marktforschung, Quotenauswahl, Repräsentativität, schriftliche Befragung, Sekundärmarktforschung, Stichprobe, telefonische Befragung, Test, Zufallsauswahl

Im Auftrag von comparis.ch befragte die GfK Switzerland 500 Personen über ihre **Zufriedenheit mit der Krankenkasse.** 86% beurteilten ihre Kasse als «gut» bis «ausserordentlich gut». Als wichtigste Motive für den Verbleib bei der jetzigen Kasse wurden Tradition, Zufriedenheit mit der Leistung und ein gutes Preis-Leistungs-Verhältnis bzw. günstige Prämien angegeben. Fast die Hälfte der Befragten (45%) empfinden die eigene Krankenkassenprämie als «angemessen», 39% als «hoch» und lediglich 12% als «günstig».

Das Beispiel zeigt, wie ein Unternehmen versucht, Informationen über seine Märkte und Kunden zu gewinnen. In diesem Fall geht es wohl dem Internetportal comparis.ch auch darum, als Experte im Bereich Krankenkasse wahrgenommen zu werden.

In der Marktforschung geht es heute nicht nur um die Erforschung des Markts, wie es traditionell der Fall war, sondern auch um das **Verhalten aller Stakeholder, die Wirkung der Marketingmassnahmen und um unternehmensspezifische Faktoren.** Es ist ein Werkzeug, um die Evolution des Markts nach dem allgemeinen Prinzip des Angebots und der Nachfrage zu optimieren und somit kosteneffizienter zu gestalten.

4.1 Marketingziele

Das **Ziel der Marktforschung** ist es, Informationen über den Markt zu gewinnen, um bessere Entscheidungsgrundlagen zu schaffen. Es umfasst die Gewinnung und Auswertung von Daten und die anschliessende Interpretation der Informationen, um Aussagen über die jetzige und die zukünftige Marktsituation zu machen.

Das gewonnene Wissen soll dabei helfen, die richtigen Entscheidungen zu treffen und einen positiven Return on Marketing Investment (ROMI) zu erzielen. Das heisst, dass ein Unternehmen den Ertrag mindestens um denselben Betrag erhöhen muss, den es für die Marktforschung ausgegeben hat. Dieses simple Prinzip des ROMI hat zwei wichtige Konsequenzen:

Erstens gilt es, das Marktforschungsbudget so zu definieren, dass der ROMI maximiert wird. Das Ziel kann nicht sein, um jeden Preis alles über die Kunden und Konkurrenten zu wissen, sondern man muss **genug wissen, um gute Entscheidungen zu treffen.**

[1] Wir danken Dr. oec. publ. Sacha Knorr für die Mitarbeit an diesem Kapitel und Dr. Anja Reimer, Senior Research Consultant GfK Switzerland, für die Überarbeitung und Aktualisierung der 6. Auflage.

Wenn bereits zehn Marktforschungsstudien durchgeführt worden sind, werden die Erkenntnisse der elften Studie vielleicht keinen grossen Einfluss mehr auf die Entscheidung haben. Wenn also diese elfte Studie mehr kostet als sie dem Unternehmen schlussendlich nützt, sollte auf sie verzichtet werden. In diesem Fall wäre das optimale Budget bei zehn Studien erreicht.

Zweitens sollte Marktforschung, wenn immer möglich, auf bereits vorhandenem Wissen aufbauen. Je mehr Informationen das Institut zum Zeitpunkt der Studienkonzeption hat, desto präziser sind auch die Ergebnisse. Es ist daher durchaus sinnvoll, gerade in der Anfangsphase eines Forschungsprojekts genügend Zeit und Know-how zu investieren.

4.2 Methoden der Marktforschung

Es gibt verschiedene Methoden der Marktforschung, die sich zur Beantwortung unterschiedlicher Fragestellungen eignen. Beschränkt man sich auf die Beschaffung, Aufbereitung und Analyse bereits vorhandener Daten, spricht man von **Sekundärmarktforschung** oder **Desk Research.** Werden Daten eigens zur Erforschung einer bestimmten Fragestellung erhoben, spricht man von **Primärmarktforschung** oder **Field Research.**

In der Regel wird bei Marktforschungsprojekten nicht zwischen Primär- und Sekundärforschung entschieden. Es werden zunächst Sekundärdaten aus internen und externen Quellen gesichtet, bevor der Entschluss gefasst wird, eine Primärforschung durchzuführen. Die folgende Abbildung zeigt die unterschiedlichen Methoden der Marktforschung.

Abb. [4-1] **Methoden der Marktforschung**

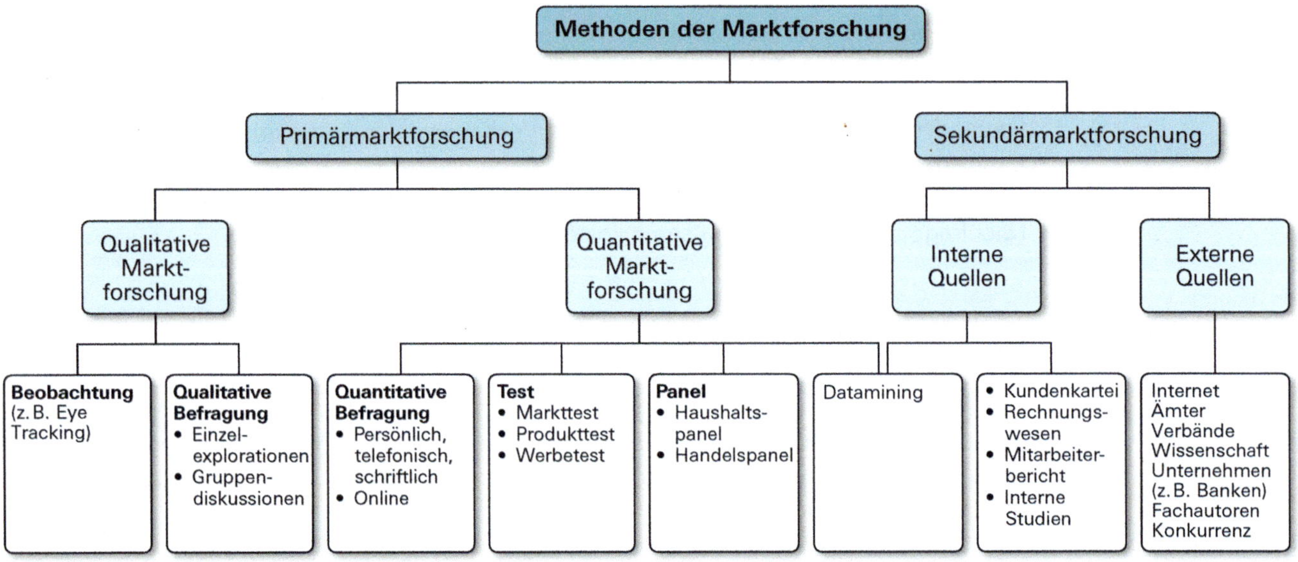

4.3 Primärmarktforschung

Bei der Primärmarktforschung werden **Daten spezifisch für eine Marktforschung erhoben.** Man unterscheidet zwischen qualitativer und quantitativer Forschung, wobei häufig eine Kombination beider Formen vorgenommen wird. Die **qualitative Forschung** versucht, Zusammenhänge aufzudecken, und interpretiert Beobachtungen, die nicht direkt gemessen werden können. Die **quantitative Forschung** ist bestrebt, die beobachtete Realität möglichst genau messen zu können.

Die qualitative Marktforschung lässt sich von der quantitativ ausgerichteten Marktforschung anhand der in der Tabelle aufgeführten Kriterien unterscheiden.

Abb. [4-2] **Vergleich qualitative und quantitative Marktforschung**

Kriterien	Qualitative Marktforschung Die Frage nach dem Warum	Quantitative Marktforschung Die Frage nach dem Wer, Wie, Wann, Was und Wo
Art der Problemstellung	Das Problem ist häufig weit gefasst und wenig strukturiert, die wichtigen Faktoren müssen noch gefunden werden.	Das Problem ist gut strukturiert, die entscheidenden Faktoren sind bekannt.
Repräsentativität[1]	Kann nicht erfüllt werden	Kann gewährleistet werden
Art der Fragestellung	Offene Fragen, explorative Gespräche, Assoziationstest etc.	Vorwiegend geschlossene Fragen
Typische Methoden	Psychologische Methoden wie Einzelexplorationen, Gruppendiskussionen, psychologische Tests und Workshops	Persönliche, schriftliche, telefonische und online durchgeführte Befragung und elektronische Erfassung (z. B. Scanner-Kassen)
Einsatz im Marktforschungsprozess	Bei strategischen und operativen Fragestellungen, die einen vertieften Einblick in die Thematik erfordern	Bei sämtlichen Fragestellungen, die einer breiten Meinungsbasis bedürfen
Auswertung	In Worten	In Tabellen und Grafiken (Diagramme)

[1] Repräsentativität = eine Stichprobe ist repräsentativ, wenn von ihr auf die Grundgesamtheit (z. B. Schweizer Bevölkerung) geschlossen werden kann (siehe Kap. 4.5.1, S. 86).

In der Praxis hat sich eine klare **Unterscheidung zwischen qualitativen und quantitativen Methoden** ergeben. Während in quantitativen Studien zumeist grössere Stichproben mit geschlossenen Fragen erhoben werden, konzentriert sich die qualitative Marktforschung auf die tiefgründige Evaluation von Fragestellungen.

Die quantitative Marktforschung setzt die erhobenen Zahlen und Fakten zueinander in Bezug und ermöglicht so eine **gesicherte Entscheidungsbasis.** Dabei erfüllt nicht jede quantitative Studie die Anforderungen der Repräsentativität, aber jede repräsentative Untersuchung ist quantitativ. Im Gegensatz dazu lassen sich mit der qualitativen Forschung die Motive, Verhaltensmuster, Einstellungen, Erwartungen und Entscheidungsprozesse der Probanden in Bezug auf die Fragestellung präzise analysieren und auswerten.

Die Marktforschung wird **häufig mit einer qualitativen Studie eröffnet,** um die Problemstellung differenziert zu erfassen und konkrete Antwortkataloge für die quantitative Forschung zu generieren. Das erleichtert die Konzeption der quantitativen Studie. Manchmal wird die qualitative Forschung aber auch zur Erklärung quantitativer Ergebnisse genutzt. In der Folge wird zuerst die qualitative und danach die quantitative Forschung vorgestellt.

4.3.1 Qualitative Marktforschung

Die qualitative Marktforschung hat ein dynamisches Prozessdesign, das die Möglichkeit bietet, offen auf die Beiträge der Teilnehmer einzugehen und diese im Verlauf des Dialogs weiterzuentwickeln.

A] Explorative Einzelinterviews

Im Gegensatz zur persönlichen Befragung, die einem strukturierten Fragebogen mit offenen und geschlossenen Fragen folgt, ist das Gespräch bei der Exploration etwas **freier.** Der Explorateur, meistens ein ausgebildeter Psychologe, moderiert durch verschiedene Fragenkomplexe, die für den Auftraggeber von Interesse sind. Die Exploration setzt voraus, dass der Interviewer mit der Zielsetzung der Studie bestens vertraut ist. Nur so kann er dem Gespräch die richtige Führung geben. In der Regel kommen explorative Interviews vor allem bei **Experten** oder **schwer erreichbaren Zielgruppen** zum Einsatz. Die Gespräche werden aufgezeichnet und zusätzlich schriftlich festgehalten.

B] Fokusgruppen

Diskussionen in Fokusgruppen werden in der Regel mit **sechs bis zehn Teilnehmenden** durchgeführt. Die Anzahl der Gruppen, die zu den rund zweistündigen Sessionen eingeladen werden, ist abhängig von der Problemstellung und pendelt sich vorwiegend **zwischen zwei und zehn Gruppen** ein. Die Diskussion wird live mitverfolgt – im Idealfall durch einen Einwegspiegel, der die Auftraggeber nahe an das Geschehen heranbringt. Zusätzlich wird das Geschehen **audiovisuell** aufgezeichnet, um eine nachträgliche Analyse zu ermöglichen.

Der Meinungsaustausch in den Fokusgruppen basiert auf einem **Gesprächsleitfaden,** der zuvor gemeinsam mit dem Auftraggeber erarbeitet wurde. Die Diskussionen leben von direkten Interaktionen zwischen den Teilnehmenden. Diese äussern ihre Meinung in der Regel offener und freier als bei strukturierten Einzelinterviews und lassen sich durch die Meinungen anderer Teilnehmer zur Diskussion anregen.

Je nach Fragestellung werden Fokusgruppen auch als **Expertenworkshops** organisiert, um eine möglichst fundierte Expertenmeinung einzuholen. Dabei wird mit Experten (z. B. interne Produkt- oder Brandmanager oder externe Spezialisten des interessierenden Gebiets) diskutiert, um fundiertes Wissen in einem spezifischen Fachgebiet zu erhalten.

Es können auch **Kreativtechniken** angewendet werden, um ein breites Fundament an möglichen Lösungen zu erstellen. Diese Workshops werden in interdisziplinären Gruppen von vier bis acht Personen durchgeführt. Während des Prozesses werden die Ideen noch nicht bewertet. Machtbarkeitsüberlegungen oder allgemeine Kritik hemmen die Kreativität und schmälern den Erfolg.

Die Moderatoren verwenden dabei zahlreiche bewährte **Projektionstechniken,** die bewusste Zensuren der Teilnehmenden unterlaufen und so eine möglichst realitätsnahe Meinungsabbildung ermöglichen.

Ebenso wichtig wie die professionelle Exploration von Fragestellungen ist die **Rückführung der Ergebnisse in den Kundenprozess.** Aus diesem Grund nehmen Experten der qualitativen Marktforschung zunehmend auch eine wichtige Beratungsfunktion ein. Sie begleiten den Auftraggeber mittels strategischer Workshops bei der Umsetzung der Forschungsresultate. Die Qualität der Ergebnisse zeigt sich erst, wenn diese auch konsequent umgesetzt werden.

C] Beobachtungen

Beobachtungen kommen immer dann zum Einsatz, **wenn Befragungen nicht die gewünschten Resultate liefern können,** weil beispielsweise die befragten Personen keine Auskunft geben wollen oder können. So ist es beispielsweise schwierig, verbal zu erfassen, wie Personen eine neuartige Verpackung öffnen und welche Probleme sie möglicherweise damit haben. Beobachtet man hingegen einige Personen beim Öffnen der Verpackung, wird man schnell feststellen können, ob sich das neue Verpackungsdesign bewährt oder ob es Probleme bei der Handhabung gibt. Auch Einkaufswege in einem Supermarkt lassen sich am besten durch Beobachtung ermitteln.

Mittels **Eye Tracking** lassen sich Blickverläufe von Personen messen. Das ist z. B. interessant, wenn man wissen möchte, ob alle relevanten Informationen einer Werbeanzeige oder eines Plakats angeschaut werden.

Beispiel

Blickverlaufstest (Eye Tracking)

Das Eye Tracking misst mit einer im Monitor integrierten Kamera, welche Elemente einer Anzeige wie lange und in welcher Reihenfolge betrachtet werden. Dies hilft der Werbeagentur, eine Anzeige zu gestalten, bei der die Betrachter auch die relevanten informativen Elemente (Angebot, Marke) wahrnehmen und nicht nur die unterhaltenden (Fotomodell). Der Blickverlauf kann durch eine optimierte Anordnung der Bildelemente systematisch gesteuert werden. Zudem ist auch das Umfeld, in dem eine Anzeige, ein Plakat oder eine TV-Werbung gezeigt wird, entscheidend. Denn was nicht gesehen wird, wirkt auch nicht.

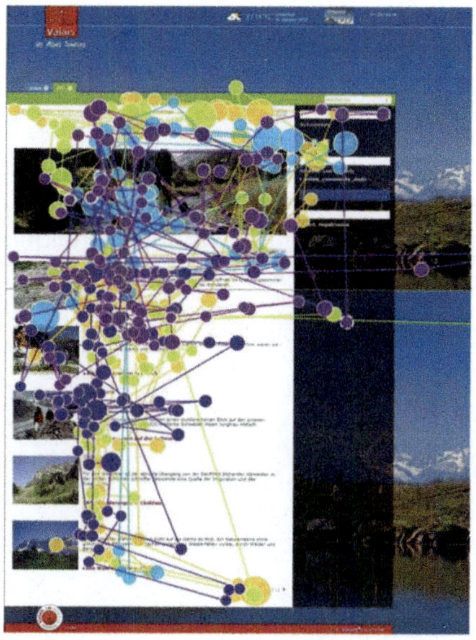

Fixation-Plot

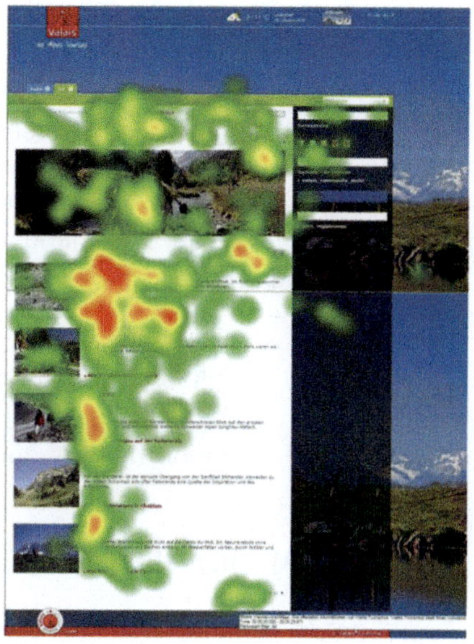

Heat-Map

Blickverlauf eines Betrachters. Bild: GfK Switzerland

Anhand von Kameras lassen sich **kleinste Bewegungen im Gesicht von Personen aufzeichnen,** die mit spezieller Software analysiert werden und Aufschluss über die gefühlten Emotionen z. B. beim Betrachten eines Werbespots geben können. Heute geschieht das auch oft online in Verbindung mit Webcams.

D] Ethnografische Verfahren

Ziel von ethnografischen Interviews ist, die Umwelt der Konsumenten und damit die Bedürfnisse der Kunden in ihrer Umwelt besser zu verstehen. Dazu werden Probanden in ihrem **natürlichen Umfeld** (zu Hause, am Arbeitsplatz, beim Einkaufen etc.) meist gesprächsbegleitend beobachtet. Ethnografische Interviews sind häufig der Ausgangspunkt für Innovationsprozesse in Unternehmen.

4.3.2 Quantitative Marktforschung

Die Befragung ist heute noch die **gebräuchlichste Form der primären Datengewinnung.** Dabei geht es darum, Meinungen und Fakten, z. B. über Produkte, Dienstleistungen oder ein Unternehmen, zu hinterfragen und kausale Zusammenhänge und Motive z. B. zum Kauf oder Nichtkauf zu erkennen.

Bei der Befragung wird davon ausgegangen, dass die Antworten der Befragten **Aufschluss über die zu untersuchende Realität** (z. B. tatsächlich vorhandene Einstellungen zu einem Produkt) geben. Sie grenzt sich damit von der Beobachtung ab, die auf der direkten Wahrnehmung von Vorgängen in der Realität beruht.

Durch den immer häufiger werdenden Einsatz von Befragungen müssen diese und die zu befragenden Personen eine Reihe von **Voraussetzungen** erfüllen. Andernfalls ist eine ausreichende Beteiligung von Befragten nicht gewährleistet und der Erfolg einer Befragung gefährdet. Eine **erfolgreiche Befragung** setzt bei den Befragten voraus, dass sie

- grundsätzlich auskunftsbereit sind, also die Antworten nicht verweigern,
- am Befragungsthema Interesse haben,
- wahrheitsgemässe Angaben machen, also weder bewusst noch unbewusst falsch aussagen,
- überhaupt etwas zu sagen haben, also über das notwendige Wissen verfügen und
- manchmal auch spezifische Fragen, z. B. Tabuthemen oder intime Marktforschungsfragen, beantworten wollen.

Das **Ziel des Marktforschungsprozesses** muss es daher sein, Zielgruppe, Fragen und Umfeld der Befragung aufeinander abzustimmen. Wir unterscheiden **vier Formen** der Befragung:

- Online-Befragung
- Telefonische Befragung
- Schriftliche Befragung
- Persönliche Befragungen

A] Online-Befragung

Online-Befragungen sind die **am häufigsten durchgeführten Befragungen.** Sie haben zwei wesentliche **Vorteile:** Sie sind schnell und relativ kostengünstig durchzuführen.

In Bezug auf die **Interaktivität** bieten Online-Befragungen zahlreiche Vorteile. Beispielsweise kann der Befragungsverlauf durch Filterfragen und die dazu gegebenen Antworten in eine bestimmte Richtung gelenkt werden. Durch diese Personalisierung kann ein Fragebogen tiefere Einblicke in den Kunden verschaffen.

Darüber hinaus ist eine automatische **Plausibilitätsprüfung** der gegebenen Antworten möglich, d. h., das System überprüft, ob die Antworten zueinanderpassen. Hat ein Befragter beispielsweise angegeben, unter 18 Jahre alt zu sein, kann er keine Fragen zum Führen von Automobilen beantworten. Zudem lassen sich Produktdesigns, Werbungen, TV-Spots und andere visuelle bzw. auditive Dateien präsentieren.

Der bedeutendste **Nachteil** liegt in der Beschränkung von Online-Umfragen auf Personen, die auch tatsächlich «online» anzutreffen sind.

B] Telefonische Befragung

Das telefonische Interview ist **schneller und billiger als die persönliche Befragung.** Als Faustregel kann davon ausgegangen werden, dass eine Telefonbefragung etwa halb so viel kostet wie eine persönliche Befragung. Bei der hohen Telefondichte in den entwickelten Ländern kann eine hohe **Repräsentativität** erreicht werden.

Die Durchführung in einem **Telefonlabor** ermöglicht dem Auftraggeber, die Interviews mitzuhören und sich so eine hohe Transparenz zu verschaffen. Telefoninterviews können aber auch dezentral, d. h. von der Wohnung des Interviewers aus durchgeführt werden. In beiden Fällen ermöglicht die rein akustische Interaktion eine geringere Beeinflussung des Befragten durch den Interviewer (Interviewer-Bias[1]) als eine persönliche Befragung. Allerdings können auch keine nonverbalen Signale (Körperhaltung, Mimik, Gestik etc.) durch den Interviewer aufgenommen werden.

[1] Bias (engl.) = Neigung, Voreingenommenheit, Verzerrung.

Problematisch bei telefonischen Befragungen ist der **Einbruch in die Privatsphäre** des Angerufenen. Ausserdem beginnen viele Verkaufsgespräche von Telefonmarketing-Agenturen ebenfalls mit marktforschungsähnlichen Fragen, was zu einer geringeren Auskunftsbereitschaft führt. Da ein telefonisches Gespräch zwischen unbekannten Menschen wenig geeignet scheint, gegenseitiges Vertrauen aufzubauen, und es für den Angerufenen sehr leicht ist, das Gespräch jederzeit zu unterbrechen, eignet sich eine telefonische Befragung dann, wenn schnell ein paar **wenige konkrete Informationen** gewonnen werden müssen.

Die telefonischen Interviews werden von professionellen Marktforschungsinstituten ausschliesslich im Telefonlabor mit der **CATI-Methode** (Computer Aided Telephone Interviewing) durchgeführt. Die **Fragen und Antwortkategorien** erscheinen auf dem **Bildschirm** des Interviewers und werden von ihm am Telefon vorgelesen. Die Antwort wird danach direkt in den Computer eingegeben. Zum einen entfällt so die Doppelspurigkeit der Erfassungsarbeit, zum anderen werden Fragebogen mithilfe einer Verzweigungslogik (Filterfragen) automatisch gesteuert. Die Wahl der Telefonnummer ist computergesteuert und kann vom Interviewer nicht beeinflusst werden.

C] Schriftliche Befragung

Bei der schriftlichen Befragung füllen die befragten Personen einen **gedruckten Fragebogen** selbstständig aus.

Die Methode kann zur Befragung der verschiedensten Stichproben eingesetzt werden, da es in der Regel möglich ist, das für die **Stichprobenauswahl** notwendige Adressmaterial zu beschaffen. Das wohl grösste Problem bei schriftlichen Befragungen ist die **Rücklaufquote.** Sie sagt aus, wie gross der Anteil der retournierten und verwertbaren Antwortbögen bezogen auf alle verschickten Bögen ist.

Eine weitere Schwierigkeit ist das **Identitätsproblem.** Es ist nicht möglich, zu eruieren, ob ein Fragebogen auch von der Person ausgefüllt worden ist, die sie angibt zu sein. Auf der anderen Seite erlaubt es genau diese **Anonymität,** heikle Fragen zu stellen. Es ist auch möglich, Personen anzusprechen, die weder telefonisch noch bei Strassenbefragungen erfasst werden.

Hinsichtlich der **Qualität der erhobenen Daten** muss man bei der schriftlichen Befragung im Vergleich zur persönlichen Befragung einige **Einschränkungen** machen:

- **Komplexe Fragestellungen** sind kaum möglich, weil der Fragebogen so einfach gehalten werden muss, dass alle angeschriebenen Personen ihn selbstständig ausfüllen können.
- **Verständigungsprobleme** führen unter Umständen zu Antwortverzerrungen, da Missverständnisse nicht aufgelöst werden können.
- Die Möglichkeit, **Muster und Bilder** zu zeigen, ist aus Kostengründen begrenzt.

Dank neuer Technologien sind professionelle Marktforschungsinstitute heute aber fähig, ungültige Fragebogen, die nach dem Zufallsprinzip oder nach bestimmten Merkmalen angekreuzt wurden, systematisch zu erkennen und auszuschliessen.

D] Persönliche Befragung

Beim mündlichen Interview findet eine **persönliche Kommunikation** zwischen dem Befragten und dem Interviewer statt. Gerade in der direkten Interaktion liegt die Hauptstärke dieser Methode, weil auch **komplexere, erklärungsbedürftige Fragestellungen** sowie der **Einsatz von Demonstrationsmaterial** möglich ist. Im persönlichen Gespräch entsteht ein Klima des Vertrauens, das ehrliche Antworten und die Auskunftsbereitschaft über heikle Fragen begünstigt. Das Gespräch folgt in der Regel einem klaren Muster, das durch den Fragebogen mit offenen, halboffenen und geschlossenen Fragen vorgegeben wird. Man spricht dann von standardisierten im Vergleich zu offenen Interviews.

Der Interviewer hat zudem die Gewähr, dass der Befragte **selbstständig und ohne Ausseneinfluss durch Dritte** geantwortet hat. Die Gefahr für den Auftraggeber liegt allerdings darin, dass der Interviewer den Befragten beeinflusst, indem er beispielsweise **Suggestivfragen** stellt oder eigene Bemerkungen in das Gespräch einbringt. Findet das Interview beim Befragten zu Hause statt, wo er am ehesten über die notwendige Zeit für das Interview verfügt, spricht man von einer **In-Home-Befragung.** Von **In-Hall-Befragungen** spricht man, wenn Interviews am Arbeitsplatz (Office-Interviews), in Läden oder an Messen durchgeführt werden.

Die folgenden Tabellen zeigen die **Entwicklung der Umsatzanteile und Interviewanteile nach Erhebungsmethoden.** 2016 wurden 36% aller Interviews online durchgeführt. Das sind mehr Interviews, als telefonisch durchgeführt wurden. Umsatzmässig liegen die telefonischen Interviews mit 40% jedoch auf dem ersten Rang, weil sie teurer in der Durchführung sind als Online-Interviews und deshalb mit weniger Befragten mehr Umsatz generieren. Es ist zu erwarten, dass Online-Interviews in Zukunft noch weiter zunehmen werden, während die anderen Methoden – vor allem wegen ihren vergleichsweise hohen Kosten – nur ergänzend für besondere Fragestellungen, die online weniger gut ermittelt werden können, zum Einsatz kommen.

Abb. [4-3]

Entwicklung der Umsatzanteile nach Erhebungsmethoden 2007–2016

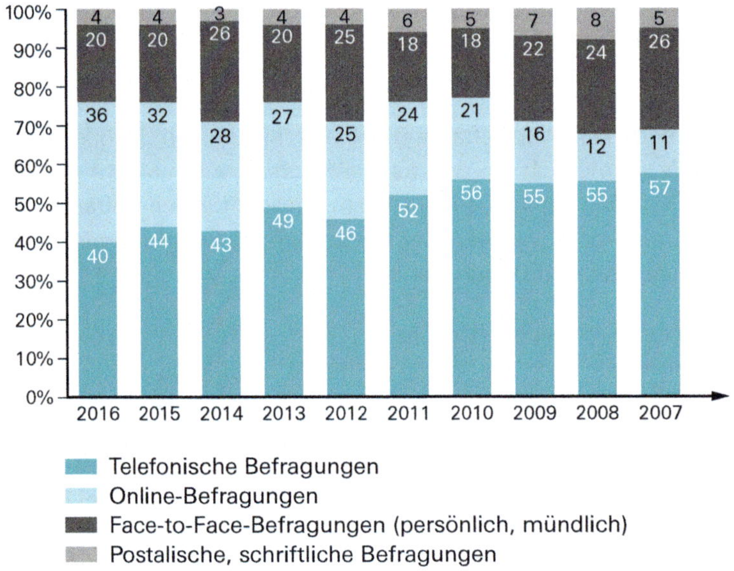

Quelle: vsms-Branchenstatistik 2016

Abb. [4-4]

Entwicklung der Interviewanteile nach Erhebungsmethoden 2007–2016

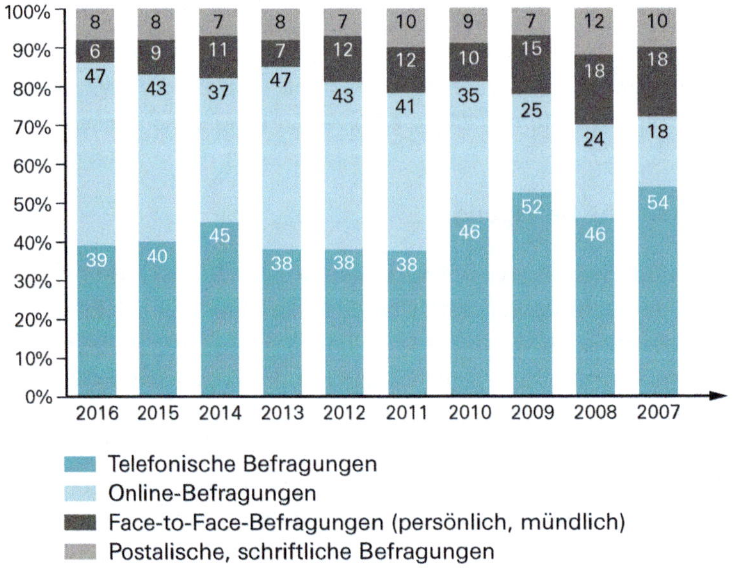

Quelle: vsms-Branchenstatistik 2016

Das Problem, das alle Befragungsarten gleichermassen betrifft, ist die **abnehmende Bereitschaft, an Befragungen teilzunehmen.** Es wird zunehmend schwieriger bzw. zeit- und kostenintensiver, die angestrebte Stichprobengrösse zu erreichen. Um diesem gesellschaftlichen Trend entgegenzuwirken, werden **unterschiedliche Ansätze** verfolgt.

Beispiele sind unter anderem **Gamification** oder **Embedded Research.** Bei der **Gamification** werden spielerische Elemente in Befragungen eingebaut, um den Nutzen für das Individuum zu erhöhen und somit die Wahrscheinlichkeit einer Teilnahme zu erhöhen. Auf der anderen Seite ist die **Embedded Research** anzusiedeln, bei der die Kosten für den Kunden möglichst tief gehalten werden sollten. Die Fragen werden während oder am Ende des Kundenkontakts gestellt.

Das Foto zeigt eine **neue Form der Kundenzufriedenheitsbefragung.**

Beispiel einer Kundenzufriedenheitsbefragung des Unternehmens HappyOrNot.
Bild: gemenacom / iStock / Getty Images mit Genehmigung von HappyOrNot

Jede Befragungsform bietet andere Vor- und Nachteile. Wir haben diese in der folgenden Tabelle zusammengefasst.

Abb. [4-5] **Vor- und Nachteile der verschiedenen Befragungsformen**

	Online-Befragung	Telefonische Befragung	Schriftliche Befragung	Persönliche Befragung
Vorteile	• Datensammlung und Aufbereitung sind sehr schnell (Echtzeit) • Sehr hohe Interaktivität • Automatische Plausibilitätsprüfung • Eignet sich besonders für jüngere Zielgruppen, die immer schwieriger erreichbar sind • Visuelle bzw. auditive Dateien können präsentiert werden	• Schnell • Kostengünstiger als persönliche Interviews • Auftraggeber kann mithören • Geringer Interviewer-Bias • Einsatz von computergestützten Fragebogen • Keine Doppelspurigkeit bei der Erfassung	• Kostengünstige Befragung • Adressmaterial kann in der Regel gut beschafft werden • Optische Elemente (Bilder etc.) sowie Produktmuster sind möglich	• Komplexe, erklärungsbedürftige Fragestellungen • Einsatz von Demonstrationsmaterial • Klima des Vertrauens • Standardisierte, halbstrukturierte und offene Interviews möglich
Nachteile	• Technische Barrieren • Verzerrung der Stichprobe	• Keine optischen Informationen • Wenig geeignet für heikle Themen	• Häufig niedrige Rücklaufquote • Identität des Befragten nicht klar • Nur einfache Fragen und einfache Fragebogenstrukturen möglich • Missverständnisse werden nicht aufgelöst	• Interviewer-Bias durch Suggestivfragen • Hohe Kosten • Hohe Verweigerungsquote

4.3.3 Sonderformen

A] Omnibus-Umfrage

Der Begriff Omnibus bedeutet, dass sich **mehrere Auftraggeber** an einer Umfrage beteiligen. Oft möchte ein Unternehmen einem grösseren Kreis lediglich einige wenige Fragen stellen, die eine umfangreiche Befragung nicht rechtfertigen. In einer Omnibus-Umfrage werden die Fragen der verschiedenen Auftraggeber zu einem einzigen Fragebogen zusammengefasst und einer grösseren Stichprobe vorgelegt. Diese **Mehrthemenbefragungen** werden von Marktforschungsinstituten meist zu festen Terminen angeboten. Einzelne Unternehmen können ihre Fragen dann an bestimmten Terminen buchen. Bei der Durchführung kann man häufig zwischen persönlicher, telefonischer und elektronischer Befragung wählen. Während die Resultate einer telefonischen oder Online-Befragung bereits nach ein bis zwei Wochen vorliegen, dauert es bei der persönlichen Befragung rund drei Wochen. Möglich sind auch **Endlosstichproben,** bei denen z. B. wöchentlich 500 Personen befragt werden. Wünscht ein Kunde beispielsweise eine Anzahl von 2 000 Interviews, so werden seine Fragen über vier Wellen ($4 \cdot 500 = 2\,000$) mitgezogen.

B] Multi-Client-Studie

Bei der Multi-Client-Studien handelt es sich um eine Studie, die über ein **relativ generelles Gebiet** (Bevölkerung, Branche etc.) erstellt wird. Die Studien werden nicht für einen einzelnen Auftraggeber durchgeführt, sondern für mehrere an diesem Thema Interessierte. Dabei wird teilweise eine Anpassung der Ergebnisse auf die jeweils individuelle Fragestellung vorgenommen und teilweise werden standardisierte Berichte verschickt. Ein typisches Beispiel ist der **Business Reflector** von GfK Switzerland, der jährlich die Bekanntheit und das Ansehen von Unternehmen misst.

4.3.4 Tests

Bei Tests handelt es sich nicht um eigenständige Untersuchungsmethoden. Vielmehr werden andere Methoden (z. B. Befragungen) auf Basis einer **Versuchsanordnung** so eingesetzt, dass Hypothesen überprüft oder Ursache-Wirkungs-Zusammenhänge aufgedeckt werden können. Wir unterscheiden drei **Testformen:**

- Markttest
- Produkttest
- Werbe- und Kommunikationstest

A] Markttest

Als Markttest bezeichnet man Tests bzw. Experimente, die durchgeführt werden, um Informationen über die Reaktion des Markts auf Marketingmassnahmen zu gewinnen. In diese Kategorie fallen z. B. **Mystery Shoppings.** Diese sind zwar aufwendig, aber bei Kunden sehr beliebt, weil sie damit einen tiefen Einblick sowie umfassende Informationen über ihre Konkurrenzangebote erhalten.

Beispiel

Mystery Shopping

GfK Switzerland untersucht im Auftrag ihrer Kunden die Angebotsstruktur im Konkurrenzumfeld. Dazu werden Personen aus einer zuvor definierten Zielgruppe eingeladen, sich über bestimmte Produkte beraten zu lassen, z. B. Versicherungsangebote. Die Beteiligten lassen sich demnach von verschiedenen Versicherungen zu einem konkreten Angebot beraten und beurteilen im Anschluss die Beratungs- und Nachfolgeleistungen des Anbieters. So können die Vor- und Nachteile eines Angebots im Konkurrenzumfeld differenziert erhoben werden.

B] Produkttest

Der häufigste Produkttest ist der **Geschmackstest** (Degustationstest), der bei Esswaren, Snacks, Getränken und Zigaretten angewendet wird.

Man unterscheidet auch zwischen Blindtests und Tests «as marketed». Beim **Blindtest** werden alle äusseren Merkmale zwischen dem eigenen und dem Konkurrenzprodukt neutralisiert, beim **Test «as marketed»** (wie gehandelt) sieht der Kunde beispielsweise die Verpackung und ist sich bewusst, um welche Marke es sich handelt.

Beispiel

Pepsi-Cola- und Coca-Cola-Test

In einem Produkttest mussten die Testpersonen beurteilen, welches Cola-Getränk ihnen besser schmeckt. Im Blindtest waren die Marken nicht ersichtlich. Bei diesem Test haben 51% Pepsi Cola bevorzugt und nur 44% gaben an, dass Coca-Cola besser schmeckt. Im Markentest, bei dem die Marken ersichtlich waren, haben jedoch 65% Coca-Cola bevorzugt. Das heisst, dass der grosse Unterschied zwischen Coca-Cola und Pepsi Cola nicht in der Flasche ist, sondern im Kopf der Konsumenten stattfindet.

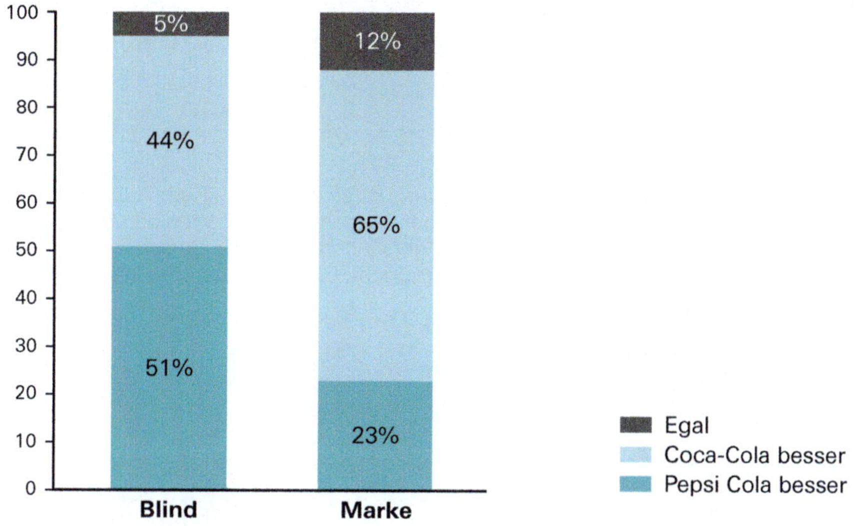

Weitere Produkttests sind der **Hör- und Tasttest,** der **Designtest** und der **Gebrauchstest.** Bei diesen werden ebenfalls durch Versuchspersonen die jeweiligen Eigenschaften der Produkte auf ihre Marktfähigkeit getestet. Auch **Preistests** gehören in diese Kategorie.

Eine etwas komplexere Methode sind die **Conjoint-Verfahren.** Hier werden die zu untersuchenden Produkte durch komplexe Analysen genauestens untersucht. Die Kunden erhalten im Anschluss eine differenzierte Aussage über die treibenden Produktfaktoren. Gerade wenn es sich um Innovationen und Produkte mit hohem unternehmerischem Wert handelt, bieten sich solche Conjoint-Analysen an. Sie sollten allerdings nur bei spezialisierten Marktforschungsinstituten durchgeführt werden, weil diese Analysen eine ausgeprägte Erfahrung in der Konzeption erfordern.

C] Werbe- und Kommunikationstest

Werbetests sind empirische Untersuchungen, in denen werbliche Massnahmen hinsichtlich ihrer Wirkung auf die Zielpersonen überprüft werden. Grundsätzlich unterscheidet man zwischen Pretest und Posttest[1]. Ein **Pretest** findet immer vor der Marktverbreitung der Werbung statt, ein **Posttest** danach. In frühen Phasen der Entwicklung nennt man Posttests auch **Konzepttests.** Die Vor- und Nachteile von Werbetests haben wir in der folgenden Tabelle zusammengefasst.

[1] Pre- = Vorsilbe für «vor», post- = Vorsilbe für «nach».

Abb. [4-6] **Vor- und Nachteile von Pretest und Posttest in der Werbung**

	Werbepretest	Werbeposttest
Vorteile / Nutzen	• Marketingprofis beschäftigen sich derart stark mit der Materie, dass sie häufig nicht mehr in der Lage sind, eine Werbung aus der Kundensicht zu beurteilen. Ein Pretest findet deshalb mit Kunden statt. • Zielgerichtete Anpassung der Werbestrategie vor der Schaltung. • Fundierte Entscheidung möglich, ob eine Kampagne überhaupt gestartet wird bzw. Auswahl bester Alternativen.	• Kontrolle, ob eine Kampagne nicht mehr länger wirkt, weil sie alle schon kennen («Wear-out»-Zeitpunkt). • Monitoring zur Wirksamkeit von Kampagnen. • Evaluation der Markenpräferenz in Kombination mit der Werbewirkung und der Markenvertrautheit.
Nachteile / Gefahren	• Tests können die Kreativität killen. Manchmal sind herausragende Kampagnen in den Pretests durchgefallen. • Oft werden nur Akzeptanz-Tests durchgeführt, die wenig über die tatsächliche Wirkung auf das Verhalten aussagen.	• Marketinginstrumente wirken als Gesamtheiten, sodass die Isolierung von Werbemassnahmen fragwürdig ist. • Das Festhalten an Erfolgsrezepten kann die Innovation[1] hemmen.

[1] Innovation = Neuerung, Neuheit. Eine Innovation kann sich auf ein Produkt beziehen, auf einen Prozess, aber auch auf andere Marketinginstrumente.

Beispiel

Werbetest für Graubünden

Graubünden untersucht die Wirkung ihres TV-Spots «Reto Nai!». 68% der Befragten erkennen den Spot, haben diesen also schon einmal gesehen. 29% haben den Spot zuvor noch nie gesehen und 3% wissen es nicht genau. Der Spot gefällt den befragten Personen. 81% der Befragten geben an, dass sie der Spot ziemlich oder sehr anspricht. Das ist ein sehr positives Resultat.

Bild: Graubünden Ferien, Chur

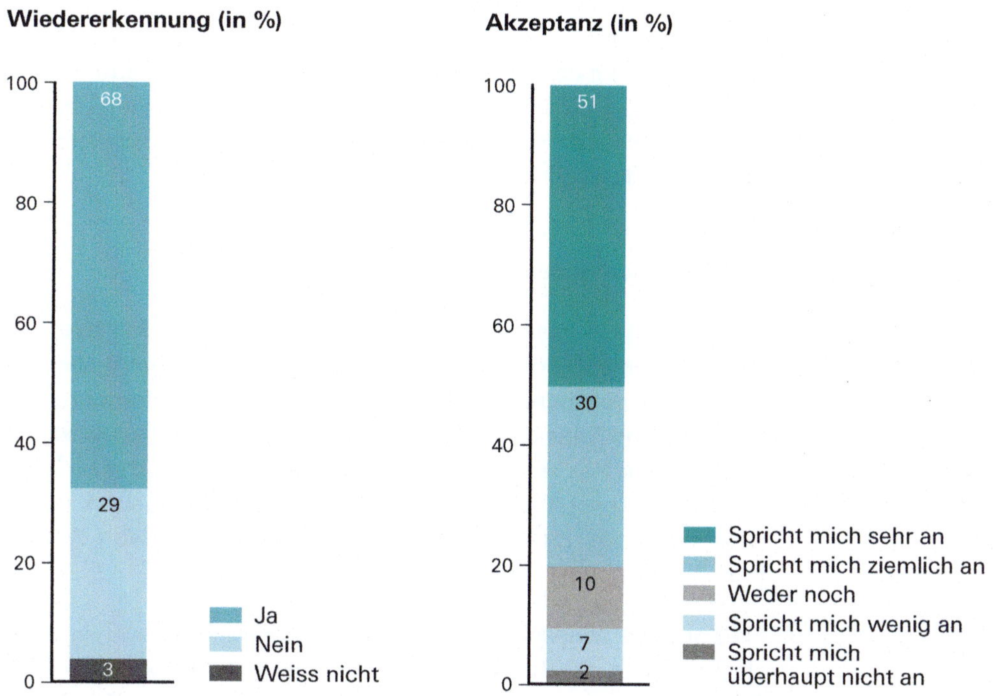

4.3.5 Panels

Bei einem Panel handelt es sich um einen bestimmten, gleich bleibenden Kreis von Personen, die über einen längeren Zeitraum hinweg fortlaufend oder in gewissen Abständen zum gleichen Thema befragt werden. Bei der Panelforschung werden mit anderen Worten **dieselben Daten bei derselben Stichprobe wiederholt erhoben.** Damit unterscheidet sich die Panelforschung von sämtlichen Methoden, die ad hoc, d. h. nur einmal zu einem ganz bestimmten Problem, Daten erheben. Es handelt sich somit um eine Längsschnittanalyse bei der Veränderungen im Zeitablauf sichtbar gemacht werden können.

Weil die Rekrutierung und der Unterhalt eines Panels sehr aufwendig ist, werden die Panelergebnisse meistens an mehrere Auftraggeber gleichzeitig verkauft. Solche Forschungen werden als **syndicated research** bezeichnet. Wenn die Paneldaten unabhängig von der Problemstellung eines bestimmten Unternehmens erhoben werden, sind sie bei einer späteren Nutzung durch dieses Unternehmen eigentlich Sekundärdaten. Es können aber ohne Weiteres auch individuelle Fragestellungen einzelner Auftraggeber im Panel erhoben werden.

Abb. [4-7] **Vor- und Nachteile der Panelforschung**

Vorteil / Nutzen der Panelforschung	Nachteil / Gefahr der Panelforschung
• **Gründlichkeit und Systematik:** Die Längsschnittanalyse liefert zuverlässige Daten (Reliabilität). • Entwicklungen werden **im Zeitverlauf** aufgezeigt. • Paneldaten eignen sich ausgezeichnet, um Ergebnisse von **Experimenten** zu messen. • Die Repräsentativität von **Panelstichproben** wird durch entsprechende Quoten sichergestellt. Bei einer echten Zufallsstichprobe würde der hohe Anteil der Verweigerer die Repräsentativität gefährden.	• **Panelaufbau und -unterhalt** ist aufwendig, d. h., Kooperationen sind oft unumgänglich, sodass die Ergebnisse nicht mehr exklusiv sind. • Panels sind **wenig flexibel,** z. B. bei Produkt- und Markenänderungen. • **Panelsterblichkeit** – darunter versteht man den Ausfall von Personen, die entweder wegziehen, ihre Mitarbeit beim Panel kündigen oder sterben. • Als **Paneleffekt** werden Verzerrungen bezeichnet, die entstehen, wenn eine Person aufgrund ihrer Panelteilnahme das zu untersuchende Kaufverhalten ändert. Eine weitere Verzerrung der Ergebnisse entsteht durch das **Overreporting.** Dabei führen gewissenhafte Panelteilnehmer aus Pflichtbewusstsein Käufe in ihrem Journal auf, die sie gar nicht getätigt haben.

In den Konsumgütermärkten dominieren Haushalts- und Handelspanels. Haushaltspanels untersuchen den Konsum der Endkonsumenten und der Haushalte, während Handelspanels den Konsum auf der Stufe des Einzel- und Grosshandels erforschen. Zudem gibt es noch das Mediapanel, mit dem das Nutzungsverhalten im Bereich Radio und Fernsehen gemessen wird. Die bedeutendsten Anbieter solcher Panels in der Schweiz sind die Firmen GfK Switzerland und ACNielsen.

A] Konsumentenpanels

Das Konsumentenpanel, das in der Schweiz auch Haushaltspanel genannt wird, liefert marketingrelevante Informationen über 400 Warengruppen im Food- und Near-Food-Bereich (Nahrungs-, Reinigungs- und Körperpflegemittel). Sein Primärnutzen besteht im Controlling von Lage und Entwicklung von Konsumgütermärkten sowie in der Diagnose von Käuferstruktur und Käuferverhalten. In der Schweiz bieten The Nielsen Company oder auch die ZHAW ein Konsumentenpanel an. Das Panel von Nielsen umfasst ca. 3 000 Haushalte, während das der ZHAW nur ca. 1 000 Teilnehmer hat. Dabei werden alle Einkäufe mit einem EAN-Scanner erfasst und an die Institute übermittelt.

Ein Konsumentenpanel erfordert hohen Managementaufwand, vor allem in Bezug auf die Überwachung der Repräsentativität und der Rekrutierung neuer Teilnehmer. Dabei sind der Paneleffekt und die Panelsterblichkeit hervorzuheben. Durch die ungewöhnlich intensive Auseinandersetzung mit Kauf und Konsum verändert sich das Verhalten der Teilnehmer. Zudem lässt die Disziplin bei der Erfassung der Einkäufe für gewöhnlich über die Teilnahmezeit nach. Dadurch repräsentieren die Teilnehmer die Grundgesamtheit über die Zeit schlechter. Daher wird eine Panelrotation notwendig, bei der jährlich rund 20–25% der Teilnehmer ausgewechselt werden. Unter der Panelsterblichkeit versteht man den allgemeinen Rückgang der Panelteilnehmer, der gewöhnlich etwa 20–30% jährlich ausmacht. Gründe dafür können der Wegzug oder soziodemografische Veränderungen wie die Heirat sein.

Im Zentrum eines Konsumentenpanels steht das Kaufverhalten resp. die Frage: Wer kauft was, wie viel, wann, wie oft, wo und zu welchem Preis? Von beiden Panelanbietern werden im Einzelnen folgende Informationen angeboten:

- Markt-Volumina/-Anteile (mengen- und wertmässig)
- Bezahlte Preise
- Promotionsanteile
- Haushalts- und Käuferreichweiten
- Kaufhäufigkeit
- Einmal-/Wiederkäufer-Anteile
- Wert und Menge pro Einkauf
- Markentreue / Wechselkäufer, Käuferüberschneidungen, Käuferwanderungen, Kanaltreue, Käuferklassifikation
- Käuferprofile bzgl. soziodemografischer Kriterien, Einstellungen, Kauf-/Konsumverhalten

Die Jahreskosten für Standardberichte liegen pro Warengruppe zwischen CHF 25 000.– und CHF 200 000.–.

B] Handelspanels[1]

Handelspanels liefern Informationen über die Warenbewegungen im Handel selbst. Die Datenerfassung erfolgt durch ein artikelgenaues Scanning der Verkäufe am POS. Es erfolgt also eine Vollerhebung bzgl. der untersuchten Detailhandelsorganisationen. Die Grundgesamtheit umfasst die wichtigsten Detailhandelsorganisationen und deckt über 90% des Stroms der erfassten Warengruppen ab.

[1] Handelspanels werden in der Schweiz auch als Detailhandelspanels bezeichnet.

Bei den Handelspanels steht folgende Frage im Zentrum: **Wo wird was, wie viel, wann und zu welchem Preis gekauft?** Konkret ermitteln die Handelspanels folgende Informationen:

- Markt-Volumina/-Anteile (mengen- und wertmässig)
- Marktentwicklungen / Trends
- Durchschnittspreise
- Verteileranteile
- Verkäufe pro Geschäft
- Numerischer und gewichteter Distributionsgrad

Die Jahreskosten für Standardberichte liegen pro Warengruppe zwischen CHF 25 000.– und CHF 20 000.–.

C] Vergleich Handels- und Haushaltspanel

Panels gehören heute zu den am weitesten verbreiteten Quellen für Marktinformationen bei Konsumgütern. Grosse Teile des Marktforschungsbudgets werden für die Paneldaten verwendet. In der folgenden Abbildung sind die spezifischen Informationen dargestellt, die aus dem Haushalts- und dem Handelspanel gewonnen werden können.

Da beide Panels dasselbe Untersuchungsobjekt, nämlich den privaten Konsum, erforschen, liegt es auf der Hand, dass sie sich in mehreren Bereichen überlappen. So ist z. B. der wert- und mengenmässige Marktanteil sowohl im Handels- als auch im Haushaltspanel ersichtlich.

Aufgrund der **unterschiedlichen Erhebungsquellen** der beiden Panels gibt es aber auch bestimmte Daten, die lediglich in einem Panel ersichtlich sind, wie die folgende Abbildung zeigt (4).

Abb. [4-8] **Inhaltsvergleich von Handels- und Haushaltspanel**

4.4 Sekundärmarktforschung

Die Sekundärmarktforschung beruht auf **bereits vorhandenen Daten,** die zu einem früheren Zeitpunkt erhoben wurden, entweder von interner oder von externer Seite. Im Rahmen eines Marktforschungsprozesses sollte immer zuerst überprüft werden, welche Informationen auf diesem Weg verfügbar sind. Die Menge der vorhandenen Daten ist meist überwältigend. Problematischer sind eher der Zugang und die Nutzung.

Falls die betreffende Fragestellung mit den gewonnenen sekundären Daten nicht komplett beantwortet werden kann, so dienen sie doch als Grundlage für das weitere Vorgehen. Auf ihrer Basis können neue Ideen für die Fragestellung und den Forschungsprozess gewonnen werden. Die Daten der Sekundärforschung tragen somit zum besseren Verständnis des Forschungsgegenstands bei.

In der folgenden Tabelle sehen Sie die Vor- und Nachteile der Sekundärforschung.

Abb. [4-9] **Vor- und Nachteile der Sekundärmarktforschung**

Vorteile	• Kostenersparnis • Zeit- und Ressourcenersparnis • Informationsgrundlage für das Briefing des Marktforschungsinstituts
Nachteile	• Die Daten wurden ursprünglich für einen anderen Zweck erhoben und erfüllen möglicherweise die Anforderungen nicht. • Es besteht häufig Unsicherheit bezüglich Genauigkeit, Herkunft und / oder Erhebungsmethode der Daten. • Die Daten können zeitlich überholt sein.

Bezüglich ihres Ursprungs unterscheidet man bei den sekundären Daten zwischen internen und externen Quellen. Interne Quellen fallen innerhalb der Organisation an.

4.4.1 Interne Quellen

Unter internen Quellen werden alle Daten verstanden, die **zu einem früheren Zeitpunkt innerhalb des Betriebs ermittelt wurden.** Als Beispiel können Betriebs- und Verkaufsstatistiken oder auch eine Marketingplanung genannt werden. Die Qualität und Quantität der Daten kann daher von Unternehmen zu Unternehmen sehr unterschiedlich ausfallen. Das kann die Möglichkeit beschränken, objektive unverzerrte Rückschlüsse auf spezifische Fragen zu Produkten, Produktgruppen oder Kunden zu ziehen.

Dank der weiteren Verbreitung von **CRM-Systemen** werden Kundeninformationen zentral, periodisch und einheitlich abgelegt. Dadurch lassen sich diese im weiteren Geschäftsverlauf bei neuen Fragestellungen immer wieder als Sekundärquelle nutzen. Im Umkehrschluss bedeutet das, dass sich ein Unternehmen schon bei der Beschaffung einer CRM-Software überlegen sollte, welche Anforderungen das System auch bezüglich der Marktforschung in Zukunft bieten sollte.

Die folgende Tabelle zeigt einige **typische Quellen interner Daten,** die im Rahmen der Marktforschung von Bedeutung sind.

Abb. [4-10] **Interne Quellen der Sekundärforschung**

Quelle	Inhalte
Kundenkartei / Datenbank	• Name, Adresse, Branche • Betriebsgrösse • Kaufverhalten, Entscheidungsprozess • Getätigte Geschäfte und gemachte Besuche (Kundengeschichte)
Betriebliches Rechnungswesen	• Umsatzstatistik • Lagerstatistik • Betriebserfolgsanalyse
Mitarbeiterberichte	• Aussendienstrapporte • Messerapporte • Innendienstrapporte / Reklamationen
Interne Marktstudien	• Alte Marktforschungsberichte • Panelunterlagen • Ad-hoc-Untersuchungen[1]

[1] Ad hoc (lat.) = eigens zu diesem Zweck gemacht, aus dem Augenblick heraus entstanden.

4.4.2 Externe Quellen

Externe Quellen umfassen Daten, die **nicht im eigenen Unternehmen erhoben** worden sind. Es können allgemein gehaltene gesamtmarktwirtschaftliche Daten und Informationen wie z. B. amtliche oder internetbasierte Statistiken sein.

Sekundärinformationen haben den **Vorteil,** dass sie schnell verfügbar und kostengünstig beschaffbar sind. Dem steht jedoch als **Nachteil** gegenüber, dass sie meist ungeeignet sind, um spezifische Marketingfragestellungen des Unternehmens zu beantworten. Ein Unternehmen soll abklären, wie es diese externen Quellen systematisch nutzen kann, um seine internen Quellen zu ergänzen und zusammen eine bessere Marktposition zu erlangen.

Im Folgenden werden einige **wichtige Datenquellen für die Schweiz** aufgeführt.

Abb. [4-11] **Externe Quellen der Sekundärforschung**

Herkunft	Herausgeber
Öffentliche Ämter	• Bundesamt für Statistik • Staatssekretariat für Wirtschaft • Nationalbank • Staatskanzlei der Kantone
Wirtschaftsverbände	• Handelskammern • Branchenverbände • Wirtschaftsförderung
Wissenschaft	• Hochschulen • Wissens- und Technologie-Transfer (WTT) • Stiftungen
Unternehmen	• Marktforschungsinstitute • Unternehmensberatungen • Adressendienste • Banken • Suchmaschinendienste • Archivierungsdienste
Fachautoren	• Fachbücher • Fachzeitschriften • Zeitungen • Internet

Die folgende Tabelle gibt einen Überblick über die Vor- und Nachteile der verschiedenen Befragungsformen.

4.5 Marktforschungsprozess

Beim Marktforschungsprozess hat sich weitgehend eine Unterteilung in fünf Phasen durchgesetzt, die «5 D» der Marktforschung:

Abb. [4-12] **Marktforschungsprozess**

Die fünf Phasen haben unterschiedliche Gewichte im Prozess; die Definition und das Design sind besonders relevant für die erfolgreiche Durchführung eines Marktforschungsprojekts.

Für Marketingfachleute ist besonders das Verständnis zweier Themen wichtig:

- Wie erzielt man eine repräsentative Stichprobe und was ist der Nutzen davon?
- Welche Marktforschungsinstitute gibt es und wie arbeitet man mit ihnen zusammen?

4.5.1 Repräsentativität

Der Begriff bedeutet, dass die **Stichprobe** dem Universum entspricht. Mit anderen Worten: Die befragten Personen sollen die **Grundgesamtheit repräsentieren.**

Bei politischen Umfragen gilt für die gesamte Schweiz eine Befragung dann als repräsentativ, wenn mindestens 500 Personen befragt worden sind, wobei die Auswahl zufällig bzw. mit einem **Quotenverfahren** durchgeführt worden sein muss. Bei diesem sollen die wichtigen Merkmale der Grundgesamtheit in der Stichprobe im selben Verhältnis (Quote) wieder zu finden sein.

In der Regel werden in den Medien Umfragen mit einer Stichprobe von ca. 700 bis 1 000 Befragten veröffentlicht. Generell gilt: **Je kleiner die Grundgesamtheit ist, desto weniger gross muss die Stichprobe sein.** Dies ist beispielsweise dann der Fall, wenn ein Unternehmen im Investitionsgüterbereich bei ihren einhundert Kunden eine Imageanalyse vornimmt.

Neben repräsentativen Studien gibt es in der Marktforschung eine ganze Palette von Untersuchungen mit **Kleinststichproben.** Produkttests werden oft nur mit 25 Personen durchgeführt, an einer einzelnen Gruppendiskussion nehmen selten mehr als 10 Personen teil. Trotz dieser kleinen Fallzahl und der unsystematischen Auswahl können solche Untersuchungen oft wertvolle Informationen liefern.

Alle im Folgenden vorgestellten Methoden zur Bestimmung der Stichprobe haben das Ziel, die **Repräsentativität der Umfrage zu gewährleisten.** Dabei haben die Methoden unterschiedliche Vor- und Nachteile.

4.5.2 Auswahlverfahren

Wenn ein Unternehmen **genau** wissen will, wie viele Kunden mit einer Dienstleistung zufrieden sind, muss es **alle** Kunden befragen. In der Regel wird es jedoch eine repräsentative Stichprobe machen und das Ergebnis hochrechnen. Dabei kann diese Hochrechnung nie so genau sein, wie wenn alle Kunden befragt worden wären.

Die Statistiker geben deshalb bei den Ergebnissen auch ein **Vertrauensintervall** an. Dieses hat eine untere und eine obere Grenze. Innerhalb dieser Grenzen werden Unterschiede als unbedeutend bzw. nichtsignifikant betrachtet. Die genaue Berechnung des Vertrauensintervalls verlangt statistisches Spezialwissen. Marketingfachleute müssen deshalb nicht in der Lage sein, das Vertrauensintervall zu berechnen. Sie müssen aber verstehen, was das Vertrauensintervall ist, um Marktforschungsstudien richtig zu interpretieren.

Beispiel **Vertrauensintervall bei Bürgerzufriedenheit**

Studierende der Hochschule für Wirtschaft Luzern befragten in verschiedenen Diplomarbeiten Bürger im Auftrag von verschiedenen Gemeinden über ihre Zufriedenheit mit den öffentlichen Dienstleistungen. Im Bezirk Küssnacht beurteilten 35% der Befragten diese als «gut», in der Gemeinde Ingenbohl-Brunnen 36% und im Bezirk Gersau 31%. Geht man von einer Stichprobengrösse von je 500 Befragungen aus, so lässt sich mit komplizierten statistischen Formeln, auf die wir hier nicht eingehen, ein **Vertrauensintervall** von ± 4% bei einer 95%igen Wahrscheinlichkeit ausrechnen. Was heisst das für unser Beispiel? Das bedeutet, dass der wahre Anteil der Gersauer, der die Zufriedenheit als «gut» beurteilt, mit 95% Wahrscheinlichkeit zwischen 31% ± 4% liegt, d. h. zwischen 27% und 35%. Bei den Küssnachtern beträgt dieser Wert 35% ± 4%, d. h., er liegt zwischen 31% und 39%. Es wäre also möglich, dass in beiden Gemeinden der Anteil der Zufriedenen 33% beträgt. Da sich die beiden Vertrauensbereiche überlappen, kann man nicht behaupten, dass die Küssnachter zufriedener sind als die Gersauer. Der Unterschied von 31% und 35% in der Stichprobe liegt im statistischen Fehlerbereich, der durch die Hochrechnung entstehen kann. Statistiker würden deshalb sagen, die Unterschiede zwischen den Gemeinden seien **nicht signifikant.**

In der folgenden Tabelle beschreiben wir einige Auswahlverfahren.

Abb. [4-13] **Beschreibung einiger Auswahlverfahren**

Bewusste Auswahl		Zufallsauswahl			Willkürliche Auswahl
Quotenauswahl	**Konzentrationsauswahl**	**Einfache Zufallsauswahl**	**Geschichtete Zufallsauswahl**	**Klumpenauswahl**	
Auswahl der Elemente wird aufgrund von Eigenschaften getroffen, sodass diese in der Häufigkeit der Grundgesamtheit entsprechen.	Auswahl aufgrund einer Eigenschaft der Elemente, mit der die Verteilung in der Grundgesamtheit in hohem Mass für einen bestimmten Faktor erklärt werden kann	Jedes Element der Grundgesamtheit wird mit der gleichen Wahrscheinlichkeit für die Stichprobe ausgewählt.	Die Grundgesamtheit wird nach einem Kriterium in Schichten unterteilt, wobei jedes Element je einer Schicht zugeteilt wird. Danach wird innerhalb der Schichten eine einfache Zufallsauswahl getroffen.	Die Grundgesamtheit wird in Gruppen mit ähnlichen Eigenschaften bzw. Verhalten eingeteilt, in der anschliessend eine einfache Zufallsauswahl getroffen wird.	Die Elemente werden willkürlich, ohne Beachtung der Repräsentativität der Stichprobe zur Grundgesamtheit ausgewählt.

Der **Vorteil der bewussten Auswahl** ist, dass für ein repräsentatives Resultat eine kleinere Stichprobengrösse als bei der Zufallsauswahl benötigt wird, was zu tieferen Kosten führt. Die gewonnenen Erkenntnisse lassen sich aber schlechter für andere Fragen interpolieren, da die Auswahl der Elemente für eine spezifische Fragestellung gemacht wurde. Somit ist es nicht möglich, den allgemeinen statistischen Fehler und die Verzerrung zu berechnen.

4.5.3 Berechnung der Stichprobengrösse

Die Bestimmung der optimalen Stichprobengrösse ist ein relevantes Problem in der Marktforschung.

Beispiel Ein Unternehmen will z. B. den Anteil der zufriedenen und unzufriedenen Kunden messen, und zwar vor der Lancierung eines neuen Callcenters und ein Jahr danach. Wenn das Unternehmen Kosten sparen will und nur 10 Kunden befragt, ist das Ergebnis vermutlich nutzlos. Wenn das Unternehmen aber alle Kunden befragen will, sind die Kosten zu hoch. Die optimale Stichprobe liegt also irgendwo zwischen 10 Kunden und allen 16800 Kunden.

Die Berechnung der optimalen Stichprobe ist statistisch äusserst komplex. In der Praxis hat sich deshalb eine relativ einfache Faustregel durchgesetzt, die bei grossen Grundgesamtheiten und einfachen Ja / nein-Fragen recht plausible Resultate liefert.

Für die Berechnung müssen folgende Variablen festgelegt werden.

p = prozentualer Anteil der Zustimmung

q = prozentualer Anteil der Ablehnung, wobei p + q = 100% sein müssen.

t = Signifikanzniveau, wobei t = 1 ein Signifikanzniveau von 68.3% bedeutet, t = 2 entspricht 95.5% und t = 3 entspricht 99.7%. In der Praxis wird häufig t = 2 gewählt, was einem Signifikanzniveau von 95.5% entspricht bzw. einer Fehlerwahrscheinlichkeit von 4.5%.

e = Vertrauensintervall in Prozent. Wenn das Unternehmen den Anteil der zufriedenen Kunden auf ±5% wissen möchte, dann wird e = 5 gesetzt.

Mit der folgenden Formel lässt sich nun die Stichprobengrösse «n» errechnen.

$$n = \frac{t^2 \cdot p \cdot q}{e^2}$$

Wenn man annehmen kann, dass 80% der Kunden zufrieden und 20% unzufrieden sind, so kann man p = 80 und q = 20 setzen. Fehlen solche Annahmen, sollte man immer mit dem ungünstigsten Fall rechnen, wenn p = q = 50% beträgt. Ohne weitere Angaben setzt t = 2 (ein Signifikanzniveau von 95.5%) und e = 5 (was einem Vertrauensintervall von ±5% entspricht). Unter diesen Annahmen beträgt die anzustrebende Stichprobengrösse n = 400.

$$n = 400 = \frac{2^2 \cdot 50 \cdot 50}{5^2}$$

Kann das Unternehmen aber davon ausgehen, dass die Kundenzufriedenheit eher bei 80% liegt, und wünscht es ein Vertrauensintervall von ±3%, beträgt n = 712 (711.11 wird aufgerundet.

$$n = 711 = \frac{2^2 \cdot 80 \cdot 20}{3^2}$$

Dieselbe Formel lässt sich nun umformen, sodass sich bei einer gegebenen Stichprobengrösse das Vertrauensintervall berechnen lässt.

$$e = \pm\sqrt{\frac{t^2 \cdot p \cdot q}{n}}$$

Im vorliegenden Beispiel hat das Unternehmen 212 Kunden befragt, wovon 180 zufrieden und 32 unzufrieden waren. Daraus lässt sich berechnen, dass q = 85 und p = 15 beträgt. Bei einem Signifikanzniveau von 95.5% beträgt das Vertrauensintervall e = ±4.9.

$$e = \pm\sqrt{\frac{2^2 \cdot 85 \cdot 15}{212}}$$

Das heisst, mit einer Wahrscheinlichkeit von 95.5% (t = 2) liegt der Anteil der zufriedenen Kunden zwischen 80.1% (85% – 4.9%) und 89.9% (85% + 4.9%).

4.6 Externe Marktforschung

Der Beizug von externen Marktforschungsinstituten zur Lösung von Marktforschungsproblemen kann viele **Gründe** haben:

- Das Unternehmen ist fachlich überfordert.
- Die Mitarbeitenden des Unternehmens, die über das notwendige Know-how verfügen würden, sind zeitlich nicht in der Lage, die Untersuchung durchzuführen.
- Das Unternehmen verfügt nicht über die notwendige Infrastruktur (z. B. Testapparate).
- Das Unternehmen hat ein Problem, das sich am besten in einer Mehrthemenumfrage erheben lässt.
- Das Unternehmen will anonym bleiben.
- Das Unternehmen benötigt ein neutrales Gutachten (z. B. für den Kreditantrag zu einer bestimmten Investition oder für Kauf-/Verkaufsverhandlungen von Marken und Unternehmensteilen).

Bevor Marketingfachleute einem Marktforschungsinstitut einen Auftrag erteilen, müssen sie eine klare Aufgabenstellung formulieren. Die Formulierung der Aufgabenstellung nennt man **Briefing.** Ein Briefing enthält in der Regel mindestens folgende Punkte:

- Ausgangslage: Marktanalyse und Situation des Unternehmens
- Ziele der Marktforschung
- Vorschläge zur Methode und zur Stichprobe (Anzahl, Adressmaterial)
- Definition der Ergebnisdarstellung
- Zeit- und Kostenbudget

Eine **Vorlage für ein Marktforschungsbriefing** kann auf unserer Webseite www.compendio.ch bei diesem Buch in der Rubrik Downloads heruntergeladen werden.

In der Schweiz sind die Marktforschungsinstitute im Verband Schweizer Marketing- und Sozialforscher (vsms) organisiert, der jährlich eine Branchenstatistik publiziert. Sie finden die Branchenstatistik über den Marktforschungsumsatz der grössten Schweizer Institute auf unserer Webseite www.compendio.ch bei diesem Buch in der Rubrik Downloads.

Die Marktforschungsinstitute im Verband der Swissinterview erzielten im Jahr 2016 einen Umsatz von 206 Mio. CHF und führten insgesamt 3.96 Millionen Interviews durch. Schon beinahe die Hälfte davon wurde online ausgeführt.

34% waren eigentliche Kleinstprojekte bis zu CHF 10 000.–, 36% waren mit CHF 10 000.– bis CHF 50 000.– budgetiert. Nur bei jedem 20. Projekt handelte es sich um einen Grossauftrag.

(Quelle: vsms Branchenstatistik, Jahrbuch für Markt- und Sozialforschung Schweiz, 2017)

4.7 Marketingfehler

Wir erleben in der Beratungspraxis häufig ein Vorgehen, das sich nicht an den 5 D orientiert. Unter grossem Zeitdruck wird manchmal eine Studie durchgeführt, **ohne das Marktforschungsproblem genau zu definieren.** Aus Zeitgründen und Unwissenheit wird auch **nicht geprüft, ob bereits Sekundärdaten vorliegen,** z. B. Kundenzufriedenheitsstudien vom letzten Jahr oder ein Branchenausblick, der die wichtigsten Markttrends aufzählt.

Beim Design der Studie unterschätzen Praktiker häufig die **Schwierigkeit, einen sinnvollen Fragebogen zu entwickeln.** Marktforschungsinstitute wissen, wie gute Fragebogen aufgebaut sein müssen, um den maximalen Rücklauf bei maximalem Informationsgehalt zu erzielen. Bei der Stichprobenziehung unterschätzen viele Unternehmen den **Zeitaufwand,** Kundenadressen für die Befragung zur Verfügung zu stellen. Marktforschungsinstitute verlangen in der Regel auch ein bis zu zehnfaches **Oversampling,** d. h., dass für eine Stichprobe von netto 500 Interviews etwa 3 000 bis 5 000 Kundenadressen zur Verfügung gestellt werden müssen. Aus Zeitgründen verzichten Unternehmen auch gerne auf Pretests, mit dem Resultat, dass der Fragebogen Fehler enthält, die vermeidbar gewesen wären.

Verhängnisvoll bei der Datenanalyse sind falsche Interpretationen. Dies passiert häufig, wenn Entscheidungen auf nicht bedeutenden (signifikanten) Unterschieden basieren.

Beispiel

Hotel-Zufriedenheit

Bei einer Zufriedenheitsstudie eines Hotels stellt man fest, dass 85% der männlichen, aber nur 78% der weiblichen Gäste mit dem Hotel zufrieden sind. Das Management entschliesst sich deshalb, ein Konzept auszuarbeiten, das die Bedürfnisse der weiblichen Gäste besser befriedigt. Weil das Hotel jedoch viel mehr männliche Gäste beherbergt und die Stichprobe der Frauen sehr klein war, ist der Unterschied zwischen Männern und Frauen nicht signifikant, d. h., die Vertrauensintervalle überschneiden sich. Mit anderen Worten: Wir können trotz eines Unterschieds von 7% nicht davon ausgehen, dass Frauen weniger zufrieden sind als Männer.

Zusammenfassung

Das Ziel der Marktforschung ist es, Informationen über den Markt zu gewinnen, um bessere Entscheidungen zu treffen. Von Primärmarktforschung sprechen wir, wenn Daten eigens für den Untersuchungszweck erhoben werden. Arbeitet man hingegen mit bestehenden Daten, handelt es sich um Sekundärmarktforschung. Üblicherweise betreiben Unternehmen zuerst Sekundärforschung, die günstig ist und rasch Ergebnisse liefert, bevor sie eine aufwendige Datenerhebung in Angriff nehmen.

Bei der Primärforschung unterscheiden wir zwischen qualitativen und quantitativen Methoden. Die qualitative Forschung versucht, Zusammenhänge aufzudecken und interpretiert Beobachtungen, die nicht direkt gemessen werden können. Die quantitative Forschung ist bestrebt, die beobachtete Realität möglichst genau messen zu können.

Die Befragung ist die gebräuchlichste Form der Primärforschung. Sie kann online, telefonisch, schriftlich oder persönlich durchgeführt werden. Meistens werden persönliche, telefonische und Online-Befragungen durch Marktforschungsinstitute durchgeführt. Schriftliche und online Befragungen werden häufig auch von Unternehmen selbst durchgeführt.

Wichtig für viele Branchen, vor allem für die Lebensmittelbranche, ist das Haushalts- und das Handelspanel. Bei der Panelforschung werden dieselben Daten bei derselben Stichprobe wiederholt erhoben, sodass eine Längsschnittbetrachtung möglich ist.

Ein typischer Marktforschungsprozess durchläuft 5 Phasen, die als die 5 D bekannt sind: Definition, Design, Datengewinnung, Datenanalyse und Dokumentation. In der zweiten Phase «Design» ist die Stichprobenziehung von besonderer Bedeutung. Das Unternehmen muss entscheiden, ob es auf repräsentative Ergebnisse angewiesen ist. Repräsentativ bedeutet, dass die befragte Stichprobe die Grundgesamtheit aller Kunden repräsentieren, d. h. darstellen kann. Theoretisch müsste man die Stichprobe rein zufällig auswählen (random sampling). In der Praxis wird jedoch häufig ein Quotenverfahren angewendet, das zwar mathematisch nicht exakt ist, aber praktisch repräsentative Ergebnisse erzielen kann. Wenn eine Stichprobe repräsentativ ist, kann statistisch ein Vertrauensintervall berechnet werden. Dies ist notwendig, wenn man entscheiden muss, ob unterschiedliche Ergebnisse signifikant sind oder ob sie im statistischen Fehlerbereich liegen.

Viele Unternehmen vergeben die Marktforschung oder Teile der Marktforschung extern an Marktforschungsinstitute. Auch wenn Marketingfachleute häufig Marktforschungsexperten beiziehen, ist es wichtig, dass sie die Grundlagen der Marktforschung verstehen und ein Marktforschungsbriefing schreiben können.

Literaturverzeichnis

(1) Wyss, Werner: Marktforschung von A–Z, Adligenswil 1991.

(2) vsms Branchenstatistik, Jahrbuch für Markt- und Sozialforschung Schweiz, 2016

(3) Esch, Franz-Rudolf: Markenpositionierung und Markenführung, Bern 1999.

(4) Kühn Richard; Kreuzer, Michael: Marktforschung, Bern 2006.

Repetitionsfragen

14 Beginnt ein Marktforschungsprojekt in der Regel mit primärer Marktforschung oder mit sekundärer Marktforschung?

15 In der Tabelle finden Sie Quellen der sekundären Marktforschung. Kreuzen Sie an, ob es sich dabei um interne oder externe Quellen handelt.

Quellen	Intern	Extern
Kundenkartei		
Statistiken von öffentlichen Ämtern		
Betriebliches Rechnungswesen		
Daten der Konkurrenz		
Mitarbeiterbericht		
Alte Marktforschungsberichte		
Publikationen der Banken		
Wissenschaftliche Statistiken		
Datenbank des Unternehmens		

16 Warum macht es häufig Sinn, zuerst eine qualitative und erst dann eine quantitative Untersuchung durchzuführen?

17 Welche Merkmale sollen bei einem Quotenverfahren vorgegeben werden?

18 Muss eine Marktforschungsstudie repräsentativ sein?

19 Was ist der Unterschied zwischen einer Omnibus-Befragung und einer Multi-Client-Studie?

Fallbeispiel 2 – Milkshakes

Autor: Stefan Michel

Ausgangslage

Auf der Suche nach dem Warum eines Kaufentscheids reichen Befragungen häufig nicht aus. Eine Methode, die Kunden besser zu verstehen, ist die **Beobachtung,** die häufig mit einem **explorativen Interview** verknüpft wird. Der Innovationsexperte Clayton Christensen beginnt jede Studie mit derselben Frage: «Was will der Kunde erreichen? Was ist sein Ziel, wenn er unser Produkt kauft?» Christensens bekanntestes Beispiel ist die **Milkshake-Studie.** Eine amerikanische Fast-Food-Kette wollte den Umsatz für Milkshakes ankurbeln und fand mit traditioneller Marktforschung heraus, welche Segmente (nach Alter, Geschlecht, Einkommen, Wohnort etc.) welche Milkshakes zu welcher Zeit kauften und welche Einstellung sie zu Milkshakes hatten (gesund, bequem, rasch, belohnend etc.).

Die Marktforscher stellten fest, dass etwa die Hälfte der Shakes **am Morgen an einzelne Kunden** verkauft wurden, die nur dieses eine Produkt nachfragten. In der Folge fragten die Forscher die Kunden, warum sie Milkshakes bevorzugten. Praktisch alle waren auf dem Weg zur Arbeit und tranken den Milkshake im Auto. Die Antworten reichten von «keine Brotkrümel im Auto» und «kein Hungergefühl bis zum Mittagessen» bis zu «Beschäftigung, bis ich in 45 Minuten im Geschäft bin. Wenn ich einen Schokoriegel kaufe, ist er nach 3 Minuten gegessen und liegt mir auf».

Mit diesen Antworten kreierte die Firma einen neuen **«Morning Milkshake»,** der etwas dickflüssiger war, sodass er den Kunden für eine längere Zeit beschäftigte und besser verdaut werden konnte. Der neue Milkshake enthielt Fruchtstücke, die gerade klein genug waren für den Strohhalm, aber doch gross genug, dass sie den Konsum verlangsamten. Sie erlaubten dem Fahrer ein «Knabbererlebnis» auf dem Weg zur Arbeit, das mit einer Hand genossen werden konnte und keine Krümel oder Flecken hinterliess.

Bild: gowithstock / Shutterstock.com

Aufgaben

1	Handelt es sich bei der Beobachtung um eine qualitative oder eine quantitative Methode?
2	Kann diese Methode auch im B2B-Marketing angewendet werden?
3	Das Milkshake-Beispiel ist sehr US-amerikanisch. Eignet sich diese Methode auch für einen schweizerischen Milkshake-Produzenten?

5 Marketingziele

Lernziele

Nach der Bearbeitung dieses Kapitels können Sie ...

- ökonomische und psychologische Ziele unterscheiden.
- die Beziehungen der Ziele zueinander beschreiben.

Schlüsselbegriffe

Marketingziele, ökonomische Ziele, operative Ziele, psychologische Ziele, strategische Ziele, taktische Ziele, vorökonomische Ziele, wirtschaftliche Zielarten, Zielhierarchie, Zielindifferenz, Zielkonflikt, Zielkongruenz

Unter einem Ziel verstehen wir einen erstrebenswerten Zustand in der Zukunft.

5.1 Zielarten

Man unterscheidet ganz generell zwischen **wirtschaftlichen (ökonomischen)** und **psychologischen (vorökonomischen) Zielen.**

Die **Service-Gewinn-Kette**[1] postuliert folgenden Zusammenhang zwischen den verschiedenen Zielarten: Je besser die Produkt- und Servicequalität, desto zufriedener sind die Kunden. Das hat einen positiven Einfluss auf die Kundenloyalität, was sich wiederum positiv auf Umsatz, Marktanteil und Profitabilität auswirkt. Bruhn / Michalski sprechen deshalb auch von vorökonomischen und ökonomischen Zielen[2].

Abb. [5-1] **Marketingziele als Wirkungskette**

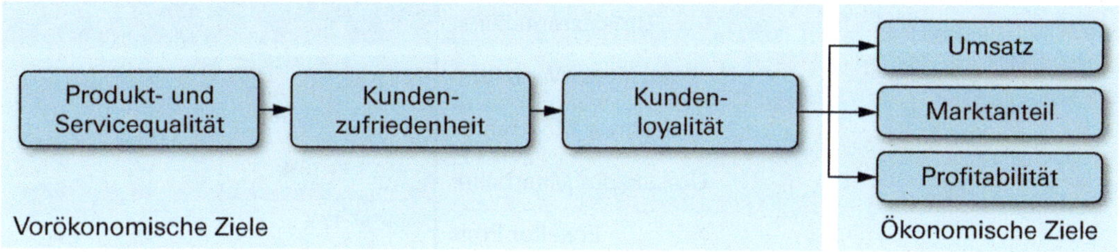

Die folgende Tabelle zeigt typische Marketingziele, die je nach Situation noch genauer definiert werden müssen.

Abb. [5-2] **Marketingziele**[3]

Kennzahl	Konkrete Zielgrösse	Wirtschaftlich / psychologisch
Marktanteil	• Mengenmässig • Wertmässig	• W • W
Finanzen	• Umsatz in CHF • Gewinn in CHF	• W • W
Kunden	• Kundentreue in % der Kunden • Kundenzufriedenheit auf einer Skala von 1bis 10	• P • P
Marke	• Gestützte Bekanntheit (aided recall) in % der Grundgesamtheit • Ungestützte Bekanntheit (unaided recall) in % der Grundgesamtheit	• P • P
Internationalisierung	• Auslandumsatzanteil in % des Gesamtumsatzes • Geografische Serviceabdeckung in x Ländern	• W • W

[1] Heskett, James L.; Jones, Thomas O.; Loveman, Gary W. et al.: Putting the Service-Profit Chain to Work, Harvard Business Review 72 1994.
[2] Bruhn, Manfred; Michalski, Silke: Marketing als Managementprozess, Zürich 2009.
[3] Nach Reinecke, Sven: Marketing- und Verkaufskennzahlen, Zürich 2004.

Kennzahl	Konkrete Zielgrösse	Wirtschaftlich/ psychologisch
Produktmix	• Umsatzanteil von Produkten, nicht älter als 3 Jahre in % des Gesamtumsatzes • Fehlerhafte Produkte in % der Produktion	• W W
Preismix	• Preisbandeinhaltung wertmässig in % (Anteil des innerhalb des Preisbands erzielten Umsatzes) • Bruttomarge in %	• W • W
Distributionsmix	• Numerischer Distributionsgrad in % • Gewichteter Distributionsgrad in %	• W • W
Kommunikationsmix	• Wissen über Produktvorteile auf einer Skala von 1 bis 10 • Wissen über Produkteinsatzmöglichkeiten auf einer Skala von 1 bis 10	• P • P

Marketingziele in der Praxis

Jedes Unternehmen hat andere Ziele zu erreichen. Eine Untersuchung im Marketing und Verkauf von Schweizer und deutschen Unternehmen zeigt allerdings, dass Kennzahlen wie Umsatz / Absatz, Marktanteil, Deckungsbeitrag I, Nettogewinn und Umsatzrentabilität bei einer Mehrzahl von Unternehmen relevant sind.[1]

Abb. [5-3] **Schlüsselkennzahlen in Marketing und Verkauf**

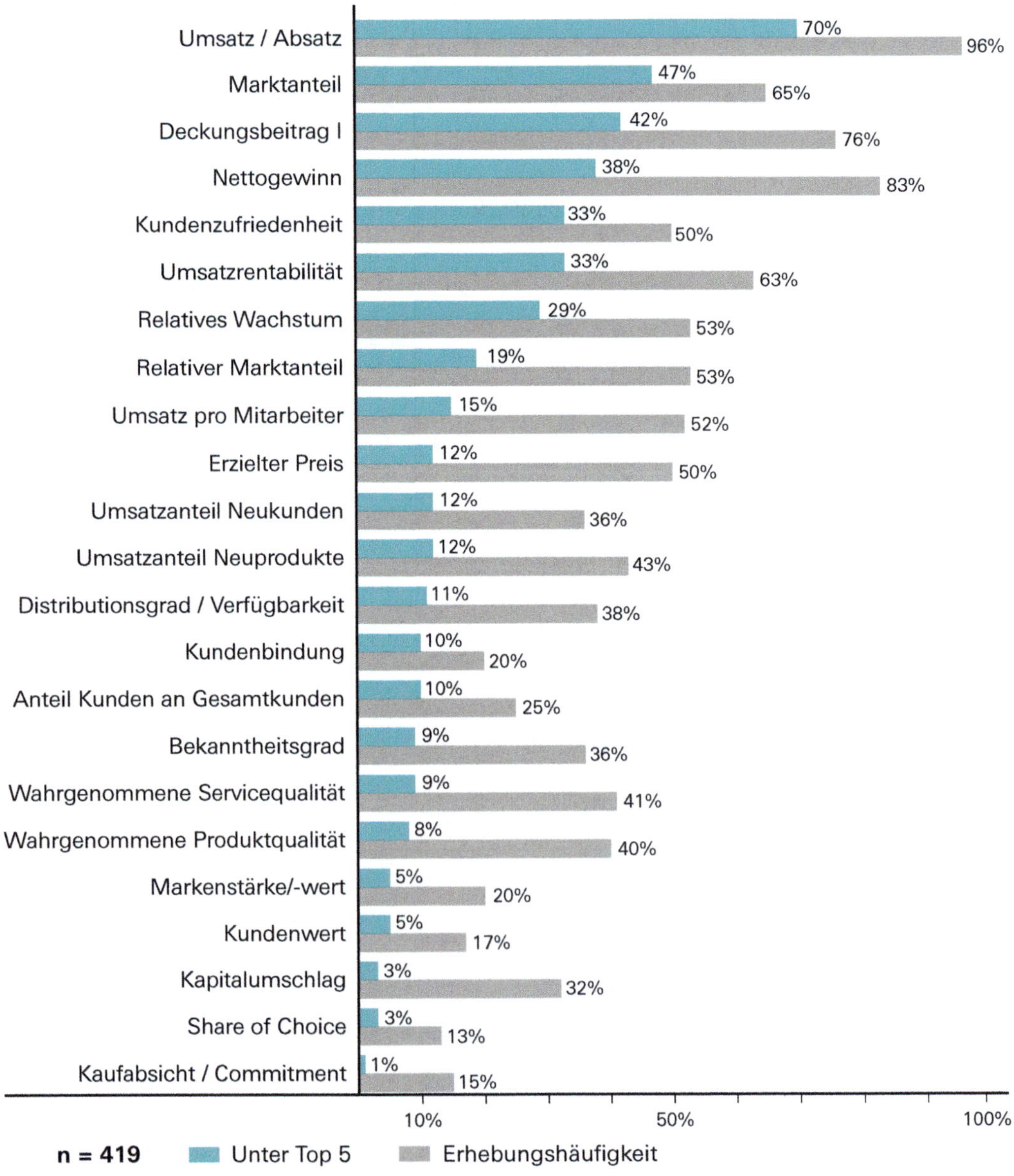

[1] Die Studie stammt von Reinecke, Sven: Marketing- und Verkaufskennzahlen, Zürich: 2004. Das Buch empfehle ich jeder Marketingfachperson.

Operationalisierung von Zielen

In der Praxis werden häufig überprüfbare Ziele verlangt. Ein überprüfbares Ziel zeichnet sich durch folgende fünf Merkmale aus:

- Zielinhalt ist eindeutig. Beispiel: Zufriedenheit aller Kunden, die mit dem Standardfragebogen schriftlich befragt werden.
- Zielausmass ist messbar. Beispiel: Der Anteil der Kunden, die «zufrieden» oder «sehr zufrieden» (Bewertung 4 und 5 auf einer 5er-Skala) sind, ist mindestens 80%.
- Die relevante Zielgruppe ist eindeutig definiert. Beispiel: Alle Kunden mit mehr als CHF 100 000.– Umsatz im Jahr 20xx.
- Zeitlicher Bezug des Ziels ist definiert. Beispiel: Die Befragung wird im 3. Quartal 20xx durchgeführt.
- Räumlicher Bezug des Ziels ist definiert. Beispiel: Befragt werden Schweizer Kunden.

Diese fünf Kriterien entsprechen den 5 W, die bei der Zieloperationalisierung beantwortet werden müssen.

Abb. [5-4] **Operationalisierung von Marketingzielen mit den 5 W**

W?	Was? Zielinhalt	Wie viel? Zielquantifizierung	Wem? Zielgruppe / Segment	Wann? Zielperiode	Wo? Zielmarkt
Frage	Welche Zielgrösse soll erreicht werden?	Welcher Wert soll erreicht werden?	Bei welchem Segment soll dieser Wert erreicht werden?	Bis wann soll dieses Ziel erreicht werden?	Wie ist der Markt geografisch definiert?
Beispiel 1	Kundenzufriedenheit	Auf einer Skala von 1 bis 5 antworten 80% mit 4 (zufrieden) oder 5 (sehr zufrieden).	Alle Kunden mit mehr als CHF 100 000.– Umsatz im Jahr 20xx	Die Befragung wird im 3. Quartal 20xx durchgeführt	Kunden mit Standort Schweiz
Beispiel 2	Anteil Umsatz ausserhalb der Schweiz im Vergleich zum Gesamtumsatz	25%	Im Segment «Druckereien»	Im Jahr 20xx	Ganze Welt

5.2 Beziehungen zwischen Zielen

Da in der Marketingpraxis selten nur ein einziges Ziel verfolgt wird, sondern mehrere Ziele, ist es wichtig, die Beziehungen zwischen den verschiedenen Zielen zu verstehen. Dabei müssen vor allem Zielhierarchien und Zielkonflikte beachtet werden.

5.2.1 Zielhierarchie

Eine Zielhierarchie liegt vor, wenn einzelne Ziele anderen Zielen unter- oder übergeordnet werden können. Zum Beispiel ist das Umsatzziel ein Unterziel des Gewinnziels, das wiederum ein Unterziel der Rendite darstellt.

Abb. [5-5] **Beispiel einer Zielhierarchie**

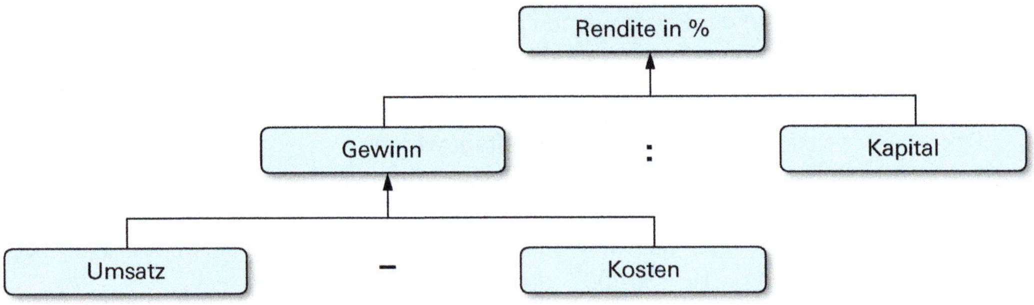

Strategische, operative und taktische Ziele

Eine spezielle Zielhierarchie ist die Unterscheidung nach strategischen, operativen und taktischen Zielen. Die generelle Abgrenzung zwischen einem strategischen, einem operativen und einem taktischen Ziel ist recht schwierig. Wichtig ist jedoch, dass bei der Ausarbeitung eines Marketingkonzepts die Hierarchie der Ziele herausgearbeitet wird wie in der folgenden Abbildung.

Abb. [5-6] **Zielhierarchie für eine Internationalisierungsstrategie**

Hinweis

Die Einteilung Strategische Ziele – Operative Ziele – Taktische Ziele (SOT) hat sich in der Schweiz durchgesetzt, weil es in der Schweizer Armee so gehandhabt wird (http://www.military.ch/abegglen/papers/strategisches_denken.html).

Im deutschen Sprachraum ist S-OT üblich.

Unternehmensziele und Marketingziele

Eine weitere Form der Zielhierarchie widerspiegelt die organisatorische Hierarchie. Dabei werden die Ziele auf der untergeordneten Ebene aus den Zielen der übergeordneten Ebene abgeleitet. Zum Beispiel legt das Unternehmen als Ziel eine «Kapitalrendite von 20%» fest. Daraus werden die Marketingziele «20% wertmässiger Marktanteil» und «35% Bruttomarge über das gesamte Sortiment» festgelegt. Aus diesen Marketingzielen werden das Distributionsziel «60% gewichteter Distributionsgrad» und das Preisziel «Rabatte dürfen nicht mehr als 1% des Umsatzes ausmachen» abgeleitet.

Langfristige und kurzfristige Ziele

Eine dritte Form von Zielhierarchien entsteht aus den unterschiedlichen Zeithorizonten von Zielen. In der Regel haben langfristige Ziele einen Horizont von fünf Jahren, kurzfristige Ziele einen Horizont von einem Jahr und mittelfristige Ziele fallen dazwischen. In sehr dynamischen Branchen wie der Internetwerbung sind 2-Jahres-Pläne allerdings bereits langfristig.

5.2.2 Zielkonflikt, -kongruenz oder -indifferenz

Im Idealfall ergänzen und verstärken sich die Ziele gegenseitig. Zum Beispiel zeigen verschiedene Studien, dass eine Erhöhung der Mitarbeiterzufriedenheit zu einer Erhöhung der Mitarbeiterproduktivität und -treue führt. Das erhöht wieder die Kundenzufriedenheit und die Kundentreue, was sich schlussendlich in einem höheren Gewinn niederschlägt.[1] In diesem Fall sind die **Ziele kongruent zueinander,** wie die mittlere Grafik in der folgenden Abbildung zeigt. Je besser das Ziel A (Mitarbeiterzufriedenheit) erreicht wird, desto besser wird das Ziel B (Kundenzufriedenheit) erreicht.

Bei einem **Zielkonflikt** ist das Gegenteil der Fall (siehe linke Grafik). Die Erreichung des Ziels A steht im Konflikt mit der Erreichung des Ziels B. So stehen z. B. die Ziele «Neukundenakquisition» und «Gewinnmarge» häufig in Konflikt zueinander. Werden grosszügige Rabatte und Aktionen gewährt, so steigt die Zahl der Neukunden (Ziel A), aber die Gewinnmarge schrumpft (Ziel B). Tangieren sich zwei Ziele nicht, so spricht man von **Zielindifferenz** (rechte Grafik). Egal wie gut oder schlecht Ziel B erreicht wird (z. B. Distributionsgrad im amerikanischen Markt), Ziel A (Reklamationsquote in Italien) bleibt davon unberührt.

Von diesen drei Beziehungen ist der Zielkonflikt der wichtigste. Marketingfachleute müssen erkennen, zwischen welchen Zielen Konflikte herrschen, um dann eine optimale Nutzenabwägung vorzunehmen. Im obigen Beispiel muss also festgelegt werden, welche und wie grosse Rabatte gewährt werden sollen, um neue Kunden zu gewinnen.

Abb. [5-7] **Zielkonflikt, -kongruenz und -indifferenz**

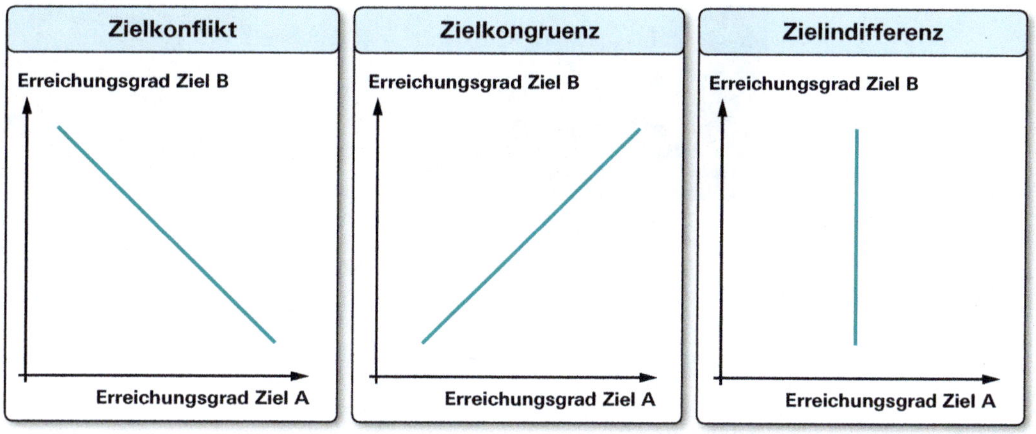

5.3 Marketingfehler

Die **grösste Gefahr** beim Setzen von Marketingzielen ist, dass man keine setzt. Zwar werden Jahresziele, z. B. Umsatzziele, gesetzt. Aber diese helfen wenig, wenn es darum geht, die Marketingprozesse zu verbessern oder die Wirkung von Marketinginstrumenten, wie z. B. Google-Werbung, zu verbessern.

Die nächste Gefahr ist, Ziele isoliert zu betrachten, d. h., die **Zielhierarchie zu vernachlässigen.** Operative Ziele, zum Beispiel, sollten einen direkten oder wenigstens indirekten Bezug zu den strategischen Zielen haben. Ziele des Innendiensts müssen kompatibel sein mit den Zielen des Aussendiensts und den übergeordneten Marketingzielen.

Es muss auch darauf geachtet werden, dass die **Ziele nicht falsche Anreize schaffen.**

[1] Kamakura, Wagner A.; Mittal, Vikas; de Rosa, Fernando et al.: Assessing the Service Profit Chain, Marketing Science 21 (2002) 3, S. 294–317.

Beispiel

Callcenter

In einem Deutschschweizer Callcenter wurden zur Verbesserung der Kundenzufriedenheit zwei Ziele gesetzt. Erstens wurde die Wartezeit gemessen, d. h. die Zeit zwischen der Ankunft des Anrufs bis zum Moment, in dem der Callcenter-Mitarbeiter den Kunden begrüsst. 80% der Anrufe sollten innert 20 Sekunden beantwortet werden. Zweitens wurde die «Abandoned-Rate» gemessen, d. h. der Anteil der Kunden, die aufhängen, bevor sie bedient wurden. Diese Quote sollte 5% nicht überschreiten. Beide Ziele machen an und für sich Sinn, führen aber zu einem perversen Resultat: Wenn Sie bereits mehr als 20 Sekunden in der Warteschlange sind und die Abandoned-Rate von 5% ist noch nicht erreicht, dann ist es für den Callcenter-Mitarbeiter besser, einen neuen Anruf entgegenzunehmen, der innert 20 Sekunden beantwortet werden kann. Einige Kunden werden dann nach einigen Minuten aufhängen, andere warten geduldig. Für die Zielerreichung spielt es jedoch keine Rolle, ob Sie 21 Sekunden oder 21 Minuten warten.

Die Ziele der Mitarbeitenden in Callcentern sollten keine falschen Anreize schaffen.
Bild: Monkey Business Images / Stockbroker / Thinkstock

Ein weiterer Fehler besteht darin, die **Mitarbeitenden Zielkonflikten auszusetzen.**

Beispiel

Retailbanking

In einer Studie, die ich für eine Schweizer Bank durchführte, haben wir die Mitarbeitenden in den Filialen mit den schlechten Ergebnissen einer Kundenzufriedenheitsstudie konfrontiert. Zu meinem Erstaunen waren die Mitarbeitenden aber weder enttäuscht noch defensiv. Einige haben sich sogar über den Rückgang der Kundenzufriedenheit gefreut. Ihre Erklärung war einfach: «Wenn das Management uns weiterhin Stellen streicht und gleichzeitig die Verkaufsziele erhöht, wird die Kundenzufriedenheit noch weiter sinken. Und genau davor haben wir seit der Bekanntgabe der neuen Verkaufsziele immer wieder gewarnt.»

Ein letzter, weitverbreiteter Fehler im Marketing besteht darin, dass zwar **Ziele gesetzt werden, dass aber ihre Erreichung oder Nichterreichung keine Konsequenzen haben** und dass die **Chance verpasst wird, aus den Abweichungen zu lernen.** Wir verweisen auf das Kapitel 3, S. 34. Die Abweichungen werden zwar analysiert, aber es werden keine Schlüsse daraus gezogen, d. h., die Diagnose fehlt.

Zusammenfassung

Ein **Ziel** ist ein erstrebenswerter Zustand in der Zukunft. Dabei wird unterschieden zwischen **wirtschaftlichen** und **psychologischen Zielen.** In der Marketing- und Verkaufspraxis sind Umsatz / Absatz, Marktanteil, Deckungsbeitrag I, Nettogewinn und Umsatzrentabilität die am häufigsten verwendeten Zielgrössen. Ziele sind **überprüfbar,** wenn sie einen eindeutigen Zielinhalt beschreiben (was?), messbar sind (wie viel?), die Zielgruppe bezeichnen (wem?) und sowohl den zeitlichen (wann?) als auch den räumlichen Bezug (wo?) angeben.

Ziele stehen in vielfältigen **Beziehungen** zueinander. Eine **Zielhierarchie** besteht aus über- und untergeordneten Zielen. Dabei kann es sich erstens um strategische, operative und taktische Ziele handeln, zweitens um Unternehmens- und Marketingziele und drittens um langfristige und kurzfristige Ziele. Wenn sich zwei Ziele konkurrenzieren, spricht man von einem **Zielkonflikt,** wenn sie sich ergänzen, von einer **Zielkongruenz.** Besteht weder ein Konflikt noch eine Kongruenz, spricht man von einer **Zielindifferenz.**

Repetitionsfragen

20 Formulieren Sie das folgende Marketingziel anhand der 5 W:

«Das Image bei den Jungen soll verbessert werden.»

21 Formulieren Sie das folgende Marketingziel anhand der 5 W:

«Wir dürfen keine Marktanteile verlieren.»

22 Formulieren Sie das folgende Marketingziel anhand der 5 W:

«Die Produktlancierung muss ein voller Erfolg werden.»

23 Bringen Sie die folgenden Ziele in eine Zielhierarchie:

- Umsatz von Produkt A im Jahr 20xx in der Schweiz 3.2 Mio. CHF
- Kosten von Produkt A im Jahr 20xx in der Schweiz 2.5 Mio. CHF
- Rendite von Produkt A im Jahr 20xx in der Schweiz 15%

24 Ein Unternehmen hat eine statistische Analyse über sämtliche Produkte gemacht und dabei folgende Zusammenhänge zwischen den Zielgrössen Preis, Menge, Kundenzufriedenheit, Gewinn, Umsatz und Marge entdeckt:

1. Wenn der Umsatz steigt, steigt der Gewinn.
2. Wenn der Preis steigt, bleibt der Umsatz konstant (Umsatz = Preis · Menge).
3. Wenn der Preis steigt, sind Kunden unzufrieden.
4. Das Unternehmen rechnet mit Zuschlagskalkulation (Einkaufspreis + 100% = Verkaufspreis).

Welche Beziehung besteht zwischen folgenden Zielen?

	Zielkonflikt	Zielkongruenz	Zielindifferenz
Umsatz und Gewinn	☐	☒	☐
Kundenzufriedenheit und Preis	☒	☐	☐
Umsatz und Marge	☐	☐	☒

Fallbeispiel 3 – Orchestrating Winning Performance

Autor: Stefan Michel

Ausgangslage

Das IMD in Lausanne zählt weltweit zu den besten Business Schools und fokussiert sich ausschliesslich auf die Weiterbildung von Führungskräften. Aus der Vielzahl von firmenspezifischen und funktionalen Seminaren mit jährlich über 8000 Teilnehmenden sticht ein Angebot besonders heraus. **«Orchestrating Winning Performance»** bietet in einer Woche 50 Seminare, Sitzungen und Panels. Teilnehmende aus über 40 Ländern und über 300 verschiedenen Organisationen kommen für eine Woche nach Lausanne oder Singapur, um das Neueste über Konjunkturzyklen, Strategien, Leadership, Marketing und Finanzen zu erfahren.

Weil alle Teilnehmer die **Veranstaltungen individuell zusammenstellen** können, ist kein Programm wie das andere. Das stellt ausserordentlich hohe Ansprüche an die Logistik für die etwa 500 anspruchsvollen Führungskräfte. So war OWP 2012 das erste Programm, das sämtliche Teilnehmer mit einem individuell konfigurierten Apple iPad ausstattete, auf dem alle Vorlesungsunterlagen gespeichert waren. Die Teilnehmer konnten elektronisch Notizen machen und am Ende der Woche alle Dokumente auf ihren Desktop oder Laptop laden.

Auch wenn OWP heute ein sehr rentables Programm ist, wurde seit der Gründung parallel ein zweites, **nichtmonetäres Ziel** verfolgt. Die Professoren sollen an OWP ausschliesslich neue Fallstudien, neue Theorien und neue Konzepte präsentieren. Damit wird diese Woche zum «Innovation Lab» für die gesamte Fakultät. Und weil praktisch alle Professoren mitmachen, erfahren sie gegenseitig, woran ihre Kolleginnen und Kollegen arbeiten, was die Integration der verschiedenen Disziplinen übers Jahr durch erleichtert.

Bild: IMD, Lausanne

Aufgaben

1	Welche ökonomischen und nichtökonomischen Ziele verfolgt das IMD mit OWP? Nennen Sie je zwei Ziele.
2	Besteht ein Zielkonflikt, wenn Professorinnen und Professoren ihre neuesten Fallstudien und Forschungsergebnisse an «zahlenden Kunden» austesten? Beantworten Sie die Fragen in einigen Sätzen.
3	Die Regel, dass nur neues Material präsentiert wird, bringt IMD mindestens drei Vorteile. Welche?

Teil C
Strategien

Einstieg[1]

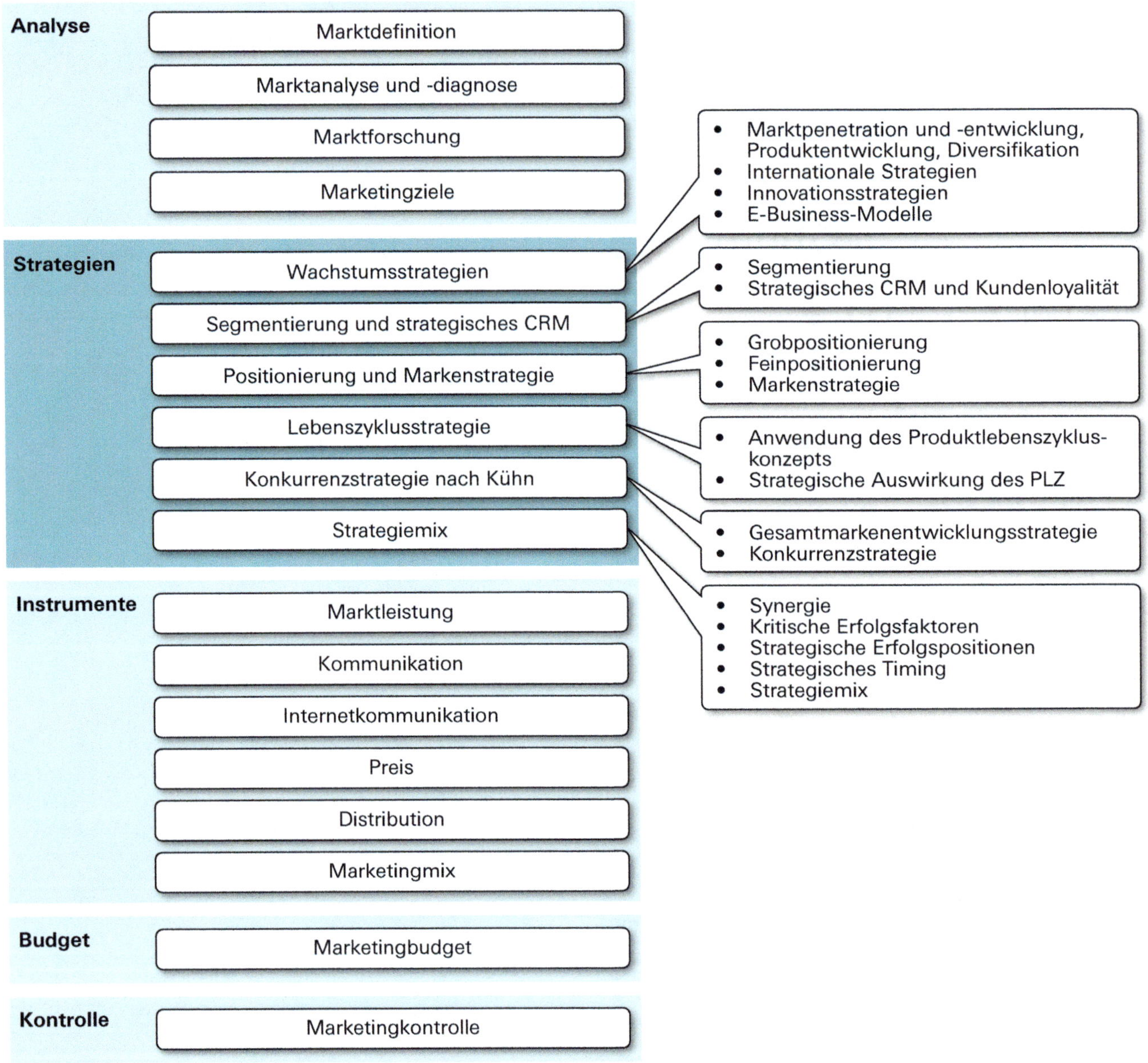

Michael hat nach der Mechanikerlehre bei einem grossen Autoimport-Unternehmen im Verkauf gearbeitet und sich neben der Berufstätigkeit im Marketing, Buchhaltung, Wirtschaftsrecht und Personalführung weitergebildet. Er hat nun genügend Geld auf der Seite, um sich seinen Traum zu erfüllen: Ein eigenes Zweirad-Geschäft mit Motorfahrrädern und Fahrrädern. Auch einen Namen hat er schon gefunden: Mike's Bikes. Ein Ladenlokal mit Werkstatt wäre in seiner Stadt auch zu mieten. Zusammen mit einer Kollegin, die in der Bank arbeitet, erstellt er einen Businessplan. Seine Kollegin rechnet aus, dass Mike zusätzlich zu seinem Eigenkapital einen Liquiditätsbedarf von CHF 150 000.– hat. Basierend auf dem Businessplan reichen sie bei Mike's Hausbank ein Kreditgesuch ein. Der Kreditsachbearbeiter prüft den Businessplan und stellt Mike die beiden Grundfragen jeder Marketingstrategie:

- Ist der Markt, in dem Ihr Unternehmen tätig ist, attraktiv? Sind die Margen gesund, die Risiken absehbar, die Nachfrage wachsend, die Lieferanten und die Kunden nicht zu mächtig?
- Verfügt Ihr Unternehmen in diesem Markt über einen Wettbewerbsvorteil gegenüber der Konkurrenz? Haben Sie eine bessere Kostenstruktur, eine bessere Marke, besseren Zugang zu Lieferanten, einen besseren Standort, grösseres Fachwissen?

[1] Wir danken Prof. Stephan M. Hirt, lic. rer. pol., PR Berater DIPR, und Alex Bell, lic. phil. I, für die Mitarbeit an einem Marketingstrategieskript, auf dem diese Kapitel teilweise aufbauen.

Mit anderen Worten, der Kreditsachbearbeiter muss abschätzen, ob «Mike's Bikes» eine hohe Überlebenschance hat, sodass er die Kredite zurückbezahlen kann. Und er weiss, dass Unternehmen dann Erfolg versprechen, wenn sie in einem attraktiven Markt über Wettbewerbsvorteile verfügen. Im McKinsey-Portfolio, das wir im Kapitel 2 kennengelernt haben, sollte das Unternehmen im Quadrant rechts oben positioniert sein. Um das zu erreichen, braucht der Bikeshop den geeigneten «Strategiemix».

6 Wachstumsstrategien

Lernziele

Nach der Bearbeitung dieses Kapitels können Sie ...

- die vier Wachstumsstrategien formulieren und anhand des Synergiepotenzials beurteilen.
- die wichtigsten Formen der internationalen Strategien beschreiben und miteinander vergleichen.
- die Vor- und Nachteile der Standardisierung und der Differenzierung abwägen.
- Innovationen nach der Neuheit für den Markt und der Neuheit für das Unternehmen einordnen.
- Business-Modelle anhand der Funktionen des Internets erklären.

Schlüsselbegriffe

Analytics, Ansoff-Matrix, Back-up-Lösungen, Bewertungsportale, Blockchain, Communities, Differenzierung, digitale Strategien, Disintermediation, Diversifikation, E-Business-Modelle, E-Commerce, E-Content, elektronischer Marktplatz, Export, Franchising, Innovationsprozess, Innovationsstrategien, internationale Strategien, Internationalisierung, Internet-Infrastruktur, Internet of Things, Joint Venture, Lizenzvergabe, Marktentwicklung, Marktpenetration, Mass-Customizing, Mediasharing, Navigation, Online-Auktionen, Online-Retailing, Produktentwicklung, Sharing Economy, Sortimentsentwicklung, Speicherlösungen, Standardisierung, Suchmaschinen, Wachstumsstrategien, Wiki

Pharmaunternehmen wie Roche oder Novartis werden an der Börse nicht nur daran gemessen, wie viel Gewinn sie heute erzielen, sondern vor allem daran, wie hoch die **künftigen Gewinne** geschätzt werden. Die Aktionäre wollen ja mit ihrem Kapital nicht nur vom diesjährigen Gewinn profitieren, sondern möglichst lange an den Gewinnen teilhaben. Könnte man aber nicht vermuten, dass die Unternehmen, die heute die grössten Gewinne erwirtschaften, auch morgen die erfolgreichsten sind? Ein Blick auf die Börsenkennzahlen zeigt, dass dies in der Regel nicht stimmt. Auf der einen Seite kann es Unternehmen geben, die heute viel Gewinn erwirtschaften, gerade weil sie nicht in die Zukunft investieren. Auf der anderen Seite gibt es Unternehmen, die wenig Gewinn oder sogar Verlust ausweisen, aber ein kräftiges Wachstum versprechen.

Dieses Kapitel beschreibt die wesentlichen **Wachstumsstrategien** nach dem traditionellen Ansatz von Ansoff und zählt verschiedene E-Business-Modelle auf, mit denen in der New Economy Wachstum geschaffen werden kann. **New Economy** bedeutet, dass traditionelle Märkte und Marktstrukturen durch Innovationen in der Telekommunikation und der Elektronik verschwinden und neue Märkte entstehen.

Um auf das Beispiel der Pharmaindustrie zurückzukommen: Unternehmen werden hoch bewertet, wenn sie Medikamente in der Pipeline, d. h. in der Entwicklung haben, die sich zu künftigen Umsatzrennern entwickeln können, wie z. B. Medikamente gegen Aids, Diabetes oder Krebs.

6.1 Marketingziele

Ein Unternehmen, das wachsen will, setzt sich zum Ziel, mindestens einen Einflussfaktor, der zum Mehrumsatz führt, zu steigern.

Innerhalb eines bekannten Markts kann der **Umsatz** mit den bestehenden Produkten und Leistungen folgendermassen berechnet werden:

(1) Umsatz = Anzahl Käufer · Kaufhäufigkeit · Kaufmenge · Kaufpreis

Die Formel zeigt, dass eine Umsatzerhöhung durch die folgenden Faktoren erzielt werden kann (Marktpenetration):

- mehr Käufer innerhalb des bearbeiteten Markts,
- häufigere Käufe,
- grössere Kaufmengen oder
- höhere Preise.

Der Umsatz kann jedoch auch durch die **Erweiterung der bearbeiteten Märkte** erhöht werden (Marktentwicklung):

(2) Gesamtumsatz = Umsatz Markt 1 + Umsatz Markt 2 + … + Umsatz Markt n

Betrachtet man die Produkte, so kann der Umsatz ebenfalls durch die Erweiterung der Produktpalette und des Sortiments erhöht werden (Produkt- und Sortimentsentwicklung):

(3) Gesamtumsatz = Umsatz Produktgruppe 1 + Umsatz Produktgruppe 2 + …

+ Umsatz Produktgruppe n

Schliesslich kann zusätzlicher Umsatz auch in **völlig neuen Geschäftsfeldern** erzielt werden, z. B. durch Diversifikation oder mit E-Business. Hier lautet die Umsatzformel für das Unternehmen (Diversifikation):

(4) Gesamtumsatz = Umsatz in bestehenden Märkten + Umsatz in neuen Märkten

und / oder mit neuen Produkten

6.2 Wachstumsstrategien nach Ansoff

Die zunehmende Globalisierung, neue Informationstechnologien und die wachsende Bedeutung von Dienstleistungen führen dazu, dass sich **Märkte immer rascher entwickeln und verändern.** Jedes Unternehmen muss sich die Frage stellen, welche Marktleistungen, die heute Umsatz schaffen, in drei, fünf oder zehn Jahren überhaupt noch nachgefragt werden.

Das Thema «Wachstumsstrategien» ist deshalb nicht nur interessant für Unternehmen, die wachsen wollen. Wachstumsstrategien müssen auch verfolgt werden, um den Verlust in den bestehenden Märkten und Geschäftsfeldern zu kompensieren.

Die nachstehende Abbildung zeigt die **Wachstumslücke** zwischen der gewünschten Umsatzentwicklung und der erwarteten Entwicklung, falls kein neues Wachstum erzielt werden kann.

Abb. [6-1] **Wachstumslücke**

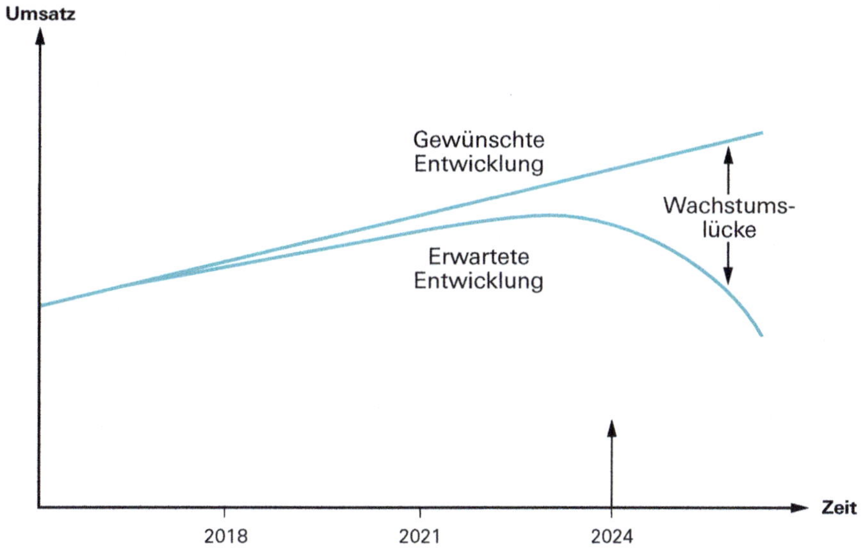

Die Wachstumslücke, die zwischen diesen beiden Linien entsteht, kann nun mit verschiedenen Wachstumsstrategien geschlossen werden. In den 1960er- und 1970er-Jahren konnte weltweit beobachtet werden, wie Grossunternehmen in für sie bisher **unbekannte Produkt-/Marktdomänen** eindrangen. Diesem Trend ging eine langjährige Konjunkturphase voraus, die es den erfolgreicheren Unternehmen ermöglichte, gewaltige Reserven anzuhäufen.

Die Wachstumsstrategien werden in Lehrbüchern typischerweise dem **strategischen Management** zugeordnet.[1] Für die Ausarbeitung eines Marketingkonzepts ist die Kenntnis der Wachstumsstrategien nach Ansoff jedoch unabdingbar.

Die Wachstumsstrategien können anhand von **zwei Dimensionen** klassifiziert werden:[2]

- Werden **neue Märkte** / Geschäfte (z. B. neue Länder, neue Segmente) bearbeitet?
- Werden **neue Produkte** / Leistungen angeboten?

Die zwei Kriterien mit je zwei Merkmalen ergeben die folgende 4-Felder-Matrix.

Abb. [6-2] **Wachstumsstrategien nach Ansoff**

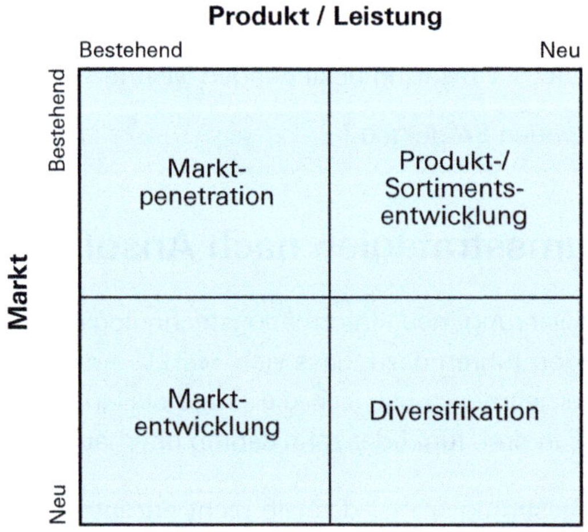

Wir behandeln diese vier Strategien in den folgenden Kapiteln.

6.2.1 Marktpenetration

Wenn innerhalb eines **bestehenden strategischen Geschäftsfelds (SGF) mit bestehenden Produkten** ein Mehrumsatz erzielt werden soll, spricht man von einer Marktpenetration, d. h. Marktdurchdringung.

Die **Marktpenetration** ist die Strategie, die von den Unternehmen deshalb häufig gewählt wird, weil sie mit den geringsten Risiken verbunden ist und sich aus der operativen Tätigkeit von selbst ergibt. Diese Wachstumsstrategie verlangt nicht etwas «anderes», sondern **«mehr vom selben».**

Den Begriff der Marktpenetration findet man auch im Zusammenhang mit **Markteinführungsstrategien.** Die Bedeutung ist dort ähnlich, da die Marktpenetration bei der Markteinführung darauf abzielt, durch tendenziell niedrige Preise eine grosse Kundenzahl, d. h. eine hohe Penetration, zu erreichen.

[1] Johnson, Gerry; Scholes, Kevan; Whittington, Richard: Exploring Corporate Strategy – Text and Cases, London 2005.
[2] Ansoff, Igor: Corporate Strategy, Basingstoke 2007.

6.2.2 Produkt- oder Sortimentsentwicklung

Die Produktentwicklung und die Sortimentsentwicklung führen zum Wachstum, wenn die **bestehenden Kunden neue oder andere Produkte** des Unternehmens nachfragen bzw. neue Leistungen in Anspruch nehmen.

Dabei kann Wachstum durch eine **Produktmodifikation (Produktänderung)** erzielt werden, bei der das neue und das bisherige Produkt grosse Ähnlichkeit aufweisen, sodass eine maximale Synergie[1] ausgeschöpft werden kann.

Bei der **Sortimentsentwicklung** werden nicht Varianten von bestehenden Produkten weiterentwickelt, sondern es werden **neue Produkte** mit in das Sortiment aufgenommen. Die Synergie bezieht sich dabei weniger auf die Produktion als vielmehr auf die Vermarktung des Sortiments beim bestehenden Kunden.

Beispiel **Salomon**

Salomon konzentrierte sich während Jahrzehnten auf die Produktion von Skibindungen. Das Unternehmen war im Markt sehr gut eingeführt und entwickelte sein Sortiment erfolgreich. Passend zu den Skibindungen wurden Skischuhe, Skier und Skibekleidung unter der Marke Salomon entwickelt.

6.2.3 Marktentwicklung

Unter Marktentwicklung versteht Ansoff die Eroberung **neuer geografischer Märkte mit den bestehenden Produkten und Dienstleistungen.** Die Markterweiterung muss jedoch nicht zwingend geografisch erfolgen. Denkbar ist, dass neue Segmente innerhalb des bereits bearbeiteten Raums bearbeitet werden.

6.2.4 Diversifikation

Als Diversifikation werden Strategien verstanden, die **neue Märkte oder Segmente mit neuen Produkten und Dienstleistungen** bearbeiten. Man unterscheidet drei Diversifikationsstrategien nach der Distanz des neuen strategischen Geschäftsfelds zu den bestehenden SGF[2]:

- Horizontal
- Vertikal
- Lateral

A] Horizontale Diversifikation

Das Unternehmen sucht neue Produkte, bei denen in Bezug auf die Technologie oder das Marketing **Synergien mit den bisherigen Produktlinien** bestehen, selbst wenn ein neues Segment angesprochen wird.

Beispiel **Logitech**

Der Schweizer Computer-Peripherie-Geräte-Hersteller Logitech, der durch seine Computer-Mäuse bekannt wurde, hat erfolgreich in andere Kategorien diversifiziert, unter anderem in Computer-Videocams, Game-Controllers und Computer-Lautsprecher. Im 2. Quartal 2017 konnte Logitech den Umsatz um 11% auf 634 Mio. US-Dollar steigern, wobei die Verkäufe in der Kategorie Video Collaboration und Gaming um 59% zunahmen.

[1] Synergie: Das Zusammenwirken von Lebewesen, Stoffen oder Kräften, die sich gegenseitig fördern und in Kombination zu einer verbesserten Wirkung führen.
[2] Meffert, Heribert: Marketing. Grundlagen marktorientierter Unternehmensführung. Konzepte – Instrumente – Praxisbeispiele, Wiesbaden 2008.

B] Vertikale Diversifikation

Das Unternehmen versucht, in die nachgelagerte oder in die vorgelagerte Branche einzudringen. Im ersten Fall kann z. B. ein Produzent dazu übergehen, eigene Verkaufsstätten einzurichten (Vorwärtsintegration). Im zweiten Fall wird diversifiziert, indem auf die Stufe der eigenen Lieferanten eingedrungen wird (Rückwärtsintegration).

Beispiel

Vertikale Diversifikation

Vor 30 Jahren gab es in der Schweiz viele Druckereien, die keine eigenen Druckvorstufenleistungen anboten, und es gab Betriebe der Druckvorstufe wie Lithographen, Reprofotografen, Setzereien. Die Digitalisierung hat dazu geführt, dass sich Druckereien rückwärts integriert haben und sich mit dem Aufbau oder Aufkauf der Druckvorstufe diversifizierten.

C] Laterale Diversifikation

Das Unternehmen dringt in ein strategisches Geschäftsfeld ein, das keinerlei Bezug zu den bisherigen Aktivitäten hat. Dieses laterale Geschäftsfeld nutzt keinerlei Marketingsynergien aus, sondern wird in der Regel finanzpolitisch begründet.

Beispiel

Conzzeta Holding

Die Conzzeta Holding, die im Jahr 1912 durch den Zusammenschluss von fünf Ziegelwerken entstand, ist eine Industrieholding mit Tätigkeiten in den Bereichen Maschinen- und Anlagenbau, Schaumstoffe, Sportartikel, Beschichtungs- und Baumaterialien sowie Immobilien. Die Aktivitäten innerhalb der Conzzeta-Gruppe sind in sieben Geschäftsbereichen zusammengefasst: Systeme für Blechbearbeitung, Systeme für Glasbearbeitung, Schaumstoffe, Sportartikel, Beschichtungsmaterialien, Immobilien und diverse Erträge, industrielle Beteiligungen. Die Firmen der Conzzeta-Gruppe beschäftigen gut 4 600 Mitarbeitende und erwirtschafteten 2016 einen Umsatz von über 1 214 Mio. CHF.

Abb. [6-3] **Formen der Diversifikation**

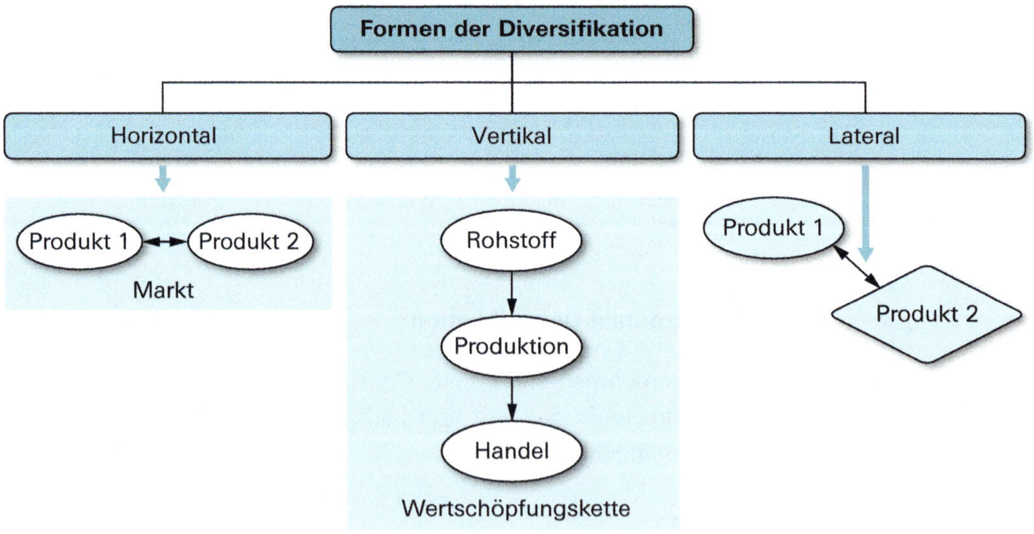

Mit den vier in der Ansoff-Matrix aufgeführten Wachstumsstrategien kann die Wachstumslücke geschlossen werden. Bei den verschiedenen Wachstumsstrategien können die Synergien in unterschiedlichem Mass genutzt werden:

- Marktpenetration: Hier sind die Synergien am grössten, weil es sich um bestehende Kunden und bestehende Produkte handelt.
- Marktentwicklung: Synergien sind durch die gegebenen Produkte möglich.
- Produkt- und Sortimentsentwicklung: Synergien sind durch den bereits bekannten Markt möglich.

- **Diversifikation:** Hier sind eher wenig Synergien möglich. Innerhalb der Diversifikationsstrategien ist das Ausmass der Synergienutzung unterschiedlich: Horizontale und vertikale Diversifikation bieten grössere Synergien als die laterale Diversifikation.

Die Wachstumslücke wird also **schrittweise** geschlossen. Wenn das Management eine Lücke zwischen der erwarteten Entwicklung und der gewünschten Entwicklung sieht und diese mit der Nutzung von Synergien schliessen möchte, wird in einem ersten Schritt versucht, diese Lücke durch Marktpenetration zu schliessen. Besteht danach immer noch eine Lücke, so folgt eine Marktentwicklung, dann eine Sortiments- oder Produktentwicklung und schliesslich eine Diversifikation.

Abb. [6-4] Wachstumsstrategien mit unterschiedlichem Synergiepotenzial

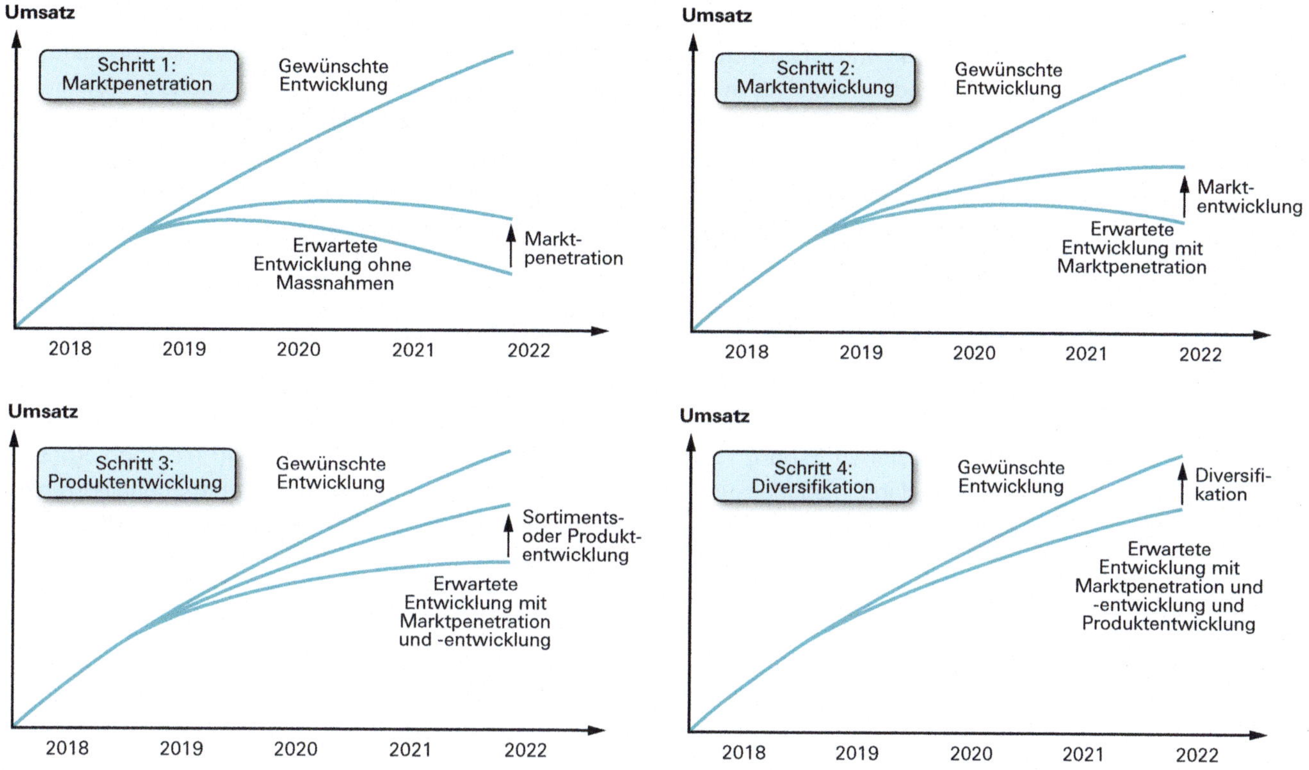

6.2.5 Kritik an der Ansoff-Matrix

Die Ansoff-Matrix geht davon aus, dass sich Märkte und Teilmärkte, Produktkategorien und Kundengruppen klar trennen lassen und Branchengrenzen über längere Zeit stabil bleiben. In der heutigen Zeit erleben wir jedoch, dass Branchen zusammenwachsen und **gänzlich neue Wettbewerbssituationen** entstehen. Dieses Zusammenwachsen wird auch als **Konvergenz** bezeichnet und hat zur Folge, dass die Abgrenzung von SGF nicht mehr möglich ist. Die Wachstumschancen entstehen hier z. B. durch neuartige Konstellationen, wie wir sie weiter unten noch betrachten werden.

6.3 Internationale Strategien

Wie wir bereits ausgeführt haben, ist die Marktentwicklung die Wachstumsstrategie nach Ansoff, bei der bestehende Produkte und Leistungen in **neuen geografischen Märkten** eingeführt werden. Vereinfachend sprechen wir im Folgenden von «internationalen Strategien» und differenzieren nur wenn nötig nach nationalen, internationalen, multinationalen und globalen Strategien.

Abb. [6-5] **Geografische Differenzierung des Marketings**

Nationales Marketing	Das Marketingkonzept ist nicht länderübergreifend, sondern deckt ein Land ab. Noch kleinräumiger spricht man von regionalem oder gar lokalem Marketing.
Internationales Marketing	Von internationalem Marketing wird gesprochen, wenn ein Unternehmen aus seinem Stammland Güter und Dienstleistungen in andere Länder exportiert.
Multinationales Marketing	Ein multinational orientiertes Unternehmen ist in mehr als nur in einem Land fest verankert. Seine Geschäftstätigkeit geht nicht von einem dominanten Stammland aus, sondern bildet ein Netz von multinationalen Produktionsstandorten und Märkten.
Globales Marketing	Globales Marketing bedingt nicht nur eine Organisation, die den ganzen Erdball umspannt, sondern auch globale Märkte. Die Mode-, die Telekommunikations- oder die Computerindustrie sind Beispiele globaler Märkte, in denen globales Marketing betrieben wird.

Mit der **Globalisierung der Märkte** treten häufiger auch ausländische Konkurrenten in die heimischen Märkte ein. Das führt zu einem intensiveren Kampf um die Marktanteile im eigenen Land und oft auch zu stagnierendem Absatz. So bleibt den heimischen Unternehmen oft keine andere Wahl, als international tätig zu werden, wenn sie weiter wachsen wollen. Die **verminderte Abhängigkeit vom heimischen Markt** durch eine Internationalisierung ist ein weiterer positiver Faktor, neben den Wachstumsmöglichkeiten im Ausland. Ferner lernt ein international tätiges Unternehmen, sich im **globalen Wettbewerb** zu behaupten, was seine Aussichten, den Heimatmarkt gegen ausländische Konkurrenten zu verteidigen, verbessert.

6.3.1 Formen der Internationalisierung

Sobald sich ein Unternehmen entschlossen hat, über die geografischen Grenzen seines Landes hinaus aktiv zu werden, muss es eine Entscheidung über die **geeignete Einstiegsform** treffen. Es stehen Export, Lizenzvergabe, Franchising, Joint Venture und die Tochtergesellschaft (Auslandsniederlassung mit oder ohne Produktionsbetrieb) als Internationalisierungsformen zur Auswahl. In dieser Reihenfolge bedeuten die einzelnen Formen für das Unternehmen mehr Kapitaleinsatz, Engagement, Kontrolle, Risiko und Gewinnpotenzial.

Beispiel

BMW

Der Automobilhersteller BMW verfolgt in verschiedenen Ländern unterschiedliche Produktions- und Vermarktungsstrategien. Agilität und Wirtschaftlichkeit sind die obersten Prämissen. Der Konzern produziert seine Produkte in 4 Kontinenten in 14 Ländern und an 30 Standorten. Die BMW-Automobile werden in Deutschland, den USA, Südafrika und China hergestellt. Die BMW-Motorräder werden in Deutschland produziert und zum Teil am Montagestandort Brasilien zusammengebaut. Die Töchter von MINI und Rolls-Royce werden in Grossbritannien hergestellt. Es gibt sechs Automobil-Montagestandorte, die von den Produktionsstandorten mit Bausätzen beliefert werden und das Fahrzeug zusammensetzen. Es gibt Standorte in Thailand, Malaysia, Russland, Ägypten, Indonesien und Indien. Ein weiterer Produktionsstandort für BMW-Automobile wird 2019 in Mexiko den Betrieb aufnehmen.

Abb. [6-6] **Formen der Internationalisierung**

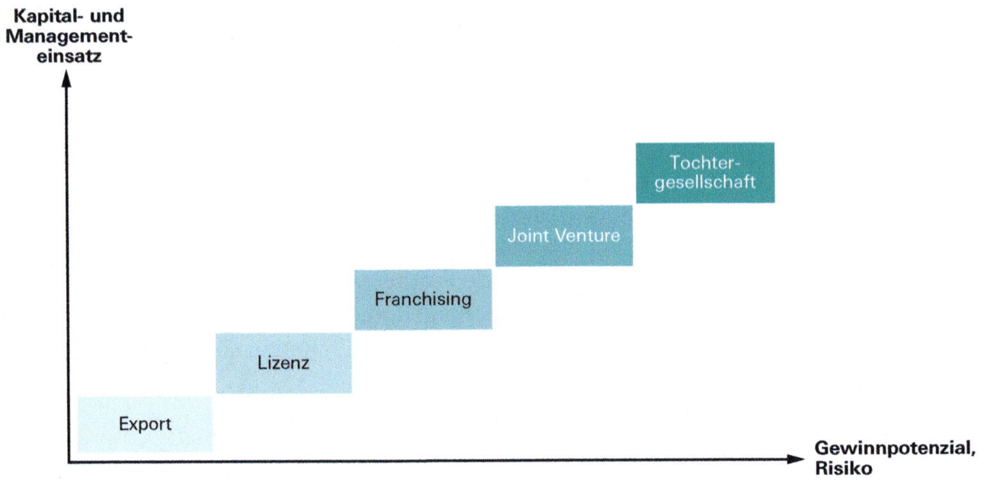

Im Allgemeinen beginnt ein Unternehmen seine Auslandaktivitäten meist über den **Export, die Lizenzvergabe oder das Franchising** aufzubauen. Diese drei Markteintrittsformen erlauben es dem Unternehmen, mit keinem oder geringem Kapitaleinsatz in anderen Märkten tätig zu werden. Die Direktinvestitionen in den neuen Markt nehmen erst mit zunehmendem Interesse und mit der Intensität der Marktbearbeitung zu. Oft steht dabei der Gedanke im Vordergrund, mehr Kontrolle über die Auslandaktivitäten zu erlangen, um einen Markt mit lukrativem Potenzial erfolgreicher zu bearbeiten.

A] Export

Der übliche Weg, in einen Auslandmarkt einzusteigen, ist der Export. Es kann auch vorkommen, dass das Unternehmen gar nicht plant, im Export tätig zu werden, jedoch als Folge von häufigen Bestellungen vom Ausland beginnt, in diesen Markt zu exportieren.

Man kann zwischen indirektem und direktem Export unterscheiden:

Der **indirekte Export** erfolgt über einen unabhängigen Exportvermittler. Dieser kann seinen Sitz im In- oder Ausland haben. Oft werden auch Exportverbände, die für mehrere Produzenten tätig sind, benutzt. Die Vorteile des indirekten Exports sind die geringen Investitionen, die ein Unternehmen tätigen muss, sowie das relativ kleine Risiko, das es dabei zu tragen hat.

Beim **direkten Export** bemüht sich das Unternehmen selbst um die Abwicklung des Exportgeschäfts. Der direkte Export kann ebenfalls auf mehrere Arten durchgeführt werden: Das Unternehmen kann eine Exportabteilung im Inland errichten, eine Tochtergesellschaft für den Export gründen, reisende Exportvertreter ins Ausland schicken oder im Ausland ansässige Händler oder Vertreter engagieren. Das Risiko und die Investitionen sind gegenüber dem indirekten Export höher; das gilt aber auch für den potenziellen Gewinn.

B] Lizenzvergabe

Auch die Vergabe von Lizenzen ist für ein Unternehmen ein **risikoarmer Weg,** um sich in einem Auslandmarkt zu etablieren. Dabei schliesst der Lizenzgeber eine Vereinbarung mit einem Lizenznehmer ab, die ihm das **Nutzungsrecht** für Produktionsverfahren, Warenzeichen, Technologie oder etwas anderes von Wert einräumt. Als Gegenleistung bezahlt der Lizenznehmer eine **Lizenzgebühr.** Dabei können beide Beteiligten profitieren: Der Lizenzgeber erhält Zugang zu einem Auslandmarkt mit minimalem Risikoeinsatz und der Lizenznehmer erhält das nötige Know-how oder einen bekannten Markennamen, ohne von vorn beginnen zu müssen.

Die Lizenzvergabe kann aber auch **Nachteile** haben. So hat der Lizenzgeber wenig Kontrolle über Qualität, Preis und Verfügbarkeit. Ferner verschenkt er potenzielle Gewinne, falls sich der Auslandmarkt als sehr attraktiv erweist, denn er erhält nur seine Lizenzgebühr, aber keine Beteiligung am Gewinn. Es besteht auch die Möglichkeit, dass er sich mit dem Lizenznehmer einen **potenziellen Konkurrenten im Ausland** schafft, nachdem der Lizenzvertrag abgelaufen ist. Um dieser Gefahr vorzubeugen, kann der Lizenzgeber darauf bestehen, dass der Lizenznehmer weiterhin Kernkomponenten oder -prozesse bei ihm beziehen muss. Dabei sollte der Lizenzgeber bestrebt sein, in der Innovation führend zu bleiben, um dadurch eine weitere Abhängigkeit des Lizenznehmers zu erreichen.

Beispiel **Hugo Boss**

Der Modehersteller Hugo Boss vergibt Lizenzen für die Marke an Drittfirmen, die unter diesem Namen Parfums, Kosmetika und Uhren verkaufen. Die Bereiche Unterwäsche und Schuhe waren bis 2003 auch lizenziert, sind jetzt aber wieder in den Konzern integriert worden.[1]

---

[1] http://www.bankgesellschaft.lu/download/2004_0617HugoBoss.pdf.

C] Franchising

Das Franchising ist eine Variation der Lizenzvergabe in einer umfassenden Form. Dabei bietet der Franchisegeber dem Franchisenehmer gegen eine laufende Franchisegebühr ein **komplettes System (Markenkonzept) und Betriebssystem.** Das Franchising eignet sich speziell für Produkte oder Marken, die ein hohes Mass an **Standardisierung** erlauben. Es ermöglicht, mit wenig Investition, ein länderübergreifend einheitliches Erscheinungsbild zu schaffen. Man kann **drei Kategorien** von Franchising unterscheiden: das Produkt-Franchise (Coca-Cola), das Dienstleistungs-Franchise (McDonald's) und das Vertriebs-Franchise (Benetton). Um den Standard und die Qualität zu sichern, kann der Franchisegeber sich das Recht einer sporadischen Kontrolle einräumen.

Abb. [6-7] **Rechte und Pflichten der Franchisepartner**

Rechte und Pflichten des Franchisegebers	Rechte und Pflichten des Franchisenehmers
• Überlassen des System-Know-hows • Stellt Produkt und Markennamen zur Verfügung • Hilfe beim Betriebsaufbau • Werbung, Verkaufsförderung und Sortimentsplanung • Laufende Aus- und Weiterbildung	• Einhalten der vorgegebenen Richtlinien • Verwenden von Produkt- und Markennamen des Franchisegebers • Einsatz für das System • Periodische Ergebnismeldungen • Duldung von Inspektionen und Kontrollen

Die Vor- und Nachteile des Franchising sind ähnlich wie bei der Lizenzvergabe. Im Rahmen der Globalisierung der Märkte bieten Franchising und Lizenzvergabe eine Möglichkeit des schnellen Wachstums unter Einbringung geringer Investitionen.

D] Joint Venture

Ein Joint Venture ist ein **selbstständiges Unternehmen,** an dessen Grundkapital zwei oder mehrere Partner beteiligt sind mit dem Ziel, durch eine gemeinsame Tätigkeit eine ihren jeweiligen Einlagen entsprechende Verzinsung zu erzielen[1]. Ein Joint Venture ist eine Form der **Unternehmenskooperation** und kann im weiteren Sinn als strategische Allianz aufgefasst werden. Es gibt verschiedene Arten von Joint Ventures. Eine Unterscheidung kann man anhand der Beteiligungsverhältnisse machen: Mehrheits-Joint-Ventures setzen eine Beteiligung von mehr als 50% voraus, Minderheits-Joint-Ventures weniger als 50% und bei Paritäts-Joint-Ventures besitzen die Beteiligten je 50%.

Das Joint Venture hat heute neben der Tochtergesellschaft einen festen Stellenwert in den Auslandaktivitäten von Unternehmen, die auf **Direktinvestition** basieren. Es gibt viele **Motive für das Eingehen** eines Joint Ventures mit einem anderen Unternehmen[2]:

- Wirtschaftlicher Nationalismus (z. B. Markteintrittsbarrieren), besonders bedeutsam in Drittweltländern, wo oft lokales Engagement gefordert wird, um investieren zu können
- Notwendigkeit, neue Quellen für Ressourcen zu erschliessen
- Erschliessung neuer attraktiver Märkte
- Um Technologie verkaufen oder lizenzieren zu dürfen
- Um in einer neuen Wirtschaftsregion eine Exportbasis zu erlangen

[1] Kumar, Brij N.: Joint Ventures, Organisation des, in: Frese, E. (Hrsg.): Handwörterbuch der Organisation, Stuttgart 1992.
[2] Cateora, Philip R.: International Marketing, Burr Ridge, Ill. et al.: Irwin, 2010.

Aus dem Blickwinkel des Marketings hat das Joint Venture mit einem anderen Unternehmen folgende **Vorzüge.** Es ermöglicht dem Marketing,

- die spezialisierten länderspezifischen Kenntnisse des lokalen Partners zu gebrauchen (Diversifikationspotenzial),
- Zugang zu einem lokalen Distributionssystem,
- Überwinden fehlender Kapital- oder Personalressourcen und
- Eintritt in staatlich geschützte Märkte.

Mögliche **Schwierigkeiten,** die mit der Führung eines Joint Ventures zusammenhängen können, sollen hier kurz aufgelistet werden:

- Koordination und Kommunikation
- Divergierende Vorstellungen und Ziele
- Verlust von Kontrolle, Autonomie und Flexibilität
- Verschiedene Unternehmenskulturen und -strukturen

Joint Ventures sollten eigentlich eine Win-win-Situation[1] für die daran beteiligten Unternehmen sein.

E] Tochtergesellschaft

Diese Form der Direktinvestition im Ausland setzt einen **Einsatz an Kapital und Management im Gastland** voraus. Dadurch steigen die Risiken des Unternehmens, aber auch der potenzielle Gewinn. Bevor ein Unternehmen in einem Gastland Direktinvestitionen tätigt, hat es in der Regel schon Markterfahrung gesammelt (z. B. durch Exportaktivitäten). Wenn der Auslandmarkt lukrativ erscheint, bringt eine Direktinvestition mehrere **Vorteile:**

- Kostenvorteile durch billigere Ressourcen (Arbeitskräfte, Rohstoffe etc.) und Senkung der Frachtkosten
- Image-Steigerung im Gastland durch Schaffung von Arbeitsplätzen
- Intensivere Beziehung zu Kunden, Lieferanten, Händlern (Diversifikationspotenzial).
- Sicherung des Marktzugangs
- Volle Kontrolle über Marketingstrategie

Das Unternehmen geht bei einer Investition im Ausland auch gewisse **Risiken** ein. So kann die Investition durch Enteignung vom Staat, Geldentwertung, Krieg, Standortverschlechterung oder andere Gefahren entwertet werden oder gar verloren gehen. Zudem kann bei Direktinvestitionen ein möglicher Ausstieg aus dem Geschäft im Gastland erheblich schwieriger sein als erwartet.

6.3.2 Differenzierung oder Standardisierung

Für international tätige Unternehmen stellt sich im Zeitalter der Globalisierung die Frage, ob sie **weltweit standardisieren oder differenzieren** sollen. Diese Entscheidung ist für die Marketingstrategie des Unternehmens von grundlegender Bedeutung. Bei einer **Standardisierung** wird in allen Ländern ein einheitliches Marketing betrieben, bei der **Differenzierung** wird das Marketing auf die Gegebenheiten des einzelnen Landes angepasst.

Die Strategie der Standardisierung beruht auf der Annahme, dass es globale Märkte mit homogenen Bedürfnissen gibt.[2]

[1] Win = engl. gewinnen, Win-win-Situation = alle Parteien gewinnen.
[2] Levitt, Theodore: The Globalization of Markets, Harvard Business Review 1983.

Globale Märkte

Das Ausmass der Globalität von Märkten wird durch **zwei Faktoren** bestimmt[1]:

- **Ähnliche Marktbedürfnisse:** Man trägt «Armani» in Boston, London, Milano, München, Padua, Tokio, Zürich[2].
- **Ähnliche Marktressourcen:** Es reicht nicht aus, wenn die Bedürfnisse der Nachfrager ähnlich sind. Es ist auch eine Ähnlichkeit in den Marktressourcen notwendig, wie z. B. bei den Rohstoffen, bei der industriellen Kapazität, bei den Vertriebskanälen etc.

Sind die Bedürfnisse ähnlich und die Marktressourcen unterschiedlich, so macht eine Produktdifferenzierung nach den einzelnen Märkten Sinn.

Beispiel

Heizungen

Das Bedürfnis nach Wärme in den Häusern, wenn die Aussentemperaturen unter 18 Grad fallen, ist weltweit ein einheitliches Bedürfnis. Die Ressourcen sind aber sehr unterschiedlich: Geheizt werden kann mit Elektrizität, Erdöl, Erdgas oder Holz.

Sind hingegen die Bedürfnisse verschieden und die Marktressourcen ähnlich, so kann das Unternehmen mit einer **Marktsegmentierung** versuchen, den unterschiedlichen Bedürfnissen gerecht zu werden.

Beispiel

Microsoft Word

Das Textverarbeitungsprogramm Microsoft Word existiert in 42 verschiedenen Länderversionen, die alle auf demselben Code aufbauen: Arabische Region, Australien, Brasilien, Bulgarien, China, Dänemark, Deutschland, Estland, Finnland, Frankreich, Griechenland, Hongkong, Indien, Israel, Italien, Japan, Kanada (Englisch), Kanada (Französisch), Korea, Kroatien, Lateinamerika, Lettland, Litauen, Mexiko, die Niederlande, Norwegen, Polen, Portugal, Rumänien, Russische Föderation, Schweden, Serbien und Montenegro, Slowakei, Slowenien, Spanien, Taiwan, Thailand, Tschechische Republik, Türkei, Ukraine, Ungarn, Vereinigte Staaten, Vereinigtes Königreich.

Sind beide Kriterien – ähnliche Marktbedürfnisse und ähnliche Marktressourcen – nicht erfüllt, so gibt es keinen globalen Markt, sondern nationale Spezialitäten.

Abb. [6-8] **Abgrenzung zur Bestimmung von globalen Märkten**

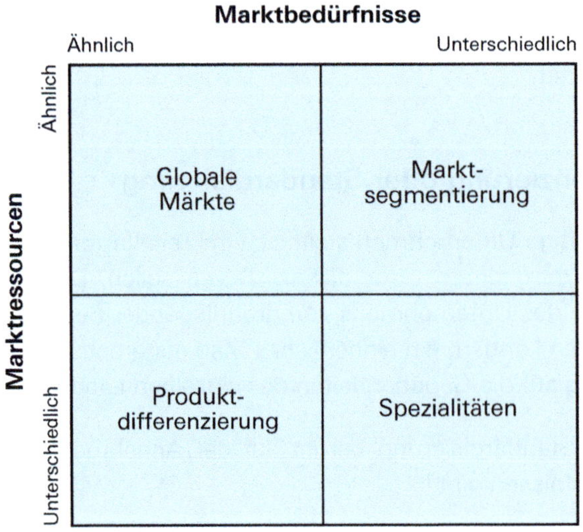

[1] Sheth, Jagdish: Global Markets or Global Competition, Journal of Consumer Marketing 3 (1986).
[2] Wehrli, Hans Peter: Marketing, Wetzikon: WWC, 1996.

A] Standardisierung

Eine Standardisierung ist nur möglich, wenn es globale Märkte gibt. International operierende Unternehmen haben somit die Aufgabe, ihre Zielmärkte daraufhin zu untersuchen, ob es homogene Konsumentenpräferenzen gibt, d. h., dass die Konsumenten die gleichen Bedürfnisse haben. Ist dies der Fall, steht das Unternehmen vor einer Vielzahl von Möglichkeiten.

Eine **Marketingstandardisierung** kann eine Vereinheitlichung der Marketinginhalte oder -prozesse umfassen. Die Standardisierung der Inhalte erstreckt sich auf den Marketingmix und die Marketingstrategie. Bei der Vereinheitlichung der Prozesse geht es darum, Abläufe und Entscheidungen innerhalb der globalen Marketingorganisation zu standardisieren. Eine Marketingstandardisierung kann folgende Kostensenkungspotenziale aufweisen:

- **Grössenersparnisse:** Hier wird häufig mit den «economies of scale», den Skaleneffekten, argumentiert. Skaleneffekte entstehen, wenn die Durchschnittskosten mit der zunehmenden Produktionsmenge pro Zeiteinheit laufend sinken, z. B. sinken die Kosten für die Produktionsanlage von Turnschuhen, je mehr Turnschuhe pro Jahr hergestellt werden.
- **Lern- bzw. Erfahrungskurveneffekte:** Diese Effekte beziehen sich auf die kumulierte[1] Menge der produzierten Güter oder geschaffenen Dienstleistungen. Je mehr ein Unternehmen bereits produziert hat, desto weniger Fehler passieren, die Prozesse sind optimiert, die Mitarbeitenden sind erfahren.
- **Verringerung des Forschung-und-Entwicklungs-(F&E-)Aufwands:** Das Zusammenführen von verschiedenen Forschungs- und Entwicklungsprojekten vermindert Doppelspurigkeiten und führt zu neuartigen Konstellationen.
- **Effektivere Koordination und Kontrolle:** Die Standardisierung vereinfacht die Koordination und die Kontrolle über das gesamte Unternehmen.

Eine Standardisierung nimmt bewusst eine **suboptimale,** d. h. nicht ganz optimale **Lösung** für die einzelnen Länder zugunsten der weltweiten Synergien und Vorteile in Kauf.

Die Standardisierung kann sich ausserdem **positiv auf den Erlös auswirken.** Indem die Corporate Identity[2], das Erscheinungsbild, des Produkts resp. des Unternehmens weltweit dieselbe ist, haben die heute oft mobilen Konsumenten keine Mühe, ihre Produkte weltweit zu erkennen (Aufbau von globalen Marken).

Eine globale Standardisierung kann aber auch **negative Auswirkungen** auf den Erlös haben. Ein universales Produkt, das nicht mehr auf länderspezifische Präferenzen der Konsumenten Rücksicht nimmt, könnte von den Konsumenten weniger akzeptiert werden und sich somit negativ auf den Umsatz auswirken, auch wenn es noch so billig ist. Auch ein öffentlicher Skandal würde dem Unternehmen nicht mehr nur in einem Land schaden, wenn die Marke global unter demselben Namen vermarktet wird, sondern weltweit.

B] Länderspezifische Differenzierung

Eine differenzierte Marktbearbeitung geht davon aus, dass sich **einzelne Länder** oder **Regionen in ihren Präferenzen und ihrem Kaufverhalten** dermassen **unterscheiden,** dass durch eine länderspezifische Anpassung von Produkten und Marketingprogrammen erfolgreich Umsatz geschaffen werden kann. Die meisten Unternehmen passen heute die Marketinginstrumente an die **gängigen Marktbedürfnisse** an. So hat beispielsweise eine Schweizer Milchschokoladenmarke in den verschiedenen Ländern Europas einen unterschiedlichen Geschmack, um den jeweiligen länderspezifischen Geschmackspräferenzen gerecht zu werden.

[1] Kumuliert: angehäuft.
[2] Corporate Identity: Bild, das sich das Unternehmen selbst gibt.

Durch eine länderspezifische Differenzierung erhofft sich ein Unternehmen, vor allem den **Absatz zu steigern,** indem das Produkt oder die Dienstleistung den länderspezifischen Vorlieben angepasst wird. Das Unternehmen geht auch davon aus, dass der Konsument bereit ist, einen höheren Preis zu bezahlen (premium price), um genau das zu erhalten, was er sich wünscht.

Bei einer Differenzierung besteht die **Gefahr,** dass die Kosten für die Anpassung der Marketinginstrumente, für die Beschaffung und die Produktion zu hoch sind, zu stark auf den Preis einwirken und somit beim Kunden die Kaufbereitschaft schmälern.

Beispiel

Barbie[1]

Bei der Markteinführung von Barbie auf dem japanischen Markt stellte sich für Mattel die Frage, ob das Gesicht der Puppe japanischen Gesichtszügen angepasst werden sollte oder nicht. Man musste nun abschätzen, ob die zusätzlichen Kosten sich lohnen würden. Mattel entschied sich für eine länderspezifische Differenzierung in Japan und der Erfolg gab dem Unternehmen Recht.

Bei der länderspezifischen Differenzierung stehen **zwei strategische Entscheide** im Vordergrund[2]:

- Soll die **Marktleistung** an das Land angepasst werden?
- Soll die **Kommunikation** an das Land angepasst werden?

Diese beiden Fragestellungen führen zu den fünf verschiedenen Strategien, die wir in der Grafik aufgeführt haben. Eine der Strategien ist die Standardisierung, die wir bereits behandelt haben.[3]

Abb. [6-9] **Differenzierungsstrategien nach der Marktleistung und Kommunikation**

Kommunikation	Marketingleistung		
	Gleiche Marketingleistung	Angepasste Marketingleistung	Neue Marketingleistung
Gleiche Kommunikation	Direkte Übertragung (Standardisierung)	Produktanpassung	Entwicklung einer neuen Marktleistung
Angepasste Kommunikation	Kommunikative Anpassung	Zweifachanpassung	

Bei der **Standardisierung** oder **direkten Übertragung** wird an der Marktleistung und an der Kommunikation praktisch nichts verändert.
Bei der **Produktanpassung** wird die Marktleistung den lokalen Präferenzen angepasst.

Beispiel

Nescafé

Nescafé ist in Deutschland, Spanien, Italien und Frankreich nicht gleich, da andere Geschmacksvorlieben herrschen.

Mit der **Entwicklung einer neuen Marktleistung** geht das Unternehmen einen Schritt weiter. Man spricht von einer **Rückwärts-Erfindung,** wenn ein Produkt, das im Ursprungsland seinen Lebenszyklus bereits durchlaufen hat, auf einem Auslandmarkt wieder eingeführt wird.

Beispiel

NCR

NCR hat seine kurbelbetriebenen Registrierkassen, die nur halb so teuer waren wie modernere Modelle, wiedereingeführt und in Asien, Lateinamerika und Spanien einigen Erfolg damit erzielt.

[1] Kotler, Philip; Keller, Kevin Lane; Brady, Mairead; Goodman, Malcolm; Hansen, Torben: Marketing Management, Harlow 2009.
[2] Keegan, Warren J.; Schlegelmilch, Bodo B.: Global Marketing Management. A European Perspective, Essex: Pearson, 2001.
[3] Ibid., S. 649.

Bei einer **kommunikativen Anpassung** werden zwei Fälle unterschieden:

- Es wird **nur die Kommunikation** angepasst: Es werden die Werbebotschaft oder der Markenname länderspezifisch gewählt; dies geschieht häufig, weil sich die Wörter nicht in die andere Sprache übertragen lassen.
- Es wird **auch die Marktleistung angepasst:** Man spricht dann von Zweifachanpassung.

6.4 Innovationsstrategien

Die Grundaussage des Lebenszykluskonzepts ist, dass kein Produkt auf ewig gewinnbringend sein kann. Daher ist der Bedarf nach Innovation verständlich.

6.4.1 Klassifikation von Innovationen

Innovationen können anhand von zwei Fragen unterschieden werden:

- Ist die Innovation **neu für den Markt?**
- Ist die Innovation **neu für das Unternehmen?**

Aufgrund dieser zwei Fragen lässt sich eine Klassifikation mit vier Feldern erarbeiten, wie sie in der folgenden Abbildung dargestellt ist:

- Im **Feld I** finden sich die echten Innovationen, die sowohl für die Kunden als auch für die Unternehmen eine Neuheit darstellen. In diesem Feld muss das Unternehmen als erstes im Markt sein, man spricht darum auch von einer **First-Mover-Strategie.**
- Im **Feld II** führt das Unternehmen ein Produkt ein, das auf anderen Märkten bereits eingeführt ist. Das Produkt oder die Dienstleistung wird nicht neu entwickelt.
- Das **Feld III** stellt den umgekehrten Fall dar. Die Kunden kennen das Produkt bereits von der Konkurrenz. Das Unternehmen bringt nun eine ähnliche Lösung auf den Markt. Da das Unternehmen hier nicht das erste im Markt ist, spricht man von einer **Follower-Strategie.**

Abb. [6-10] **Klassifikation von Innovationen nach dem Neuigkeitsgrad**

	Neuheit für das Unternehmen	Keine Neuheit für das Unternehmen
Neuheit für den Kunden	(I) Echte Innovation, Weltneuheit oder Adaption eines Konkurrenzprodukts auf einen Markt (First-Mover-Strategie)	(II) Einführung eines bestehenden Produkts (u. U. mit Anpassungen) auf einen neuen Markt
Keine Neuheit für den Kunden	(III) Adaption eines bestehenden Produkts (Follower-Strategie)	(IV) Keine echte Innovation, eher Produktmodifikation

Nur eine Minderheit aller Neuproduktentwicklungen sind wirkliche Innovationen. Ein Grossteil davon sind eher **Verbesserungen oder Variationen** bestehender Produkte. Die neuen Produkte, denen eine Innovation zugrunde liegt, bergen nebst den hohen Gewinnchancen auch die grössten Kosten und Risiken, da sie sowohl für das Unternehmen wie auch für den Markt neu sind und ihr Erfolg ungewiss ist. In diesem Zusammenhang stellt sich auch das zentrale Problem von Innovationen und Neuproduktentwicklungen: die hohe **Misserfolgsrate.** Zur Misserfolgsrate gibt es verschiedene Studien. Je nach Bewertungskriterium (für Erfolg oder Misserfolg) der Studien liegt die Misserfolgsrate zwischen 50% und 90%.

Trotz diesen wenig ermutigenden Zahlen besteht seit den bahnbrechenden Arbeiten von Joseph Schumpeter[1] vor über 80 Jahren ein breiter Konsens darüber, dass Innovation der **wichtigste, wenn nicht gar der einzige Träger von Wirtschaftswachstum** ist. In diesem Kapitel werden wir exemplarisch auf die Neuproduktentwicklungen eingehen. Diese allgemeinen Überlegungen stehen stellvertretend für alle Formen von Innovation und können auf diese übertragen werden (Produktions-, Dienstleistungsinnovationen etc.).

6.4.2 Voraussetzungen für Innovationen im Unternehmen

Eine Voraussetzung für innovatives Verhalten im Unternehmen ist, dass überhaupt Interesse besteht, **neue Möglichkeiten zu erkennen, aufzunehmen und umzusetzen.** Der Alltag in einem Unternehmen ist durch Routine geprägt. Routine ist nicht nur schlecht, denn sie ermöglicht den effektiven und produktiven Arbeitsalltag, ohne dass jeder Arbeitsschritt neu geregelt werden muss. Es besteht jedoch die Gefahr, dass sich das Unternehmen in seiner Position ausruht, solange die Geschäfte gut laufen. Diese Situation hält aber nicht lange an, weil konkurrierende Unternehmen systematisch nach innovativen Möglichkeiten Ausschau halten. Es kann daher passieren, dass das bisher erfolgreiche Unternehmen Umsatz und Gewinn verliert, ohne die Gründe dafür zu erkennen. Auch wenn es in der Folge die veränderte Situation auf dem Markt wahrnimmt, können sich Widerstände bilden, diese Tatsachen zu akzeptieren. Gelingt es dem Unternehmen nicht, rechtzeitig zu reagieren, wird es von der Bildfläche verschwinden.

Die **Innovationsorientierung** eines Unternehmens kann anhand der Ausgaben für Forschung und Entwicklung (F&E) im Verhältnis zum Umsatz gemessen werden. Brancheninterne Vergleiche zeigen dem Unternehmen, wie es im Verhältnis zu den Konkurrenten steht. Ferner lässt die anteilmässige Anzahl neuer Produkte am gesamten Produktprogramm ebenfalls Schlüsse auf die Innovationsorientierung zu. Neben diesen «harten» Faktoren gibt es jedoch auch «weiche», die berücksichtigt werden müssen. Eine echte Innovationsorientierung muss vom Management ausgehen und in der Unternehmenskultur verankert sein.

Beispiel

3M

Das amerikanische Unternehmen 3M gilt als eines der innovativsten Unternehmen der Welt und dies nicht ohne Grund: 3M ist Hersteller von über 60 000 Produkten. Ein erklärtes Ziel von 3M ist, mindestens 25% des Umsatzes mit Produkten zu schaffen, die in den letzten fünf Jahren eingeführt wurden (bisher wurde das Ziel immer erreicht). Durchschnittlich investiert 3M 6.5% seines Umsatzes in die F&E (doppelt so viel als sonst üblich). Einer der wichtigsten Punkte ist aber wohl die «15% Regel», die besagt, dass jeder F&E-Mitarbeiter von 3M 15% seiner Arbeitszeit an Ideen und Projekten arbeiten darf, für die er sich persönlich interessiert. Erscheint dabei eine Idee interessant, wird ein Team bestehend aus Vertretern von F&E, Produktion, Marketing, Verkauf und der Rechtsabteilung gebildet, das der Umsetzung nachgeht. An der Spitze des Teams steht ein Manager, der das Team unterstützt und gegen bürokratische Übergriffe schützt. Wird aus der Idee ein hoffnungsvolles Produkt, wird es vom Team bis in die Endphase weiter begleitet. Entsteht aber ein Fehlschlag, kehrt jedes Mitglied des Teams an seinen alten Posten zurück, ohne dass ihm deswegen Nachteile entstehen.[2]

Ein innovationsorientiertes Unternehmen zeichnet sich durch die folgenden **Merkmale** aus:

- Das Management bekennt sich zur Innovationsorientierung (nicht nur in Worten, sondern auch in Taten).
- Relevantes Wissen wird systematisch gesammelt, verwaltet, kommuniziert und verwertet (da für Innovationen spezifisches Wissen und Know-how notwendig ist und man erkennen muss, was alles möglich ist).
- Innovationsmisserfolge werden akzeptiert (da auf eine erfolgreiche Innovation etwa acht Misserfolge kommen).
- Innovatives Verhalten der Mitarbeitenden wird durch das Anreizsystem belohnt.
- Verschiedene Abteilungen arbeiten eng zusammen (speziell F&E, Marketing und Produktion).

[1] Schumpeter, Joseph: Theorie der wirtschaftlichen Entwicklung, München 1926.
[2] 3m 2009, First Quarter Business Review, www.3m.com.

6.4.3 Innovationsprozess

Eine Innovation kann auf viele verschiedene Arten entstehen. In seltenen Fällen wird aus einem Geistesblitz eine Geschäftsidee, die viele Jahre anhält.

In den meisten Fällen steckt hinter Innovationen eine **langjährige, systematische und professionelle Projektarbeit mit Projektteams,** die zum Teil mehrere Hundert Personen umfassen können. Das folgende **Prozessmodell** erhebt deshalb keinen Anspruch auf allgemeine Gültigkeit, sondern soll als Leitidee für die Entwicklung von Innovationen im Unternehmen dienen[1].

Abb. [6-11] **Innovationsprozess mit Abbruchkriterien**

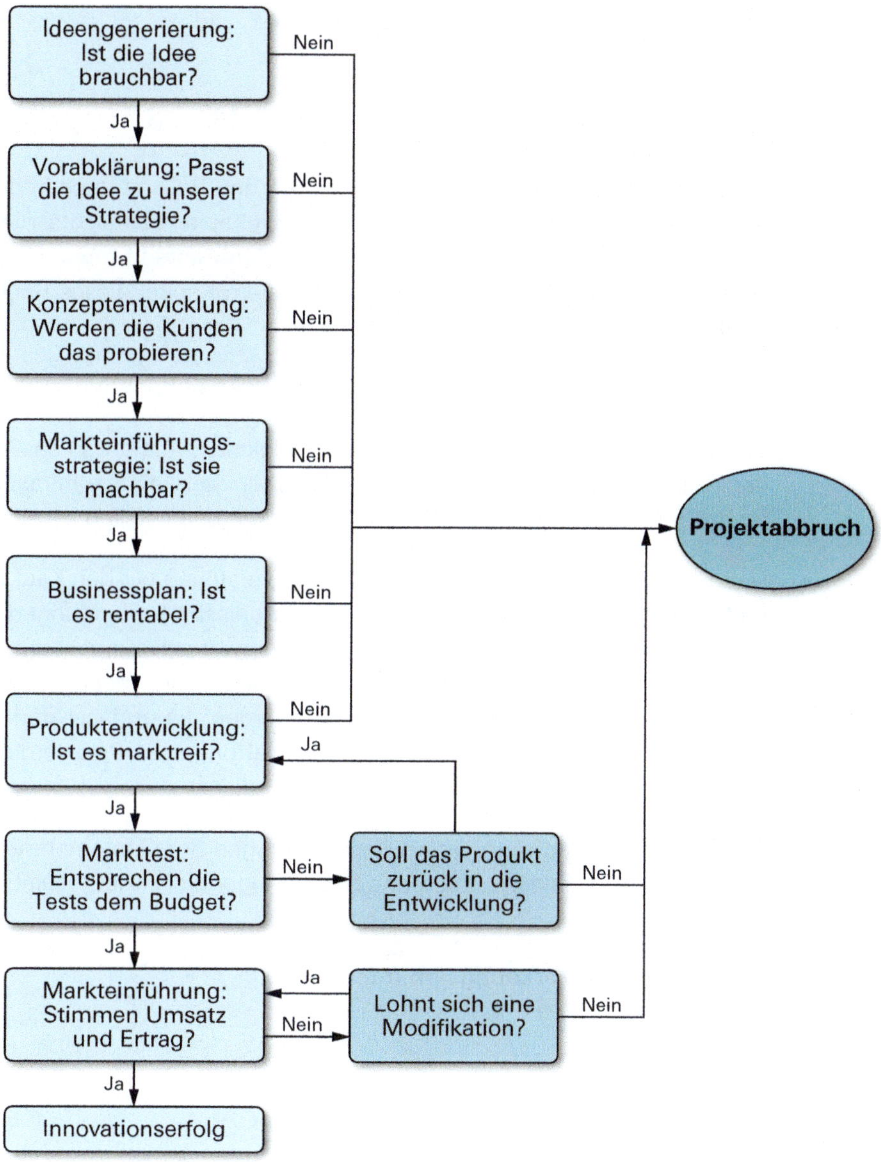

Ist eine **Idee geboren** (Ideengenerierung), muss überlegt werden, ob sie nicht sofort wieder verworfen wird. Ist dies nicht der Fall, so wird in der Vorabklärung geprüft, ob die Innovation mit den **Unternehmenszielen, -strategien und -ressourcen** übereinstimmt. Im positiven Fall folgen die Schritte **Konzeptentwicklung und -test.** Besteht Grund zur Annahme, dass die Kunden die Innovation zumindest versuchen würden, muss eine **Markteinführungsstrategie** erarbeitet werden. Aufgrund dieser Strategie kann ein **Businessplan** erstellt werden, der vor

[1] Kotler, Philip; Keller, Kevin Lane; Brady, Mairead; Goodman, Malcolm; Hansen, Torben: Marketing Management, Harlow 2009.

allem Aufschluss über Kosten, Erträge und Risiken des Innovationsprojekts gibt. Erst nachdem der Businessplan abgesegnet ist, folgt die **Produkt- und die Dienstleistungsentwicklung.** Es wird ein **Markttest** mit dem Produkt oder der Dienstleistung durchgeführt. Verläuft dieser Test erfolgreich, so steht der **Lancierung des Produkts** nichts mehr im Weg. Erzielen die Tests nicht die gewünschten Ergebnisse, kann sich das Management überlegen, am Konzept festzuhalten und eine Verbesserung in der Entwicklung zu erzielen. Nach der Markteinführung werden die Umsatz- und Ertragszahlen genauestens verfolgt. Wenn die gesetzten Ziele nicht erreicht werden, kann entweder versucht werden, das Produkt oder die Dienstleistungen anders auf dem Markt einzuführen. Der Entscheid kann aber auch sein, die Innovation wieder vom Markt zu nehmen, wenn die künftigen Verluste eher höher ausfallen werden als die künftigen Erträge. Man spricht in diesem Fall von einem Flop.

6.5 E-Business-Modelle

6.5.1 Grundlagen

Da einige Begriffe und Ideen des E-Business und E-Commerce in der Marketingausbildung noch relativ neu sind, werden sie hier in einem Kapitel übersichtsartig dargestellt. In der Realität sind das **Internet und andere Kommunikationstechnologien und -plattformen** derart stark ins Marketing integriert, dass wir in jedem Kapitel dieses Buchs auf das Internet verweisen könnten.

Auf dem Gebiet des E-Business lassen sich folgende Begriffe unterscheiden.

E-Business umfasst sämtliche Geschäftstätigkeiten, die durch das Internet ermöglicht werden. Dazu gehören insbesondere auch die Branchen, die die Infrastruktur und die Software für das Internet und andere elektronische Kanäle bereitstellen.

Unter Electronic Commerce **(E-Commerce)** verstehen wir den Kauf und Verkauf von Waren und Dienstleistungen an Kunden über elektronische Verbindungen. Im weiteren Sinn sind damit alle Aktivitäten der betrieblichen Leistungserstellung gemeint, die über Telekommunikationsnetze abgewickelt werden.[1] **E-Shopping** bezeichnet alle Aktivitäten des Käufers, bei denen elektronische Kanäle beansprucht werden. Es umfasst den Prozess von der Suche nach Produkten über die Informationsbeschaffung, den Preisvergleich, die Bestellung, die Bezahlung, die Lieferung, bis hin zum Kundendienst.

Bei der **Internetkommunikation** findet zwischen dem Unternehmen und den Kunden eine elektronische Interaktion statt, ohne dass zwingend ein Kauf resultiert.

Abb. [6-12] **Integration des Marketings im Internet**[2]

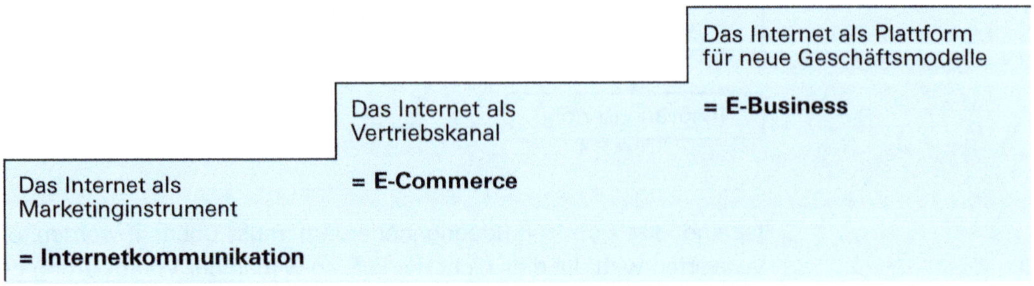

[1] Griese, Joachim; Sieber, Pascal: Electronic Commerce, Zürich 1999.
[2] Nach Diebold (2001): Wege in die New Economy.

6.5.2 Digitale Strategien

Zurzeit werden wohl mehr Bücher über digitale Strategien als über Marketing geschrieben und Millionen von Blogs befassen sich mit digitalen Strategien. Es wäre deshalb völlig vermessen, wenn wir im Rahmen dieses Buchs versuchen würden, digitale Strategien **umfassend zu diskutieren.** Es macht auch je länger, je weniger Sinn, zwischen digitalen und nicht digitalen Strategien zu unterscheiden. Aus didaktischen Gründen wollen wir aber zeigen, wie bei digitalen Strategien neue Business-Modelle entstehen, wenn das Internet bestehende Branchen revolutioniert. Aus diesem Grund haben wir die folgenden **neuen Business-Modelle** hinsichtlich der Funktion des Internets unterschieden.

Abb. [6-13] **Typologie von digitalen Strategien (eigene Darstellung)**

Typus	Funktion des Internets	Beispiele
Navigation	Navigatoren helfen den Kunden, im Internet das beste Angebot im Markt zu finden.	www.comparis.ch, www.toppreise.ch
Suchmaschine	Suchmaschinen helfen den Kunden, die richtigen Informationen zu finden.	www.google.com, www.bing.com, www.search.ch
Elektronischer Marktplatz	Das Internet führt Nachfrager und Anbieter effizienter zusammen als andere Marktplätze.	http://www.immoscout24.ch, www.car4you.ch,
Online-Auktionen	Das Internet dient als Plattform für Online-Auktionen.	www.ebay.com, www.priceline.com
Mass Customizing	Das Internet ermöglicht eine kostengünstige Individualisierung der Marktleistung.	www.dell.ch, www.mymuesli.ch
Disintermediation	Das Internet schaltet etablierte Handelskanäle aus.	www.hotels.com, www.bluenile.com, www.itunes.com
Online Retailing	Das Internet ermöglicht neue Formen des Einzelhandels.	www.amazon.de, www.galaxus.ch
Communities	Das Internet führt Menschen mit ähnlichen Interessen zusammen.	www.facebook.com, www.xing.com, www.linkedin.com
Wiki	Online-Lexika, die von Usern geführt werden	www.wikipedia.org
Mediasharing	User stellen anderen Usern Fotos und Videos zur Verfügung	www.flickr.com, www.youtube.com
E-Content	Das Internet ermöglicht einen besseren Zugang zu digitalen Marktleistungen.	E-Learning (www.phoenix.edu), Open Source Software (http://www.opensource.org), E-Zeitungen (http://online.wsj.com)
Internet-Infrastruktur (Hardware, Software, Dienstleistungen)	Internet-Dienstleister stellen die Infrastruktur für die Nutzung des Internets zur Verfügung.	Cisco (Hardware), Microsoft (Software), Internet Service Provider (z. B. www.green.ch), spezialisierte Branchenmarktforschung (https://go.forrester.com)
Back-up-/Speicherlösungen	Bieten Lösungen zum Sichern und Tauschen von Dateien	www.dropbox.com, Apple iCloud
Bewertungsportale	Kunden bewerten Anbieter jederzeit und überall, ungefiltert.	www.yelp.com, www.tripadvisor.com
Sharing Economy	Das Internet ermöglicht Menschen, Ressourcen wie Autos, Zimmer, Wohnungen einfach zu tauschen.	www.sharely.ch, www.mobility.ch
Analytics	Anbieter entwickeln Algorithmen und Visualisierungstools, um Big Data zu analysieren und zu interpretieren.	www.alteryx.com, https://bigpanda.io, www.tableau.com
Internet of Things (IoT)	Die Verknüpfung von Hunderten von Maschinen und Sensoren optimieren Prozesse.	www.sap.com, www.smartfactorylogistics.com, www.swisscom.ch
Blockchain	Dezentrale Netzwerke verwalten Geld, Wertschriften und andere Ressourcen.	www.ibm.com, Bitcoin, Ripple

A] Navigation

Entscheidend für die strategische Beurteilung der Navigatoren ist ihre Kundenverbundenheit. Ein Navigator kann mit den Lieferanten oder mit den Kunden verbunden sein. Ein angebotsorientierter Navigator mit guten Lieferantenbeziehungen vermarktet das Angebot der verschiedenen Lieferanten; sein Ausgangspunkt ist das Angebot. Ein bedürfnisorientierter Navigator beginnt mit den Wünschen und Bedürfnissen der Kunden und hilft diesen, das bestmögliche Angebot zu finden.

In der «physischen» Welt gibt es diese Arten von Navigatoren ebenfalls. Wenn Kunden ein Einrichtungshaus aufsuchen, ist die Wohnberaterin eine angebotsorientierte Navigatorin, da sie aus den Sortimenten Empfehlungen über Produkte abgibt, die das Möbelhaus führt. Ihre Navigationsleistung ist im Kaufpreis inbegriffen. Ein bedürfnisorientierter Navigator wäre demgegenüber ein Innenarchitekt, der im Kundenauftrag die Einrichtung vornimmt und dessen Leistung als Honorar entschädigt wird.

Bedenkt man die Informationsflut im Internet, kann die Prognose gewagt werden, dass die Bedeutung der Navigatoren stark zunehmen wird. Allerdings werden die meisten Navigatoren, die die kritische Grösse nicht sehr rasch erzielen, bedeutungslos werden. Die stark benutzten Navigatoren hingegen werden viel Geld Wert sein, weil sie etwas besitzen, das sehr schwierig zu erzielen ist: Reichweite, Reichhaltigkeit und vor allem Kundenverbundenheit.

B] Suchmaschinen

Marktführer bei den Suchmaschinen war 2017 www.googl e.com. Die Firma wurde 1998 gegründet und ging am 19.8.2004 an die Börse. Der Ausgabepreis der Aktie betrug 85 Dollar. Der Aktienpreis stieg bis zum Dezember 2007, also innert 3 Jahren, um 750% auf 715 Dollar. An der Börse wurde Google (der Konzern heisst «Alphabet») am 12. November 2017 mit 720 Mrd. Dollar bewertet, höher als Microsoft (647 Mrd. US$) und Amazon (542 Mrd. US$).

Google konnte seinen Umsatz und seinen Gewinn seit 2001 jedes Jahr steigern. 90% aller Einnahmen sind dem Werbemarkt zuzurechnen. Der Nettogewinn für das Jahr 2016 lag bei 47.7 Mrd. Dollar.

Abb. [6-14] **Werbung auf der Suchmaschine www.google.ch**

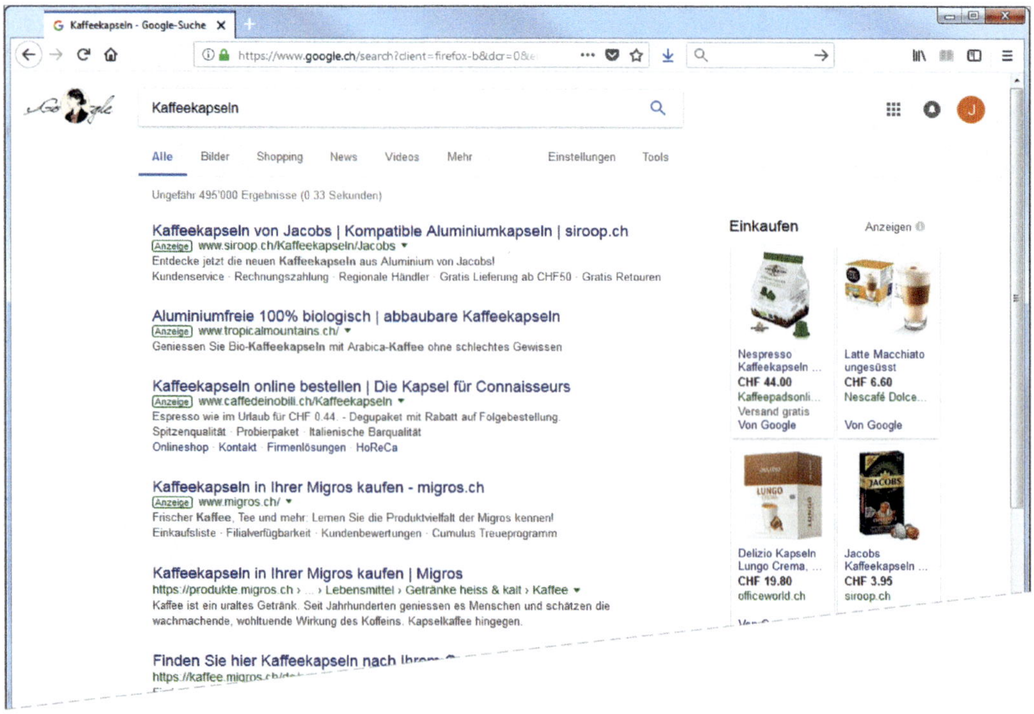

Quelle: www.google.ch → Kaffeekapseln (abgerufen am 25.1.2018)

Beispiel

Alternative Suchmaschinen: Shazam

Shazam ist ein Musik-Identifikationsdienst. Er sucht anhand von Musikmitschnitten den Liedtitel und den Interpreten. Neben den Titelinformationen werden auch noch Konzertdaten, Kaufmöglichkeiten, Youtube-Videos etc. angezeigt. Diese Lösung ist ideal, wenn man unterwegs einen neuen Song hört und diesen kaufen will.

C] Elektronischer Marktplatz (Market space statt market place)

Angebot und Nachfrage treffen sich auf elektronischen Marktplätzen. Damit die elektronischen Marktplätze funktionieren können, muss das **Angebot auf dem Internet** dargestellt werden. Elektronische Marktplätze haben gegenüber anderen Formen von Marktplätzen (Anzeigen in Zeitung, Messen, persönliche Kontakte) vier entscheidende **Vorteile:**

- Die räumliche Distanz spielt keine Rolle.
- Jeder kann mitmachen.
- Die Transaktionskosten sind sehr niedrig.
- Die Reaktionsgeschwindigkeit ist sehr hoch.

Die elektronischen Marktplätze sind eine grosse **Gefahr für die traditionellen Branchen.** Tageszeitungen wie der «Tages-Anzeiger» erzielen einen beträchtlichen Teil ihres Umsatzes mit den Stellenanzeigen. Diese werden jedoch zunehmend durch elektronische Stellenmärkte ersetzt. Aus diesem Grund hat die Tamedia AG, die Muttergesellschaft des «Tages-Anzeigers», eigene Marktplätze aufgebaut, z. B. www.homegate.ch oder www.jobwinner.ch.

Elektronische Marktplätze funktionieren zwischen Unternehmen und Kunden (Business to Consumer, kurz B2C) und zwischen Kunde und Kunde (Peer to Peer, kurz P2P). Das grösste Wachstum wird jedoch bei den Marktplätzen im Business-to-Business-Geschäft (B2B) prognostiziert. Aus Platzgründen gehen wir auf diese Marktplätze hier nicht ein.

D] Online-Auktionen

Einen Spezialfall der elektronischen Marktplätze sind die Online-Auktionen. Auch hier treffen sich Angebot und Nachfrage. Allerdings werden hier die Produkte nicht einfach verkauft, sondern sie werden **dem Meistbietenden versteigert.**

Beispiel

eBay

Auf www.ebay.com werden Artikel aller Art in jeder Preiskategorie angeboten. Die führenden Produktkategorien sind Sammlerobjekte und Kleidung. Auf eBay sind 180 Millionen User registriert. Davon waren im Jahr 2005 71.8 Millionen aktiv, d. h., hatten etwas gekauft oder verkauft. Der Nettoumsatz von eBay stieg im Jahr 2012 auf 7.5 Mrd. Dollar.

Seit der Gründung im Jahr 1998, als beispielsweise Barbie-Puppen 8% der Listings ausmachten, konnte eBay kontinuierlich seinen Business-to-Business-Bereich ausbauen. Unternehmen können heute komplette Computernetzwerke auf eBay kaufen oder sogar Flugzeuge. Die fünf teuersten Posten, die bisher auf eBay ersteigert wurden, sind:

1. Gulfstream-II-Privatflugzeug: 4.9 Mio. US$
2. Baseball-Sammelkarte von 1909 mit Bild von Honus Wagner: 1.65 Mio. US$
3. Hotelkomplex Diamond Lake Resort in Western Kentucky: 1.2 Mio. US$
4. Baseball-Schlagstock «Black Betsy» von Joe Jackson: 577 610 US$
5. Eine Runde Golf mit Tiger Woods: 425 000 US$

(http://www.business2.com/articles/mag/0,1640,40329%7C2,FF.html)

Mit dem Internet lässt sich aber auch eine **«umgekehrte» Auktion** realisieren. Dabei offeriert der Käufer für eine bestimmte Leistung oder ein Produkt einen Preis und die Anbieter können anschliessend ein Angebot machen.

Beispiel **Priceline**

Auf www.priceline.com können Kunden beispielsweise eine Anfrage für einen Flug von Zürich nach New York machen und einen Preis von CHF 700.– angeben. Die einzelnen Airlines können dann ein entsprechendes Angebot machen. Wenn der Preis genügend hoch ist, kann es sein, dass mehrere Angebote eintreffen. Ist der Preis zu niedrig, so erhält der Kunde kein Angebot.

E] Mass Customizing (Individualisierte Massenfertigung)

Das Internet ermöglicht es Herstellern, ihre Produkte individuell auf die Kundenwünsche hin anzupassen. Während beim Massenmarketing ein Produkt für den Massenmarkt produziert und anschliessend verkauft wird, wird bei der **Individualisierung** jedes Produkt genau auf den Käufer abgestimmt. Im ersten Fall spricht man von **«mass production»,** im zweiten Fall von **«customizing».** Die Idee des **«mass customizing»**[1] verknüpft diese beiden Formen. Einerseits wird der Prozess hoch standardisiert (mass production), allerdings mit dem Ziel, die Komponenten individuell nach den Kundenbedürfnissen zusammenzustellen (customizing).

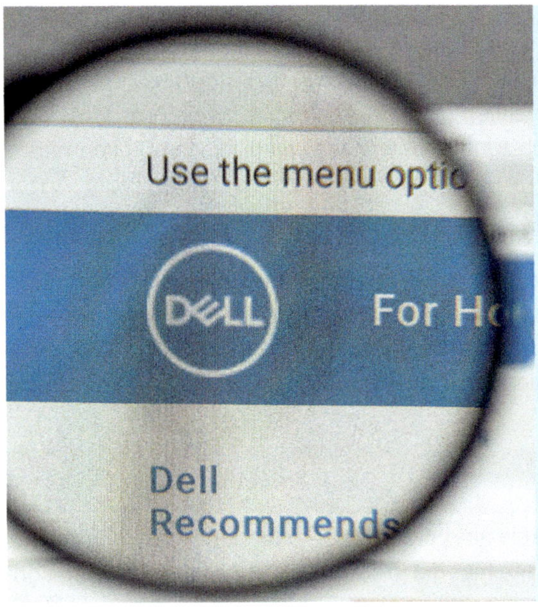

Dell

Als der Personal Computer Anfang der 1980er-Jahre eingeführt wurde, waren die Käufer Anfänger und die Hard- und Software war sehr benutzerunfreundlich. Der Kauf, die Installation und die Inbetriebnahme eines PCs war ein komplexes Unterfangen, das sehr viel Fachwissen und noch mehr Geduld erforderte. Die Kunden wollten die Maschinen vor dem Kauf sehen und sie wollten bei Problemen den Händler aufsuchen können.

Wer bei Dell einen PC auswählt, wird durch ein ausgeklügeltes Benutzermenü geführt, in dem die Kundenbedürfnisse analysiert werden. Dem Kunden werden ein Modell und die möglichen Optionen mit Hinweisen auf Mehr- oder Minderkosten vorgeschlagen. Nach dem Kauf hat der Kunde Online-Zugriff auf die Datenbank mit den häufigsten Fragen und Antworten.[1]

Verschiedene Unternehmen haben die Erfahrung gemacht, dass Kunden, die die Bestandteile eines Geräts selbst auswählen können, nicht weniger, sondern mehr Optionen einbauen. Es ist zu vermuten, dass das Kontrollgefühl, selbst wählen zu können, in vielen Fällen effektiver ist als die persönliche Beratung. Der Kunde fühlt sich weniger genötigt, etwas zu kaufen und macht von dieser Freiheit Gebrauch.[2]

Bild: Casimiro PT / Shutterstock.com

[1] Ibid., S. 82–83 (siehe Kap. 5, S. 93).
[2] Ibid., S. 154–155.

F] Disintermediation

In vielen Branchen hat sich über die Jahrzehnte eine **Handelskette** etabliert, die vom Leistungsanbieter über den Grosshändler, Zwischenhändler und Einzelhändler zum Kunden führt. Diese Handelsstufen sind relativ aufwendig und oft träge. Wenn neue Unternehmen dank des Internets alle oder einige Handelsstufen zwischen dem Leistungsanbieter und den Kunden ausschalten können, spricht man von Disintermediation. Als Intermediäre[2] werden Zwischenstufen bezeichnet wie beispielsweise Grosshändler, Detailhändler und Verkaufsagenten. Die Disintermediation bezeichnet also die **Aufhebung oder Umgehung dieser Zwischenstufen.**

[1] Gilmore, James H.; Pine, B. Joseph II: The Four Faces of Mass Customization, Harvard Business Review 75 1997.
[2] Inter = zwischen, medium = Mittel.

Beispiel

Expedia und Hotels.com

Das Beispiel einer Hotelzimmerbuchung auf Expedia zeigt, wie das System funktioniert. Wer sein Zimmer auf der Webseite des Radisson Lexington in New York bucht, bezahlt einen Zimmerpreis von US$ 219. Expedia bezahlt dem Hotel jedoch nur einen Preis von US$ 151 und verlangt dafür US$ 189. Der Gast spart US$ 30 für genau dieselbe Leistung und Expedia erzielt eine Gewinnmarge von 25%, zweieinhalb so viel wie die üblichen 10% der Reisebüros. Warum macht Radisson Lexington überhaupt mit? «Expedia hat über 18 Millionen Nutzer monatlich und füllt uns im Schnitt täglich 100 Räume», sagt Kurien Jacob, Verkaufsleiter im Radisson. Wenn die Hotels Expedia keine Sonderpreise garantieren, fliegen sie aus dem System. Da Hotels in der Regel sehr hohe Fixkosten zu decken haben, kann sich keine grössere Kette diesem Markt verschliessen. Expedia gefährdet jedoch nicht bloss die Rentabilität der Hotels, sondern vor allem die der Reisebüros und der Franchise-Hotelketten.

Die Disintermediation ist in der Tourismusbranche schon weit vorgeschritten, in anderen Branchen steht sie erst am Anfang.

G] Online Retailing

In den letzten Jahren hat in verschiedenen Produktkategorien wie Kleider, Heimelektronik, Haushaltswaren und Büchern eine gewaltige **Verschiebung vom stationären Handel hin zum Online Retailing** stattgefunden.

Unternehmen wie Galaxus und Digitec wachsen stark, traditionelle Ladengeschäfte darben. Amazon hat sein Sortiment von Büchern auf alle möglichen Produkte ausgedehnt.

Beispiel

Amazon.com

Die Liste von Innovationen, die Amazon.com eingeführt hat, um entweder das Angebot für die Kunden zu individualisieren oder die Communities zu nutzen, ist lang und soll hier nur verkürzt wiedergegeben werden.

Individualisierung des Angebots für den Kunden

- Wunschliste: Wenn mir ein Buch gefällt, ich mich aber noch nicht zum Kauf entschliessen kann, so kann ich es auf der Wunschliste abspeichern. Die Wunschliste kann ich jederzeit wieder abrufen, ändern oder daraus bestellen.
- Einkaufskorb mit 1-Click-Bestellung: Als registrierter Benutzer kann ich mit einem Klick ein Buch kaufen, bezahlen und an meine Adresse liefern lassen.
- Geschenkversand: Ich kann jedes Buch oder jeden anderen Artikel mit einer Geschenkkarte an eine beliebige Adresse senden.
- Goldbox: Jedes Mal, wenn sich ein registrierter User (Verwender) anmeldet, wartet eine «Goldbox» auf ihn. Die Goldbox erhält zehn Artikel, die zu einem speziell günstigen Preis angeboten werden und zum Profil des Verwenders passen. Das Spezielle daran ist, dass man die Goldbox nur einmal öffnen kann und sich dann entscheiden muss, ob man den Artikel kauft oder nicht. Kauft man ihn nicht, ist das Angebot erloschen.
- Gebrauchte Bücher: Wer bei Amazon.com ein Buch findet, erhält nicht nur das Angebot von Amazon.com, sondern auch die Möglichkeit, dasselbe Buch gebraucht bei einem anderen Kunden oder in einer anderen Buchhandlung zu kaufen.

Nutzung von Communities

- Automatische Buchempfehlungen: Wer ein Buch sucht, erhält immer auch Vorschläge für andere Bücher, die von Interessenten gekauft worden sind. Wer sich zudem bei Amazon.com registriert, erhält auch Buchempfehlungen aufgrund der bisher gekauften Bücher. Wenn ich ein Buch über «Preispolitik» gekauft oder gesucht habe und mich drei Monate später wieder einlogge, erhalte ich den Hinweis, dass ein neues Buch zum Thema erschienen ist. Ich sehe auch, was andere Kunden zusätzlich zu dem von mir gekauften Buch kauften, weil vermutet wird, dass wir ähnliche Interessen haben.
- Neben der individuellen Wunschliste gibt es auch Heiratsgeschenk-Listen oder Geburtslisten. Freunde des Brautpaars oder der Eltern können aus der Wunschliste ein Geschenk auswählen. Die Beschenkten erhalten nur Dinge, die sie sich wünschen, und es werden keine Geschenke doppelt gekauft.
- Buchbesprechungen: Jeder User kann jedes Buch besprechen. Die Buchbesprechung, positiv oder negativ, ist für alle anderen User sichtbar. Damit jedoch kein Unsinn damit getrieben wird, können die User selbst beurteilen, welche Buchsprechungen nützlich sind und welche nicht. Die nützlichsten erscheinen dann zuoberst auf der Liste. Für Leute, die sehr viele Bücher besprechen, hat Amazon.com eine eigene Community (siehe unten) geschaffen.

- Listmanie: Buchfreunde und Amateure in den verschiedenen Sachgebieten stellen ihre Empfehlungen auf einer Liste zusammen. Wenn ich dann ein Buch suche, das auf einer solchen Liste ist, kann ich diese Liste ebenfalls anklicken und erfahre mehr über Leute, die dieselben Interessen haben wie ich.
- Diese Listen können auch auf Social-Networking-Seiten wie Facebook oder LinkedIn geladen werden. Die Besucher eines Profils sehen gleich, welche Bücher eine Person empfiehlt.
- Partnerschaftsprogramm: Unternehmen, Fanclubs und Private, die eine Webseite unterhalten, können Partner von Amazon.com. werden. Sie können auf ihren Webseiten Bücher, CDs und andere Artikel empfehlen und diese Empfehlung direkt mit einem Link zu Amazon.com verbinden. Damit erweisen sie den eigenen Verwendern einen Dienst und erhalten von Amazon.com eine Rückvergütung für jeden so getätigten Kauf.
- Automatisches Blog-Posting: Angemeldete Partner können Bücher einfacher empfehlen, wenn sie ein Buch mit einem Click direkt auf ihren Blog verlinken.
- Hinweis auf den nächsten Verkaufspunkt: Wer bei Amazon eine Digitalkamera findet und diese sofort kaufen möchte, d. h., keine drei Tage warten kann, bis sie die Post liefert, erfährt auf der Webseite, welcher Händler in der Nähe die Kamera vorrätig hat.

H] Communities

Communities[1] sind Online-Gemeinschaften, die sich um Themen wie Hobbies, Beruf oder andere Interessen gruppieren. Die grosse Menge an verschiedenen Communities können mit der folgenden Tabelle systematisiert werden.[2]

Abb. [6-15] **Formen von Communities**

Inhaltliche Ausrichtung	• Geografisch • Demografisch • Thematisch • Beziehungen
Reale Präsenz	• Existiert in der realen Welt (FCBayern.de) • Existiert nur virtuell (Facebook.com)
Ziele	• Kommerziell (xing.com) • Nicht kommerziell (Blogger.com)
Content	• Primär durch Betreiber (Wall Street Journal) • Primär durch Mitglieder (Facebook.com)
Mitgliederzugänge	• Offener Zugang • Geschlossener Zugang
Einsatzform	• Community als Teilaspekt (Sat1.de) • Community als Gesamtkonzept (Xing.com)

Erfolgsfaktoren von Communities

Die Autoren Hagel und Armstrong sind der Überzeugung, dass das Internet eine Machtverschiebung vom Produzenten und Händler hin zum Konsumenten mit sich bringen wird. Die Macht der Konsumenten basiert auf virtuellen Communities, die sich durch folgende Merkmale auszeichnen:

- Die Community hat einen klaren Fokus. Ein ganz spezifisches Interesse oder Bedürfnis steht im Vordergrund. Zum Beispiel bringt eine juristische Community Juristen zusammen, die über aktuelle Probleme miteinander diskutieren.
- Die Community integriert Inhalt und Kommunikation. Anders als in Fachzeitschriften wird die Vernetzung aktiv genutzt. Der Organisator einer Community organisiert die Informationsflut. Teilnehmer, die falsche oder unnütze Informationen liefern, können aus einer Community ausgeschlossen werden.
- Die Community lebt von den Informationen der Teilnehmenden. Die Mitglieder bringen ihre Beiträge ein, sie «publizieren» ihr Wissen und erhalten als Gegenleistung neueste Informationen von Gleichgesinnten. Viele Communities nutzen auch automatisierte Massenmailings als Plattform.

[1] Engl. «community» = Gemeinschaft.
[2] http://braininjection.wordpress.com/2008/03/27/systematisierung-von-communities-ein-versuch/, Zugriff am 12.4.2009.

Die Communities **entwickeln sich weg von einem Anbieter oder Produkt** und werden beginnen, Angebote zu vergleichen. Das bedeutet, dass ein Unternehmen niemals die Kontrolle über eine Community erlangen kann. Wenn ein Anbieter dies versuchen würde, würden sich die Mitglieder möglicherweise rasch in einer neuen Community organisieren.

Communities sind nicht nur wichtig bei der Vermarktung von Produkten und Dienstleistungen, sondern auch für die **Generierung von Ideen,** für den Innovationsprozess und für die Sammlung von Feedbacks für die Verbesserung bestehender Produkte und Dienstleistungen. Besonders attraktiv für das Unternehmen sind nicht nur die eher **geringen Kosten,** sondern auch die **rasche Reaktion.** Damit kann die «time-to-market»[1] verringert werden und mögliche Flops können schon vor der Lancierung gestoppt werden.

Community als Geschäftsmodell

Die Betreiber der kommerziellen Communities können folgende Einnahmequellen nutzen.[2]

Abb. [6-16] Einnahmequellen für den Betreiber einer virtuellen Community

Art der Einnahmen	Beschreibung
Mitgliedsgebühren	Ein fester monatlicher Betrag für die Mitgliedschaft in der virtuellen Community.
Benutzungsgebühren	Ein Betrag, der sich nach Benutzungszeit, nach Anzahl benutzter Seiten oder nach einer Kombination von beidem richtet.
Teilnahmegebühren	• Bereitstellungsgebühren: Ein Betrag für den Abruf bestimmter Informationen wie z. B. eines Investmentberichts. • Bearbeitungsgebühren: Ein Betrag für Spezialdienste wie z. B. einen Benachrichtigungsdienst, wenn bestimmte Produkte zu vorher festgesetzten Preisen zum Kauf angeboten werden.
Provisionsgebühren	Wenn ein empfohlenes Buch bei Amazon gekauft wird, erhält der Betreiber eine Provision.
Werbeeinnahmen	Eine grosse Community kann für Bannerwerbung Geld verlangen.

Die Autoren Hagel und Armstrong schlagen vor, die Community vor allem mit Provisionsgebühren und Werbeeinnahmen zu finanzieren, da die anderen Varianten den Mitgliederzuwachs eher behindern.

I] Wiki

Wikis sind verbreitete, leicht zu bedienende Systeme, die es ermöglichen, Inhalte im Internet zu veröffentlichen, die von einer grossen Anzahl von Nutzern bearbeitet werden können.

Wikis (der hawaiianische Ausdruck «wiki» bedeutet schnell) sind sehr einfache Content Management Systeme (CMS). Das Besondere an Wiki-Systemen ist ihre Offenheit: im Gegensatz zu Blogs können die Inhalte im Prinzip **von jedem Nutzer bearbeitet, ergänzt oder auch gelöscht werden.** Die meisten Systeme bieten jedoch Funktionen an, die unerwünschte Zugriffe verhindern können wie z. B. Zugriffskontrollen und Versionierung (Protokollierung der Bearbeitungen und Erhalt alter Versionen).

Da die Wikis von den Beiträgen der Teilnehmenden leben, bezahlen diese selten eine Gebühr. Allerdings kann mit Google-Anzeigen ein Ertrag erwirtschaftet werden (siehe z. B. www.health.ch).

[1] Time to market: Zeitdauer von der Produktidee bis zum Verkauf an den ersten Kunden.
[2] Hagel, John III; Armstrong, Arthur G.: Net Gain, Niedernhausen 1999.

J] Mediasharing

Ähnlich wie Wikis sind auch **Media-Sharing-Plattformen** für das Sammeln, Archivieren und Austauschen von Content vorgesehen. Im Unterschied zu Wikis stehen beim Media Sharing **Bilder** (www.flickr.com), **Videos** (www.youtube.com) oder auch **Präsentationsfolien** (www.slideshare.net) im Vordergrund.

Das Problem von Media-Sharing-Plattformen ist, die **Finanzierung** sicherzustellen. Da im Gegensatz zu normalen Webseiten bei Multimediainhalten riesige Datenmengen verarbeitet werden müssen, entstehen schnell **hohe Kosten.** Dennoch ist es möglich, Geld zu verdienen, wie Google mit Youtube zeigt. Nach Schätzungen verdiente Google 2016 mit Werbeeinblendungen über Youtube ca. 4 Mrd. Dollar.

K] E-Content

Bei E-Content-Geschäften ermöglicht das Internet einen **besseren Zugang zu digitalen Marktleistungen.** Beispiele sind Schulen und Universitäten, die sich auf E-Learning spezialisiert haben, Zeitungen, die ihre Inhalte digital verkaufen, oder Projekte, die digitale Informationen austauschen, wie die Open-Source-Bewegung.

L] Internet-Infrastruktur

Analog der Geschichte, wonach beim Goldrausch in Kalifornien im 19. Jahrhundert nicht die Goldgräber reich wurden, sondern die Verkäufer von Schaufeln und Whisky, haben bisher vor allem Unternehmen vom **Internetboom profitiert, die die Infrastruktur zur Verfügung stellen.** Dazu zählen Hardware- und Softwareproduzenten, Internet Service Provider, Schulen, Buchverlage, Branchenmarktforscher etc.

M] Back-up- und Speicherlösungen

Die enorme Zunahme an Daten, die professionell und privat gespeichert werden (z. B. Fotos, Videos, Dokumente), zusammen mit der zunehmenden Mobilität der Nutzer hat ein neues Geschäftsmodell ermöglicht: die **Speicherung von Daten in der «Cloud».** Als Speichermedium dient also nicht mehr die interne oder externe Harddisk, sondern ein virtueller Speicher wie «Dropbox» oder Apples «iCloud».

Dropbox wird bereits fünf Jahre nach der Gründung mit 10 Mrd. Dollar bewertet[1]. Es speichert Daten von über 200 Millionen Benutzern und ist für 0.3% des gesamten Internet-Verkehrs verantwortlich. Dabei offeriert es ein **«Freemium»-Pricing.** Eine kleine Datenmenge wird gratis angeboten (Free) und wer mehr Speicherplatz braucht, muss bezahlen (Premium).

N] Bewertungsportale

Bewertungsportale wie Yelp! oder Tripadvisor sind aus dem modernen Marketing kaum mehr wegzudenken. Eine weltweite Studie mit über 12 000 Reisenden zeigte, dass 80% 6 bis 12 Bewertungen auf Tripadvisor lesen, bevor sie ein Hotel buchen. Im Jahr 2016 hatte die Webseite monatlich 400 Millionen Unique Visitors, die 465 Millionen Bewertungen von 7 Millionen Restaurants, Hotels etc. nutzen konnten[2]. Die Webseite ist **profitabel,** auch wenn der Gewinn schrumpft. Bei einem Umsatz von gut 1 480 Mio. Dollar resultierte 2016 ein Gewinn von 120 Mio. Dollar[3]. Die **Haupteinnahmequellen** sind Werbeeinnahmen per Klick oder Werbeeinnahmen durch Displays.

[1] http://www.redherring.com/internet/dropboxs-10-billion-valuation-raises-more-bubble-concerns/.
[2] http://blog.madiganpratt.com/2014/02/20/tripadvisor-update-bigger-and-more-important-than-ever/.
[3] Tripadvisor Annual Report 2016.

O] Sharing Economy

Unternehmen wie Airbnb, Uber oder Sharly.ch funktionieren grundsätzlich nach dem Prinzip, dass **Einzelpersonen anderen Personen Dienstleistungen anbieten.** Zum Beispiel, indem sie sie umherfahren (Uber) oder ihnen ein Zimmer in ihrer Wohnung oder gleich die ganze Wohnung für Tage oder Wochen überlassen. Allerdings lässt sich bei diesen Plattformen beobachten, dass sowohl die Anbieter wie die Nachfrager mit den Jahren professioneller werden. Bei Airbnb werden immer mehr Wohneinheiten von Vermietern angeboten, die eine grosse Mengen von Wohnungen verwalten. Auch Uber wird zunehmend professionalisiert.

P] Analytics

Das Internet erlaubt es, **grosse Datenmengen zu generieren und auszuwerten** (siehe dazu auch Kap. 3.2.1, S. 41 Big Data). Allerdings ist es für viele Unternehmen praktisch unmöglich, aus diesen riesigen Datenmengen die richtigen Schlüsse zu ziehen. Dafür gibt es Firmen wie Alteryx oder BigPanda, die für Kunden **Big-Data-Analysen** übernehmen. Die Firma Tableau hingegen hat sich nicht auf statistische Algorithmen spezialisiert, sondern auf die intuitive Visualisierung von grossen Datenmengen.

Q] Internet of Things (IoT)

Unter dem Schlagwort Internet of Things oder Industrie 4.0 werden verschiedene Technologien und Plattformen zusammengefasst, die Prozesse optimieren, indem **Hunderte oder Tausende von Maschinen und Sensoren miteinander verknüpft** werden. Durch die permanente und komplette Datenintegration ist eine effiziente Prozesssteuerung und -optimierung möglich.

Beispiel

SmartFactoryLogistics.com

Die Zuger Firma Bossard ist bei ihren grössten Kunden wie Tesla in Kalifornien nicht nur für die Lieferung von Schrauben und anderen Verbindungselementen zuständig, sondern hilft auch mit, die Prozesse in der Fabrikation zu optimieren. Mit intelligenten Schraubenboxen, SmartBins, wird der Materialfluss permanent überwacht und die Bestellung wird bezüglich Zeitpunkt und Bestellmenge optimiert. Die SmartLabels erlauben zudem manuelle Bestellungen auf einfachstem Weg.

R] Blockchain

Die Blockchain-Technologie ersetzt zentrale Register mit dezentralen Transaktionen. Zum Beispiel wird eine Wertschriftentransaktion nicht mehr über das Buch einer zentralen Bank abgewickelt, wo in einer Zeile Käufer und Verkäufer einer Transaktion eingetragen werden, damit eindeutig klar ist, wem die Wertschriften gehören. Mittels komplexer Algorithmen ist es möglich, **eindeutige Besitzzuweisungen auch dezentral** zu ermöglichen. Dadurch entstehen neue Geschäftsfelder, z. B. mit Kryptowährungen wie Bitcoin.[1]

6.6 Marketingfehler

Ein häufiger Fehler, der im Zusammenhang mit Innovationen und neuen Geschäften begangen wird, beruht auf dem **Innovationsdilemma,** das Clay Christensen in seinem mehrfach preisgekrönten Buch beschrieben hat.[2] Seine Untersuchungen in der Harddisk-Branche, im Detailhandel sowie in anderen Branchen haben ein überraschendes Muster gezeigt.

[1] Eine gute Erklärung findet sich hier: https://blog.hslu.ch/informatik/blockchain-einfach-erklaert/.
[2] Christensen, Clayton M.: The Innovator's Dilemma, New York 2000.

Bahnbrechende Innovationen werden häufig von den Branchenführern erfunden, aber wegen des geringen Marktpotenzials und der relativ schwachen Leistung nicht auf den Markt gebracht. Es sind **kleine, unabhängige Unternehmen,** die die Technologie aufnehmen und verbessern. Sie erobern damit zuerst Märkte, die für die Branchenführer zu klein scheinen, und erzielen eine Marge, mit der sich Branchenführer nicht zufriedengeben wollen. Setzt sich die Innovation jedoch durch, versuchen Branchenführer mit grossem Aufwand, den Rückstand zu den Kleinen wieder einzuholen, was ihnen manchmal auch gelingt.

Beispiel

Snowboard

Als die Snowboards Anfang der 1990er-Jahre ihren Siegeszug auf den Pisten antraten, war unter den erhältlichen Marken nicht eine einzige Skimarke (z. B. Rossignol, Fischer, Kneissl, K2) zu finden. Es waren neue Markteindringlinge wie Burton, die den Markt entwickelten. Erst nach etwa fünf Jahren, als die kleinen Anbieter an ihre Grenzen stiessen, wurden sie von den Skifirmen übernommen.

Nach dem Ansatz von Christensen bestand das Innovationsdilemma bei den etablierten Skianbietern darin, dass **neue Innovationen immer wieder auf den Markt kamen.** Es gab vor dem Snowboard z. B. den Monoski oder Kurzski, die immer Nischenprodukte blieben. Als die Snowboards aufkamen, waren die Skihersteller deshalb nicht sonderlich beunruhigt. Ihre Hauptkunden, die etablierten Sportartikelverkäufer, waren an diesen Artikeln auch nicht besonders interessiert und ihre Endkunden im Alter von 18 bis 65 Jahren auch nicht. Das Marktpotenzial wurde als sehr gering, der Markt als unattraktiv eingeschätzt. Die Entwicklung der Verkaufszahlen von Snowboards wurde massiv unterschätzt.

Zusammenfassung

Ein Konzept im Marketing besagt, dass die Nachfrage nach Produkten und Dienstleistungen bestimmten Zyklen folgt und dass Märkte nicht ewig wachsen. Jedes Unternehmen ist mit der Frage konfrontiert, mit welchen **Wachstumsstrategien** künftige Umsatzeinbussen kompensiert werden können. **Ansoff** beschrieb vier Möglichkeiten: die Marktpenetration, die Marktentwicklung, die Produkt- und Sortimentsentwicklung und die Diversifikation.

Bei der **Marktentwicklung** steht die Internationalisierung der Märkte im Vordergrund, die vom nationalen zum internationalen, zum multinationalen oder zum globalen Marketing wird. Es gibt folgende Formen der **Internationalisierung:** Exportgeschäft, Lizenzen, Franchising Joint Venture und eigene Tochtergesellschaften. Eine wichtige Frage bei diesen Strategien betrifft die mögliche **Standardisierung** von Leistungen und Prozessen bzw. ihre **Differenzierung.** Im ersten Fall wird auf der ganzen Welt das Gleiche, im zweiten Fall wird überall etwas anderes angeboten. Bei der Produktentwicklung stehen die **Innovationen** im Vordergrund. Mit innovativen Produkten und Dienstleistungen wird künftiges Wachstum ermöglicht.

E-Business-Modelle werden durch das Internet ermöglicht. Man unterscheidet folgende **Typen:** Navigation, Suchmaschine, Marktplatz, Online-Auktionen, Mass Customizing, Disintermediation, Online Retailing, Communities, Wikis, Mediasharing, E-Content, Internet-Infrastruktur, Back-up-/Speicher-Lösungen, Bewertungsportale, Sharing Economy, Analytics, Internet of Things und Blockchain.

25 Um welche der vier Wachstumsstrategien handelt es sich in den folgenden Beispielen:

	Markt-penetration	Produkt- und Sortiments-entwicklung	Markt-entwicklung	Diversifi-kation
Der Online-Bookshop Amazon.com verkauft neben Büchern viele andere Produkte, z. B. CD, Tierfutter, Computerspiele, Spielzeuge.	☐	☒	☒	☐
Die mittlerweile konkursite Erb-Gruppe hat neben dem Autoimportgeschäft auch den Küchenbauer Piatti aufgekauft.	☐	☐	☐	☒
Disney baute Themenparks wie Disneyland in Kalifornien, Florida und in Paris.	☐	☐	☒	☐
Die «Handelszeitung» offeriert ein Probeabo für 10 Wochen für CHF 25.	☒	☐	☐	☐

26 Warum gibt es Unternehmen, die eine Diversifikationsstrategie verfolgen, obwohl eine Marktpenetration gemäss Ansoff viel weniger risikoreich ist? bereits gesättigt

27 Ein Schweizer Produzent von Werkzeugmaschinen geht mit einem chinesischen Partner ein Joint Venture ein. Der Partner hat zwar nicht das Know-how, aber sehr günstige Arbeitskräfte. Die Idee ist, dass der chinesische Partner für den gesamten asiatischen Markt produziert, in dem der Schweizer Produzent preislich nicht konkurrenzfähig ist. Worin besteht das grösste Risiko für die Schweizer Firma?

28 Welche Vorteile bietet die Online-Auktion im Hinblick auf die Preisbildung?

29 Ist es für Amazon.com eher einfach oder eher schwierig, ein analytisches CRM zu betreiben?

30 Was ist das Hauptmerkmal des Web 2.0? Blogs Communities

Fallbeispiel 4 – Housetrip

Autor: Kay Buntschu

Ausgangslage

HouseTrip.com gehört zu den weltweit grössten **Internetplattformen für die Buchungen und die Vermietung von Privatwohnungen und Ferienhäusern.** Dabei hat sich das Unternehmen darauf konzentriert, jeweils komplette Wohnungen oder Liegenschaften mit dem Zweck der Vermietung anzubieten. Nur in Ausnahmefällen werden einzelne Zimmer bei Privatpersonen vermietet. Auf der Plattform sind mittlerweile über 300 000 Objekte an über 15 000 Destinationen verzeichnet.

Das Wachstum des Unternehmens geht Hand in Hand mit der **Neuakquirierung von Objekten** und somit mit der Attraktivität gegenüber anderen Plattformen. Dabei ist das Geschäftsmodell darauf ausgerichtet, dem Vermieter das Inserieren möglichst einfach zu machen und ihn im administrativen Bereich möglichst stark zu entlasten. Die Inserierung ist für den Vermieter kostenlos und es steht ihm stets frei, Sperrfristen festzulegen, unpassende Buchungsanfragen abzulehnen oder seine Liegenschaft auch auf anderen Portalen anzubieten.

Für diesen Service behält HouseTrip.com jeweils eine Provision zwischen 10 und 20% des Buchungspreises zurück, die direkt dem Mieter verrechnet wird. Um einen möglichst reibungslosen Ablauf zu gewährleisten, sind mehr als die Hälfte der Angestellten im **Kundenservice** tätig.

Dadurch hat sich HouseTrip einen hervorragenden Namen im Internet erarbeitet. Dazu kommen fundierte Kenntnisse über ihren Kernmarkt Europa, die es HouseTrip ermöglichen, sich gegen die Konkurrenz von Übersee, vor allem Airbnb, durchzusetzen. In Zukunft will man vermehrt ausserhalb Europas expandieren und der Konkurrenz dort Marktanteile streitig machen.

Bild: Jupiterimages / Stockbyte / Getty Images

Aufgaben

1	Wo würden Sie Housetrip.de in der Typologie der E-Business-Modelle (Abbildung 6-16) einordnen? Was ist die besondere Herausforderung bei diesem Business-Modell?
2	Ist die Dienstleistung, die Housetrip.de anbietet, eher geeignet oder eher ungeeignet für ein «globales Marketing» (Abbildung 6-5 und 6-8)?
3	Da das Business-Modell von Housetrip.de nicht geschützt werden kann (es können allerdings die Marke und die Firma geschützt werden), wäre es für einen Imitator einfach, eine Konkurrenz aufzuziehen (siehe Abbildung 6-10, Quadrant IV)?

7 Segmentierung und strategisches CRM

Lernziele

Nach der Bearbeitung dieses Kapitels können Sie …

- zwischen einer Massenmarketingstrategie, einer Segmentierung und einem Individualmarketing unterscheiden.
- das strategische Customer Relationship Management (CRM) erklären.

Schlüsselbegriffe

defensives Marketing, Feinsegmentierung, Grobsegmentierung, Individualmarketing, Kundenloyalität, Loyalitätseffekt, Massenmarketing, offensives Marketing, Segmentierung, Segmentierungskriterien, strategisches Customer Relationship Management

In diesem Kapitel beschäftigen wir uns mit Strategien, die darauf beruhen, dass es **keinen «Durchschnittskunden»,** keine «Margrit Schweizer» und keinen «Otto Normalverbraucher» gibt. Jede Kundin, jeder Kunde hat unterschiedliche Bedürfnisse, benötigt unterschiedliche Produkte und Dienstleistungen und reagiert unterschiedlich auf die Marketingbemühungen des Unternehmens.

Eine sehr wichtige Strategie im Marketing ist die **Segmentierung,** bei der Kunden mit ähnlichen Bedürfnissen zu Segmenten zusammengefasst werden, damit man diese Segmente besser bearbeiten kann. Eine eher neue Strategie ist das strategische CRM (Customer Relationship Management), das auch Loyalitätsmanagement oder Kundenbindungsmanagement heisst.

Das **strategische CRM** geht von zwei Annahmen aus:

- Erstens sind **treue Kunden langfristig rentabler als neue Kunden** bzw. es ist viel effizienter, einen treuen Kunden zu halten, als ihn zu verlieren und dafür einen neuen Kunden zu gewinnen.
- Zweitens stellt man in fast allen Unternehmen fest, dass ein **kleiner Prozentsatz des Kundenstamms einen sehr grossen Anteil des Gewinns generiert.**

Das strategische CRM versucht, diese Kunden zu identifizieren und an das Unternehmen zu binden.

7.1 Marketingziele

Das Ziel der Segmentierung ist zuerst, **Segmente zu identifizieren.** Welche Kunden sind sich in Bezug auf Ihre Bedürfnisse, Kaufgewohnheiten und anderen Merkmale ähnlich? Diese Kunden sollen in Segmente zusammengefasst werden, sodass die Ähnlichkeit innerhalb des Segments möglichst gross und die Ähnlichkeit zwischen den Segmenten möglichst klein ist. Diese Segmente müssen erfassbar und messbar sein, sie müssen genügend gross sein und das Unternehmen muss über genügend Ressourcen verfügen, um diese Segmente auch effektiv differenziert bedienen und bearbeiten zu können.

Sind diese Bedingungen erfüllt, geht es darum, unterschiedliche Segmentstrategien mittels Marketinginstrumenten (siehe Teil D) zu formulieren und umzusetzen. Dabei findet eine Optimierung zwischen den beiden Extremen des **Massenmarketings** (alle erhalten dasselbe) und des **Individualmarketings** (jedes Produkt ist eine Einzelanfertigung, jede Dienstleistung wird individuell erbracht) statt.

Beim strategischen CRM geht es darum,

- die rentabelsten Kunden nicht als Segment, sondern individuell zu identifizieren und
- mit diesen rentablen Kunden eine möglichst langfristige Beziehung einzugehen.

7.2 Segmentierung

Beispiel

Segmentierung von Kunden für Lebensmittel

Eine Studie hat die Ernährungsgewohnheiten und -einstellungen von 257 Konsumenten in Deutschland mittels 69 Fragen erhoben[1]. Basierend auf diesen Antworten konnten die Konsumenten in ähnliche Gruppen zusammengefasst werden (siehe Abbildung 7-1).

Das Ziel der Studie war, aufgrund einer solchen Segmentierung zielgruppenspezifische Informationskampagnen zu lancieren. Da sich die Segmente aber in Bezug auf das Ernährungsverhalten der Kunden grundsätzlich und eher dauerhaft unterschieden, lässt sich diese Segmentierung für viele andere Marketingaufgaben im Lebensmittelmarkt verwenden.

So kann man sich z. B. leicht vorstellen, wie sich die Packungen von Lebensmitteln für die verschiedenen Segmente unterscheiden müssen (bezüglich Farbe, Sujet, Information, Ökologie etc.) oder mit welchen Medien die verschiedenen Segmente am besten erreicht werden.

Abb. [7-1] **Sechs Segmente für den Lebensmittelmarkt**

Segment	Beschreibung
CL 1	Der nicht involvierte Konsument: • Geringe Bedeutung von Produktinformationen, Preisen und Fachgeschäften • Geringe Bedeutung der Qualitätsanspekte Gesundheit, Bioprodukte und Frische • Bequemlichkeit beim Kochen ist wichtig und Planung ist unwichtig • Starke Ausprägung des Snack-Verhaltens
CL 2	Der enthusiastische Konsument: • Höchste Bedeutung von Produktinformationen, Preisen und Fachgeschäften • Höchste Bedeutung von Gesundheit, Neuigkeitsgrad, Bioprodukten und Frische • Grosses Interesse am Kochen. Planung ist wichtig und Bequemlichkeit ist unwichtig • Soziale Aspekte sind wichtig
CL 3	Der abenteuerlustige Konsument: • Höchste Bedeutung von Qualitätsaspekten, Neuigkeitsgrad und Geschmack • Höchste Bedeutung des Interesses am Kochen und an der Suche nach neuen Wegen • Höchste Bedeutung der Kaufmotive Selbsterfüllung und soziale Beziehungen
CL 4	Der interessierte Konsument: • Hohe Bedeutung von Produktinformationen, Fachgeschäften und Preislisten • Geringste Einstellung gegenüber Werbung • Hohe Bedeutung von Gesundheit und Frische sowie die höchste Bedeutung von Bioprodukten • Kochen ist nicht Aufgabe der Frau
CL 5	Der konservative Konsument: • Hohe Bedeutung von Preisen und höchste Bedeutung von Einkaufslisten • Neuigkeitsgrad und die Suche nach neuen Wegen unwichtig • Planung ist sehr wichtig • Kochen ist keine Familienangelegenheit, sondern die Aufgabe der Frau • Höchste Bedeutung des Kaufmotivs Sicherheit
CL 6	Der extrem uninvolvierte Konsument: • Geringste Bedeutung von Produktinformationen, Fachgeschäften und Einkaufslisten • Geringste Bedeutung der Qualitätsaspekte Gesundheit, Preis-Leistungs-Qualität, Neuigkeitsgrad, Bioprodukte und Frische • Geringstes Interesse am Kochen, an neuen Wegen und an Planung • Höchste Bedeutung der Bequemlichkeit beim Kochen • Stärkste Ausprägung des Snack-Verhaltens

Die Aufteilung des Markts nach Kundengruppen kann zwei Ziele verfolgen. Einerseits können damit strategische Geschäftsfelder gebildet werden, wie wir in Abbildung 2-3, S. 24 gesehen haben. Diese Sicht dient im strategischen Management der **Marktwahl.** Andererseits werden innerhalb der gewählten SGF Kundengruppen als Segmente definiert. Diese Sicht dient im Marketing der bedürfnisgerechten **Marktbearbeitung.**

[1] Bruhn, Maike: Lebensstilbasierte Segmentierung der Bevölkerung zur Ableitung zielgruppenspezifischer Verbraucherinformationskampagnen, 2008.

Abb. [7-2] **Grob- und Feinsegmentierung im Vergleich**

	Ziel	Disziplin	Segmentierung
Grobsegmentierung	Marktabgrenzung	Vorherrschende Sichtweise des strategischen Managements	Aufteilung des Gesamtmarkts in Marktsegmente und Teilmärkte zur Identifikation strategischer Geschäftsfelder (SGF)
Feinsegmentierung	Differenzierte Marktbearbeitung (Segmentierung)	Vorherrschende Sichtweise des Marketings	Identifizierung von Kundengruppen mit ähnlichen Bedürfnissen innerhalb SGF mit dem Ziel, Marketinginstrumente differenziert einzusetzen

Die Feinsegmentierung versucht, eine Optimierung zu erzielen zwischen den beiden Extrempositionen **Massenmarketing,** das günstig und wenig bedürfnisorientiert ist, und **Individualmarketing,** das bedürfnisorientiert und dafür aufwendig ist. Die Abbildung zeigt, dass auf der Effizienzlinie mit zunehmendem Aufwand eine höhere Differenzierung zu erzielen ist. Differenzierung bedeutet hier, dass das Marketing unterschiedliche Kunden unterschiedlich, d. h. differenziert anspricht.

Abb. [7-3] **Segmentierung als Optimierung zwischen Massen- und Individualmarketing**

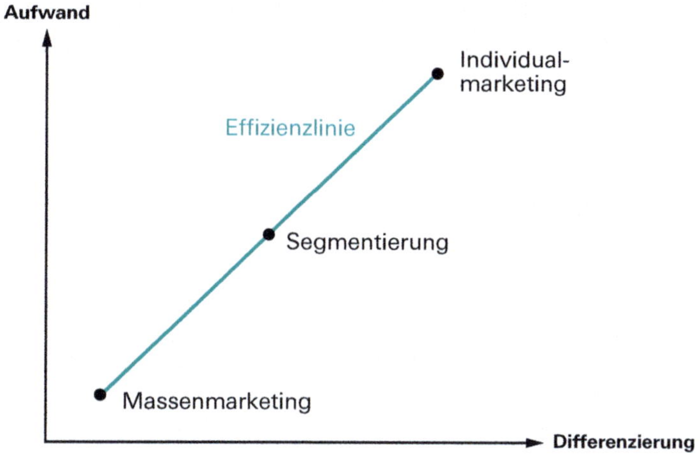

An dieser Stelle ist es sinnvoll, den häufig verwendeten Begriff der **Differenzierung** zu erklären, weil er im Marketing verschiedene Bedeutungen annehmen kann.

Differenzierung nach Bedürfnissen: So, wie der Begriff bei der Segmentierung gebraucht wird, bedeutet er, dass ein Unternehmen sein Marketing je nach Segment unterschiedlich ausrichtet. Das Marketing wird nach den Bedürfnissen differenziert.

Differenzierung von der Konkurrenz: In Kapitel 8, S. 146 «Positionierung» werden wir von einer Differenzierung gegenüber der Konkurrenz sprechen. Damit ist gemeint, dass sich das Unternehmen, seine Produkte und Marken von der Konkurrenz unterscheiden.

7.2.1 Ziel der Segmentierung

Die industrielle Revolution führte zur **Massenproduktion** und damit zu **Massenmärkten.** In solchen Märkten wird ein homogenes Gut in einer grossen Stückzahl produziert und jeder Nachfrager erhält dasselbe Produkt, ungeachtet seiner individuellen Bedürfnisse. In einem Markt gibt es jedoch keinen «Durchschnittsnachfrager». Jeder Nachfrager hat individuelle Wünsche, Bedürfnisse, Probleme und Gewohnheiten bei der Bedarfsdeckung. Wenn ein Unternehmen diese spezifischen Bedürfnisse individuell befriedigt, spricht man vom **Individualmarketing.**

Überall dort, wo dem Anbieter eine grosse Zahl von Nachfragern gegenübersteht (Massenmarkt), sind diese individuellen Leistungen nicht mehr möglich und eine gewisse Standardisierung wird notwendig. Die Segmentierung ist in diesem Sinn ein **Kompromiss zwischen Massenmarketing und Individualmarketing.**

Abb. [7-4] **Massenmarketing, Segmentierung und Individualisierung**

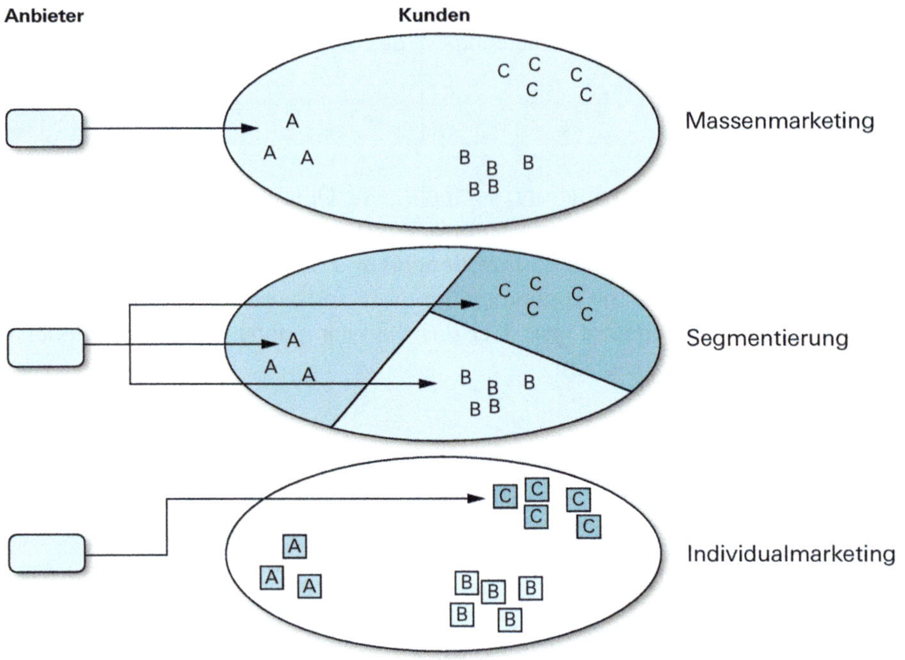

Beispiel

Fahrräder

Ein Fahrradproduzent betreibt Massenmarketing, wenn er ein Herrenmodell, ein Damenmodell und zwei Kindervelos in unterschiedlichen Grössen produziert. Bei einer Segmentierung klärt er ab, welche Modelle am häufigsten nachgefragt werden, und produziert 24 verschiedene Modelle, die sich aus folgenden Kombinationen ergeben: Herren-, Damen- oder Kindervelo, Mountainbike oder Citybike, 6-, 12- oder 18-Gang-Schaltung, Chrom, Farb- oder Metalisée-Lackierung. Ein Individualmarketing würde bedeuten, dass jedes Fahrrad auf Kundenwunsch fabriziert würde.

Für Fahrräder können alle drei Segmentierungsstrategien angewendet werden.
Bild: Thomas Northcut / Thinkstock

Das **Ziel der Segmentierung** ist,

- Klarheit über die Segmente innerhalb der gewählten SGF zu gewinnen,
- eine differenzierte und gezielte Marktbearbeitung durchzuführen und
- genauere Prognosen des Kundenverhaltens und der Marktentwicklung ableiten zu können.

7.2.2 Anforderungen an eine Segmentierung

Nach Kotler und Bliemel muss die Marktsegmentierung folgende **Anforderungen** erfüllen:[1]

- Sie muss mit den vorhandenen Marktforschungsmethoden erfassbar und messbar sein.
- Es müssen ausreichend grosse Segmente entstehen.
- Das Segment muss effektiv erreicht und bedient werden können.
- Das Unternehmen muss über genügend Ressourcen verfügen, um die verschiedenen Segmente auch effektiv differenziert bedienen und bearbeiten zu können.
- Die Kriterien sollen über einen längeren Zeitraum Gültigkeit besitzen.

7.2.3 Segmentierungskriterien

Wenn Segmente gebildet werden sollen, ist es notwendig, dass bestimmte Kriterien festgelegt werden, die bei den Kunden unterschiedlich ausgeprägt sind. Die beiden folgenden Abbildungen zeigen jeweils **Kataloge von Segmentierungskriterien** für Konsum- bzw. für Industriegütermärkte. Drei Aspekte sind dazu anzuführen:

- Erstens muss das Unternehmen aus einer Vielzahl möglicher Kriterien diejenigen zwei oder drei Kriterien finden, die sich **einfach umsetzen und anwenden lassen.**
- Zweitens sind die Kriterien von **Branche zu Branche unterschiedlich** und müssen situativ festgelegt werden.
- Drittens müssen die gewählten Kriterien **laufend auf ihre Aktualität überprüft und gegebenenfalls angepasst werden.**

Der Grund für diese unterschiedlichen Kriterien liegt in den Bedürfnissen der Kunden. Ein Segment ist eine Gruppe von Personen oder Organisationen mit ähnlichen Bedürfnissen. Da jedoch in jeder Branche, in jedem SGF und in jedem Teilmarkt andere Bedürfnisse vorherrschen und sich diese Bedürfnisse auch laufend ändern können, muss man bei der Segmentierung diese **Unterschiede und Veränderungen beachten.**

Je nach dem, ob die Kunden Privatpersonen sind oder Unternehmen und Organisationen, sind die Kriterien verschieden.

[1] Kotler, Philip; Keller, Kevin Lane; Brady, Mairead; Goodman, Malcolm; Hansen, Torben: Marketing Management, Harlow 2009.

Abb. [7-5] **Segmentierungskriterien für private Kunden**[1]

Geografisch	• Region / Gebiet • Ortsgrösse • Bevölkerungsdichte • Etc.
Demografisch	• Alter • Geschlecht • Familienstatus (z. B. Single, Paar ohne Kinder, Familie mit Kleinkindern, Familie mit schulpflichtigen Kindern etc.) • Einkommen / Kaufkraft • Beruf • Ausbildung • Konfession • Nationalität • Etc.
Psychografisch	• Soziale Schicht • Lebensstil • Persönlichkeit • Etc.
Kaufverhalten-bezogen	• Kaufanlässe • Kaufgrund (Nutzen), Kaufort • Verwenderstatus (Erstverwender, regelmässiger Verwender etc.) • Verwendungshäufigkeit, Verwendungsort • Stadium der Kaufbereitschaft • Einstellung zum Produkt • Etc.

In den meisten Märkten mit privaten Nachfragern nimmt die Bedeutung der psychografischen Kriterien auf Kosten der geografischen oder demografischen Merkmale zu.

Beispiel

Mobiltelefonie

Die Anbieter von Mobiltelefonen versuchen, für die verschiedenen Segmente differenzierte Angebote zu unterbreiten. Die Geschäftsfrau bezahlt bei Swisscom beispielsweise CHF 200.– pro Monat für das «inOne Mobile XL»-Angebot. Dafür sind alle Gespräche in der Schweiz, in der EU sowie in die USA und nach Kanada inbegriffen. Dazu kommt ein Datenvolumen von 24 GB in der EU und 1 GB in den USA und Kanada.

Jugendliche bis 26 Jahre erhalten für CHF 60.– im Monat das «inOne Mobile S», bei dem alle Gespräche, alle SMS und unlimitiertes Surfen in der Schweiz inbegriffen sind. Für CHF 80.– pro Monat gibts dasselbe mit einer höheren Geschwindigkeit und mit CHF 100.– sind noch mehr Roamingleistungen eingeschlossen. Für Kinder zwischen 6 und 16 Jahren gibt es ein Prepaid-Angebot «Prepaid Kids» für CHF 10.– pro Monat, bei dem fünf Nummern (typischerweise die Mobilenummer der Eltern sowie die Festlinie zu Hause) sowie 300 MB Daten inbegriffen sind. Weitere Anrufe und Internet werden nach Bedarf dazugekauft.

Es gibt eine vergleichbare Einteilung der Segmentierungskriterien für Märkte mit Nachfragern, die Organisationen (Firmenkunden) sind in Business-to-Business-Märkten.

[1] Ibid., S. 418.

Abb. [7-6] **Segmentierungskriterien für Firmenkunden**

Demografisch	• Branchen • Unternehmensgrössen • Standort • Etc.
Operativ	• Technologie der Kunden • Anwenderstatus • Kundenkompetenz • Etc.
Beschaffungsorientiert	• Organisation der Beschaffungsfunktion beim Kunden • Machtstruktur • Bestehende Beziehungen • Allgemeine Beschaffungspolitik • Kaufkriterien • Etc.
Kaufsituationsbedingt	• Dringlichkeit • Spezifische Produktanwendung • Auftragsumfang • Etc.
Personengebunden	• Ähnlichkeit zwischen Verkäufer und Käufer • Risikobereitschaft • Lieferantentreue • Etc.

7.3 Segmentierung von Internetverwendern

Viele Marketingleute sind wegen der **Vielfalt und Dynamik des Internetmarketings** und der sozialen Medien überfordert und verpassen deshalb den Einstieg. Tatsächlich ist es sehr schwierig, die Möglichkeiten systematisch darzustellen. Die folgenden zwei Ansätze von Li und Bernoff können jedoch helfen, Kunden im Hinblick auf ihre Internetnutzung neu zu segmentieren und den bestehenden Marketingmix zu erweitern.[1]

Im Internet lassen sich **Kunden anhand ihrer Nutzung unterscheiden,** wobei die Entwicklung in mehr oder weniger absehbaren Stufen erfolgt. Kaum jemand wird z. B. einen Blog betreiben, wenn er nicht selbst aktiv Blogs liest. Somit ist klar, dass das Lesen von Blogs eine Vorstufe des Blogschreibens ist, aber nicht umgekehrt.

Die Leiter beginnt mit den **Inaktiven,** die das Web nicht nutzen, und führt zu den **Zuschauern,** die Blogs lesen, Videos anschauen und Onlineforen lesen. Die dritte Stufe bilden die **Mitmacher,** die auf einer Social-Network-Seite wie Xing.com und Facebook ein Profil unterhalten und diese Sites auch aktiv besuchen. Eine Stufe weiter gehen die **Sammler,** die aktiv RSS-Feeds nutzen und Webseiten und Fotos taggen[2]. Die **Kritiker** schreiben selbst Bewertungen und besprechen Produkte und Dienstleistungen. Sie machen Einträge in Wikis und liefern Beiträge zu Onlineforen. Die aktivsten User sind die **Kreatoren,** die eigene Blogs und Webseiten führen, selbst Beiträge schreiben und Video- und Audiodateien sowie Bilder hochladen.[3]

Verschiedenen Schätzungen zufolge gilt hier die **1-9-90-Regel,** die besagt, dass etwa 1% der Internetnutzer Kreatoren sind, etwa 9% Kritiker, Sammler und Mitmacher und die grosse Mehrheit, 90%, zuschaut.[4] Diese ungleiche Verteilung mag ein Grund dafür sein, dass Unternehmen die Sprengkraft der sozialen Medien unterschätzen, weil «nur» jeder Hundertste aktiv schreibt. Hier muss man allerdings berücksichtigen, dass von 4 Millionen Internetnutzern in der Schweiz 1% immerhin 40 000 Kreatoren ergeben würde, die zudem in vielen Gebieten als Meinungsführer gelten.

[1] Li, Charlene; Bernoff, Josh: Facebook, Youtube, Xing & Co., München: Hanser, 2009.
[2] Taggen: Eine Information oder ein Bild im Internet wird von den Nutzern mit einem Stichwort versehen (engl. tag = Etikette).
[3] Meine eigene Webseite www.michel-partner.ch wird laufend erweitert mit Informationen und Ideen zum Marketing.
[4] Nielsen, Jakob: Participation Inequality: Encouraging More Users to Contribute (2006), auf http://www.useit.com/alertbox/participation_inequality.html, Zugriff am 11.4.2009.

Abb. [7-7] **Internetsegmente**

7.4 Strategisches Customer Relationship Management (CRM) und Kundenloyalität

Eine Kundenstrategie hat meistens das Ziel, die Kunden stärker ans Unternehmen zu binden und länger als Kunden zu halten. **Kundenloyalität** (Kundentreue) lässt sich z. B. daran messen, wie lange ein Kunde einem Unternehmen treu bleibt oder wie viele Kunden des Vorjahrs auch in diesem Jahr dem Unternehmen treu geblieben sind. Allerdings darf die **Kundenakquisition,** also die Neukundengewinnung, auch von einem Unternehmen mit treuen Kunden nicht vernachlässigt werden. Die Gefahr besteht nämlich, dass ein Unternehmen es verpasst, neue attraktive Segmente zu erobern, weil die bestehenden Kunden genug Ertrag abwerfen.

7.4.1 Defensives Marketing als Erfolgsfaktor

Das **traditionelle Marketing** war offensiv. Die Betonung lag auf dem Wachstum durch die Eroberung neuer Märkte, Teilmärkte und Kunden-Segmente. Es hatte zum Ziel, neue Kunden zu gewinnen. Das wirtschaftliche Umfeld hat sich in den letzten Jahren geändert. Globalisierung, der technische Fortschritt, Unternehmenskooperationen und -fusionen, zunehmende Unternehmensrisiken und verkürzte Produktlebenszyklen führten dazu, dass nicht mehr Wachstums-, sondern **Verdrängungs- und Behauptungsstrategien** dominieren.

In hart umkämpften, häufig auch gesättigten und margenschwachen Märkten wird die **Neukundengewinnung ein teures Unterfangen.** Eine gross angelegte Studie, die 1979 und 1986 in den USA durchgeführt wurde[1], hat ergeben, dass es in der Regel fünfmal teurer ist, einen neuen Kunden zu gewinnen als einen bestehenden Kunden zu halten. Solche Ergebnisse führen zur Erkenntnis, dass es betriebswirtschaftlich viel mehr Sinn macht, **bestehende Kundenbeziehungen zu pflegen,** anstatt die Kundenverluste durch Neukundenakquisitionen laufend auszugleichen.

Dadurch wird ein Umdenken im Marketing gefordert, das von einer **offensiven** zu einer **defensiven** Orientierung führt. Es steht nicht mehr der Erstkauf im Zentrum, sondern der Wiederkauf. Gleichzeitig wird versucht, unrentable Kunden nicht mehr zu bedienen.

[1] (TARP), Technical Assistance Research Program: Consumer Complaint Handling in America, Washington, D. C.: U. S. Office of Consumer Affaires, 1979.
(TARP), Technical Assistance Research Program: Consumer Complaint Handling in America: An Update Study, Washington, D. C.: U. S. Office of Consumer Affaires, 1986.

Beispiel

Kundenrentabilisierung bei Banken

Die Schweizer Banken haben festgestellt, dass im Kleinkundengeschäft etwa 30% der Kunden unrentabel sind, d. h., sie verursachen mit Schalterbezügen, Zahlungsanweisungen und EC-Karten höhere Kosten als sie Erträge schaffen. Sie haben deshalb Gebührenmodelle eingeführt, bei denen Kunden für die Kontoführung CHF 36.– bis CHF 72.– pro Jahr bezahlen müssen. Sobald die Kunden einen bestimmten Saldo erreichen, z. B. CHF 5 000.–, werden ihnen die Gebühren erlassen.

Bei den Banken müssen unrentable Kunden Gebühren für die Dienstleistungen zahlen.
Bild: contrastwerkstatt / Fotolia.com

Die nachfolgende Tabelle vergleicht offensives und defensives Marketing.

Abb. [7-8] **Vergleich zwischen offensivem und defensivem Marketing**

	Offensives Marketing	**Defensives Marketing**
Zeit	Vorherrschend bis Mitte 1980er-Jahre	Zunehmend seit Mitte 1980er-Jahre
Marktumfeld	Wachstumsmärkte in Mengen und Preisen	Verdrängungsmärkte
Marketingstrategien	• Wachstumsstrategien • Internationalisierung • Globalisierung • Kostenführerschaft	• Kundenrentabilisierung • Wettbewerbsdifferenzierung • Fokussierung
Erfolgsfaktoren im Markt	• Marktanteil • Bekanntheitsgrad • Image	• Kundenzufriedenheit • Kundenloyalität
Marketinginstrumente	4 P (product, price, place, promotion), d. h. Leistungs-, Preis-, Distributions- und Kommunikationspolitik	Zusätzlich zu den vier P: • 5. P (people) • Kundenbindungsmanagement • Beziehungsmanagement
Verkaufsziele	Erstkauf, Abverkauf	Wiederkauf, Cross-Selling[1]
Marktforschungsinstrumente	• Bedürfnisabklärungen • Zahlungsbereitschaft • Images • Kaufabsicht	• Qualitätsempfinden • Kundenzufriedenheit • Verbesserungsvorschläge • Analyse von Kundenverlusten
Kundenperspektive	Kunde als «Abnehmer»	Kunde als «Partner»

[1] Cross-Selling: Der Kunde interessiert sich für Produkt A, kauft dann zusätzlich auch noch das Produkt B des Herstellers.

Offensives und defensives Marketing schliessen sich nicht aus, sondern ergänzen und bedingen sich gegenseitig[1]. Ein Unternehmen, das ausschliesslich offensives Marketing betreibt, wird jedes Jahr viele unzufriedene Kunden verlieren. Die Akquisitionskosten sind hoch, ein hoher Preis lässt sich gegen die Konkurrenten nicht durchsetzen. Als logische Folge ist die Marge tief, was sich negativ auf den Gewinn auswirkt.

Auf der anderen Seite kann auch eine alleinige Ausrichtung auf defensives Marketing schädlich sein. Ein Unternehmen, das mit seinen Kunden alt wird und es verpasst, neue Kunden zu gewinnen, wird am Ende eines Produktlebenszyklus grosse Schwierigkeiten haben, ein innovatives Angebot glaubwürdig in einem innovativen Segment zu positionieren.

7.4.2 Ökonomie der Loyalität

Defensives Marketing erhöht den Gewinn des Unternehmens, weil es weniger kostet, die bestehenden Kunden zu halten, als neue zu gewinnen. Diese Argumentation geht von einer bestimmten Anzahl von Kunden aus, die den notwendigen Umsatz schaffen. Der Loyalitätseffekt verstärkt sich aber noch, wenn wir berücksichtigen, dass Kunden mit der Dauer ihrer Beziehung rentabler werden.

Dies hat laut Reichheld folgende Gründe[2]:

- Der Ertrag steigt durch Zusatz- und Anschlussgeschäfte.
- Die Kosten sinken dank Lernkurveneffekten (Unternehmen und Kunde arbeiten immer besser zusammen, weil sie mit der Zeit wissen, was die andere Partei will).
- Der zufriedene Kunde betreibt Mund-zu-Mund-Werbung, die gratis und höchst wirkungsvoll ist.
- Der Kunde ist weniger preissensitiv.

Die folgende Abbildung zeigt anhand von vier Branchen, wie der Deckungsbeitrag in US$ pro durchschnittlichem Kunden jedes Jahr zunimmt.

Abb. [7-9] **Rentabilität von loyalen Kunden in verschiedenen Industrien[3]**

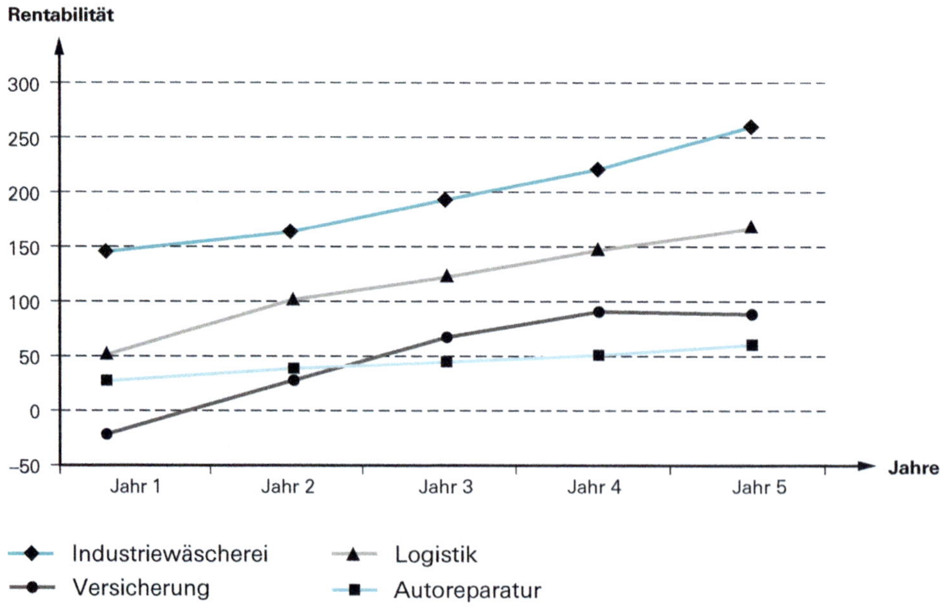

[1] Zeithaml, Valarie A.; Bitner, Mary Jo; Gremler, Dwayne D.: Services Marketing, New York et al.: McGraw Hill, 2005.
[2] Reichheld, Frederik F.; Teal, Thomas: The Loyalty Effect, Boston 2001.
[3] Reichheld, Frederik F.; Sasser, W. Earl Jr.: Zero defections: quality comes to services, Harvard Business Review 68 (1990).

7.5 Marketingfehler

A] Segmentierung nach traditionellen Kriterien

Einige Marketingpraktiker behaupten, die Segmentierung sei bei der Marketingstrategie bereits die halbe Miete, weil eine Segmentierung ein tiefes Verständnis der Kundenbedürfnisse verlangt und weil sie einen gezielten Einsatz der Marketingressourcen ermöglicht. Verschiedene Unternehmen verpassen die Chance einer **bedürfnisorientierten Segmentierung,** weil sie nach traditionellen Kriterien segmentieren, die nicht bedürfnisrelevant sind.

Beispiel

Institutionelle Anleger

In einem Beratungsprojekt stellte uns der Leiter der Abteilung «Institutionelle Anleger» einer Schweizer Bank seine Segmentierung vor. Die etwa 300 institutionellen Kunden werden in Branchenkategorien wie «Versicherungen», «Pensionskassen», «Banken», «Öffentliche Hand», «Dienstleistung», «Industrie» etc. segmentiert. Diese Segmentierung ist einerseits historisch gewachsen, andererseits rechtlich sinnvoll. Pensionskassen z. B. haben gesetzlich weniger Freiheiten bezüglich ihrer Anlagemöglichkeiten als Industriebetriebe. Basierend auf einer Kundenanalyse bildeten wir bedürfnisorientierte Segmente und stellten fest, dass sie mit der Branchensegmentierung nicht übereinstimmten. Das Bedürfnissegment «Trader», d. h., Kunden, die sehr viele Wertpapiere handeln, sind in allen Branchen vertreten. Unsere Empfehlung war, diese Bedürfnissegmentierung und nicht die Branchensegmentierung als Ausgangspunkt für die Formulierung einer Marketingstrategie zu berücksichtigen.

B] Unrentable Kunden

Ein zweites Problem für viele Unternehmen sind unrentable Kunden. Obwohl diese Kunden Umsatz schaffen, verursachen sie derart **hohe Kosten und Umtriebe,** dass sie nicht rentieren. Gerade Jungunternehmen, lokal verankerte Betriebe und kleinere Geschäften wollen oder können sich von diesen Kunden nicht trennen. Erfahrungen zeigen aber, dass ein Unternehmen mit einer Marketingstrategie nicht nur weiss, welche Kunden es anspricht, sondern auch, auf welche Kunden es verzichten soll. Unternehmen, die sich fokussieren und auch **«Nein» sagen** können, sind oft erfolgreicher als Unternehmen, die alles für jeden anbieten.[1]

Zusammenfassung

Die **Segmentierung** und das **strategische CRM** berücksichtigen, dass Kunden unterschiedliche Bedürfnisse haben. Bei der Segmentierung werden ähnliche Kunden in Segmenten zusammengefasst. Das **Ziel** der Segmentierung besteht darin, die verschiedenen Segmente mit Marketingmassnahmen differenziert zu bearbeiten, d. h., unterschiedlich anzusprechen. Die Segmentierung optimiert zwischen einer Massenproduktion, die kostengünstig ist, und einer Individualisierung, die bedürfnisorientiert ist. Die Segmentierungskriterien sind unterschiedlich, je nachdem, ob die Kunden Privatpersonen oder Organisationen sind.

Im **Internet** lassen sich die Kunden nach der 1-9-90-Regel segmentieren. Nicht alle User sind gleich aktiv. Gemäss der **1-9-90-Regel sind** nur 1% Kreatoren, 9% sind Kritiker, Sammler und Mitmacher und 90% sind Zuschauer.

Das Ziel des **strategischen CRM** ist es, rentable Kunden langfristig an das Unternehmen zu binden. Die Kundenloyalität misst, wie lange die Kunden dem Unternehmen treu bleiben oder wie viele Kunden des Vorjahrs auch in diesem Jahr wieder eingekauft haben. Das **defensive Marketing** versucht also, die Kundenloyalität zu erhöhen und ergänzt das **klassische offensive Marketing,** das sich vorwiegend mit der Neukundenakquisition beschäftigt. Verschiedene Studien haben gezeigt, dass Kunden mit zunehmender Beziehungsdauer rentabler werden. Somit macht es Sinn, die bestehenden Kundenbeziehungen zu pflegen und die Marketingressourcen nicht nur für die Neukunden einzusetzen.

[1] Bishop, Susan: The Strategic Power of Saying No, Harvard Business Review 1999.

Repetitionsfragen

31 Unter welchen Bedingungen ist ein Massenmarketing erfolgversprechender als eine Segmentierung?

32 Nennen Sie drei Märkte, in denen das «Alter» ein sinnvolles Segmentierungskriterium darstellt. Begründen Sie Ihre Wahl.

33 Bei den Weinen ist der «Kaufanlass» ein sinnvolles Segmentierungskriterium. Weshalb?

34 Erstellen Sie eine Segmentierung für das Vergnügungs- und Erholungsbad «Alpamare» in Pfäffikon SZ. Definieren Sie zwei zusätzliche Segmentierungskriterien mit je drei Ausprägungen und tragen Sie diese in der Tabelle ein.

Segmentierungskriterium	Jeweils 3 Ausprägungen		
Besuchshäufigkeit	**Lokale Stammgäste**	**Gelegenheitsgäste**	**Touristen, Einmalgäste**

35 Besteht zwischen den Zielen «hoher Marktanteil» und «grosse Kundenloyalität» ein Zielkonflikt? Begründen Sie Ihre Antwort.

Fallbeispiel 5 – Uber und die Millennials Generation

Autor: Stefan Michel

Ausgangslage

Millennials (Jahrtausend-Kinder) sind zwischen etwa **1982 und 2000 geboren,** wobei manchmal auch andere Geburtsjahre um die Jahrtausendwende angegeben werden. Obwohl die Millennials eine sehr heterogene Generation sind, unterscheiden sie sich doch in ihrem typischen Konsumverhalten von den Babyboomern (geboren zwischen 1946 und 1964), der Generation X (1965 und 1979) und der Generation Z (2000+).

Marketingspezialistin Katie Elfering von CEB Iconoculture schreibt, dass erfolgreiche Marketing- und Brandingstrategien für Millennials **drei Elemente** beinhalten. Erstens sprechen sie die Werte der Millennials an, Glück, Vielseitigkeit, miteinander teilen (sharing) und Entdeckungslust. Zweitens darf man nicht blind davon ausgehen, dass Millennials zu Hause bei ihren Eltern hocken und den ganzen Tag auf Facebook sind und Selfies hochladen. Natürlich machen die Millennials mehr Selfies als frühere Generationen, aber sie sind auch Eltern, Arbeiter, Vorgesetzte, Studenten. Drittens wollen Millennials nicht als «Zielgruppe» definiert werden, die man mit Marketingbotschaft zumüllt, sondern sie wollen **an der Diskussion teilnehmen.**

Ein typisches Unternehmen der Millennial Generation ist Uber aus San Francisco, eine **Plattform, die Taxifahrten zwischen Privaten vermittelt.** Mit einer Mobile App wird ein Uber-Taxi bestellt. In grösseren Städten hat Uber die kritische Masse erreicht, sodass sehr viele Taxis rasch gebucht werden können. Die Preise werden von Uber gestellt und der Fahrgast bezahlt ebenfalls Uber, die wiederum den Fahrer bezahlen. Die Fahrer sind nicht bei Uber angestellt und verfügen in der Regel auch nicht über eine Taxilizenz. Weil die Preise laufend der Nachfrage angepasst werden (z. B. können sie bei Regenwetter in New York achtmal so hoch sein wie bei Sonnenschein), sind sie meistens tiefer als die lokalen Preise. In vielen Städten, unter anderem auch in Zürich, wehren sich die lokalen Taxiunternehmen gegen diese unregulierte Konkurrenz.

Bild: Ying Feng Johansson / Dreamstime.com

Aufgaben

1	Welche Werte der Millennials spricht Uber an?
2	Warum hat Uber vermutlich mehr Mühe, ältere Leute als Kunden zu gewinnen?
3	Ist es fair, dass bei Regen die Preise um ein Vielfaches steigen können?

8 Positionierung und Markenstrategie

Lernziele

Nach der Bearbeitung dieses Kapitels können Sie …

- erklären, wie sich Unternehmen über die Grob- und Feinpositionierung von der Konkurrenz differenzieren können.
- die verschiedenen Marken unterscheiden.
- die vier Varianten der Markenentwicklungsstrategien beschreiben.

Schlüsselbegriffe

Branding, Branding Strategy, Dachmarkenstrategie, Differenzierung, Einzelmarken, Feinpositionierung, Grobpositionierung, Handelsmarken, kommunikative Profilierung, Leistungsprofilierung, Markenentscheidungen, Markenentwicklung, Markengeber, Markenname, Markenstrategie, Markierung, Positionierung, Präferenzstrategien, Preisführerschaft, Preis-Mengen-Strategie

Es werden heute mehr Bücher produziert als gekauft. Es sind mehr Hotelzimmer vorhanden als gebraucht werden, es werden mehr Skis produziert als nötig wären. Die Sitzplätze in vielen Flugzeugen sind nicht ausgelastet. Ausbildungsgänge werden geplant und beworben und müssen dann wegen Teilnehmermangel abgesagt werden. Wegen **sinkender Nachfrage** werden Fabriken geschlossen und die Metzgerei im Dorf verschwindet.

In hart umkämpften Märkten müssen sich **Produkte und Dienstleistungen von der Konkurrenz abheben.** Sie müssen den Kunden einen höheren Nutzen bieten oder billiger sein oder beides. Dieses Kapitel gibt strategische Antworten auf die Frage: Wie kann sich ein Produkt oder eine Dienstleistung einen Marktvorteil verschaffen?

8.1 Marketingziele

Damit eine Differenzierung erfolgreich ist, müssen mehrere **Bedingungen** erfüllt sein:[1]

- Die Differenzierung muss einem **echten Bedürfnis** entsprechen. Volvo hat als einer der ersten Autohersteller vor über 30 Jahren gemerkt, dass «Sicherheit» ein sehr wichtiges Bedürfnis für Autokäufer ist.
- Die Differenzierung muss **positiv bewertet** werden. Ein Bier mit 2.4% Alkohol statt 4.8% ist nur dann «besser», wenn die Kunden weniger Alkohol konsumieren wollen.
- Die Positionierung muss **unterscheidbar** sein. Im Markt für «Heizung, Lüftung, Klima» (HLK) sind die Positionierungen austauschbar und kaum unterscheidbar.
- Die Positionerung sollte **unnachahmbar** sein bzw. schwierig zu kopieren.
- Die Kunden müssen bereit sein, für das Produkt oder die Dienstleistung **mehr zu bezahlen.** Sie müssen dabei bereit sein, mindestens die Kosten der Differenzierung zu tragen.

8.2 Differenzierung, Positionierung und Markierung (Branding)

Wie wird eine **Differenzierung** gegenüber der Konkurrenz erreicht? Das Unternehmen versucht, sein Angebot von den Angeboten der Konkurrenten abzuheben. Entscheidend für die Differenzierung ist die Kundensicht, da die Kunden letztendlich ihr Produkt bzw. ihre Dienstleistung erwerben sollen.

[1] Kotler, Philip; Keller, Kevin Lane; Brady, Mairead; Goodman, Malcolm; Hansen, Torben: Marketing Management, Harlow 2009.

Diese Differenzierung soll nicht verwechselt werden mit dem Differenzierungsbegriff bei den internationalen Strategien (siehe Kap. 6.3, S. 109) und bei der Segmentierung (siehe Kap. 7.2, S. 134), wo Differenzierung bedeutet, dass das Angebot an verschiedene Bedürfnisse angepasst wird.

Ein zentraler Begriff, der eng mit der Differenzierung verbunden ist, ist die **Positionierung.** Damit sich ein Unternehmen, ein Produkt oder eine Dienstleistung von der Konkurrenz abheben kann, muss sie im Markt eine eigenständige Position einnehmen. Dieses Einnehmen der Position im Markt heisst positionieren. Wir unterteilen im Folgenden weiter nach **Grobpositionierung** und **Feinpositionierung.**

Damit die Position des Unternehmens und seines Angebots im Markt wahrgenommen wird, muss sie vom Unternehmen markiert werden. Ein bekannter Schriftzug, eine Erkennungsmelodie, eine bestimmte Verpackung etc. sind deshalb Bestandteile einer **Marke.**

Abb. [8-1] **Wichtige Fragen der Positionierung**

Ziel	Vorgehen
Das Unternehmen muss entscheiden, in welchen strategischen Geschäftsfeldern (SGF) es anbieten will und wo es nicht anbietet.	Grobpositionierung: Durch die Marktwahl grenzt sich das Unternehmen von Konkurrenten ab, die andere SGF bearbeiten.
Das Unternehmen möchte sich und sein Angebot von der Konkurrenz abheben.	Differenzierung, z. B. durch bessere Produkte, freundlicheren Service, höhere Garantien.
Deshalb muss das Unternehmen zeigen, wie es sich von der Konkurrenz unterscheidet.	Feinpositionierung: Das Unternehmen muss eine bestimmte Position im Markt einnehmen.
Das Unternehmen muss kommunizieren, wie es positioniert ist.	Markierung (Branding): Anhand von Marken können die Kunden die Positionen der Konkurrenten unterscheiden.

8.3 Grobpositionierung nach Porter

Es macht Sinn, zwischen einer **Grobpositionierung** und einer **Feinpositionierung** zu unterscheiden.

Bei einer **Grobpositionierung** wählt das Unternehmen, wie wir im Kapitel Segmentierung (siehe Kap. 7, S. 133) gesehen haben, ein SGF aus, das es bearbeiten will. Indem sich ein Unternehmen für die Bearbeitung eines bestimmten strategischen Geschäftsfelds (SGF) entschliesst, nimmt es eine Position gegenüber der Konkurrenz ein. Das ist ein Entscheid des **strategischen Managements.**

Im bereits erwähnten Buch «Wettbewerbsvorteile» schlägt Michael Porter vor, dass sich das Unternehmen nach der externen Analyse der fünf Wettbewerbskräfte, der Wertkette (siehe Kap. 3.6, S. 52) und der internen Analyse der Wertkette für eine von vier generischen Strategien entscheiden muss. Diese Entscheidung betrachten wir im Rahmen dieses Buchs nicht als Teil des «Strategiemix» (siehe Kap. 11, S. 181), sondern als **übergeordneten strategischen Entscheid** der Grobpositionierung. Diese wird demnach anhand zweier Dimensionen entschieden:

- Auf der **horizontalen Achse** geht es um die Frage, ob der Wettbewerbsvorteil durch tiefe Kosten oder durch eine Differenzierung erzielt werden soll. Einige Lehrbücher sprechen von «Preisführerschaft» anstatt von «Kostenführerschaft». Das ist ein kolossales Missverständnis. Jedes Unternehmen kann den Preis senken. Ein Wettbewerbsvorteil resultiert aber nur, wenn die eigenen Kosten tiefer sind als diejenigen der Konkurrenz.
- Auf der **vertikalen Achse** wird die Frage beantwortet, ob das Unternehmen im Gesamtmarkt anbietet, also branchenweit, oder ob es sich auf eine Nische oder ein Segment konzentriert (siehe das Beispiel «Sun City West» weiter unten).

Abb. [8-2] **Wettbewerbsvorteile nach M. Porter**

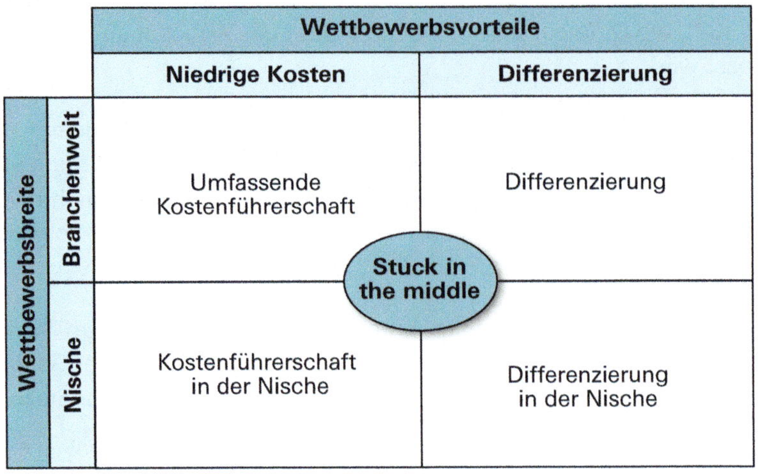

Porter behauptet, dass sich ein Unternehmen klar **für eines der vier Felder entscheiden muss.** Man kann nicht besser und kostengünstiger sein und man kann nicht gleichzeitig den Gesamtmarkt abdecken und in der Nische stark sein. Beide Behauptungen sind heftig **umstritten** und wurden empirisch häufig verworfen. So haben meine Kollegen am IMD, Xavier Gilbert und Paul Strebel, beschrieben, wie eine **Outpacing[1]-Strategie** einen doppelten Wettbewerbsvorteil durch Kostenführerschaft und Differenzierung erzielt[2]. Der Möbelgigant IKEA ist dafür ein gutes Beispiel (siehe auch Kap. 11.3.1, S. 183 in diesem Buch).

In der zweiten Dimension sind ebenfalls genügend und äusserst erfolgreich im Massenmarkt tätig (Swatch-Uhren für CHF 60.–) und auch in sehr exklusiven Nischen (z. B. mit der Breguet Classique Grande Complication Pocket Watch für CHF 500 000.–[3]). Nick Hayek, CEO der Swatch Group, hat immer wieder betont, dass die **Massenproduktion** für den Massenmarkt **für die Produktion von Luxusuhren** sogar **eine strategische Notwendigkeit** ist aufgrund von technologischen und marktbezogenen Synergien.

Beispiel

Politische Parteien

Wie erwähnt brauchen nicht nur Produkte und Dienstleistungen ein Marketingkonzept. Auch politische Parteien durchlaufen die sechs Phasen des Konzepts von Analyse, Zielsetzung, Strategien, Instrumenten zu Budget und Kontrolle. Deshalb ist es nicht weiter verwunderlich, dass sich auch Parteien gegenüber ihrer Konkurrenz positionieren müssen. In der folgenden Abbildung wurden die Parteien der Schweiz und ihre Kantonalsektionen auf Basis ihrer Abstimmungsparolen zu den 275 eidgenössischen Volksabstimmungen von 1981 bis 2014 im politischen Raum positioniert. Die statistische Faktorenanalyse erzeugte ein Kreuz mit den Achsen «links-rechts» und «konservativ-progressiv / liberal».

Wenig überraschend für Politikinteressierte ist die Tatsache, dass sich die SVP zwischen 1990 und 2014 aus dem Kranz der anderen bürgerlichen Parteien (FDP / Liberale, CVP) verabschiedet hat und eine gänzlich eigenständige, konservative Positionierung einnimmt. Im Vergleich sieht man auch, wie der Landesring der Unabhängigen LdU, die Partei von Migros-Gründer Gottlieb Duttweiler, von der Karte verschwand und mit ihr das politische Profil zwischen SP und dem bürgerlichen Block.

[1] Outpacing bedeutet wörtlich «überholen». Anstatt sich ein «Kopf-an-Kopf-Rennen» zu liefern, schlägt man die Konkurrenz gleich in mehreren Disziplinen.
[2] Gilbert, X.; Strebel, P. (1989). Strategies to Outpace the Competition. Journal of Business Strategy, 8 (1), 28–36.
[3] http://www.chronollection.ch/breguet/index.htm?order=priceDesc.

Abb. [8-3] Positionierung der Schweizer Parteien im Zeitvergleich

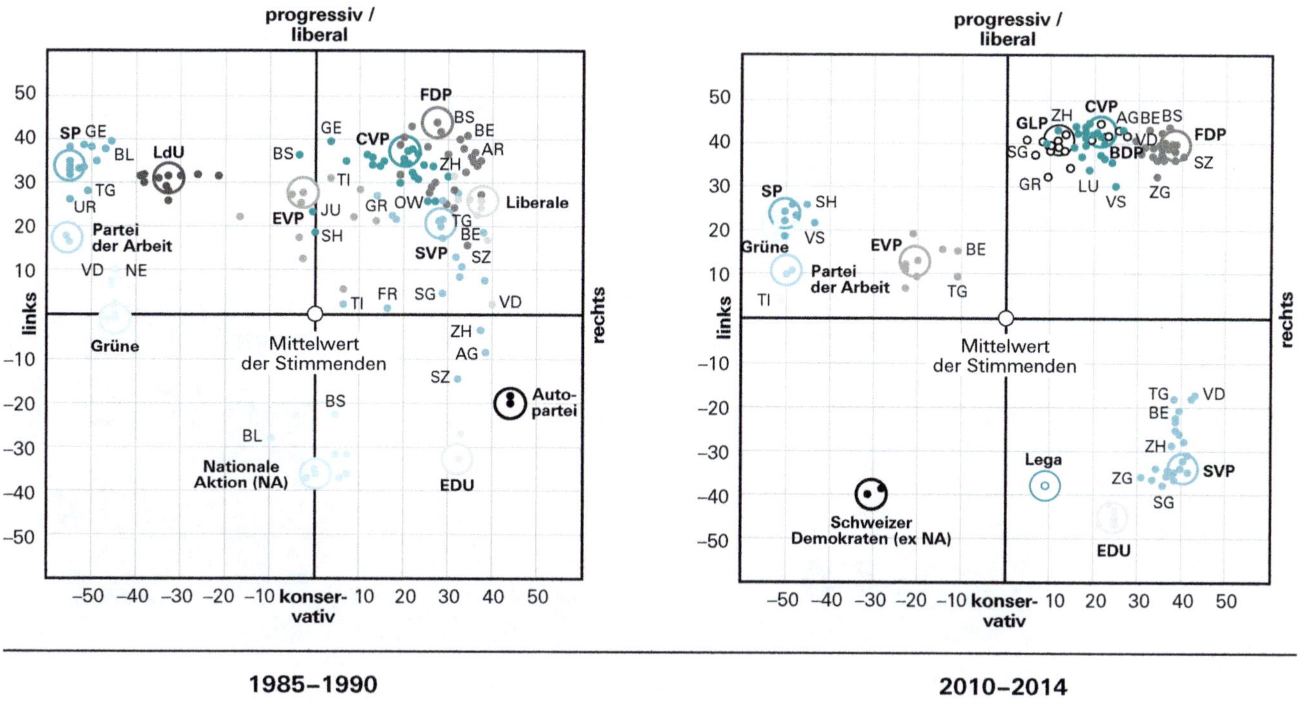

Grosse Kreise: Mutterpartei

- **Kleine Kreise:** Kantonalsektion

Quelle: Mario Nowak, Michael Hermann (sotomo)[1]

Die **Beschränkung auf ein SGF** ist besonders bei den kleinen und mittleren Unternehmen (KMU) üblich. Wenn nicht der Gesamtmarkt oder grosse Teile davon bearbeitet werden, sondern eine klare Konzentration stattfindet, spricht man von einer **Marktnische.**

Das folgende Beispiel zeigt, dass Marktnischen trotz des Namens nicht unbedingt klein sein müssen.

Beispiel

«Sun City West»-Bausiedlungen

Im Wüstenstaat Arizona im Südwesten der USA befindet sich die Agglomeration Phoenix, die in den vergangenen Jahren ein starkes Wachstum zu verzeichnen hatte. Grossinvestoren stampften vor zwei Jahrzehnten in der Nähe von Phoenix die Stadt «Sun City West» aus dem Boden, in der heute 32 000 Einwohner leben. Das Besondere an diesen Einwohnern ist die Tatsache, dass nur Senioren über 55 Jahren in Sun City West Wohneigentum erwerben dürfen. Das heisst, mindestens ein Mitglied der Familie muss über 55 Jahre alt sein. Kinder und Jugendliche sind als Gäste, jedoch nicht als Einwohner willkommen. Die Architekten und Bauherren richten sich voll und ganz auf die Kundengruppe der Seniorinnen und Senioren aus. Die Infrastruktur für die medizinische Betreuung ist hervorragend, die Golfplätze sind riesig und so um die Siedlungen angelegt, dass die rüstigen Senioren von den weniger mobilen Lebensgefährten bei ihrem Hobby beobachtet werden können. Die meisten Häuser sind als Bungalows konzipiert, sodass das mühsame Treppensteigen entfällt. Der Campingplatz bietet Raum für 3 300 Wohnwagen und wird von einem eigenen Sicherheitsdienst überwacht. Eine überwältigende Anzahl von Freizeitvereinen, Clubs und Freiwilligenarbeiten lassen keine Langeweile aufkommen. Die Einwohner von Sun City West geniessen ihren Lebensabend mit Gleichgesinnten.

[1] http://blog.tagesanzeiger.ch/datenblog/index.php/1791/wie-sich-die-svp-aus-dem-buergerblock-verabschiedet-hat.

Golfspieler in Sun City West. Bild: Daxiao Productions / Shutterstock.com

Eine Nische kann aber auch durch die Konzentration auf eine bestimmte Produktform gebildet werden.

Beispiel

Nespresso

Nespresso-Boutiquen sind Geschäfte, die nur Nespresso-Maschinen und -Kapseln anbieten und sich nicht auf ein bestimmtes Segment fokussieren.

Blacksocks

Blacksocks ist ein Online-Geschäft, das ausschliesslich Socken und Unterwäsche im Abonnement verkauft.

8.4 Feinpositionierung

Während die Grobpositionierung eine Antwort darauf gibt, welche SGF bearbeitet werden sollen, stellt sich bei der Feinpositionierung die Frage, wie sich das Unternehmen und seine Produkte innerhalb eines strategischen Geschäftsfelds (SGF) **von der Konkurrenz differenzieren** können.

8.4.1 Differenzierungsmöglichkeiten als Basis für die Feinpositionierung

Eine positive Differenzierung der eigenen Produkte und Dienstleistungen gegenüber den Konkurrenzprodukten bedeutet, dass die **eigene Marktleistung für den Kunden «besser» oder «billiger»** ist. Ökonomisch betrachtet steht der **«Wert» der Marktleistungen** im Mittelpunkt. Dieser «Wert» ist das **Verhältnis vom «Nutzen» zu den «Kosten»**. Gemäss dem ökonomischen Prinzip wählen Kunden immer das Angebot mit dem höchsten Wert. In der Theorie scheint das sehr einfach zu sein. In der Praxis müssen wir jedoch berücksichtigen, dass «Nutzen» und «Kosten» subjektive Grössen sind. Entscheidend ist also immer die **Wahrnehmung der Kunden.**

Damit sich eine Marktleistung in der Wahrnehmung der Kunden positiv differenziert, muss sie entweder einen höheren Nutzen stiften oder weniger kosten oder beides.

Abb. [8-4] **Wert als ökonomische Grösse**

$$\text{Wert} = \frac{\text{Nutzen}}{\text{Kosten}} \qquad \uparrow \text{Wert} = \frac{\text{Nutzen} \uparrow}{\text{Kosten} \downarrow}$$

Basierend auf dieser Wertbetrachtung untersuchen wir **vier prinzipielle Differenzierungsmöglichkeiten,** die wir nach Präferenz- und Preisstrategie unterscheiden. Die Präferenzstrategie unterteilen wir weiter in eine Leistungsprofilierung und eine kommunikative Profilierung.

Abb. [8-5] **Übersicht über die Differenzierungsmöglichkeiten**

Strategieart	Differenzierung	Beispiele
Präferenzstrategie (steigert den Kundennutzen und dadurch den Wert). **Leistungsprofilierung** (Unique Selling Proposition): je stärker das Kundenbedürfnis befriedigt wird, desto höher ist der Leistungsvorteil).	Produkt: Wahrgenommene Eigenschaften des Produkts verschaffen dem Kunden einen höheren Nutzen.	• Ein Auto, das weniger Benzin braucht • Fenster, die besser gegen Schall und Kälte isolieren • Ein Stuhl, auf dem man bequemer sitzt
	Dienstleistung: Die wahrgenommene Dienstleistung verschafft dem Kunden einen höheren Nutzen.	• Das Buch wird nach Hause geliefert. • Die Bedienung in der Metzgerei ist freundlich und hilfsbereit. • Die Bank bietet ein nutzerfreundliches Internetbanking an.
Präferenzstrategie (steigert den Kundennutzen und dadurch den Wert). **Kommunikative Profilierung** (Unique Communication Proposition; Kommunikationsvorteil aufgrund der kommunikativen Profilierung).	Image: Das Image der Marktleistung wird vom Kunden als positiv wahrgenommen.	• Die Migros ist «konsumentenfreundlich», Coop ist «biologisch». • Apple ist «cool», IBM ist «seriös». • H&M ist «trendig», Hess Natur ist «nachhaltig».
Preis-Mengen-Strategie (senkt die Kosten und erhöht dadurch den Wert).	Preis: Der Preis bzw. die Gesamtkosten sind tiefer.	• Eine Satelitenschüssel kostet langfristig weniger als die Kabel-TV-Gebühren. • Fliegen mit EasyJet ist billiger als mit SWISS, auch wenn man keine Flugmeilen sammeln kann.

Beispiel **Buchhandel**

Im Buchhandel bieten Bücherläden wie Orell Füssli, Stauffacher, Lüthy und Online-Shops wie www.amazon.de dasselbe Kernprodukt an. Die beiden Vertriebsformen bieten den Kunden allerdings unterschiedliche Vorteile: Im Buchladen können die Kunden in Büchern stöbern und sich direkt beraten lassen. Sie können sich hinsetzen und ein paar Seiten probelesen. Bei den Online-Shops kann man virtuell stöbern, aber man hat keinen Kontakt zum physischen Buch. Dies ist bei einem Roman weniger wichtig als bei einem Kunstbuch oder einem Kinderbuch. Während ich beim Online-Shopping die Reisezeit zum Buchladen einspare und mich nicht an die Öffnungszeiten halten muss, erhalte ich das Buch im Geschäft sofort.

8.4.2 Präferenzstrategien

Bei der Präferenzstrategie geht es darum, die **Präferenzen (Vorlieben) der Kunden besser abzudecken als die Konkurrenz.** Häufig ist damit eine hohe Qualität der Produkte und Dienstleistungen verbunden. Dabei versucht das Unternehmen, sich im Markt durch qualitativ herausragende Produkte (im Sinn eines USP) zu profilieren bzw. Einfluss auf den Markt zu nehmen. Bei dieser Strategie ist es unabdingbar, qualitative Präferenzen bei den Abnehmern aufzubauen, um den entsprechend höheren Preis zu rechtfertigen. Träger dieser Präferenzen sind konsequenterweise die Marken; daher ist die Präferenzstrategie eine **Markenstrategie.**

8.4.3 Unterscheidung zwischen Leistungsprofilierung und kommunikativer Profilierung

Richard Kühn unterscheidet zwischen einer **Leistungsprofilierung** und einer **kommunikativen Profilierung**[1]. Die Leistungsprofilierung (LP) beruht auf einer Leistungsdifferenz. Je stärker dabei das Kundenbedürfnis befriedigt wird, desto höher ist die Bedürfniskonformität und desto «echter» ist der Leistungsvorteil zu beurteilen. In den Sechzigerjahren hat sich im Amerikanischen für eine solche «echte» Leistungsprofilierung der Begriff **«Unique Selling Proposition»,** kurz «USP», herausgebildet.

Neben der Leistungsdifferenz, die auf «objektiven» Merkmalen basiert, hat das Unternehmen die Möglichkeit, eine eher «subjektiv wahrgenommene» Profilierung durch eine **kommunikative Differenz** zu erreichen. Die beiden Profilierungen dürfen nicht unabhängig voneinander angestrebt werden, sondern sollten sich gegenseitig ergänzen.

Die kommunikative Differenzierung (KD) entspricht dem amerikanischen Begriff der **«Unique Communication Proposition» (UCP).** Der Kommunikationsvorteil setzt auf der psychologischen Ebene der Eigenschaften des Angebots an und versucht, die subjektiven Bedürfnisse des Kunden zu stimulieren, um ihn zu einem positiven Kaufentscheid zu veranlassen.

Beispiel

Objektive und subjektive Positionierungen

Objektive Merkmale der Positionierung sind unabhängig von der Person überprüfbar. So gibt es bei Hotels beispielsweise klare Standards für ein 5-Stern-Hotel, ein 4-Stern-Hotel usw. Bei Bio-Lebensmittel gibt es ebenfalls klare Standards, die bei der Produktion eingehalten werden müssen. Subjektive Merkmale lassen das Produkt mit einem Gefühl oder mit einem Lebensstil assoziieren. Die Verknüpfung Marlboro und Cowboy und Wilder Westen basiert nicht auf dem Produkt «Zigarette», sondern auf der Kommunikation der Marke Marlboro.

8.4.4 Preis-Mengen-Strategie (Preisführerschaft)

Die Preis-Mengen-Strategie ist, im Gegensatz zur Präferenzstrategie, auf einen **einseitigen und aggressiven Preiswettbewerb** ausgerichtet. Ein Unternehmen, das eine Preis-Mengen-Strategie verfolgt, wendet sich primär an die Preiskäufer. Grundsätzlich weist beinahe jeder Markt ein Betätigungsfeld für eine Preis-Mengen-Strategie auf. Der Anteil der Preiskäufer ist jedoch je nach Markt verschieden. Ausserdem hängt die Preissensibilität eng mit konjunkturellen Schwankungen zusammen, wobei während Rezessionen das Potenzial für Preis-Mengen-Strategien eher höher ist.

Typisch für die **Preis-Mengen-Strategie** ist der fast ausschliessliche Einsatz des Preises als Wettbewerbsmittel, ohne eine spezifische Profilierung der verwendeten Marke (typischerweise Handelsmarke). Preis-Mengen-Strategien werden hauptsächlich bei Basisprodukten verwendet, die sich auf den Grundnutzen konzentrieren. Der strategische Ansatz besteht darin, den Kunden einen äusserst günstigen Preis anzubieten («value for money»).

8.4.5 Positionierungskreuz als vereinfachende Darstellung

Die Festlegung der Position ist ein komplexes Vorhaben, bei dem eine Vielzahl von Faktoren berücksichtigt werden muss, die sich laufend ändern. Um eine Positionierung möglichst einfach darzustellen, wird in der Praxis das Positionierungskreuz verwendet.

Aus den vielen möglichen Profilierungschancen werden die **beiden entscheidenden Kriterien** ausgewählt. Anhand dieser Kriterien werden die eigenen sowie die Konkurrenzmarken positioniert.

[1] Kühn, Richard; Pfäffli, Patrick: Marketing: Analyse und Strategie, Zürich 2014.

8.5 Markenstrategie (Branding Strategy)

8.5.1 Begriffe

Bevor wir auf die strategischen Optionen der Markenstrategie eingehen, wollen wir uns verdeutlichen, was eine Marke ist und wofür sie steht. Eine **Marke** signalisiert die Herkunft eines Produkts. Sie dient der bewussten, individualisierenden Kennzeichnung oder Identifizierung eines Produkts und somit ihrer Wiedererkennung und Differenzierung. Zuerst wollen wir einige gängige Begriffe der Markenführung definieren[1]:

- **Marke (Brand):** Ein Name, Begriff, Zeichen, Symbol, eine Gestaltungsform oder eine Kombination aus diesen Bestandteilen zum Zweck der Kennzeichnung der Produkte oder Dienstleistungen eines Anbieters oder einer Anbietergruppe und der Differenzierung gegenüber Konkurrenzangeboten.
- **Markenname:** Der verbal wiedergebbare, «artikulierbare» Teil der Marke, z. B.: Ovomaltine, Rivella, Puma, Ferrari etc.
- **Markenzeichen:** Der erkennbare, jedoch nicht verbal wiedergebbare Teil der Marke, z. B. ein Symbol, eine Gestaltungsform, eine charakteristische Farbgebung oder eine Schrift, z. B.: der «Ferrari-Hengst».
- **Warenzeichen:** Eine Marke oder ein Markenbestandteil, die bzw. der rechtlich geschützt ist und dem Anbieter die ausschliessliche Nutzung des Namens oder Zeichens sichert.
- **Urheberrecht (Copyright©):** Der Markeninhaber hat durch die Eintragung beim Eidgenössischen Institut für Geistiges Eigentum in Bern[2] das ausschliessliche Nutzungsrecht für einen Markennamen und ein Markenzeichen in seinem Produktbereich. Im Gegensatz zu Patenten und Gütern geistigen Eigentums ist der Rechtsschutz einer Marke zeitlich unbegrenzt. Grundsätzlich können alle grafisch darstellbaren Zeichen Marken im Sinn des Gesetzes sein: z. B. Wörter (Victorinox), Buchstabenkombinationen (ABB), Zahlenkombinationen (501), bildliche Darstellungen (SBB-Logo), dreidimensionale Formen (Mercedes-Stern), Slogans («Katzen würden Whiskas kaufen»), Kombinationen dieser Elemente oder kurze Melodien, sogenannte Jingles (Ricola-Melodie mit Gesang).
  Eine Marke darf nicht beschreibend sein («Apfel» als Marke für Obst) und keine falschen Eigenschaften vortäuschen («GoldArt» für lediglich vergoldete Waren).[3] Der Markenname lässt sich auch indirekt schützen, indem er dem Namen der Firma entspricht. Wird der Firmenname im Handelsregister eingetragen, kann und muss das Unternehmen unter diesem Namen auftreten. Sie kann auch, unter bestimmten Voraussetzungen, dafür sorgen, dass Konkurrenten nicht unter demselben Namen auftreten dürfen.

Eine Marke ist ein **in der Psyche des Konsumenten verankertes, unverwechselbares Vorstellungsbild von einem Produkt oder einer Dienstleistung.** Die zugrunde liegende markierte Leistung wird dabei einem möglichst grossen Absatzraum über einen längeren Zeitraum in gleichartigem Auftritt und in gleichbleibender oder verbesserter Qualität angeboten.

Ausgehend von dieser Definition wird nochmals deutlich, weshalb die Marke als **konsequentester Träger der Präferenzstrategie** erscheint. Wie sonst sollten sich die Kunden in einer Zeit der zunehmenden Informationsüberflutung orientieren können, wenn nicht an den Marken? Somit erfüllt die Marke bzw. das Markenprodukt wichtige **Funktionen** für den Kunden:

- Die Marke soll dem Kunden die **Identifikation erleichtern.** Dies kann sie erst, nachdem sie einen gewissen Bekanntheitsgrad erreicht hat.
- Ein Kunde erwartet von einer Marke eine **Orientierungshilfe** bei der Auswahl einer Leistung.
- Aufgrund von Bekanntheit und Ruf einer Marke wird ihr vom Kunden **Vertrauen** entgegengebracht.

[1] Kotler, Philip; Keller, Kevin Lane; Brady, Mairead; Goodman, Malcolm; Hansen, Torben: Marketing Management, Harlow 2009.
[2] www.ige.ch.
[3] Auf http://www.ige.ch/D/marke/m1.shtm kann ein kostenloser Guide heruntergeladen werden, den wir sehr empfehlen.

- Eine Marke hat für einen Kunden eine **Qualität.** Diese sollte dem Kunden als Beweis für Sicherheit und Kompetenz während der Gebrauchs-, Verbrauchs- und Entsorgungsphase dienen.
- Eine Marke erfüllt für einen Kunden eine **Image- bzw. Prestigefunktion.**

In Kapitel 4, S. 69 «Marktforschung» haben wir gesehen, dass Kunden Cola-Getränke unterschiedlich beurteilen, je nachdem ob der Test markiert oder blind durchgeführt wird.

8.5.2 Markenentscheidungen

Die Definition einer Markenstrategie basiert auf den folgenden **drei Markenentscheidungen:**

- Markengeber
- Markenname
- Markenentwicklung

Abb. [8-6] **Markenentscheidungen**[1]

Entscheidung	Wahlmöglichkeiten	Beispiel
Markenname	• Unternehmen • Marke • Nummern (Typenbezeichnung) • Produkt • Nutzen / Eigenschaft	• Dell • Puma • Swatch (Swiss Watch) • Pentium • Weisser Riese
Markenentwicklung	Sortimentserweiterung (Line Extension)	Coca-Cola → Coca-Cola light
	Markenerweiterung (Brand Extension)	Easy Jet (Airline) → Easy Cinema
	Multimarken	Marken aus dem Unilever-Konzern im Bereich Home and Personal Care: Axe, Cif, Comfort, Domestos, Dove, Lux, Omo, Pond's, Radiant, Rexona, Signal, Sunsil, Surf
	Neue Marke	Athleticum (Sportfachmärkte der Manor-Gruppe)

8.5.3 Markengeber

Herstellermarken lassen sich vereinfacht unterscheiden in Markenartikel (Produkte) und Dienstleistungsmarken. Die klassischen Handelsmarken unterscheiden wir von den Discount-Handelsmarken und den No-Names.

Abb. [8-7] **Markenbegriffe**

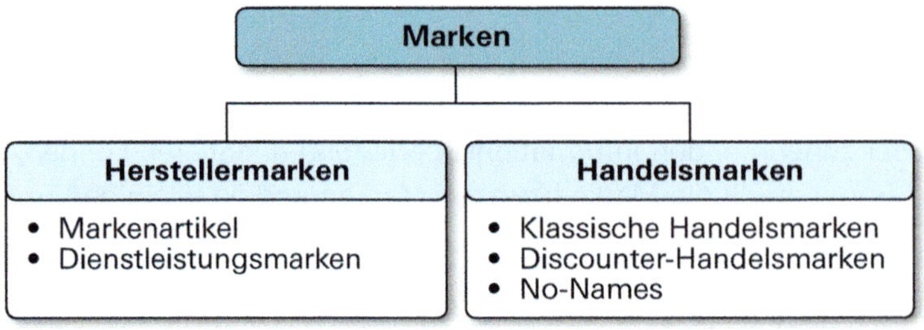

[1] Abgeänderte Darstellung nach Kotler, Philip; Keller, Kevin Lane; Brady, Mairead; Goodman, Malcolm; Hansen, Torben: Marketing Management, Harlow 2009.

A] Markenartikel

Hersteller wie Procter & Gamble versuchen seit über 100 Jahren ihre Produkte als Markenartikel zu positionieren. Der Begriff des Markenartikels bezieht sich im engeren Sinn auf Herstellermarken für Produkte. Umgangssprachlich werden jedoch auch Dienstleistungen oder Handelsmarken als «Markenartikel» bezeichnet.

Das **Markenartikelkonzept** hat nach wie vor eine grosse Bedeutung in vielen Branchen, und zwar sowohl unter dem Aspekt einer möglichst hohen Kundenzufriedenheit als auch in Bezug auf eine erfolgreiche, zielgerichtete Unternehmensführung. Es weist dabei **drei grundsätzliche Merkmale** auf:

- Herkunftsnachweis und garantierte Qualität
- Image- und hohe Markengeltung
- Ubiquität («Überall-Erhältlichkeit» mit gewissen Einschränkungen)

Das Ziel der Markenartikelstrategie ist es, einen **einzigartigen, nutzenspezifischen Leistungsvorteil (USP)** zu erarbeiten. Der Erfolg einer Markenartikelstrategie ist davon abhängig, ob es gelingt, den Kunden Produkte zu bieten, die sie als überdurchschnittlich empfinden und daher ähnlichen Produkten vorziehen (präferieren). Ein wichtiger Faktor des Markenartikelkonzepts ist ein konsequentes **Qualitätsmanagement.**

Da die Präferenzbildung ein Ergebnis von Markenimage und Markenbekanntheit ist, hat die **Kommunikationspolitik** beim Aufbau und der Führung von Marken eine wichtige Aufgabe (Werbung, markenspezifische Verpackung, Sponsoring etc). Ferner hängt das Markenprofil von einer **ausreichenden und strategischen Präsenz im Handel** ab. Somit ist eine möglichst grosse Verbreitung (Distribution) einer Marke im Handel ebenfalls erfolgsentscheidend. Gewisse konzeptionelle Einschränkungen können jedoch in der Distribution ebenfalls sinnvoll sein. Bei gewissen Markenartikeln ist es wichtig, für ein markenadäquates Umfeld im Handel zu sorgen.

Beispiel **Rolex in der Migros**

Das Image von «Rolex» würde sicherlich leiden, wenn man die Uhren in der «Migros» kaufen könnte.

Das Konzept eines Markenartikels kann in letzter Konsequenz nur erfolgsorientiert definiert werden. Das heisst, dass nur diejenigen Markenartikel, die auch von den Konsumenten als solche erkannt und bezeichnet werden, tatsächlich Markenartikel sind.

Der traditionelle Bereich der Markenartikel sind die **Verbrauchs- und Gebrauchsgüter** der Konsumgüterbranche. Auch im Dienstleistungsbereich hat man jedoch begonnen, Konzepte zu realisieren, die den Markenartikeln ähnlich sind.

B] Dienstleistungsmarken

Ähnlich wie für Produkte werden auch für Dienstleistungen Marken aufgebaut. Während die Markierung bei Produkten besonders durch die Selbstbedienung sehr bedeutend wurde, steht bei der Dienstleistung häufig das **Vertrauen** im Vordergrund. Dienstleistungen sind häufig nicht greifbar und prüfbar, sodass Kunden vertraute Marken bevorzugen.

Beispiel **Mietauto**

Sie fliegen für eine Woche nach Edinburgh in Schottland und erhalten folgende Offerten für ein Mietauto in der Kategorie VW Gold, Opel Vectra: Hertz 220 Euro, Avis 190 Euro, Thrifty 130 Euro, RentScot 110 Euro.

Obwohl RentScot nur die Hälfte kostet, wird vermutlich eine Mehrzahl der Kunden sich für eine bekannte Marke, der sie vertraut, entscheiden.

C] Handelsmarken

Bei den Handelsmarken unterscheiden wir zwischen klassischen Handelsmarken, Discounter-Handelsmarken und No-Names.

Klassische Handelsmarke

Die klassische Handelsmarke (z. B. Migros – Bischofszell), bei der der Handel Markeneigentümer und Qualitätsgarant ist, zielt mit **preisgünstigen Alternativangeboten zur klassischen Herstellermarke** nicht nur auf den preisorientierten Käufer am Markt ab. Das Handelsmarkenkonzept ist vor allem aus dem Willen des Handels entstanden, am Markt selbst aktiv gestaltend teilzunehmen.

Die Handelsmarken dienen dazu, eine gewisse **Unabhängigkeit von den Herstellermarken** zu erreichen, um somit preispolitischen Spielraum zu gewinnen. In der Wahrnehmung der Kundschaft verwischen sich jedoch zusehends die Unterschiede zwischen Handels- und Herstellermarken.

Discounter-Handelsmarke

Die Discounter-Handelsmarken nehmen auf dem Markt die unterste Preisposition ein. Sie konzentrieren sich stark auf ein **begrenztes, schnell umschlagendes Sortiment,** um im Markt jeweils die preisgünstigsten Alternativen anbieten zu können.

Beispiel

M-Budget

Neben den Eigenmarken wie «Bischofszell»-Konserven, «Jowa»-Backwaren oder «Frey»-Schokolade bietet die Migros ein Sortiment von über 500 Artikeln unter der Discounter-Handelsmarke «M-Budget» an.

Die Marke ist so trendig, dass die Migros unter der Marke Erlebnisse z. B. exklusive Skiwochenenden anbietet oder auch an Festivals oder der Zürcher Street Parade präsent ist. Die Marke «M-Budget» wurde in einer Befragung von 3 232 Konsumenten durch Havas Worldwide als eine der 10 beliebtesten Marken der Schweiz genannt[1].

Die Discounter-Handelsmarke «M-Budget» der Migros ist bei Konsumenten sehr beliebt.
Bild: Migros-Genossenschafts-Bund

[1] http://www.havasworldwide.ch/zurich/en/news/brand-predictor/ und Bandi, N. C. (2014). Marken mit Zukunft. Schweizerische Handelszeitung (27.3.2014), 37.

No-Names

No-Names (auch «Weisse Ware» oder «Generika» genannt) konzentrieren sich stark auf Güter des täglichen Bedarfs (problemlose, nicht erklärungsbedürftige Basisprodukte mit geringen Marketing-, Lager- und Handlungskosten). Besonderes Kennzeichen der No-Names ist der **Verzicht auf eine eigentliche Marke** und die Konzentration auf eine einheitliche Verpackung.

8.5.4 Markenname

Ein Markenname für ein bestimmtes Produkt ist häufig aus mehreren Elementen zusammengesetzt. Die folgende Tabelle zeigt eine Übersicht über die Struktur von Markennamen.

Abb. [8-8] **Struktur von Markennamen[1]**

Vollbezeichnung	Unternehmen	Marke	Submarke	Nummern (Typenbezeichnung)	Produkt	Nutzen / Eigenschaft
GMC Sierra 1 500	GMC	GMC	Stern	1500 / 2500 / 3500	Automobil	Fortbewegung Freiheit
Intel Core i7	Intel	Intel Core	i	3 / 5 / 7	Prozessor	Freiheit durch Rechenleistung
Ferrero Kinder Bueno	Ferrero	Kinder	(Kinder) bueno	–	Schokoladen-Haselnuss-Riegel	Verwöhnung
Frey Risoletto Classic	Migros	Frey	Risoletto	Classic	Schokoladen-Caramel	Verwöhnung
DHL Express 09:00	DHL	DHL Express	–	0900, 1030, 1200	Lieferservice	Vertrauen

Abgeleitet von dieser Struktur stellt sich für die Brandmanager die Frage, ob **jedes Produkt** oder jede Produktkategorie **separat vermarktet werden soll** (Einzelmarkenstrategie) oder ob **alle Produkte unter derselben Marke** vermarktet werden (Dachmarkenstrategie).

A] Dachmarkenstrategie

Bei einer Dachmarkenstrategie werden verschiedene Produkte und Dienstleistungen unter demselben «Markendach» angeboten.

Beispiel **Ford**

Die verschiedenen Automodelle von Ford werden alle unter der Marke «Ford» vermarktet. Ford Fiesta, Ford Escort, Ford Taurus sind alle unter demselben Markendach bekannt.

Der wesentliche **Vorteil** einer Dachmarkenstrategie ist die **Einführung von neuen Produkten.** Da die Konsumenten die Dachmarke bereits kennen, ist das Risiko eines Flops geringer. Auch die Aufnahme im Handel ist für eine etablierte Marke viel einfacher als für neue Marken. Zudem sind die Kosten viel tiefer, da das Markenbudget auf sehr viele Produkte verteilt werden kann. Sinnvoll ist eine Dachmarkenstrategie vor allem dann, wenn sich die Positionierung der einzelnen Produkte nicht wesentlich unterscheidet bzw. nicht widerspricht.

Zu den **Nachteilen** der Dachmarkenstrategie zählt die etwas unklare Profilierung der einzelnen Produkte, weil die Wahrnehmung jedes einzelnen Produkts von der Wahrnehmung der anderen Produkte abhängig ist. Ein weiterer Nachteil dieser Verbundenheit ist der Dominoeffekt bei Problemen oder Krisen.

[1] Best, Roger J.: Market-Based Management. Strategies for Growing Customer Value and Profitability, New Jersey 2012.

B] Einzelmarken

Das Konzept der Einzelmarke besteht darin, dass ein Unternehmen **für jedes einzelne Produkt eine eigene Marke** kreiert. Somit platziert das Unternehmen jedes einzelne seiner Produkte unter einer separaten Marke auf dem Markt. Oft führt das dazu, dass der Kunde das Unternehmen, das die Marke produziert, gar nicht kennt (wenn er nicht explizit daran interessiert ist).

Der **Vorteil** einer Einzelmarkenstrategie besteht darin, dass die **Marke sehr genau im Zielsegment positioniert** werden kann. Man braucht keine Rücksicht auf andere Produkte im Sortiment zu nehmen. Ein Unternehmen kann im selben Markt mehrere Einzelmarken positionieren, vom Billig- bis zum Luxussegment. Würde es dies mit einer einzigen Dachmarke tun, wären die Luxuskäufer vermutlich irritiert. Der **Nachteil** einer Einzelmarkenstrategie ist der **hohe Aufwand.** Jede Marke muss das gesamte Markenbudget allein tragen. Der Aufbau einer Marke ist ein äusserst aufwendiger und auch riskanter Prozess. Zudem wird es auch immer schwieriger, geeignete Markennamen zu finden, die weltweit kompatibel sind und noch geschützt werden können.

Als Mittelweg zwischen der Einzelmarkenstrategie und der Dachmarkenstrategie kann ein Unternehmen eine **Familienmarkenstrategie** verfolgen. Das Konzept der Familienmarke besteht darin, dass **für eine bestimmte Produktgruppe (Product Line) eine einheitliche Marke gewählt** wird.

So beteiligen sich alle unter dieser Familienmarke zusammengefassten Produkte am Aufbau bzw. an der Entwicklung des Markenimages. Diese **mittlere Position** zwischen Einzel- und Dachmarke bietet der Familienmarkenstrategie besondere Chancen: Sie kann einerseits von den Profilierungsvorteilen einer Einzelmarke, andererseits von den Kostenvorteilen einer Dachmarkenstrategie profitieren, ohne deren Nachteile explizit in Kauf nehmen zu müssen.

8.5.5 Markenentwicklung

Die Frage, ob man sich für eine Dachmarke oder eine Einzelmarke entscheiden soll, ist keine isolierte Entscheidung in der Entwicklung eines Unternehmens, sondern muss im Zusammenhang mit den bereits im Markt etablierten Marken betrachtet werden. Entsprechend der Wachstumsmatrix von Ansoff, die wir im Kapitel Wachstumsstrategien (siehe Kap. 6.2, S. 105) besprochen haben, stellen sich **zwei Fragen,** die sich in einer 4-Felder-Matrix darstellen lassen:

- Handelt es sich aus Sicht des Unternehmens um eine **neue Produkt-/Dienstleistungskategorie** oder ist sie bereits im Markt etabliert?
- Soll das neue Produkt oder die neue Dienstleistung mit einer **neuen Marke** eingeführt werden oder soll auf eine **bestehende Marke** aufgebaut werden? Die erste Variante zielt tendenziell in Richtung Einzelmarkenstrategie, während die zweite Variante eine Dachmarken- oder Familienmarkenstrategie ist.

Die möglichen vier Varianten heissen Linienerweiterung, Markenerweiterung, Mehrmarkenstrategie und Markeneinführung.

Abb. [8-9] **Markenentwicklungsstrategien**[1]

Marke	Produkt-/Dienstleistungskategorie	
	Bestehend	**Neu**
Bestehend	Linienerweiterung (Line Extension)	Markenerweiterung (Brand Extension)
Neu	Mehrmarkenstrategie (Multibrands)	Markeneinführung (New Brands)

[1] Armstrong, J. Scott; Kotler, Philip: Marketing: An Introduction, 5. Auflage, Upper Saddle River: Prentice-Hall, 2000, S. 234.

Beispiel

Markenentwicklungsstrategien

- Linienerweiterung: Coca-Cola führt Coca-Cola light ein, ein kalorienarmes Getränk in der selben Produktkategorie.
- Markenerweiterung: Honda nutzt den Markennamen in der Kategorie Motorräder und in der Kategorie Schiffsmotoren.
- Mehrmarkenstrategie: Die Swatch Gruppe bietet Uhren unter den Marken Swatch, Omega, Tissot etc. an. Pfister verkauft Designermöbel unter der Marke Mobitare. Holiday Inn betreibt 5-Stern-Hotels unter dem Namen Crown Plaza.
- Markeneinführung: Die Hamburgerkette McDonald's kreiert für die Markteinführung von Kaffeehäusern die Marke «Aroma».

8.6 Marketingfehler

Wir haben folgende **Bedingungen für eine erfolgreiche Differenzierung** genannt:

- Die Differenzierung muss einem **echten Bedürfnis** entsprechen,
- sie muss **positiv bewertet** werden,
- sie muss **unterscheidbar** sein,
- sie sollte **unnachahmbar** sein bzw. schwierig zu kopieren und
- die Kunden müssen bereit sein, für das Produkt oder die Dienstleistung mehr zu bezahlen. Sie müssen dabei bereit sein, mindestens die **Kosten der Differenzierung** zu tragen.

A] Zu gute Produkte

Vor allem technikorientierte Unternehmen tendieren manchmal dazu, Produkte zu entwickeln, die technisch der Konkurrenz überlegen sind, aber nicht unbedingt einem Kundenbedürfnis entsprechen. Oft sind die Produkte «zu gut», man spricht dann von **«Over-engineering»**. Die Kunden sind nicht bereit, den Mehrpreis zu bezahlen.

Beispiel

Revox

Die Schweizer HiFi-Marke Revox hatte in den 1970er- und 1980er-Jahren grosse Erfolge mit High-End-HiFi-Geräten. Anspruchsvolle Musikliebhaber schworen auf die qualitativ hochstehenden Produkte wie das legendäre Tonspulengerät B-77. Durch die Einführung der Compact Disc wurde es jedoch auch für die Konkurrenz möglich, bei tiefen Kosten höchste Wiedergabequalität zu erreichen. Der Versuch von Revox, auch bei den CD-Playern das beste Produkt anzubieten, konnte den Markt nicht überzeugen. Das Preis-Leistungs-Verhältnis wurde als ungünstig beurteilt und das Unternehmen Revox geriet in eine schwere Krise.

B] Fehlende Unterscheidbarkeit von anderen Produkten

Die fehlende Unterscheidbarkeit kann dazu führen, dass die Werbemassnahmen verpuffen.

Beispiel

Bierwerbung

Fernsehwerbung für Biermarken ist in grossem Mass austauschbar. Man erinnert sich an die Werbung, weiss aber kaum, welche Marke beworben wurde.

C] Fehlende relevante Dimensionen des Positionierungskreuzes

Bei der Erstellung des Positionierungskreuzes ist die **Wahl der Achsen,** die die Dimensionen der relevanten Differenzierung darstellen, von entscheidender Bedeutung. Unternehmen mit besonders etablierten Marken unterschätzen häufig die neuen Konkurrenten, weil diese sich nicht auf den bekannten Achsen differenzieren, sondern den Wettbewerb durch die Einführung von neuen Dimensionen verändern.

Beispiel

McDonald's-Restaurant

McDonald's-Restaurants wurden von den Schweizer Gastronomen lange nicht erst genommen, weil sie in den etablierten Kriterien (grosse Auswahl, gutes Essen, persönliche Bedienung, gute Atmosphäre) schlecht abschneiden. Sie haben aber neue Dimensionen auf dem Markt etabliert (schnelles Essen, Kindergeschenke, Kinderunterhaltung, Drive-in).

McDonald's-Restaurants brachten neue Dimensionen auf den Markt. Bild: McDonald's Schweiz

D] Wahl des Markennamens zu wenig kundenorientiert

Bei der Wahl von Markennamen machen Marketingmanager manchmal den Fehler, dass sie sich zu stark an ihrem eigenen Wortschatz orientieren und nicht an den **Kunden.**

Beispiel

Swiss Dairy Food

Bei der Fusion der Toni AG mit der Säntis AG 1999 wurde die etablierte Marke «Toni» in Swiss Dairy Food umbenannt, was aus Marketingsicht höchst bedenklich ist. Einerseits ist es fraglich, ob Milchprodukte, die sehr stark mit der Schweiz assoziiert werden, mit einem englischen Namen vermarktet werden sollen. Zweitens weiss die Mehrheit der Schweizer Bevölkerung nicht, was «Dairy» bedeutet und drittens kann es praktisch niemand richtig aussprechen (sprich: Däärí)[1]. Die Swiss Dairy Food hatte zudem mit weiteren Problemen zu kämpfen und wurde 2005 liquidiert.

E] Misslungene Linienerweiterung

Die Linienerweiterung (Line Extension) im Rahmen einer Dachmarkenstrategie kann zu einer **Verwässerung der Differenzierung** führen. Es ist den Kunden nicht mehr klar, wofür die Marke eigentlich steht. Es fällt Marketingverantwortlichen oft schwer, sich mit einem stagnierenden Marktsegment abzufinden. Sie lancieren dann Angebote, die sich mit dem ursprünglichen Markenversprechen kaum vereinbaren lassen.

[1] www.itla.ch/page_com011.htm, Zugriff am 27. Juni 2004.

Beispiel **VW Phaeton**

VW lancierte mit dem Phaeton ein Modell auf dem Markt, das im obersten Segment positioniert ist. Obwohl der Phaeton in diversen von Fachzeitschriften durchgeführten Tests durchwegs gut abschnitt, gelang es VW bislang noch nicht, die Verkaufszahlen der Konkurrenz, die hauptsächlich aus der 7er-Baureihe von BMW, dem Audi A8 sowie der S-Klasse von Mercedes-Benz besteht, zu erreichen. Der Grund dafür wird hauptsächlich im Image der Marke Volkswagen vermutet, die in der Vergangenheit eher für Klein- und Mittelklassewagen stand.

Mit der Namenswahl landete VW einen Marketingflop: In der griechischen Mythologie ist Phaeton der Sohn des Sonnengottes Helios. Als er den Sonnenwagen seines Vaters lenken durfte, verlor er die Kontrolle über den Wagen und starb. Allerdings hat die heutige Volkswagen AG den Namen Phaeton nicht selbst eingeführt. Bereits 1915 wurde der Phaeton als luxuriöser Wagen von Horch (heute Audi) hergestellt. Als Phaeton wurde ursprünglich eine Bauweise für offene Pferdekutschen bezeichnet, nach der auch viele frühe Automodelle gebaut wurden.[1]

Zusammenfassung

Mit der **Grobpositionierung** entscheidet sich das Unternehmen, ob es im Gesamtmarkt anbietet oder sich auf eine Marke fokussiert und ob es sich grundsätzlich über tiefe Kosten oder Differenzierung abhebt.

Diese Differenzierung geschieht über die **Feinpositionierung,** d.h., das Produkt oder die Dienstleistung nimmt im Markt eine bestimmte Position ein. Mit der **Markierung** (Branding) wird die Positionierung im Markt kommuniziert.

Eine Marktleistung kann auf verschiedene Arten differenziert werden, z.B. über das Produkt, über die Dienstleistung, über das Image oder über einen günstigeren Preis. Eine **Präferenzstrategie** zielt darauf ab, den Kundennutzen zu erhöhen, während eine **Preisführerschaft** durch eine günstigere Kostenstruktur ermöglicht wird.

Die Positionierung wird vereinfacht in einem **Positionierungskreuz** dargestellt, das zwei Achsen hat. Die beiden Achsen repräsentieren die relevanten Differenzierungsmerkmale und die einzelnen Marken werden anhand dieser Dimensionen positioniert.

Die **Markenstrategie** (Brand Strategy) verlangt Antworten auf die Fragen: Wer ist der Markengeber, wie heisst der Markenname und wie wird die Marke entwickelt? Man unterscheidet zwischen einer Herstellermarke und einer Handelsmarke. Der **Markenname** hängt unter anderem davon ab, ob alle Marken unter einem Dach geführt werden (Dachmarkenstrategie) oder ob eine Einzelmarkenstrategie verfolgt wird. Bei der **Markenentwicklung** werden vier Varianten diskutiert: die Sortimentserweiterung, die Markenerweiterung, die Multimarkenstrategie oder die Einführung einer neuen Marke.

Repetitionsfragen

36 Bei der Besprechung der Markenentwicklungstrategie haben wir darauf hingewiesen, dass die Einführung einer neuen Marke in der Regel einer Einzelmarkenstrategie entspricht. Warum ist das nicht zwingend immer der Fall?

37 In der Abbildung 8.3 sehen Sie, dass das sich die SP (Sozialdemokratische Partei) in 20 Jahren im Positionierungkreuz praktisch nicht bewegt hat. Ist das gut oder schlecht?

38 Die Schweizerische Volksbank (SVB) wurde in den 1990er-Jahren von der Credit Suisse aufgekauft. Ursprünglich wurde kommuniziert, dass die Volksbank als Bank für das unterste Marktsegment, d.h. für Leute ohne Vermögen, weitergeführt wird und dass Volksbankkunden mit Vermögen zur Credit Suisse überführt werden. Warum wurde die Marke Volksbank dann doch vom Markt genommen?

[1] http://www.net-lexikon.de/VW-Phaeton.html, Zugriff am 27. Juni 2004.

39 Um welche Form der Markenentwicklungsstrategie handelt es sich bei den folgenden Beispielen?

	Line Extension	**Brand Extension**	**Multi-brands**	**New Brands**
Virgin betreibt eine Airline und verkauft: • Cola • Cola-Lösung	☐	☐	☐	☐
Logitech lanciert eine Solarbatterie für Laptops.	☐	☐	☐	☐
Chocolat Frey und der Migros-Genossenschafts-Bund Basel kreieren die Marke «Unlimited», die verschiedene andere Schokoladenmarken der Migros ergänzt.	☐	☐	☐	☐
Watson ist eine neue Onlinezeitung.	☐	☐	☐	☐

40 Handelt es sich bei den folgenden Beispielen um eine Grob- oder eine Feinpositionierung?

	Grobpositionierung	**Feinpositionierung**
Schuhe der Marke «Mephisto» gelten als besonders langlebig.	☐	☐
Die Feriendestinationen von REKA sind besonders familienfreundlich.	☐	☐
Autos der Marke Dacia sind sehr günstig.	☐	☐

Fallbeispiel 6 – Globus

Autoren: Andrea Schönholzer und Alisha Fateh

Ausgangslage

Globus ist ein **Premium-Warenhaus,** das durch eine hohe Exklusivität sowie eine eigenständige und unverkennbare Selektion im Warenangebot überzeugt. Globus verfolgt dabei folgende Werte: **einzigartig, inspirierend, innovativ und persönlich.**

Der Besucher ist nicht nur Kunde, sondern insbesondere Gast und wird permanent mit Neuheiten und auserlesenen Trends überrascht. Globus vermittelt einen **erlesenen Lebensstil,** der für jeden Kunden beim Einkaufen individuell angepasst zusammengestellt wird. Dabei sind die persönliche Beratung und der erstklassige Service auf hohem Niveau Standard. Das **Premium-Sortiment** setzt Schwerpunkte in Mode, Schönheit, Wohnen, Haushalt und Genuss.

Globus hat **vier Top-Kunden-Segmente** definiert:

- **Luxury Lover:** Luxury Lovers lieben es, persönlich erkannt zu werden, und mögen kleine Vorzüge, die ihnen das Gefühl geben, etwas Besonderes zu sein. Daneben ist der Zugang zu exklusiven Welten, limitierten Produkten, Anlässen und Services durch Globus von grosser Bedeutung für eine tiefe und nachhaltige Beziehung.
- **Deli-Enthusiast:** Die qualitäts- und genussbezogenen Deli-Enthusiasten leben nach einer pragmatischen Grundhaltung und fühlen sich von der Masse überfordert. Ihre Einkäufe sind primär Plankäufe, die von einem effektiven Bedürfnis und von hohen Anforderungen an Qualität und Nachhaltigkeit geprägt sind. Zudem sind sie höchst Preis-Nutzen-sensibel.
- **Modern Family Manager:** Die vielseitig beschäftigte Frau ist zeitlich stark eingebunden und engagiert. Das Warenhaus mit seiner grossen Auswahl ist für sie deshalb ein willkommenes Angebot, um ihre Einkäufe an einem einzigen Ort zu tätigen. Sie informiert sich vorab online und kauft über diesen Kanal auch oft ein.
- **Puristic Business Woman:** Authentizität ist sehr wichtig. Puristic Business Women wissen sehr klar, was sie wollen. Dennoch lassen sie sich auf hohem Niveau auch sehr gerne inspirieren. Sie wollen durch emotionale und persönliche Erlebnisse verführt werden. Ihrer eher pragmatischen und rationalen Grundhaltung entsprechend mögen sie die klare, puristische, jedoch nicht unterkühlte Ästhetik von Globus.

Mit der Schwerpunktausrichtung auf diese Top-Segmente entstehen ein **attraktives Angebot** und ein **einzigartiges Einkaufserlebnis,** das auch die übrigen Kunden-Segmente (Beauty Addict, Home Sweet Home, Departement Store Shopper und Confident Gentleman) begeistert.

(Mit freundlicher Genehmigung von Globus Bellevue, Zürich)

Bild: Magazine zum Globus AG

Aufgaben

1	Nennen und beschreiben Sie drei Zielsetzungen, die Globus mit der Bildung von Top-Kundinnen / Kunden-Segmenten verfolgt.
2	Die Angebotsgestaltung ist schwerpunktmässig auf die genannten Top-Segmente ausgerichtet. Nennen und beschreiben Sie vier Gründe für diese Schwerpunktbildung, z. B. für den Luxury Lover.
3	Was verstehen Sie unter Hersteller- und Handelsmarken? Nennen Sie fünf wichtige Funktionen von Marken. Wie können Hersteller- und Handelsmarken für ein Handelsunternehmen wie Globus ideal miteinander verbunden werden?

9 Lebenszyklusstrategie

Lernziele

Nach der Bearbeitung dieses Kapitels können Sie …

- die sechs Phasen des Produktlebenszyklus unterscheiden.
- erklären, wie man die Marketingstrategie dem Lebenszyklus der Branche, des Markts oder der Marke anpasst.

Schlüsselbegriffe

Einführungsphase, Entwicklungsphase, langsame Marktabschöpfung, langsame Marktpenetration, Markteinführungsstrategien, Produktlebenszyklus, Reifephase, Rückgangsphase, Sättigungsphase, schnelle Marktabschöpfung, schnelle Marktpenetration, Wachstumsphase

9.1 Marketingziele

Eine der Hauptaussagen dieses Kapitels ist es, dass die Marketingziele nicht konstant bleiben, sondern dynamisch dem Markt angepasst werden müssen. Ein Modell, das diese Dynamik beschreibt, ist der **Produktlebenszyklus.** Wir haben bereits in Kapitel 2.4, S. 31 die sechs Phasen des Produktlebenszyklus beschrieben.

Die **Entwicklungsphase** wird in Kapitel 6.4, S. 117 beim Innovationsmanagement besprochen. Sie endet mit der Markteinführung. Typische Ziele für die **Einführungsphase** sind der Bekanntheitsgrad, die Erstkaufsrate und die Wiederkaufsrate; meist werden in dieser Phase noch Verluste gemacht. In der **Wachstumsphase** geht es vor allem darum, die Marktposition zu festigen. Häufig werden in dieser Phase auch die ersten Gewinne erzielt. In der Reifephase steigen die Gewinne in der Regel an, weil die Kosten reduziert werden können. Deshalb versuchen Unternehmen, die Dauer der **Reifephase** auszudehnen. Die Reifephase wird abgelöst von der **Sättigungsphase.** Oft wird während dieser Phase ein Relaunch oder ein Revival erwogen. Lässt sich die Sättigungsphase nicht mehr weiter verlängern, versucht das Unternehmen, in der **Rückgangsphase** das Restpotenzial abzuschöpfen und ohne Verluste auszusteigen.

9.2 Einleitung

In Kapitel Marktanalyse und -diagnose wurde das Konzept des **Produktlebenszyklus** (PLZ) dargestellt. Wie die Abbildung 2-10, S. 31 zeigt, steigt der Umsatz nach der Einführungsphase in der Wachstumsphase stark an, erreicht in der Reifephase eine Sättigung und sinkt mit dem Rückgang. Die Gewinnkurve verläuft nicht parallel zur Umsatzkurve und beginnt nicht beim Nullpunkt, sondern im negativen Bereich. Dabei gilt folgende Formel:

Gewinn = Umsatz – Kosten

Bei der **Einführung** fallen hohe Kosten durch Produktentwicklung, Einführungswerbung, Beliefern aller Kanäle, Schulung der Mitarbeitenden bei Dienstleistungen etc. an. Da der Umsatz noch sehr gering ist, sind die Kosten höher als der Umsatz, und deshalb resultiert ein Verlust. In der Folge sollte jedoch der Umsatz stärker ansteigen als die Kosten, sodass in der Regel in der zweiten Hälfte der Wachstumsphase der Break-even, d. h. die Gewinnschwelle, erreicht wird. Das Umsatzmaximum wird in der Reifephase erreicht, und zwar vor dem Gewinnmaximum, weil die Kosten in aller Regel weiter sinken.

Die folgende Tabelle zeigt einen Überblick der strategischen Optionen, die in diesem Kapitel behandelt werden.

Abb. [9-1] **Strategische Optionen in den Lebenszyklusphasen**

	Entwicklung	Einführung	Wachstum	Reife	Sättigung	Rückgang
Ziele	Entwicklung eines marktfähigen Angebots	Markterschliessung, Bekanntheit, Erstkäufe, Wiederkäufe	Marktposition festigen, evtl. Gewinne erzielen, Wachstum	Reifephase ausdehnen, Gewinne erzielen	Abschöpfen, Rückgang herauszögern	Abschöpfen oder Aussteigen ohne Verluste
Typische Marktsituation	Relevant für etablierte wie für neue Märkte	Wenig Konkurrenz, technische Probleme, Kunden kennen Anwendung nicht	Umsatzzahlen steigen, neue Konkurrenten treten ein	Starker Wettbewerb und Überkapazitäten, Margenerosion	Verdrängung durch neue Innovationen, breite Masse wandert ab	Umsatz fällt zusammen, keine neuen Konkurrenten und Produkte
Marketingmix	Vorbereitung mittels Marktforschung	Distribution häufig entscheidend	Produkt und Kommunikation entscheidend	Distribution und Preis erlauben Kundentreue	Relaunch und Revival im gesamten Marketingmix	Weitermachen oder Ausstieg ohne Verluste
Produktmix		Wenig Modelle	Viele, differenzierte Modelle, neue Varianten	Konzentration auf wichtige Modelle, Sortimentsbereinigung		
Kommunikationsmix		Viel Promotion beschleunigt das Wachstum, Bekanntmachung	Positionierung des Produkts und der Marke	Sicherstellung der Kontinuität		
Distributionsmix		Selektive Distribution	Ausdehnung der Distribution	Konsolidierung der Distribution		
Preismix		Abschöpfung (hoher Preis) oder Penetration (Tiefpreis)	Preisdifferenzierung nach Segmenten	Gezielte Preissenkungen		

9.3 Anwendungsbereiche des Lebenszykluskonzepts

Das Lebenszykluskonzept lässt sich nicht nur für **Produkte** verwenden, sondern auch für:

- **Branchen** (z. B. Informatik-Branche)
- **Strategische Geschäftsfelder** (z. B. Kleincomputer bzw. PC)
- **Produktlinien** (z. B. Desktop-PC)
- **Marken** (z. B. «Dell»-Computer)
- **Produkte** bzw. **Artikel** (z. B. Version-X eines «Dell»-PC)

Teilweise, aber nicht immer, lässt sich das Lebenszykluskonzept auch auf **Dienstleistungen** anwenden. Beispielsweise können verschiedene Dienstleistungen von Banken einer Phase zugeordnet werden. Der direkte Kundenservice am Schalter befindet sich bei gewissen Banktransaktionen in der Reife- bzw. Rückgangsphase, während sich das Internetbanking für dieselben Transaktionen in der Wachstumsphase befindet.

Im Folgenden werden wir hauptsächlich auf den **Produktlebenszyklus** eingehen. Die dabei angestellten Überlegungen lassen sich situativ auf alle oben genannten Bereiche übertragen.

9.4 Strategische Auswirkungen des PLZ

Das PLZ-Konzept liefert einen überschaubaren Rahmen für die Analyse und das Erarbeiten von Marketingstrategien, die sich auf einzelne Zyklusphasen beziehen. Auf die einzelnen Phasen für ein Produkt und ihre strategischen Auswirkungen werden wir nun in diesem Kapitel eingehen.

9.4.1 Entwicklungsphase

Die Entwicklungsphase besprechen wir weiter unten in Kapitel 12, S. 195.

9.4.2 Einführungsphase

Die Hauptzielsetzung der Einführungsphase ist, möglichst schnell **Wachstum** für das Produkt zu erzielen. Bis zur Einführung des Produkts lag der Schwerpunkt auf der Technologie, um mögliche «Kinderkrankheiten» zu beheben. Nach der Einführung liegt der Schwerpunkt auf den potenziellen Kunden. Nimmt das Unternehmen mit dem Produkt eine Pionierrolle ein, ist das Risiko in dieser Phase besonders hoch, weil noch keine Erfahrungswerte vorliegen und das Risiko in der Einführungsphase tendenziell am höchsten ist.

Die **Markterschliessung** ist für die Marketingabteilung eine der wichtigsten Aufgaben. Das Marketingbudget wird eingesetzt, um den Markt über das neue Produkt aufzuklären, den **Bekanntheitsgrad** des Produkts und des Unternehmens aufzubauen und die Kunden zu **Erstkäufen** zu bewegen. Als Nächstes sollte das Unternehmen bemüht sein, Kunden zu **Wiederholungskäufen** zu bewegen, um Markentreue zu schaffen.

In der Einführungsphase lassen sich mit den beiden Marketinginstrumenten **Preis** und **Kommunikation** vier verschiedene Einführungsstrategien verwirklichen.

Mit der Wahl der Preisstrategie kann das Unternehmen wählen zwischen einer **Penetration** (Durchdringung) des Markts und einer **Abschöpfung** des Markts. Mit der Intensität der Kommunikationsbemühungen kann die **Geschwindigkeit** der Markteinführung beeinflusst werden.

Abb. [9-2] **Marketingstrategien für die Einführungsphase**[1]

Markteinführungsstrategie	Kommunikation	
	Viel Kommunikation	**Wenig Kommunikation**
Hoher Preis	Schnelle Marktabschöpfung	Langsame Marktabschöpfung
Niedriger Preis	Schnelle Marktpenetration	Langsame Marktpenetration

Man unterscheidet vier **Markteinführungsstrategien,** die wir im Folgenden behandeln werden:

- Schnelle Marktabschöpfung
- Schnelle Marktpenetration
- Langsame Marktabschöpfung
- Langsame Marktpenetration

[1] Darstellung in Anlehnung an Kotler, Philip; Keller, Kevin Lane; Brady, Mairead; Goodman, Malcolm; Hansen, Torben: Marketing Management, Harlow 2009.

A] Schnelle Marktabschöpfung

Bei der Strategie der schnellen Marktabschöpfung erfolgt die Markteinführung zu einem hohen Preis und mit umfangreichen Kommunikationsmassnahmen. Diese Strategie ist sinnvoll, wenn das Unternehmen ein neues Produkt auf den Markt bringt, dessen Konzept den potenziellen Kunden noch unbekannt ist und auf ein Kunden-Segment abzielt, das bereit ist, einen hohen Preis zu bezahlen. Zudem ist diese Strategie geeignet, um frühzeitig **Markenpräferenzen** aufzubauen, bevor die Konkurrenz mit ihren Produkten auf den Markt drängt.

Beispiel

Apple Computer

Apple ist bekannt dafür, dass es Neuprodukteinführungen sehr medienwirksam präsentiert. Gleichzeitig versucht Apple nicht, über den billigen Preis Kunden zu gewinnen, sondern verlangt von den Innovatoren einen hohen Preis. Diese warten nur darauf, das neueste Teil mit dem coolsten Design zu kaufen.

B] Schnelle Marktpenetration

Die Strategie der schnellen Penetration führt das Produkt mit **niedrigen Preisen und umfangreichen Kommunikationsmassnahmen** auf dem Markt ein. Diese Strategie erreicht die schnellste Marktdurchdringung und das grösste Wachstum. Sie ist vor allem dann angebracht, wenn der Markt gross ist, baldige Konkurrenz erwartet wird, die potenziellen Käufer das Produktkonzept noch nicht kennen und auf ein tiefes Preisniveau achten. Zusätzlich eignet sich diese Strategie besonders für Produkte, die in der Produktion Grösseneffekt (economies of scales) voll ausschöpfen können.

Beispiel

Linea

Als Unilever die kalorienarme Margarine Linea im Schweizer Markt einführte, wurden in Einkaufscenter Gratismuster in vollen Packungsgrössen abgegeben. Die ganze Einführung wurde mit einer prägnanten Werbekampagne in Printmedien und am Fernsehen begleitet. Insgesamt hat Unilever 1 Million Packungen verschenkt, was bei 3.5 Millionen Haushalten in der Schweiz eine Penetration von ca. 30% bedeutet. Das Ziel der Produktmanager war, «Linea in jedem Kühlschrank des Landes» zu platzieren. Später wurde der Name Linea europaweit einheitlich in Lätta umbenannt.

C] Langsame Marktabschöpfung

Bei der Strategie der langsamen Marktabschöpfung erfolgt die Einführung zu einem **hohen Preis und mit wenig Kommunikation.** Der Zweck dieser Strategie ist, möglichst schnell einen hohen Gewinn abzuschöpfen. Dies soll durch den hohen Preis und die geringen Vermarktungskosten erreicht werden. Die Strategie ist sinnvoll, wenn keine unmittelbare Konkurrenz droht, der Markt klein ist (und er sich durch eine Preissenkung nicht ausdehnen lässt), das Produktkonzept schon weiten Kreisen bekannt ist und die potenziellen Käufer nicht preisempfindlich reagieren.

Beispiel

Modeboutique

Modeboutiquen offerieren ihre neuesten Modelle und Kollektionen häufig exklusiv den besten Kundinnen. Dieses Segment ist an exklusiver Mode interessiert und verlangt keine Preisreduktionen. Sie geniessen das Privileg, zuerst über die neueste Mode informiert zu werden. Für Modeboutiquen lohnt sich diese Strategie, weil exklusive Mode per Definition nie einen Massenmarkt erschliessen kann und weil zweitens die besten 10% der Kundschaft über 70% der Gewinne hervorbringen.

Modeboutiquen wenden häufig die Strategie der langsamen Marktabschöpfung an.
Bild: Siri Stafford / DigitalVision / Getty Images

D] Langsame Marktpenetration

Die Strategie der langsamen Marktdurchdringung führt das Produkt zu einem **niedrigen Preis und unter geringer Absatzförderung** ein. Dabei geht man von der Annahme aus, dass sich die Marktnachfrage hauptsächlich durch einen niedrigen Preis und nicht durch zusätzliche Kommunikation entwickeln lässt. Eine solche Strategie ist sinnvoll, wenn der Markt gross ist und preisempfindlich reagiert, das Produktkonzept schon bekannt ist und kein intensiver Wettbewerb herrscht.

Beispiel

Handelsmarken

Einzelhändler führen neben den bekannten Markenartikeln häufig Handelsmarken (Eigenmarken) ein, ohne diese speziell zu bewerben. Preissensitive Kunden werden durch den tieferen Preis auf diese Produkte aufmerksam und probieren sie aus. Falls die Qualität dem Original ungefähr entspricht, kaufen sie künftig die günstigere Handelsmarke.

Eine ähnliche Strategie verfolgen Medikamentenhersteller bei den Generika. Zum Beispiel enthält das Schmerzmittel Dafalgan (www.upsamedica.ch) denselben Wirkstoff wie Panadol (http://www.glaxosmithkline.ch). Während Panadol im TV beworben wird, verkauft sich Dafalgan durch den Preis, denn es kostet nur halb so viel wie Panadol.

9.4.3 Wachstumsphase

Die Wachstumsphase tritt ein, sobald die **Umsatzzahlen markant steigen.** Die Gewinne nehmen in dieser Phase zu, weil sich das Verhältnis zwischen Marketingaufwendungen und Umsatzerlös verbessert. Die Aussicht auf hohe Gewinne kann neue Konkurrenten auf den Markt locken, sodass das Unternehmen sowohl die Veränderungen bei den Kunden (Bedürfnisse, Vorwissen, Erfahrungen, Präferenzen) als auch die Strategien der Konkurrenten genauestens verfolgen muss. Das Unternehmen sollte in dieser Phase bemüht sein, die Markenpräferenz der Konsumenten zu festigen.

Es hat in dieser Phase zwei Möglichkeiten: Es kann einerseits versuchen, möglichst hohe **Sofortgewinne** zu erzielen. Andererseits kann es zu diesem Zeitpunkt auf hohe Gewinne verzichten und durch gezielte Investitionen versuchen, seinen **Markt zu vergrössern (expandieren),** um langfristig zu profitieren.

Diese Optionen können auch im **Boston-Consulting-Group-Portfolio,** das wir im Kapitel Marktanalyse und Diagnose behandelt haben, dargestellt werden. Bei einem hohen Marktwachstum befindet sich das Unternehmen oder die strategische Geschäftseinheit (SGE) im Feld der «Stars» (bei einem hohen relativen Marktanteil) oder im Feld der «Question Marks». Je nach Zukunftserwartung kann das Unternehmen den Star weiter leuchten lassen (investieren und auf Sofortgewinne verzichten) oder den Star noch weiter ausbauen, damit später eine noch grössere Cash Cow entsteht.

Das Unternehmen kann dabei mehrere Strategien einsetzen, um sein **Wachstum** am Markt zu steigern oder möglichst lange aufrechtzuerhalten:

- Verbesserung der Produktqualität und des Produktdesigns
- Angebot durch neue Modelle, Produktvarianten und neue Ausstattungsmerkmale erweitern
- Erschliessung neuer (internationaler) Märkte, Marktsegmente und Vertriebswege
- Preissenkungen, um weitere Käufer anzusprechen (nur gezielt)
- Bewusste Markenstrategie verfolgen (Aufbau und Pflege von Markennamen)

9.4.4 Reifephase

Irgendwann beginnt sich die Wachstumskurve merklich abzuflachen und das Produkt tritt in die Phase der Reife. Die Reifephase ist normalerweise die **längste aller Zyklusphasen** und kann in drei Abschnitte unterteilt werden. Im ersten Abschnitt existiert noch ein Restwachstum, darauf folgt ein Abschnitt der Stabilität und im dritten Abschnitt beginnt der Umsatzrückgang. Die stagnierenden Zuwachsraten führen zu **Überkapazitäten** in der Branche, was wiederum zu verschärftem Wettbewerb führt.

Der Gesamtmarkt ist in dieser Phase schon relativ stark segmentiert, wobei die **ansteigende Wettbewerbsintensität** dazu führt, dass die einzelnen Wettbewerber verstärkt Marktnischen besetzen. Der verschärfte Wettbewerb bewirkt Preissenkungen, Sonderangebote, Rabatte usw. All dies sind Anzeichen, dass die ehemals hohen Gewinne wegschmelzen. Schwächere Wettbewerber scheiden in dieser Phase aus.

Der strategische Fokus gilt der **Sicherung von Wettbewerbsvorteilen** und der Marktbehauptung. Das Unternehmen sollte trotzdem nicht voreilig Produkte vom Markt zurückziehen, wenn mit gezielten Strategien zur Modifikation des Markts, des Produkts oder der Marketinginstrumente ansprechende Resultate erzielt werden können.

A] Marktmodifikation

Das Unternehmen sollte versuchen, den Markt für seine Marke (Produkt) auszudehnen. Dies kann es erreichen, indem entweder die **Anzahl der Markenkonsumenten oder deren Verwendungshäufigkeit gesteigert** werden:

- Gewinnung bisheriger Nichtverwender
- Gewinnung von Kunden der Konkurrenz
- Erschliessung neuer Märkte (geografisch, demografisch etc.)
- Neue und flexiblere Verwendungsmöglichkeiten für das Produkt
- Erhöhung der Verwendungshäufigkeit
- Steigerung der Verwendungsmenge pro Konsum (z. B. grössere Verpackungen)

B] Produktmodifikation

Durch das Modifizieren (Verändern) des Produkts können neue Konsumenten angesprochen und gewonnen sowie die gegenwärtigen Verwender zur Markentreue bewegt werden. Eine Produktmodifikation kann durch **verschiedene Dimensionen** erreicht werden:

- **Qualitätsverbesserung** (zielt auf die Erhöhung der Funktionstüchtigkeit ab)
- **Verbesserung der Ausstattungselemente** (z. B. Fahrassistent für Autos)
- **Verbessertes Styling** (soll die ästhetische Anziehungskraft des Produkts erhöhen)

C] Modifikation im Marketingmix

Neben den Produktmodifikationen können auch **andere Elemente** des Marketingmix angepasst werden. Dabei kommen vor allem folgende infrage:

- **Preisänderung** (Gewinnung neuer Erstkäufer sollte im Vordergrund stehen)
- **Distributionsänderung** (neue Absatzwege bzw. mehr Distributionspunkte)
- **Werbeänderung** (Werbebotschaft, Texte, Medienmix etc.)
- **Änderung der Verkaufsförderung** (Aktionen, Rabatte etc.)
- **Serviceänderung** (technische Unterstützung, Garantie etc.)

Diese Modifikationen sollten gemacht werden, wenn die Marketingverantwortlichen davon überzeugt sind, dass man damit neue Erstkäufer erreichen oder die bisherigen Konsumenten enger an die Marke binden kann. Das **Kundeninteresse** sollte im Vordergrund stehen. Zusätzlich sollte darauf geachtet werden, dass die Modifikationen nicht allzu leicht von der Konkurrenz nachzuahmen sind, da sie sonst nur sehr kurzfristige Vorteile bieten.

9.4.5 Sättigungsphase

Die Überlegungen der Reifephase gelten auch für die Sättigungsphase, allerdings ist der Gesamtmarkt nun stark rückläufig. In dieser Phase oder in der nächsten Phase muss sich das Unternehmen überlegen, ob es mit einem **Relaunch** (wörtlich «Wiedereinführung») eines Produkts eine neue Wachstumsphase einleiten kann.

Typisches Beispiel einer Serie von Relaunches ist der **VW Golf,** der 1974 auf dem Markt eingeführt wurde und 1983, 1991, 1997, 2003, 2008 sowie das letzte Mal 2012 mit neuer Plattform erschien. Auch bei der Neugestaltung von Webseiten spricht man von Relaunches.

Wenn das Produkt oder die Marke im Markt nicht mehr existiert und dann neu eingeführt wird, spricht man von einem **Revival** (deutsch «Wiederbelebung»). Die beiden Begriffe werden teilweise synonym verwendet, sie können aber anhand der folgenden Tabelle unterschieden werden.

Abb. [9-3] **Unterscheidung zwischen Relaunch und Revival[1]**

	Relaunch	Revival
Stufe im Produktlebenszyklus	Produkt / Marke ist in der Sättigungs- oder Rückgangsphase	Produkt / Marke ist nicht mehr aktiv im Markt präsent
Marketingmix	Meistens Kommunikationsmix	Meistens alle Elemente des Marketingmix
Sprachgebrauch	Üblicher Begriff im Marketing, für Produkte und Dienstleistung	Üblicher Begriff in der Mode, in der Musik, seltener verwendet im Marketing
Beispiel	Auto VW Golf I bis Golf V II	Auto Mini Cooper

9.4.6 Rückgangsphase

Die Phase des Rückgangs wird erreicht, wenn der Umsatz schliesslich klar rückläufig ist. Der Umsatz fällt dabei entweder auf Null zurück oder er pendelt sich auf einem tieferen Niveau ein und bleibt dort längere Zeit stabil. Es gibt viele Gründe für **rückläufige Umsatzzahlen,** z. B. veränderter Kundengeschmack, fortschreitende Technologie, verschärfter Wettbewerb aus dem In- oder Ausland etc.

Fallende Umsatzzahlen führen zu **Gewinnschmälerungen.** Unter diesen Voraussetzungen ziehen sich einige Unternehmen aus dem Markt zurück. Die verbleibenden Unternehmen verringern oft ihr Engagement für ihre Produkte, d. h., sie senken das Absatzförderungsbudget, verringern die angebotene Produktzahl und ziehen sich aus kleinen Segmenten zurück etc.

In dieser Phase befindet sich der Markt erneut im **Umbruch.** Ein Unternehmen sollte mit einer klaren Strategie in diese Phase einsteigen. Anhand von Daten über Trends bei Marktgrösse, Marktanteil, Gewinn, Kosten, Preis etc. sollte analysiert werden, ob für das Produkt Chancen in der Zukunft bestehen und falls ja, was unternommen werden muss, um diese wahrzunehmen.

Die **relative Attraktivität der Branche** und die Wettbewerbsposition, die das Unternehmen im Umfeld einnimmt, sind ebenfalls von entscheidender Bedeutung für die Formulierung einer Strategie. Grundsätzlich hat das Unternehmen drei Möglichkeiten:

- **Weitermachen** wie bis anhin
- **Änderung** der Marketingstrategie
- **Eliminierung** des Produkts

Dabei hängt relativ viel von den **Marktaustrittsbarrieren** ab. Je tiefer diese sind, umso einfacher ist es, aus der Branche auszusteigen.

Harrigan[2] ermittelt **fünf strategische Optionen** für ein Produkt in der Rückgangsphase:

- **Aufstockung der Investitionen** mit dem Ziel, eine dominante Wettbewerbsstellung im Markt einzunehmen
- **Aufrechterhaltung des bisherigen Investitionsniveaus,** bis Unsicherheiten bezüglich der Branchen- und Marktentwicklung geklärt sind
- **Selektive Senkung der Investitionen** (auf weniger aussichtsreiche Kunden-Segmente verzichten und nur in lukrative Segmente und Nischen investieren)
- **Ernten der Investitionen** (kostensenkende Massnahmen einleiten; wenn möglich so vorgehen, dass die Kunden, Konkurrenz etc. nichts bemerken; gleichzeitig versuchen, den Umsatz auf einem möglichst hohen Niveau zu halten)
- **Trennung vom Produktgeschäft** (möglichst vorteilhaftes Abstossen der noch vorhandenen Aktiven)

[1] Diller, Hermann (Hrsg.): Vahlens grosses Marketinglexikon, München 2001.
[2] Harrigan, Kathryn Rudie: Strategies for Declining Industries, Journal of Business Strategy (1980).

9.4.7 Kritik am PLZ

Wie jedes Konzept hat auch der Produktlebenszyklus (PLZ) seine Kritiker. Ihr Hauptargument ist, dass die einzelnen Phasen des PLZ zeitlich **nicht vorhersehbar** sind, da sie für jedes Produkt unterschiedlich sind (auch die verschiedenen Muster im Kurvenverlauf können zu voreiligen Schlüssen führen). Ein weiterer Ansatzpunkt der Kritik ist, dass der PLZ nicht einem gesetzmässigen Zyklus folgt, sondern vielmehr das **Ergebnis von gewählten Marketingstrategien ist** und nicht deren Ursache.

Die Kritik hat bis zu einem gewissen Grad ihre Berechtigung. In der Praxis wird der PLZ jedoch nicht als einziges Konzept für die Gestaltung von Marketingprogrammen eingesetzt, sondern vor allem im **Zusammenspiel mit anderen Instrumenten** verwendet.

Das PLZ-Konzept kann in der Analyse von Produkt- und Marktdynamik keine konkreten Zahlen und verbindlichen Resultate liefern. Es kann aber durchaus interessante Trends und Tendenzen aufzeigen. Auch wenn man es als **Planungsinstrument** verwendet, zeigt es die wichtigsten Aufgaben für das Marketing in den Zyklusphasen und liefert somit Hinweise auf strategische Alternativen des Unternehmens.

Als **Kontrollinstrument** ist es erst nutzbar, wenn man Vergleichsdaten mit ähnlichen oder früheren Bezugsgrössen hat. Als **Prognoseinstrument** ist das PLZ-Konzept kaum brauchbar, da die einzelnen Zyklusphasen nicht vorhersehbar sind und zudem durch die Aktivitäten des Marketings beeinflusst werden.

9.5 Marketingfehler

A] Fokussierung auf die Einführungsphase

In der Praxis sieht man häufig eine Fokussierung auf die erste Phase des PLZ, auf die Einführung. Diese wird sehr sorgfältig geplant und ausgeführt. Leider fehlt bei den nächsten Phasen ein systematisches Management. So werden Gewinnpotenziale nicht ausgenützt oder es wird in Kapazitäten investiert, die nicht mehr benötigt werden.

B] Glaube an Andauern des Marktwachstums

Ein anderes Problem ist das irrationale Festhalten am **Glauben, dass die Entwicklung immer so weitergeht,** auch wenn verschiedene Signale andeuten, dass das Marktwachstum sich abflacht. Wir haben von 2003 bis 2008 in Phoenix, Arizona gelebt und den Immobilienboom hautnah miterlebt. Die Abbildung unten zeigt den Verlauf der Häuserpreise von 1999 bis 2009 für Phoenix und für die gesamten USA. Ein einfaches Haus kostete 1999 weniger als US$ 100 000. Der Wert stieg innert fünf Jahren auf US$ 140 000 (+40%) und explodierte dann innert zwei Jahren auf US$ 250 000 (+150%).

Zwischen 2004 und 2006 haben zahlreiche Kollegen eine **Immobilienmaklerlizenz** erworben. Die Supermarktketten haben sich Expansionsstrategien verschrieben und die Banken haben mit Hypothekarkrediten um sich geworfen. Als wir beispielsweise unsere Hypothek für den Bau eines Pools um US$ 37 000 erhöhen wollten, wurde uns die Summe von US$ 74 000 überwiesen. Beim Anruf wurde mir dann mitgeteilt, dass es sich nicht um einen Fehler handle und dass wir sicher weitere Projekte in Angriff nehmen möchten. Die Wachstumseuphorie kannte so viele Gewinner, dass keiner die Party bremsen wollte. Der Ausgang der Geschichte ist mittlerweile bekannt: Die Immobilienblase platzte (siehe unten), die Banken mussten Milliardenkredite abschreiben, die Notenbanken mussten die Banken stützen, und die Finanzkrise schwappte auf die Realwirtschaft über.

Abb. [9-4] **Immobilienboom und -krise in den USA**[1]

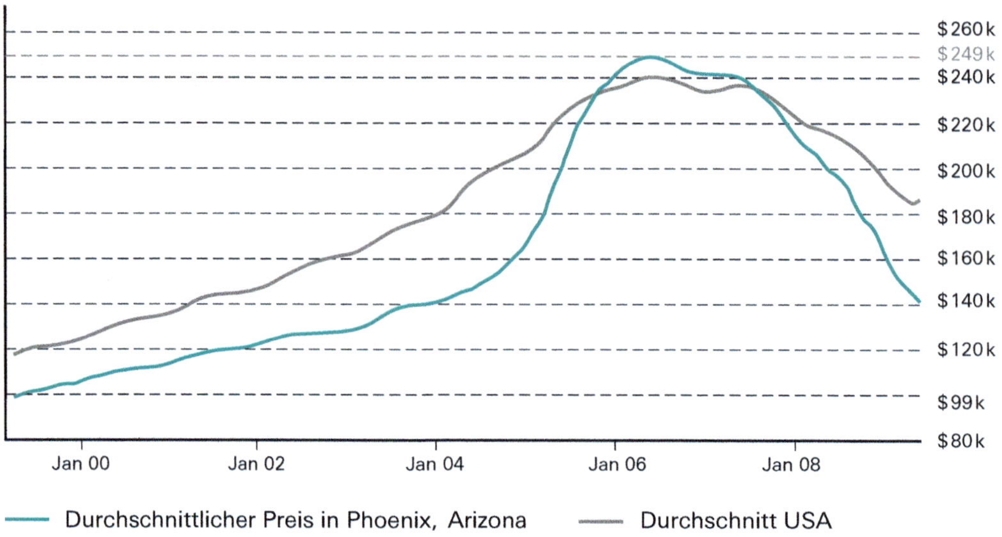

C] Investieren in sich verändernde Prozesse

Ein anderes Phänomen sind Dienstleistungen, die einen **bestehenden** Prozess modernisieren, aber gleichzeitig durch einen **innovativen** Prozess ersetzt werden. So haben die Banken beispielsweise heftig in Bancomaten investiert, weil sie den bestehenden Prozess (Bargeld am Schalter abheben) vereinfachen und Kosten senken. Seit einigen Jahren stellt man jedoch eine rückläufige Nutzung von Bancomaten fest, weil die Kunden weniger Bargeld brauchen und andere Zahlungsmittel wie EC-Direkt oder Kreditkarten einsetzen. Insbesondere geht nicht die Menge der Bezüge zurück, sondern die Höhe der Beträge.

D] Falsche Einschätzung der Marktentwicklung

Aber auch der umgekehrte Fehler kann passieren. Wenn eine Innovation sehr Erfolg versprechend scheint, wird **dem existierenden Produkt oder der existierenden Dienstleistung häufig der Untergang vorausgesagt.** Als die ersten Videogeräte in den 1970er-Jahren auf dem Markt erschienen, sagten Marktbeobachter das Ende der Kinos voraus. Tatsächlich sind die Besucherzahlen in den Kinos trotz Video und DVD gestiegen. Etablierte Unternehmen haben sich trotz des Internets sehr gut behauptet. Die meisten Banken können auf ein physisches Niederlassungsnetz nicht verzichten und der Online-Anteil des Lebensmittelhandels in der Schweiz ist klein.

Zusammenfassung

Der Produktlebenszyklus (PLZ) beschreibt eine **typische Entwicklung des Markts** über sechs **Phasen:** Entwicklung, Einführung, Wachstum, Reife, Sättigung und Rückgang. Bei der Strategieentwicklung ist das Konzept des PLZ wichtig, weil die Ziele, die Marktsituation und die Strategie sich in jeder Phase unterscheiden. In der Einführungsphase versucht das Unternehmen Kunden zu gewinnen und vom neuen Produkt zu überzeugen, wobei meistens noch wenig Konkurrenz herrscht. In der Wachstumsphase geht es darum, die eigene Position zu festigen. Mit **Markt- und Produktmodifikationen** wird versucht, die Reifephase zu verlängern, weil sie häufig die profitabelste Phase ist. In der Rückgangsphase kann das Unternehmen weitermachen wie bisher, die Marketingstrategie ändern oder das Produkt eliminieren.

[1] www.zillow.com.

Repetitionsfragen

41 In welcher Phase erzielt das Unternehmen üblicherweise die ersten Gewinne? Begründen Sie Ihre Antwort.

42 Setzen Sie den PLZ eher als Planungs- oder als Prognoseinstrument ein? Begründen Sie Ihre Antwort.

43 Beschreiben Sie die Strategie der «langsamen Marktabschöpfung». In welcher Phase wird sie gewählt?

44 Welche Markteintrittsstrategien wurden in den folgenden Beispielen gewählt?

	Schnelle Abschöpfung	**Schnelle Penetration**	**Langsame Abschöpfung**	**Langsame Penetration**
Lidl hat den Markteintritt als Discounter in der Schweiz mit einer starken Werbekampagne forciert.	☐	☒	☐	☐
Microsoft HoloLens ist eine Mixed-Reality-Brille, die dem Benutzer erlaubt, interaktive 3-D-Projektionen in der direkten Umgebung darzustellen. Sie wird von Experten gekauft, die nicht preissensitiv sind.	☐	☐	☒	☐
Samsung positioniert, mit einem grossen Werbebudget, das Galaxy S III als direkte Konkurrenz zum hochpreisigen iPhone.	☒	☐	☐	☐
Roxann Hills Krimi «Wo die toten Kinder leben» wird auf Amazon für 9 Euro verkauft, das Kindle-E-Book ist aber für 1 Euro erhältlich.	☐	☐	☐	☒

↳ Keine Kommunikation

45 Wie verändert sich typischerweise der Kommunikationsmix über den Produktlebenszyklus?

10 Konkurrenzstrategie nach Kühn

Lernziele	Nach der Bearbeitung dieses Kapitels können Sie … • die Voraussetzungen für eine Gesamtmarktentwicklungsstrategie und eine Konkurrenzstrategie beschreiben.
Schlüsselbegriffe	Gesamtmarktentwicklungsstrategie, Konkurrenzstrategie, Markterweiterungsstrategie

Eine wichtige strategische Entscheidung betrifft das Verhalten des Unternehmens gegenüber der Konkurrenz. Die **Konkurrenzorientierung** bildet zusammen mit der **Kundenorientierung** die **Marktorientierung.** Damit ist schon angedeutet, dass die Konkurrenzstrategien wesentliche und kritische Elemente eines Marketingkonzepts sind.

Die folgende Formel zeigt die **beiden Möglichkeiten, den Umsatz zu steigern.** Der Umsatz steigt, wenn bei einem konstanten Marktvolumen der Marktanteil steigt. Kühn spricht in diesem Zusammenhang von einer Konkurrenzstrategie, da das Umsatzwachstum zulasten der Konkurrenz geht[1].

Der Umsatz steigt ebenfalls, wenn es gelingt, das Marktvolumen zu erhöhen und gleichzeitig den Marktanteil zu halten. Eine Erhöhung des Marktvolumens ist grundsätzlich durch eine Erhöhung der Menge oder durch eine Erhöhung der Preise möglich. Man bezeichnet die Strategie, mit der Umsatzwachstum durch Marktwachstum angestrebt wird, als **Markterweiterungsstrategie.**

Abb. [10-1] **Umsatz in Abhängigkeit von Marktvolumen und Marktanteil**

Umsatz (in CHF)	=	Marktanteil in %	×	Marktvolumen (in CHF)
CHF 480000	=	15%	×	CHF 3.2 Mio.

10.1 Gesamtmarktentwicklungsstrategie

Wird das Umsatzwachstum durch eine Marktvolumenerhöhung erzielt, so spricht man von einer **Markterweiterungsstrategie.** Diese Strategie ist nicht zu verwechseln mit der Marktentwicklungsstrategie nach Ansoff. Bei Ansoff bedeutet Marktentwicklung, dass ein Unternehmen wächst, indem es bestehende Produkte und Leistungen in neue Märkte einführt.

Bezogen auf die Konkurrenzstrategien hingegen heisst Marktentwicklung, dass der **eigene Marktanteil im bestehenden Markt gehalten und das gesamte Marktvolumen zum Vorteil aller Anbieter ausgedehnt wird.** Ein Marktwachstum bedingt, dass das Marktpotenzial grösser ist als das Marktvolumen. Das heisst, dass der Markt noch nicht gesättigt ist. Deshalb sprechen wir von einer «Gesamtmarktentwicklungsstrategie». Die Abbildung zeigt, dass der Umsatz bei einem konstanten Marktanteil von 20% und einem Marktwachstum von 50% um diese 50% ansteigt.

[1] Kühn, Richard; Pfäffli, Patrick: Marketing: Analyse und Strategie, Zürich 2014.

Abb. [10-2] **Gesamtmarktentwicklungsstrategien**

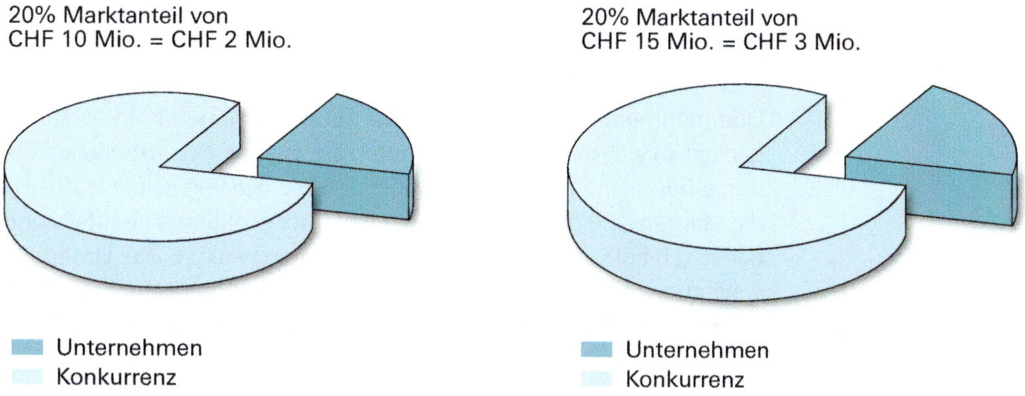

10.2 Konkurrenzstrategie

Die Art und Weise, wie Unternehmen Konkurrenzstrategien umsetzen, wird stark beeinflusst durch das vorhandene Marktwachstum bzw. durch das **unausgeschöpfte Marktpotenzial.** Je stärker der Markt wächst, desto eher kann das Unternehmen darauf verzichten, die Konkurrenten anzugreifen. Befindet sich der Markt jedoch in der Reifephase des Produktlebenszyklus, können Umsatzsteigerungen häufig nur noch auf Kosten der Konkurrenz gewonnen werden.

Die Ausnahme bilden hier Märkte, bei denen der Konkurrenzkampf bereits bei der Markteinführung ausserordentlich hart geführt wird. In diesen Märkten geht es den Unternehmen darum, sehr früh einen **Marktanteil** zu erreichen, der mindestens die kritische Grösse hat.

Bietet der Markt in seiner Gesamtheit kein Wachstum oder nur ein Wachstum, das geringer ist als die vom Unternehmen angestrebte Wachstumsrate, so wird das Unternehmen versuchen, **Marktanteile von den Konkurrenten zu gewinnen.** Kühn bezeichnet diese Strategie als Konkurrenzstrategie. Die Abbildung zeigt, dass bei einem konstanten Marktvolumen und einer Steigerung des Marktanteils von 50% der Umsatz um 50% steigt.

Abb. [10-3] **Konkurrenzstrategie**

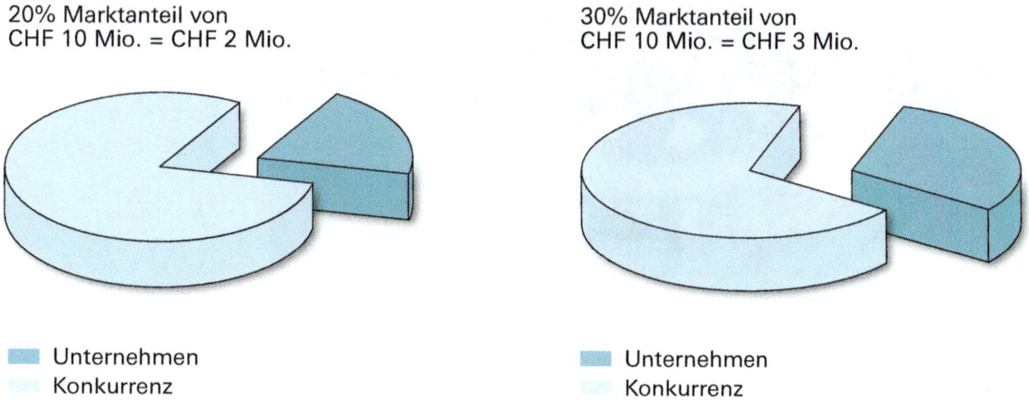

10.3 Marketingfehler

A] Wachstumskrisen

Unternehmen, die zur richtigen Zeit mit der richtigen Marktleistung im richtigen Markt sind, geniessen während einer bestimmten Zeitspanne ein erfreuliches Wachstum. In einer Wachstumsphase kann es vorkommen, dass «alles wie von selbst läuft». Die Kunden sind zufrieden, die Margen sind gesund, die Handelspartner profitieren ebenfalls und die Mitarbeitenden werden rasch befördert, wenn das Unternehmen wächst. Das Unternehmen verfolgt eine Marktwachstumsstrategie, **bis sich das Wachstum verlangsamt.** Das ist häufig ein kritischer Moment, weil sich die Spielregeln radikal ändern können. Der Markt produziert Überkapazitäten, die Preise purzeln, die Kunden verlangen immer mehr, einzelne Händler sind nicht mehr am Vertrieb interessiert. Wenn das Unternehmen nicht in der Lage ist, in diesem Moment rasch und konsequent zu reagieren, kann es in kurzer Zeit mehr Geld verlieren, als es in der Wachstumsphase erwirtschaftet hat.

B] «Gute» und «schlechte» Konkurrenten

Man könnte vielleicht meinen, dass grundsätzlich jeder Konkurrent ein «schlechter» Konkurrent ist, weil er dem Unternehmen Marktanteile wegnimmt. Diese Sichtweise greift jedoch zu kurz, weil es auch «gute» Konkurrenten gibt. «Konkurrenz belebt das Geschäft», sagt ein Sprichwort. **Konkurrenten können sich gegenseitig anspornen** und Marktleistungen anbieten, die Kundenbedürfnisse erfolgreich befriedigen. Bei der Wahl der Konkurrenzstrategie ist es wichtig, zwischen «guten» und «schlechten» Konkurrenten zu unterscheiden. **Schlechte Konkurrenten** sind grundsätzlich destruktiv und verfolgen die Strategie «Ihr oder Wir». **Gute Konkurrenten** hingegen sind konstruktiv und bemühen sich um einen attraktiven Markt.

Beispiel

Rolex, Omega und Hublot sind gute Konkurrenten. Gemeinsam schaffen sie Bekanntheit für Uhren aus der Schweiz und schaffen genügend Arbeitsplätze, um das Know-how in der Schweiz zu halten.

Bild: jeafish Ping / Shutterstock.com

Zusammenfassung

Ein Unternehmen kann seinen Umsatz steigern,

- indem es Marktanteile gewinnt,
- indem der Gesamtmarkt wächst oder
- mit einer Kombination dieser beiden Entwicklungen.

Eine **Gesamtmarktentwicklungsstrategie** kann angestrebt werden, wenn ein Marktwachstum möglich ist, d. h., wenn das Marktpotenzial grösser ist als das gegenwärtige Marktvolumen. Aus strategischer Sicht ist eine Gesamtmarktentwicklungsstrategie deshalb von Vorteil, weil alle Konkurrenten und die Kunden vom Wachstum des Markts profitieren können. Anders verhält es sich bei einer **Konkurrenzstrategie.** Dort wird versucht, den Umsatz auf Kosten der Konkurrenz zu steigern. Diese Strategie ist typisch für Märkte, die wenig oder nicht mehr wachsen. Jeder Marktanteilsgewinn geht direkt zulasten eines Konkurrenten, sodass mit heftigen Reaktionen gerechnet werden muss.

Repetitionsfragen

46 Unter welchen Voraussetzungen entspricht eine «Marktentwicklungsstrategie» nach Ansoff einer «Markterweiterungsstrategie», wie wir sie in diesem Kapitel besprochen haben?

47 In welchen Phasen des Produktlebenszyklus sind Gesamtmarktentwicklungsstrategien häufig anzutreffen?

48 In welchen der folgenden Fällen nimmt der Umsatz des Unternehmens zu, unter der Voraussetzung, dass alles andere gleich bleibt? Berechnen Sie die Umsätze.

A] Der Marktanteil steigt um 2%, der Durchschnittspreis sinkt um 10%.

B] Der Durchschnittspreis steigt um 10%, die Menge steigt um 10% und der Marktanteil sinkt um 20%.

C] Das Marktvolumen steigt um 50%, der Marktanteil sinkt auf die Hälfte.

Fallbeispiel 7 – «20 Minuten»

Autor: Stefan Michel

Ausgangslage

Die Gratis-Pendlerzeitung «20 Minuten» wurde in der Schweiz am 13. Dezember 1999 von einem Aussenseiter, dem norwegischen Medienkonzern Schibsted, gegründet. Die grössten Medienhäuser, tamedia, Ringier und NZZ, hatten bereits in der Vergangenheit Gratiszeitungen herausgegeben. Es war absehbar, dass das Internet einen grossen Teil des Inserategeschäfts, vor allem die rentablen Kleininserate, zerstören würde.

«20 Minuten» hat sich innert kurzer Zeit gegen andere Gratiszeitung durchgesetzt und gilt seit September 2004 als **meistgelesene Zeitung der Schweiz.** 2005 hat die tamedia «20 Minuten» aufgekauft und 2006 hat Ringier die Gratiszeitung «Blick am Abend» lanciert. Im Oktober 2016 hatten alle Ausgaben von «20 Minuten» zusammen eine Reichweite von 1.43 Millionen, ein Rückgang von 23 000 Lesern. Das Pendant «Blick am Abend» wird von 672 000 Personen gelesen. Die meistgelesene Bezahlzeitung, der «Blick», verlor 49 000 Leser und kommt noch auf 598 000. Der «Tages-Anzeiger» erreicht noch 474 000 Personen (–8 000).

Die **bezahlten Tageszeitungen** sind seit etwa zehn Jahren unter **doppeltem Druck.** Erstens ist das **Inseratvolumen** in jeder Kategorie **rückläufig,** zweitens sind die **Kunden immer weniger bereit, für Inhalte zu bezahlen,** weil sie Informationen über das Internet gratis erhalten. In diesem Dilemma fährt die tamedia mit «Tages-Anzeiger» und «20 Minuten» seit Kurzem eine interessante Strategie. Beide Redaktionen werden von einem gemeinsamen Newsdesk bedient. Die **Inhalte von «20 Minuten»** bleiben für die Leser im Printformat wie online **gratis.** Die **komplette Bibliothek** des «Tages-Anzeigers» bleibt nun zahlenden Kunden vorbehalten und es sind nur noch ausgewählte Artikel online verfügbar.

Bild: Compendio Bildungsmedien AG, Zürich

Aufgaben

1	Kühns Konkurrenzstrategien zeigen auf, wie ein Unternehmen oder eine Marke wachsen kann. Eignet sich der Ansatz auch, um rückläufige Märkte zu studieren (wie z. B. Printwerbung)?
2	Welche Dimension des «Zeitungskriegs» wird beim Kühn'schen Modell vernachlässigt?
3	Warum hat «Schibsted» Ihrer Meinung nach die sehr erfolgreiche Zeitung «20 Minuten» 2005 an die Konkurrentin tamedia verkauft?

11 Strategiemix

Lernziele

Nach der Bearbeitung dieses Kapitels können Sie …

- erklären, wie die verschiedenen Strategien anhand von Kriterien zu einem Strategiemix kombiniert werden.
- die kritischen Erfolgsfaktoren und die strategischen Erfolgspositionen für die Strategiefindung beschreiben.

Schlüsselbegriffe

economies of scale, economies of scope, funktionale SEP, Grösseneffekte, kritische Erfolgsfaktoren, leistungsbezogene SEP, marktbezogene SEP, Strategiemix, strategische Erfolgspositionen (SEP), strategisches Timing, Synergie, Verbundeffekte

In der Praxis stellt sich nicht die Frage, ob man eine Wachstumsstrategie, eine Konkurrenzstrategie oder eine Markenstrategie wählt. Die Aufgabe besteht darin, eine optimale Kombination der Strategien zu finden. Wir sprechen deshalb von einem **Strategiemix.**

Der Strategiemix wird in Lehrbüchern typischerweise dem strategischen Management zugeordnet[1]. Für die Ausarbeitung eines Marketingkonzepts ist ein vertieftes Verständnis der strategischen Zusammenhänge jedoch unabdingbar.

Damit ein Unternehmen diese optimale Mischung finden kann, braucht es Kriterien, nach denen die strategischen Alternativen bewertet werden können. Diese Kriterien beruhen auf den folgenden Fragestellungen:

- Welche Strategiekombinationen erzeugen die grösste **Synergie?**
- Welches sind die **kritischen Erfolgsfaktoren** im Markt, die berücksichtigt werden müssen?
- Welche **strategischen Erfolgspositionen** will das Unternehmen aufbauen?
- Wann stehen welche Optionen zur Auswahl (strategisches Timing)?
- Wie müssen die **Strategien kombiniert** werden?

11.1 Synergie

Von Synergien sprechen wir generell dann, wenn **das Ganze mehr ist als die Summe der einzelnen Elemente.** Vereinfacht formuliert gilt dann 1 + 1 = 3. Zur Illustration kann man sich eine Fussballmannschaft vorstellen mit einem guten Stürmer und einem guten Mittelfeldspieler. Der Stürmer allein kann keine Tore schiessen, wenn die Bälle aus dem Mittelfeld nicht zu ihm kommen. Der Mittelfeldspieler hingegen braucht Stürmer, die sich für einen Pass anbieten und die Torchancen verwerten. Gemeinsam erzielen ein guter Stürmer und ein guter Mittelfeldspieler Synergien.

Bei der Evaluation[2] der Marketingstrategien ist es wichtig, die möglichen Synergiepotenziale zu kennen und sinnvoll auszuschöpfen. Synergien beruhen in der Regel auf folgenden einfachen **Grundprinzipien:**

- Grösseneffekte
- Verbundeffekte
- Risikostreuung
- Macht

[1] Johnson, Gerry; Scholes, Kevan; Whittington, Richard: Exploring Corporate Strategy – Text and Cases, London 2005.
[2] Evaluation = Bewertung.

Grösseneffekte (economies of scale)

Grösseneffekte führen dazu, dass bei einer bestimmten Produktionsmenge die Produktion der nächsten Einheit günstiger ist als der Durchschnittspreis der bereits produzierten Einheiten.

Verbundeffekte (economies of scope)

Die Verbundeffekte schaffen einen Vorteil, wenn zwei unterschiedliche Aktivitäten zusammen sich besser, billiger, schneller ausführen lassen, als wenn die beiden Aktivitäten isoliert verrichtet werden.

Beispiel

Hotel und Restaurant

Zwischen einem Hotel und einem Restaurant bestehen Verbundeffekte, «economies of scope». So kann z. B. die Gaststube am morgen für Frühstücksgäste des Hotels genutzt werden, mittags und abends für die Essen der Restaurantgäste. Bei Hochzeitsfeiern können auch gleich Zimmer mitangeboten werden. Die Küche, der Einkauf, die Administration und die Werbung können zusammengelegt werden.

Risikostreuung

Wie bei einem Aktienportefeuille kann bei einem Unternehmen mit verschiedenen strategischen Geschäftseinheiten (SGE) das Risiko durch einen Mix von Aktivitäten verringert werden.

Macht

Die Strategie kann nicht allein aus der Optik der Wirtschaftlichkeit gewählt werden; es müssen auch die **Konsequenzen bezüglich der Machtstruktur** berücksichtigt werden. Die Macht über bzw. die Abhängigkeit von Lieferanten, Kunden, externen Beeinflussern, Handelskanälen etc. wird von den Strategien nicht selten unmittelbar beeinflusst.

11.2 Kritische Erfolgsfaktoren

Das Management entscheidet sich bewusst für Strategien, bei deren Ausführung die Ziele des Unternehmens, z. B. eine Rendite von 10% zu erreichen, erfüllt werden.

Nun ist es in den seltensten Fällen möglich, das Resultat zweier strategischer Alternativen derart genau zu quantifizieren, dass einfach diejenige Strategie mit dem besten Resultat gewählt werden kann. Viel eher wird es ein Abwägen geben, das die Alternativen nach verschiedenen Aspekten durchleuchtet.

Diese wichtigen Aspekte werden **«kritische Erfolgsfaktoren»** genannt[1]. Der Begriff deutet bereits an, dass diese Faktoren erfolgswirksam sind. Allerdings sollen und können nicht alle Erfolgsfaktoren berücksichtigt werden, da es in jedem Markt Dutzende, wenn nicht Hunderte solcher Faktoren gibt.

Bei der **Strategieevaluation** beschränkt man sich deshalb auf diejenigen Faktoren, die erfüllt sein müssen und von denen man glaubt, dass sie den grossen Unterschied zwischen Erfolg und Misserfolg ausmachen. Aus diesem Grund heissen sie «kritische» Erfolgsfaktoren.

[1] Lombriser, Roman; Abplanalp, Peter A.: Strategisches Management: Visionen entwickeln, Strategien umsetzen, Erfolgspotenziale aufbauen, Zürich 1997; Johnson, Gerry; Scholes, Kevan; Whittington, Richard: Exploring Corporate Strategy – Text and Cases, London 2005.

Beispiel **Erfolgsfaktoren**

Im Lebensmittelhandel ist der Standort ein kritischer Erfolgsfaktor, weil Kunden häufig einkaufen, während es bei einem Computerfachgeschäft eher das Sortiment ist oder die kompetente Beratung.

Bei Maschinen für die Industrie ist häufig der Service ein kritischer Erfolgsfaktor, weil bei einer Panne die Maschinen ausfallen, was für das Unternehmen enorm hohe Kosten nach sich zieht.

Bei der Strategieevaluation ist es sehr hilfreich, wenn maximal sechs kritische Erfolgsfaktoren identifiziert sind. Jede Strategiealternative kann nun auf die Tauglichkeit in Bezug auf die einzelnen Faktoren überprüft werden.

11.3 Strategische Erfolgspositionen

Der Ansatz der **strategischen Erfolgspositionen** (SEP) geht davon aus, dass eine Strategie vermehrt darauf ausgerichtet sein muss, die Voraussetzung für Wachstum zu schaffen. Es reicht also nicht aus, aufgrund der Chancen / Gefahren-Stärken / Schwächen-(SWOT-)Analyse einen Markt zu finden, in dem das Unternehmen überleben kann. Vielmehr muss das Unternehmen strategische Erfolgspositionen aufbauen und pflegen, die es ihr erlauben, kritische Erfolgsfaktoren besser erfüllen zu können als die Konkurrenz.

Der Begriff wird folgendermassen definiert[1]: «Bei einer SEP handelt es sich um eine in der Unternehmung durch den Aufbau von wichtigen und dominierenden Fähigkeiten **bewusst geschaffene Voraussetzung,** die es dieser Unternehmung erlaubt, im Vergleich zur Konkurrenz langfristig **überdurchschnittliche Ergebnisse** zu erzielen.»

Grundsätzlich kann eine SEP in jedem unternehmerischen Aktivitätsfeld aufgebaut werden. Je nach Perspektive können **drei Arten von SEP** unterschieden werden:

- Leistungsbezogene SEP
- Marktbezogene SEP
- Funktionale SEP

11.3.1 Leistungsbezogene SEP

Eine leistungsbezogene SEP hat ein Unternehmen dann erreicht, wenn es ihm gelingt, **Kundenbedürfnisse** genau und rasch zu erkennen und diese Erkenntnisse unmittelbar in den Leistungserstellungsprozess einfliessen zu lassen. Ein Unternehmen, das sich auf diese SEP konzentriert, muss zwangsläufig die Fähigkeit zur Markterfassung zielstrebig ausbauen. Sie muss in der Lage sein, Markttrends vor der Konkurrenz zu erfassen.

Beispiel **Hilti[2]**

Hilti ist ein liechtensteinischer Werkzeughersteller (z. B. Bohrmaschinen, Laser-Messsysteme, Befestigungsanker), der wiederholt Kundenbedürfnisse früher als die Konkurrenz entdeckte und sich bis heute mit Innovationen gegen die starken asiatischen Billiganbieter durchsetzen kann. 1952 brachte Hilti das erste selbst entwickelte **Direktbefestigungsgerät** Perfix auf den Markt und entwickelte sich zunehmend in Richtung Befestigungstechnik.

1967 startete mit der Hilti TE 17 die wohl bekannteste Produktreihe des Unternehmens: die kleinen **elektropneumatischen Bohrhammer** der 5-Kilo-Klasse. Es handelt sich um Elektrowerkzeuge, die zwar grösser als eine Elektro-Handbohrmaschine sind, die aber besonders effektiv und mit wenig Anpresskraft des Anwenders in Beton bohren können und sich deswegen in der Baubranche schnell verbreiten konnten. Als besonders erfolgreich erweist sich auch das 1999 eingeführte **Hilti-Flottenmanagement,** bei dem sich die Kunden die Geräte nicht kaufen müssen, sondern zu einem monatlichen Fixpreis mieten können. Hilti übernimmt das ganze Inventarmanagement, alle Reparatur- und Wartungskosten und kann mit Zusatzleistungen auch eine elektronische Diebstahlsicherung anbieten.

[1] Pümpin, Cuno: Management strategischer Erfolgspositionen, Bern, Stuttgart 1983.
[2] Michel, S. (2013). Hilti Fleet Management: Strategically Moving From Products to B2B Solutions. IMD Case 3-2354.

Eine weitere leistungsbezogene SEP besteht darin, bedürfnisgerechte Leistungen in der gewünschten Qualität zu einem marktgerechten Preis anbieten zu können.

Beispiel

IKEA

Es gibt qualitativ höherwertige Möbel als sie IKEA anbietet. Andere Möbelhäuser bieten in der Regel mehr Beratung und übernehmen die Lieferung und die Montage beim Kunden. IKEA bietet den Kunden, die bereit sind, ihre Waren aus dem Katalog oder aus der Ausstellung selbst auszusuchen, selbst zu transportieren und zu montieren, ein gutes Preis-Leistungs-Verhältnis an.

IKEA bietet seinen Kunden ein gutes Preis-Leistungs-Verhältnis an. Bild: IKEA AG

Drittens kann die leistungsbezogene SEP auch in der Wahl und der Ausgestaltung der benutzten Technologie gefunden werden.

Beispiel

DayLong-Sonnenschutzcreme

Die Firma Spirig verwendet für ihre DayLong-Sonnenschutzcreme einen chemischen Zusatz, der UV-Strahlen nicht durchdringen lässt, wasserfest ist und die Haut trotzdem atmen lässt. Der Schutz ist äusserst effektiv und wirkt, wie der Name suggeriert, den ganzen Tag lang.

11.3.2 Marktbezogene SEP

Marktbezogene SEP ermöglichen den Unternehmenserfolg durch eine **besondere Stellung im Markt.** Beispielsweise kann ein hoher Marktanteil bereits einen Wettbewerbsvorteil gegenüber kleineren Anbietern darstellen.

Verschiedene neuere Untersuchungen zeigen jedoch, dass in vielen Industrien, vor allem bei Dienstleistungen, nicht der Marktanteil entscheidend ist, sondern die Kundenloyalität[1]. Ein Unternehmen, dem es gelingt, die Kunden länger und intensiver an sich zu binden als die Konkurrenz, kann dadurch Wettbewerbsvorteile erzielen (siehe Kap. 7.4, S. 140).

11.3.3 Funktionale SEP

Funktionale SEP beruhen auf Fähigkeiten des Unternehmens, bestimmte **Funktionen besser als die Konkurrenz ausführen** zu können. Beispiele dafür können sein:

- **Servicequalität:** Ein Unternehmen ist in der Lage, konstant eine hohe Servicequalität zu bieten.
- **Verkauf:** Ein hochqualifiziertes Verkaufsteam kann nachhaltige Wettbewerbsvorteile schaffen.
- **Kundenberatung:** Wenn bei komplexeren Dienstleistungen die Kundenbedürfnisse erfolgreich erfüllt werden sollen, ist häufig eine individuelle Beratung nötig.
- **Werbung:** Unternehmen können in der externen Kommunikation eine SEP suchen, indem sie dem Zielpublikum ihre Botschaften effektiver und effizienter näher bringen können.
- **Personalrekrutierung:** In einigen hochwertigen Dienstleistungsbranchen (Anwälte, IT-Beratung, Unternehmensberatung) besteht ein akuter Mangel an qualifizierten Arbeitskräften. Unternehmen, denen es gelingt, talentierte und auch erfahrene Mitarbeitende zu gewinnen, bauen sich eine funktionale SEP auf.
- **Personalschulung:** Die Schulung spezieller Fähigkeiten kann ebenfalls zu einer SEP aufgebaut werden.

11.3.4 Leitsätze für die Festlegung von strategischen Erfolgspositionen

C. Pümpin nennt in seinem Buch **zehn Leitsätze,** die das Management bei der Definition, Bildung und Pflege von SEP zu berücksichtigen hat:[2]

- Das Vorhandensein von SEP bestimmt den Unternehmenserfolg.
- SEP werden durch die Zuordnung von Ressourcen aufgebaut.
- Einer vorgegebenen SEP zugeordnete Ressourcen müssen anderen möglichen SEP entzogen werden, es sei denn, zwischen ihnen bestehe eine Synergie.
- Die Anzahl aufbaubarer SEP ist begrenzt.
- Die Erhaltung aufgebauter SEP ist nur dann möglich, wenn diese durch entsprechende Ressourcenzuteilung laufend gepflegt werden.
- Aufzubauende SEP können zueinander in einem harmonischen, einem neutralen oder einem Konfliktverhältnis stehen.
- Starke SEP können nur dann aufgebaut werden, wenn alle Unternehmensbereiche durch interdisziplinäre Zusammenarbeit dazu beitragen.
- Der Aufbau von SEP ist eine mittel- bis langfristige Angelegenheit.
- Der Nutzen von SEP ändert sich im Zeitablauf.
- Zwischen Unternehmenskultur und SEP bestehen enge Wechselbeziehungen.

[1] Reichheld, Frederik F.; Teal, Thomas: The Loyalty Effect, Boston 2001.
[2] Pümpin, Cuno: Management strategischer Erfolgspositionen, Bern, Stuttgart 1983.

11.4 Strategisches Timing

Bei der Strategieevaluation spielt das «Timing», d. h. die Wahl des richtigen Zeitpunkts, eine sehr wichtige Rolle. Derek F. Abell hat den Begriff des **«strategischen Fensters»** geprägt.[1] Sein Konzept geht davon aus, dass jede Strategie bei den Veränderungen in den Märkten und im Unternehmen immer nur während einer bestimmten Zeitspanne erfolgreich sein kann.

In dieser Zeitspanne ist das «strategische Fenster» für das Unternehmen offen. Die Marketingstrategie befindet sich immer im **Ungleichgewicht** zwischen der Anpassung an Marktveränderungen (reaktiv) und der Schaffung von neuen Marktgegebenheiten (proaktiv). In dieser Dynamik kann ein Unternehmen bei Veränderungen auf den Märkten vier strategische Optionen einsetzen:

- **Strategie 1:** Das Unternehmen setzt alles daran, die notwendigen Ressourcen und Fähigkeiten aufzubauen oder einzukaufen, die für das Weiterbestehen im Markt notwendig scheinen.
- **Strategie 2:** Das Unternehmen konzentriert sich auf Segmente, Teilmärkte oder Nischen, in denen es nach wie vor erfolgreich sein kann.
- **Strategie 3:** Das Unternehmen beteiligt sich nicht an der Weiterentwicklung des Markts. Es «melkt» seine Produkte und optimiert den kurzfristigen Erfolg. Die Investitionen werden in anderen Märkten getätigt.
- **Strategie 4:** Das Unternehmen zieht sich aus dem Markt zurück, entweder durch einen Verkauf des Geschäfts oder der strategischen Geschäftseinheit oder durch Liquidation.

Bezeichnend für das Konzept der strategischen Fenster ist die Annahme, dass die **Strategie 1 nicht jederzeit verfolgt werden kann.** Wenn ein Unternehmen das offene Fenster verpasst, kann es sein, dass nur noch die Strategien 2, 3 oder 4 gewählt werden können.

Beispiel

Nokia und Apple

2006: Das finnische Telekommunikationsunternehmen Nokia hatte sich in den letzten 10 Jahren als eines der innovativsten Unternehmen weltweit präsentiert. Es dominierte den Mobilfunkmarkt und verkaufte bis zu 470 Millionen Geräte in einem Jahr. Es hatte eine gut organisierte Lieferkette eingerichtet und Verträge mit Mobilfunkanbietern rund um den Globus abgeschlossen.

Zu dieser Zeit entwickelte Apple das iPhone, während Nokia die Anfrage von Google ablehnte, am Konsortium für die Entwicklung eines neues Mobilbetriebssystems, Android, teilzunehmen. Apple präsentierte im folgenden Jahr ein Betriebssystem auf Touch-Basis, das intuitiv zu bedienen war und es stark vereinfachte, neue Programme für das Betriebssystem zu entwickeln und zu vertreiben.

Nachdem sich der Erfolg des Konzepts bei Google und Apple abzeichnete, versuchte Nokia, Mitte 2008 selbst zusammen mit anderen grossen Unternehmen das Konzept zu kopieren und ein eigenes Betriebssystem mit App-Store zu etablieren. Zu dieser Zeit hatte sich aber, durch die langen Entwicklungszeiten, das strategische Fenster schon geschlossen. In den nächsten fünf Jahren verlor die Nokia-Aktie 93% ihres Werts, während sich der Wert von Apple vervielfachte.

11.5 Strategiemix

Wir haben in diesem Buch verschiedene strategische Konzepte behandelt, z. B. die Wachstumsstrategien nach Ansoff (Kap. 6.2, S. 105) oder die internationalen Strategien (Kap. 6.3, S. 109). Da sich die meisten Konzepte eher ergänzen als konkurrenzieren, muss das Management die richtigen **strategischen Kombinationen** erarbeiten. Wir sprechen in diesem Sinn von einem **Strategiemix.** Die Tabelle zeigt einen solchen Mix am Beispiel der Discountkette «Denner» (im Besitz der Migros), der Uhrenmarke «Swatch» und einem Rechtsanwaltbüro, das sich auf internationales Sportrecht spezialsiert.

[1] Abell, Derek F.: Strategic Window, Journal of Marketing 42 (1978).

Abb. [11-1] **Strategiemix**

Strategien	Firmen / Produkte		
	Denner	Swatch	Rechtsanwalt
Wachstumsstrategie nach Ansoff	☐	☐	☐
• Marktpenetration	☒	☒	☐
• Produktentwicklung	☐	☒	☒
• Marktentwicklung	☐	☒	☐
• Diversifikation	☐	☒	☐
Geografische Differenzierung	☐	☐	☐
• Nationales Marketing	☒	☐	☐
• Internationales Marketing	☐	☐	☒
• Multinationales Marketing	☐	☐	☐
• Globales Marketing	☐	☒	☐
Form der Internationalisierungsstrategie	☐	☐	☐
• Export	☐	☒	☐
• Lizenzvergabe	☐	☒	☐
• Franchising	☐	☒	☐
• Joint Venture	☐	☒	☒
• Tochtergesellschaft	☐	☒	☐
Segmentierungsstrategie	☐	☐	☐
• Massenmarketing	☒	☐	☐
• Segmentierung	☐	☒	☐
• Individualmarketing	☐	☐	☒
Differenzierungsstrategie	☐	☐	☐
• Präferenzstrategie: Leistungsprofilierung	☐	☒	☒
• Präferenzstrategie: Kommunikationsprofilierung	☐	☒	☐
• Preis-Mengen-Strategie	☒	☐	☐
Markenstrategie	☐	☐	☐
• No-Name-Strategie	☒	☐	☐
• Handelsmarkenstrategie	☒	☐	☐
• Markenartikelstrategie	☒	☒	☐
Markenentwicklungsstrategie	☐	☐	☐
• Sortimentserweiterung (Line Extension)	☐	☒	☐
• Markenerweiterung (Brand Extension)	☐	☒	☐
• Multimarken	☐	☐	☐
• Neue Marke	☐	☐	☐
Konkurrenzstrategie nach Kühn	☐	☐	☐
• Gesamtwachstumsstrategie	☐	☐	☒
• Konkurrenzstrategie	☒	☒	☐
• Kooperationsstrategie	☐	☒	☐

Die Abbildung zeigt, dass nicht alle strategischen Themen relevant sind (wenn die Linie leer bleibt, z. B. Markenentwicklung bei Denner) und dass manchmal mehrere Alternativen gleichzeitig verfolgt werden (z. B. alle Formen der Internationalisierung bei Swatch).

11.6 Marketingfehler

A] Falsche Definition von kritischen Erfolgsfaktoren

Swissair definierte die kritischen Erfolgsfaktoren falsch. Bild: KEYSTONE / Martin Ruetschi

Unter der Leitung von Philippe Bruggisser definierte die Swissair als **kritische Erfolgsfaktoren:**

- Flughafen Zürich-Kloten wird ein Hub (Drehscheibe).
- Die Swissair dominiert die Qualiflyer-Gruppe, die weltweit zu den grössten fünf Allianzen (nach One World, Star Alliance, Skyteam) zählt.
- Die Swissair besitzt Mehrheitsbeteiligungen an Airlines in EU-Ländern.

Das Grounding der Swissair am 2. Oktober 2001 und der Konkurs haben gezeigt, dass viel eher die Mitgliedschaft in einer der drei grossen Allianzen ein kritischer Erfolgsfaktor gewesen wäre.

B] Falsche Definition von strategischen Erfolgspositionen

Die Credit Suisse hatte von 1997 bis 2004 versucht, eine strategische Erfolgsposition durch **«Allfinanz»** zu erzielen. Die Idee war, sämtliche Anlagebedürfnisse der Kunden, über das Sparkonto zur zweiten und dritten Säule bis zur Versicherungspolice anbieten zu können.

Die Idee, Banken und Versicherungen zu verschmelzen, ist, zumindest am Beispiel der Credit Suisse Gruppe, aus zwei Gründen gescheitert: Erstens konnte nicht gezeigt werden, dass die Idee der SEP «Allfinanz» tatsächlich ein Kundenbedürfnis ist. Die meisten Kunden tätigen die Bankgeschäfte bei Banken und schliessen Versicherungsgeschäfte bei Versicherungen ab. Zweitens hat die Integration der Winterthur Versicherung in die Credit Suisse unternehmenskulturell nicht funktioniert und wurde 2004 durch den CEO Oswald Grübel wieder grösstenteils rückgängig gemacht.

C] Falsches Timing

Bill Atkinson, ein Computergenie von Apple, hatte Mitte der 1980er-Jahre die **Software Hypercard** entwickelt, die während einiger Jahre mit allen Macintosh-Computern gratis mitgeliefert wurde. Das Programm bestand aus einer Art Datenbank, die jede Art von Inhalt (Text, Ton, Grafik etc.) miteinander verknüpfen konnte (Hyperlink). Einige Experten sind heute der Meinung, dass Apple lange vor dem Erfolg des Internets den ersten «Browser» kreiert hatte, ohne es zu merken. Die Entwicklung von Hypercard wurde von Apple 1992, also vor dem Internetboom, eingestellt.

Zusammenfassung

Beim Strategiemix geht es darum, die **richtigen strategischen Ansätze miteinander zu kombinieren.** Ein Ziel dieser Kombination ist die Ausschöpfung von Synergiepotenzialen. **Synergien** beruhen auf den economies of scale (Grösseneffekte), economies of scope (Verbundeffekte), auf der Risikostreuung und dem Einsatz der Macht.

Wichtig für die Strategiefindung sind die **kritischen Erfolgsfaktoren.** Sie heissen Erfolgsfaktoren, weil sie den Erfolg beeinflussen und werden als kritisch bezeichnet, weil sie entscheidenden Einfluss über Erfolg und Misserfolg ausüben. In der Strategiefindung sollten sämtliche Alternativen hinsichtlich ihrer Wirkung auf die maximal sechs wichtigsten Erfolgsfaktoren untersucht werden.

Das Unternehmen muss versuchen, **strategische Erfolgspositionen** aufzubauen und zu pflegen, die es ihm erlauben, kritische Erfolgsfaktoren besser erfüllen zu können als die Konkurrenz. Die strategischen Erfolgspositionen (SEP) lassen sich unterteilen in leistungsbezogene, marktbezogene und funktionale SEP.

Repetitionsfragen

49 Welche Synergieform entsteht bei den in der Tabelle aufgeführten Beispielen?

Beispiel	Synergieform
Ein Produzent von Halb- und Fertigprodukten für die Gastronomie erweitert sein Sortiment und verkauft nun auch Weizentortillas. Die Produktion von Weizentortillas wird aufgenommen, obwohl dafür eine neue Maschine angeschafft werden muss, da die bereits vorhandene Maschine für Maistortillas nicht gleichzeitig Weizentortillas produzieren kann. Man hat aber festgestellt, dass die Kunden gerne alle mexikanischen Speisen vom selben Hersteller kaufen.	
Eine Immobilienfirma bearbeitet sowohl den Markt für Wohnbauten als auch für Bürobauten, obwohl die Käufer und die Objekte sehr verschieden sind. Die beiden Teilmärkte zeichnen sich auch durch ein unterschiedliches zyklisches Verhalten aus.	
Drei Ärzte legen ihre Praxen zusammen, weil sie so die Fixkosten (medizinische Geräte, Medikamentenschrank, Empfangstheke, EDV-System) auf mehrere Personen aufteilen können.	

50 Beschreiben Sie eine mögliche Situation, in der zwei aufzubauende strategische Erfolgspositionen (SEP) in einem Zielkonflikt zueinander stehen.

51 Die Führungskräfte eines Unternehmens haben sich entschieden, die Idee der strategischen Erfolgspositionen (SEP) einzuführen. Da das Unternehmen sehr konservativ ist und sehr technisch orientiert agiert, werden zwei SEP als Pilotprojekte definiert. Der Marketingchef soll einen SEP «Branding» und einen SEP «Innovation» aufbauen. In einem Jahr soll der Erfolg des Projekts beurteilt werden. Wie beurteilen Sie dieses Vorgehen?

Fallbeispiel 8 – Strategiemix: Netflix

Autor: Stefan Michel

Ausgangslage

Als Reed Hastings Netflix 1999 als DVD-Vermietfirma gründete, waren seine Erfolgschancen nicht besonders hoch. Erstens legte er sich mit dem mächtigen und omnipräsenten Marktführer «Blockbuster» an, zweitens war das Ende der DVD dank Highspeed-Internet und TV-on-Demand bereits absehbar und drittens war ein Versandhandel mit dem U.S. Postal Service (USPS) wenig vielversprechend. Nichtsdestotrotz gewann Netflix von 1999 bis 2011 25 Millionen Abonnenten, die den Börsenkurs auf 298 Dollar (+3 052%) anwachsen liessen. Netflix' **Erfolgsrezept** bestand aus mehreren Elementen. Einerseits konnten die Kunden Filme «im Abonnement» schauen, d. h., der neue Film wird erst geliefert, wenn der ausgeliehene Film retourniert wird. Dadurch mussten die Kunden niemals Strafgebühren bezahlen. Sie konnten denselben Film monatelang zu Hause behalten, solange sie die monatlichen Gebühren bezahlten. Zweitens hat Netflix, ähnlich wie Amazon bei Büchern, die Webseite mit intelligenten Datenbanken verknüpft, die den Kunden Filme empfehlen können. Tatsächlich beurteilen Kunden Filme, die von Netflix empfohlen werden, 10% besser als die Filme, die sie selbst, d. h. ohne Empfehlung, aussuchen.

Der Höhenflug von Netflix endete jäh im Sommer 2011, als die Lizenzgebühren von Netflix an die Filmstudios um das 11-Fache anstiegen und Netflix mit ein paar ungeschickten Massnahmen die Kunden auf diesen **Preisschock** vorbereiten wollte. Der Börsenkurs fiel innert 4 Monaten um über 70%. In einem **radikalen Strategiewechsel** hat sich Reed Hastings dafür entschieden, dass Netflix selbst TV-Serien produziert. Zur allgemeinen Überraschung der meisten Experten waren diese Serien, z. B. «House of Cards» mit Kevin Spacey oder «Hemlock Grove» für ein jüngeres Publikum auf Anhieb ein Riesenhit. Das Publikum liebt diese Serien und bei den Emmy Awards 2013 erhielten sie 14 Nominationen, 9 davon für «House of Cards»; sie gewannen in drei Kategorien.

Bild: Netflix

Aufgaben

1	Welche der vier Synergieformen können bei Netflix vermutet werden?
2	Welche strategische Erfolgsposition (SEP) hat es Netflix ermöglicht, auf Anhieb erfolgreich in die Filmproduktion einzusteigen?
3	Macht es Sinn für Netflix, international zu wachsen?

Teil D

Instrumente, Budget und Kontrolle

Einstieg

Analyse

- Marktdefinition
- Marktanalyse und -diagnose
- Marktforschung
- Marketingziele

Strategien

- Wachstumsstrategien
- Segmentierung und strategisches CRM
- Positionierung und Markenstrategie
- Lebenszyklusstrategie
- Konkurrenzstrategie nach Kühn
- Strategiemix

Instrumente

- Marktleistung
  - Formen der Marktleistung
  - Dienstleistungen
  - Sortiment
  - Verpackung
  - Qualität
- Kommunikation
  - Push- und Pull-Wirkung der Kommunikation
  - Werbung
  - Verkaufsförderung
  - Persönlicher Verkauf
  - Direktmarketing
  - Operatives CRM
  - Public Relations
  - Internetkommunikation
- Internetkommunikation
  - Der eigene Internetauftritt
  - Aufbau einer Webseite
  - Webanalyse
  - Onlinewerbeformate
  - Social-Media-Marketing
- Preis
  - Preistheorie
  - Preisbestimmung mit den 4 K
  - Preisdifferenzierung nach dem Kundenwert
  - Rabatt- und Konditionenpolitik
- Distribution
  - Entscheidungsprozess der Distribution
  - Vertrieb
  - Multichannel
  - Key-Account-Management
  - E-Commerce
- Marketingmix
  - Konsumgütermarketing
  - Dienstleistungsmarketing
  - Investitionsgütermarketing
  - Nicht gewinnorientiertes Marketing
  - Bestimmung des optimalen Marketingmix

Budget

- Marketingbudget
  - Top-down- und Bottom-up-Budgetierung
  - Ad-hoc-Budgetierung
  - Marketingbudgets in der Praxis
  - Budgetüberwachung und -anpassung

Kontrolle

- Marketingkontrolle
  - Arten von Marketingkontrolle
  - Kontrollplan
  - Marketing-Informationssystem

Ein Restaurant versucht, neue Gäste zu gewinnen, indem es neu

- Flammkuchen, eine Art «Pizza aus dem Elsass», anbietet,
- Getränke zum halben Preis verkauft in der Zeit von 16 bis 19 Uhr (Happy Hour) und
- Inserate in der Lokalzeitung schaltet.

Diese drei Aktionen bezeichnen wir als **«Marketingmassnahmen».** Die einzelnen Massnahmen lassen sich zu «Marketinginstrumenten» zusammenfassen, z. B. besteht das Instrument «Werbung» aus allen Werbemassnahmen. Die einzelnen Instrumente wiederum werden zusammengefasst zum Submix, der den **Marketingmix** bildet. Die folgende Abbildung zeigt die Begriffshierarchie. Wir sehen auch, dass der Marketingmix das Bindeglied zwischen der Marketingstrategie und den Marketinginstrumenten ist.

Der **Begriff Marketingmix** stammt von James Culliton, der bereits 1948 die Führungskraft als «Entscheider», als «Künstler», sogar als «Mixer von Zutaten» beschrieben hat, der manchmal die Rezepte von anderen übernimmt, manchmal aber auch die Rezepte ändert und durch Probieren und Austüfteln auch neue Zutaten erfindet, die niemand vorher benutzt hatte[1].

In der Praxis hat sich vor allem der **Begriff der «4 P»** durchgesetzt, der von Jerome McCarthy stammt[2] und durch das Buch von Philip Kotler bekannt wurde[3]. Wie wir in Kapitel 17, S. 296 «Marketingmix» ausführlicher behandeln, eignen sich die 4 P vor allem für die Strukturierung der Instrumente im **Konsumgütermarketing,** z. B. für Coca-Cola, Elmex oder Ariel.

Im **Dienstleistungsmarketing** und vermehrt auch im Business-to-Business-Marketing (B2B-Marketing) trifft man häufig auf die erweiterte Formel der **7 P.** Zu den vier bisherigen P kommen neu dazu:

- Processes (Leistungsprozesse)
- People (Mitarbeitende)
- Physical Tangibles (physische Umgebung wie Ladenlokal der Restaurantdekoration)

Wir zeigen die 7 P illustrativ am Beispiel des Smart-Autos, das an autorisierten Smart-Centern verkauft und gewartet wird.

[1] Anmerkung: Mit Zutaten meinte er die Marketinginstrumente. Zitat aus Borden, N. H. (1964). The Concept of the Marketing Mix. Journal of Advertising Research, 4 (2), 7–12.
[2] McCarthy, E. J. (1964). Basic Marketing. A Managerial Approach. Homewood, IL: Irwin.
[3] Kotler, P. (1967). Marketing Management. Analysis, Planning and Control. Englewood Cliffs, NJ: Prentice-Hall.

Abb. [11-2] **Marketingmix, Submixe, Instrumente und Massnahmen**

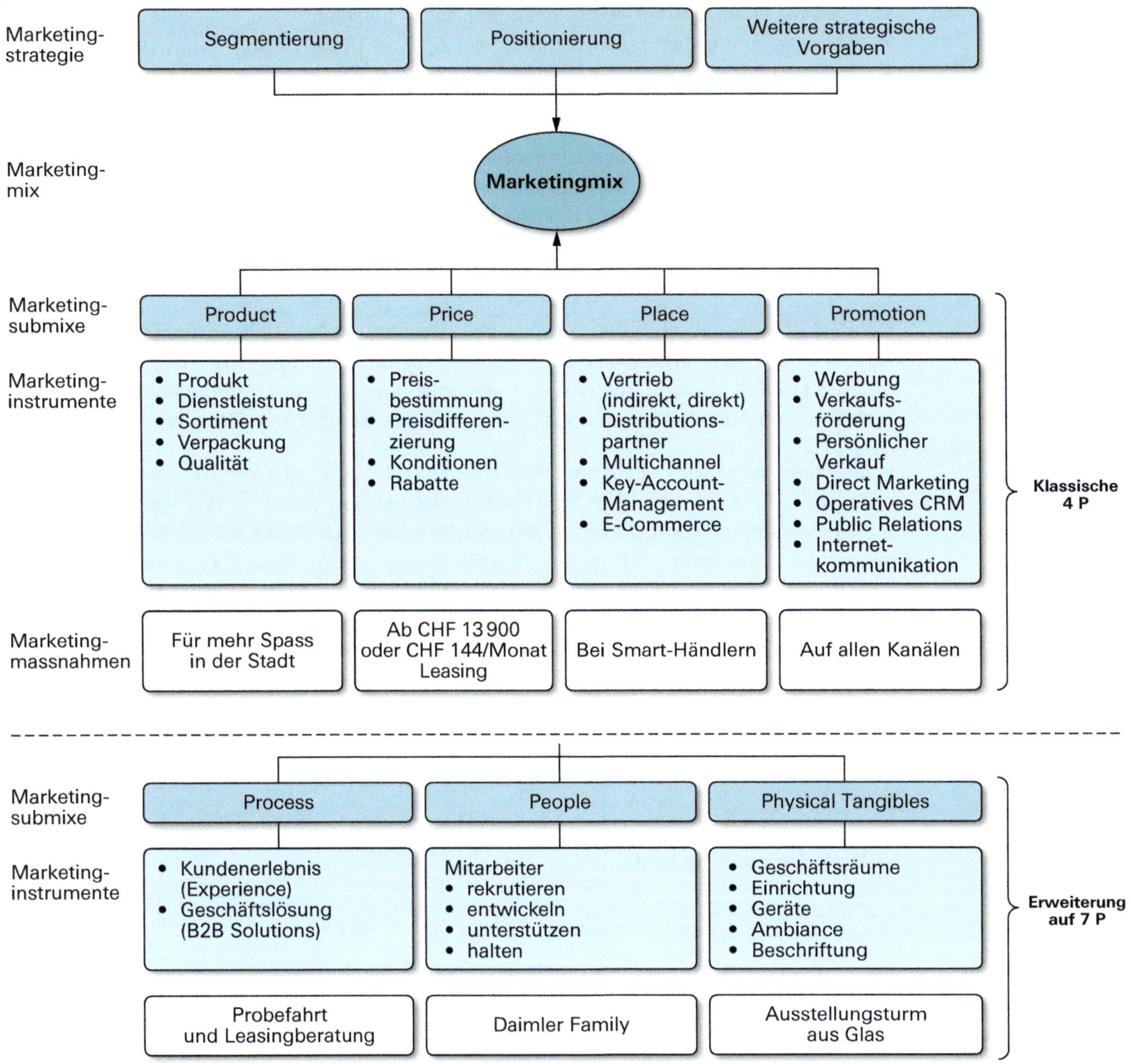

Die folgende Abbildung gibt einen Überblick über die Strukturierung des Marketingmix in diesem Buch.

Abb. [11-3] **Marketinginstrumente, 4 P und 7 P**

Kapitel	4 P nach McCarthy	7 P nach Booms / Bitner
11 – Strategiemix	Product (Formen der Marktleistung, Sortiment, Verpackung, Qualität)	• Process (Leistungsprozesse) • People (Mitarbeitende) • Physical Tangibles (physische Elemente)
13 – Kommunikation	Promotion (Werbung, Verkaufsförderung, Verkauf, Direktmarketing, Operatives CRM, Public Relations	
14 – Internetkommunikation	Internetkommunikation	
15 – Preis	Price (Preistheorie, Preisdifferenzierung, Rabatte und Konditionen)	
16 – Distribution	Place (Vertrieb, Multichannel, Key Account Management, E-Commerce)	

12 Marktleistung

Lernziele

Nach der Bearbeitung dieses Kapitels können Sie ...

- zwischen Marketingmassnahmen, -instrumenten, -submixen und dem Marketingmix unterscheiden.
- die wichtigsten Unterschiede zwischen Produkten und Dienstleistungen nennen.
- ein Sortiment anhand von vier Dimensionen definieren.
- die Funktionen der Verpackung beschreiben.
- den Zusammenhang zwischen Qualität und Kundenzufriedenheit nach Faktoren unterscheiden.

Schlüsselbegriffe

Convenience-Güter, Dienstleistungen, erweiterte Dienstleistung, erweitertes Produkt, formale Dienstleistung, formales Produkt, Investitionsgüter, Kerndienstleistung, Kernprodukt, Konsumgüter, Kundennutzen, Laddering-Technik, Leistungsprozesse (process), Marketingziele, Marktleistung, Mitarbeitende (people), Muss-Faktoren, Ökologie, physische Elemente (physical tangibles), Plus-Faktoren, Produkt, Produktlinien, Qualität, Shopping-Güter, Soll-Faktoren, Sortiment, Spezialgüter, Verpackung

Die Marketinginstrumente, die wir in diesem Kapitel behandeln, betreffen das Produkt oder die Dienstleistung, die die Kunden kaufen. **Produkte und Dienstleistungen** fassen wir auch unter dem Begriff «Marktleistung» zusammen. Die Markleistung soll so gestaltet sein, dass sie die Ansprüche der potenziellen Konsumenten möglichst genau erfüllt. Diese **Ausrichtung auf die Kundenbedürfnisse** muss jedoch auch mit den unternehmensinternen Potenzialen und Zielen abgestimmt werden.

In diesem Kapitel werden die folgenden Fragen beantwortet:

- Was soll das Produkt oder die Dienstleistung leisten?
- Welche Erwartungen werden zukünftig an eine Luxusuhr gestellt? Ist das Design, die Funktion oder das Material der wegweisende Trend?
- Wie soll das Produkt oder die Dienstleistung die geforderten Leistungen erfüllen?
- Wie soll der Trend nach Edelsteinen für Frauen- und Männeruhren berücksichtigt werden? Sind die technologischen Möglichkeiten ausreichend?
- Wie soll das Produkt oder die Dienstleistung gestaltet werden?
- Wie soll der Trend nach Edelsteinen in eine Kollektion für Frauen- und Männeruhren umgesetzt werden?

12.1 Marketingziele

Die Ziele bei der Gestaltung der Marktleistung können sehr vielfältig sein. Im Mittelpunkt stehen aber meistens die folgenden beiden Ziele:

- Die Marktleistung, d. h. das Produkt oder die Dienstleistung, erfüllt die **Kundenbedürfnisse besser als konkurrierende Marktleistungen.**
- Mit dem Verkauf der Marktleistung erzielt das Unternehmen einen **Gewinn.**

Einige Ergänzungen zum ersten Ziel: Keine Marktleistung ist in allen Belangen und für alle Kunden überlegen. Es geht also darum zu definieren, welche Bedürfnisse besser befriedigt werden und welche Kunden damit angesprochen sind. Konsequenterweise ist deshalb die **Marktleistungsgestaltung abhängig von der Strategie,** insbesondere von der Positionierung und der Segmentierung. Es sind nicht nur die objektiven Merkmale der Marktleistungen wichtig (Elmex ist besser gegen Karies), sondern die subjektive Wahrnehmung (ich vertraue auf Elmex).

Hinsichtlich des zweiten Ziels gibt es sicherlich Ausnahmen, z. B. nicht gewinnorientierte Unternehmen. Das Ziel der Leistungsgestaltung einer solchen Organisation kann darin bestehen, den Unternehmenszweck (z. B. Rettung von bedrohten Tierarten) mit möglichst wenig Mitteln zu erfüllen.

12.2 Kundennutzen und Marktleistungen

Unternehmen sind langfristig erfolgreich, wenn sie Marktleistungen anbieten, die **Kundenbedürfnisse besser befriedigen als die Konkurrenz.** Das berühmteste tragische Beispiel ist Kodak, ein Fotografie-Unternehmen, das den Sprung auf die digitale Fotografie verpasst hat. Ein anderes Beispiel ist die ehemalige Wirtschaftswochenzeitung «Cash», die eingestellt werden musste, weil die wirtschaftsinteressierten Leser die gewünschten Informationen über das Internet oder mittels anderer Medien wie «NZZ», «Finanz und Wirtschaft» und «Bilanz» beziehen.

Um herauszufinden, welche Marktleistungen zu welchen Kundennutzen führen, werden die Attribute mit den Kundennutzen verbunden. Dabei unterscheiden wir immer zwischen

- Attributen: was das Unternehmen anbietet,
- Kundennutzen (engl. Benefits): was dieses Attribut dem Kunden nützt.

Wir haben dazu ein paar einfache Beispiele in einer Tabelle zusammengefasst.

Abb. [12-1] **Produkte mit Attributen und Kundennutzen**

Produkt	Attribut	Kundennutzen
Mineralwasser	Wasser	Löscht Durst
E-Bike	Fahrrad mit eingebauter Batterie	Ermöglicht Fortbewegung mit optimalem Mass an körperlicher Fortbewegung
Bank	• Maestro-Karte • Bancomaten	Jederzeit Bargeld zur Verfügung
Versicherung	Autohaftpflicht	Absicherung vor hohen finanziellen Verlusten bei Unfällen

Mit dem **Means-End-Chain-Ansatz** (deutsch: Mittel-zum-Zweck-Kette) werden die Attribute mit den Kundennutzen verknüpft und diese werden wiederum mit den Werten verbunden.[1]

Grafisch werden diese Elemente mit **«Leitern»** verbunden. Deshalb spricht man auch von der **Laddering-Technik** (deutsch: Leitertechnik). Das folgende Beispiel illustriert, warum ein Gast am Feierabend ein Corona-Bier trinkt. Zum Beispiel führt das Attribut «frischer Geschmack» zum Kundennutzen «Erfrischung», der den Wert «Genuss» anspricht. Der Alkoholgehalt sorgt für eine gute Stimmung (Kundennutzen «Entspannung» und «Spass», womit der Wert «Freundschaft» verbunden ist).

[1] Gutman, Jonathan: «Means-End Chains as Goal Hierarchies.» Psychology & Marketing 14.6 (1997): 545-60, und auch Schaffner, Dorothea; Metzger, Bernhard; Michel, Stefan: Konsumentenverhalten. Eine Praxisorientierte Einführung. Zürich: Versus, 2010.

Abb. [12-2] **Laddering für Corona-Bier**

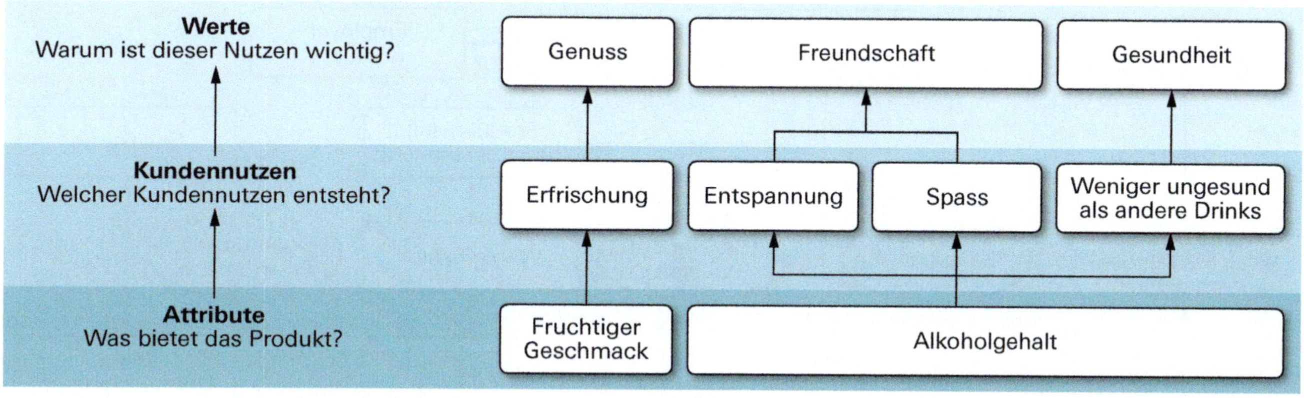

Mit einer ähnlichen Logik lässt sich das Laddering auch in **Business-to-Business-Märkten** anwenden. Nehmen wir als Beispiel die Firma Hilti, die wir in Kapitel 11.3.1, S. 183 besprochen haben.

Beispiel

Hilti Fleet Management

Auf der ersten Ebene werden die verschiedenen Attribute aufgelistet, ähnlich wie beim Corona-Bier. Bei Hilti Fleet Management sind das:

- Hilti steuert das gesamte Inventar an Maschinen und kann deshalb dem Kunden helfen, den richtigen Maschinenpark zu bestimmen.
- Hilti liefert die passenden Verbrauchsteile (z. B. Nägel für eine Nagelpistole).
- Hilti repariert defekte Teile.
- Für die gesamte Vertragsdauer bezahlt der Kunde monatlich denselben Betrag, auch wenn Maschinen kaputt gehen sollten.

Wenn wir nun den «Kundennutzen» betrachten, können wir nach den **verschiedenen Personen oder Rollen** unterscheiden, die vom Hilti Fleet Management profitieren:

- **Bauarbeiter**
  - Der Bauarbeiter hat die richtige Maschine immer zur Verfügung.
  - Dadurch erreicht er seine Tagesziele und kann rechtzeitig Feierabend machen.
  - Das Arbeiten mit gutem Werkzeug fördert seine Arbeitszufriedenheit.
- **Polier / Chef Baustelle**
  - Der Polier weiss immer, wo die Werkzeuge sind.
  - Die Abstimmung von Werkzeug und Verbrauchsmaterial führt zu weniger Fehlern und Ausschuss.
- **Eigentümer / Finanzchefin**
  - Es gibt keine Überraschungen bei den Kosten, das Budget ist planbar.

Auf der Ebene der Werte fassen wir zusammen, welche **Wertschöpfung für das Unternehmen** resultiert:

- Produktivitätsgewinn
- Entlastung (man kann sich auf die Kunden konzentrieren, nicht auf die Werkzeuge)
- Employer Branding (es ist einfacher, motivierte Baumitarbeiter zu gewinnen, wenn man mit den besten Werkzeugen arbeitet)

Abb. [12-3] **Laddering für Hilti Fleet Management**

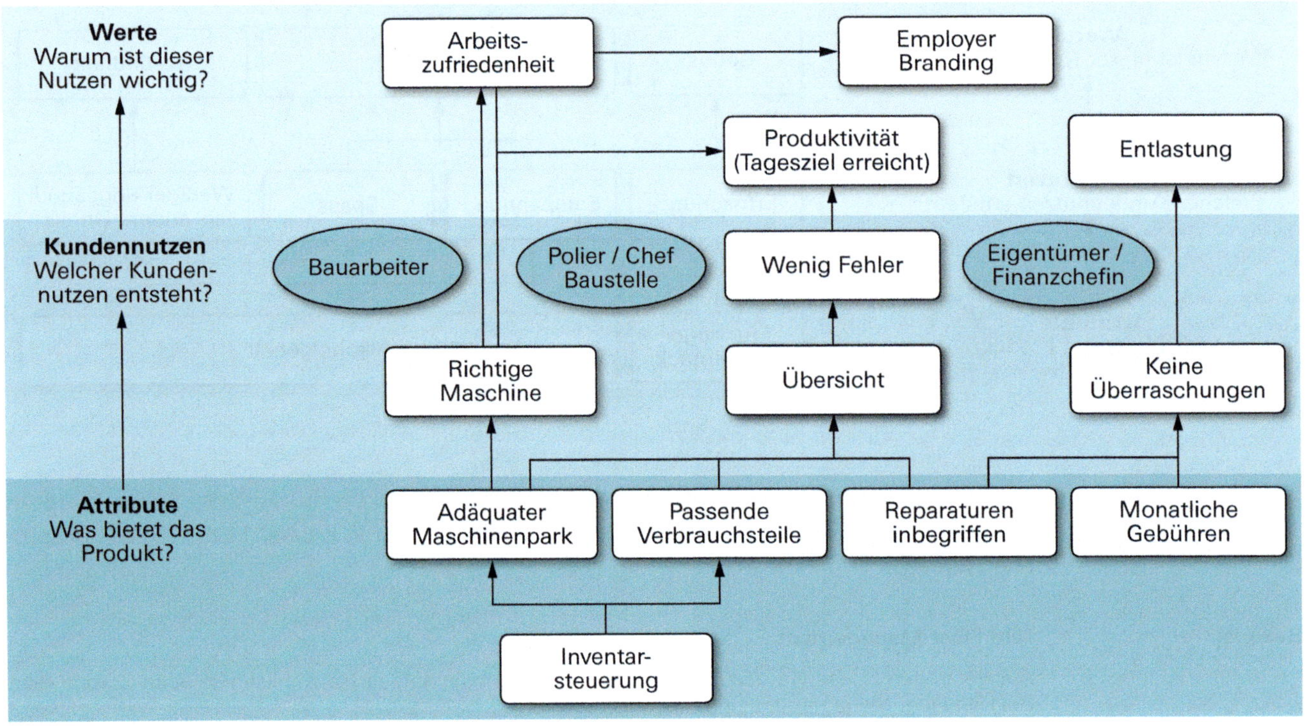

Das Laddering lässt sich im Marketing für sehr viele **verschiedene Fragestellungen** anwenden, weil es eine Grundlage des Konsumentenverhaltens überzeugend visualiert: Kunden kaufen keine Attribute, sondern sie kaufen **Nutzen und Werte.** Wenn ein Paar mit einer Bank einen Hypothekarvertrag abschliesst, will es nicht die Hypothek (Attribut). Es will in einem Haus wohnen (Nutzen) und sich den Traum eines Familienlebens erfüllen (Werte). Wenn ich ein Ticket für ein Fussballspiel kaufe, will ich nicht das Recht haben, einen Sitzplatz für 90 Minuten zu mieten (Attribut). Ich will mitfiebern, wie mein Team gewinnt (Nutzen), ein Teil einer Fangemeinde sein (Werte).

Konkrete Anwendungen des Laddering sind deshalb:

- Marktforschung: Erkunden, was Kunden wirklich wollen.
- Segmentierung: Es gibt keinen Durchschnittskunden. Jede Kundin hat eigene Bedürfnisse und Werte, die den Kaufentscheid beeinflussen.
- Werbung und Verkauf: Werbebotschaften sprechen häufig direkt die drei Ebenen Attribute, Nutzen und Werte an. Dasselbe gilt beim Verkaufsgespräch.
- Innovation: Erfolgreiche Innovationen überzeugen nicht nur durch bessere Attribute, sondern durch einen höheren Nutzen und indem sie andere Werte ansprechen.

12.3 Formen der Marktleistung

Unter dem Begriff «Marktleistung» fassen wir alle **Produkte, Dienstleistungen und Ideen** zusammen, die Konsumenten und Organisationen erwerben können.[1] Wo es sinnvoll ist, werden wir im Folgenden immer zwischen Produkt und Dienstleistung unterscheiden.

[1] Eine frühere Definition des Begriffs «Marketing» der American Marketing Association lautet: «Marketing is the process of planning and executing the conception, pricing, promotion, and distribution of ideas, goods, and services to create exchanges that satisfy individual and organizational goals.»

Ein Unternehmen muss für die Sicherung seiner Existenz eine Leistung auf dem Markt absetzen können. Als eine solche Leistung kommen Produkte und Dienstleistungen infrage. Zuerst sollen hier diese beiden Begriffe definiert werden und in einem weiteren Schritt werden die Produkte und Dienstleistungen klassifiziert. Je nach Produkteigenschaft oder Anwendungsbereich ist eine andere Aufteilung sinnvoll.

12.3.1 Definitionen

Ein **Produkt** ist alles, was im Markt angeboten werden kann, um einen Kauf auszulösen. Produkte befriedigen Kundenwünsche und Bedürfnisse. Im Unterschied zu Dienstleistungen sind Produkte greifbare Güter und bei ihrer Produktion ist der Kunde in der Regel nicht anwesend.

Eine **Dienstleistung** umfasst jede Handlung oder jeden Nutzen, die im Markt zwischen zwei Parteien ausgetauscht werden und nicht greifbar sind. Der Konsument ist bei der Leistungserstellung häufig anwesend und er erhält beim Erwerb der Dienstleistung im Gegensatz zum Erwerb des Produkts keinen Besitz.[1]

Diese zwei Definitionen täuschen darüber hinweg, dass kaum mehr Leistungen auf dem Markt existieren, die exakt dem einen oder anderen Begriff zugeordnet werden können. Die meisten angebotenen Leistungen auf dem Markt sind heute eine Kombination von Produkten und Dienstleistungen. **Reine Produkte** sind vor allem noch bei den Gütern des täglichen Bedarfs anzutreffen, wie z. B. Brot, Waschmittel, Mineralwasser. **Reine Dienstleistungen** sind der Haarschnitt beim Coiffeur, eine Behandlung beim Psychiater oder die Anlageberatung beim Bankangestellten.

Gerade diese Beispiele zeigen jedoch auch die zunehmende **Kombination von Produkten mit Dienstleistungen und von Dienstleistungen mit Produkten.** So spielt beim Bäcker häufig die Bedienung und die Beratung eine grosse Rolle. Die Konsumenten informieren sich über geeignete Produkte für ein Fondue oder bei grossen Einladungen. Am anderen Ende der Palette gehen auch die Coiffeursalons mehr und mehr dazu über, ihrer Kundschaft Produkte für die Haarpflege oder Kosmetikartikel zu verkaufen. Dies bedeutet für die Marketingverantwortlichen eine grosse Herausforderung, da die klassischen Instrumente des Marketingmix nicht mehr einfach auf Produkte und Dienstleistungen angewendet werden können, sondern bei jedem Angebot der Produkt- und Dienstleistungsteil genau abgeklärt und die Instrumente sorgfältig abgestimmt werden müssen.

Abb. [12-4] **Sach-/Dienstleistungsspektrum**

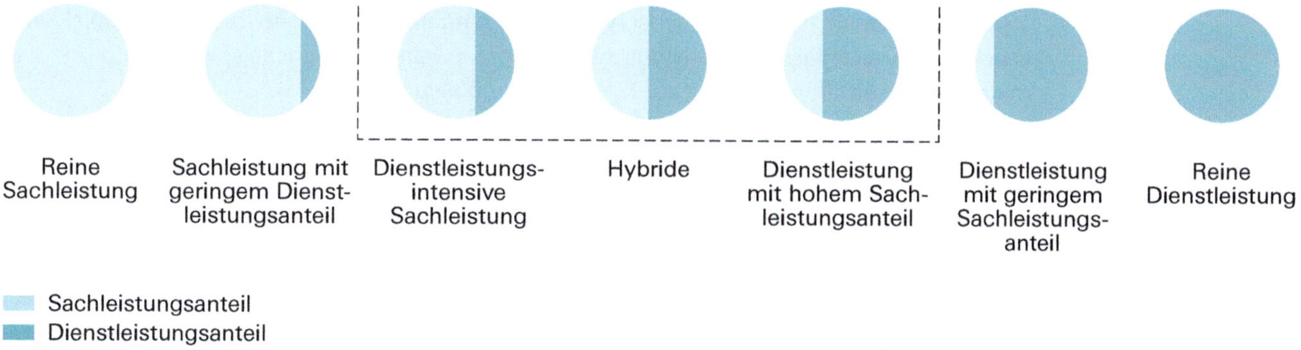

[1] Kotler, Philip; Armstrong, Gary; Wong, Veronica; Saunders, John: Principles of Marketing, Upper Saddle River, New Jersey 2008.

12.3.2 Verschiedene Ebenen der Produkte und der Dienstleistungen

Das Produkt besteht aus drei Ebenen:

- **Kernprodukt:** Beim Kernprodukt steht der Grundnutzen im Vordergrund. Wozu kauft der Konsument das Produkt in erster Linie? Mit einem Bett kauft er eine Schlafgelegenheit, beim Auto ein Fortbewegungsmittel und mit der Brille möchte er sehen.
- **Formales Produkt:** Auf der Ebene des formalen Produkts werden die folgenden fünf physischen Merkmale bestimmt, die die physische Einheit formen: die Produkteigenschaften (Features), das Design, die Verpackung, der Markenname und die Qualität.
- **Erweitertes Produkt:** Unter dem erweiterten Produkt werden die zusätzlichen Vorteile zusammengefasst, die durch den Kauf des Produkts erworben werden. Bei einem Staubsauger können dies die Garantie- und Serviceleistungen sein. Schmuckgeschäfte offerieren ihrer Kundschaft häufig Gratisreinigungen.

Der Marketingverantwortliche muss für jedes Produkt alle drei Ebenen so kombinieren, dass sie die **Kundenbedürfnisse am besten befriedigen** können. Oft werden jedoch diese Eigenschaften und Vorteile auch von der **Konkurrenz** bestimmt. Dann bleibt für den Marketingverantwortlichen die Aufgabe, das Angebot der Konkurrenz in der Qualität zu übertreffen oder zusätzliche Nutzenvorteile zu finden. Beim Staubsauger sind Garantieleistungen ein Muss, die Serviceleistungen der diversen Anbieter unterscheiden sich aber voneinander.

Bei den Dienstleistungen sind die drei Ebenen analog zu den Produkten die Kerndienstleistungen, die formalen Dienstleistungen und die erweiterten Dienstleistungen (siehe Abbildung 12-5). Bei der **Kerndienstleistung** ist die eigentliche Leistung gefragt, die der Konsument in Anspruch nimmt. Beim Haarschnitt sollen die Haare zu einem ansprechenden Schnitt gekürzt werden.

Die **formalen Dienstleistungen** umfassen die charakteristischen Eigenschaften der Dienstleistungen, die von den Kunden erwartet werden. Sie beziehen sich sowohl auf den **Prozess** als auch auf das **Ergebnis.** Beim Coiffeur wird z. B. erwartet, dass eine Reservation möglich ist, dass man sofort bedient wird und dass man zwischen dem Haarewaschen und dem Schneiden nicht lange warten muss. Diese Erwartungen betreffen den Prozess. Beispiele für Erwartungen über das Ergebnis sind, dass die Haare so geschnitten werden wie besprochen und dass der Schnitt gefällt.

Zu den **erweiterten Dienstleistungen** gehören Prozesse und Ergebnisse, die über die Erwartungen hinausgehen, die Qualität der Dienstleistung jedoch entscheidend erhöhen. Beim Haarschnitt kann dies eine umfassende Beratung über den Schnitt, das Styling, den Umgang mit Problemhaar, das Servieren von Getränken, Unterhaltung in Form von Heften, Musik oder Videos oder auch ein Gratisnachschnitt bei Nichtgefallen sein. An diesem Beispiel wird ersichtlich, wie umfassend die Möglichkeiten von erweiterten Dienstleistungen sind und wie mit diesen eine Differenzierung zur Konkurrenz möglich ist.

Abb. [12-5] **Drei Ebenen des Produkts und der Dienstleistung**

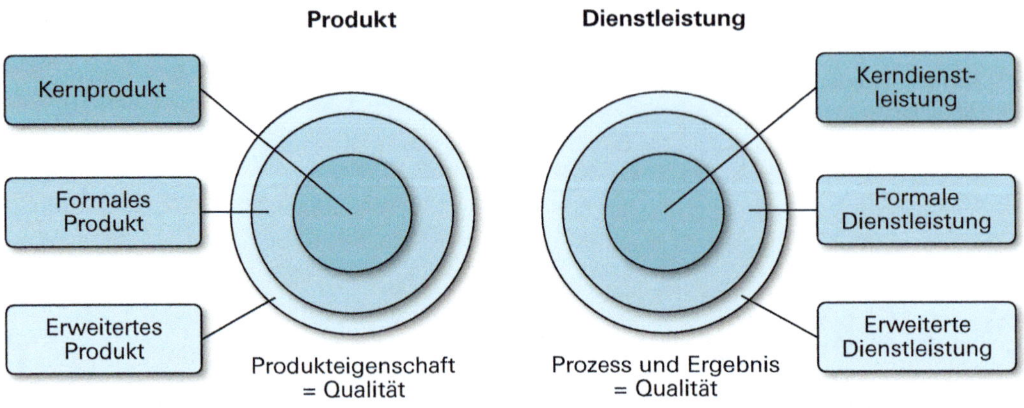

12.3.3 Klassifizierung von Produkten

Produkte können nach verschiedenen Gesichtspunkten in Kategorien unterteilt werden.

Wir beschreiben **drei Klassifizierungsarten:**

- Nach dem Kaufzweck
- Nach der Lebensdauer
- Nach den Kaufgewohnheiten

A] Klassifizierung nach dem Kaufzweck

Wir unterscheiden in dieser Gruppe grundsätzlich zwei Arten von Produkten:

- Konsumgüter
- Investitionsgüter

Konsumgüter werden von Konsumenten für ihren persönlichen **Bedarf** gekauft. Diese Käufer sind daher für das bestimmte Produkt die Endkonsumenten. Dabei lassen sie sich noch in **Gebrauchs- und Verbrauchsgüter** unterteilen. Beispiele für Gebrauchsgüter sind Möbel oder ein Mobiltelefon. Als Beispiele für Verbrauchsgüter können Getränke oder Streichhölzer genannt werden. **Investitionsgüter** hingegen werden von Personen oder Organisationen für die Herstellung von weiteren Produkten oder Dienstleistungen verwendet.

Kriterium für diese Zuordnung ist die **Art der Verwendung** durch den Käufer und nicht das Produkt selbst. Kauft beispielsweise eine Unternehmensberaterin für ihr Büro einen neuen PC, so handelt es sich dabei um ein Investitionsgut. Verwendet sie den PC für die private Nutzung zu Hause, handelt es sich um ein Konsumgut.

Für die Anwendung der Instrumente des Marketingmix ist es wesentlich, ob es sich um ein **Konsum- oder ein Investitionsgut** handelt. Je nachdem, um welche Art von Gütern es sich handelt, müssen unterschiedliche Marketinginstrumente eingesetzt werden. Beispielsweise sind die Verwender von Investitionsgütern oft sehr gut über die Konkurrenzprodukte informiert und kennen ihre eigenen Anforderungen an das Produkt sehr genau. Bei den Investitionsgütern steht der Marketingverantwortliche einer Profikundschaft gegenüber. Anders verhält es sich bei den Konsumgütern, wo für Kaufentscheide oft das Aussehen oder der Tipp eines Bekannten ausschlaggebend sind.

B] Klassifizierung nach der Lebensdauer

Bei den **kurzlebigen Gütern** handelt es sich um Güter des täglichen Bedarfs wie Brot, Milch oder Plastikbecher. Sie sind für den einmaligen oder nur wenig häufigen Gebrauch bestimmt. Für ihren Erfolg ist es entscheidend, dass sie einfach und an vielen Verkaufspunkten erhältlich sind. Die Markteinführung eines neuen kurzlebigen Gutes ist mit hohen Werbekosten verbunden.

Langlebige Güter wie Waschmaschinen, Fernseher oder Autos haben eine längere Lebensdauer und werden in der Regel häufig benutzt. Die Konsumenten verlangen hier eine professionelle und persönliche Beratung, weitgehende Garantieleistungen und einen guten Reparaturservice.

C] Nach den Kaufgewohnheiten der Konsumenten

Es werden **drei Arten von Konsumgütern** unterschieden:

- Convenience-Güter
- Shopping-Güter
- Spezialgüter

Convenience-Güter sind **Güter und Dienstleistungen des täglichen Bedarfs.** Darunter fallen beispielsweise Schokolade, Mineralwasser, Tageszeitungen und Damenbinden. Die Konsumenten kaufen sie häufig und oft auch spontan. Sie stellen bei ihrem Kaufentscheid keine grossen Überlegungen und kaum Produktvergleiche an. Für den Marketingverantwortlichen bedeutet dies, dass diese Güter an vielen und gut erreichbaren Verkaufspunkten angeboten werden müssen. Da es sich bei diesen Gütern in der Regel um Massenprodukte handelt, ist die Preislage tief. Die Werbung wird dementsprechend vom Produzenten gemacht und erreicht möglichst viele Konsumenten.

Shopping-Güter werden weniger häufig benötigt. Die Konsumenten nehmen sich **viel Zeit,** um sich über das Angebot und Konkurrenzprodukte zu informieren. **Marken** spielen für den Kaufentscheid eine grosse Rolle. Shopping-Güter sind in der mittleren Preisklasse angesiedelt. Darunter fallen insbesondere Möbel, Schuhe und Kleider. Bei den Shopping Gütern sind weniger Verkaufspunkte notwendig, doch ist die Auswahl der Detailhändler sehr wichtig, da für diese Produkte die Qualität der Beratung wichtig ist. Hier wird die Werbung sowohl vom Produzenten als auch vom Detailhändler vorgenommen. Sie versuchen gezielt, bestimmte Kunden-Segmente zu erreichen.

Spezialgüter sind im **obersten Preissegment** angesiedelt. Marken und ihr Image spielen hier eine sehr grosse Rolle. Dank der **hohen Markentreue** in diesem Bereich kann eine Verschlechterung des Images sehr teuer für den Produzenten und den Detailhandel werden. Hingegen ist hier die Preissensitivität der Kunden gering. Beispiele für Spezialgüter sind Luxusautos, Luxusuhren, Designerkleider und die Anlageberatung für vermögende Personen.

Der **Verkaufspunkt** muss hier sehr sorgfältig ausgewählt werden. Nur erstklassige Standorte und professionelle persönliche Beratung sind hier gefragt. Auch die Werbung orientiert sich an den Anforderungen an die Marke und an den Standort und hat sich präzise an der Zielkundschaft zu orientieren.

Viele Produkte können je nach Standpunkt des Konsumenten **zwei oder sogar mehreren Kategorien zugeordnet** werden. Ein Beispiel dafür sind Uhren. So gehört die Swatch für die meisten Konsumenten zu den Shopping-Gütern. Luxusuhren der Marken Rolex oder Patek Philippe sind hingegen Spezialgüter.

Bücher können sogar in allen Kategorien gefunden werden. Das zeigt sich auch an den Verkaufspunkten. Romane mit Bestsellerqualität oder erfolgreiche Ratgeber sind häufig an Kiosken zu kaufen und stellen somit für die Kunden ein Convenience-Gut dar. Literatur oder Fachbücher sind in Buchhandlungen zu kaufen, oft sogar nur in Spezialbuchhandlungen. Dabei handelt es sich um Shopping-Güter. Teure Sonderausgaben von Klassikern, Kunstbücher oder aufwendige Fachbücher sind noch eine Preisklasse höher angesiedelt und als Spezialgüter zu betrachten.

Die Grafik fasst nochmals die Kategorien von Produkten entsprechen den drei Klassifizierungsarten zusammen.

Abb. [12-6] **Kategorien von Produkten**

12.4 Dienstleistungen

Unsere Wirtschaft hat sich im Lauf der Zeit von der Agrar- und Industriewirtschaft zur Dienstleistungswirtschaft entwickelt.

Die Abbildung 12-7 zeigt das starke Wachstum von wissensintensiven Dienstleistungen[1] im Zeitraum von 1997 bis 2012. Während der Output dieser Dienstleistungen in den USA weiter ansteigt und die EU immer noch mit den Folgen der Finanzkrise kämpft, sieht man die wachsende Bedeutung von Dienstleistungen vor allem in den Wachstumsländern und in China.

Abb. [12-7] **Wachstum der wissensintensiven Dienstleitungen von 1997 bis 2012**

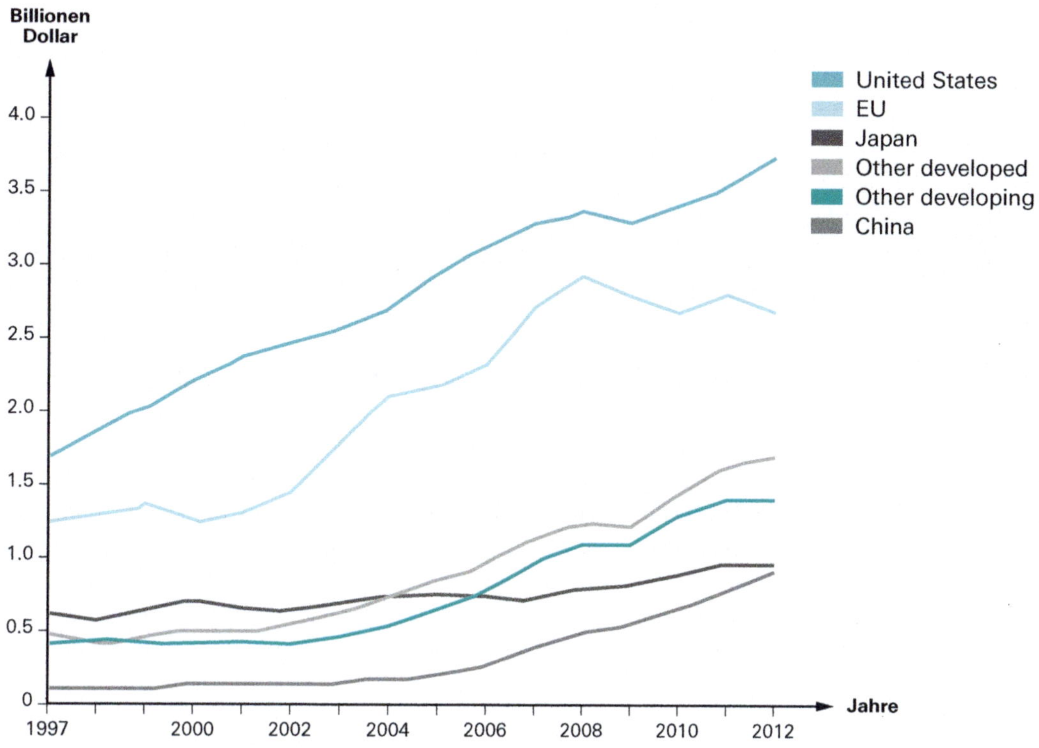

Der Begriff Dienstleistung wurde bereits definiert. Für den Marketingverantwortlichen sind folgende **Eigenschaften der Dienstleistungen** ausschlaggebend. Sie sind

- nicht greifbar,
- unteilbar,
- unterliegen Qualitätsschwankungen und
- können nicht aufbewahrt werden.

A] Dienstleistungen sind nicht greifbar

Konsumenten können eine Dienstleistung nicht mit ihren Sinnen erfassen. Eine Dienstleistung **lässt sich nicht sehen, riechen, hören, fühlen und schmecken.** Beim Buchen einer Kreuzfahrt erhält man ein Reiseprogramm und verschiedene Gutscheine, doch bleibt offen, ob diese Reise dem Kunden auch gefallen wird. Konsumenten versuchen daher, sich anhand von verschiedenen Eigenschaften über die **Qualität einer Dienstleistung zu informieren.** Dies können Marken sein, Empfehlungen von andern Bekannten oder bei der Kreuzfahrt die Person, die die Reise verkauft.

[1] http://www.nsf.gov/statistics/seind14/index.cfm/chapter-6/c6s2.htm.

Beispiel

Bei der Anlageberatung spielen die Ausstattung der Bank und die Preise eine grosse Rolle. Eine beeindruckende Eingangshalle, ein grosszügiges Sitzungszimmer und die teuren Spesen können für die Exklusivität des Angebots und damit die zukünftige Performance der Anlage sprechen. Weil die Kernleistung (Anlageberatung) nicht greifbar ist, orientieren sich die Kunden an «greifbaren» und «sichtbaren» Elementen des Dienstleistungsprozesses.

Für den Marketingverantwortlichen sind Dienstleistungen eine grosse **Herausforderung.** Es muss ihm gelingen, die Qualität der Leistung überzeugend zu kommunizieren, ohne dass sich der Konsument am Ergebnis orientieren kann. Dienstleistungen haben daher viel mit Vertrauen zu tun, das das Unternehmen zu seinen Kunden aufbauen und pflegen muss.

B] Dienstleistungen sind unteilbar

Dienstleistungen **entstehen im Moment, in dem sie auch konsumiert werden.** Sie können damit nicht von der Person oder der Maschine getrennt werden, die die Leistung erbringt. Die Gäste werden im Restaurant von der Serviceangestellten bedient. Sie ist mitverantwortlich dafür, ob sich die Gäste in diesem Restaurant wohl fühlen, ob sie das Essen in guter Erinnerung haben und den Ort ihren Freunden weiterempfehlen. An diesem Beispiel wird deutlich, dass die **Beziehung zwischen der Kundschaft und der Person,** die die Dienstleistung erbringt, eine grosse Rolle spielt.

C] Dienstleistungen unterliegen Qualitätsschwankungen

Dienstleistungen entstehen in dem Moment, in dem eine Person oder eine Maschine sie erbringt. Es ist daher für ein Unternehmen schwierig, permanent eine gewünschte Qualität seiner Dienstleistung aufrecht zu erhalten. Was die Kundschaft in der Interaktion mit dieser Person erlebt, ist **abhängig von der Person,** ihrer momentanen Stimmung, dem Ort, dem Zeitpunkt und der Art und Weise der Bedienung. Zwei verschiedene Familien können mit der Anlageberatung einer Bank unterschiedlich zufrieden sein. Dies hängt stark mit der Person des Anlageberaters zusammen. Auch Sympathien zwischen Kunde und Anlageberater spielen eine Rolle.

D] Dienstleistungen werden in einem bestimmten Augenblick konsumiert und können nicht aufbewahrt werden.

Die Dienstleistung wird zu einer bestimmten Zeit verlangt und **kann nicht auf Vorrat produziert werden.** Ärzte und Berater stellen deshalb häufig einen bestimmten Betrag in Rechnung, wenn der Kunde seinen Termin nicht wahrnimmt. Die mangelnde Aufbewahrungsmöglichkeit kann für die Kundschaft und die Unternehmen zu einem Problem werden, wenn die Nachfrage starken Schwankungen unterliegt.

Beispiel

Verkehrsdienstleistung

Für die Verkehrsunternehmen bedeutet die Organisation des Verkehrs während der Stosszeiten eine grosse Herausforderung. Im Zürcher Hauptbahnhof, der täglich von 441 000 Personen frequentiert wird, verkehren pro Tag rund 1 200 an- und abgehende Züge[1]. Engpässe während der Stosszeiten können für die Kunden mit Wartezeiten oder schlechterem Service, wie Stehplätzen oder engen Platzverhältnissen, verbunden sein. Die Unternehmen können mit verschiedenen Instrumenten des Marketingmix versuchen, diese Nachfragespitzen auszuglätten. Eine solche Massnahme ist das Abonnement der SBB Gleis 7 für Personen unter 25 Jahren oder die 9-Uhr-Tageskarte zum Halbtax-Abonnement.

[1] www.simwalk.ch.

12.5 Leistungsprozesse (Process)

Im vorherigen Kapitel wurden die typischen Eigenschaften von Dienstleistungen besprochen, insbesondere die **Nichtgreifbarkeit** und die **Unmittelbarkeit von Produktion und Konsumation.** Diese Eigenschaften sind typisch, weil Dienstleistungen in der Regel **Prozesse** sind und nicht fertige Produkte. Wenn Sie Ihr Schulgeld bezahlen, kaufen Sie nicht Wissen, sondern die Teilnahme an einem Lernprozess. Dasselbe gilt, wenn Sie einen Steuerexperten mit Ihrer Steuererklärung beauftragen. Am Schluss wollen Sie zwar eine ausgefüllte Steuererklärung (Produkt), aber was sie einkaufen, ist ein Prozess (Sammlung aller relevanten Unterlagen, Ablage, Verbuchung, Rückfragen und Abklärungen, Ausfüllen der Formulare).

In vielen Märkten ist der Prozess das wichtigste Instrument des Marketingmix. Im Business-to-Consumer-(B2C-)Marketing spricht man von **«Customer Experience»**[1] und meint damit ein **ganzheitliches Kundenerlebnis** von der Suche über den Kauf, über die Leistungserstellung bis zum Abschluss der Leistung. Bekannte Beispiele sind sicherlich Starbucks, Sportveranstaltungen und Tourismusangebote. Starbucks ist in der Lage, Kaffee zu einem wirklich hohen Preis zu verkaufen, weil viele Kunden die Atmosphäre schätzen, die freundliche Bedienung und die vielen Varianten von Kaffeegetränken.

Natürlich gibt es **Kritiker,** die sagen, der Kaffee in einem echt italienischen Restaurant ist besser oder Starbucks ist zu teuer oder die Bedienung ist nicht immer freundlich. Mit etwa 20 000 Starbucks-Geschäften weltweit und einem Umsatz von 22.4 Mrd. Dollar im Jahr 2017 ist die Kundenbasis aber doch recht beträchtlich.

Tourismusorganisationen sprechen bei den Leistungsprozessen häufig von der **Servicekette.** Die Idee ist, dass für den Touristen nicht das einzelne Angebot (z. B. die Casinos in Las Vegas) entscheidend ist, sondern die **Kombination der verschiedenen Leistungsangebote** (Flug, Taxi, Hotel, Casino, Partys, Shows, Restaurants, Ausflüge zum Grand Canyon, Shoppingzentren etc.).

Das Kundenerlebnis ist auch in der **Unterhaltungs- und Sportindustrie** entscheidend. Dabei kann die ökonomische Bedeutung von Sportveranstaltungen kaum überschätzt werden. Eine halbe Milliarde Menschen verfolgen die Formel-1-Autorennen. Ein einziger 30-Sekunden-Werbespot während des Superbowls, des American-Football-Finals im Januar, kostet etwa 5 Mio. Dollar.

Im **Business-to-Business-(B2B-)Marketing,** also wenn der Kunde kein Endkonsument ist, sondern eine Firma oder eine andere Organisation, werden die Leistungsprozesse (process) auch bedeutender. Grund dafür ist eine strategische Verschiebung bei vielen Anbietern weg vom Produktverkauf und hin zum Lösungsanbieter (Solution provider).

Protectas Bewachungsdienste

Anstatt dass eine Firma Bewachungspersonal stellt und eine andere Firma Alarmanlagen verkauft, die von einer dritten Firma gewartet und betreut werden, offeriert Protectas eine umfassende Lösung. Kernelement ist das Security Operations Center (SOC), in dem sämtliche Informationen (Videoaufnahme, Alarmauslöser, Geräteanzeigen, manuelle Meldungen etc.) über das bewachte Objekt zusammenfliessen. Die Einsatzleitung entscheidet anhand der besprochenen Instruktionen, wie bei Störungen vorzugehen ist. Damit diese Einsätze reibungslos funktionieren, muss Protectas seine eigenen Prozesse den Prozessen des Kunden anpassen.

Bild: Protectas SA, Lausanne

[1] Pine, B. J. I.; Gilmore, J. H.: The Experience Economy, Boston 1999.

12.6 Mitarbeitende (People)

In vielen Situationen sind es vor allem die einzelnen Mitarbeitenden («people»), die eine oder mehrere Marketingfunktionen übernehmen.

Beispiel

Pizza-Kurier

Ein Pizza-Kurier ist selten direkt am Ofen, um die Pizza zuzubereiten. Häufig nimmt er aber Kundenbestellungen am Telefon entgegen und empfiehlt bestimmte Gerichte (promotion) und hat damit direkt einen Einfluss auf die Bestellung (product). Er berechnet den Preis der Bestellung, macht den Kunden aber auch auf Aktionen oder Zuschläge (price) aufmerksam und liefert die Pizza aus (place).

Aus diesem Grund haben Booms und Bitner die Mitarbeitenden (people) als eines der neuen P im Marketingmix mitaufgenommen[1].

Abb. [12-8] **Elemente des Submix «people»**

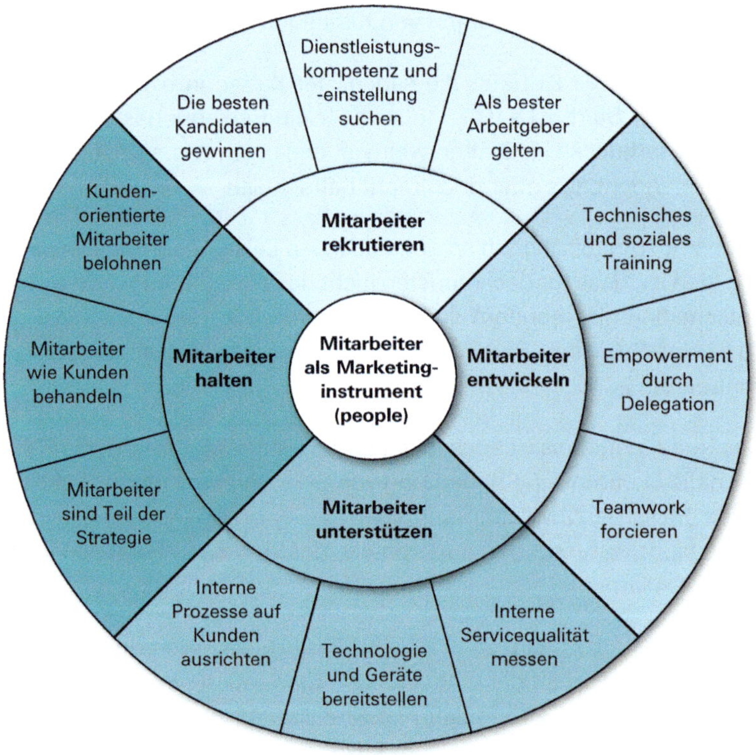

Kritiker mögen nun einwenden, dass alle Elemente der obigen Abbildung wohl eher zum Human Resource Management (HRM) zählen als zum Marketing. Mary Jo Bitner und ihre Kollegen zielen mit ihren 7 P aber genau auf dieses unnötige **Gärtchendenken**[2] der Managementlehre. Wenn die Mitarbeitenden wesentliche Erfolgsfaktoren für das Marketing sind, müssen sich Marketing und HR gemeinsam auf Kompetenzen und Prozesse einigen, die dem Unternehmen einen Wettbewerbsvorteil verschaffen.

[1] Booms, B. H.; Bitner, M. J.; Zeithaml, V. A.; Gremler, D. D.: Marketing Strategies and Organization Structures for Service Firms, New York 2012.
[2] «Gärtchendenken». Wenn z. B. die Produktion nicht mit dem Marketing spricht und das HR nicht mit der Buchhaltung.

Rollenkonflikte und Emotionsarbeit

In vielen Unternehmen ist es häufig ein einzelner Mitarbeiter, der eine **Vielzahl von Aufgaben** hat (siehe dazu auch das Pizza-Kurier-Beispiel in Kap. 12.6, S. 206). Dabei muss der einzelne Mitarbeiter verschiedene Interessen von verschiedenen Anspruchsgruppen erfüllen. Er ist das **Bindeglied zwischen Unternehmen und Umwelt.** Man spricht deshalb von einer «boundary spanning role»[1]. Aufgrund dieser Rolle können verschiedene Konflikte entstehen, die häufig in Echtzeit[2] gelöst werden müssen.

Beispiel **Architektin**

Eine Architektin, die für eine Familie ein Einfamilienhaus entwirft, muss sich verschiedenen Konflikten stellen.

Abb. [12-9] **Rollenkonflikte**

Rollenkonflikt	Beispiel
Person gegen Rollen	Die Architektin bevorzugt einen modernen Stil mit viel Glas, Beton und Stahl. Die Familie möchte jedoch so viel Holz wie möglich verwenden.
Firma gegen Kunde	Die Architekturfirma kann das Honorar durch Mehrkosten am Bau massiv aufbessern. Für jeden Extrawunsch der Bauherren kann die Architektin einen Zuschlag verrechnen, auch wenn der Extrawunsch keine zusätzliche Arbeit bedeutet (z. B. teurere Armaturen). Bauherren wissen aber oft nicht, welche Mehrkosten sinnvoll sind und welche Extras keinen Nutzen bringen.
Kunde gegen Kunde	Die Architektin muss, direkt oder indirekt, die verschiedenen Interessen und Vorlieben der Ehepartner ausgleichen.
Qualität gegen Produktivität	Die Architektin könnte immer noch eine Stunde mehr investieren, um ein Detail zu verbessern. Wenn sie z. B. unzufrieden ist mit der Wahl der Schiebetüre zum Balkon, muss sie sich fragen, ob es sich lohnt, die Entscheidung zu hinterfragen. Sie müsste Gegenofferten einholen, mit den Kunden die Ausstellungen besichtigen, die Pläne abändern und würde dafür nicht bezahlt. Die Kunden würden den Qualitätsunterschied vielleicht auch niemals bemerken, weil sie die Funktion der besseren Türe gar nie erleben mussten.

Verknüpft mit diesen Rollenkonflikten ist die Frage der **Emotionsarbeit** in der Kundeninteraktion. Emotionsarbeit bedeutet, dass vom Mitarbeiter gewisse Emotionen erwartet werden. Zum Beispiel ein freundliches Gesicht, eine nette Bemerkung, eine empathische Begrüssung, Anteilnahme etc.[3]

Diese Emotionsarbeit kann ein wichtiges Element im Marketing sein, wenn z. B. Freundlichkeit des Hotelpersonals als **Differenzierungsmerkmal im Markt** bekannt und gesucht ist. Allerdings kann Emotionsarbeit auch zur Überforderung, zu Burn-out oder zu Erschöpfungsdepressionen führen.

Beispiel **Fitnesstrainer**

Cordelle Nugent ist Trainer bei LA Fitness in Phoenix, einer bekannten Kette von Fitnesszentren im Südwesten der USA. Seine Hauptaufgabe besteht darin, für seine Kunden ein **massgeschneidertes Fitnessprogramm** zusammenzustellen. Er bespricht mit den Kunden ihre Ziele (z. B. bessere Figur, Gewichtsverlust, bessere Haltung, mehr Kraft oder Ausdauer etc.) und verfolgt mit verschiedenen Messmethoden die Erreichung der Ziele. In jeder Trainingseinheit stellt er ein paar Übungen zusammen, instruiert und kontrolliert die richtige Durchführung. Wichtige Kompetenzen für diese Arbeit sind deshalb ein gutes Verständnis des Bewegungsapparats, insbesondere der Muskelpartien, und Kenntnisse verschiedener Trainingslehren.

[1] Boundary spanning role: Grenzübergreifende Aufgabe. Bowen, D. E.; Schneider, B.: Boundary-Spanning-Role Employees and the Service Encounter: Some Guidelines for Management and Research. In Czepiel, J. A.; Solomo, M. R.; Suprenant, C. F.: The Service Encounter, Lexington 1985.

[2] Der Begriff Echtzeit (englisch real-time) charakterisiert den Betrieb informationstechnischer Systeme, die bestimmte Ergebnisse zuverlässig innerhalb einer vorbestimmten Zeitspanne liefern können.

[3] Ashforth, Blake E.; Humphrey, Roland H.: Emotional labor in service roles: The influence of identity, Montreal 1993.

Ein weiteres wichtiges Erfolgselement eines Fitnesstrainers ist, die **Motivation aufrechtzuerhalten.** Regelmässige Trainings müssen zur Gewohnheit werden, viel Abwechslung bei den Übungen machen das Training interessant und die schriftliche Zielvereinbarung erhöht die Disziplin und den Durchhaltewillen.

Cordell betont aber, dass diese Arbeit eigentlich die einfachste ist. Viel schwieriger, aber genauso wichtig sind die **Gespräche mit den Kunden über ihre Probleme.** Sobald ein Vertrauensverhältnis aufgebaut ist, beginnen viele Kunden mit Cordelle über ihre privaten Ängste, Widerstände und Frustrationen zu reden. Mehrmals die Woche hört Cordelle von einer Mutter von der Drogensucht ihrer Tochter, vom schlechten Selbstbild einer übergewichtigen Frau, von den Eheproblemen eines Highschool-Lehrers und vom Mobbing am Arbeitsplatz einer jungen Mutter. Es ist zu vermuten, dass Cordelle für einige dieser Kunden die einzige Person ist, mit der sie sich austauschen können. Obwohl Cordelle für diesen Teil der Arbeit nicht ausgebildet (und auch nicht bezahlt) ist, ist es ein wichtiges Element für die Kundentreue.

12.7 Physische Elemente (Physical Tangibles)

Das siebte «P» (physical tangibles) umfasst die **Geschäftsräume, die Einrichtungen, die Geräte, aber auch die Ambiance.** Mit der zunehmenden Bedeutung von Dienstleistungen ist der Kunde häufig bei der Leistungserstellung präsent, z. B. im Restaurant, im Hotel, beim Arzt, in der Schule. Aber auch im B2B-Marketing spielen die physischen Elemente eine Rolle. Eine Werbeagentur beispielsweise wird immer auch beurteilt nach der Lage (Zürich Seefeld oder Altstetten), nach der Möbeleinrichtung (USM Haller oder IKEA) und den Bildern an den Wänden (verrückte Eigenkreation oder sattgesehene Andy-Warhol-Kopie). Zu den physischen Elementen zählen auch die Bekleidung und das Äussere der Mitarbeitenden.

Ein wichtiges Element der physischen Elemente ist auch die **Beschriftung.** Ein berühmtes Beispiel ist die Beschriftung des Flughafens Charles-de-Gaulle bei Paris. Der Typograf Adrian Frutiger, der 1957 die Univers-Schrift schuf, wurde als Experte eingeladen. Er schlug vor, eine spezielle «Flughafenschrift» zu entwickeln, also eine Schrift, die besser lesbar ist als die Univers, aber dennoch vielseitig verwendbar. So wurde die «Frutiger»[1] geboren.

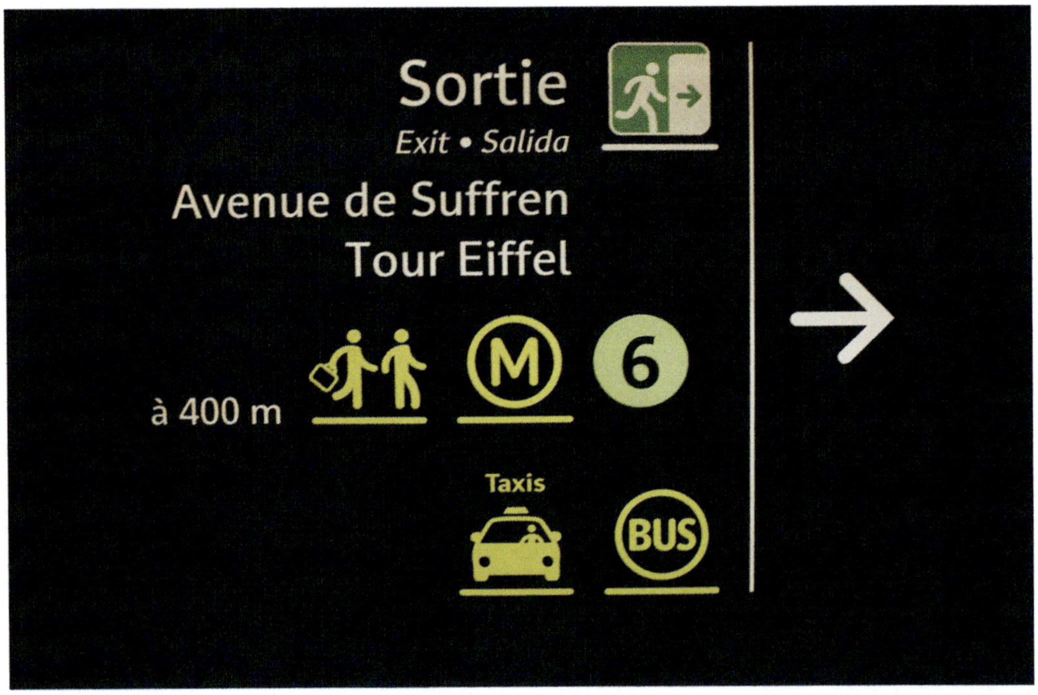

Die Frutiger-Schrift ist besser lesbar als die meisten anderen Schriften. Bild: © 2014, Thinkstock

[1] Frutiger, A.: Type, Sign, Symbol, Zürich 1979. http://www.fontblog.de/100-beste-schriften-3. Dieses Buch ist ebenfalls in Univers gesetzt.

12.8 Sortiment

Unter Sortiment versteht man die **Summe aller Marktleistungen,** die ein Unternehmen anbietet. Grossunternehmen wie ABB, Novartis, Nissan oder Hilti führen mehrere Tausend Artikel in ihrem Angebot. Dies kann schnell zu einer Unübersichtlichkeit in der Entwicklung, Herstellung und im Vertrieb und damit zu Kostenineffizienz führen. Daher müssen sich die Hersteller von Produkten über ihr Produktsortiment strategische Gedanken machen. Ziel der Sortimentspolitik ist die **Optimierung von Kosten und Nutzen.**

Auf der **Kostenseite** stehen die Herstellung, der Unterhalt resp. die Serviceleistungen von Produkten, aber auch die Entwicklung von neuen und die Verbesserung von bestehenden Produkten. Auf der **Ertragsseite** stehen die Absatzmöglichkeiten, die Preislage und das Erzielen von Synergien. Der Entscheid über die produzierten oder angebotenen Produktlinien und Marken führt zu den vier Dimensionen des Sortiments.

12.8.1 Vier Dimensionen des Sortiments

Ein Sortiment lässt sich anhand von **vier Dimensionen** beschreiben:

- Breite
- Länge
- Tiefe
- Geschlossenheit

A] Breite

Von einem breiten Sortiment spricht man, wenn **viele verschiedene Produktlinien** angeboten werden. **Produktlinien** heissen im Englischen «Category». Eine **«Category-Managerin»** in einem Warenhaus hat die Aufgabe, eine gesamte Produktlinie zu vermarkten. Sie ist also für den Einkauf der Artikel, für die Platzierung im Geschäft und für die Kommunikation zuständig.

B] Länge

Die Länge des Sortiments bezeichnet die **Anzahl der Produkttypen in allen Produktlinien.** Die Länge einer Produktlinie bezieht sich auf die Anzahl der Produkttypen einer bestimmten Produktlinie.

C] Tiefe

Ein Sortiment ist tief, wenn ein **Produkttyp in vielen verschiedenen Varianten,** wie Grössen oder Qualitäten, angeboten wird.

D] Geschlossenheit

Die Geschlossenheit eines Sortiments umschreibt, wie eng die **Beziehung der Produkte innerhalb der Produktlinien untereinander** bezüglich ihres Verwendungszwecks, der Vermarktung oder der verwendeten Technologie ist. Die Geschlossenheit einer Produktlinie hat den Vorteil, dass sie bei den Mitarbeitenden, dem Handel und der Kundschaft einfacher zu kommunizieren ist.

12.9 Bestimmung des Sortiments

Der Markt wünscht sich ein möglichst breites und tiefes Sortiment. Die Einschränkung des Warenangebots hat eine direkte Einwirkung auf den Umsatz. Ein weniger **breites und tiefes Angebot** bedeutet in der Regel auch einen **tieferen Umsatz.** Doch bestimmt der Umfang des Angebots auch direkt die Kosten. Die Entscheidung über das Sortiment ist somit von strategischer Bedeutung und hat einen direkten Einfluss auf den Gewinn.

Abb. [12-10] **Sortimentsbreite, -länge und -tiefe im Überblick**

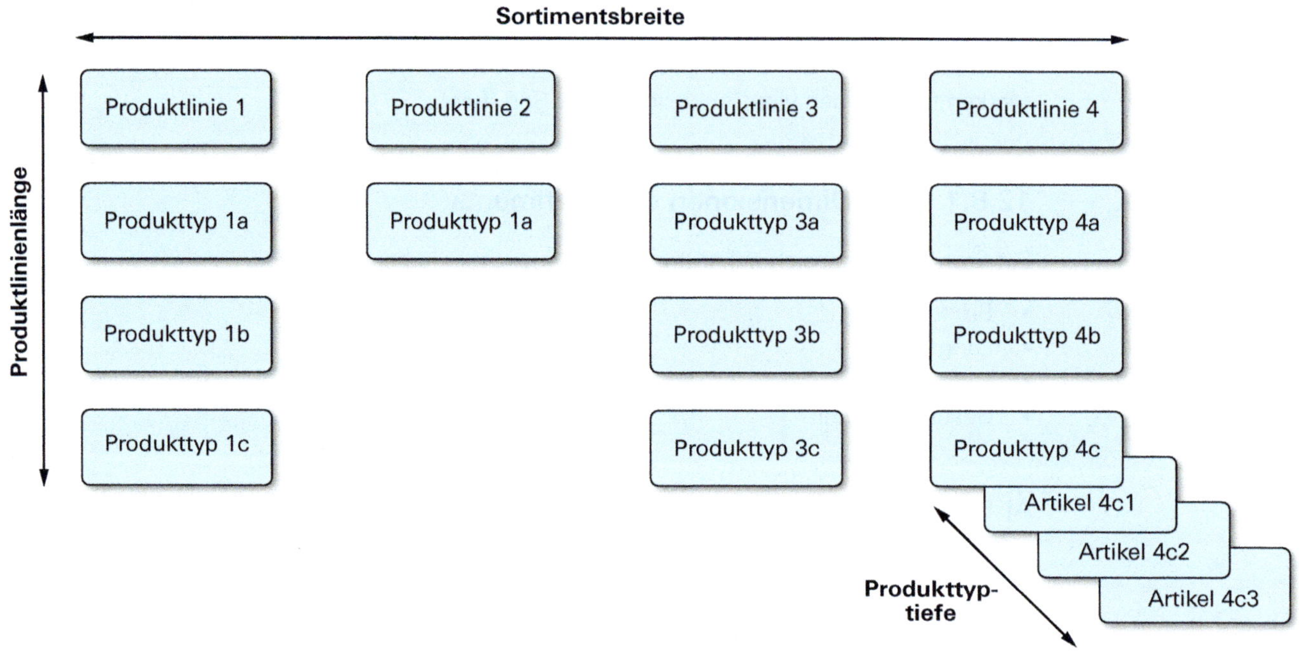

Auch der **Einzelhändler** muss die wichtige Entscheidung über den Umfang seines Warenangebots treffen. Die Konsumenten wünschen ein möglichst grosses Warenangebot. Sie wollen am liebsten jederzeit in ihrer nächsten Umgebung möglichst viele Waren kaufen können. Aus Sicht des Einzelhandels hingegen muss aus Kostengründen eine gewisse Auswahl getroffen werden. Der Handel muss auf der Basis seiner Strategie eine **Kostenoptimierung** vornehmen und damit sein Warenangebot bestimmen. Je nach Kosten für die Lage, je nach Einzugsgebiet und interner Kostenstruktur trifft er die Entscheidung für die Tiefe und Breite des Sortiments.

Beispiel

Dorfladen und Parfümerie

Das Angebot eines Detaillisten in einem Bergdorf ist ein Beispiel für die sinnvolle **Einschränkung des Sortiments in der Tiefe.** Die Bewohner und die Touristen wollen viele verschiedene Produkte kaufen können, geben sich jedoch auch mit einer oder nur wenigen verschiedenen Marken oder Varianten zufrieden. So ist es für die Kunden wichtiger, dass überhaupt ein Waschmittel zu kaufen ist, als dass es zehn verschiedene Marken, Grössen und Konsistenzen gibt. In einem Bergdorf ist für den Detaillisten nicht die Tiefe des Sortiments für den Erfolg entscheidend, sondern die Breite. So erhält man in einem solchen Laden neben den Nahrungsmitteln viele Putzartikel, Babysachen, Toilettenartikel und oft auch noch Postkarten, Zeitungen und Zeitschriften.

Beispiel für ein **enges, aber tiefes Sortiment** ist eine exklusive Parfümerie, die sich auf einige Marken spezialisiert und von diesen jeweils das komplette Angebot mit allen verschiedenen Artikeln und den diversen Grössen führt. Die Kundschaft geht in diese Parfümerie, weil sie nur dort die Parfüms, Eaux de Toilette, Körpercremen, Schminksachen, Badeartikel und Sonnenprodukte dieser Marken bekommt.

12.9.1 Bestimmung der Produktlinien

Für die Produktlinien gilt dasselbe wie für das Produktsortiment. Mit vielen Produktlinien im Angebot kann ein Unternehmen **mehr potenzielle Kunden** für sich interessieren und seine Bedürfnisse abdecken als mit einer geringen Anzahl von Produktlinien. Auf der andern Seite sind zahlreiche Produktlinien auch mit **hohen Kosten** verbunden. In einem grösseren Unternehmen gibt es jeweils einen oder mehrere Verantwortliche für eine Produktlinie. Der Produktlinienverantwortliche ist für seine Tätigkeit auf umfangreiche Informationen über seine Linie und die einzelnen Artikel angewiesen. Diese Informationen umfassen den Umsatz- und Gewinnbeitrag der einzelnen Artikel und die Marktprofilierung seiner Artikel im Vergleich zur Konkurrenz.

Der verantwortliche **Produktlinienmanager (Category Manager)** muss seine Linie laufend überprüfen und das Angebot optimieren. Er fragt sich dabei, ob es Möglichkeiten gibt, das Angebot einer Produktlinie nach oben oder unten durch «Strecken» auszudehnen, oder ob es innerhalb einer Linie eine Lücke im Angebot gibt, die man schliessen kann? Wichtig ist jedoch auch, das Angebot immer wieder auf seine **Aktualität und Modernität** zu überprüfen und zu bereinigen, wenn das notwendig ist. Es geschieht häufig, dass Unternehmen die Anzahl ihrer Produkte konstant erhöhen, ohne sich von weniger erfolgreichen Artikeln zu trennen. Oft reduzieren sie ihr Angebot erst, wenn finanzielle Probleme auftauchen. Dann ist jedoch meistens ein drastischer Schnitt notwendig.

Besser wäre es, laufend den Gewinnbeitrag der einzelnen Artikel zu berechnen und die Zukunftsperspektiven der unrentablen Produkte abzuschätzen. Es ist notwendig, sich von **Ladenhütern** zu trennen. Bei einem neu eingeführten Produkt ist ein negativer Gewinnbeitrag zu verkraften, doch bei bereits etablierten Produkten kann er zur **Überlebensfrage** werden. Diese Produkte sollten aus dem Angebot gestrichen werden. Oft wird das Sortiment bereinigt, indem ein verbessertes Produkt neu eingeführt wird. Eine Konzentration auf einzelne Artikel innerhalb einer Produktlinie kann auch dann notwendig sein, wenn das Unternehmen einen **Produktionsengpass** hat. Dann muss sich die Produktion auf diejenigen Produkte konzentrieren, die entweder von strategischer Bedeutung sind oder bei denen ein Angebotsengpass von den Konsumenten am wenigsten toleriert wird.

12.10 Verpackung

Die Verpackung und das optische Auftreten eines Produkts haben sowohl eine **funktionale als auch eine strategische Bedeutung.** Sie sind eine wichtige Funktion des Produktmarketings, während sie für das Dienstleistungsmarketing naturgemäss keine Bedeutung haben. Verpackungen sind immer auch mit **Kosten** verbunden. Für den Marketingverantwortlichen ist es daher wichtig, die Kosten dem zu erzielenden Nutzen gegenüber zu stellen. Im Bereich der kurzlebigen Güter können durch das Senken der Verpackungskosten überlebenswichtige Konkurrenzvorteile erzielt werden.

12.10.1 Funktionen der Verpackung

Die Verpackung hat im Wesentlichen **sechs Funktionen:**

- Schutz
- Information
- Verwendungshinweis
- Transport
- Lagerung, Haltbarkeit, Stapelbarkeit
- Wettbewerbsdifferenzierung

A] Schutz

Die Verpackung schützt das Produkt vor Hitze, Schmutz, Schlägen und Erschütterungen; sie sorgt für Hygiene und Sicherheit bei Chemikalien. Zudem kann die Verpackung Elemente beinhalten, die vor Diebstahl schützen. Zum Beispiel Magnetstreifen, die beim Verlassen des Geschäfts einen Alarm auslösen.

Beispiel

Olivenöl

Olivenöl sollte bei einer Temperatur von 15–16 Grad Celsius aufbewahrt und vor Licht geschützt werden, da Licht die Oxidation beschleunigt. Deshalb sollten Olivenöle in dunklen Flaschen und nicht in Weissglas verkauft werden.

Olivenöl sollte in dunklen Flaschen verkauft werden. Bild: Christian Mueller / Shutterstock.com

B] Information

In vielen Ländern schreiben die Gesetze den Herstellern von Produkten genau vor, welche Informationen für die Konsumenten notwendig sind und kontrollieren diese Angaben auch. Zunehmend wird diese Information nicht mehr auf der Verpackung selbst, sondern auf dem **Beipackzettel** angebracht. Der Beipackzettel ist für den Marketingverantwortlichen aber auch ein wichtiges Instrument für die Werbung des beschriebenen Produkts oder von verwandten Produkten derselben Marke oder Firma.

Beispiel

Lego

Legoverpackungen zeigen, welche Konstruktionen und Spielsituationen mit den in der Packung enthaltenen Lego-Spielsteinen möglich sind. Ein Riesenerfolg sind die nummerierten Plastikbeutel. Lego hat Kinder und Eltern beim Auspacken und Zusammensetzen von Legopackungen beobachtet, um herauszufinden, wann die Kinder am meisten Spass haben und wann sie sich ärgern oder aufgeben (siehe Kap. 4, S. 69 «Marktforschung», Methode «Beobachtung»). Dabei haben sie festgestellt, dass die Eltern sehr lange nach dem richtigen Legostein suchen, wenn alle 700 Steine auf dem Tisch liegen. Die Kinder werden dabei ungeduldig und verlieren die Lust am Zusammenbauen. Als Lösung werden nun die Teile in verschiedene Beutel abgepackt. Zuerst werden nur die Steine in Beutel 1 verbaut, sodass der gesuchte Stein nur aus einer Menge von 140 Steinen gesucht werden muss. Diese vermeintlich kleine Verbesserung hat das Spielerlebnis markant verbessert.

C] Verwendungshinweis

Durch die Gestaltung der Verpackung soll für die Verbraucher klar werden, **wie sie das Produkt verwenden sollen.** Von besonderer Bedeutung ist dabei beispielsweise bei einer Tube, wie sie sich öffnen lässt. Bei der Verpackung muss man auch die Einheitlichkeit des Inhalts berücksichtigen. Bei der Zahnpasta soll die Paste beim Öffnen nicht gleich ins Lavabo tropfen. Flüssige Inhalte lassen sich besser in Flaschen aufbewahren und sind gut anwendbar mit einem Sprayverschluss.

Beispiel

Medikamente

Viele Medikamentenverpackungen verfügen über einen Öffnungsmechanismus, der es Kindern verunmöglichen sollte, an die Tabletten zu gelangen.

D] Transport

Die Verpackung ist auch für den Transport des Produkts wichtig. Für einen rationellen Transport sollte die Verpackung **möglichst wenig Platz** einnehmen und **wenig Gewicht** haben. Andernfalls erhöhen sich die Kosten für den Transport und die Lagerung der Produkte. Wichtig ist auch der Schutz der Ware und das Tragen der Produkte beim Transport. Oft werden die Produkte aus diesen Gründen in grösseren Mengen verpackt. Dabei können Produzenten, Händler und Kunden unterschiedliche Bedürfnisse haben. Die Transportfunktion endet aber nicht beim Kauf des Produkts, weil die Kunden das Produkt auch nach Hause transportieren müssen.

Beispiel

Viererpackungen mit Traggriff

Migros und Coop verkaufen Fruchtsäfte in der Viererpackung mit Traggriff. Kunden, die grosse Mengen von Säften kaufen, schätzen diese Verpackungsart. Sie können die Säfte so besser transportieren als einzelne Packungen. Wer nur kleine Mengen benötigt, bevorzugt die Einzelpackungen.

E] Lagerung, Haltbarkeit, Stapelbarkeit

Die Form der Verpackung beeinflusst den Platz für die **Lagerung und auch die Stapelbarkeit.** Daher werden Produkte für die Lagerung häufig in grösseren Mengen verpackt, wie beispielsweise Flaschen in 6er- oder 12er-Harassen. So wird das einzelne Produkt geschützt und die Lagerung und auch der Transport können auf rationelle Weise erfolgen.

F] Wettbewerbsdifferenzierung: Produktdifferenzierung, Produktpositionierung

Die Verpackung trägt entscheidend zur **Produktdifferenzierung und -positionierung** bei. Das Design der Verpackung hat darum eine Schlüsselfunktion für den Marketingerfolg. Mit dem Design kann das Image der Marke und der Firma transportiert werden und für viele Produkte ist ein innovatives Verpackungsdesign ausschlaggebend für den Kaufentscheid.

Coca-Cola

Die Flasche von Coca-Cola wird auf der ganzen Welt verwendet und von den Kunden erkannt, auch wenn die Beschriftung in einer Sprache erfolgt, die man nicht kennt, z. B. in Japanisch.

Bild: WorldStock / Shutterstock.com

12.10.2 Verpackung und Ökologie

Das Thema Verpackung hat neben der Ästhetik und der Funktion auch eine ökologische Dimension. So stellen immer mehr Konsumenten die Frage nach der Menge des Abfalls, nach einem Verpackungsmaterial mit einer **günstigen Ökobilanz oder nach Recyclingmöglichkeiten.** Dies stellt für den Handel eine neue Herausforderung dar, auf die er auf verschiedene Arten reagiert. **Beispiele für eine ökologische Verpackung** sind

- Mehrfachverpackungen,
- Verkleinerung der Verpackung und
- Verwendung von umweltfreundlichem Material.

Die **Verkleinerung der Verpackung** gibt es bei den Zahnpasten, die vermehrt nur als Tube und ohne die bisher übliche Kartonverpackung verkauft werden.

Ein Beispiel für die **Verpackung aus umweltfreundlichem Material** ist die zunehmende Verwendung von PET als Verpackung von flüssigen Nahrungsmitteln, Getränken oder weiteren Bedarfsgütern für den Haushalt. PET hat neben dem ökologischen auch einen praktischen Vorteil, weil es sehr leicht und doch stabil und ausserdem auch kostengünstig ist. Diese Vorteile machen PET zu einem idealen Verpackungsmaterial und es ist kein Zufall, dass seine Verwendung stetig zunimmt.

12.11 Qualität

Die Qualität eines Produkts und einer Dienstleistung gewinnt immer mehr an Bedeutung. Doch was ist mit dem Begriff Qualität gemeint? Im Marketing wird unter Qualität die Fähigkeit eines Produkts oder einer Dienstleistung verstanden, **Kundenbedürfnisse zu befriedigen.** Zum Konzept der Qualität gehört jedoch auch die Übereinstimmung der Ansprüche mit der Marktleistung. Ein Produkt oder eine Dienstleistung kann die Kundenbedürfnisse durch seine Eigenschaften befriedigen.

Durch das **Variieren der Qualität** können ganz unterschiedliche Ergebnisse auf dem Markt erzielt werden. Die Qualität des Produkts oder der Dienstleistung ist daher auch eines der wichtigsten Instrumente des Marketingverantwortlichen. Mithilfe der Qualität können die Produkte differenziert und profiliert werden. Damit lassen sich strategische Konkurrenzvorteile erzielen. Darüber hinaus wirkt sich eine hohe Produktqualität auch positiv auf die **Motivation der Mitarbeitenden** aus. Wichtig ist hier die Anmerkung, dass nicht das Erreichen von Spitzenqualität das Ziel für den Marketingverantwortlichen ist, sondern dass die Qualität des Produkts der anvisierten Zielgruppe und deren Nutzenerwartungen entsprechen muss.

Beispiel

Swatch und Rolex

Swatch ist ein gutes Beispiel für ein erfolgreiches Produkt ohne höchste Qualitätsleistungen. Von dieser Uhr werden nur eine relativ geringe Lebensdauer und keine teuren Materialien erwartet. Demgegenüber erwartet die Käuferin einer Rolex eine exzellente Qualität der Materialien.

Muss-Faktoren, Soll-Faktoren und Plus-Faktoren[1]

Die verschiedenen Eigenschaften eines Produkts haben eine unterschiedliche Bedeutung für die Kundenzufriedenheit. Es gibt Faktoren, die vorhanden sein **müssen.** Man spricht deshalb von einem **Muss-Faktor.** Wenn sie nicht vorhanden oder von schlechter Qualität sind, ist die Kundin unzufrieden. Weil sie aber erwartet werden, sind die Kunden mit diesen Faktoren nicht zu begeistern.

[1] Kano, N.; Seraku, N.; Takahashi, T.: Attractive Quality and Must-be-Quality, Tokyo 1989.

Beispiel **Pünktlichkeit als Muss-Faktor**

Wenn der Unterricht pünktlich beginnt, wird das die Studierenden kaum zu Begeisterungsstürmen hinreissen. Ein pünktlicher Unterrichtsbeginn wird als Selbstverständlichkeit vorausgesetzt. Unpünktlichkeit allerdings führt zur Unzufriedenheit. Dasselbe gilt für Briefe, die mit A-Post versandt werden. Man erwartet, dass sie am nächsten Tag die Empfänger erreichen.

Es gibt Faktoren, die sowohl zur Unzufriedenheit (wenn sie schlecht sind), aber auch zur Zufriedenheit (wenn sie gut sind) führen können. Solche Faktoren sollten erfüllt sein, sie heissen deshalb **Soll-Faktoren.**

Beispiel **Preis-Leistungs-Verhältnis und Freundlichkeit als Soll-Faktoren**

Wenn wir ein Produkt kaufen und feststellen, dass wir zu viel dafür bezahlt haben, sind wir unzufrieden. Stellen wir hingegen fest, dass wir eine gute Leistung für wenig Geld erhalten haben, sind wir zufrieden. Bei Dienstleistungen ist die Freundlichkeit ein solcher Soll-Faktor. Ein unfreundlicher Mitarbeiter verursacht Unzufriedenheit, während ein freundlicher Mitarbeiter viel zur Zufriedenheit beitragen kann.

Ein **Plus-Faktor** verschafft dem Unternehmen einen Vorteil, weil er von den Kunden nicht erwartet, aber geschätzt wird. Da er von den Kunden nicht erwartet wird, sind sie nicht unzufrieden, wenn sie ihn nicht erhalten. Sie sind aber positiv überrascht, wenn sie ihn bekommen.

Beispiel **Zane's Famous Bicycle Shop**

Zane's Famous Bicycle Shop in Branford, Connecticut bietet den Kunden für alle Velos und alle Teile einen lebenslangen Gratisservice. Egal, ob das Velo vor 5, 10 oder 15 Jahren bei Zane gekauft wurde, wird es kostenlos überholt und in Stand gestellt.

Wenn es also darum geht, die Qualität zu steuern, um die Kundenzufriedenheit zu erhöhen, ist es wichtig, dass man die Bedeutung der verschiedenen Faktoren kennt und entsprechend kontrolliert.

Abb. [12-11] **Zusammenhang zwischen Qualität und Kundenzufriedenheit**

		Eine hohe Qualität führt zur Kundenzufriedenheit	
		Ja	**Nein**
Eine niedrige Qualität führt zur Kunden-unzufriedenheit	**Ja**	Soll-Faktor (wird erwartet)	Muss-Faktor (wird zwingend erwartet)
	Nein	Plus-Faktor (wird nicht erwartet, aber geschätzt)	Unbedeutender Faktor (wird weder erwartet noch geschätzt)

12.12 Marketingfehler

A] Zu gutes Produkt

Produktorientierte statt kundenorientierte Unternehmen machen häufig den Fehler, dass sie **das «beste» Produkt** herstellen, obwohl die Kunden dieses Produkt gar nicht wollen bzw. nicht bereit sind, dafür einen höheren Preis zu bezahlen. Ein typisches Beispiel ist die Firma Revox mit ihren qualitativ hochstehenden, aber sehr teuren Produkten, die wir bereits in Kapitel 8, S. 146 «Positionierung und Markenstrategie» beschrieben haben.

B] Zu breites Angebot

Schweizer Winzer kämpfen häufig mit Ertragsproblemen, weil sie über ein zu breites Angebot verfügen. Sie möchten drei verschiedene Rotweine herstellen, zwei Weissweine, einen Schaumwein und noch einen Dessertwein. Dieses breite Sortiment ist einerseits sehr **arbeitsaufwendig,** andererseits **verhindert es die Fokussierung auf Spezialitäten.**

C] Internationalisierung von Produkten und Dienstleistungen

Eine weitere Fehlerquelle ist die Internationalisierung von Produkten und Dienstleistungen. Es gibt unzählige Beispiele dafür, dass **ein erfolgreiches Produkt in einem anderen Land versagte.** Hinsichtlich der Verpackung hat Coca-Cola beispielsweise vergeblich versucht, die erfolgreiche Zwei-Liter-Flasche auch in Spanien einzuführen. Zur Zeit der Markteinführung waren die Kühlschränke in den durchschnittlichen spanischen Küchen zu klein für Zwei-Liter-Flaschen.

D] Globalisierung von Dienstleistungen

Noch schwieriger ist es in der Regel, eine Dienstleistung zu globalisieren.

Beispiel

Disneyland Paris

Als die Walt Disney Corporation das Disney-World-Konzept, das in Florida, Kalifornien und Tokyo sehr erfolgreich ist, im Disneyland Paris kopieren wollte, stiess sie auf viele unerwartete Schwierigkeiten. Nicht nur die französischen Intellektuellen, die von einem «kulturellen Tschernobyl» sprachen und sich lustig machten über «Karton-Attrappen-Häuser» und «Comicfiguren» zur Unterhaltung von «übergewichtigen Amerikanern», machten Probleme. Die französischen Mitarbeitenden waren auch weniger bereit, die strengen Regeln und Kleidungsvorschriften zu befolgen. Die Gastfreundlichkeit, die in anderen Disney-Parks hervorragend ist, liess in Disneyland Paris zu wünschen übrig. Den grössten Fauxpas beging Disney aber, als sie den Ausschank von Wein in den Restaurants verbot, wie das in den anderen Disney-Parks üblich war. Nach mehreren tumultreichen Jahren ist Disneyland Paris mit 13.4 Millionen Besuchern im Jahr 2016 die meistbesuchte Touristenattraktion in Europa. Dabei stammen 51% der Gäste aus Frankreich, 14% aus Grossbritannien und 8% aus Spanien.

Zusammenfassung

Marktleistungen umfassen Produkte und Dienstleistungen. **Produkte** sind greifbare Güter, die in Abwesenheit des Kunden produziert werden. **Dienstleistungen** sind nicht greifbar, unterliegen Qualitätsschwankungen und können nicht gelagert werden. Eine strikte Trennung von Produkt und Dienstleistung ist häufig weder möglich noch wünschenswert, da viele Marktleistungen als Kombinationen von Produkten und Dienstleistungen angeboten werden.

In einigen Branchen und Unternehmen, vorwiegend im Dienstleistungs- und Business-to-Business-Marketing, wurden zu den **klassischen 4 P** noch **3 weitere P** hinzugefügt:

- **People:** Die Mitarbeitenden, ihre Rekrutierung und Ausbildung sind häufig ein wichtiger Wettbewerbsvorteil und ein wesentliches Element des Kundenerlebnisses.
- **Process:** Unternehmen und Kunden gestalten zusammen die Leistungsprozesse. «Customer Experiences» wie z. B. im Sport und «Solutions» im B2B-Marketing sind typische Anwendungsfelder, die die Bedeutung dieses Submix illustrieren.
- **Physical Tangibles:** Die Umgebung, die Bekleidung der Mitarbeitenden, die Atmosphäre im Restaurant, das Aussehen der Geräte, die Sauberkeit in der Garage, die Beschriftungen im Gebäude, all das sind Instrumente dieses Submix, der je nach Branche sehr wichtig sein kann (z. B. im Detailhandel oder in der Unterhaltungsindustrie wie Kasinos).

Es werden **drei Ebenen der Marktleistung** unterschieden:

- Kernprodukt
- Formales Produkt
- Erweitertes Produkt

Das **Kernprodukt** beschreibt den Grundnutzen. Das **formale Produkt** beschreibt die Eigenschaften, die die Erfüllung des Grundnutzens ermöglichen. Das **erweiterte Produkt** umfasst zusätzliche Elemente, die Zusatznutzen generieren können. Hinsichtlich des Kaufverhaltens werden Convenience-Güter, Shopping-Güter und Spezialgüter unterschieden.

Unter **Sortiment** versteht man die Summe aller Marktleistungen, die ein Unternehmen anbietet. Das Unternehmen versucht, die Sortimentsbreite, Sortimentstiefe und Sortimentslänge so festzulegen, dass ein optimales Verhältnis von Kundennutzen und Kosten erzielt wird.

Bei der **Verpackungsgestaltung** orientiert sich das Unternehmen an den sechs Funktionen Schutz; Information; Verwendung; Transport; Lagerbarkeit, Haltbarkeit, Stapelbarkeit und Wettbewerbsdifferenzierung.

Die **Qualität** einer Marktleistung ist die Fähigkeit, die Kundenbedürfnisse zu befriedigen. **Muss-Faktoren** sind Eigenschaften, die auf jeden Fall erwartet werden und erfüllt sein müssen. **Soll-Faktoren** werden ebenfalls erwartet und sollten erfüllt sein. **Plus-Faktoren** werden nicht erwartet und können deshalb die Kunden positiv überraschen.

Repetitionsfragen

52 Handelt es sich bei dem folgenden Beispiel einer Stadtrundfahrt um das Kernprodukt, das formale Produkt oder das erweiterte Produkt?

	Kernprodukt und -dienstleistung	Formales Produkt / Dienstleistung	Erweitertes Produkt / Dienstleistung
Die Touristen erhalten einen 20%-Rabattcoupon für ein Musical am Broadway.	☐	☐	☐
Die Tageskarte erlaubt es den Touristen, bei jeder Haltestelle auszusteigen und den nächsten Bus zu nehmen. Die Busse verkehren in einem Halbstundenintervall.	☐	☐	☐
Der Bus stoppt, sodass die Touristen die Freiheitsstatue fotografieren können.	☐	☐	☐

53 Warum ist die Unterscheidung zwischen Convenience-Gütern, Shopping-Gütern und Spezialgütern oft sinnvoll?

54 Zwei Freundinnen diskutieren über ein neues Schuhgeschäft. Handelt es sich bei den Faktoren um Muss-, Soll- oder Plus-Faktoren?

	Muss-Faktor	Soll-Faktor	Plus-Faktor
Sortiment: «Ich finde vor allem das Sortiment super. Der Laden auf der anderen Strassenseite hat ein mickriges Sortiment, da war ich sehr enttäuscht.»	☐	☐	☐
Öffnungszeiten: «Es hat mich richtig geärgert, dass das Geschäft am letzten Samstag nicht geöffnet war. Ich bin vergebens in die Stadt gefahren.»	☐	☐	☐
Shoppingtipps: «Die Verkäuferin hat mir auf der Karte gezeigt, wo es die besten Badeanzüge gibt in der Stadt.»	☐	☐	☐

55 Macht es Sinn, dass der Teilmix «process» auf derselben Stufe angesiedelt ist wie der Teilmix «product»?

56 Sind «Rollenkonflikte» bei Dienstleistungen eine Chance oder eine Gefahr für den Dienstleistungsanbieter?

Fallbeispiel 9 – Bosch Packaging Technology

Autor: Raymond Zenhäusern

Ausgangslage

Der Unternehmensbereich Bosch Packaging Technology ist mit rund 5 600 Mitarbeitenden einer der führenden Anbieter von **Prozess- und Verpackungstechnik.** Das Unternehmen ist über die Dachmarke Bosch international präsent. An mehr als 30 Standorten in über 15 Ländern entwickeln und fertigen hoch qualifizierte Fachkräfte Gesamtlösungen für die Pharma-, die Nahrungsmittel- und die Süsswarenindustrie. Das Unternehmen bietet kundenorientierte und innovative Lösungen wie die Hochgeschwindigkeits-Schlauchbeutelmaschine HRM für die vollautomatische Verpackung von Schokoladen- und Früchteriegeln und weitere Lebens- und Genussmittel, Non-Food- und Homecare-Artikel an.

Im Bereich Nahrungsmittelindustrie werden **modernste Hochgeschwindigkeit-Schlauchbeutelmaschinen** (Fabrikat HRM) mit innovativer Splicetechnologie (automatischer Packstoffwechsel) für den 3-Schicht-Betrieb für die Verpackung von Schokoladen- und Früchteriegel und weiteren Lebens- und Genussmitteln, Non-Food- und Homecare-Artikeln angeboten.

Die robuste und modulare Bauweise der Maschine erlaubt eine optimale Integration in unterschiedliche Produktionssysteme. Das System verpackt 1 500 Einheiten (z. B. Schokoriegel) pro Minute und ist in Links- und in Rechtsausführung erhältlich. Es können bedruckte, zentrierte oder unbedruckte, heiss- und kaltsiegelbare Mono- oder Verbundfolien verarbeitet werden. Als Bestandteil eines **umfassenden Dienstleistungskonzepts** bietet Bosch Packaging System Schulungen für Bedienungs- und Wartungspersonal. Diese Trainings sind sowohl auf die Vermittlung von theoretischen Grundlagen als auch auf die praktische Anwendung ausgerichtet. Nebst Frontalunterricht werden Schulungen in CBT (Computer Based Training) und unterstützende mobile Applikationen realisiert.

Durch die Verbindung dieser leistungsstarken, flexiblen Hochgeschwindkeitsanlage mit kundennahen Dienstleistungen soll neben der Zielgruppen-Positionierung als Innovationsführer auch eine markante **Differenzierung zu den Mitbewerbern** realisiert werden.

(Mit freundlicher Genehmigung von Bosch Packaging System, Schweiz)

Foto: Bosch, Riegelsystem mit Speicher

Aufgaben

1	Nennen Sie die drei Ebenen der Systemleistungen der Hochgeschwindigkeits-Schlauchbeutelmaschine HRM.
2	Nennen Sie weitere drei technische und drei administrative Beispiele von möglichen Dienstleistungen.
3	Nennen und beschreiben Sie drei Faktoren für die Steuerung der Kundenzufriedenheit.

13 Kommunikation

Lernziele

Nach der Bearbeitung dieses Kapitels können Sie ...

- die Push- und Pull-Wirkung der Kommunikation und die Kommunikationsinstrumente beschreiben.
- eine Werbemassnahme planen.
- die vier Formen der Verkaufsförderung und die Elemente der Verkaufsplanung aufzählen.
- das Direktmarketing und das operative Customer Relationship Management beschreiben.
- die strategische und die absatzorientierte PR unterscheiden.

Schlüsselbegriffe

ABC-Kundenanalyse, Copyplattform, Direktmarketing, Intermediavergleich, Kommunikation, Kommunikationsinstrumente, Marketingziele, Mediaplattform, operatives Customer Relationship Management, Opportunitymanagement, persönlicher Verkauf, Public Relations, Pull-Strategie, Push-Strategie, Sales-Cycle-Analyse, Verkaufsautomation, Verkaufsförderung, Verkaufsplanung, Werbemarkt Schweiz, Werbemittel, Werbeplanung, Werbeträger, Werbung

Der **Kommunikationsmix** umfasst die Kommunikationsinstrumente Werbung, Verkaufsförderung, persönlicher Verkauf, Direktmarketing, Public Relations und Internetkommunikation zur Beeinflussung von bestimmten Zielgruppen. Das operative Customer Relationship Management (CRM) zählen wir ebenfalls zu den Kommunikationsinstrumenten.

13.1 Marketingziele

Die Instrumente werden in Menge und Qualität je nach zu erreichenden Zielgruppen, den gesetzten Kommunikationszielen und den zur Verfügung stehenden Geldmitteln aufeinander abgestimmt und zu einem Mix gebündelt. Für die Formulierung von Kommunikationszielen stehen verschiedene **Kennzahlen** zur Verfügung.

Abb. [13-1] Kennzahlen der Marketingkommunikation

Kennzahl	Definition	Beispiel
Reichweite	Anteil der Bevölkerung oder der Zielgruppe, die in einem bestimmten Zeitraum Kontakt mit diesem Werbeträger hatte.	Wie viel Prozent der Haushalte mit Kindern im schulpflichtigen Alter und mit einem Haushaltseinkommen von über CHF 80 000 pro Jahr erreichen wir mit fünf Inseraten in der «SonntagsZeitung»?
Ungestützte Bekanntheit (share of mind)	Beim ungestützten Bekanntheitsgrad nennt der Befragte die Marke spontan.	Welche Krankenkassen kennen Sie?
Gestützte Bekanntheit	Bei der gestützten Bekanntheit wird der Name genannt. Der ungestützte Bekanntheitsgrad ist immer geringer als der gestützte.	Kennen Sie die Krankenkasse Visana?
Kaufinteresse	Kunden interessieren sich für ein Produkt oder eine Dienstleistung, wenn sie glauben, dass es ein Bedürfnis befriedigen kann.	Welches Waschmittel wäscht sauber und schont das Gewebe?
Kaufabsicht	Die Kunden kennen die Marktleistung und haben die Absicht, sie zu kaufen.	Wie gross ist die Wahrscheinlichkeit, dass Sie dieses Jahr Ihre Ferien in der Karibik verbringen?
Produktkaufwissen	Die Kunden wissen, wo sie die Marktleistung kaufen können und zu welchen Bedingungen.	Welches Restaurant offeriert auch immer ein vegetarisches Mittagsmenu für unter CHF 15?
Produktverwendungswissen	Die Kunden wissen, wie das Produkt angewendet wird bzw. welchen Nutzen die Dienstleistung stiftet.	Wozu sollen die Zähne regelmässig von einer Dentalhygienikerin gepflegt werden?

Die folgenden beiden Ziele werden im Zusammenhang mit Kommunikationszielen auch genannt. Sie sind jedoch nur bedingt geeignet, die Wirkung der Kommunikation zu messen, da viele andere Faktoren eine Rolle spielen. Wir werden sie deshalb bei der Werbeplanung bewusst nicht berücksichtigen.

Kennzahl	Definition	Beispiel
Kauf	Die Kunden kaufen das Produkt.	Haben Sie in den letzten 6 Monaten ein Handy gekauft?
Wiederkauf	Die Kunden kaufen das Produkt regelmässig wieder bzw. sie bleiben dem Dienstleistungsanbieter treu.	Haben Sie das Zeitungsabonnement für den «Tages-Anzeiger» verlängert?

Einige Kennzahlen können miteinander verknüpft werden. Sie geben **Auskunft über den Kaufprozess der Kunden und sind logisch voneinander abhängig.** Zum Beispiel können Kunden nur ein Kaufinteresse haben, wenn sie die Marktleistung kennen. Eine Kaufabsicht bedingt ein Kaufinteresse und ein Kauf bedingt eine Kaufabsicht. Es kann dabei auch Ausnahmen geben, z. B. Spontankäufe, die wir im folgenden Beispiel nicht berücksichtigen. Aufgrund der Kennzahlen der Bekanntheit, des Kaufinteresses und der Kaufabsicht lässt sich der **Kommunikationswirkungsindex** errechnen. Man wendet dabei folgende Formel an:

Kommunikationswirkungsindex (KWI) =

Bekanntheit in % · Kaufinteresse in % · Kaufabsicht in % · Kauf

Beispiel

Vitamindrink für ältere Leute

Ein Lebensmittelproduzent vermarktet einen Vitamindrink, der sich an die Zielgruppe der älteren Leute richtet. Der Gesamtmarkt wird als alle Schweizerinnen und Schweizer über 60 Jahren definiert. Nach einer intensiven Werbekampagne und dank der grossen Bekanntheit des Herstellers kennen nach 2 Jahren 55% der Leute über 60 Jahren diesen Vitamindrink. 31% von diesen 55% äussern eine Kaufabsicht. Multipliziert man nun diese 31% mit den 55%, so ergibt sich ein Kaufinteresse von 17% (0.31 · 0.55 = 0.17). Das heisst, 17% aller Senioren über 60 Jahren interessieren sich für den Kauf. Davon äussern 78% eine Kaufabsicht, das sind 13.3% des Gesamtmarkts (0.17 · 0.78 = 0.133). 64% kaufen den Drink auch im beobachteten Zeitraum, sodass sich eine Penetration von 8.5% ergibt (0.133 · 0.64 = 0.085).

Basierend auf den obigen Kennzahlen kann der Kommunikationswirkungsindex (KWI) errechnet werden.[1]

Kommunikationswirkungsindex (KWI) =

Bekanntheit in % · Kaufinteresse in % · Kaufabsicht in % · Kauf

55% · 31% · 78% · 64% = 8.5%

[1] In Anlehnung an Best, Roger J.: Market-Based Management. Strategies for Growing Customer Value and Profitability, Upper Saddle River 2013.

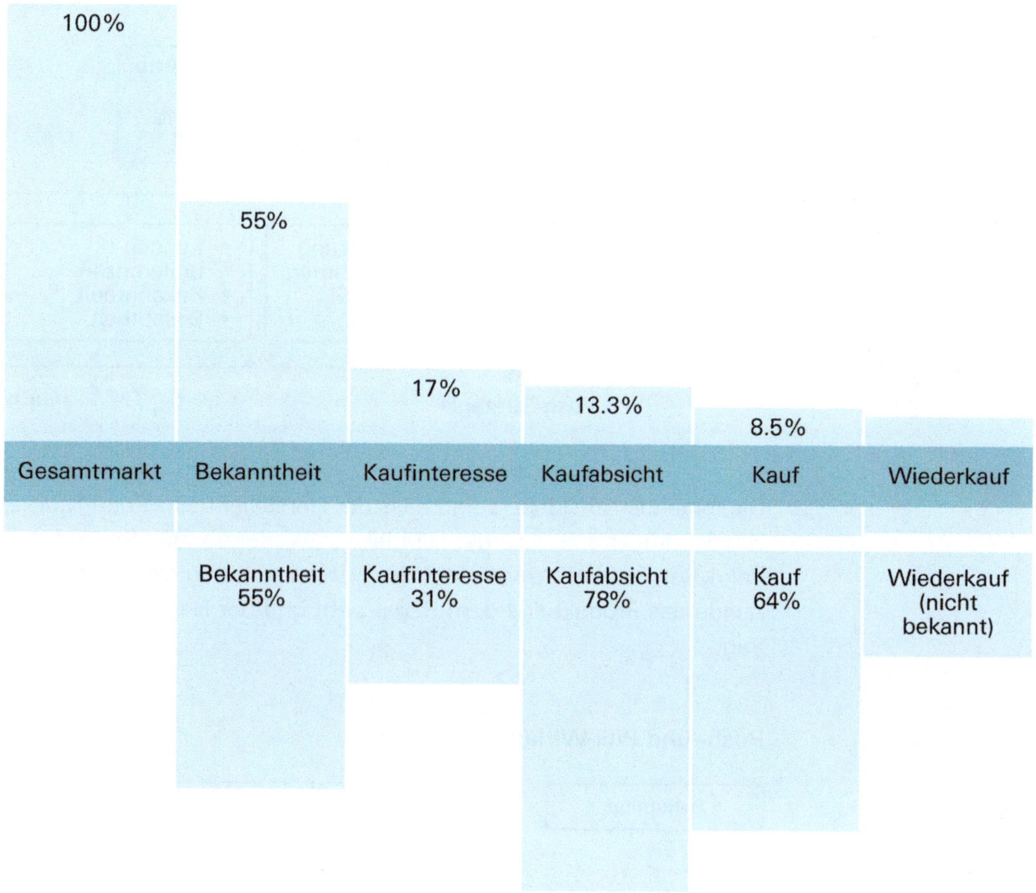

13.2 Push- und Pull-Wirkung der Kommunikation

Es lassen sich zwei Strategien der Kommunikationspolitik unterscheiden, die Push- und Pull-Strategien.

Mit beiden Strategien sollen die Konsumenten zum Kauf animiert werden. Bei der Push-Strategie wird der Schwerpunkt des Marketings auf den Handel, bei der Pull-Strategie auf den Konsumenten gesetzt.

Bei der **Push-Strategie** wird das Produkt in den Handel und vom Handel in den Einkaufswagen der Kunden gedrückt. (Das englische Wort «push» heisst stossen.) Dabei konzentriert sie sich auf zwei Massnahmen:

- Auf die Verbesserung der Marktabdeckung, d. h., dass das Produkt erhältlich ist
- Auf die Verkaufsförderung beim Handel und beim Konsumenten

Bei der **Pull-Strategie** richtet der Anbieter seine Marketingaktivitäten auf die Kaufpräferenzen oder auf die Käufer. Pull bedeutet auf Englisch «ziehen», d. h., die Kunden werden von der Werbung angezogen und verlangen das Produkt. Der Handel bestellt das Produkt dann beim Grosshandel und dieser beim Hersteller.

Abb. [13-2] **Push- und Pull-Strategien im Vergleich**[1]

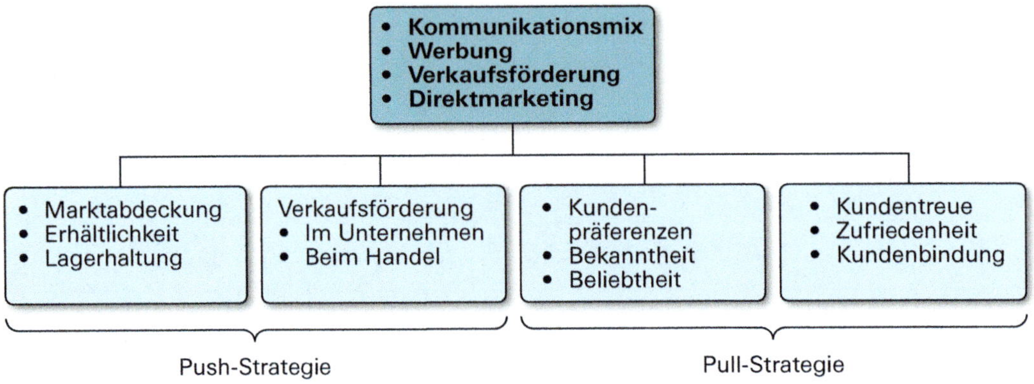

Die folgende Abbildung zeigt, dass der Hersteller beim **Push-Marketing** sein Produkt in den Handel drückt und dass der Handel das Produkt in den Einkaufswagen des Kunden drückt. Beim **Pull-Marketing** versucht der Hersteller, einen Nachfragesog zu erzeugen, sodass der Kunde das Produkt aus dem Regal zieht und der Handel das Produkt beim Hersteller nachfragt.

Abb. [13-3] **Push- und Pull-Wirkung**

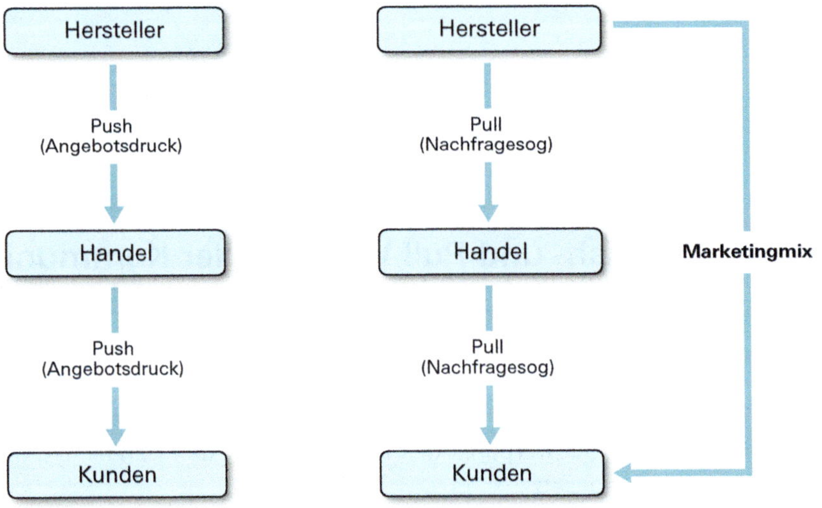

In der Praxis werden die beiden Ansätze meistens kombiniert, um eine maximale Wirkung zu erzielen. Faustregeln, wonach das Push-Pull-Verhältnis immer 50 : 50 sein soll, sind aber sicherlich falsch, da unterschiedliche Marktsituationen und Marketingstrategien zu unterschiedlichen Schwerpunkten führen.

Das folgende vereinfachte Beispiel illustriert, welche Marktanalysen und welche Kriterien bei der Wahl zwischen Push- und Pull-Massnahmen angewendet werden können.

Beispiel

Planung und Instrumente der Push- und Pull-Beziehungen

Zwei Konsumgüter der Marke 1 und der Marke 2 erzielen die identische Penetration[2] von 1.8% innerhalb einer bestimmten Periode. Die folgende Marktanteilsanalyse[3], einige nennen es auch Verkaufstrichter, zeigt, in welchen Stufen die Marke ihre potenziellen Kunden verliert. Marke 1 wird von 60% der Zielgruppe erkannt, somit verliert sie 40% bei der Bekanntheit. Von diesen 60% hat die eine

[1] Best, Roger J.: Market-Based Management. Strategies for Growing Customer Value and Profitability, Upper Saddle River 2013.
[2] Penetration: Marktdurchdringung. Es soll mit bestehenden Produkten ein Mehrumsatz innerhalb eines bestehenden Strategischen Geschäftsfelds (SGF) erzielt werden.
[3] Best, Roger J.: Market-Based Management. Strategies for Growing Customer Value and Profitability, Upper Saddle River 2013.

Hälfte ein positive, die andere Hälfte eine negative Einstellung. Von den positiv eingestellten Konsumenten begegnen nur 10% dem Produkt am Point of Sales und von diesen finden 60% den Preis akzeptabel und kaufen. Somit berechnet sich die Penetration als 0.6 · 0.5 · 0.1 · 0.6 = 0.018 (d. h. 1.8% der Zielgruppe).

Abb. [13-4] **Kaufanalyse Produkt 1**

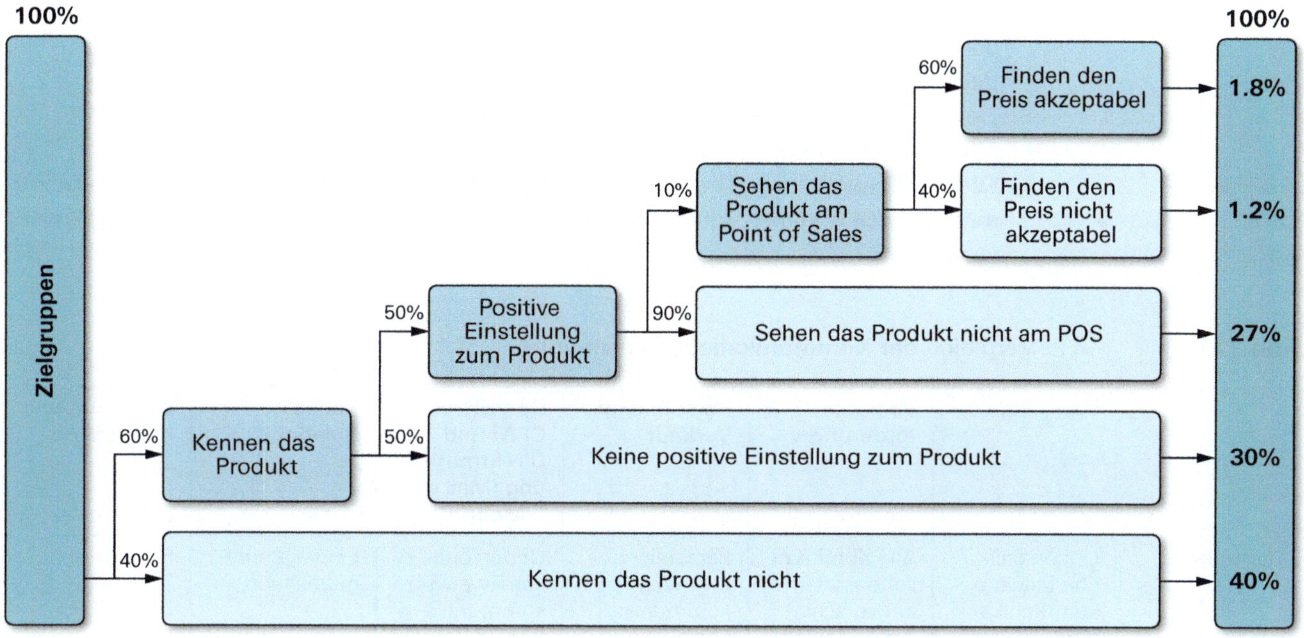

Die Marke 2 erzielt ebenfalls eine Penetration von 1.8%, allerdings «verliert» sie die Kunden auf anderen Stufen, insbesondere bei der Bekanntheit. 80% der Zielgruppe kennen die Marke nicht und 60% der Konsumenten, die die Marke kennen, habe eine negative Einstellung zu ihr. Mit 75% Kundenkontakt am Point of Sales ist die Marke aber sehr gut vertreten. Allerdings ist sie mit 30% Preisakzeptanz eher hochpreisig positioniert.

Abb. [13-5] **Kaufanalyse Produkt 2**

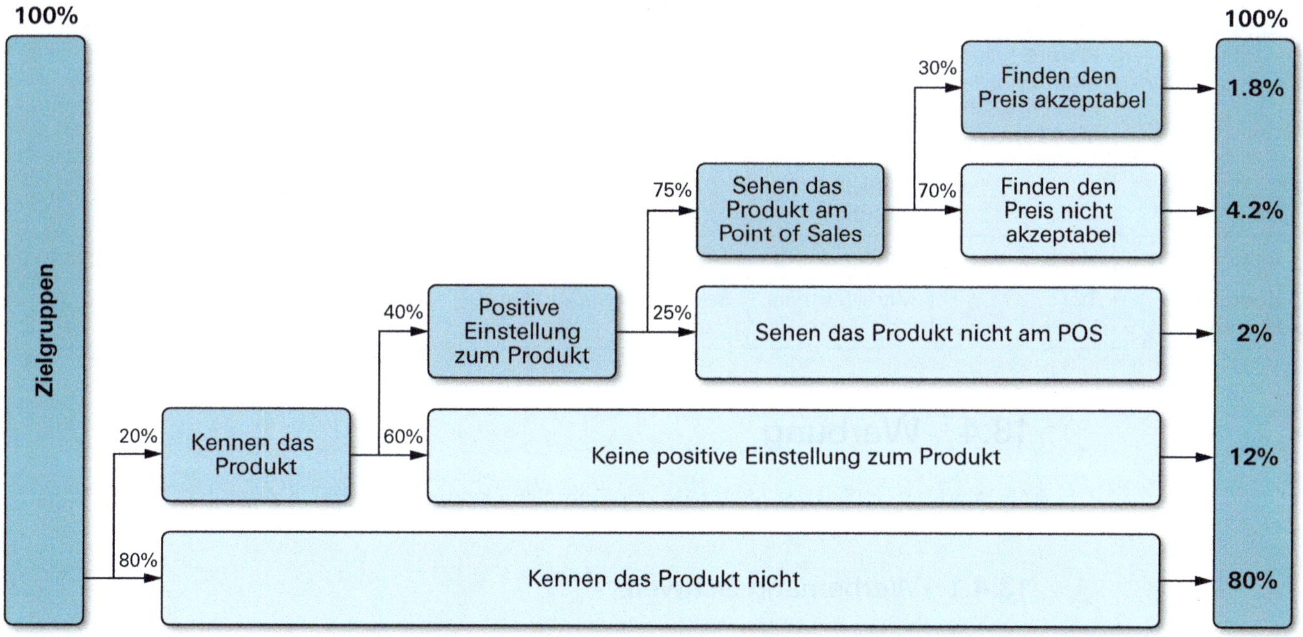

Diese vereinfachte Marktanteilsanalyse für zwei Produkte im selben Markt mit identischer Penetration führt zu völlig unterschiedlichen Push-Pull-Verhältnissen. Marke 1 wird eher in Push-Massnahmen investieren, da sie zwar bekannt und beliebt, aber im Handel nicht erhältlich ist. Bei Marke 2 ist genau das Gegenteil der Fall. Hier lohnt es sich vermutlich, die starke Distribution (75% Erhältlichkeit) mit Pull-Massnahmen besser auszuschöpfen.

13.3 Kommunikationsinstrumente

Das Unternehmen setzt verschiedene Kommunikationsinstrumente ein, um seine Marketingziele zu erreichen. Die folgende Tabelle zeigt die wichtigsten **Unterschiede der Kommunikationsinstrumente.** Die Kriterien für die Unterscheidung sind:

- Richtung der Kommunikation: einseitige Kommunikation vom Unternehmen zum Kunden oder zweiseitiger Dialog.
- Reichweite: Anzahl der Kunden, die erreicht werden können.
- Zielgrösse: Kommunikationsziel, das erreicht werden kann.
- Mittel: Kommunikationsmittel, das eingesetzt wird.
- Kosten: Einschätzung der Gesamtkosten für den Einsatz eines Kommunikationsinstruments. Diese Angaben können sehr unterschiedlich sein und sind nur als Richtgrösse zu verstehen.

Abb. [13-6] **Vergleich der Kommunikationsinstrumente**

	Werbung	Verkaufsförderung	Persönlicher Verkauf	Operatives CRM und Direktmarketing (Mail und E-Mail)	Public Relations	Internetkommunikation
Richtung	Unpersönliche Einwegkommunikation	Alle Kommunikationsarten auf verschiedenen Stufen	Persönliche Zweiwegkommunikation	Unpersönliche Zweiwegkommunikation	Einwegkommunikation	Elektronische Zweiwegkommunikation
Reichweite	Sehr gross	Gross	Sehr gering	Mittel	Gross	Sehr gross
Ziel	Bekanntheitsgrad erhöhen, Image verbessern	Kaufentscheid herbeiführen	Kaufentscheid herbeiführen	Response (Reaktion) auf ein Angebot	Bekanntheitsgrad erhöhen, Image verbessern	Information, Kaufentscheid herbeiführen, Response (Reaktion) auf ein Angebot, Image verbessern
Mittel	Anzeigen, Plakate, Radio, Kino, TV, Neue Medien, Mund-zu-Mund	Produktproben, Preisaktionen, Merchandising-Aktivitäten; Anreiz des Verkaufspersonals	Persönliches Gespräch	Direct-Mail, Telefonverkauf und E-Mail-Marketing	Pressearbeit, Veranstaltungen, Aktionen, Druckschriften, Gesprächsmedien, Sponsoring	Webseite, E-Mail-Marketing
Initialkosten	Hoch	Mittel	Tief	Tief	Tief bis hoch	Tief bis hoch
Kontaktkosten	Tief	Mittel bis teuer	Sehr hoch	Mittel	Keine	Praktisch keine

13.4 Werbung

Als Werbung bezeichnen wir eine unpersönliche Kommunikation in bezahlten Werbeträgern.

13.4.1 Werbemarkt Schweiz

Die Bedeutung der Werbung zeigt sich auch an den finanziellen Aufwendungen der Unternehmen und Organisationen. 2016 wurden im Schweizer Werbemarkt Werbeumsätze von 5.56 Mrd. CHF gemessen. Das ist ein leichts Minus von 1.2% gegenüber den Werbeumsätzen der Vorjahresperiode[1] von 5.63 Mrd. CHF.

[1] http://www.mediafocus.ch/de/news-presse/werbeforschung/werbemarkt-trend-report/2014/#c5042.

Die **Vorteile der Werbung** sind:

- Sie kann in sehr kurzer Zeit ein Produkt, eine Dienstleistung, eine Marke oder ein Unternehmen bekannt machen.
- Sie kann viele potenzielle Kunden über die Vorteile der eigenen Marktleistung informieren.
- Sie kann ein positives Image schaffen.

Nachteile der Werbung sind:

- Sie ist unpersönlich; darum kann sie nicht direkt auf den Kaufentscheid einwirken.
- Sie ist eine einseitige Kommunikationsform.

Daher fühlt sich das Publikum nicht unbedingt direkt angesprochen oder gar verpflichtet zu einer Reaktion. Dies macht es schwierig, die Wirkung einer Werbung abzuschätzen. Sie kann nämlich nicht nur gering, sondern sogar gegenteilig sein.

Beispiel

Filmpromotion Batman

Der Film «Batman» wurde mit einer riesigen Werbekampagne angekündigt, die im Nachhinein als «overkill»[1] bezeichnet wurde. Das Publikum bewertete die Werbung als unverhältnismässig im Vergleich zur Qualität des Films. Nachdem die Kritiken nicht besonders gut ausfielen, entstand der Eindruck, der Film werde so stark beworben, weil er sich nicht selbst verkauft.

Die **Werbekosten** sind in der Regel sehr hoch. Die aufgeführten Nachteile haben dazu geführt, dass sowohl über die Höhe als auch über die Verwendung von Werbebudgets wie auch die effektive Werbung selbst in den Marketingabteilungen der Unternehmen viel diskutiert wird. Zunehmend werden Werbekampagnen auch aufwendig vorbereitet, geplant und ihre Wirkung im Voraus getestet. Diese ganze Planung ist jedoch nicht immer ein Garant für einen Erfolg. Die Wirkung einer Werbung abzuschätzen ist im Beruf des Marketingfachmanns immer noch etwas vom Schwierigsten. Die Kommunikationsforschung, die Werbepsychologie und die Konsumentenforschung liefern die theoretischen Grundlagen für die Wirkungsweise der Werbung.

13.4.2 Elemente der Werbeplanung[2]

Die Werbeplanung muss (mindestens) die **neun W-Fragen** beantworten:

- Wer soll angesprochen werden (Zielgruppe)?
- Welche Werbeziele sollen erreicht werden (quantitative und qualitative Ziele)?
- Was ist die zentrale Botschaft? (Positionierung, Kundennutzen, Wettbewerbsvorteil, Handlungsappell)?
- Wie soll die Botschaft kommuniziert werden (Begründung, Gestaltung)?
- Womit soll geworben werden? (Werbeträger und Werbemittel)?
- Wo soll geworben werden (geografische Abdeckung und Sprachregionen)?
- Wann soll geworben werden (Zeitraum, Zeitpunkt und Wiederholungsintervall der Kampagne)?
- Wie viel darf investiert werden (Werbebudget)?
- Werden die Ziele erreicht (Werbepretest und -posttests)?

Diese Fragen werden im Rahmen einer systematischen **Werbeplanung** bearbeitet. Eine Werbeplanung besteht in der Regel aus den folgenden **sechs Elementen:** Ausgangslage, Werbeziele, Werbeinhalt (Copyplattform), Werbemittel und -träger (Mediaplattform), Budget und Kontrolle.

[1] Overkill: Einsatz von mehr Waffen, als notwendig sind, um den Feind zu bekämpfen.
[2] Siehe auch McDonald, Malcolm; Wilson, Hugh: Marketing Plans, Bagnor Regis 2011.

Die Grafik zeigt die sechs Elemente der Werbeplanung.

Abb. [13-7] **Elemente der Werbeplanung**

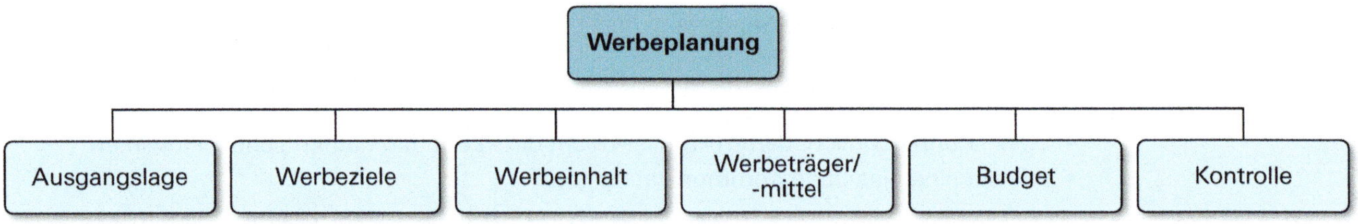

A] Ausgangslage

Die generelle Marketing-Ausgangslage unterscheidet sich von der konkreten Ausgangslage der Kommunikation. Bei der Werbeplanung werden nur Elemente in der Ausgangslage berücksichtigt, die **für die Kommunikation wichtig** sind. So ist es für die Kommunikation z. B. unerheblich, ob das neue Spielzeug mit oder ohne Batterien geliefert wird. Diese Entscheidung betrifft eher die Marktleistung und die Konditionenpolitik. Wenn jedoch Lieferschwierigkeiten auftreten, die die Markteinführung verzögern können, ist das für die Kommunikation relevant. Das Unternehmen will vermeiden, ein Produkt zu bewerben, das nicht erhältlich ist.

B] Werbeziele

Gute Werbung wird oft mit dem definiert, was einem persönlich gefällt. Doch der **Erfolg der Werbung** wird daran gemessen, ob die Werbeziele erreicht wurden. Werbung soll bei der definierten Zielgruppe eine bestimmte Wirkung auslösen. Es sind z. B. folgende **Wirkungen** denkbar:

- Die Bekanntheit des Produkts hat sich erhöht.
- Die Einstellung gegenüber dem Produkt hat sich – verbunden mit einer Kaufabsicht – verändert.
- Das Image hat sich verändert.

Die Werbeziele regeln folgende Punkte:

- Zielgruppe
- Art der Ziele
- Geografischer Markt
- Zeitraum

Zielgruppe

Wir haben bereits in Kapitel 7, S. 133 festgehalten, dass die Segmentierung beabsichtigt, unterschiedliche Segmente differenziert zu bearbeiten. In diesem Zusammenhang sprechen wir von einer Zielgruppe. Eine Zielgruppe ist eine **Kundengruppe, die mit einer bestimmten Massnahme angesprochen werden soll.**

Arten von Zielen

Wenn sich die Zielgrössen in Zahlen messen lassen, z. B. der Bekanntheitsgrad, sollte man die Zielvorgaben auch konkret in Zahlen, d. h. quantitativ formulieren. Für jede Zielgruppe werden die **quantitativen Wirkungsziele** hinsichtlich gestütztem und ungestütztem Bekanntheitsgrad, Kaufinteresse, Kaufabsicht, Produktkaufwissen und Produktverwendungswissen definiert.

Nicht alle Zielgrössen lassen sich jedoch quantitativ formulieren; sie werden deshalb qualitativ formuliert. Die **qualitativen Ziele** umfassen Aussagen zur angestrebten Wahrnehmung der Kunden aufgrund der Werbung. Welchen Nutzen sollen die Kunden rational und emotional wahrnehmen? Worin soll die Überlegenheit des Produkts oder der Dienstleistung in der Wahrnehmung der Kunden liegen? Welches Verhalten wird den Kunden in der Werbung (Handlungsappell) vorgeschlagen? Sollen sie sich für eine Testfahrt des neuen Ford Escort anmelden?

Geografischer Markt

Die Werbeziele legen auch fest, **welcher geografische Markt** abgedeckt wird. In der Schweiz ist dabei insbesondere die Mehrsprachigkeit zu berücksichtigen. Dabei müssen nicht nur die Übersetzungen geplant werden. Die Werbeslogans müssen in aller Regel völlig neu kreiert werden und die Medienwahl und die Produktion der Werbemittel müssen ebenfalls mehrsprachig sein

Zeitraum

Der Zeitraum, in dem eine Werbung stattfinden soll, ist oft **durch bestimmte Faktoren vorgegeben** (z. B. Saisoneröffnung im Skigebiet, Vorweihnachtszeit für Geschenke, Automobilsalon für neue Automodelle etc.).

13.4.3 Werbeinhalt (Copyplattform)

Die Formulierung des Werbeinhalts beginnt mit der anzustrebenden Positionierung, die in der Strategie definiert wurde (siehe Kap. 6, S. 104). Die **Werbebotschaft** muss so formuliert werden, dass die Kunden das Unternehmen, die Marke, das Produkt oder die Dienstleistung so wahrnehmen, wie es die Positionierung anstrebt. Die Botschaft muss dann in eine prägnante Kurzform **(Slogan)** gebracht werden.

Abb. [13-8] Verschiedene Elemente von Werbebotschaften

Elemente der Botschaft	Beschreibung	Beispiel von Slogans
Rationaler Kundennutzen	Es wird ein rationaler Kaufgrund in den Vordergrund gestellt. Rational bedeutet beispielsweise, dass man die beste Qualität bei einem gegebenen Preis kauft oder den günstigsten Preis bei einer gegebenen Qualität.	Bernie's Mode: Nur nichts kaufen ist billiger.
Emotionaler Kundennutzen	Es werden die Gefühle des Käufers angesprochen. Die Motive sind Spass, Abenteuer, Erotik, Mystik, Freiheit etc.	BMW: Freude am Fahren.
Wettbewerbsvorteil	Der Vorteil der eigenen Marktleistung gegenüber der Konkurrenz wird angepriesen.	Blick. Die stärkste Zeitung der Schweiz.
Handlungsappell	Es wird davon ausgegangen, dass die Marktleistung und ihre Vorzüge ausreichend bekannt sind. Deshalb wird eine konkrete Aufforderung kommuniziert.	«Nicht immer, aber immer öfter» (bestelle ich ein Klausthaler). «Noch zwei Minuten bis Feldschlösschen»

In der Werbepraxis existieren wesentlich mehr und detailliertere Kriterien für die Botschaftsgestaltung, die hier aus Platzgründen nicht alle aufgeführt werden können.

Sind die Botschaft und der dazu passende Slogan definiert, wird der **Stil** (die Tonalität) der Werbung kreiert. Zwei wichtige Elemente dafür sind die **Art der Begründung** und die **Gestaltung.** Die Begründung kann entweder bewusst sein (Zufriedenheits- oder Geld-zurück-Garantie) oder unterbewusst.

Beispiel

Swisscom-inOne-Kampagne

Ein hervorragendes Beispiel für eine unterbewusste Ansprache war die Einführungskampagne von inOne der Swisscom. Die Werbung zeigte ausschliesslich Personen in verschiedenen Lebenssituationen und wie die Verbundenheit essenziell für unser Wohlergehen ist. Dabei wurde nie ein Handy gezeigt und es wurden keine konkreten Angebote gemacht. Mit diesem Beispiel wird bereits deutlich, dass die Gestaltung und die Begründung (es geht nicht um Mobiltelefonie, sondern um Verbundenheit) nicht unabhängig voneinander sind, sondern sich ergänzen.

13.4.4 Werbeträger und -mittel (Mediaplattform)

In der Werbung wird zwischen Werbeträgern und **Werbemitteln** unterschieden. Das Werbemittel ist die konkrete Darstellungsform der Werbung, z. B. das Plakat, das Inserat, der Radiospot, der TV-Spot. Der **Werbeträger** oder das Werbemedium hingegen bezeichnet den Kanal, auf dem die Botschaft übermittelt wird.

Beispiel

Einkaufstasche

Die Begriffe Werbemittel und Werbeträger werden oft verwechselt. Das folgende Beispiel dient als Hilfe. Wenn Sie eine mittelgrosse Einkaufstasche mit der Aufschrift «Coop» **tragen,** sind Sie der Werbe**träger.** Das heisst, Sie bringen die Botschaft unter die Leute. Die Tasche ist das Werbe**mittel.**

Bevor der geeignete Werbeträger gewählt werden kann, ist es notwendig, die **Mediazielgruppen** zu definieren und zu gewichten. Dabei kann man verschiedene Kombinationen ausarbeiten.

Beispiel

Autowerbung

Kaufentscheider für Familienautos wie Minivan und Kombis sind Männer und Frauen gemeinsam. Dabei sind Männer typischerweise an anderen Eigenschaften interessiert als Frauen. Sie informieren sich vor einem Autokauf auch anders. Ein Autoproduzent wird nun versuchen, in Werbemedien, die hauptsächlich von Männern benutzt werden (Autozeitschriften, Finanzzeitungen), Männer anzusprechen, und in Medien, die eher von Frauen oder von beiden genutzt werden, die Vorteile für die «ganze Familie» zu bewerben.

Nach der Definition der Zielgruppen müssen **Mediaziele** formuliert werden. Dabei stehen vor allem quantitative Mediaziele wie die **Reichweite** im Vordergrund. Qualitative Mediaziele berücksichtigen, dass das Medium in seinem Stil der Werbung entspricht. So sind z. B. Kinospots sehr gut geeignet, um dramatische Geschichten zu erzählen. Kinowerbung wirkt aber weniger seriös als ein Inserat in einer Finanzzeitschrift.

Um den geeignetsten Werbeträger zu finden, werden zwei Vergleiche gemacht:

- **Inter**mediavergleich: Die verschiedenen Werbeträger (z. B. TV und Zeitung) werden miteinander verglichen.
- **Intra**mediavergleich: Innerhalb einer Kategorie werden zwei Titel miteinander verglichen (Inserat in der «Basler Zeitung» und Inserat im «Blick»).

Diese Vergleiche sind recht komplex und werden in der Regel von spezialisierten Agenturen durchgeführt. Im Internet gibt es viele Seiten, die einfache Vergleiche erleichtern. Mit dem Inter- und Intramediavergleich soll überprüft werden, mit welchen Werbemitteln die Werbeziele am besten bzw. mit den geringsten Kosten erfüllt werden können.

13.4.5 Intermediavergleich

Der Vergleich zwischen verschiedenen Werbeträgern wie Zeitschriften, TV etc. erfolgt anhand von verschiedenen Kriterien. In der folgenden Abbildung haben wir uns auf drei Kriterien beschränkt:

- Zielgruppe: Welche Zielgruppe wird mit diesem Werbeträger am ehesten angesprochen?
- Einschaltkosten: Wie hoch ist das Budget zu veranschlagen?
- Eignung: Für welche Botschaften und Kommunikationsstrategien ist der Werbeträger geeignet?

Abb. [13-9] **Intermediavergleich[1]**

Medium	Vorteil und Eignung	Zielgruppen und quantitative Leistung	Format und Aufnahme	Kosten
Zeitungen	• Aktuelles Informationsmedium • Hohe Glaubwürdigkeit • Geeignet für aktuelle Angebote, Aktionen und textintensive rationale Botschaften • Erlaubt einen schnellen Reichweitenaufbau für Imagepflege und die Markenverankerung	• Spricht breite Bevölkerungsschichten an • Personen ab 25 Jahren bzw. ab 14 Jahren bei Pendlerzeitungen • Ermöglicht grosse Reichweite und hohe Kontaktzahlen	• Vielfältige Formatvariationen (Standard- und Sonderformate) in Schwarz-Weiss oder ein- bzw. mehrfarbig • Spezifische Beilagen und Aufkleber möglich	Sehr grosses Tarifspektrum
Zeitschriften	• Unterhaltungs- und Informationsmedium. • Anzeigen können auf die redaktionellen Inhalte abgestimmt werden. • Geeignet für die Übermittlung vertiefter, komplexer Botschaften zur Imagepflege.	• Nationales Basismedium für breite Bevölkerungsschichten. • Die Vielfalt von Zeitschriften erlaubt eine exakte Ansprache nach soziodemografischen und psychografischen Faktoren.	• Vielfältige Formatvariationen (Standard- und Sonderformate) in Schwarz-Weiss oder ein bzw. mehrfarbig • Spezifische Beilagen und Aufkleber möglich	Sehr grosses Tarifspektrum
Aussenwerbung	• Breit wirkendes Passantenmedium. • Viele Wiederholungskontakte für allgegenwärtige Präsenz. • Eignet sich für kurze, einfache Botschaften. • Digital lassen sich die Botschaften animiert und kurzfristig einsetzen.	• Eignet sich als Basis und Ergänzungsmedium. • Mobile Zielgruppen. • Ein 7-tägiger Aushang führt zu einer durchschnittlichen Reichweite von ca. 65% mit 10 Kontakten pro Person und einem Erinnerungswert von 45%.	• Verschiedene analoge und digitale Formate und Produktgruppen • Konzentration selten auf dem Medium selbst, jedoch mehrfacher Kontakt	Beispiel: APG|SGA, Agglomerationen F12 Big 27, 919 Plakatflächen, 14 Tage: CHF 250–450 (brutto). TKP je nach Format und Gebiet ca. CHF 8–40
Kino	• Bietet als Medium den Vorteil, dem Zuschauer Botschaften ohne Ablenkung zu überbringen (Qualitätswerbung). • Es ist ein geeignetes Begleitmedium mit hoher Akzeptanz der Werbung und hohem Recall-Niveau.	• Urbane aktive und ausgehfreudige Zielgruppe mit überdurchschnittlicher Bildung zwischen 14 und 39. • Das Medium erfreut sich seit Jahrzehnten konstanter Beliebtheit, trotz neuer Medien, als ein soziales und etabliertes Freizeiterlebnis. • Ideal für Crossmediamix-Kampagnen. National, regional oder lokal buchbar.	• Kinoleinwände oder DOOH-Cinemas im Bild- oder Videoformat. • Es bietet ein hochwertiges und emotionales Umfeld mit werbefreundlicher Atmosphäre und intensiver Wahrnehmung. Intensiver Kontakt mit der Werbebotschaft. Daher wird Werbung als weniger störend wahrgenommen. • Generiert «Word of Mouth».	Einheitliche TKPs pro Sekunde. Regulärer TKP pro Sekunde: nationaler Werbeblock: CHF 12.50–25.00, lokaler Werbeblock: CHF 10.50–25.00, DOOH-Cinema: CHF 2.75

[1] Ringier: Werbefibel Zürich 2009.

Medium	Vorteil und Eignung	Zielgruppen und quantitative Leistung	Format und Aufnahme	Kosten
Radio	• Unterhaltungsmedium mit hoher Hörertreue • Eignet sich für die Übermittlung von kurzen einfachen Botschaften, z. B. für aktuelle Angebote, Aktionen, Promotionen • Gut geeignet für emotionale Imagekampagnen	• Schneller und flexibler Einsatz, klassische Werbeblöcke als Basis- sowie als Ergänzungsmedium bei privaten Radiostationen. • Insgesamt hören ca. 50% der Bevölkerung im Empfangsbereich eines Lokalradios etwa 60 Minuten Radio (Tagesreichweite).	• Meist 15- bis 30-Sekunden-Spots • Breite Kombinationsmöglichkeit für die Belegung mehrerer Privatradiostationen • Häufige Nutzung bei gleichzeitig anderer Tätigkeit (Arbeit im Büro, Haushalt, beim Autofahren)	• Sehr unterschiedliche Preise je nach Reichweite • Differenzierung nach Werk- und Wochenendtagen • Poolrabatte bei Belegung von Kombinationen
Fernsehen	• Bietet Information und Unterhaltung mit hoher Zuschauerbindung und Glaubwürdigkeit • Erlaubt multisensorische Ansprache, emotionale und argumentierende Werbung und Imageaufbau	• Spricht Gesamtbevölkerung an • Gezielte Ansprache durch die Wahl von Programm, Sendegefäss und Ausstrahlungszeit	• Werbung mit Kurz-Spots (5 bis 14 Sekunden), Normal-Spots (15 Sekunden bis 12 Minuten: ab 1 Minute mit Kennzeichnung «Werbung») • Nutzungsschwerpunkte zwischen 19 und 23 Uhr	Beispiel: SRF 1, Primetime (Mai 2017), 30 Sekunden, brutto CHF 20 250. CH-Werbefenster RTL, Primetime (Mai 2017), 30 Sekunden, brutto CHF 2 310–12 460
Online / Mobile	Interaktives, sehr persönliches, zeitgebundenes Medium mit hohem Informations- und Unterhaltungscharakter	• Zielgruppen können durch Targetings nach diversen Kriterien (Soziodemografien, Interessen, Absichten etc.) eingegrenzt werden. • Exakte Erfassung von aufgerufenen Werbeeinblendungen (Ad Impressions), Seiten (Page Impressions), Anzahl Besuchern (Visits) etc.	Eine grosse Anzahl von Formaten, unter anderem: Banners, Native Units, Video oder Interstitials, Search Engine Advertising. Die Nutzung von internetfähigen Geräten findet in unterschiedlichsten Situationen und Orten statt und hat Einfluss auf die Aufnahme der Botschaft durch den Nutzer.	Sehr grosses Tarifspektrum
Direktmarketing	• Fördert den Dialog mit den Anspruchsgruppen durch persönliche oder unpersönliche Ansprache • Geeignet für textintensivere Botschaften, Bemusterungen und Kataloge	Bei den adressierten Sendungen liegt die Reichweite auf Haushaltsebene bei 90%, bei adressierter Direktwerbung fast bei 100%.	Grosse kreative Freiheiten beim Format. Es können mehrere Sinne angesprochen werden (unter anderem Fühlen, Riechen und sogar Schmecken). Grundsätzlich fast alles möglich. Adressierte Werbung führt zu geringen Streuverlusten und höherer Aufmerksamkeit.	Beispiel: unadressierte Werbung mit PromoPost Standard pro 1 000 Ex. zwischen CHF 137.50 und CHF 167.50 (bis 25 g)

Beispiel

Bankensponsoring

Die Raiffeisengruppe ist seit 2005 Sponsor von SwissSki. Raiffeisen will die verschiedenen Wintersportarten für Events nutzen und über die starke Medienpräsenz als moderne, dynamische und weltoffene Bank wahrgenommen werden.

Die Raiffeisengruppe ist Sponsor von SwissSki. Foto: Raiffeisen Schweiz

Abb. [13-10]

Medienwahl für Bankensponsoring

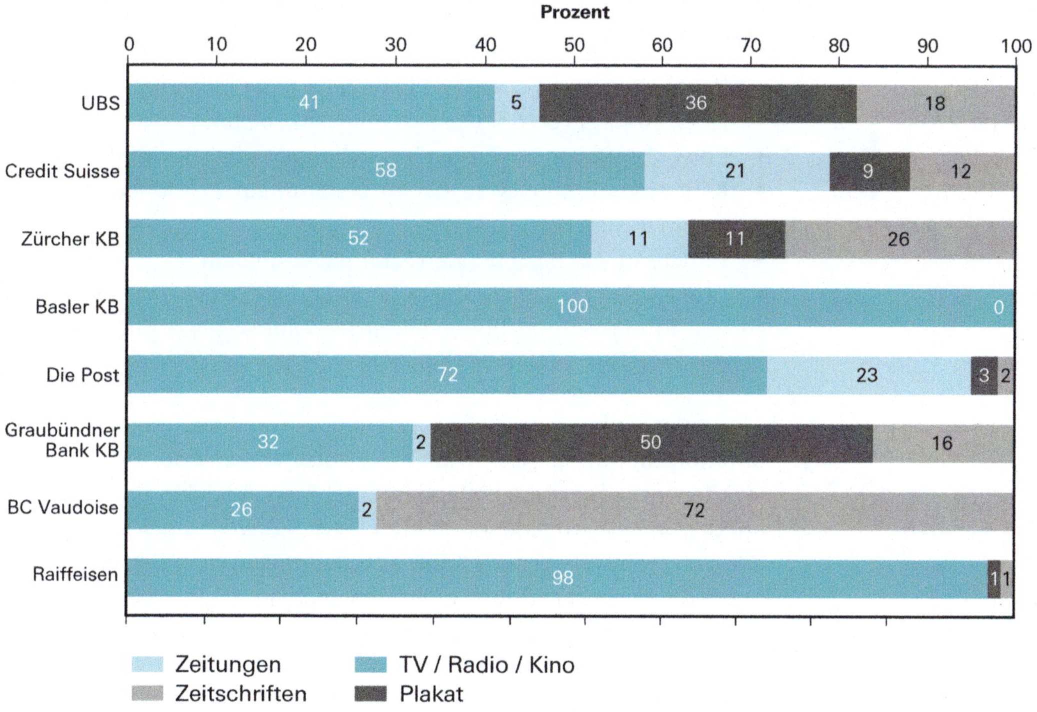

13.5 Verkaufsförderung

Als Verkaufsförderung bezeichnen wir Massnahmen zur Verkaufssteigerung einer bestimmten Marktleistung innerhalb einer bestimmten Periode. Dabei unterscheiden wir **vier Formen:**

- Verkaufsförderung beim Kunden (Consumer promotion)
- Verkaufsförderung beim Handel (Dealer promotion)
- Verkaufsförderung im Unternehmen (Staff promotion)
- Verkaufsförderung bei Beeinflussern (Influencer promotion)

Die Verkaufsförderung wird als Kommunikationsmittel betrachtet, auch wenn sie andere Elemente des Marketingmix beinhalten kann (z. B. Preisaktion oder spezielle Produkt- und Serviceofferten). Bei der Verkaufsförderung handelt es sich um **Push-**, nicht um Pull-**Massnahmen.** Wie aus der Abbildung 13-2, S. 222 ersichtlich ist, soll der Kaufentscheid mit den Mitteln der Verkaufsförderung beeinflusst werden. Als Instrumente kommen dabei Verkaufsmassnahmen wie Gratisproduktproben, Gutscheine, Geschenke, Aktionen und Wettbewerbe infrage oder Handelsmassnahmen wie Ausbildung, Gratiswaren, Vergünstigungen oder Verkaufswettbewerbe beim Verkaufspersonal.

Traditionellerweise war die Verkaufsförderung ein Instrument der Konsumgüterindustrie, doch kommt sie zunehmend auch im Investitionsgüter- und Dienstleistungsmarketing zum Einsatz. Als Nachteil der Verkaufsförderung ist die meistens **kurzfristige Wirkung** einer Massnahme zu nennen. Daher sind eine sorgfältige Planung und die Einbettung in den Kommunikationsmix notwendig. Das Instrument der Verkaufsförderung eignet sich auch sehr gut für die Neueinführung eines Produkts oder wenn die Konsumenten zu einem Wechsel der Marke bewogen werden sollen. Doch auch hier muss das Instrument von weiteren Massnahmen begleitet werden, um eine nachhaltige Veränderung der Kaufgewohnheiten bei den Konsumenten zu bewirken.

13.5.1 Verkaufsförderung beim Kunden

Zielgruppe der Verkaufsförderung beim Kunden (consumer promotion) sind die Endkunden, auch wenn das Unternehmen die Produkte über den Handel absetzt. Dabei können folgende **Ziele** angestrebt werden:

- Bekanntmachung eines Produkts oder einer Leistung
- Überzeugung von der Qualität der Marktleistung
- Entwicklung von konkreten Vorstellungen über die Marktleistung
- Kauf eines Produkts zu einem bestimmten Zeitpunkt, in einer bestimmten Grösse, in einem bestimmten Geschäft
- Änderung von bestehenden Kaufgewohnheiten
- Cross-Selling (Abverkauf von anderen Produkten des Sortiments), Up-Selling (Abverkauf von Produkten mit höherer Marge), More-Selling (Steigerung der Menge durch Mehrvolumen oder höherer Frequenz)

Die Verkaufsförderung ist besonders bei Produkten interessant, bei denen sich die Kunden **spontan für oder gegen einen Kauf** entscheiden, oder wenn ein **neues Produkt eingeführt werden soll.** Teilweise bieten Unternehmen Produkte und Dienstleistungen zu einem Preis an, der unter ihren eigenen Kosten liegt. Sie wollen damit einen Markenwechsel erreichen, der sich nicht bei diesem Kauf, aber langfristig auszahlt. Dies ist besonders dann der Fall, wenn die Kunden rechtlich oder technisch an die Produkte und Dienstleistungen gebunden sind.

13.5.2 Verkaufsförderung beim Handel

Bei Konsumgütern, die über Handelskanäle vertrieben werden, ist die Verkaufsförderung beim Händler **(Dealer Promotion)** oft von entscheidender Bedeutung. Die Hersteller kämpfen um knappe Regalplätze und, weil sie oft keinen direkten Zugang zu den Kunden haben, sind sie auf die Unterstützung des Handels angewiesen. Der Hersteller versucht also folgende Ziele zu erreichen:

Ziele

- Neuaufnahme von Produkten und Dienstleistungen ins Sortiment
- Herausstellung bestimmter Produkte und Dienstleistungen
- Warenpräsentation am Verkaufspunkt (Point of Sales oder Point of Service POS)
- Abverkauf durch Rabatte
- Beratung in Marketingfragen
- Verbesserung des Verkaufsgesprächs
- Belebung des Geschäfts und Verbesserung der Atmosphäre

Dabei ergibt sich ein häufiger **Konflikt zwischen dem Händler und dem Produzent.** Der Händler will einerseits eine hohe Marge auf seinem Umsatz erzielen. Wenn der Produzent also für ein neues oder absatzschwaches Produkt eine Preisaktion durchführt, so ergibt das für den Händler einen erhöhten Arbeitsaufwand und eine tiefere Marge. Deshalb wird der Händler vom Produzenten eine **Rückvergütung** verlangen.

Auf der anderen Seite will der Händler die besten Produkte des Herstellers als **Lockvogelangebote** (Loss Leaders) bewerben. Er verzichtet zwar auf die hohe Marge, zieht aber mehr und neue Kunden in sein Geschäft, die dann auch andere Produkte kaufen. Der Hersteller hingegen will gerade bei seinen besten Produkten nicht allzu viele Aktionen durchführen, um das Image nicht zu verwässern.

13.5.3 Verkaufsförderung im Unternehmen

In einigen Branchen, z. B. in der Bauzulieferbranche, im Automobilhandel oder beim Telefonmarketing, sind die Verkaufsanstrengungen entscheidend für den Umsatz. Die Verkaufsförderung im Unternehmen **(Staff Promotion)** versucht, die **Verkaufsmitarbeiter zu Höchstleistungen zu motivieren.** Sie repräsentieren das Unternehmen gegen aussen und müssen die potenziellen Kunden vom Angebot überzeugen können und wollen.

Ziele

- Steigerung der Kundenzufriedenheit und Kundenbindung
- Verbesserung des Wissens über Produkte und Dienstleistungen
- Verbesserung des Verkaufsargumentariums
- Steigerung der Verkaufsmotivation über finanzielle Anreize
- Förderung bestimmter Produkte und Dienstleistungen[1]

13.5.4 Verkaufsförderung bei Beeinflussern

Lassen sich Kunden beim Kaufentscheid von Dritten beeinflussen, kann es sinnvoll sein, diese Dritten ebenfalls mittels Marketingmassnahmen anzusprechen (Influencer Promotion)

Beispiel

Pharma-Marketing

Die Pharmabranche unterscheidet zwischen rezeptpflichtigen Medikamenten und Over-the-counter-(OTC-)Produkten. Bei den rezeptpflichtigen Medikamenten entscheidet in der Regel der Arzt und nicht der Patient, welches Medikament verabreicht wird. Dabei ist der Arzt in der Regel nicht der Zwischenhändler (es gibt allerdings Ausnahmen) und er ist auch nicht Käufer. Zudem ist er nicht Bezahler und Nutzer des Medikaments. Seine Funktion als Beeinflusser ist aber so bedeutend, dass Pharmaunternehmen viel Geld investieren, um ihre Medikamente bei den Ärzten bekannt und beliebt zu machen.

[1] Haedrich, Günther; Kramer, Sabine: Verkaufsförderung (Sales Promotion), in: Diller, Hermann (Hrsg.): Vahlens Grosses Marketing Lexikon, München 1994.

Ziele

- Verbesserung des Wissens über Produkte und Dienstleistungen
- Verbesserung der Einstellung gegenüber dem Produkt oder der Dienstleistung
- Steigerung der Empfehlungsbereitschaft

13.6 Persönlicher Verkauf

13.6.1 Einführung

Als persönlichen Verkauf bezeichnen wir alle Formen des Verkaufs, bei denen sich Mitarbeitende und Kunden persönlich begegnen und einen Kaufabschluss herbeiführen.

Der persönliche Verkauf ist das **effizienteste Kommunikationsinstrument kurz vor der Kaufentscheidung,** wenn sich der Kunde bereits etwas informiert und eine Kaufabsicht hat. In einem persönlichen Gespräch geht es darum, die Vorlieben des Kunden herauszufinden, ihn zu überzeugen und zum Kauf zu bewegen. Der persönliche Verkauf hat den Vorteil, dass die Verkaufsperson auf die Bedürfnisse des potenziellen Käufers eingehen kann. Er kann dem Kunden eine Menge massgeschneiderte Informationen vermitteln, Fragen beantworten und Unklarheiten beseitigen.

Ein erfolgreiches Gespräch erfordert von der Verkaufsperson eine Menge an Wissen, Erfahrung und Fähigkeiten im Umgang mit Menschen. Diese Kompetenzen werden häufig in speziellen **Verkauftrainings** erworben und müssen immer wieder erneuert werden. Zusätzliche Anreize werden für das Verkaufspersonal durch das Ausrichten von **umsatzabhängigen Geldleistungen** geschaffen. Damit wird der persönliche Verkauf zu einem sehr teuren Instrument und wird vorwiegend bei sehr teuren oder komplexen Produkten oder Dienstleistungen eingesetzt.

13.6.2 Elemente der Verkaufsplanung

Die Verkaufsplanung muss (mindestens) die **sieben W-Fragen** beantworten:

- Wer soll kontaktiert werden (Zielgruppe)?
- Was soll verkauft werden (Produkte und Dienstleistungen)?
- Wie viel soll verkauft werden (Umsatz, Absatz, Deckungsbeitrag)?
- Wann sollen die Zielgruppen kontaktiert werden (Einsatzplan)?
- Wie soll die Zielgruppe kontaktiert werden (Intensität des Kontakts)?
- Wo soll verkauft werden (geografische Abdeckung und Sprachregionen)?
- Werden die Ziele erreicht?

Diese Fragen werden im Rahmen einer systematischen Verkaufsplanung bearbeitet. Eine Verkaufsplanung besteht in der Regel aus den folgenden **sechs Elementen:**

- Ausgangslage
- Verkaufsziele
- Verkaufspläne
- Budget
- Kontrolle

A] Ausgangslage

Wie bei der Werbeplanung muss auch bei der Verkaufsplanung zwischen der generellen Marketing-Ausgangslage und der **konkreten Ausgangslage beim Verkauf** unterschieden werden. Dabei muss der Verkauf mit den anderen Marketinginstrumenten abgestimmt werden. Zum Beispiel kann eine grössere Verkaufsoffensive besser realisiert werden, wenn sie durch den Einsatz von Werbung unterstützt wird.

B] Verkaufsziele

Die drei wichtigsten quantitativen Verkaufsziele sind Umsatz, Absatz und Deckungsbeitrag. **Absatz** bezeichnet die verkaufte Menge der Produkte und Dienstleistungen, während der **Umsatz** den wertmässigen Betrag des Absatzes in Franken bezeichnet. Der **Deckungsbeitrag** kann auf verschiedene Arten berechnet werden. Im einfachsten Fall entspricht der Deckungsbeitrag dem erzielten Umsatz minus den variablen Kosten. Die variablen Kosten sind Kosten, die sich mit der Verkaufsmenge verändern.

Die Verkaufsziele werden heruntergebrochen auf:

- Einzelne Produkte und Dienstleistungen
- Einzelne Verkaufspersonen oder -teams
- Kundengruppen
- Marktregionen
- Verkaufsperiode

Beispiel

Verkaufsziel für ein Ferienhotel

Der Verkaufsleiter des Hotels Pilatus erhält folgende Zielvorgabe: in der Wintersaison 2015–2016 (Verkaufsperiode) soll die Belegung von Einzel- und Doppelzimmern (Produkte und Dienstleistungen) durch Touristen (Kundengruppen) aus Europa (Marktregionen) 8% der verfügbaren Kapazität (Absatz) betragen. Die Belegung dieser 1 728 Zimmer (180 Tage · 120 Zimmer · 8%) erzeugt bei einem Durchschnittszimmerpreis von CHF 105.– einen Umsatz von CHF 181 440.–. Abzüglich der variablen Kosten (Reservationsgebühren, Kreditkarten, Zimmerreinigung etc.) und der Marketingkosten (Werbung für dieses Zielsegment) soll ein Deckungsbeitrag von CHF 90 000.– erzielt werden.

In vielen Unternehmen wird das Verkaufspersonal mit sehr **konkreten Zielvorgaben** zu Höchstleistungen motiviert. Verkauf ist eine sehr erfolgsorientierte Tätigkeit, die meistens mit entsprechenden **Erfolgshonoraren** belohnt wird. Die Ziele einer einzelnen Verkaufsperson können in quantitative und qualitative Ziele unterteilt werden. Qualitative Ziele sind naturgemäss schwieriger zu formulieren und zu messen. Ein Unternehmen kann z. B. eine Positionierung als «Expertenteam» anstreben. Die Verkäufer sollen deshalb dieses Image bei Kunden repräsentieren. Ein qualitatives Ziel kann auch sein, das Teamwork positiv zu fördern und jüngere Verkaufspersonen zu betreuen.

C] Verkaufsplan[1]

Das Dilemma des Verkaufsplans besteht darin, dass mit möglichst wenig Aufwand möglichst viele Kunden möglichst oft besucht werden. Die **Optimierung** besteht also darin, dass definiert wird, welche Kunden häufiger besucht werden als andere und dass den einzelnen Mitarbeitenden klare Zielvorgaben gemacht werden.

Damit man die Kunden nach Prioritäten einteilen kann, erstellt die Verkaufsleiterin eine **ABC-Kundenanalyse:**

- A-Kunden machen 10–20% des Kundenstamms aus und schaffen ca. 60% des Umsatzes.
- B-Kunden machen 25–40% des Kundenstamms aus und schaffen ca. 30% des Umsatzes.
- C-Kunden machen 40–65% des Kundenstamms aus und schaffen ca. 10% des Umsatzes.

[1] Fasnacht, Hans-Ulrich: Der Verkaufsberater 2000, Zürich 1996.

Abb. [13-11] **ABC-Analyse nach Umsatz**

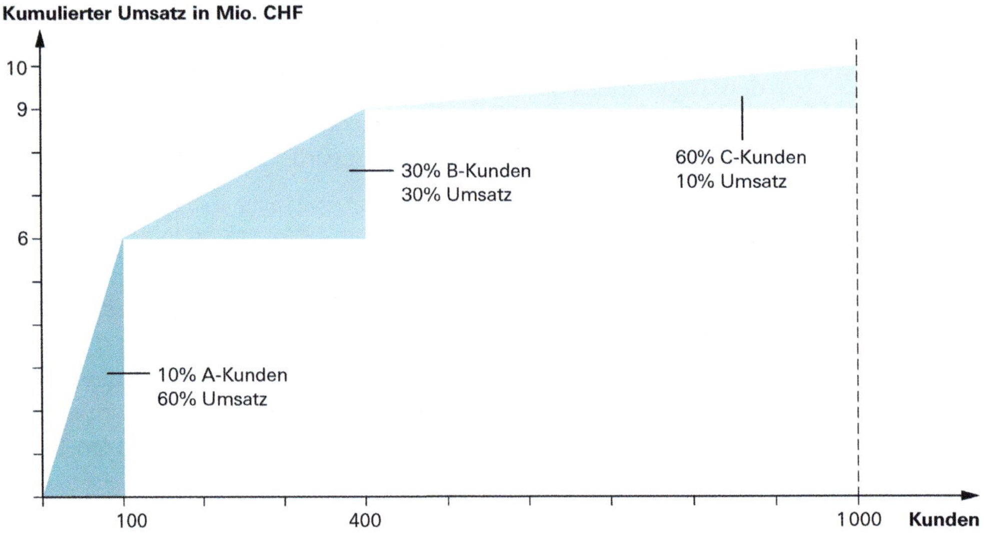

Die einzelnen Werte variieren von Unternehmen zu Unternehmen, aber eine ABC-Einteilung ist praktisch immer möglich und sinnvoll. Pro Kundenkategorie werden folgende jährliche Kontaktziele definiert.

Kategorie	Anzahl	Besuche	Telefonate
A-Kunden	150	12 pro Jahr · 150 = 1 800	
B-Kunden	350	4 pro Jahr · 350 = 1 400	4 pro Jahr · 350 = 1 400
C-Kunden	500	Keine	4 pro Jahr · 500 = 2 000
Total	1 000	3 200	3 400

Diese Kontaktziele werden in Verkaufskapazitäten umgerechnet, wobei ein Verkäufer pro Tag zwischen 4 und 20 Besuche und zwischen 20 und 120 Telefonate erledigen kann.

Rechnen wir mit einem Durchschnitt von 8 Besuchen und 40 Telefonaten pro Tag, so ergibt sich folgende Kapazität:

- 3 200 Besuche / 8 = 400 Tage
- 3 400 Telefonate / 40 = 85 Tage
- Total ca. 500 Tage Nettokontaktzeit

Da jeder Besuch vorbereitet (Terminvereinbarung) und nachbearbeitet (Bestellungserfassung, Reklamationserledigung etc.) werden muss, wird für die Bruttokontaktzeit das Doppelte der Nettokontaktzeit berechnet, d. h., 2 · 500 Tage = 1 000 Tage.

Das Verkaufspersonal kann im Durchschnitt pro Jahr nur ca. 150 Tage für Kundenbesuche einsetzen. Von den 250 Arbeitstagen im Jahr fallen etwa 40 weg für Ferien, Militär etc., 25 für Konferenzen und Schulungen und 35 für allgemeine Verkaufsaktivitäten wie Promotionen und Messen. Die Verkaufsleiterin braucht noch zusätzlich 50 Tage für die Wahrnehmung ihrer Führungsaufgaben wie Mitarbeitereinstellung, Mitarbeitergespräche, Budgetierung, Rapportierung, Mitarbeit bei Projekten etc.

Die notwendige Anzahl von Verkaufsmitarbeitern wird nun auf der Basis von 1 000 Tagen Bruttokontaktzeit berechnet, die von der Verkaufsleiterin (100 Tage) und 6 Mitarbeitenden (6 · 150 = 900 Tage) geleistet wird. In der Praxis werden als nächster Schritt die Kontaktziele pro Mitarbeiter und die Routenplanung festgelegt.

D] Verkaufsbudget

Das Verkaufsbudget wird meistens **durch die Anzahl der Verkaufspersonen bestimmt,** die benötigt werden, um die Kontakt- und Verkaufsziele zu erreichen. Für ein bestehendes Unternehmen lautet die Frage: Wenn ich eine neue Person einstelle, wird sie einen genügend hohen Deckungsbeitrag erwirtschaften, um die Fixkosten zu decken?

Beispiel

Werbeartikelverkäufer

In der Werbeartikelbranche beträgt die Marge 50%. Eine Verkaufsperson verdient im Durchschnitt CHF 6 000.– im Monat. Mit den Sozialabgaben, Spesen und der Infrastruktur kostet diese Person das Unternehmen CHF 180 000.– pro Jahr. Es ist zudem davon auszugehen, dass ein neuer Verkäufer Marktpotenzial der bestehenden Verkäufer abschöpft (Kannibalisierungseffekt). Wenn die Kannibalisierung 20% des Umsatzes ausmacht, muss die neue Verkaufsperson CHF 450 000.– Umsatz pro Jahr erzielen, was beinahe das Sechsfache der Lohnsumme ausmacht. Die Berechnung lautet: 450 000.– Umsatz – 20% Kannibalisierung = 360 000.– zusätzlicher Umsatz · 50% Marge = 180 000.– Deckungsbeitrag.

E] Verkaufskontrolle

Die Verkaufskontrolle setzt an zwei Punkten an: Einerseits muss überprüft worden, ob der Verkaufsplan eingehalten wurde. Wenn die Planung z. B. vorsieht, dass alle 150 A-Kunden zweimal pro Jahr persönlich besucht werden, so kann das überprüft werden. Andererseits wird geprüft, ob die quantitativen Ziele wie Absatz, Umsatz und Deckungsbeitrag erreicht worden sind.

13.7 Direktmarketing

Unter Direktmarketing verstehen wir die direkte Kommunikation mit **genau bestimmten, identifizierten Kunden.** Dabei werden die Kundenreaktionen individuell erfasst und ausgewertet.

Mit dem Direktmarketing erhalten identifizierte Zielgruppen ein **massgeschneidertes Produkt, eine Dienstleistung oder eine Information.**

Der Unterschied zwischen Direktmarketing und Werbung oder Verkaufsförderung ist deshalb:

- Die Kunden werden gezielt, d. h. direkt angesprochen. Sie sind also namentlich bekannt.
- Die Kundenreaktion (z. B. Rücksendung einer Bestellung oder Terminanfrage) wird individuell erfasst und ausgewertet. Diese Informationen werden für die weitere Marktbearbeitung genutzt.

Ein **Vorteil des Direktmarketings** ist die sehr gute Messbarkeit der Wirkung des Instruments. Die drei bekanntesten Medien des Direktmarketings sind das Direct-Mail, das Telefonmarketing und das E-Mail-Marketing. Das Ziel des Direktmarketings ist nicht nur das Herbeiführen eines Kaufs, sondern es kann auch der Aufbau eines Dialogs mit dem Kunden sein. Damit gewinnt das Unternehmen Informationen über seine Zielgruppe quasi aus erster Hand und kann diese für das Anpassen oder Neuentwickeln von Marketingmassnahmen verwenden.

13.8 Operatives Customer Relationship Management (CRM)

Eine Weiterentwicklung des Direktmarketings ist das operative CRM. Beim operativen CRM geht es darum, basierend auf den Ergebnissen des analytischen CRM, **loyale und profitable Kunden anzusprechen.**

CRM wird in vielen Unternehmen in **zwei Formen** angewendet:

- als Kampagnensteuerung und
- als Verkaufsautomation.

13.8.1 Kampagnensteuerung

Das **Ziel** der Kampagnensteuerung (Campaign Management) ist es,

- den richtigen Kunden,
- das richtige Informations- und Leistungsangebot
- im richtigen Kommunikationsstil
- über den richtigen Kommunikationskanal
- zum richtigen Zeitpunkt zu kommunizieren[1].

Die Grundlage dafür bildet das analytische CRM, das alle vorhandenen Kundendaten mit den Modellen (z. B. Entscheidungsbaum, RFM-Modell) verknüpft und es dem Unternehmen somit erlaubt, die oben genannten Ziele zu erreichen.

In hart umkämpften Märkten ist es oft nicht möglich, die Anzahl der Kunden massiv zu steigern. In einer solchen Situation, wenn der Umsatz kaum gesteigert werden kann, kann der Gewinn durch eine Senkung der Kosten positiv beeinflusst werden. Ein wichtiges Ziel der Kampagnensteuerung ist deshalb, die **Marketingkosten zu senken und den Return-on-Marketing zu verbessern.** Der **Return-on-Marketing,** Gewinn aufgrund des Marketings, wird ermittelt, indem man den Nettoertrag zu den Marketingkosten ins Verhältnis setzt.

Beispiel

Versandhandel Küchengeräte

Der Versandhändler «Chef de Cuisine» führt in seiner Datenbank 50 000 Kunden. Beim letzten Versand wurden sämtliche Kunden mit einem Mailing angeschrieben, das ihn CHF 1.– pro Mailing, also CHF 50 000.– kostete. Insgesamt gingen 4 522 Bestellungen für die neue «Steam&Fry»-Pfanne ein. Die Pfanne kostet im Verkauf CHF 18.– und das Versandhaus kauft sie für CHF 9.– ein (variable Kosten). Zudem kostet die Lieferung den Händler CHF 3.– pro Pfanne. Wie aus der Tabelle ersichtlich ist, resultierte bei der Aktion ein Verlust von CHF 22 828.–, da der Aufwand für die Mailings den Bruttoertrag übertraf.

Hätte der Versandhändler das Mailing nicht an alle Kunden, sondern nur an die Kunden mit den besten RFM-Werten geschickt, hätte er zwar weniger verkauft (3 327 statt 4 522 Pfannen), aber auch wesentlich weniger Mailings verschicken müssen (15 611 Kunden statt alle 50 000 Kunden). Der Return-on-Marketing, berechnet als das Verhältnis von Nettoertrag und Mailingkosten, wäre +27.87% gewesen.

Abb. [13-12] **Return-on-Marketing-Vergleich ohne und mit RFM-Modell**

	Ohne Modell		RFM-Modell	
Absatz	4 522		3 327	
Ertrag	CHF 81 396		CHF 59 886	
Variable Kosten	CHF 40 698		CHF 29 943	
Versandkosten	CHF 13 566		CHF 9 981	
Bruttoertrag	CHF 27 132	33.33%	CHF 19 962	33.33%
Anzahl Mailings	50 000		15 611	
Mailingkosten	CHF 50 000		CHF 15 611	
Nettoertrag	CHF –22 868		CHF 4 351	
Return-on-Marketing		–45.74%		27.87%

[1] Hettich, Steffi; Hippner, Hajo; Wilde, Klaus D.: Customer Relationship Management, Ingolstadt, Basel 2000.

13.8.2 Verkaufsautomation

Bei der Verkaufsautomation unterstützt das **CRM-System** den Verkauf bei der täglichen Arbeit, indem versucht wird, in der zur Verfügung stehenden Zeit die richtigen Kunden und Interessenten anzusprechen und ihnen das Angebot zu unterbreiten, das ihren Bedürfnissen am ehesten entspricht. Dabei muss das Potenzial der Kunden erkannt und ausgeschöpft werden.

Die wichtigsten Elemente eines CRM-Verkaufssystems sind das Opportunitymanagement (Verkaufs-Chancen-Steuerung), die Sales-Cycle-Analyse (Wiederkaufsteuerung) und die Lost-Order-Analyse (Auftragsverlustanalyse)[1].

A] Opportunity Management (Verkaufschancensteuerung)

Beim Opportunity Management erhält der Verkauf Informationen darüber, welche Kunden am ehesten an einem Verkaufsgespräch oder an einer anderen Kontaktform (Mailing, E-Mail, Telefon) interessiert sind. Die Bedingung für ein erfolgreiches Opportunitymanagement ist eine **vollständige und aktuelle Datenbank,** in der sämtliche Kontaktpunkte und Käufe des Kunden gespeichert sind. Neben dieser Datenbasis muss das System in der Lage sein, Regeln zu schaffen, die helfen, die wahrscheinlichsten Käufer zu identifizieren.

Beispiel

Kreditkarte

Eine Bank analysiert Bancomat-Bezüge von Kunden, die bei der Bank keine Kreditkarte besitzen, aber über das nötige Guthaben verfügen. Stellt das System z. B. fest, dass häufig grössere Mengen von Bargeld in Einkaufszentren und an Ferienorten bezogen werden, macht das System eine Meldung an den entsprechenden Kundenberater. Dieser erhält sämtliche Informationen auf dem Bildschirm und kann den Kunden telefonisch anfragen, ob er an einer Kreditkarte interessiert ist.

Das System erstellt laufend aktuelle Statusberichte über die Anzahl der wahrscheinlichen Kunden und den Status des Auftrags und der Abschlussdetails. Sobald ein Abschluss zustande kommt bzw. eben nicht zustande kommt, wird die Information im System eingegeben. Dieses Feedback erlaubt es, das Modell laufend neu zu berechnen und die Entscheidungsregeln zu verfeinern.

B] Sales-Cycle-Analyse (Wiederkaufsteuerung)

Die Sales-Cycle-Analyse basiert auf der Tatsache, dass bestimmte Produkte und Dienstleistungen an vorhersehbaren Zeitpunkten wieder beschafft werden müssen. Aus der **Kundendatenbank** werden also optimale Zeitpunkte für einen Verkaufskontakt beschafft und dem Verkaufspersonal gemeldet.

Beispiel

Autogarage

Eine Autogarage erfasst in der Kundendatenbank nicht nur die Daten über den Kunden, sondern auch alle Daten über das Auto. Es wird z. B. festgehalten, wann der nächste Service fällig ist, wann der nächste Abgastest fällig ist usw. Wenn der Kunde erwähnt, dass er keine neuen Winterpneus kauft, weil er plant, das Auto nach diesem Winter zu verkaufen, wird das ebenfalls festgehalten.
Das System erstellt automatisch ca. 8 Wochen vor der Fälligkeit Einladungskarten für den Service und den Abgastest. Reagiert der Kunde nicht bis 4 Wochen vor Fälligkeit, erscheint sein Name und seine Telefonnummer auf der Pendenzenliste. Die Mitarbeitenden können ihn anrufen und einen Termin vereinbaren. Gegebenenfalls wird er gleich eingeladen, die neuesten Automodelle zu testen.

[1] Hettich, Steffi; Hippner, Hajo; Wilde, Klaus D.: Customer Relationship Management, Ingolstadt, Basel 2000.

Die Autogarage erfasst in der Kundendatenbank die Daten über den Kunden und über sein Auto.
Bild: Karin & Uwe Annas / Fotolia.com

C] Lost-Order-Analyse (Auftragsverlustanalyse)

Besonders im Investitionsgütermarketing, wo den Kunden umfangreiche Offerten unterbreitet werden, dient das CRM-System der **kompletten Erfassung des Verkaufsprozesses.** Dieser beginnt beim Erstellen von Kontaktlisten über die Erfassung von Interessenten, Offerten, Projektaufträgen und Offertablehnungen. Wird eine Offerte abgelehnt, so werden die geäusserten und vermuteten Gründe für die Nichtberücksichtigung im System erfasst. Basierend auf diesen Daten ist es möglich, künftige Aufträge erfolgsversprechender zu formulieren und die **Konversionsrate** zu erhöhen. Die Konversionsrate bezeichnet dabei das Verhältnis zwischen erhaltenen Aufträgen und erstellten Offerten.

13.9 Public Relations

Public Relations (PR) sind ein Kommunikationsinstrument, mit dem Vertrauen in das Unternehmen, in seine Tätigkeit und seine Produkte geschaffen werden soll.

Wir unterscheiden zwischen strategischen und absatzorientierten Public Relations (PR).

Strategische Public Relations beinhalten die aktive Gestaltung von Kommunikationsbeziehungen zwischen dem Unternehmen und allen internen und externen Anspruchsgruppen. Das Ziel der strategischen PR ist nicht direkt der Verkauf von Produkten und Dienstleistungen, sondern die Verbesserung und Wahrung des unternehmerischen Images. Die strategischen PR sind deshalb kein eigentliches Marketinginstrument, da sie auch andere Zielgruppen als Kunden erreichen wollen (Verbände, Parteien, Umweltschutzorganisation, Konsumentenschutzorganisation, Mitarbeitende, Anwohner etc.).

Mittels **absatzorientierter PR** wird wie bei der Werbung für Produkte, Menschen, Ideen, Länder, Orte, Organisationen und Aktivitäten geworben. Im Unterschied zur Werbung werden die Publikationen nicht direkt vom Unternehmen bezahlt, sondern erscheinen als redaktionelle Beträge in den Medien. In der Regel gibt das Unternehmen einer PR-Agentur den Auftrag, Berichte und Meldungen über das Unternehmen oder seine Produkte in verschiedenen Medien zu platzieren. Das macht PR-Aktionen relativ günstig. Der zweite Unterschied zur

Werbung besteht in der Glaubwürdigkeit. Die Konsumenten wissen, dass die Aussagen in der Werbung oft übertrieben sind. Das Unternehmen will ja seine Produkte verkaufen und da ist zu erwarten, dass seine Produkte im besten Licht dargestellt werden.

Bei einem **PR-Artikel** hingegen werden von einer **neutralen Quelle** Informationen zusammengestellt. Oft werden auch Konkurrenzprodukte miteinander verglichen und einander objektiv gegenübergestellt. Damit zeigt sich auch der grösste Nachteil von PR. Die unabhängigen Quellen sind vom Unternehmen kaum zu kontrollieren. Und es lässt sich nicht voraussehen, welche Aussagen jeweils publiziert werden und in welchem Licht das eigene Unternehmen oder Produkt dastehen wird.

Als **Instrumente der PR** eignen sich besonders Artikel in diversen Medien. Häufig sind aber auch Veranstaltungen wie Fachtagungen oder Ausstellungen und Aktionen wie Wettbewerbe oder Sammelaktionen für einen guten Zweck. Die Unternehmen sind sich heute in der Regel bewusst, dass auch ihre gedruckten Publikationen ein PR-Instrument sind, und lassen professionelle Geschäftsberichte oder andere Broschüren herstellen. Zu den häufigsten Instrumenten der Gesprächsmedien gehören Talkshows, Podiumsdiskussionen oder Präsentationen.

13.10 Marketingfehler

A] Effizienz der Werbung

Henry Ford, der Gründer der gleichnamigen Autofirma, sagte einmal: «Ich weiss, dass die Hälfte unserer Werbeausgaben aus dem Fenster geworfenes Geld ist. Das Problem ist, ich weiss nicht, welche Hälfte.» Die Effizienz der Werbung wird auch heute häufig infrage gestellt. Ein Problem dabei ist die **fehlende Unterscheidung zwischen den Marketingzielen** (wie Umsatz, Marktanteil etc.) **und den Werbezielen** (wie Reichweite, Bekanntheitsgrad etc.). Wenn eine Werbekampagne für eine Million Franken nicht den erhofften Mehrumsatz erbringt, kann das zwar an der Werbung liegen, aber es können auch ganz andere Gründe wie Produktqualität, Preis, Distribution, Konkurrenzmassnahmen dafür verantwortlich sein. Im Englischen hat sich deshalb die **DAGMAR-Formel** bewährt: Design Advertising Goals for Measuring Advertising Results oder auf Deutsch: Definiere nur Werbeziele, deren Werbewirkung sich messen lassen.

B] Kurzfristiges Umsatzdenken statt langfristige Strategie

Ein zweites Problem sind **zu kurzfristige Anpassungen des Werbebudgets.** Auf der einen Seite werden in Krisenzeiten Budgetkürzungen in den Kommunikationsausgaben vorgenommen, weil sich diese Massnahmen sehr rasch realisieren lassen. Weil Kommunikation neben einem kurzfristigen Effekt (wie bei der Verkaufsförderung) auch sehr langfristige Effekte hat (wie bei einer Imagewerbung), wirkt sich eine Budgetkürzung kurzfristig kaum aus. Die Gefahr besteht jedoch darin, dass die langfristige Einheitlichkeit in der Kommunikation fehlt. Auf der anderen Seite tendieren Marketingmanager dazu, Umsatzrückgänge mit kurzfristigen Promotionen wettzumachen. Dieses Vorgehen ist gefährlich, wenn die Ursache für den Umsatzrückgang nicht in der Kommunikation, sondern in anderen Bereichen zu suchen ist.

C] Fehler bei der Gestaltung der Kommunikationsbotschaften

Dabei passieren häufig die folgenden Fehler:

Anspruchsniveau zu hoch und zu abstrakt

Sehr gute Werbefachleute gestalten Botschaften, die dem Zielpublikum gefallen und nicht den Werbern. Salopp heisst die Regel: Der Wurm muss dem Fisch schmecken, nicht dem Fischer.

Die Kommunikation ist zu wenig kontinuierlich

Kommunikationsverantwortliche beschäftigen sich mit einer Kampagne oft ein Jahr lang, bevor sie der erste Kunde überhaupt sieht. Wenn sie dann geschaltet wird, ist sie für die Marketingleute schon nicht mehr neu und wird bald langweilig. Die Kampagne wird dann nach kurzer Zeit abgebrochen und kann sich beim Kunden nicht durchsetzen. Eine Regel von David Ogilvy, einem bekannten Werbefachmann, besagt deshalb: Erst wenn eine Botschaft den Werbenden langweilig wird, beginnt sie bei den Kunden zu wirken.

Botschaft und Umsetzung sind divergent

Sie laufen in die entgegengesetzte Richtung. Im Lauf des kreativen Prozesses ist es wichtig, immer wieder zu überprüfen, ob die Umsetzung der Kommunikation der angestrebten Botschaft und Positionierung entspricht. Es ist oft einfacher, eine neue Botschaft zu formulieren oder eine neue Positionierung in einem Konzeptpapier festzulegen, als diese dann tatsächlich umzusetzen.

Beispiel

Systemlösungen und Preislisten

In einem Beratungsprojekt für einen Investitionsgüterhersteller arbeiteten wir über einen längeren Zeitraum an einer Neupositionierung und an einer Neukreation der Marke. Die zentrale Botschaft bestand darin, dass das Unternehmen sich von der Konkurrenz differenziert, indem es nicht Einzelteile liefert, sondern bedürfnisgerechte Systemlösungen aus einer Hand. Die Analyse zeigte nämlich, dass die Gewinnmarge bei den Einzelteilen wegen des hohen Konkurrenzdrucks sehr klein, bei Systemlösungen jedoch hoch ist. In der Umsetzung des Kommunikationsmaterials wie Broschüre, Internetauftritt, Kundenmagazin etc. bestanden die Verkäufer jedoch auf einer Preisliste für die Einzelteile. Ihr Argument war, dass die Kunden das einfach erwarten würden. Unserer Meinung nach war die Abgabe einer Preisliste nicht kompatibel mit dem Anspruch, ein Systemanbieter zu sein.

D] Fehlende Crossmedia-Integration

Ein Fehler, der in den letzten Jahren mit der Zunahme des Internets und der Callcenter immer häufiger zu beobachten ist, ist die fehlende Crossmedia-Integration. Unter Crossmedia-Integration verstehen wir die **einheitliche inhaltliche und grafische Gestaltung in allen verfügbaren Medien** wie Zeitungen, TV, Internet, E-Mail, Callcenter und persönlicher Verkauf. Ist diese Integration mangelhaft, dann stimmen Angaben und Offerten im Internet nicht mit den gedruckten Medien überein oder die Angaben von Callcenter-Mitarbeitern widersprechen den E-Mails.

Beispiel

Mobiltelefonanbieter

Ein Mobiltelefonanbieter verschickt einem Kunden die Monatsrechnung mit dem Vermerk «Bitte nicht einzahlen, wird am 24. Mai mittels Lastschriftenverfahren LSV automatisch Ihrem Konto belastet». Am 22. Mai erhält der Kunde ein SMS mit dem Hinweis: «Achtung: Monatsrechnung in drei Tagen fällig». Am 26. Mai bekommt der Kunde einen Anruf, in dem eine automatisierte Robotorstimme darauf hinweist, dass die Monatsrechnung überfällig ist. Am 31. Mai findet sich eine Mahnung im Briefkasten, in der darauf hingewiesen wird, dass der Anschluss abgeschaltet wird, wenn die Rechnung nicht innerhalb von fünf Tagen bezahlt wird. Der Kunde bezahlt die Rechnung via Webseite mittels Kreditkarte. Aus der nächsten Monatsrechnung erfährt er, dass die Vormonatsrechnung zweimal bezahlt wurde. Nach Abzug einer Umtriebsgebühr wird dem Kunden der doppelt bezahlte Betrag gutgeschrieben. Ein Anruf beim Callcenter ergibt, dass der Mitarbeiter im Callcenter nicht wusste, dass der Kunde per LSV zahlt.

E] Fehlendes internes Marketing

Marketinginstrumente müssen **nicht nur gegen aussen, sondern auch gegen innen (internes Marketing) gerichtet** sein. Es sollen also nicht nur Kunden, sondern auch Mitarbeitende angesprochen werden. Dabei müssen diese Zielgruppen aufgrund ihrer unterschiedlichen Vorkenntnisse und Ansprüche differenziert angesprochen werden. Fehlt dieses interne Marketing, werden die Kunden im Verkaufs- und Beratungsgespräch enttäuscht, weil ihre Erwartungen von den Mitarbeitenden nicht erfüllt werden.

Zusammenfassung

Die wichtigsten **Kommunikationsziele** Bekanntheit, Kaufinteresse und Kaufabsicht bauen aufeinander auf. Kunden können nur Interesse an Marktleistungen haben, die sie kennen, und sie beabsichtigen nur zu kaufen, wenn sie am Produkt oder an der Dienstleistung interessiert sind.

Bezüglich der Wirkungsrichtung unterschieden wir zwischen der **Push-Strategie** und der **Pull-Strategie.** Bei der Push-Strategie folgt der Kommunikationsfluss dem Warenfluss vom Produzenten zum Handel und zum Endkonsumenten. Bei der Pull-Strategie wird versucht, die Kundenpräferenzen aufzubauen und Kundentreue zu erreichen.

Wir haben sieben Kommunikationsinstrumente besprochen: Werbung, Verkaufsförderung, persönlicher Verkauf, Direktmarketing, operatives CRM, Public Relations und Internetkommunikation.

Bei der **Werbeplanung** müssen folgende Elemente berücksichtigt werden: Zielgruppe, quantitative und qualitative Ziele, zentrale Botschaft, Begründung und Gestaltung der Botschaft, Werbeträger und Werbemittel, geografische Abdeckung und Sprachregionen, Zeitraum, Zeitpunkt und Wiederholungsintervall der Kampagne, Werbebudget, Werbepretest und -posttests.

Die Auswahl der Werbeträger basiert auf einem **Intermediavergleich,** bei dem Zeitschriften, Zeitungen, Werbefernsehen, Aussenwerbung, Kino, Radio, Direktwerbung und Internet hinsichtlich der erreichbaren Zielgruppen, der Einschaltkosten und der Eignung verglichen werden.

Mit der **Verkaufsförderung** werden vier Zielgruppen angesprochen:

- die Kunden (Consumer promotion),
- der Handel (Dealer promotion),
- das eigene Unternehmen (Staff promotion) und
- die Beeinflusser (Influencer promotion).

Das Ziel der Verkaufsförderung ist die Verkaufssteigerung einer bestimmten Marktleistung innerhalb einer bestimmten Periode. Sie ist also kurzfristig und umsatzwirksam.

Als **persönlichen Verkauf** bezeichnen wir alle Formen des Verkaufs, bei dem sich Mitarbeitende und Kunden persönlich begegnen und einen Kaufabschluss herbeiführen. Werden die Kunden direkt, aber nicht persönlich kontaktiert, so spricht man von **Direktmarketing.** Dabei werden die Kundenreaktionen individuell erfasst und ausgewertet. Eine Weiterentwicklung des Direktmarketings ist das **operative CRM.** Sein Ziel ist, loyale und profitable Kunden anzusprechen. Bei der **Kampagnensteuerung** geht es darum, den richtigen Kunden das richtige Informations- und Leistungsangebot im richtigen Kommunikationsstil über den richtigen Kommunikationskanal zum richtigen Zeitpunkt zu kommunizieren. Die Marketingkosten sollen gesenkt und der Return-on-Marketing verbessert werden. Die **Verkaufsautomation** besteht aus den Elementen **Opportunitymanagement** (Verkaufschancensteuerung), **Sales-Cycle-Analyse** (Wiederkaufsteuerung) und **Lost-Order-Analyse** (Auftragsverlustanalyse).

Bei der **Public-Relations**-Arbeit geht es darum, Vertrauen in das Unternehmen, in seine Tätigkeit und seine Produkte zu schaffen. Man unterscheidet zwischen strategischen und absatzorientierten PR. **Strategische Public Relations (PR)** beinhalten die aktive Gestaltung von Kommunikationsbeziehungen zwischen dem Unternehmen und allen internen und externen Anspruchsgruppen, während mittels **absatzorientierter PR** für Produkte, Menschen, Ideen, Länder, Orte, Organisationen und Aktivitäten geworben wird.

57 Tragen Sie in der Tabelle ein, welche der folgenden Kennzahlen zu den Kommunikationszielen und welche zu den übergeordneten Marketingzielen gehören.

Kennzahlen	Kommunikationsziele	Marketingziele
Umsatz	☐	☐
Reichweite	☐	☐
Kaufabsicht	☐	☐
Ungestützte Bekanntheit	☐	☐
Wiederkauf	☐	☐

58 Listen Sie die sechs Kommunikationsinstrumente in der Reihenfolge ihrer Reichweite auf.

59 Wie unterscheiden sich Copyplattform und Mediaplattform?

60 Basierend auf der Ausgangslage im Text (Kap. 13.8.1, S. 238, Beispiel Versandhandel Küchengeräte) hätte das Versandhaus «Chef de Cuisine» auch einen Entscheidungsbaum für die Auswahl der Kunden benutzen können. In diesem Fall hätten 16 089 Kunden angeschrieben werden müssen und daraus hätten 3 110 Verkäufe resultiert. Ist der Return-on-Marketing bei diesem Modell grösser oder kleiner als beim RFM-Modell?

61 Was ist der Unterschied zwischen einer RFM-Analyse und einer ABC-Analyse?

Fallbeispiel 10 – Danone

Autor: Raymond Zenhäusern

Ausgangslage

Die Unternehmensgruppe Danone ist in der Lebensmittelbranche eines der weltweit führenden Unternehmen. Die Gruppe ist in 120 Ländern vertreten und beschäftigt weltweit rund 100 000 Mitarbeitende. Danone ist in den **Geschäftsfeldern Milchfrischprodukte, natürliches Mineralwasser, Kindernahrung und medizinische Ernährung** tätig. In der Schweiz ist die Gruppe mit Danone AG mit Sitz in Zürich vertreten und ist auf geschmackvolle, probiotische Produkte mit gesundheitlichem Zusatznutzen spezialisiert. Für die Vermarktung weiterer Produkte ist Danone mit folgenden Gruppenunternehmen in der Schweiz beheimatet: Evian Volvic SA in Zürich, Nutricia SA in Zürich und Milupa AG in Domdidier.

Evian Volvic SA ist für die **Vermarktung von Evian in der Schweiz** verantwortlich. Evian ist ein Mineralwasser ohne Kohlensäure. Das Wasser stammt aus der Cachat-Quelle in Évian-les-Bains, die in unmittelbarer Nähe zum Genfersee liegt. Seit 1826 wird dieses Mineralwasser in Évian-les-Bains, in den französischen Alpen, abgefüllt.

Mit der Vision «We believe that feeling young at heart is not a matter of age. It's being connected to your inner child which inspires you to dare to invent your life» schuf Evian über die letzten Jahre **einzigartige Kampagnen mit der Verbindung zu Babys und Erwachsenen** und generierte unter anderem durch diese Konzepte beachtenswerte Entwicklungen ihrer Marktanteile im Mineralwassermarkt in der Schweiz.

Kampagne 2012 – Baby-Spiderman und Erwachsenen-Spiderman. Bild: Evian Volvic SA Zürich

Aufgaben

1	Nennen und beschreiben Sie je zwei Verkaufsförderungsmassnahmen für ein Produkt von Evian Volvic SA Nutricia SA in Zürich oder Milupa AG auf den Stufen Endverbraucher, Handel und eigene Vertriebsorgane.
2	Worauf ist bei der Konzipierung solcher Verkaufsförderungsmassnahmen grundsätzlich zu achten? Nennen und beschreiben Sie drei relevante Konzeptpunkte.
3	Was verstehen Sie unter komplementärer, kommunikativer Wirkung und wie lösen Sie das in Ihrer Push-Pull-Strategie?

Fallbeispiel 11 – Personalisierte Vorteilcoupons an der Kasse

Autorin: Alisha Fateh

Ausgangslage

Seit 20 Jahren gibt es schon das Bonusprogramm Cumulus der Migros. Mit diesem können Cumulus-Teilnehmer bei jedem Einkauf punkten und erhalten neben Cumulus-Bons (Wertgutscheinen) Angebote für bestimmte Sortimente.

Seit September 2016 führte die Migros mit Vorteilcoupons an der Kasse ein zusätzliches Direktmarketing-Instrument ein. Basierend auf dem Cumulus-Einkaufsverhalten erhalten Kunden speziell für sie ausgewählte Angebote direkt an der Kasse in Form eines Kassenbons. Alle Kunden erhalten die gleiche Anzahl Coupons mit gleich hohen Rabatten, jedoch für Sortimente, die für sie besonders relevant sind.

Kauft jemand beispielsweise regelmässig Hundefutter, erhält er nach dem Einkauf einen Vorteilcoupon für diese Produkte. So kann er beim nächsten Hundefutter-Einkauf zusätzliche Cumulus-Punkte sammeln. Für Lieblingsprodukte, die Kunden regelmässig kaufen, erhalten sie z. B. mehrere 20-fach-Coupons. Zusätzlich gibt es ab und zu einen 40-fach-Coupon für ein Produkt, das sie selten kaufen oder noch nicht kennen, das für sie jedoch interessant sein könnte.

Die personalisierten Vorteilcoupons sind eine neue Marketingmassnahme der Migros.
Bild: Migros-Genossenschafts-Bund, Zürich

Aufgaben

1 Welche Vorteile ergeben sich aus den personalisierten Angeboten für den Kunden und für die Migros?

2 Alle Kunden erhalten die gleiche Anzahl Angebote. Während manche Vorteilcoupons 20-fache Punkte gewähren, gibt es bei anderen Coupons 40-fache Punkte. Wie unterscheiden sich die Angebote? Welche verschiedenen Absichten verfolgt die Migros mit dieser Differenzierung?

14 Internetkommunikation

Lernziele

Nach der Bearbeitung dieses Kapitels können Sie ...

- die Instrumente der Internetkommunikation beschreiben.
- den eigenen Internetauftritt gestalten.
- die wichtigsten Onlinewerbeformate darstellen.

Schlüsselbegriffe

Affiliate-Marketing, Aufbau einer Webseite, Conversion, Display Marketing, eigene Website, E-Mail-Marketing, Instrumente der Internetkommunikation, Internetauftritt, Medientypenmodell, Mobile Advertising, Mobile Apps, mobile Internetpräsenz, Mobile Marketing, Multichannel-Konzept, Onlinewerbeformate, Social-Media-Marketing, Suchmaschinenoptimierung, Suchmaschinenwerbung, virales Marketing, Webanalyse

Das Online-Marketing ist als Teilbereich des Marketings für die Planung, Organisation, Durchführung und Kontrolle aller durchgeführten Massnahmen in Online-Kanälen verantwortlich. Es ist dem Marketing untergeordnet und als Instrument an die Marketingstrategien gebunden. Daher sind die grundlegenden Entscheidungen, ob z. B. das Unternehmen ausschliesslich Internetkommunikation betreibt oder das Internet auch als Vetriebskanal einsetzt, Entscheidungen, die in der Marketingstrategie des Unternehmens festgelegt werden müssen. In diesem Kapitel konzentrieren wir uns auf das **Internet als Marketinginstrument der Kommunikation.**

Bevor die Instrumente des Online-Marketings festgelegt werden, sollten die Ziele, die durch das Online-Marketing erreicht werden sollen, geklärt werden. Das geschieht anhand eines **Online-Marketingkonzepts.**

In einem ersten Schritt soll die **Ist-Situation** aufgezeichnet und anschliessend definiert werden, welche Ziele in welcher Zeit erreicht werden sollen. Man stellt beispielsweise folgende Fragen: «Welche Zielgruppe soll angesprochen werden?» oder «Welchen Mehrwert möchte ich meinen Kunden bieten?». Ein zentraler Punkt bei der Konzeptionierung sind die zur Verfügung stehenden Mittel, die für das Online-Marketing verwendet werden können. Sind diese Parameter geklärt, können anschliessend die Instrumente ausgewählt und das Online-Marketing kann gestaltet werden.

14.1 Instrumente der Internetkommunikation

Der digitale Wandel hat Unternehmen in den letzten Jahren immer neue Möglichkeiten eröffnet, um mit ihren Stakeholdern zu kommunizieren. Um einen Überblick dieser neuen Instrumente zu erhalten und diese einzuordnen, eignet sich das **erweiterte Medientypenmodell** auf Basis von Daniel Goodall. Das Medientypenmodell hat sich erst in den letzten Jahren etabliert. Es lässt sich aber auch auf die traditionellen Marketingkanäle anwenden.

Abb. [14-1] **Erweitertes Medientypenmodell**

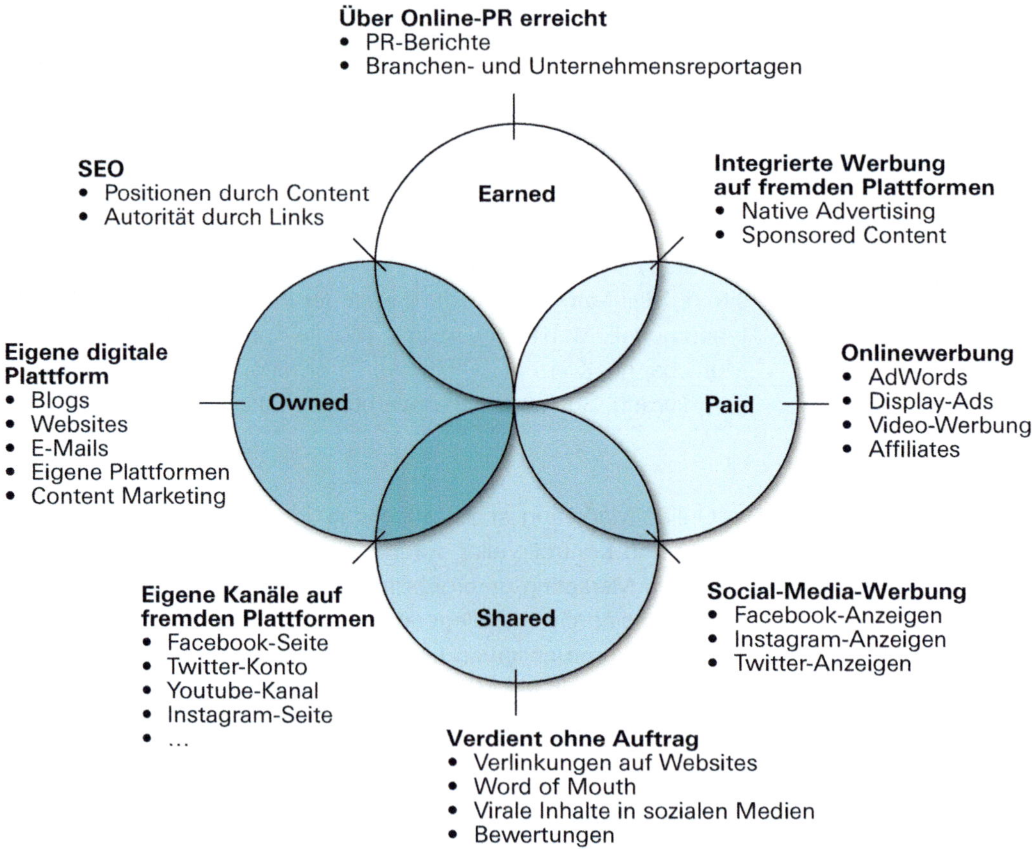

Wir erklären im Folgenden die im Modell verwendeten Begriffe:

Paid: In diese Kategorie gehören Inhalte, bei denen sich das Unternehmen Platzierungen erkauft. Sie werden verwendet, um Aufmerksamkeit zu erzeugen, und können bezogen auf Reichweite und Dauer gezielt gesteuert werden. Ein Nachteil sind die hohen finanziellen Aufwände.

Owned: In diese Kategorie fallen Inhalte, die vollständig vom Unternehmen kontrolliert werden. Der wichtigste Kanal ist häufig die eigene Website. Die Inhalte können hier relativ kostengünstig vom Unternehmen selbst erzeugt werden.

Earned: In diese Kategorie gehören Inhalte, die ohne direkten Einfluss des Unternehmens von Dritten erzeugt wurden. Ein gutes Image ist dabei wesentlich, meist als Ergebnis von langjähriger und konsistenter PR-Arbeit. Die Inhalte werden jedoch nicht vom Unternehmen kontrolliert und negative Rezensionen sind möglich.

Shared: In diese Kategorie gehören alle Inhalte, die von Stakeholdern geteilt werden können. Die Inhalte werden entweder durch das Unternehmen oder durch Dritte generiert und ohne Entgelt und freiwillig von Leuten geteilt. Der Vorteil für das Unternehmen ist, dass für die Verbreitung keine zusätzlichen finanziellen Mittel eingesetzt werden müssen. Die Schwierigkeit dabei ist, Inhalte zu generieren, die einen Nutzen stiften und geteilt werden.

Die oben aufgeführten Kategorien überschneiden sich in der Praxis. Eine Überschneidung von Paid / Earned-Media ist z. B. das Sponsoring eines Blog- oder Instagram-Posts. Aufgrund der Parallelität der Kanäle – offline und online –, aber auch innerhalb der Online-Kanäle wird von einem **Multichannel-Konzept** gesprochen, wie wir es auch aus der Distribution kennen. Im Gegensatz zur Distribution ist jedoch darauf zu achten, dass die Kommunikation in den verschiedenen Kanälen einheitlich ist, one fact to the customer. Der Kunde soll das Unternehmen **einheitlich** wahrnehmen.

Um Missverständnissen vorzubeugen, wollen wir noch kurz auf den Unterschied zwischen Website, Webseite und Homepage eingehen. Die **Website** ist der gesamte Internetauftritt. Die **Homepage** ist die erste Seite oder auch Startseite, auf die Besucher beim Öffnen der Website gelangen. Als **Webseiten** bezeichnet man dann die einzelnen Unterseiten, aus denen eine Website zusammengestellt ist.

Wir beschreiben nun die wichtigsten Internetkommunikationskanäle.

14.1.1 Eigene Website

Die eigene Website ist für viele Unternehmen das wichtigste Instrument bei der Umsetzung ihrer Internetpräsenz und zusätzlich die wichtigste **Verbindung zwischen Offline- und Online-Aktivitäten** des Unternehmens. In diesem Kontext fungiert sie meist als zentraler Kanal im kommunikativen Multichannel-Konzept des Online-Marketings und verbindet alle Kanäle miteinander.

Um die erfolgreiche Umsetzung der eigenen Website zu erhöhen, sollte man vor dem Beginn der Erstellung definieren, welche **Funktionen** die Website am Ende erfüllen soll. Durch die fast unbegrenzten Möglichkeiten bei der Erstellung können die Kosten sonst schnell überhandnehmen. Es sollte darauf fokussiert werden, nur die Funktionen umzusetzen, die die Kundenbedürfnisse bestmöglich erfüllen.

A] Aufbau

Wie beim Besuch eines normalen Geschäfts sollte sich ein Besucher in einem kurzen Augenblick einen **Überblick** darüber verschaffen können, wo er sich befindet, was das Unternehmen für Leistungen anbietet und welche Handlungsmöglichkeiten er hat. Dazu gehören das **Unternehmenslogo** an einem prominenten Ort, gewöhnlich in der rechten oder linken oberen Ecke, sowie ein dazugehöriger Slogan. In einem zweiten Schritt sollte sich dem potenziellen Kunden schnell erschliessen, welchen **Nutzen** er durch die Leistungen des Unternehmens erhält. Dabei sollte man sich auf der Homepage auf **vier Kernthemen** beschränken, um die Aufmerksamkeit des Besuchers zu bündeln. Zudem sollte sich die Homepage klar von den restlichen Webseiten unterscheiden, um den Startpunkt für die Navigation innerhalb der Website zu klären.

Abb. [14-2] **Homepage von Ericsson und Webseite «in focus»**

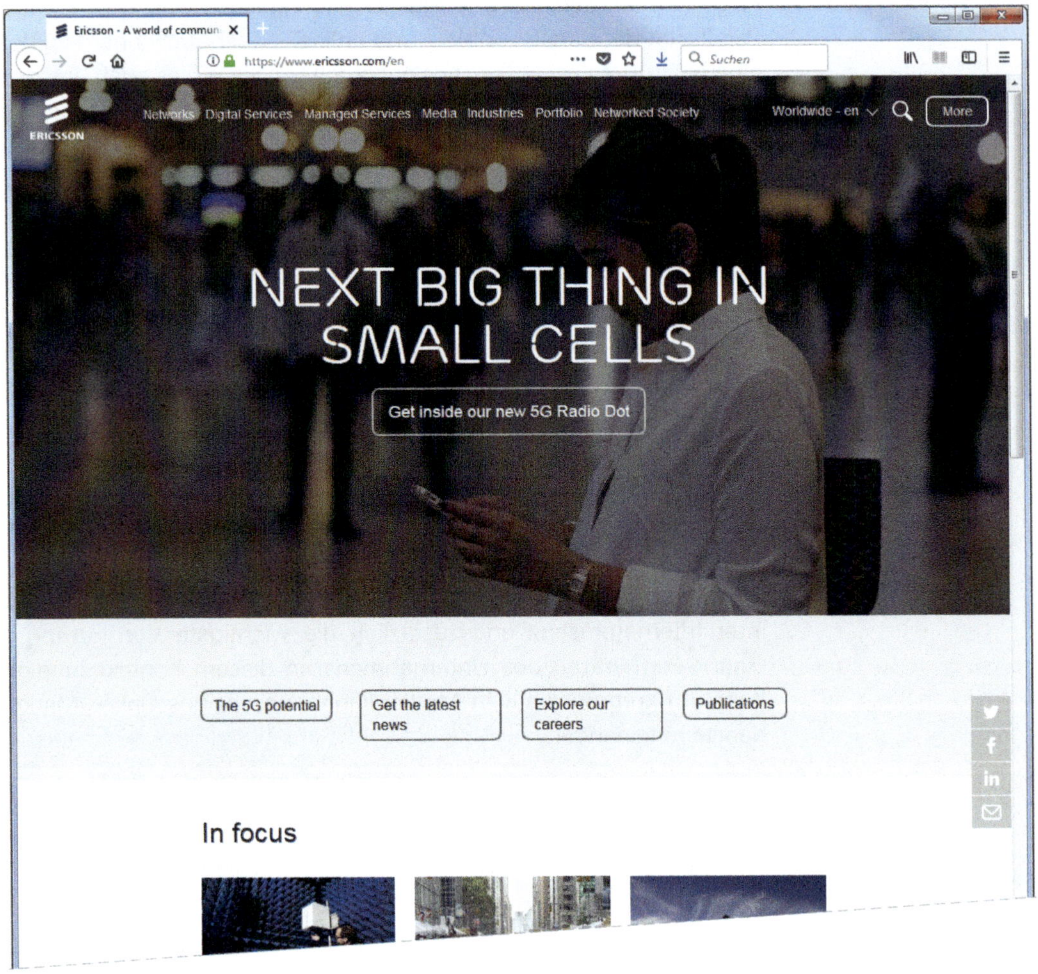

Quelle: https://www.ericsson.com/en (abgerufen am 25.1.2018)

Inhalt und Sprache

In Bezug auf die **Kommunikation der Produkte und Dienstleistungen** sollte eine **kundenorientierte Sprache** verwendet werden, die den Kundennutzen in den Vordergrund stellt. Die Sprache sollte zudem **einfach und klar** sein, damit ein Besucher schnell erkennt, welchen Nutzen er aus den verschiedenen Bereichen ziehen kann. Dabei eignen sich Beispiele und Business Cases, um dem Publikum die verschiedenen Leistungen des Unternehmens näherzubringen.

Bei der **Platzierung dieser Inhalte** kann man sich an einer **F-Form** orientieren. Eine Studie der Niels Norman Group hat gezeigt, dass sich Internetnutzer an den **Überschriften** orientieren und anschliessend in der linken Seitenhälfte nach unten lesen.

Abb. [14-3] **Die F-Form auf der Webseite**

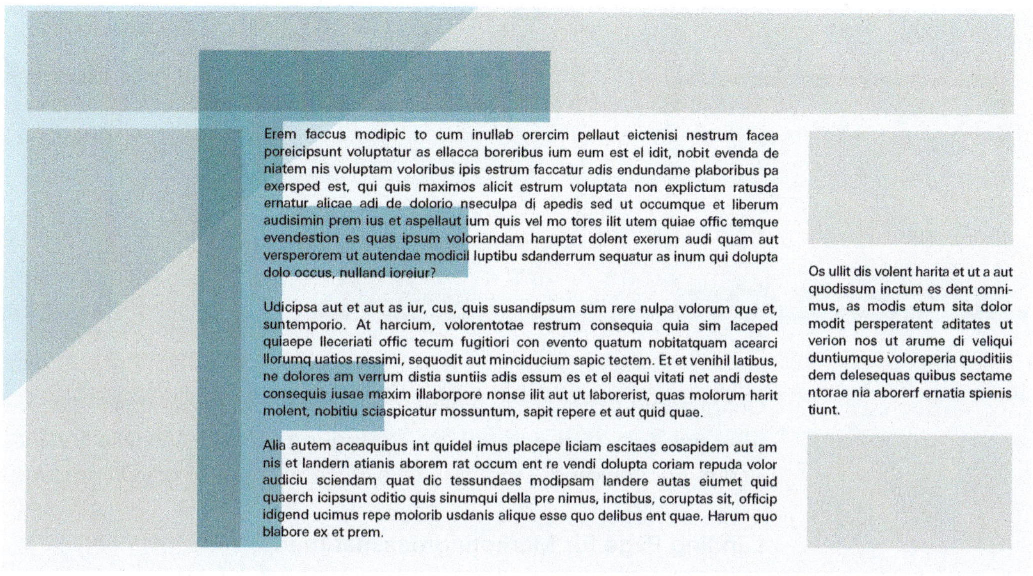

Wichtige Inhalte sollten daher im **oberen Bereich,** ohne Scrollen, sichtbar sein. Falls die Webseite länger ist, sollte sie **am Ende** platziert werden. Viele Internetnutzer scrollen zuerst ans Ende der Webseite, um sich einen Überblick über den Inhalt zu verschaffen.

Vor allem für KMUs, aber auch für Grossunternehmen ist es wichtig, Informationen für Stakeholder und Shareholder an einem **zentralen Ort** zur Verfügung zu stellen. Übliche Kategorien sind: Über uns, Investoren, Medien, Stellen und Kontakt.

Navigation

Wie wir zu Beginn dieses Kapitels gezeigt haben, ist die Aufgabe der Homepage, die Aufmerksamkeit des Besuchers zu gewinnen. Ist das gelungen, möchte sich der Kunde genauer über die gebotenen **Leistungen auf der Website** informieren. Die Navigation von der Homepage aus entscheidet darüber, ob der potenzielle Kunde die gesuchten Informationen innerhalb seiner Aufmerksamkeitsspanne findet.

Die Navigation durch die Website sollte man einheitlich gestalten und an einem prominenten Ort, entweder seitlich oder am oberen Ende, platzieren. Ähnliche Inhalte und Themenfelder in dieser Navigationsliste sollten dabei zusammengerückt werden. Falls **Kategorien** gebildet werden, sollte darauf geachtet werden, dass bei der Benennung dieser Gruppen **bekannte Ausdrücke oder Symbole** verwendet werden. Als Beispiel könnte hier ein Telefon als Symbol für die Kontaktinformationen genannt werden.

Um dem Besucher die manuelle Suche nach einem bestimmten Produkt zu ersparen, sollte zudem ein **Suchfeld** auf der Homepage platziert werden, mit dem man die Website durchsuchen kann.

Ist bekannt, dass gewisse Websitefunktionen oft von einer breiten Basis von Besuchern genutzt werden, sollte man einen **direkten Zugang von der Homepage** einrichten. Häufig ist das eine Log-in-Funktion, wie bei Banken, Versicherungen und weiteren Dienstleistern. Händler sollten zudem den Warenkorb direkt für ihre Kunden erreichbar machen.

Mobile Internetpräsenz und Responsive Design

Die Nutzung von Medieninhalten über **unterschiedliche Geräte** ist heute Normalität. Der Anspruch an Websites ist dabei, dass Besucher unabhängig von ihrem Gerätetyp ihr Bedürfnis bestmöglich befriedigen können. Dabei geht es nicht nur um die Anzeigengrösse, sondern auch um die Eingabemethode, die Bandbreite und vor allem um das Kundenbedürfnis im Augenblick des Besuchs.

Abb. [14-4] **Medieninhalte auf unterschiedlichen Geräten**

Unabhängig vom Gerät sollte man darauf achten, dass die wichtigsten Informationen **übersichtlich und schnell** zur Verfügung stehen. Visuelle Inhalte sollten für mobile Endgeräte nur verwendet werden, falls diese wichtig für die Darstellung der Informationen sind.

Landing Page für Marketingmassnahmen

Marketingmassnahmen, ob offline oder online, verweisen auf Landing Pages, auf denen der interessierte Kunde zu einer **gezielten Aktion animiert** werden soll. Die Gestaltung der Landing Page sollte darauf ausgerichtet werden, diesen Handlungsimpuls auszulösen. Man sollte also eine **Conversion** generieren, indem die Gestaltung der Landing Page das Kundenbedürfnis befriedigt, das zur Aktivierung des Kunden geführt hatte, z. B. die Verwandlung vom reinen Besucher in einen Interessenten oder Kunden einer Webseite. Unter Conversion versteht man im Online-Marketing die Aktivierung des Besuchers einer Webseite, z. B. einer Landing Page (siehe Teil B, S. 19), Analyse.

Bei der **Gestaltung** sollte auf folgende Punkte geachtet werden:

- Einheitlich mit Corporate Design
- Prägnante Botschaft über das Angebot
- Visueller Blickfänger
- Überzeugende Argumentation
- Call-to-action-Element

B] Analyse

Begriffe

Die Website eines Unternehmens ist eine wichtige **Kommunikations- und Verkaufsplattform.** Deshalb ist es für viele Unternehmen wichtig zu wissen, wie sie dieses mächtige Instrument optimal nutzen können, um den grösstmöglichen ROI[1] zu generieren. Zuerst muss man wissen, was für Möglichkeiten man hat, um die Nutzung einer **Website zu analysieren.**

Die wichtigsten **Traffic Reports** werden hier in einer Liste aufgeführt[2]:

- Besucheranzahl:
  - Sessions (Zugriffe)
  - Unique Visitors (einzelne Besucher)
  - Page Views (Seitenabrufe)
- Seitenanalyse
  - Länge der Besuchszeit
  - Conversion
- Referrer-Analyse
- Verkaufsstatistik

[1] ROI: Return on Investment; Kennzahl für die Ertragsfähigkeit eines Unternehmens (Umsatzrentabilität multipliziert mit Kapitalumschlag).
[2] Arnold, John; Lurie, Ian; Dickinson, Marty; Marsten, Elizabeth; Becker, Michael: Web Marketing All-in-One for Dummies, Bognor Regis 2012.

Für die Durchführung solcher Analysen gibt es verschiedene vorgefertigte Lösungen wie z. B. Google Analytics. Die Daten werden dabei anonym erhoben, um Kunden nicht das Gefühl zu geben, während der Besuchszeit beobachtet zu werden. Es können auch Ausnahmen definiert werden, um z. B. den Zugriff der eigenen Mitarbeitenden oder von Kunden anderer Länder von den potenziellen Kunden zu trennen. Anhand von verschiedenen Beispielwerten wollen wir nun zeigen, wie die Besucheranzahl interpretiert und für weitere Marketingzwecke verwendet werden kann.

Analyse verschiedener Kennzahlen

Auf einer Webseite wurden 20 000 Zugriffe verzeichnet. Die Anzahl der Zugriffe gibt einen Überblick über das allgemeine Interesse für die Seite. Es sollten jedoch keine Rückschlüsse auf den Kundenstamm gemacht werden, da derselbe Kunde zehnmal täglich die Webseite besuchen kann.

Die Kennzahl «Unique Visitors» vermittelt Information über die Grösse des Kundenstamms. Wenn im selben Zeitraum 5 000 Besucher gezählt wurden, die zusammen 120 000 Seitenaufrufe erzeugt haben, hat man erste Anhaltspunkte über die Verwendung der Website. Ein Kunde besucht somit viermal täglich die Website, wobei er jeweils sechs verschiedene Teile der Website besucht. Die Seitenaufrufe werden für jeden einzelnen Teil der Website ermittelt. Anhand der Länge der Besuchszeit kann zudem ermittelt werden, ob der Kunde sich nur oberflächlich mit dem Inhalt beschäftigt oder ein starkes Interesse hat.

Wie wir bereits erklärt haben, ist Conversion im Online-Marketing die Aktivierung des Besuchers einer Webseite, z. B. einer Landing Page. Die Definition der Conversion hängt vom Ziel des Betreibers ab. Es kann eine Registrierung zu einem Newsletter oder eine Vorbestellung eines neuen Produkts sein. Die Conversion Rate gibt den prozentualen Anteil der aktivierten Nutzer im Verhältnis der «Unique Visitors» an. Die Conversion Rate ist ein wesentlicher Bestandteil der ROI im Online-Marketing.

Mit der Referrer-Analyse erfährt man, wie der Besucher auf die Webseite aufmerksam wurde. Sie kann unter anderem für das Marketing von grossem Nutzen sein. Die Referrer-Analyse ermittelt, von welcher Seite bzw. durch welches Werbeformat der Kunde auf die Seite gelangt ist. Somit kann man das Marketingbudget künftig in effektiveren Kanälen einsetzen.

Ein Referrer ist die Internetadresse, die den Benutzer zur aktuellen Seite gebracht hat (to refer = verweisen). Der Referrer ist ein Teil der an den Webserver geschickten HTTP-Anfrage.

Nutzung der Kennzahlen

Die Frage ist nun, wie man die erhaltenen Resultate nutzen kann, um die Geschäftsziele zu erreichen. Denn nicht jeder Besuch der Webseite hat auch einen Verkauf zur Folge. Die meisten Analysewerkzeuge bieten die Möglichkeit, die Ziele der Besucher direkt zu verfolgen.

Zu diesem Zweck werden wie im konventionellen Marketing KPIs (key performance indicators) definiert. Diese können dann direkt z. B. in Google Analytics verglichen werden. Im Online-Marketing kann man neben den normalen success KPIs wie die Anzahl verkaufter Einheiten beispielsweise auch die Anmeldung zum Newsletter oder Registrierungen als Neukunde verwenden. Nützlich für das Marketing ist, dass man damit herauslesen kann, welche Kunden mit welchen Suchbegriffen auf die Webseite gelangt sind, die schliesslich zu einem Verkauf geführt haben. Dadurch ist es anschliessend möglich, effizientere Werbung zu machen. Es kann auch sein, dass ein Suchbegriff viele Besucher anlockt, aber nie zu einem Verkaufsabschluss führt.

Beispiel

Online-Shop: www.galaxus.ch

Die Website von galaxus.ch hat z. B. folgende Elemente:

- Header mit Unternehmensinformationen, Logo, Suchfunktion sowie Kundenauthentifizierung
- Navigationsliste
- Aktuelle Angebote
- Tagesangebote – zeitlich begrenzte Angebote für Affektkauf
- Neuigkeiten des Unternehmens
- Aktuelle Prospekte und Anzeigen
- Community Integration
- Aktuelle Trends und Handlungen
- Informationsblock – alle relevanten Informationen an einem Ort

Sobald ein Produkt in den Warenkorb gelegt wird, zeigt die Webseite automatisch Zubehör zum ausgewählten Produkt an. Zudem werden im Warenkorb alle zusätzlich anfallenden Kosten (z. B. Versandkosten) aufgelistet. Dadurch fühlt sich der Kunde sicher, da er auf einen Blick sieht, welche Kosten anfallen.

Abb. [14-5] **Aufbau der Webseite**

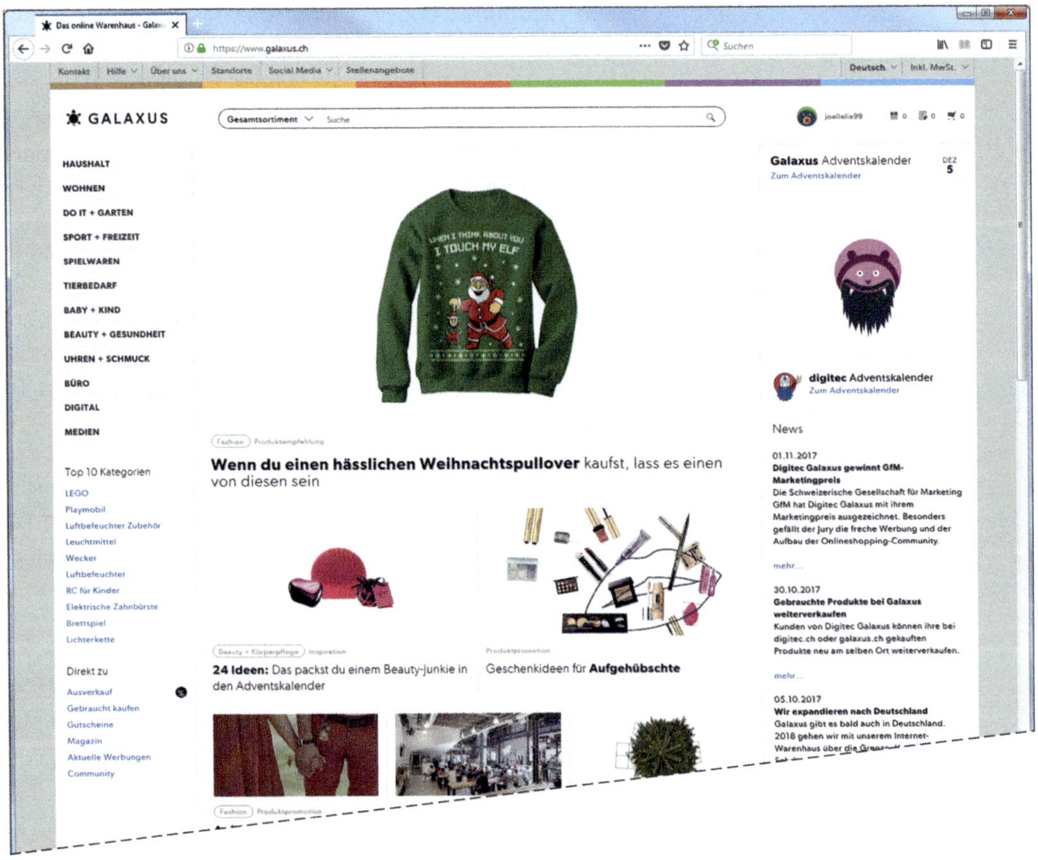

Quelle: www.galaxus.ch (abgerufen am 5.12.2017)

14.1.2 Suchmaschinenoptimierung (Search Engine Optimization, SEO)

Im Unterschied zur bezahlten Onlinewerbung (siehe weiter unten) ist das Ziel der SEO, **bei Suchabfragen auf der ersten Seite der Suchresultate zu erscheinen,** ohne den Seitenbetreiber dafür zu bezahlen (gegebenenfalls bezahlt man aber eine Webagentur für die Optimierung).

Erfolgreiche Suchmaschinenoptimierung verlangt ein hohes Verständnis der **Suchalgorithmen der meistgenutzten Suchmaschinen,** vor allem von Google. Diese durchsuchen mit Webcrawlern oder Spiders das Internet. Die gefundenen Websites werden nach ihrer Relevanz geordnet. Die **Relevanz** wird anhand von Algorithmen bestimmt, die das Herzstück jedes Suchmaschinenbetreibers sind. Gibt nun ein Benutzer in einer Suchmaschine einen Begriff ein, erhält er die Resultate mit der höchsten Relevanz. Ist der Nutzer mit dem Resultat zufrieden, steigt die Chance für den Suchmaschinenbetreiber, dass er die Suchmaschine für eine weitere Suchanfrage verwendet. Daher sind die Suchmaschinenbetreiber daran interessiert, Manipulationen zu unterbinden und das beste Resultat für den Nutzer anzuzeigen.

Um die Relevanz einer Webseite zu ermitteln, werden **viele Faktoren** einbezogen, bei Suchmaschinen-Gigant Google z. B. über 200. Die SEO befasst sich nun damit, wie der eigenen Webseite ein höheres **Ranking**[1] ermöglicht werden kann. Meist wird versucht, eine Webseite auf 2–3 verschiedene Suchwörter hin zu optimieren. Einen starken Einfluss auf die Bewertung hat die **Vernetzung mit anderen Websites.** Dabei wird zwischen OnPage-Optimierung und OffPage-Optimierung unterschieden.

Bei der **OnPage-Optimierung** wird versucht, durch Anpassung der Webseiteninhalte ein höheres Ranking zu erhalten. Zum einen geschieht das durch die Webseitenstruktur wie Formatierung, Header und Tags sowie die Linkstruktur. Je professioneller eine Webseite aufgebaut wird, desto schneller kann sie geladen werden und umso höher wird sie bewertet. Zum anderen ist der Inhalt der Webseite entscheidend. Je hochwertiger der Zusammenhang von Inhalt und Suchbegriff, desto höher fällt die Bewertung aus.

Bei der **OffPage-Optimierung** versucht man, die Verlinkung mit anderen Webseiten zu verbessern. Am besten kann das anhand eines Beispiels illustriert werden. Dabei ist es nicht nur entscheidend, wie oft die eigene Webseite verlinkt wird, sondern auch, welche Relevanz die Webseiten haben, die auf die eigene Webseite verweisen, und ob sie dem gleichen Themenbereich zugeordnet sind. Ein neuer Trend in der OffPage-Optimierung sind die «Social Signals», also die Aktivität in sozialen Netzwerken der Seite.

Beispiel

Missbräuchliche Optimierung von BMW[2]

BMW hatte im Jahr 2006 selbst eine grosse Anzahl von Seiten erstellt, die das Wort «Neuwagen» enthielten, und diese mit ihrer Herstellerwebseite verlinkt. Dadurch stieg die Relevanz der BMW-Webseite stark an und wurde somit an erster Stelle bei den Suchresultaten angezeigt. Bei der Suchmaschine Google war man über dieses Vorgehen nicht erfreut und zeigte die Seite vorerst gar nicht mehr an. Nach einer Entschuldigung der BMW-Spitze wurde der «PageRank» der Webseite manuell herabgesetzt.

Durch die stetigen **Angriffe auf die Algorithmen der Suchmaschinenbetreiber** wurden diese immer weiterentwickelt, um **Manipulationen** zu erschweren. Deshalb wird es immer schwieriger, die Relevanz einer Webseite künstlich zu erhöhen. Meist führt eine Optimierung einer Webseite auch zu einer qualitativ besseren Seite und somit zu einem besseren Resultat. Google stellt ausserdem Werkzeuge zu Verfügung wie das **Google-Adword-Tool,** mit dem man eine Übersicht darüber erhält, mit welchen Suchbegriffen ein Nutzer auf die eigene Webseite gelangt ist.

[1] Ranking: Reihenfolge.
[2] http://www.spiegel.de/netzwelt/web/suchmaschinen-wie-sich-bmw-ausgoogelte-a-399267.html.

14.2 Onlinewerbeformate

Dieses Kapitel bietet eine kurze Übersicht über die wichtigsten **Onlinewerbeformate,** mit denen sich Unternehmen im Internet präsentieren können. Die Bemessung der Kosten ist wichtig bei der Entscheidung, ob es sich für ein Unternehmen lohnt, in ein Werbeformat zu investieren. Die Tabelle über die möglichen Arten ist nach Kosten pro Stück sortiert.

Abb. [14-6] **Arten von Kosten der Werbeformate**

Key Performance Indicators	Abrechnungsmethode
TKP (Tausender-Kontakt-Preis) CPM (Cost-per-Mille)	Anzahl Einblendungen
CPC (Cost-per-Click)	Anzahl Klicks
CPA (Cost-per-Action)	Anzahl Interaktionen
CPL (Cost-per-Lead)	Anzahl Neukunden-Anmeldungen
CPO / S (Cost-per-Order / Sale)	Anzahl der Bestellungen

Wie bei den konventionellen Werbeformaten ist es auch online nicht gesichert, dass ein positiver ROI aus einer Kampagne resultiert. Man kann das Resultat aber laufend kontrollieren und die Werbekosten dementsprechend anpassen. Die meisten Anbieter bieten hier die Möglichkeit, ein tägliches oder monatliches Budget festzulegen.

14.2.1 Display Marketing

Display Ads gelten als die klassische Form der Onlinewerbung. Das Display Marketing bietet grosse gestalterische Freiheiten, wobei die visuellen Inhalte statisch, animiert oder als Video präsentiert werden können. Dadurch eignet sich das **Display Advertising** vor allem, um die Bekanntheit und das Image eines Unternehmens zu stärken. Um die Werbung dynamisch in verschiedenen Webseiten anzeigen zu können, gibt es verschiedene **Standardformate.** Der Webseitenbetreiber reserviert beim Aufbau der Seite den dafür benötigten Platz.

Üblicherweise wird die Verwaltung des Werbeplatzes von einem Dritten übernommen. Google hat mit seinem Produkt **Google Ads** auch im Display-Marketing eine beachtliche Marktmacht, die die passende Werbung direkt in die Webseite einbindet. Um den grösstmöglichen Nutzen für alle Parteien (Kunden, Werber, Werbeflächenanbieter) zu erzielen, kann die Werbung durch das **Targeting** an die Interessen des Kunden angepasst werden. Dabei werden für die Personalisierung der Werbung dieselben Techniken verwendet wie beim Suchmaschinenmarketing (SEM).

Die aktuell am meisten verbreitete Form ist das **Keyword-Targeting**[1], bei dem das Unternehmen entscheiden kann, bei welchen Schlüsselwörtern seine Werbung angezeigt werden soll. Während des Ladevorgangs überprüft der **AdServer** die Seite nach Schlüsselwörtern und blendet die passenden Werbungen ein. Eine Weiterentwicklung des **Keyword-Advertisings** ist das **semantische Targeting**[2], wobei die Webseite vom AdServer nach ihrem Kontext analysiert wird. Danach wird nach passender Werbung zum Inhalt der Webseite gesucht.

[1] http://de.onpage.org/wiki/Keyword_Targeting.
[2] http://www.onlinemarketing-praxis.de/glossar/semantisches-targeting.

Beim Behavioral Targeting[1] bzw. Predictive Behavioral Targeting[2] wird das Nutzungsverhalten zur personalisierten Werbung herangezogen. Während beim Behavioral Targeting nur das Nutzerverhalten analysiert wird, wird beim Predictive Behavioral Targeting anhand von Algorithmen versucht, das Verhalten des Nutzers vorherzusagen. Die werbenden Unternehmen können auch bestimmte Zielgruppen nach Alter oder nach Interessen definieren, bei denen die Werbung unabhängig von den Suchbegriffen oder Webseiteninhalten angezeigt wird.

Ein Problem für das Display-Marketing und vor allem für die Webseitenbetreiber sind Adblocker-Plug-ins. Diese kleinen Zusatzprogramme für Internetbrowser verhindern mit nur einem Klick das Einblenden von Werbeanzeigen auf Webseiten. Dabei machen die Programme sich zunutze, dass die Werbung wie oben erwähnt nicht von den Webseitenbetreibern verwaltet wird, sondern meist von Dritten. Dadurch kann das Laden der Inhalte vom Agenturserver einfach verhindert werden und die Webseite erscheint ohne Werbung. Die Abbildung 14-7, S. 258 zeigt verschiedene Formen von Werbeeinblendungen auf Webseiten.

14.2.2 Affiliate-Marketing[3]

Affiliate-Marketing kann als Unterform des Display Advertising betrachtet werden und ist keine Neuerfindung im virtuellen Raum, sondern die Übernahme einer konventionellen Vertriebsmethode. Dabei werden Produkte von Partnern auf der eigenen Webseite beworben. Die Darstellung der Werbung entspricht dabei grösstenteils der des Display Advertising. Zudem erfolgt die Abrechnung auf dieselbe Weise über verschiedene KPIs.

Falls sich ein Unternehmen entscheidet, Affiliate-Marketing zu betreiben, hat es grundsätzlich die Wahl zwischen zwei Vorgehen:

- Es kann sich einem etablierten Netzwerk anschliessen wie z. B. www.affili.net, das den Vorteil bietet, dass das Netzwerk schon weitverzweigt ist und die gesamte Infrastruktur und Technologie zur Verfügung stellt. Dafür verlangen die Netzwerkbetreiber üblicherweise eine Provision von 20–30% zu den sonst anfallenden Provisionen an die Partner. Bei der Wahl des Netzwerks muss beachtet werden, dass die thematische Ausrichtung des Netzwerks etwa dem eigenen Unternehmen entspricht, sodass genügend potenzielle Kunden vorhanden sind.
- Das Unternehmen kann zusammen mit Partnern ein eigenes Netzwerk einrichten. Hier fallen keine Provisionen an. Es müssen aber Mittel für den Aufbau und den Betrieb bereitgestellt werden.

[1] http://de.onpage.org/wiki/Keyword_Targeting.
[2] http://de.onpage.org/wiki/Behavioral_Targeting.
[3] Lammenett, Erwin: Praxiswissen Online-Marketing, Affiliate- und E-Mail-Marketing, Suchmaschinenmarketing, Online-Werbung, Social Media, Online-PR, Berlin 2012.

Abb. [14-7] **Übersicht über Werbeeinblendungen auf Webseiten**[1]

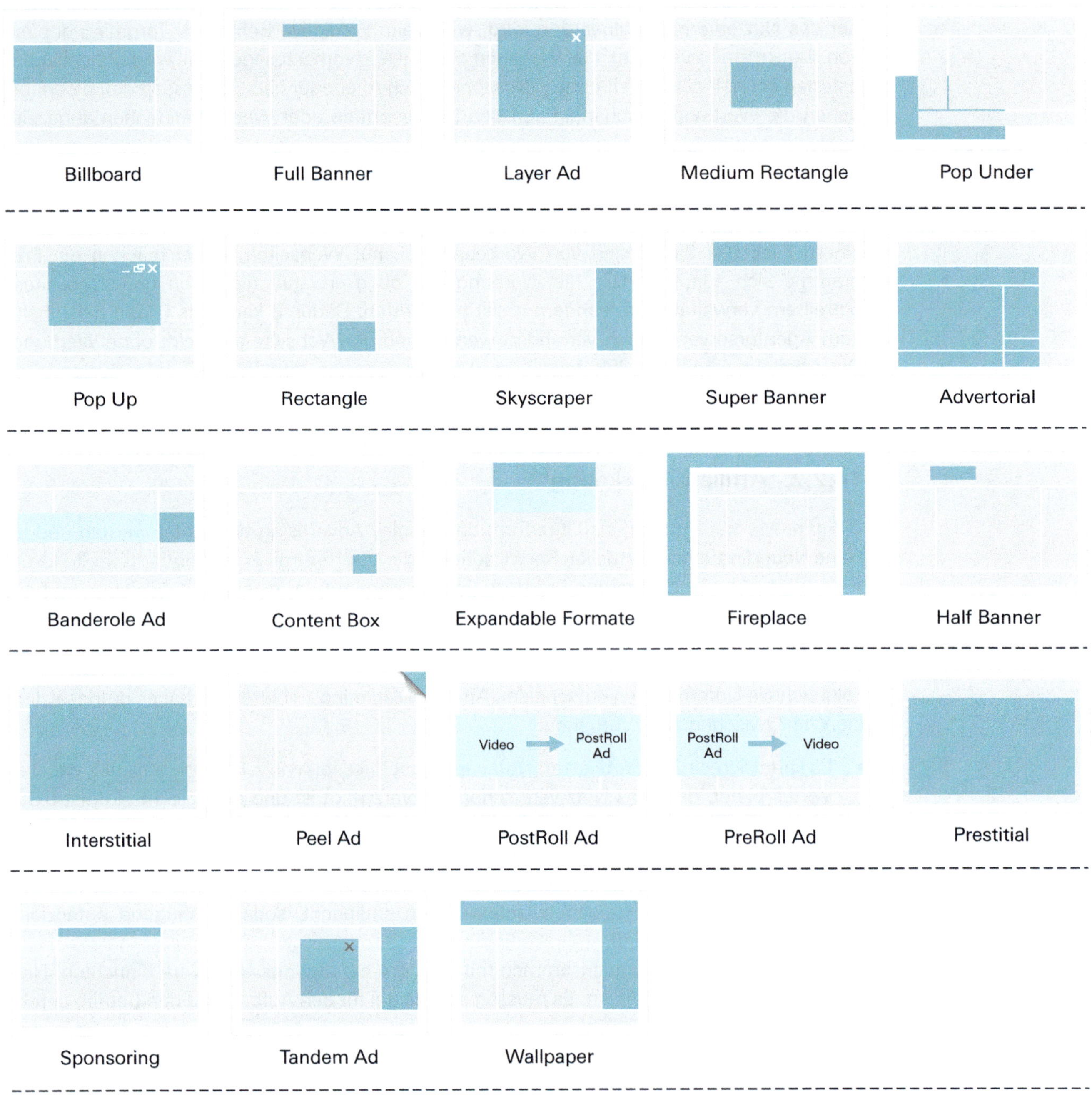

14.2.3 Suchmaschinenwerbung (Search Engine Advertising, SEA)

Die **Suchmaschinenwerbung** ist neben der **Suchmaschinenoptimierung** das zweite Glied des **Suchmaschinenmarketings (SEM)**. Dabei werden Anzeigen in Text- oder Bildform bei einem Suchmaschinenprovider gebucht. Die Anzeigen erscheinen dann an erster Stelle im SERP (Search Engine Result Pages). Im Marketing wird diese Form vor allem dafür verwendet, möglichst viele Kunden, die ein Produkt suchen, auf die eigene Webseite aufmerksam zu machen. Das Hauptziel liegt dabei bei der Umwandlung von Klicks zu Verkäufen.

[1] http://www.interactivemedia.net/de/onlinewerbeformen.

Abb. [14-8] **Suchmaschinenmarketing**

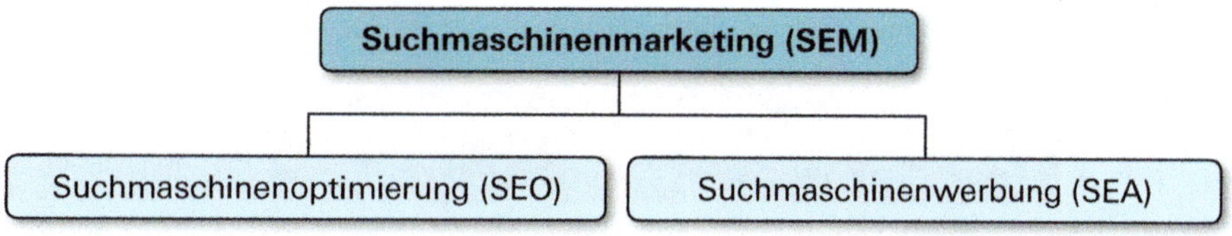

14.2.4 E-Mail-Marketing

Das E-Mail-Marketing wird in die Kategorie des Permission und Direkt Marketing eingeordnet.

Beim **Permission Marketing** wird vorausgesetzt, dass man die Erlaubnis des Kunden eingeholt hat, ihm persönlich Werbung zukommen zu lassen. Dabei wird zwischen drei verschiedenen Formen von Erlaubnis unterschieden. Die schwächste Form ist die **implizite Erlaubnis,** die im normalen Geschäftsalltag nicht angewendet werden sollte. Dabei erhält man die E-Mail-Adresse z. B. über ein Formular, das ausgefüllt werden muss, um eine Produktbewertung auf der eigenen Webseite zu verfassen.

Die zweite Form ist die **explizite Erlaubnis.** Der Unterschied zur impliziten Form besteht darin, dass der Kunde ausdrücklich sein Einverständnis dafür gibt, in Zukunft den Newsletter zu erhalten. Ein bekanntes Beispiel dafür ist, am Ende einer Bestellung den Kunden zu fragen, ob die in der Bestellung angegebene E-Mail-Adresse verwendet werden darf, um ihn über neue Produkte und Dienstleistungen zu informieren. Die dritte und beste Form ist die **bestätigte Erlaubnis,** in der sich der Kunde von sich aus für einen Newsletter anmeldet.

Das Augenmerk beim **Aufbau einer Adressliste** sollte nicht bei der Quantität, sondern vielmehr bei der Qualität liegen. Das hat zwei Gründe. Erstens liegt der Fokus beim E-Mail-Marketing nicht auf der Kundengewinnung, sondern darauf, die **Bindung zu guten Kunden zu festigen** und sie auf **neue Produkte und Dienstleistungen aufmerksam zu machen.** Zweitens sollte unbedingt vermieden werden, dass die eigenen Newsletter von den Kunden als Spam deklariert werden. Denn nur wenige Spam-Deklarationen genügen, um von grossen Internetprovidern temporär oder sogar permanent für den E-Mail-Versand blockiert zu werden. Deshalb sollte in jedem E-Mail die Möglichkeit vorhanden sein, sich vom Newsletter abzumelden.

Um die treuen Kunden nicht nach und nach als Abonnenten des eigenen Newsletters zu verlieren, sollten einige **Grundsätze bei der Darstellung und beim Inhalt** beachtet werden. Wie bei allen anderen Marketingmassnahmen sollte auch die Darstellung des Newsletters dem **Corporate Design** des Unternehmens entsprechen. Dabei eignet sich oft die eigene Webseite als Vorlage, da diese den Kunden schon bekannt ist und die Präsenz des Unternehmens im Internet darstellt. Weiter sollte darauf geachtet werden, das Design über längere Zeit beizubehalten, um einen Wiedererkennungswert zu erreichen.

Oft werden Newsletter vom Empfänger nur kurz überflogen. Deshalb muss der Inhalt so präsentiert sein, dass er schon in wenigen Augenblicken aufgenommen werden kann. Dabei können **Bilder** einen guten Beitrag leisten. Sie können als Anker für die Botschaft dienen, um diese dem Kunden in der kurzen Zeit der Aufmerksamkeit mitzuteilen. Schliesslich muss der Newsletter für den Empfänger einen **Mehrwert** schaffen, da er sich ansonsten berechtigterweise die Frage stellt, warum er ein solches Abonnement besitzt. Ein gutes Beispiel dafür sind personalisierte Rabattgutscheine, die der Kunde einlösen kann.

Aus Sicht des Marketings sind vor allem die **Vorteile** dieser Art hervorzuheben. Die Kunden können mit geringem Aufwand, sehr geringen Kosten und in kurzer Zeit mit Informationen versorgt werden. Die Effekte der Kampagne können dann mit verschiedenen Methoden gemessen werden. Nach einer Studie der Direct Marketing Association aus den USA hat das E-Mail-Marketing auch den mit Abstand besten Return on Investment aller Onlineformate.[1]

[1] Direct Marketing Association's Response Rate 2012, Report 2012.

Abb. [14-9] E-Mail-Marketing von Hotels.com

14.2.5 Social-Media-Marketing

Der Begriff Social Media ist ein Sammelbegriff für internetbasierte mediale Angebote, die auf sozialer Interaktion basieren. Dabei stehen die Kommunikation und der Austausch nutzergenerierter Inhalte im Vordergrund, die auch zunehmend kommerzielle Bedeutung gewinnen[1].

Das Social-Media-Marketing umfasst die zielgerichtete, marktorientierte Nutzung sozialer Medien[2]. Dabei haben Unternehmen die Möglichkeit, zwischen zwei Formen des Social-Media-Marketings zu wählen:

- Aktiver Auftritt: Das Unternehmen erstellt eine eigene Social-Media-Plattform, auf der es allen Anspruchsgruppen, d.h. nicht nur Kunden, möglich ist, mit dem Unternehmen in Kontakt zu treten. Die Plattform wird genutzt, um gesetzte Unternehmensziele zu erreichen.
- Passiver Auftritt: Im passiven Social Media Marketing werden soziale Medien verwendet, um Informationen über Nutzer- und Wettbewerbsaktivitäten zu sammeln, diese zu analysieren, aufzubereiten und sie ergänzend für die strategische und die operative Planung zu verwenden.

[1] Sjurts, Insa: Gabler Lexikon Medienwirtschaft, Wiesbaden 2001.
[2] Batten & Company, Insights 16, 2012, S. 42.

Beispiel **Kryptonite[1]**

Der amerikanische Fahrradschlosshersteller Ingersoll Rand musste 2004 schmerzlich erfahren, wie schnell sich Informationen über soziale Medien verbreiten können. Das Unternehmen ist mit der Marke Kryptonite im Premiumsegement für Fahrradschlösser tätig. Nachdem ein Blogger festgestellt hatte, dass die Schlösser ohne jede Mühe mithilfe eines handelsüblichen Kugelschreibers geöffnet werden konnten, veröffentlichte er auf seinem Blog ein Beweisvideo. Sofort griffen viele andere Blogs und später auch konventionelle Zeitungen diese Meldung auf. Das Unternehmen war von der schnellen Abfolge der Ereignisse überfordert und reagierte erst eine Woche nachdem der erste Blog über den Fehler berichtet hatte. Dieses Ereignis kostete das Unternehmen schätzungsweise über 10 Mio. Dollar, da es gezwungen war, sämtliche Schlösser zurückzurufen.

Das Beispiel soll zeigen, wie wichtig es für ein Unternehmen ist, auch passiv in sozialen Medien Informationen über ihre Produkte und Dienstleistungen zu suchen.

Das Social-Media-Marketing ist für ein Unternehmen ein **flexibel einsetzbares Instrument.** Schwerpunktmässig ist es als ein Kommunikationsmittel zu betrachten, das dem Unternehmen ermöglicht, einen direkten Dialog mit Kunden zu führen. Dieser **direkte Kontakt** mit den Kunden führt zu einer höheren Resonanz als bei konventionellen Marketinginstrumenten. Es ermöglicht so in kurzer Zeit, die ersten Eindrücke über Produkte, Dienstleistungen oder Werbebotschaften einzuholen. Dadurch erhält ein Unternehmen bessere Vorstellungen darüber, welche Wünsche und Bedürfnisse seine Kunden haben und wie es seine Produkte darauf anpassen kann.

Ein Unternehmen kann dadurch eine **Markenloyalität** aufbauen, die ohne den direkten Dialog mit den Kunden nicht möglich wäre. Zudem können sich neue Ideen über die Weiterleitungsfunktion in sozialen Medien viral ausbreiten. Dazu kommt, dass die meisten Kunden Empfehlungen von Freunden oder anderen Verbrauchern weniger kritisch gegenüberstehen als Marketingversprechen von Unternehmen.

Eine wirkungsvolle Kommunikation mit den Kunden kann aber nur erfolgreich sein, wenn man seine **Kunden ernst nimmt.** Der Kunde erwartet eine schnelle Antwort auf sein Anliegen. Es sollte dabei immer beachtet werden, dass die Konversation je nach Kommunikationsmittel über Jahre im Netz verfügbar bleibt. Deshalb ist es wichtig, dass das Anliegen auf eine professionelle Weise bearbeitet wird und zur Zufriedenheit des Kunden beiträgt. Um diese Qualität zu bieten, muss das Unternehmen genügend Ressourcen bereitstellen. Sonst kann es zu Imageschäden des Unternehmens führen.

Beispiel **Dell[2]**

Dell wird heute mit seiner Webseite Ideastorm oft als Vorreiter betrachtet, wenn es um die Kommunikation mit Kunden über soziale Medien geht. Es war jedoch auch eines der Unternehmen, das sich schon sehr früh mit Kritik von Kunden in den sozialen Netzwerken beschäftigen musste. Nachdem Dell 2001 entschied, den Kundendienst nach Indien auszulagern, hatte es in Folge mit vielen kritischen Stimmen zu kämpfen. Diese Stimmen wurden dann von einem Blogger gesammelt und veröffentlicht, was dazu führte, dass klassische Medien darüber berichteten.

Nach anhaltender Kritik entschied sich Dell, einen Service-Blog einzuführen, bei dem Probleme von Kunden rasch bearbeitet wurden und die Lösung für alle sichtbar auf der Webseite veröffentlicht wurde. Das führte auch zu einer starken Entlastung der Service-Hotline und somit zu einer Reduzierung der Kosten. Durch die positive Resonanz entschied sich Dell, die Webseite Ideastorm einzurichten, auf der Kunden neue Ideen und Vorschläge für Verbesserungen bisheriger Produkte einbringen konnten.

Die folgende Grafik zeigt eindrücklich, welchen Einfluss die sozialen Medien auf die **Kaufentscheidungen von Kunden** haben. Für viele Kunden sind Erfahrungsberichte und Produktbewertungen neben den Empfehlungen von Freunden und Familie mit Abstand die wichtigsten Informationsquellen, um sich für ein Produkt zu entscheiden.

[1] Hämmerlein, Moritz: Marketing 2.0: Neue Strategien, Chancen und Risiken der digitalen Mundpropaganda, Hamburg 2009.
[2] Hettler, Uwe: Social Media Marketing, München 2010.

Abb. [14-10] **Der Einfluss der Social Media auf das Kaufverhalten**[1]

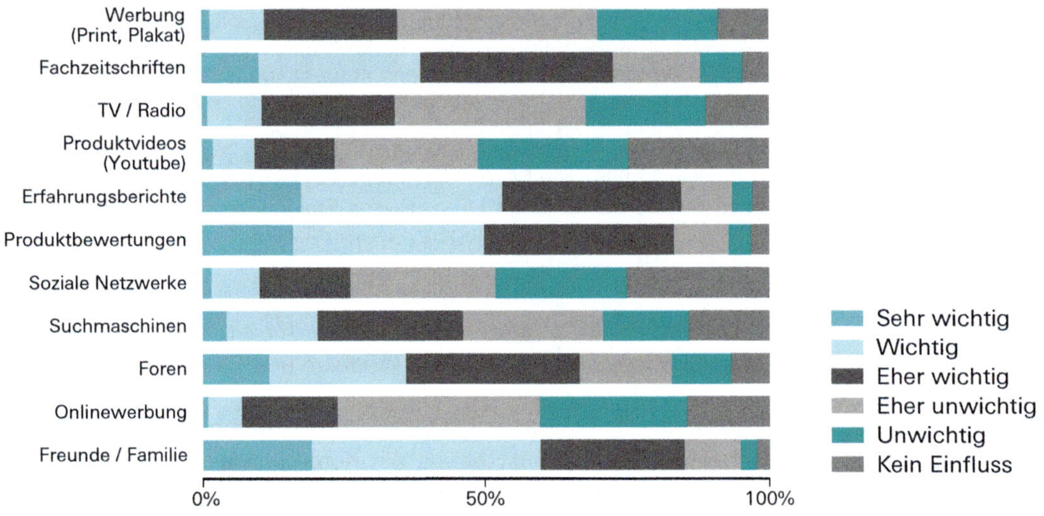

Hier kann das Social Media Marketing dazu verwendet werden, um den Kunden beim Kaufprozess und später bei der Nutzung mit **schneller und professioneller Beratung** zu helfen und so den entscheidenden Unterschied zwischen dem eigenen und dem Konkurrenzprodukt aufzuzeigen.

Eine wirkungsvolle Kommunikation mit den Kunden kann aber nur erfolgreich sein, wenn man seine **Kunden ernst nimmt.** Der Kunde erwartet eine schnelle Antwort auf sein Anliegen. Es sollte aber immer beachtet werden, dass die Konversation je nach Kommunikationsmittel über Jahre im Netz verfügbar bleibt. Deshalb ist es wichtig, dass das Anliegen auf eine professionelle Weise bearbeitet wird und zur Zufriedenheit des Kunden beiträgt. Um diese Qualität zu bieten, muss das Unternehmen genügend Ressourcen bereitstellen. Sonst kann es zu Imageschäden für das Unternehmen führen.

In Zukunft sollte auch der **Social Commerce** vermehrt beachtet werden. Die grossen sozialen Netzwerke werden die Integration von solchen Shops fördern, um sich auch ihren Anteil davon abzuschneiden. Umgekehrt integrieren schon viele Online-Shops soziale Medien in ihre Websites, um Kunden die Auswahl zu erleichtern und somit einen schnellen Kauf herbeizuführen.

Beispiel **Threadless**[2]

Threadless ist ein amerikanisches Textilunternehmen, das einfache, modisch bedruckte T-Shirts verkauft. Das Unternehmen unterscheidet sich in Bezug auf seine Online Community von anderen bekannten Textilunternehmen. Während normalerweise Kleiderkollektionen von internen Designern erstellt und bewertet werden, ist es bei Threadless jedem Benutzer möglich, seine eigene Idee auf der Webseite zu präsentieren und bewerten zu lassen. Die am besten bewerteten Vorschläge werden anschliessend produziert und über dasselbe soziale Netzwerk vermarktet. Dabei kann das Unternehmen etliche Kosten im Bereich von Produktentwicklung, Marktanalyse und Marketing einsparen.

14.2.6 Virales Marketing

Die Idee des viralen Marketings geht davon aus, dass eine Nachricht wie ein Virus von Person zu Person weitergereicht wird und so eine grosse Zielgruppe «anstecken kann». Virales Marketing gab es schon vor der Erfindung des Internets, wenn Kunden mit anderen Kunden über Produkte und Dienstleistungen sprachen. Über das Internet und die sozialen Medien wurde

[1] http://www.dsaf.de/downloads/Studie_-_Social_Media_Einfluss_auf_das_Kaufverhalten_im_Internet.pdf.
[2] Hettler, Uwe: Social Media Marketing, München 2010.

das virale Marketing jedoch in ganz **neue Dimensionen** katapultiert. Man kann sogar sagen, dass der Erfolg in den sozialen Medien grundsätzlich auf diesem Konzept beruht.

Virales Marketing entwickelt eine **Eigendynamik,** ohne dass das Unternehmen viel dazu beitragen kann. Die Schwierigkeit ist aber, eine positive Spirale in Gang zu setzen. Das Unternehmen braucht also einerseits eine sehr gute Geschichte mit hohem Konversationswert, andererseits muss es versuchen, sehr rasch seine treuesten Kunden und seine Mitarbeitenden zu involvieren, damit sie die Links weiterleiten und an der Konversation teilnehmen.

Virale Marketingkampagnen funktionieren, wenn die Geschichten einen so hohen Unterhaltungswert erreichen, dass sie es wert sind, weitererzählt zu werden. Mit dem Internet als Plattform ist es möglich, innerhalb von Minuten eine **globale Ausbreitung** zu erreichen.

Beispiel

Blendtech ist ein Hersteller von Haushaltmixern. Der CEO Tom Dickson und sein Team kreierten einen einfachen Slogan, «Will It Blend?» (Wird's gemixt?). Anschliessend warfen sie Dinge wie iPhones, Turnschuhe, Feuerzeuge und Murmeln in den Mixer und stellten das Video auf Youtube (www.youtube.com). Die über 80 Videos wurden über 200 Millionen Mal betrachtet und der Umsatz von Blendtec stieg innert zweier Jahre um 700%.[1]

14.2.7 Mobile Marketing

Der Begriff des Mobile Marketing ist in der Literatur nicht einheitlich definiert. Nach der Definition der Mobile Marketing Association, die immer häufiger zitiert wird, wird unter Mobile Marketing das Set von Methoden verstanden, das es einem Unternehmen ermöglicht, mit einer Zielgruppe in einer interaktiven und zielgerichteten Art **über ein mobiles Gerät oder Netzwerk zu kommunizieren und zu interagieren.**

Der Grund für die Beliebtheit des Mobile Marketing liegt in der Kombination der Technik und der Nutzungsweise von Smartphones und anderen mobilen Geräten.

Es stützt sich auf vier Grundpfeiler ab, die wir in der folgenden Abbildung dargestellt haben.

Abb. [14-11] **Die vier Grundpfeiler des Mobile Marketing**

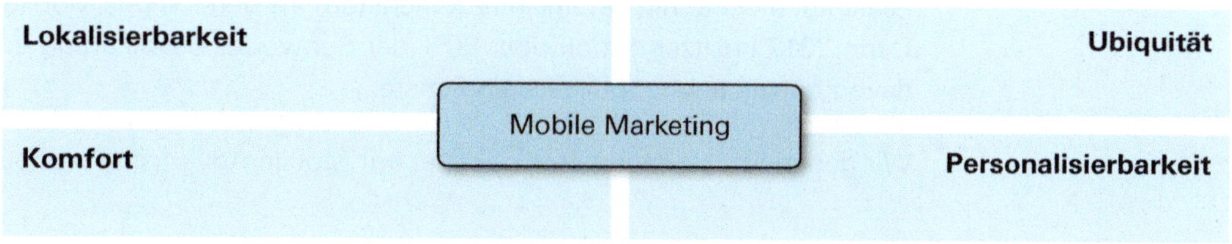

Mobile Geräte werden heute von einer breiten Masse als persönliche Assistenten verwendet. Sie vereinen eine grosse Funktionalität in einer kleinen Passform. Diese Funktionalität kann auch von Unternehmen eingesetzt werden.

Ubiquität: Darunter versteht man die Möglichkeit, den Empfänger unabhängig von zeitlichen und räumlichen Barrieren zu erreichen.

Lokalisierbarkeit: Smartphones haben oft eine Vielzahl von Funktionen, die eine geografische Ortung und damit eine genauere Ansprache ermöglichen.

Personalisierbarkeit: Smartphones sind persönliche Gebrauchsgegenstände und können eindeutig identifiziert werden. Dadurch können Profile erstellt werden, die eine persönliche Ansprache ermöglichen.

[1] Levy, Piet: I Tube, Youtube, Marketing News (2009), 30.3.2009, S. 08.

Komfort: Der Aufwand, eine bestimmte Aktion auf dem Smartphone auszuführen, ist sehr gering. Man hat das Smartphone schnell zur Hand und kann es einfach bedienen.

Beispiel

Der Kunde hat die App eines Detailhändlers auf seinem Smartphone installiert und sitzt im Zug auf dem Weg nach Hause. Die App meldet sich, basierend auf dem Kaufverhalten des Kunden, mit Rezeptvorschlägen für das Abendessen. Ist der Kunde interessiert und wählt eines der Rezepte aus, erhält er für eine Zutat einen digitalen Coupon, den er bei der Ankunft am Zielort im Geschäft einlösen kann.

Das Mobile Marketing umfasst eine Vielzahl von Instrumenten.

Abb. [14-12] **Instrumente des Mobile Marketing**

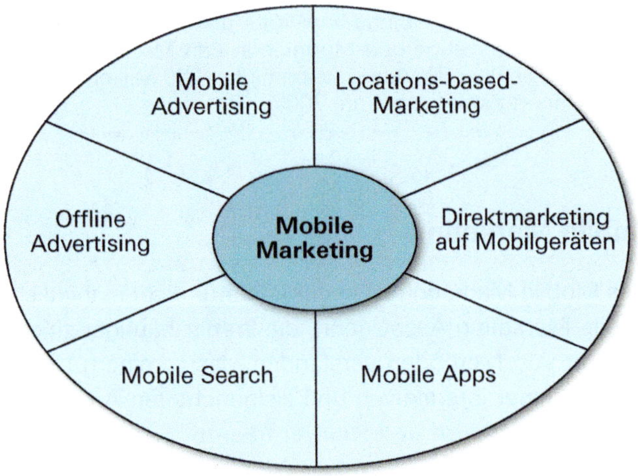

Das Mobile Marketing konnte in den letzten Jahren ein **stetiges Wachstum** verzeichnen. 2016 wurden ca. 79 Mrd. Dollar dafür ausgegeben und dieser Betrag soll sich bis 2019 auf 155 Mrd. Dollar fast verdoppeln. Das Mobile Marketing wird dann für über einen Viertel der Werbeausgaben verantwortlich sein.

Es ist auch weiterhin ein rasantes Wachstum im Bereich des Mobile Marketing zu erwarten. Denn 2017 besitzen schon über 90% der Schweizer Bevölkerung ein Smartphone und 90% davon nutzen auch mobile Datendienste.

Wir gehen im folgenden Text genauer auf Mobile Advertising und auf Mobile Apps ein.

14.2.8 Mobile Advertising

A] Begriff

Beim Mobile Advertising werden die Empfänger durch ein mobiles Gerät angesprochen. Es ist das wichtigste Werbemittel im Mobile Marketing und das Pendant des Display Advertising. Die mobile Werbung hat gegenüber den anderen Werbemitteln eine **höhere Akzeptanz.** Nach einer Studie[1] stören die Werbeeinblendungen nicht einmal jeden vierten Smartphone-Benutzer.

[1] Millward Brown AdReaction 2012 Global, 2012.

B] Formate

Werbetreibende haben die Auswahl zwischen Dutzenden Formaten, um ihre Werbung auf einem mobilen Gerät anzuzeigen. Auf vier Formate wollen wir hier genauer eingehen.

Abb. [14-13] **Formate von mobilen Werbeeinblendungen**

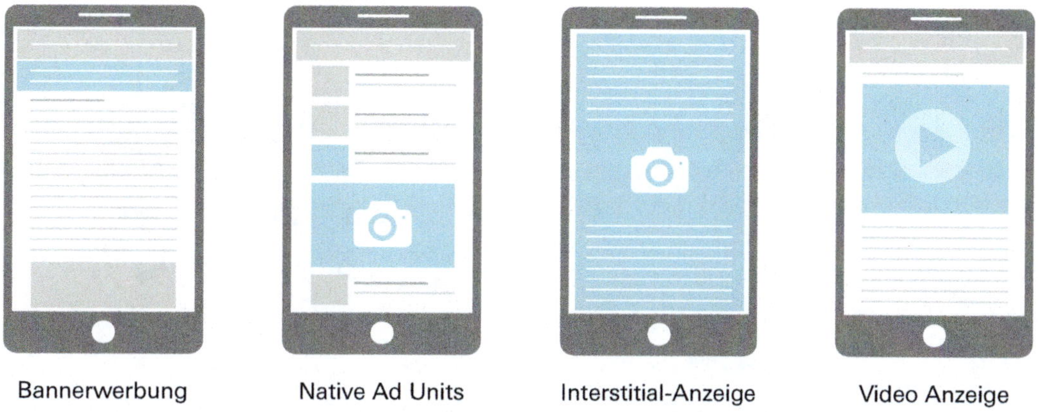

Wir erklären die einzelnen Begriffe im folgenden Text:

Die **Bannerwerbung** versucht, den Nutzer mit der Werbung zu animieren, mehr über das Produkt zu erfahren. Dabei ist es wichtig, die Botschaft kurz, klar und einladend zu kommunizieren, um eine starke «Call-to-action»-Reaktion[1] beim Nutzer zu erzeugen.

Native Ad Units werden von den Betrachtern nicht sofort als solche erkannt. Sie sehen wie redaktionelle Inhalte aus, die sich nahtlos in das Erlebnis eines Nutzers einfügen. Das Anzeigenformat imitiert das Format des ursprünglichen App-Formats, sodass man die Anzeige von dem sie umgebenden Inhalt kaum unterscheiden kann. Die Inhalte werden meist redaktionell aufbereitet, um den Lesern auch einen Mehrwert zu bieten.

Die **Interstitial-Anzeigen** überlagern nach einer Aktion oder einem Seitenaufruf für eine gewisse Zeit das gesamte Display. Damit fällt der Werbung die gesamte Aufmerksamkeit des Nutzers zu. Durch die grosse Fläche können viele Inhalte gezeigt werden. Eine Studie hat bestätigt, dass dieses Format die effektivste Form des Mobile Advertising ist[2].

Video-Anzeigen werden grundsätzlich in drei verschiedenen Ausprägungen eingesetzt. Zum einen als **eigenständige Videos,** als **Vorspann zu den eigentlichen Videos,** die der Benutzer sehen will, und als **Pausenvideos** in Apps, z. B. zwischen Levels in einem Spiel. Die Anzeigen dauern in der Regel ca. 15–30 Sekunden, einige ein wenig länger.

Mit der Weiterentwicklung der mobilen Werbung wird die **In-App-Incentivierung** bei Videos immer beliebter. Der Spieler erhält z. B. zusätzliche Leben oder Coins als Belohnung, wenn er sich die Werbung vollständig anschaut.

[1] Call to action: Zur Handlung aufrufen.
[2] Dynamic Logic Market Norms for Online, Q1 2012, 2012.

Abb. [14-14] **Ted / Rolex-In-App-Advertising**

14.2.9 Mobile Apps

Um Kunden auf die eigenen Angebote aufmerksam zu machen, bietet es sich für ein Unternehmen an, eine eigene Smartphone-App zu entwickeln. Dabei sollte beachtet werden, dass es sich beim Kunden, der die Anwendung herunterlädt, grundsätzlich um einen bestehenden Kunden handelt, der mit den Produkten und Dienstleistungen vertraut ist. Das Installieren der Anwendung durch den Nutzer kann auch als Vertrauensbeweis betrachtet werden, denn der Kunde gibt damit automatisch Informationen über sich preis und erwartet dafür eine Gegenleistung.

Durch eine App kann ein Unternehmen auf systeminterne Funktionen eines Smartphones zugreifen, die eine bessere Kundenbearbeitung ermöglichen. Dabei müssen von der App bei der Installation Berechtigungen angefragt werden, um gewisse systeminterne Funktionen nutzen zu können.

Den Nutzen einiger dieser Funktionen möchten wir anhand von Beispielen erläutern.

Beispiel

Applikation einer Kinokette

Ein Unternehmen, das mehrere Kinos betreibt, möchte es den Kunden vereinfachen, sich über das aktuelle Programm zu informieren und anschliessend ihre Kinokarten zu reservieren. Um diese Funktionen umzusetzen, benötigt die Applikation mehrere Berechtigungen.

Kamera / Mikrofon: Der Kunde trifft auf ein Filmplakat und erhält durch Fotografieren des Plakats Informationen zu Spielzeiten und Standorten.

Standort: Um ihm das nächste Kino empfehlen zu können, muss der Standort ermittelt werden, an dem dieser spezifische Film läuft.

Mobilfunkdaten: Zur Abfrage des aktuellen Kinoprogramms sowie der Spielzeiten wird eine Internetverbindung benötigt.

Kalender-Funktion: Reservationen können schliesslich direkt in den Kalender des Kunden übertragen werden.

Jede dieser Berechtigungen gibt einem einen tieferen Einblick über den Kunden und ist zugleich ein Eingriff in seine Privatsphäre. Es wäre beispielsweise für das Unternehmen schwierig zu erklären, warum seine Applikation Zugang zu den Kontakten oder dem Geräteverlauf erhalten sollte. Deshalb sollten nur Berechtigungen anfragt werden, die für die gewünschten Funktionen der Applikation benötigt werden, um Kunden nicht vorgängig abzuschrecken.

Bei einer **eigenen App ist man** auf das Wohlwollen der Kunden angewiesen. Daher sollte man sich bei der Konzipierung der Anwendung an den Kundenbedürfnissen orientieren. Denn nach einer Schätzung[1] übersteht nur eine von 25 Apps das erste Jahr.

Beim **Konzipieren einer App** sollte man folgende Punkte beachten:

- Die App sollte frei verfügbar sein.
- Die App sollte auf allen Geräten und Betriebssystemen stabil und ressourcenschonend funktionieren.
- Der Nutzer sollte den Zweck aller Funktionen verstehen.
- Die Bedienung sollte intuitiv sein.

14.3 Marketingfehler

A] Fehlende Integration der Kommunikationskanäle

Mit dem Internet hat sich die Anzahl und Vielfalt der Kommunikationskanäle stark gesteigert. Dadurch wird es noch schwieriger für Unternehmen, die **Kommunikation über alle Segmente, Produkte und Kanäle zu integrieren.** Wenn z. B. auf Facebook eine grosse Aktion lanciert wird, müssen Mitarbeitende bereitstehen und die Bestellungen auf allen Kanälen entgegennehmen. Es braucht also zusätzliche Ressourcen für das Facebook-Monitoring, aber auch für die Web E-Commerce-Shops oder für die Telefonhotline.

B] Richtige Kennzahlen führen zu falschen Entscheidungen

Ein grosser Vorteil der Internetkommunikation besteht in der guten Messbarkeit einiger Kennzahlen wie z. B. CMP (Kosten für 1 000 Einblendungen), CPC (Kosten für einen Klick) oder CPO/S (Kosten pro Bestellung). Diese Kennzahlen sind bei anderen Kanälen oft nicht direkt erfassbar, z. B. für Zeitungen oder TV-Werbung. Die Kennzahlen messen aber immer nur die direkte und unmittelbare Handlung. Viele **Prozesse des Kaufverhaltens beim Kunden laufen aber über eine längere Zeit ab und sind nie vollständig erfassbar.** Es ist z. B. gut möglich, dass ein Kunde nur bei einem Onlinehändler einen Laptop kauft, weil er durch die regelmässige Zeitungswerbung in der NZZ von der Seriosität des Anbieters überzeugt ist. Wenn nun ein Google Adwords Link im richtigen Moment zu dieser Bestellung geführt hat, sind die Kennzahlen für die Google-Werbung sehr gut. Wird dadurch das Google-Budget erhöht und die NZZ-Werbung reduziert, kann das genau den gegenteiligen Effekt haben. Die Google-Werbung kostet mehr und bringt weniger.

C] Unklare und ungenügende Ressourcenzuteilungen

Viele Unternehmen, vor allem kleinere und mittelgrosse Unternehmen (KMU), verfügen nicht über die **finanziellen und personellen Ressourcen,** um auf allen Kanälen präsent zu sein und mit den Kunden einen Dialog zu führen. Sie beginnen deshalb einen Blog, eine Facebook Page, eine LinkedIn User Group, eine Site auf Xing, sammeln E-Mail-Adressen für elektronische Kommunikation und starten eine Website mit allen Funktionen. Nach der ersten Euphorie stellt man fest, dass die Besucherzahlen des Blogs sich bei einigen Dutzend einpendeln

[1] Flurry Analytics & Estimates, Blog, Tag: Retention, 29.03.2014.

(davon sind die meisten Klicks von den eigenen Mitarbeitenden), dass die Facebook Page alles Mögliche enthält und dass der neueste Eintrag auf dem Blog mehrere Monate alt ist. Der **Ressourcenaufwand für die Aktualisierung von Online-Content** wird häufig massiv unterschätzt. Deshalb ist es besser, die Kräfte zu bündeln und mit einem einfachen Blog zu starten, dessen Nachrichten automatisch auf LinkedIn veröffentlicht werden.

D] Totale Absenz bei der Internetkommunikation

Die gegenteilige Strategie, eine komplette Absenz bei der Internetkommunikation, wird jedoch auch nicht empfohlen. Auch wenn in vielen Märkten (z. B. technische Industriegüter) Facebook und Twitter wenig relevant sind und Google-Werbung nicht nötig ist, weil alle Industriekunden die Anbieter kennen, ist es doch wichtig, dass mindestens eine Person im Unternehmen die **relevanten Trends** im Markt bei der Konkurrenz und bei den Kunden verfolgt und entsprechende Massnahmen vorschlägt.

Zusammenfassung

Unter **Internetkommunikation** versteht man alle Kommunikationsinstrumente über das Internet. Der **eigene Internetauftritt** beginnt mit dem Aufbau der Website. Dabei müssen folgende Elemente beachtet werden:

- Werbung
- Information
- Orientierung
- Unterhaltung
- Beratung
- Verkauf
- Support

Die Website kann mit vorgefertigten Programmen wie Google Analytics oder mit Kennzahlen **analysiert** werden.

Das Unternehmen kann sich mit folgenden **Onlinewerbeformaten** im Internet präsentieren:

- Display-Marketing
- Affiliate-Marketing
- Suchmaschinenmarketing
- E-Mail-Marketing
- Social-Media-Marketing
- Mobile Marketing
- Mobile Advertising

Repetitionsfragen

62	Was ist das Ziel von Search Engine Optimization?
63	Kommentieren Sie folgende Aussage: «Search Engine Optimization (SEO) und Search Engine Advertising (SEA) sind wichtig, deshalb sollte man das Budget etwa 50% : 50% aufteilen.»
64	Ein Unternehmen erzielt mit Search Engine Advertising (SEA) in einem Monat 12 000 Klicks, aber nur 50 Bestellungen (0.004% Conversation). Soll das Unternehmen auf SEA verzichten?
65	Wenn man Search Engine Optimization SEO betreibt, sollte man sich eine Webdesign-Firma suchen, die den Google-Page-Rank-Algorithmus kennt. Wie beurteilen Sie diese Aussage?

Fallbeispiel 12 – Internetkommunikation der SBB

Autor: Kay Buntschu

Ausgangslage

Die SBB ist als Bahngesellschaft in der Schweiz in der komfortablen Lage, als **Monopolist** im öffentlichen Personentransport zu agieren. Dennoch wird von der SBB gefordert, dass sie ihre **Servicequalität** für ihre Kunden stetig verbessert. Um dieses Ziel zu erreichen, benötigt sie einen engen Kundenkontakt, den sie durch die Wahl neuer technischer Möglichkeiten in der Internetkommunikation realisiert.

Die **Website** und die **mobile Site für Smartphones** bilden die Basis der Internetkommunikation. Die Kunden haben direkten Zugriff auf das Fahrplan- und das Bahnverkehrsinformationssystem. Das **Bahnverkehrsinformationssystem** ist im täglichen Gebrauch hilfreich, vor allem weil aktuelle Verspätungen und Fahrplanänderungen sofort ersichtlich sind. Registrierte Kunden können auf diesen Seiten auch Billette kaufen. Dabei nutzt die SBB die Startseite zudem, um ihre Kunden auf die neusten Angebote und Aktionen aufmerksam zu machen.

Um den Kunden aktiv anzusprechen, betreibt die SBB einen **E-Mail-Newsletter** mit über einer Million Abonnenten, in der sie Kunden über aktuelle Sonderangebote informiert und Werbefläche an Dritte weitergibt. Für wissbegierige Kunden führt die SBB zusätzlich einen Blog mit Youtube-Videos, der Einblicke in die Geschichte der Zugfahrt gibt, Zukunftspläne der Bahn erläutert und Erlebnisse von Pendlern und Zugpersonal erzählt.

Um die Vorteile der sozialen Medien für sich zu nutzen und den direkten Kontakt zum Kunden zu erhalten, wurde ein **offizieller Auftritt auf Facebook, Google+ und Twitter** eröffnet. Die Plattformen dienen den Kunden als Anlaufstelle bei Problemen, Fragen sowie Anregungen. Die Diskussionen sind in der Chronik für alle einsehbar und können kommentiert werden.

World famous Swiss train. Bild: olygasha2008 / Thinkstock

Aufgaben

1 In der Abbildung 14-1, S. 248 werden verschiedene Elemente einer Webseite anhand der Dimensionen Interaktivität und Informationsgehalt dargestellt. Welche dieser Elemente nutzt die SBB?

2 Wie kann die SBB das E-Mail-Marketing mit der Webseite verknüpfen?

3 Ist die SBB-Webseite für Drittfirmen (z. B. Migros, Hotel Holiday Inn, Ochsner Sport) eine gute Werbeplattform?

15 Preis

Lernziele

Nach der Bearbeitung dieses Kapitels können Sie ...

- die Voraussetzung einer aktiven Preispolitik nennen.
- die 4 K der Preisfestsetzung beschreiben.
- den optimalen Preis bei einer bekannten Konsumentenzahlungsbereitschaft grafisch zeigen.
- die Rabatt- und Konditionenpolitik erklären.

Schlüsselbegriffe

Abschreckung neuer Anbieter, Gewinnmaximierung, Gewinnoptimierung, Konditionen, Konditionenpolitik, Konsumentenzahlungsbereitschaft, Marktanteil, Marktstabilität, Positionierung, Preisbestimmung, Preisdifferenzierung, Preiselastizität, Preisführerschaft, Preispolitik, Rabatte, Rabattpolitik, Rentabilität

Die **Preispolitik** ist eines der mächtigsten Instrumente im Marketing, das ganze Marktstrukturen verändern kann. In Deutschland erzielen Discount-Geschäfte wie Aldi und Lidl einen Marktanteil von 40% (2007), in der Schweiz sind es nur 7%. Damit die Grossverteiler Migros und Coop, aber auch Ketten wie Denner und Carrefour, gegen die potenzielle Discounter-Konkurrenz bestehen können, haben sie neben den etablierten Marken billigere Eigenmarken lanciert. Der Preisunterschied zwischen dem Markenartikel und der Eigenmarke beträgt 20–70%.

15.1 Marketingziele

Die Unternehmen streben mit der Preisfestsetzung häufig das Ziel der **Gewinnmaximierung** an. Der Preis wird so gewählt, dass der Gewinn möglichst gross ist. Dabei gilt es zu berücksichtigen, dass der Gewinn pro verkauftes Produkt steigt, wenn der Preis steigt. Allerdings sinkt die nachgefragte Menge, wenn der Preis steigt. Das Unternehmen muss also in diesem Zielkonflikt den optimalen Preis bestimmen.

In der Praxis werden neben der Gewinnmaximierung noch **weitere Ziele** verfolgt.

Abb. [15-1] **Ziele der Preispolitik**

Ziel	Beispiele
Langfristige Gewinnmaximierung	Verschiedene Banken offerieren Studierenden Konten mit Vorzugskonditionen, um sie langfristig an die Bank zu binden.
Kurzfristige Gewinnmaximierung	Während einer Fussballweltmeisterschaft verlangen die Hotels in der Umgebung der Stadien doppelte und dreifache Zimmerpreise.
Rentabilität	Ein Unternehmen, das Kraftwerke baut, verlangt einen Preis, der eine Rendite von 15% ermöglicht, ansonsten wird das Projekt nicht gebaut.
Wachstum	Ein Softwarehersteller stellt die Light-Version seines Programms im Internet gratis zur Verfügung. Je mehr Nutzer das Programm einsetzen, desto eher wird auch das Upgrade[1] zur Vollversion gekauft.
Marktanteil	Ein Stahlhändler hat einen Marktanteil von 20%. Wenn dieser auf 18% sinkt, reagiert er mit Preisnachlässen auf bestimmten Produkten.
Marktstabilität	Obwohl die Einnahmen der Inserate zurückgehen, werden die Preise für die Zeitung nicht erhöht. Man hofft auf eine konjunkturelle Erholung und eine Verbesserung des Inseratevolumens.

Ziel	Beispiele
Preisführerschaft	Die Billigfluggesellschaft bietet die Flüge in europäische Städte für 99 Euro an.
Abschreckung neuer Anbieter	Ein Catering-Unternehmen offeriert hin und wieder demonstrativ unter den Selbstkosten, um potenzielle Neuanbieter abzuschrecken.
Positionierung	Ein Uhrenhersteller verkauft drei Marken. Er sorgt dafür, dass sich die Preise der untersten Marke nicht mit denen der mittleren Marke überschneiden und die mittlere Marke nie teurer ist als die Luxus-Marke.

[1] Upgrade = bessere Version einer Marktleistung; Flugreisende können z. B. durch ein Upgrade von der Economyklasse in die Businessklasse wechseln.

Die verschiedenen Ziele stehen nicht selten in einem **Zielkonflikt** (siehe Kap. 5, S. 93) zueinander. So kann eine Renditeorientierung beispielsweise bedeuten, dass man gewisse Märkte oder Kunden nicht mehr bearbeitet, weil sie wenig rentabel sind. Damit sinkt der Marktanteil.

15.2 Gewinnoptimierung

Im einfachsten Fall kann der Gewinn optimiert werden, wenn folgende Parameter bekannt sind (siehe Abbildung 15-2):

- Die Nachfragekurve
- Die variablen Kosten

Abb. [15-2] **Gewinnoptimierung durch den optimalen Preis**

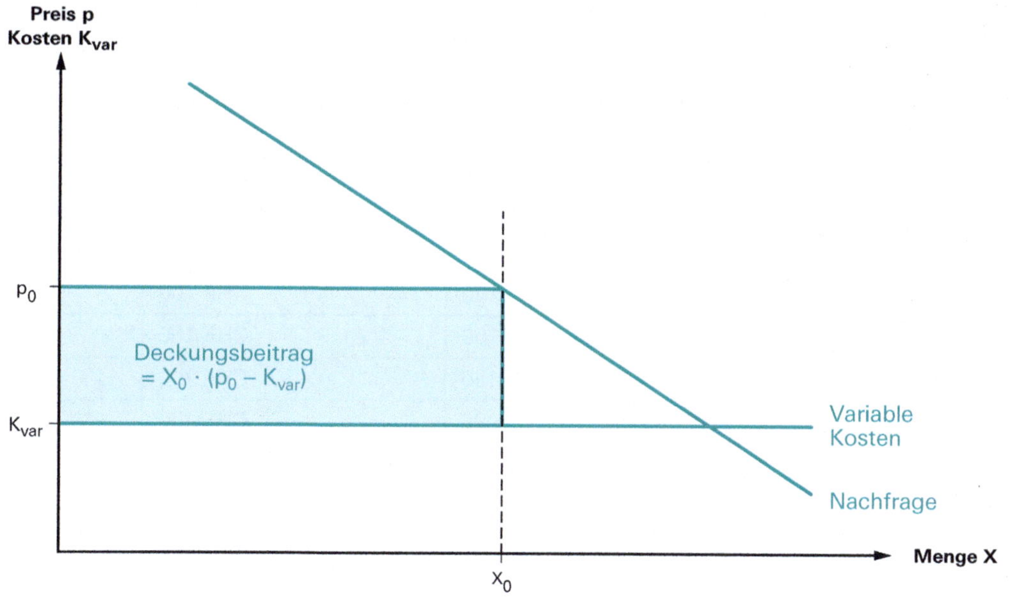

Wenn das Unternehmen einen sehr hohen Preis (p) verlangt, ist die **Nachfrage** (Menge x) sehr gering. Dieser Punkt wäre links oben im Diagramm. In diesem Fall ist der **Deckungsbeitrag** pro verkauftes Produkt sehr hoch, aber es werden nur wenige Produkte verkauft. Im umgekehrten Fall, wenn der Preis p tief ist, ist die Menge x hoch. Wir befinden uns rechts unten im Diagramm. Der **Deckungsbeitrag** pro Produkt ist niedrig, aber es werden viele Produkte verkauft. Ziel der Preisoptimierung in diesem einfachen Fall ist, die Grösse des Rechtecks (siehe schattierte Fläche in 15-2) zu maximieren, d. h., der Deckungsbeitrag pro Produkt (Höhe des Rechtecks) multipliziert mit der verkauften Menge (Breite des Rechtecks) ist maximal.

Das folgende Zahlenbeispiel illustriert diesen Zusammenhang.

Beispiel

Rechenbeispiel optimaler Ticketpreis

Eine Maschine der FLYHIGH Airline mit 300 Plätzen fliegt von Zürich nach Barcelona. Die Preismanagerin schätzt, dass bei einem Ticketpreis von CHF 800.– genau 60 Passagiere fliegen würden. Bei jeder Reduktion des Ticketpreises um CHF 100.– kommen 30 Passagiere dazu, sodass bei einem Ticketpreis von CHF 300.– genau 210 Passagiere mitfliegen. Die variablen Kosten betragen CHF 100.– pro Passagier. Welches ist der optimale Ticketpreis?

Fluggesellschaften müssen die optimalen Ticketpreise errechnen.
Bild: ZinaidaSopina / iStock / Getty Images

Die Aufgabe kann mathematisch exakt gelöst werden oder durch Annäherung. Bei der Annäherung probiert man ein paar Werte aus und schaut, wann der Deckungsbeitrag steigt und wann er sinkt. So nähert man sich der Lösung schrittweise an.

Preis	Passagiere	Var. Kosten/Passagier	DB/Passagier	Gesamt-DB
CHF 300	210	CHF 100	CHF 200	CHF 42 000
CHF 400	180	CHF 100	CHF 300	CHF 54 000
CHF 500	150	CHF 100	CHF 400	CHF 60 000
CHF 600	120	CHF 100	CHF 500	CHF 60 000
CHF 700	90	CHF 100	CHF 600	CHF 54 000
CHF 800	60	CHF 100	CHF 700	CHF 42 000

Die Analyse zeigt, dass bei einem Ticketpreis von CHF 500.– oder CHF 600.– der DB CHF 60 000.– beträgt. Mathematisch exakt liegt der optimale Ticketpreis bei CHF 550.– oder der maximale DB bei CHF 60 750.–.

15.2.1 Preiselastizität der Nachfrage

Die Preiselastizität gibt das Verhältnis zwischen der relativen Änderung der Nachfragemenge und der relativen Preisänderung an. Man unterscheidet negative und positive Elastizität. Negative Elastizität bedeutet, dass man von einem Produkt mehr verkauft, wenn es billiger wird.

Die Nachfrage reagiert in der Regel elastischer, wenn

- das Produkt oder die Dienstleistung keine Notwendigkeit darstellt, d. h., es kann eher darauf verzichtet werden,
- der Markt noch nicht gesättigt ist, weil bei einem gesättigten Markt die Menge auch bei sinkenden Preisen nur noch wenig ansteigt,
- eher einkommensschwache Segmente angesprochen sind, weil sie preissensitiver einkaufen,
- es Substitutionsprodukte gibt. Substitutionsprodukte sind Ersatzprodukte, die mehr oder weniger dasselbe Bedürfnis befriedigen. Die Nachfrage nach Mittelmeerreisen ist elastisch, wenn die Kunden leicht auf Karibikreisen oder USA-Reisen ausweichen können,
- keine teuren Komplementärprodukte vorhanden sind. Die Nachfrage nach Benzin ist relativ unelastisch, weil die Autofahrer bereits sehr viel in das Auto (Komplementärgut) investiert haben und deshalb auch bei hohem Benzinpreis Autofahren.

Beispiel

Elastizitäten[1]

Verschiedene Studien haben versucht, die Preiselastizität zu messen. Wir ordnen die folgenden Produkte und Dienstleistungen anhand ihrer Elastizität: Porzellan und Glasgeschirr –2.5, Flugreisen –2.4, Hobbygeräte –2.4, Neuwagen –1.5, Privatschulen –1.1, Radio / TV –1.1, Pneu –1.1, Schuhe –0.9, Zigaretten –0.4, Kaffee –0.3, Benzin –0.2 und Wasser –0.1.

Es gibt Ausnahmefälle, in denen die Preiselastizität der Nachfrage **positiv** ist, d. h., je teurer ein Produkt ist, desto mehr wird verkauft. Dies ist z. B. bei **Prestigeobjekten mit Exklusivitätscharakter** der Fall.

Beispiel

Exklusiver Golfclub

Ein sehr exklusiver Golfclub mit einer hohen Eintritts- und Jahresgebühr würde vermutlich Mitglieder verlieren, nicht gewinnen, wenn die Jahresgebühr von CHF 12 000.– auf CHF 8 000.– gesenkt würde. Der hohe Preis garantiert den Mitgliedern, in einem exklusiven Kreis zu verkehren, abseits der grossen Masse.

Eine **positive Elastizität** entsteht auch, wenn man den Preis als **Qualitätsindikator** betrachtet. Auch wenn zwischen einem hohen Preis und einer hohen Qualität kein zwingender Zusammenhang besteht, gehen Kunden bei bestimmten Produkten und Dienstleistungen davon aus, dass das Bessere auch mehr kostet. Dies ist insbesondere dann der Fall, wenn die Qualität der Marktleistung schwierig zu messen ist.

Beispiel

Managementseminar

Ein dreitägiges Managementseminar wird für eine Teilnehmergebühr von CHF 1 200.– ausgeschrieben. Nach der ersten erfolgreichen Durchführung entschliessen sich die Veranstalter, die Gebühr um 25% auf CHF 1 500.– anzuheben. Nach drei weiteren Jahren beträgt der Preis CHF 2 500.– Das Seminar hat sich damit unter dem Motto «Was so teuer und erfolgreich ist, muss einfach gut sein» in der obersten Liga etabliert. Gleichzeitig kann auch hier der Exklusivitätseffekt spielen, weil ab einer bestimmten Preisgrenze keine Abteilungsleiterinnen und einfache Kadermitarbeiter teilnehmen, sondern nur noch Geschäftsführerinnen und Eigentümer.

15.3 Preisbestimmung mit den 4 K

Es gibt verschiedene **Anlässe für eine Preisbestimmung:**

- Der Preis muss zum ersten Mal festgelegt werden, z. B. für ein neues Produkt.
- Der Preis muss an aktuelle Gegebenheiten angepasst werden, z. B. an steigende Kosten.
- Die Konkurrenz führt eine Preisänderung durch. Das Unternehmen muss entscheiden, ob es die Preise ebenfalls ändern will.
- Die Preise müssen innerhalb einer Produktlinie aufeinander abgestimmt werden.

[1] http://web3.woodbury.edu/faculty/ebgendel/EC204OL/279,24,PRICE ELASTICITY of DEMAND: EXAMPLES, Zugriff am 30.6.2004.

Im letzten Kapitel haben wir gezeigt, wie man den optimalen Preis berechnet. Leider hat man in der Praxis nur sehr selten genügend präzise Informationen und der Zusammenhang zwischen Gewinn, Preis, Menge und Kosten ist viel komplizierter. Die Preisbestimmung ist in der Praxis nicht so einfach wie im ökonomischen Modell; es müssen zusätzliche **praktische Hürden** überwunden werden:

- Die Nachfragefunktion ist häufig nicht genau bekannt.
- Die Nachfragefunktion ist nicht linear (das macht das Rechnen schwieriger, aber die Überlegungen sind dieselben).
- Die Nachfragekurve kann von Monat zu Monat, von Tag zu Tag, ja sogar stündlich ändern.
- Die variablen Kosten bleiben nicht für alle Kunden oder Produkte konstant. Sie können abnehmen oder zunehmen.
- Die Aktionen der Konkurrenz sind nicht berücksichtigt.
- Externe Faktoren (z. B. Terroranschläge, Epidemien) sind nicht berücksichtigt.
- Der Preis kann nicht immer sofort verändert werden bzw. Preisänderungen kosten Geld.
- Zum Teil gibt das Gesetz Höchst- oder Mindestpreise vor.

In der Praxis kann der Preis basierend auf den **4 K** bestimmt werden. Das erste K steht für Kosten: Das Unternehmen kalkuliert seine **Kosten** und bestimmt den Preis so, dass die Kosten gedeckt werden und ein ansprechender Gewinn erzielt wird. Das zweite K steht für **Konkurrenz.** Das Unternehmen beobachtet die Preisentwicklung der Konkurrenten. Wenn die Konkurrenz den Preis senkt, wird der Preis auch gesenkt. Hebt die Konkurrenz den Preis an, wird der Preis ebenfalls angehoben.

Das dritte K steht für **Konsumentenzahlungsbereitschaft.** Die Konsumentenzahlungsbereitschaft widerspiegelt sich in der Nachfragefunktion. Das vierte K steht für **Kapazität.** Ist die Kapazität (z. B. die verfügbaren Zimmer eines Hotels) nicht ausgelastet, kann bereits ein tiefer Preis einen positiven Deckungsbeitrag erzielen. Ist hingegen die Kapazitätsgrenze erreicht, kann der Verkauf von zusätzlichen Einheiten sehr hohe Kosten verursachen. Der Preis wird so gewählt, dass der Gewinn unter Berücksichtigung der Preis-Mengen-Funktion maximal ist.

Die Abbildung zeigt **vier verschiedene Arten der Preisbestimmung:**

Abb. [15-3] **Preisbestimmung im Viereck der 4 K**

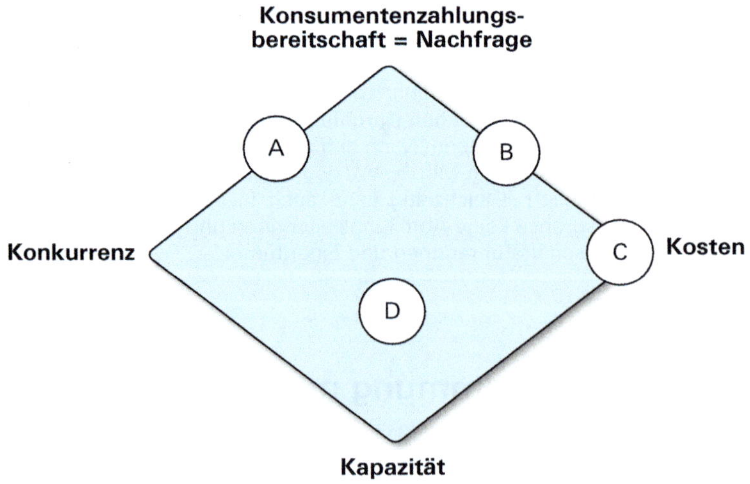

Berücksichtigung von Konsumentenzahlungsbereitschaft und Konkurrenz

Unternehmen A bestimmt den Preis aufgrund der **Konsumentenzahlungsbereitschaft** und der **Konkurrenz.** Die Kosten werden vernachlässigt. Dies könnte auf eine Unternehmensberatung zutreffen, die ihre Projektofferte einerseits danach ausrichtet, was der Kunde zu zahlen bereit ist, andererseits auch darauf achtet, dass die Offerte nicht wesentlich über den Preisen ähnlicher Konkurrenten liegt.

Berücksichtigung von Kosten und Konsumentenzahlungsbereitschaft

Unternehmen B berücksichtigt die Konkurrenz nicht, sondern schaut auf die **Kosten** (wie viel muss ich mindestens dafür kriegen?) und die **Konsumentenzahlungsbereitschaft** (wie viel kann ich höchstens verlangen?). Das Beispiel wäre der einzige Bootsvermieter an einem Seeufer.

Berücksichtigung von Kosten

Unternehmen C betreibt eine reine **Zuschlagskalkulation.** Es berechnet seine eigenen Kosten und schlägt die Marge dazu. Im HiFi-Bereich schlägt das Unternehmen z. B. 50% zum Einkaufspreis dazu, damit der Ladenpreis dem Katalogpreis entspricht.

Berücksichtigung von Kosten, Konkurrenz, Konsumentenzahlungsbereitschaft und Kapazität

D berücksichtigt bei seiner Preispolitik **alle 4 K,** es könnte sich z. B. um ein Stadthotel handeln.

15.4 Preisdifferenzierung nach der Konsumentenzahlungsbereitschaft

Die Preisdifferenzierung ist ein sehr wichtiges Element der Preispolitik. Von Preisdifferenzierung sprechen wir, wenn für dasselbe Kernprodukt oder dieselbe Kerndienstleistung unterschiedliche Preise verlangt werden.

Beispiel

First, Business und Economy Klasse

Im Fluggeschäft erfolgt die Preisdifferenzierung unter anderem durch die drei Klassen First, Business und Economy. Auch wenn die Dienstleistung in den drei Klassen nicht identisch ist, ist die Kernleistung (Flug von A nach B) doch dieselbe. Wenn die Economy Klasse eine Stunde Verspätung hat, kommt auch die Erste Klasse eine Stunde zu spät.

Eine Preisdifferenzierung macht nur dann Sinn, wenn unterschiedliche **Nachfragekurven** bestehen. Die Nachfragekurven sind nichts anderes als die gesamte Zahlungsbereitschaft einer Kundengruppe in einem bestimmten Zeitpunkt.

Eine Preisdifferenzierung kann auf verschiedenen Merkmalen basieren:

- **Kundengruppen:** Kinder und Senioren bezahlen nur die Hälfte, Mitarbeitende erhalten 20% Rabatt, Hilfswerke erhalten andere Versandkonditionen als Geschäftskunden.
- **Zeit:** Die Preise in einem Hotel werden differenziert nach Hauptsaison, Zwischensaison und Nebensaison. In vielen Stadthotels gibt es einen verbilligten Wochenendpreis. Der Strom ist abends billiger als tagsüber.
- **Region:** Dasselbe Produkt wird in verschiedenen Ländern zu verschiedenen Preisen verkauft. Man spricht in diesem Zusammenhang auch von der Hochpreisinsel Schweiz, weil die Waren im Ausland in der Regel billiger sind.

- **Verkaufskanal:** Die Halbliter-PET-Flasche Valser-Wasser kostet im Restaurant CHF 4.–, am Bahnhofskiosk CHF 3.50, im Coop CHF 0.70 pro Flasche im Sechserpack.
- **Reservationsdatum:** Besonders Dienstleistungen mit relativ fixen Kapazitäten und schwankender Nachfrage wie Fluggesellschaften, Hotels, Mietwagen etc. gewähren Rabatte für Frühbucher (first minute), weil sie die Planung erleichtern, und für Spätbucher (last minute), weil sie Kapazitäten füllen, die sonst verfallen würden.
- **Volumen:** Unternehmen gewähren Volumen- und Mengenrabatte, um einerseits einen Teil der Kostenvorteile an die Kunden weiterzugeben, um die Kunden zu bewegen, mehr zu kaufen und als Konzession an die Verhandlungsmacht der grossen und wichtigen Kunden.

15.5 Rabatt- und Konditionenpolitik

Ein wichtiges Element des Preismix ist die Rabatt- und Konditionenpolitik. Ausgangspunkt ist jeweils der festgelegte **Listenpreis,** auf den der Verkauf den Kunden **Rabatt** oder **spezielle Konditionen** gewährt. In vielen Fällen sind die Listenpreise derart überzogen, dass mit der Rabattpolitik eigentliche Preispolitik betrieben wird. Dies ist insbesondere dann der Fall, wenn praktisch keine Produkte zum Listenpreis abgesetzt werden.

15.5.1 Rabatte

Man unterscheidet zwischen folgenden Rabatten:[1]

- **Funktionsrabatt** (auch Herstellerrabatt genannt): Diesen Rabatt gewährt der Hersteller dem Händler für die Übernahme bestimmter Handelsfunktionen. Zum Beispiel übernimmt ein Vertriebspartner in Spanien die lokale Werbung und erhält dafür einen tieferen Einstandspreis.
- **Mengenrabatt:** Mengenrabatte werden gewährt auf der Basis von einzelnen Bestellungen oder auf dem Bestellvolumen innerhalb einer bestimmten Zeitspanne, z. B. Umsatz pro Quartal. Mengenrabatte lassen sich meistens gut mit Kostensenkungen begründen. Es ist z. B. billiger, einem einzelnen Kunden Waren für CHF 10 000.– zu verschicken, als zehn verschiedenen Kunden Waren für je CHF 1 000.–. Gleichzeitig stellt der Mengenrabatt für den Kunden einen Anreiz dar, bei möglichst wenig Lieferanten möglichst viel einzukaufen.
- **Zeitrabatt:** Zeitrabatte sind vor allem sinnvoll, um Nachfragefluktuationen auszugleichen. Wer beispielsweise im Januar in Luzern für eine Gruppe Hotelzimmer sucht, wird nicht nur einen günstigeren Preis als im Juli erhalten, sondern kann in aller Regel auch noch einen zusätzlichen Rabatt aushandeln.
- **Aktionsrabatt:** Aktionsrabatte sind zeitlich begrenzte Preissenkungen zur Steigerung des Abverkaufs. Sie werden zwischen Hersteller und Handel, Handel und Konsument, aber auch zwischen Hersteller und Konsument angewendet. Preisaktionen sind aus verschiedenen Gründen recht problematisch:
  - Der Rabatt geht direkt auf Kosten der Marge. Beträgt die Marge für ein Produkt beispielsweise 20%, so verringert ein Rabatt von 5% die Marge um einen Viertel auf 15% (20% Marge – 5% Rabatt). Um diesen Verlust wieder auszugleichen, muss der Absatz um 33% gesteigert werden.
  - Die Kunden kaufen zu Aktionspreisen auf Vorrat ein und lagern die Produkte bis zur nächsten Aktion.
  - Die Marke wird abgewertet. Eine Marke, die häufig in der Aktion ist, wird als schwach beurteilt.

[1] Siehe auch Lettau, Hans-Georg: Grundwissen Marketing, München 1998, und Kotler, Philip; Bliemel, Friedhelm: Marketing-Management: Analyse, Planung, Umsetzung und Steuerung, Stuttgart 1995.

- Kunden, die das Produkt zum vollen Preis gekauft haben, sind verärgert.
- Der Aufwand der Preisumstellung kann recht beträchtlich sein.
- Die Kunden werden verunsichert und kaufen nicht, weil sie auf ein noch günstigeres Angebot warten.

- **Treuerabatt:** Hier werden die Kunden für ihre Loyalität belohnt. Diese Rabatte überlagern sich oft mit Mengenrabatten, basieren aber auf einer zeitlichen Dimension, nicht bloss auf einer quantitativen Dimension. Zum Beispiel erhalten Abnehmer nach einem Jahr 1% zusätzlichen Rabatt und ab 5 Jahren 2% zusätzlichen Rabatt.

In der Praxis werden Rabatte zu Rabattsystemen kombiniert, wie das folgende Beispiel zeigt. Ein BMW-Händler erhält einen Rabatt zwischen 14.5% und 20.7%, abhängig davon, wie gut er die BMW-Dachstrategie unterstützt.

Abb. [15-4] **Beispiel BMW-Rabattsystem[1]**

Rabattarten	Höhe
Grundrabatt	14.5%
Mengenrabatt	Bis 2.5%
Leistungsrabatte:	
• Teilnahme am Händlerbetriebsvergleich	1%
• Planung und Durchführung von Werbe- und Verkaufsförderungsmassnahmen	Bis 0.9%
• Anstrengungen im Neuwagenmanagement	Bis 1.0%
• Anstrengungen im Gebrauchtwagenmanagement	Bis 0.3%
• Schriftliche Kundenbefragung alle 2 Jahre	Bis 0.5%
• Top-Bonus bei hoher Kundenzufriedenheit	Bis 0.5%
Gesamtrabatt	14.5–20.7%

15.5.2 Konditionen

Die Konditionen legen die **Vertragsbedingungen** fest. Je nach Branche können die in den Konditionen geregelten Aufwände einen erheblichen Teil der Kosten ausmachen. Konsumentenschützer warnen deshalb vor dem «Kleingedruckten» in Verträgen. Bei grösseren Projekten werden sowohl auf Käufer- wie auf Verkäuferseite ganze Teams von Anwältinnen angestellt, um die Konditionen auszuarbeiten oder zu überprüfen. Häufig geht es um die folgenden Punkte:

- **Lieferungsbedingungen:** Was muss bis wann in welchem Zustand wohin geliefert werden? Wer übernimmt die Lieferung, Lagerung, Verzollung, Versicherung?
- **Zahlungsbedingungen:** Wann sind welche Zahlungen in welcher Währung fällig? Wie wird bezahlt (Banküberweisung, Kreditkarte, Check)? Welche Zahlungsgarantien werden verlangt? In welcher Frist muss bezahlt werden (z. B. 30 Tage nach Lieferung)? Wird ein Skonto gewährt (z. B. 2% innert 10 Tagen)? Ab wann wird welcher Verzugszins berechnet?
- **Garantie- und Rückgabebindungen:** Unter welchen Umständen kann die Ware zurückgegeben werden? Wie viel wird zurückerstattet?
- **Annullationsbedingungen:** Unter welchen Umständen kann die Bestellung annulliert werden? Bis zu welchem Zeitpunkt ist die Annullation gratis und welche Annullationskosten entstehen später?
- **Konfliktlösung:** Wird bei einem Konflikt ein Schiedsgericht einberufen? Welcher Gerichtsstand ist massgebend?

[1] Preissner, Andreas: Marketing-Praxis für Manager, München 1997.

15.6 Marketingfehler

A] Zu starke Kostenorientierung

Ein Unternehmen, das bei der Preisbildung **zu stark kostenorientiert** rechnet, läuft Gefahr, die Kundenbedürfnisse und die Konkurrenz zu vernachlässigen.

Beispiel

Pricing Zahlungsverkehr

Eine Schweizer Bank optimierte die Preise für das Geschäftskunden-Segment. Bei der Kostenanalyse stellte man fest, dass eine bestimmte Zahlungsverkehr-Dienstleistung sehr unrentabel ist. Hätte man sich nur nach den Kosten orientiert, hätte man den Preis für diese Dienstleistung anheben müssen. Bei der Kundenanalyse zeigte sich hingegen, dass diese unrentable Dienstleistung nur von Kunden genutzt wird, die insgesamt sehr rentabel sind. Es wäre deshalb fatal gewesen, genau diese Kunden mit höheren Preisen zu verärgern.

B] Preissenkungen

Bei Preissenkungen würde man davon ausgehen, dass sie die Kunden grundsätzlich erfreuen. Dies gilt jedoch nicht bei Kunden, die das Produkt vor Kurzem zum vollen Preis gekauft haben. Wenn der Jupe, den die Kundin vor zwei Wochen für CHF 180.– gekauft hat, jetzt für CHF 50.– verkauft wird, fühlt sich die Kundin unter Umständen geprellt und der Jupe verliert psychologisch an Wert. Noch drastischer kann sich eine Preissenkung im Business-to-Business-Bereich auswirken.

Beispiel

Preisreduktion bei Aluminium

Ein aluminiumverarbeitender Betrieb verfügt über ein Lager von 20 Tonnen Aluminium, das bei einem Durchschnittspreis von CHF 3.– pro Kilogramm mit CHF 60 000.– bewertet ist. Sinkt nun der Preis für Aluminium um 10% auf CHF 2.70/kg, so ist das zwar für künftige Einkäufe erfreulich. Das Problem ist aber, dass der gegenwärtige Warenbestand ebenfalls um 10% an Wert verliert.

C] Zielkonflikt zwischen Gewinn und Marktanteil

Zielkonflikte zwischen Gewinn und Marktanteil sind ein häufiges Problem. Vielen Unternehmen fällt es schwer, unrentable Produkte, Dienstleistungen oder Projekte nicht mehr anzubieten. Erstens will man Kunden nicht verärgern, zweitens will man, gerade bei Prestige-Projekten, mit dabei sein und drittens gönnt man der Konkurrenz den Auftrag nicht. Branchen, die von diesem Denken dominiert sind, sind in der Regel unrentabel, weil die Kunden sehr wohl verstehen, die Anbieter gegeneinander auszuspielen. Ein Beispiel ist die Vermietung von Ton- und Lichtanlagen für Rock- und Popkonzerte.

Die Strategie, **Gewinn zu opfern, um Marktanteile zu gewinnen,** ist strategisch häufig mit der Hoffnung verknüpft, die Konkurrenten aus dem Markt zu drängen und die Preise anschliessend wieder anzuheben. Die meisten Fallbeispiele zeigen jedoch, dass sich Branchen nur sehr selten von solchen Preiskriegen erholen.

Zusammenfassung

In der ökonomischen Theorie ist das Ziel der Preisbildung die **Gewinnmaximierung.** In der Praxis verfolgen Unternehmen jedoch auch andere Ziele. Zum Beispiel wird bewusst ein tiefer Preis gewählt, um Marktanteile zu gewinnen oder um neue Anbieter vom Markteintritt abzuschrecken. Konsequenterweise muss das Management zuerst die Ziele definieren und mögliche Zielkonflikte prüfen, bevor Preise festgesetzt werden.

Will das Unternehmen den optimalen, d. h. hier den gewinnmaximalen, Preis festsetzen, muss es zwei Faktoren kennen: die Nachfragefunktion und die eigenen variablen Kosten. Die **Nachfragefunktion** sagt aus, welche Menge bei welchem Preis nachgefragt wird. In der Regel ist diese Funktion negativ, d. h., je tiefer der Preis ist, desto grösser ist die nachgefragte Menge. Setzt das Unternehmen den Preis zu hoch an, erzielt es zwar einen hohen Deckungsbeitrag pro Stück, aber die nachgefragte Menge ist klein. Ist der Preis zu tief angesetzt, wird zwar viel abgesetzt, aber der Deckungsbeitrag ist gering. In diesem Spannungsfeld wird der **optimale Preis** ermittelt.

Eine wichtige Grösse dabei ist die **Preiselastizität der Nachfrage.** Sie bezeichnet das Verhältnis einer relativen Nachfrageänderung zu einer relativen Preisänderung. Man spricht von einer unelastischen Nachfrage, wenn eine grosse Preisänderung nur wenig Einfluss auf die nachgefragte Menge hat, und von einer elastischen Nachfrage, wenn sich kleine Preisänderungen stark auf die Nachfrage auswirken.

In der Praxis ist es jedoch nicht immer möglich, den optimalen Preis mit der Nachfragekurve und den variablen Kosten exakt zu bestimmen. Deshalb basiert die Preisfindung in der Praxis auf den **4 K.** Die Preise werden anhand der Kosten, der Konsumentenzahlungsbereitschaft, der Konkurrenz oder der Kapazität bestimmt, wobei mehrere K gleichzeitig berücksichtigt werden können.

Ein wichtiges Element der Preispolitik sind **Rabatte** und **Konditionen.** In vielen Branchen bezahlen Kunden selten den vollen Listenpreis, sondern handeln eine Vielzahl von Funktions-, Mengen-, Zeit-, Aktions- und Treuerabatten aus. Die Konditionenpolitik legt fest, welche Liefer-, Zahlungs-, Garantie- und Annullationsbedingungen gelten.

Bei der **Preisdifferenzierung** werden für dasselbe Kernprodukt oder dieselbe Kerndienstleistung unterschiedliche Preise verlangt. Das macht dann Sinn, wenn die Nachfragefunktion sich bezüglich der Kundengruppen, des Zeitpunkts, der Region, des Verkaufskanals oder des Reservationsdatums unterscheidet.

Repetitionsfragen

66 Gemäss der Berechnung des optimalen Preises (siehe Abbildung 15-2, S. 271) spielen die Fixkosten für die Preisfestlegung keine Rolle. Angewendet auf die Stromproduktion hiesse das, dass es für den optimalen Preis unerheblich ist, ob ein Elektrizitätswerk Strom verkauft, der aus teuren Atomkraftwerken stammt oder aus weniger investitionsintensiven Wasserkraftwerken. Stimmt das?

67 Susanne Egli ist Musik- und Internetfan. Sie findet auf eBay.com ein Angebot für einen MP3-Player für CHF 68.– pro Player (inkl. Versand etc.). Sie will ihr Taschengeld etwas aufbessern und rechnet sich aus, dass sie bei einem Verkaufspreis von CHF 80.– genau 100 Stück verkaufen könnte. Bei jeder Preiserhöhung um CHF 10.– würde sie 20 Kunden verlieren, d. h., bei einem Preis von CHF 120.– könnte sie noch 20 Stück verkaufen.

A] Rechnen Sie mithilfe der Tabelle aus, welchen Preis Susanne festsetzen und wie viele Player sie bestellen soll.

Preis	Absatz	Var. Kosten	DB/Stück	Gesamt-DB

B] Reicht der Deckungsbeitrag für die Reise nach London, die CHF 1 800.– kostet?

68 Eine Ferienwohnung in Davos kostet in der Hauptsaison (Weihnachten bis März) CHF 1 700.– pro Woche, in der Nebensaison (April bis Weihnachten) CHF 1 200.– pro Woche. Die Auslastung beträgt in der Hauptsaison 100% und in der Nebensaison 30%. Handelt es sich dabei um eine **positive** Preiselastizität?

69 In einem Beratungsunternehmen für Evaluationen von Bundesprojekten diskutiert die Geschäftsleiterin mit drei Partnern, welchen Preis sie für ein ausgeschriebenes Mandat offerieren wollen. Dabei sind sie nicht einig, weil sie sich an verschiedenen «K» orientieren. Welche Faktoren sind bei den folgenden Argumenten relevant?

	Konsumenten-zahlungs-bereitschaft	Konkurrenz	Kapazität	Kosten
Wir sollten günstiger sein als Polyconsult, sonst kriegen sie diesen Auftrag auch noch und können weiter Mitarbeitende einstellen, die uns dann fehlen.	☐	☐	☐	☐
Wenn wir das Projekt im Januar machen können, können wir 10% Rabatt geben. Im Januar ist wenig los. Sonst offerieren wir den normalen Preis.	☐	☐	☐	☐
Ich glaube, wir sollten dieses Projekt wirklich tief offerieren, weil sie kaum Budget haben. Wenn wir dieses Projekt sauber durchführen, dann können wir bei Folgeprojekten, wenn der Kredit gesprochen ist, die verlorene Marge wieder gutmachen.	☐	☐	☐	☐
Für den Marktforschungsteil müssen wir höhere Ansätze verlangen, weil wir den extern einkaufen müssen.	☐	☐	☐	☐

70 Ein Catering-Unternehmen macht einen Jahresumsatz von CHF 605 300.–, der durchschnittlich gewährte Rabatt auf den Listenpreis beträgt 16.5% und es erzielt einen Jahresgewinn von CHF 81 110.–. Der Eigentümer möchte nun unnötige Rabatte eliminieren. Um wie viele Prozent wäre sein Gewinn höher, wenn er die Rabatte um 4.5% reduzieren könnte, von 16.5% auf 12%? Die Nachfrage und alle anderen Faktoren bleiben konstant.

Fallbeispiel 13 – J. C. Penney, Square and Fair Pricing

Autor: Stefan Michel

Ausgangslage

Als Ron Johnson 2011 von Apple zur Warenhauskette J. C. Penney stiess, war er bereits ein reicher Mann. Die sieben Jahre bei Apple haben ihm dank Aktienoptionen etwa 400 Mio. US-Dollar eingebracht. J. C. Penney brauchte einen **neuen Schub und ein besseres Marketing,** der Aktienpreis betrug noch die Hälfte von dem von 2007. Ron Johnson verstand etwas von Markenführung und er hasste Aktionen, Discounts und Ausverkäufe. Was bei Apple so toll funktionierte, wollte er auch im Detailhandel einführen. Am 1. Februar 2012 stellte J. C. Penney das gesamte **Pricing** um. Die neue **«Fair and square»-Preispolitik** («gerecht und gradlinig») machte Schluss mit den Mondpreisen, wonach Kleider zuerst viel zu hoch angeschrieben werden, damit dann im Wochenrhythmus die Rabatte erhöht werden konnten. Auch mit den «Ausverkäufen» war Schluss und die 99er-Preise wurden abgeschafft. Ein T-Shirt kostete nicht mehr 25.99 Dollar, sondern 26 Dollar. Die Strategie Fair and Square kannte nur noch drei Preiskategorien: Every Day, Monthly Value und Best Price.

Die **Preisrevolution** wurde mit **grossem Werbeaufwand** angekündigt, doch die Umsätze blieben aus. Die Zeitungsbeilagen führten nicht zu höheren Preisen, weil es keinen Grund mehr gab, «gerade heute» einkaufen zu gehen. Die **Kunden verstanden die Preiskategorien nicht** und obwohl «Every Day» etwa 40% billiger war als die früheren Preise, nahmen die Kunden J. C. Penney nicht als preiswert wahr. Als es immer offensichtlicher wurde, dass die neue Preispolitik von den treuen J.-C.-Penney-Kunden nicht akzeptiert wurde, machte Johnson den wohl entscheidenden Fehler, der zu seiner baldigen Entlassung führen sollte. Er machte nicht seine neue Preispolitik für die Marktanteilsverluste verantwortlich, sondern meinte, «dass die Kunden halt lernen müssten, wie das neue System funktioniert, weil es schlussendlich besser für sie ist». Die Kunden wären süchtig nach Rabatten, Sonderangeboten und Ausverkäufe und es ist nur eine Frage der Zeit, bis man sie entwöhnt hat.

Bild: J. C. Penney

Aufgaben

1	Im Buch sind die verschiedenen Nachteile von Rabatten aufgelistet. Ron Johnson räumte mit diesen Rabatten auf und wurde deswegen gefeuert. Heisst das, dass Rabatte für den Erfolg entscheidend sind?
2	War es ein Fehler von J. C. Penney, einem Manager von Apple den Chefposten zu überlassen?
3	Hätte J. C. Penneys Preis-Strategie überhaupt gut ausgehen können?

16 Distribution

Lernziele

Nach der Bearbeitung dieses Kapitels können Sie …

- Vor- und Nachteile des direkten und indirekten Vertriebs abwägen.
- den Entscheidungsprozess bei der Distribution beschreiben.
- erklären, wie man bei der Auswahl der Distributionspartner vorgeht.
- die Anwendungsformen des E-Commerce darlegen.

Schlüsselbegriffe

direkte Distributionskanäle, direkter Vertrieb, Distributionspartner, Distributionsziele, E-Commerce, E-Commerce-Typologien, E-Government, Einzelhandel, Entscheidungsprozess, indirekte Distributionskanäle, indirekter Vertrieb, Key-Account-Management, Multichannel, Reichhaltigkeit, Reichweite, Vertrieb, Vertriebssystem

Mit dem **Distributionsmix** werden alle Instrumente aufeinander abgestimmt, die für die Organisation und physische Durchführung des Verkaufs und der Verteilung notwendig sind. Diese Instrumente sind unten aufgeführt und umfassen den Vertrieb resp. das Multichanneling, den E-Commerce, das Key-Account-Management und die Distributionslogistik.

Der Distributionsmix gewinnt immer mehr an strategischer Bedeutung. Das Resultat einer guten Verkaufsorganisation sind **kurze Wege zum Verkäufer, kompetente und freundliche Kundenberatung, jederzeitige Bestellmöglichkeiten und zunehmend sogar das jederzeitige Abfragen des Lieferstatus.**

Optimale Verteilungsorganisation und -prozesse führen zu geringen Lieferfristen, hoher Lieferqualität und zum Einhalten von Lieferterminen. Der Distributionsmix beeinflusst somit die Qualität der Leistung und die Kundenzufriedenheit, aber auch den Aufwand beim Produzenten, Händler und Konsumenten. Mit einem optimalen Distributionsmix können einerseits wichtige Konkurrenzvorteile erzielt werden, die auch die Attraktivität für Neukunden erhöhen. Es können damit aber auch direkt Kosten gespart und somit Konkurrenzvorteile erzielt werden.

16.1 Marketingziele

Die Distributionsziele lassen sich in **quantitative und qualitative Ziele** einteilen. Die wichtigsten quantitativen Ziele sind der **numerische und der gewichtete Distributionsgrad,** die in Kapitel 3.3, S. 46 besprochen wurden. Auch die historischen Kosten können quantifiziert werden. Qualitative Ziele sind die Flexibilität und die Entwicklungsmöglichkeiten in der Partnerschaft mit dem Handel, das Image, die Unabhängigkeit und die Integrationsmöglichkeiten.

Abb. [16-1] **Distributionsziele im Überblick**

Distributionsziel	Beispiel
Numerischer Distributionsgrad	Die Tageszeitung «Blick» strebt im Kanal «Kiosk» einen numerischen Distributionsgrad von 100% an, d. h., der «Blick» sollte an jedem Kiosk der Schweiz aufliegen.
Gewichteter Distributionsgrad	Der Diogenes Verlag versucht, sein Taschenbuchsortiment sehr breit, d. h. auch Kiosken etc., zu verteilen. Die gebundenen Bücher werden hingegen nur in den grösseren Buchgeschäften verkauft. Das heisst, dass der gewichtete Distributionsgrad sehr viel höher sein sollte als der numerische.
Fixkosten der Distribution	Ein Maschinenhersteller in der Schweiz verkauft seine Produkte in den USA über einen bekannten Händler. Damit hat er sehr geringe Fixkosten. Dafür erhält der Händler eine relativ hohe Handelsmarge.
Variable Kosten der Distribution / Margenverlust	

Distributionsziel	Beispiel
Flexibilität und Gestaltungsspielraum	Lebensmittelproduzenten, die an die Migros liefern, beklagen teilweise die sehr strikten und aufwendigen Anforderungen der Migros. Aus Sicht der Produzenten sind die Flexibilität und der Gestaltungsspielraum beim Kanal Migros klein.
Entwicklungsmöglichkeit	Hotels bieten ihre Zimmer auf Internetportalen an, weil diese Vertriebskanäle grosse Zuwachsraten aufweisen.
Image	Unternehmen mit exklusiven Marken wie Luxusuhren wählen ihre Distributionspartner danach aus, dass das Image der Partner dem Image ihrer Marken entspricht.
Unabhängigkeit	Ein Weinproduzent möchte an Denner liefern, der jedoch Exklusivität für eine bestimmte Abfüllung verlangt. Dadurch verringert sich die Unabhängigkeit des Weinproduzenten teilweise.
Integrationsmöglichkeit	Ein Partyservice bietet auf der Webseite Informationen zu seiner Dienstleistung an, verzichtet aber auf eine eigentliche E-Commerce-Lösung. Sie wäre nicht in den üblichen Verkaufsprozess mit intensiver persönlicher Beratung integrierbar.

16.2 Entscheidungsprozess der Distribution

Die Entscheidungsprozesse der Distribution sind je nach Unternehmen verschieden. Grundsätzlich jedoch gilt, dass zuerst die Distributionsziele definiert werden, bevor entschieden wird, ob ein direkter oder indirekter Vertrieb besser ist. Der **direkte Vertrieb** wird durch unternehmenseigene Verkaufskanäle organisiert.

Der **indirekte Vertrieb erfolgt** durch unternehmensfremde Verkaufskanäle; die Distributionspartner müssen ausgewählt werden. Anschliessend muss die Organisation, Koordination und Motivation der direkten und indirekten Distributionsorgane geregelt werden. Die Kontrolle der Distribution ermöglicht den Vergleich mit den gesetzten Zielen.

Abb. [16-2] **Entscheidungsprozess der Distribution**[1]

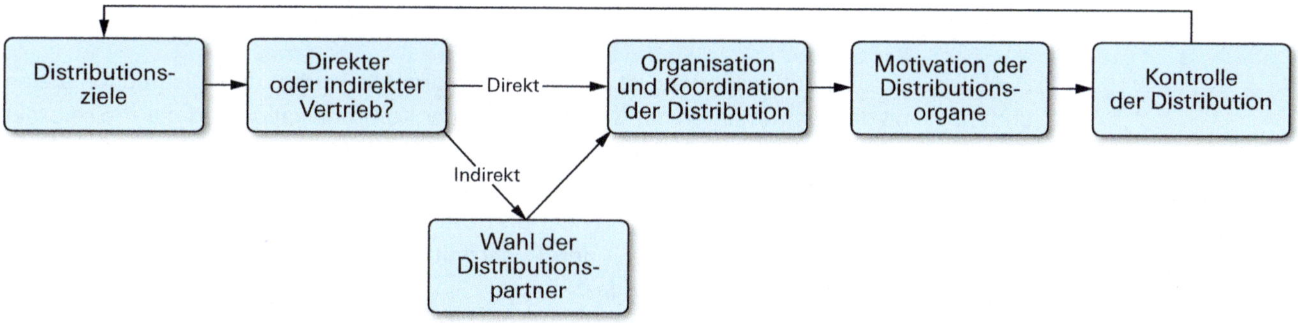

16.3 Vertrieb

Mit dem Vertrieb wird der Weg beschrieben, den ein Produkt oder eine Dienstleistung vom Hersteller zum Konsumenten zurücklegt. Die Entscheidung über ein bestimmtes Vertriebssystem ist sowohl von den Bedingungen des Unternehmens als auch von den Kundenwünschen und den zur Verfügung stehenden Absatzmittlern abhängig. Die wohl wichtigste Entscheidung bei der **Gestaltung des Vertriebssystems** ist die Frage nach direkten oder indirekten Verkaufskanälen.

Ein Beispiel für die Wahl von **direkten Verkaufskanälen** ist die Migros. Von der Migros produzierte Produkte können nur in einer Migros oder einem Unternehmen der Migros (wie Migros-Restaurant oder Fitnesszentrum der Migros) gekauft werden. Tempo-Taschentücher hingegen können am Kiosk, in der Drogerie, in der Apotheke, in diversen Warenhäusern und im Einzelhandel gekauft werden.

[1] Nach Rosenbloom, Bert: Channel Management, in: Baker, Michael J. (Hrsg.): Companion Encyclopedia of Marketing, London 1995.

Die Vertriebskanäle sind für den Weg vom Hersteller bis zum Verbraucher verantwortlich. Sie übernehmen für den Hersteller fünf verschiedene Funktionen:

Abb. [16-3] **Funktionen der Vertriebskanäle**

Funktion	Beschreibung	Beispiel
Information	Sie sammeln Informationen über die Konsumenten, die Hersteller und andere Distributionsteilnehmer und leiten diese weiter.	Die Kleidermarke Esprit nutzt ihren Online-Verkauf www.esprit.com vor allem als Testlabor. Bei Modellen, die sich im Internet rasch verkaufen, werden die Bestellungen für die Ladengeschäfte rasch erhöht.
Absatzförderung	Sie kommunizieren über das bestehende Angebot.	Onlineinserate von Swisscom zu neuen Mobilfunkabonnementen.
Kontakte	Sie suchen neue potenzielle Kunden und stellen den Kontakt zu ihnen her.	Die Firma Tourmedia verkauft Inserate, indem sie aktiv Bildungs- und Tourismusanbieter als Inserenten akquiriert.
Bestellungen	Sie erledigen das Anpassen des Angebots auf die Bedürfnisse der Kundschaft. Dies umfasst die Verarbeitung, das Anpassen, das Zusammensetzen und das Verpacken der Produkte.	Die Apotheke stellt dem Patienten die verschriebenen Medikamente in der richtigen Menge und Verabreichungsform zusammen.
Verhandlungen	Sie sind besorgt darum, dass zwischen den einzelnen Parteien im Distributionsnetz eine Einigung über den Preis der Ware und weitere Konditionen der Lieferung oder Lagerung erzielt wird.	Versicherungsagenten verhandeln zwischen Firmenkunden und der Versicherung über komplexe Versicherungspolicen.

16.3.1 Wahl der Distributionspartner

Unter Distributionspartner verstehen wir eine Organisation oder eine Person, die uns bei der Distribution unterstützt. Distributionspartner sind Teil unseres Vertriebssystems (siehe unten).

Die Wahl der Distributionspartner ist abhängig von den Marketing- und Distributionszielen und muss mit den Instrumenten der Marktleistung, der Kommunikation und der Preise exakt abgestimmt werden. Passen die vier folgenden Dimensionen der Organisation des Vertriebs nicht zu den genannten drei Instrumenten, ist der Erfolg des Unternehmens in Gefahr. Der Vertrieb muss die richtige Länge, Tiefe und Breite für ein bestimmtes Produkt haben. Zudem muss die Zusammenarbeit mit den Absatzmittlern optimal ausgestaltet werden. Die vier Dimensionen sind im Einzelnen festzulegen.

1. Die Länge des Vertriebswegs: In dieser Dimension werden die Anzahl Handelsstufen zwischen dem Produzenten und dem Konsumenten bestimmt.
2. Die Tiefe des Vertriebswegs umschreibt, wie viele verschiedene Arten von Absatzmittlern es auf jeder Handelsstufe gibt.
3. Die Breite des Vertriebswegs bezeichnet die Anzahl von gleichartigen Absatzmittlern auf jeder Handelsstufe.
4. Das Vertriebssystem bezeichnet schliesslich die Art der Zusammenarbeit des Produzenten mit den Absatzmittlern.

16.3.2 Wahl des geeigneten Vertriebssystems

Für die Wahl des Vertriebssystems gibt es acht Entscheidungskriterien, die sich auf die oben genannten Distributionsziele beziehen:

- Grad der Funktionserfüllung
- Distributionsgrad
- Kosten und Erträge
- Flexibilität des Absatzkanals
- Entwicklungsmöglichkeit
- Image des Absatzkanals
- Unabhängigkeit und Beeinflussbarkeit des Absatzkanals
- Integrationsmöglichkeit

Grad der Funktionserfüllung

Dabei geht es um die Fragen nach den **Funktionen und der Qualität des Handels,** die der Absatzkanal übernimmt. Die Funktionen können sein: Werbung, Beratung, Kundendienst und Lieferung. So ist für die Marke Rolex die Exklusivität des Verkaufsgeschäfts sehr wichtig. Rolex soll nicht neben Alltagsgegenständen wie Strümpfen oder Getränken verkauft werden. In einem erstklassigen Fachgeschäft können auch die kompetente Beratung und der Kundenservice für die Luxusuhr gewährleistet werden.

Distributionsgrad

Unter diesen Punkt fallen die Kriterien der **optimalen Menge und des richtigen Standorts der Geschäfte.** Die Frage nach der Menge beinhaltet auch die Durchdringung oder die Wahrscheinlichkeit, mit der ein potenzieller Kunde das bestimmte Produkt in einem Geschäft findet, das seiner Meinung nach das Produkt im Angebot führen müsste.

Kosten und Erträge

In der Regel verlangt der Aufbau eines direkten Vertriebs wesentlich **höhere Fixkosten** als der indirekte Vertrieb, da die Verkaufsgeschäfte in eigener Regie betrieben werden. Dafür muss die Handelsmarge nicht mit den Distributionspartnern geteilt werden, d. h., die variablen Kosten sind geringer. Je geringer die Fixkosten und je grösser der erzielbare Umsatz ist, desto eher lohnt sich ein direkter Vertrieb. Die folgende Abbildung vergleicht typische Kostenkurven des direkten und indirekten Vertriebs. Wenn der Umsatz geringer als x ist, ist der indirekte Vertrieb günstiger als der direkte Vertrieb.

Abb. [16-4] **Kostenvergleich des direkten und indirekten Vertriebs**

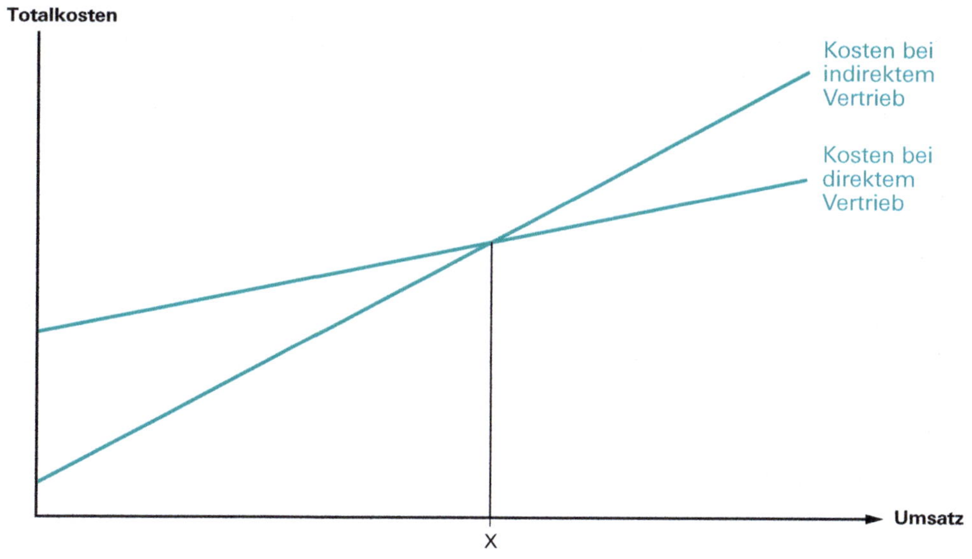

Flexibilität des Absatzkanals

Bei der Aufnahme der Geschäftsbeziehung ist der kritische Punkt unter dem Stichwort Flexibilität die Dauer, bis der Absatzkanal reibungslos und im Sinn des Herstellers funktioniert. Bei jeder Strategieänderung des Herstellers muss auch der Absatzkanal die entsprechenden Anpassungen vornehmen. Es ist entscheidend, ob er das kann und wie lange er dazu braucht.

Zara

Zara gehört zur spanischen Inditex-Gruppe, die sich auf die Produktion und den Vertrieb von Modeartikeln spezialisiert hat. Zara konzentriert sich dabei darauf, Mode zu erschwinglichen Preisen mit einer durchschnittlichen Qualitätsanforderung anzubieten. Dabei wurde schon in den 1990er-Jahren im grossen Stil in die komplette Wertketten-Integration der Beschaffung, Produktion, Logistik und in den Verkauf investiert (siehe Kap. 3.6.1, S. 52).

Zusätzlich, im Gegensatz zu den meisten Konkurrenten, behielt Zara die Produktion für die wichtige modebewusste Kundschaft im Haus. Zara ist es daher heute möglich, in nicht mehr als 15 Tagen eine neue Kollektion zu entwerfen, herzustellen und an ihre Verkaufsgeschäfte zu liefern. Nachbestellungen können innerhalb eines Arbeitstags in Europa und innerhalb von zwei Tagen weltweit ausgeliefert werden. Somit können die Verkaufshäuser auf kurzfristige Kundenwünsche reagieren und sind der Konkurrenz einen Schritt voraus.

Bild: Vytautas Kielaitis / Shutterstock.com

Entwicklungsmöglichkeit

Zur Abklärung des Absatzkanals gehört auch die **Frage nach seinen Zukunftsaussichten.** Gibt es den Absatzkanal in zehn Jahren noch und wird er in dieser Zeit wachsen können? Die Wahl von Geschäften mit kurzer Lebensdauer kann für den Hersteller zu einem ernsthaften Problem werden. Für die Zukunft entscheidend ist aber auch die Treue des Absatzkanals zum Unternehmen. Ein häufiger Wechsel von Absatzkanälen kann sehr viel Managementkapazitäten, Verunsicherung bei der Kundschaft und damit hohe Kosten verursachen.

Image des Absatzkanals

Das **Image** des Absatzkanals muss stimmen. Das heisst, dass es den Produkten des Herstellers entsprechen muss. Für Luxusgüter bedeutet dies Exklusivität, für Alltagsgüter Zuverlässigkeit. Die Produkte sollen dort verkauft werden, wo es die anvisierte Zielgruppe erreicht und anspricht. Dies ist für die Hersteller nicht immer einfach und oft stellt sich die Frage nach dem eigenen Vertrieb. Kleider der Marke Benetton gibt es beispielsweise nur in Benetton-Läden.

Unabhängigkeit und Beeinflussbarkeit des Absatzkanals

Für die Hersteller stellt sich immer wieder die Frage, welche Macht sie im Handelsgefüge haben und wer die Bedingungen diktiert. Bei wenig etablierten Marken besteht die Gefahr, dass der Handel die Produkte stiefmütterlich behandelt und allenfalls wieder willkürlich aus dem Sortiment nimmt. Die **relative Marktmacht** bestimmt über die Qualität der Betreuung der Produkte, den Umfang des Sortiments und die Margen.

Integrationsmöglichkeit

Die verschiedenen Handelskanäle und Distributionswege müssen nicht nur für sich selbst optimiert werden, sondern als Gesamtes funktionieren. Es geht also um die **Integration der Kanäle,** wie sie im folgenden Kapitel über das Multichanneling diskutiert werden.

16.4 Multichannel

Wählt ein Produzent für den Absatz seines Produkts **unterschiedliche Absatzkanäle für die einzelnen Zielkunden-Segmente,** so spricht man vom Multichanneling (Mehrkanal-Distribution). Das Multichanneling gewinnt zunehmend an Bedeutung, weil die Vertriebskanäle besser auf die einzelnen Zielgruppen abgestimmt werden können. Allerdings haben viele und verschiedenartige Vertriebskanäle auch einen hohen Koordinationsbedarf. Bei komplexen Systemen können nicht alle Kanäle kontrolliert und koordiniert werden und so können dort fatale Marketingfehler entstehen.

Die Grafik illustriert die vielen verschiedenen Kanäle zwischen einer Bank und einem Kunden. Für den Kunden ist es wichtig, dass die verschiedenen Kanäle integriert sind. Wird z. B. eine Limite erreicht und die EC-Karte gesperrt, kann der Kunde im Callcenter den Grund der Sperrung erfahren. Wenn er anschliessend via E-Banking den Fehlbetrag überweist, sollte ein Bezug vom Bancomat wieder möglich sein.

Abb. [16-5] **Beispiel einer Multichannel-Struktur bei einer Bank**

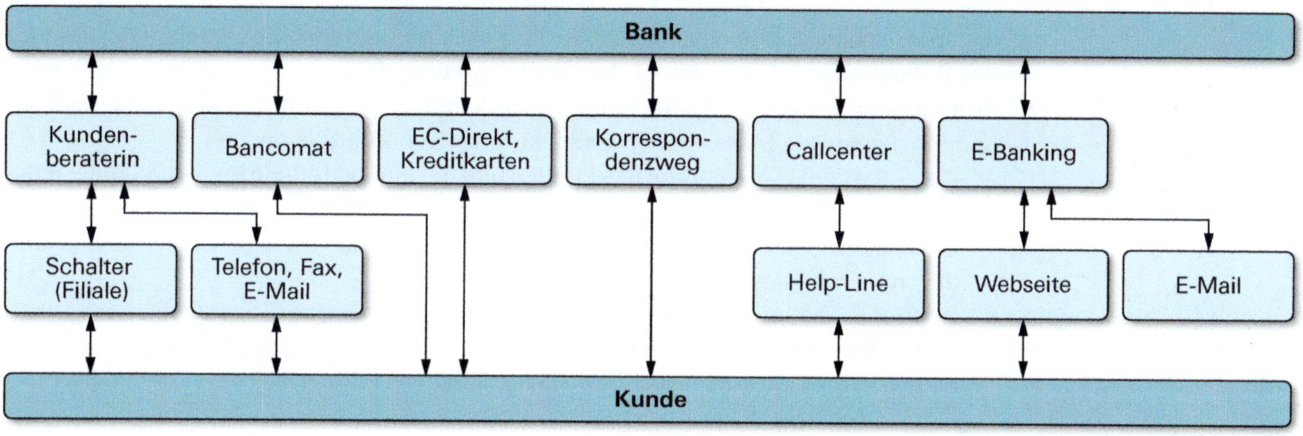

Beispiel **Rebecca Minkoff**

Rebecca Minkoff ist ein kleines Modelabel aus New York, das sich auf eine rockige, aber elegante Mode spezialisiert hat. Das Label konzentriert sich auf die Zielgruppe der weiblichen «Digital Natives». Das Unternehmen ist auf vielen Social-Media-Plattformen aktiv. Seine Frühjahrskollektion 2014 wurde zuerst auf Snapchat präsentiert, bevor diese an der Fashion Week in New York zu sehen war. Damit hat das Unternehmen auch den Stellenwert der sozialen Medien in seiner Kommunikationspolitik eindrücklich aufgezeigt. Seine Ladenlokale führen diese strategische Ausrichtung fort, in dem sie die Offline- und die Online-Welt miteinander verknüpfen. Kunden haben die Möglichkeit, über die mobile Webseite oder über Touchgeräte im Laden Informationen über Preise bei der Konkurrenz, Bewertungen oder Kommentare von Nutzern einzuholen. Zum Abschluss kann man sich die anprobierten oder vorgemerkten Stücke einfach auf sein Kundenkonto oder Smartphone übertragen, um in einem späteren Zeitpunkt seinen Einkauf fortzusetzen oder die Bestellung bequem von zu Hause aus abzuschliessen.

16.5 Key-Account-Management

Key-Account-Management (KAM) wird mit dem Management von Gross- oder Schlüsselkunden übersetzt. Damit ist die spezielle Betreuung von wichtigen Kunden gemeint. **Schlüsselkunden** sind für den Umsatz des Unternehmens von besonderer Bedeutung, entweder durch ihre Grösse oder ihre Funktion als Lead User. Als **Lead User** werden Kunden bezeichnet, die besonders innovativ und anspruchsvoll sind. Ihre Bedürfnisse zeigen dem Produzenten, wohin sich die Kundenbedürfnisse der Mehrheit in Zukunft entwickeln werden. Die Organisation der Kundenbetreuung für diese Key Accounts wird gemäss den Bedürfnissen dieser Kunden vorgenommen und von derjenigen der übrigen Kunden getrennt. Oft sind diese Betreuer auf einer hierarchisch höheren Stufe oder zentralisiert angesiedelt und mit umfangreichen Kompetenzen ausgestattet.

Mit einem Key-Account-Management werden folgende **Ziele** verfolgt:

- Verbesserung der Geschäftsbeziehung
- Minimierung des Koordinationsaufwands
- Verbesserung der Marktstellung im Vergleich zur Konkurrenz
- Stärkung der eigenen Position in der Wertkette vom Produzenten zum Endverbraucher

Die Gründe für die wachsende Bedeutung des KAM entsprechen im Wesentlichen denjenigen des strategischen CRM (Kap. 7.4, S. 140).

Das Key-Account-Management erfüllt dabei **Funktionen in folgenden Bereichen:**

- **Informationen:** Der Account-Manager sammelt die relevanten Kundeninformationen und bereitet sie auf. Daraus entwickelt er ein Kundeninformationssystem.
- **Analyse:** Die Rentabilität des Kunden und sein Deckungsbeitrag werden laufend berechnet und analysiert und mit seinem Potenzial verglichen.
- **Marketingkonzept:** Basierend auf den Informationen und der Analyse wird ein kundenspezifisches Marketingkonzept erstellt. Dieses umfasst insbesondere ein Konzept für das Beziehungsmanagement mit dem Schlüsselkunden.
- **Kundenpflege:** Die Beziehung zum Schlüsselkunden wird sorgfältig aufgebaut, gepflegt und mit geeigneten Massnahmen verstärkt. Dazu gehört insbesondere:
  - **Koordination:** Die Wünsche des Kunden und mit ihm getroffene Vereinbarungen müssen unternehmensintern weitergeleitet und ihre Einhaltung muss kontrolliert werden. Dies kann sehr konfliktreich sein, da diverse Stellen an der Front und in der Abwicklung davon betroffen sein können.
  - **Kontrolle:** Die aufbereiteten Informationen werden mit den Zielsetzungen verglichen und entsprechende Schlussfolgerungen gezogen. Zudem wird das Einhalten von Vereinbarungen mit dem Kunden kontrolliert und die eigene Position beim Kunden beobachtet.

16.6 E-Commerce

Wie wir in Kapitel 6, S. 104 «Wachstumsstrategien» erwähnt haben, kann die Integration des Internets ins Marketing als dreistufiger Prozess betrachtet werden. Auf der ersten Stufe ist das Internet ein Marketinginstrument. Diese erste Stufe behandeln wir in Kapitel 13, S. 219 «Kommunikation». Die Herausforderung besteht vor allem darin, Präsenz zu markieren. Auf der zweiten Stufe ist das Internet ein Vertriebskanal. Diese Stufe behandeln wir hier. Die dritte Stufe, bei der das Internet eine Plattform für neue Geschäftsmodelle darstellt, werden im Teil C, S. 101 «Strategie» in Kapitel 6.5, S. 120 «E-Business-Modelle» behandelt.

Abb. [16-6] **Integrationsstufen des Internets ins Marketing**[1]

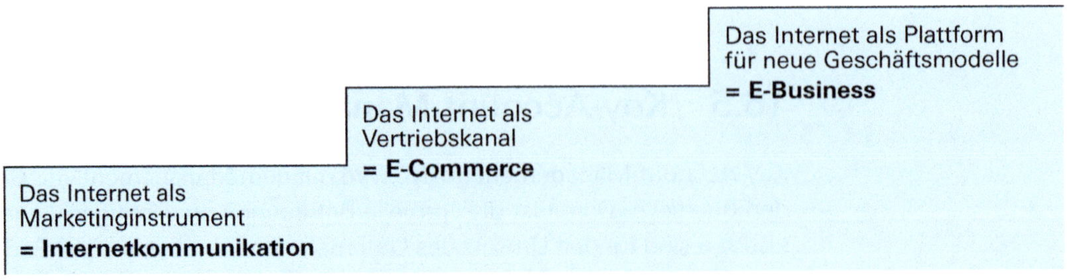

[1] Nach Diebold: Wege in die New Economy, Eschborn 2001.

E-Commerce ist der Verkauf und die Bezahlung von Produkten und Dienstleistungen über Telekommunikationsnetze, insbesondere über das Internet. Im weiteren Sinn sind damit alle Aktivitäten der betrieblichen Leistungserstellung gemeint, die über Telekommunikationsnetze abgewickelt werden.[1]

16.6.1 Reichhaltigkeit und Reichweite als Begründung für E-Commerce

E-Commerce unterscheidet sich von herkömmlichen Distributionskanälen in einem wesentlichen Punkt. Bei traditionellen Kanälen besteht ein **Zielkonflikt (trade-off) zwischen der Reichhaltigkeit einer Information und der Reichweite**[2]. Zum Beispiel erreicht ein Verkaufsgespräch nur einen Kunden, d. h., die Reichweite ist gering, während die Reichweite bei einer Werbung vergleichsweise gross ist. Dafür ist die Reichhaltigkeit der Informationen beim Verkaufsgespräch viel grösser als in einer Werbung. Es wäre unter Umständen möglich, einen Punkt rechts oben in der Grafik, d. h., sowohl eine grosse Reichhaltigkeit wie auch eine grosse Reichweite zu erzielen. Allerdings sind die Kosten dafür ökonomisch nicht tragbar.

Abb. [16-7] **Trade-off von Reichhaltigkeit und Reichweite der Information**

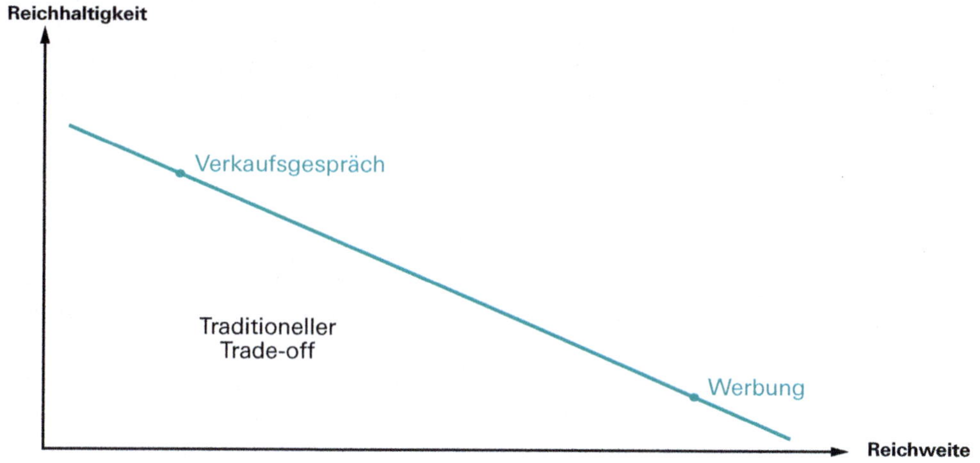

Die **Reichweite** lässt sich also sehr einfach definieren als Anteil der Bevölkerung oder der Zielgruppe, die in einem bestimmten Zeitraum Kontakt mit dem Unternehmen hatte. Die **Reichhaltigkeit beschreibt, welche Menge an Informationen zwischen den Parteien ausgetauscht werden kann.**[3]

Überall dort, wo es gelingt, die zunehmende Anzahl von Benutzern auf einen gemeinsamen Standard zu vereinigen (z. B. Windows-Betriebssystem, TCP / IP-Protokoll für Internet, MS Word für Textverarbeitung, Tiff-Formate für Bilder), wird der Trade-off durchbrochen.

Beispiel

Outfittery – betreutes Einkaufen als E-Commerce-Vertriebsmodell

Outfittery ist ein Start-up aus Berlin, das 2012 gegründet wurde und sich auf den Handel mit Modeartikeln spezialisiert hat. Es kombiniert die Vorteile des E-Commerce mit denen einer persönlichen Beratung in einem Fachgeschäft. Es wirbt mit einem einfachen und stressfreien Shoppen für Männer, die keine Zeit oder schlicht keine Lust auf längere Shoppingtouren haben. Jeder Kunde erhält einen persönlichen Stylisten, der ihm von nun an passende Stücke zur vorhandenen Garderobe schickt. Im Vergleich zum gewöhnlichen Online-Shopping werden der Informationsgehalt und der Kontakt zum Kunden auf eine neue Qualitätsebene gehoben. Outfittery ist heute Marktführer in Europa im betreuten Einkaufen (engl. curated shopping) und ist in acht Ländern aktiv. Das Unternehmen erzielt dadurch eine hohe Reichweite bei gleichzeitig hoher Reichhaltigkeit, während der traditionelle Kleiderhandel keine Reichweite und andere Onlinehändler (Zalando etc.) wenig Reichhaltigkeit bieten.

[1] Griese, Joachim; Sieber, Pascal: Electronic Commerce, Zürich 1999.
[2] Evans, Philip B.; Wurster, Thomas S.: Strategy and the New Economics of Information, Boston 1997, und Evans, Philip B.; Wurster, Thomas S.: Blown to Bits. How the New Economics of Information Transforms Strategy, Boston 2000.
[3] Evans, Philip B.; Wurster, Thomas S.: Blown to Bits. How the New Economics of Information Transforms Strategy, Boston 2000.

16.6.2 E-Commerce-Typologien

Das Marketingkonzept, das in diesem Buch beschrieben ist, betrachtet das Unternehmen, das etwas anbieten will, als Akteur. Seine Marketinganstrengungen sind an potenzielle Kunden ausgerichtet, sodass das Prinzip der Beeinflussung als «Unternehmen zu Kunde» oder auf Englisch «Business to Consumer» beschrieben werden kann.

Bevor wir nun E-Commerce-Strategien diskutieren, macht es Sinn, die verschiedenen Beziehungen zu klassifizieren. Dabei stellen wir fest, dass neben **«Business to Consumer»** weitere Typen existieren. Davon ist ein Typ, **«Business to Business»,** umsatzmässig viel bedeutender als der Bereich «Business to Consumer»[1]. Die Kurzbezeichnungen wie «B2B» für «Business to Business» sind in der Tabelle jeweils angegeben.

Abb. [16-8] **E-Commerce-Typologie**

Auslöser	**Empfänger**	
	Unternehmen (Business)	Konsumenten (Consumer)
Unternehmen (Business)	Business to Business (B2B) Sears / Carrefour, Ford / GM / DaimlerChrysler	Business to Consumer (B2C) Amazon, Dell
Konsumenten (Consumer)	Consumer to Business (C2B) Priceline	Consumer to Consumer (C2C) Ebay QXL
Staat (Government)	E-Government	

Ganz generell zeichnen sich E-Commerce-Transaktionen durch eine Vielzahl von Vorteilen, aber auch durch einige Nachteile aus. Die folgende Tabelle gibt einen Überblick. Wie wir weiter unten sehen werden, sind die Vorteile vor allem im Business-to-Business-Bereich sehr ausgeprägt, sodass das Internet dort die grösste Durchschlagskraft besitzt.

Abb. [16-9] **Typische Vor- und Nachteile von E-Commerce-Transaktionen**

Vorteile	Nachteile
• Grosse Kostenersparnisse bei Verzicht auf Verkaufslokale mit entsprechendem Verkaufspersonal. • Die Vermittler (Handel, Importeure etc.), die wenig zur Wertschöpfung beitragen, können übergangen werden, woraus eine beträchtliche Kostenersparnis resultiert. • Der Marktzugang zu neuen geografischen Märkten ist sehr günstig zu bewerkstelligen. • Die Informationssuche und Bestellung kann jederzeit erfolgen (jeden Tag während 24 Stunden). • Kunden haben höhere Preistransparenz. • Kunden haben die grössere Auswahl. • Marketingrelevante Informationen jeder Transaktion und Kundenbeziehung liegen vor und können miteinander verknüpft werden. • Die Webseite kann direkt mit dem Callcenter verbunden werden.	• Es findet kein sozialer Kontakt statt. • Eignet sich weniger für «High touch»-Produkte, also für Produkte, die man anfühlen, riechen oder schmecken kann. • Ausser bei digitalisierbaren Produkten (wie z. B. Software) ist die physische Lieferung von der elektronischen Bestellung getrennt. • Die Sicherheit der Zahlungssysteme wird zur Zeit noch bezweifelt. • Es ist sehr aufwendig, eine Verfügbarkeit von 99.999% («Five nines»-Ziel) zu erreichen.

[1] Economist: E-Commerce Survey, Economist 2000.

A] E-Commerce Business to Business

In den USA sind die Umsätze von B2B-E-Commerce-Transaktionen (ca. 560 Mrd. Dollar) ungefähr doppelt so hoch wie die von B2C-E-Commerce-Transaktionen (ca. 250 Mrd. Dollar)[1]. In den letzten Jahren führte der Trend zu einer Angleichung der Umsätze von B2C und B2B. In Europa kann man von einem ähnlichen Verhältnis ausgehen.

B2B E-Commerce, auch **E-Procurement** (E-Beschaffung) genannt, generiert täglich 20 Millionen Verkaufstransaktionen, deren Umsätze einen Drittel des gesamten US-Bruttoinlandprodukts betragen. Stark vertreten sind die Sektoren Handel, Produktion, Finanzen, Gesundheitswesen, Logistik, Lebensmittel und Pharmazie.

Die folgende Tabelle zeigt die **Umsätze von führenden B2B-E-Commerce-Anbietern in der Schweiz.**

Abb. [16-10] **E-Commerce-Umsatz B2B in der Schweiz[2]**

Rang	Online-Shop	Umsatz 2016 (Mio. CHF)
1	elektro-material.ch	279.0
2	alltron.ch	195.0
3	lyreco.ch	181.1
4	shop.w-f.ch	181.0
5	ottofischer.ch	168.3

B] E-Commerce Business to Consumer

Das E-Commerce hat im B2C-Geschäft verschiedene Formen angenommen. In einigen Märkten hat das Internet sich als **Vertriebskanal** etabliert, der analog zum Versandhandel oder dem Handel das Einkaufen ermöglicht. In anderen Märkten ist es möglich, **riesige Sortimente** in kurzer Zeit **zu durchsuchen** und zu sortieren.

Der weltweite B2C-E-Commerce wird 2018 voraussichtlich mit einem Wachstum von 10% einen Umsatz von über 2.4 Billionen Dollar erreichen. Dabei führt die Asien-Pazifik-Region die Rangliste bei den Umsätzen an. China ist im Markt federführend.

Die folgende Abbildung zeigt eine Liste der führenden **B2C-E-Commerce-Plattformen in der Schweiz.**

Abb. [16-11] **E-Commerce B2C in der Schweiz[3]**

Rang	Online-Shop	Umsatz 2016 (Mio. CHF)
1	digitec.ch	602.0
2	zalando.ch	534.0
3	amazon.de	475.0
4	nespresso.com/ch	325.0
5	brack.ch	247.5
6	leshop.ch	182.1
7	microspot.ch	181.0
8	aliexpress.com	130.0

[1] Forrester, Key Trends In B2B eCommerce, 2013.
[2] http://blog.carpathia.ch/wp-content/uploads/2014/01/Poster-Onlineshops-Schweiz-2013-interaktiv-14.pdf.
[3] http://blog.carpathia.ch/wp-content/uploads/2014/01/Poster-Onlineshops-Schweiz-2013-interaktiv-14.pdf.

Rang	Online-Shop	Umsatz 2016 (Mio. CHF)
9	coopathome.ch	129.0
10	galaxus.ch	102.0
11	ifolor.ch	100.0
12	nettoshop.ch	81.0
13	exlibris.ch	75.0
14	shop.mediamarkt.ch	64.0
15	amazon.fr	60.8
16	apple.com/ch/de	60.8

C] E-Commerce Consumer to Business

Hinter dem C2B-Geschäft steht die Idee, dass Konsumenten den Anbietern elektronische Offerten unterbreiten, die diese annehmen oder ablehnen können. Diese **virtuellen Einkaufsgemeinschaften** versuchen, als Gruppe derart viel Kaufkraft zu vereinigen, dass sie erhebliche Rabatte herauswirtschaften können. Der einzelne Kunde kann auf den Homepages der Anbieter[1] seine **Bestellung mit einem Preislimit** aufgeben, wobei von Bohrmaschinen über Kochtöpfe und Computerspiele bis zu Videogeräten alles Mögliche angeboten wird[2]. Neben diesen «Sammelbestellungen» funktioniert C2B-Business auch im Auktionsverfahren.

Beispiel

Priceline[3]

Priceline gilt als die erste «umgekehrte» Auktionsplattform im Internet, bei der die Konsumenten den Preis nennen können, den sie für ein bestimmtes Produkt zu zahlen bereit sind. Obwohl die Firma 1999 53 Mio. US$ Verluste hatte, ist das Wachstum gewaltig. Priceline hatte im Frühling 1998 in amerikanischen Zeitungen Flugtickets zu Schleuderpreisen angeboten. Die interessierten Kunden konnten via Internet ein Kaufangebot abgeben und Priceline besorgte die entsprechenden Tickets bei den Fluggesellschaften. Diese waren anfänglich sehr skeptisch, zwei Jahre später wurden nach eigenen Angaben pro Woche 80 000 Tickets verkauft. Das durchschnittliche jährliche Wachstum der letzten 15 Jahre ist gewaltig und betrug rund 20%. Der Vorteil für die Airlines besteht darin, dass sie ihre überschüssigen Plätze loswerden, ohne selbst mit Tiefstpreisen auf den Markt gehen zu müssen. Priceline hat mehrere Online-Plattformen aufgekauft und generierte 2016 einen Umsatz von knapp 10.7 Mrd. Dollar.

D] E-Commerce Consumer to Consumer

Der Bereich C2C betrifft den Handel zwischen privaten Personen. Hier sind insbesondere die Kleininserate der Zeitungen gefährdet, über die bisher Gebrauchtwagen, alte Möbel, Sammelobjekte, aber auch Ferienwohnungen und private Dienstleistungen angeboten wurden. An ihre Stelle treten **spezialisierte Internetportale,** die gegen eine Gebühr ihre Plattform zu Verfügung stellen. Beispiele sind hier Ebay.com im Bereich der Kleininserate oder das Schweizer Portal Housetrip.de oder Airbnb für die Vermittlung von Ferienwohnungen.

E] E-Government

Der **Abwicklung von amtlichen Handlungen über das Internet** (Adressänderungen, Eingabe von Gesuchen, Steuererklärungen, Anfragen, Ausschreibung für öffentliche Projekte etc.) wird eine blühende Zukunft vorausgesagt. Grund für die grossen Wachstumschancen liegen in den tiefen Kosten, die im Zeitalter der Budgetkürzungen ausgeschöpft werden müssen. Das Problem in der Umsetzung liegt teilweise darin, dass auch mit einer Internet-Lösung auf die traditionellen Kanäle nicht verzichtet werden darf. Dies würde den Bürgern, die keinen Internetanschluss haben, den Zugang zu den Behörden verunmöglichen.

[1] www.accompany.com, www.mercata.com, www.primusonline.com.
[2] Heuer, Steffan: Der billige Jakob geht ins Netz – Virtuelle Einkaufsgemeinschaften sind die neueste Sparmode im Internet, Cash 2000.
[3] Zepelin, Joachim: Internet-Marktplatz jetzt auch mit Billig-Sprit, Financial Times Deutschland 2000.

Beispiel **Steuerbehörden**[1]

Die amerikanischen Steuerbehörden IRS (Internal Revenue Service) haben 2004 den Auftrag erhalten, dafür zu sorgen, dass bis 2007 80% der Steuererklärungen elektronisch als E-File eingereicht werden. Dieses Ziel wurde mit 38 Millionen elektronischer Steuererklärungen von insgesamt 47 Millionen Steuererklärungen erreicht. Dabei reichten Treuhandbüros zwei Drittel, Privatpersonen einen Drittel der elektronischen Steuererklärungen ein. Buchhaltungs- und Steueroptimierungsprogramme wie Quicken, Turbo-Tax etc. stellen die entsprechenden elektronischen Formulare direkt zur Verfügung. Ein kritischer Faktor bei der konkreten Umsetzung ist nach wie vor die Datensicherheit und der Datenschutz.

16.7 Marketingfehler

Die **Kombination der etablierten Kanäle und der elektronischen Kanäle** stellt sehr hohe Anforderungen an das Multichanneling, die nicht immer erfüllt werden.

Beispiel **Telekommunikation**

Ein Unternehmer lässt seine geschäftliche Webseite mit einem E-Commerce-Angebot bei der Firma «Moonshine» betreiben und überlässt Moonshine auch die Gestaltung der Seite. Er nutzt für sein Unternehmen auch ausschliesslich die Festnetz- und Mobilkommunikation von Moonshine und zählt deshalb zu der Gruppe der profitabelsten Kunden.

Privat nutzt der Kunde eine Gratisdienstleistung von Moonshine für seine privaten E-Mails. Als er das Speicherlimit von 5 GB erreicht, ruft er das Callcenter von Moonshine an und bittet um ein Speicherlimit von 20 GB. Der Callcenter-Mitarbeiter teilt dem Kunden mit, dies sei nicht möglich, da es sich um eine Gratisdienstleistung handelt. Wenn er mehr Speicher möchte, dann sei das kostenpflichtig und er müsse die Internetadresse ändern.

Verärgert kündigt der Unternehmer an, dass er auch für sein Geschäft den Telekommunikationsanbieter wechseln will. Er teilt dies der Abteilung für Geschäftskunden schriftlich mit. Sein Betreuer ruft am gleichen Tag zurück und teilt ihm mit, dass er ab sofort 50 GB Kapazität für private E-Mails hat.

Dieses Beispiel zeigt, dass Moonshine nicht in der Lage ist, die Kunden auf allen Kanälen gleich zu bedienen. Der Callcenter-Mitarbeiter wickelt die Anfrage standardisiert ab, weil er nicht erkennen kann, dass es sich beim Kunden um eine hochrentable Beziehung handelt. Die Verkaufskanäle sind nicht koordiniert.

Zusammenfassung

Bei der Distribution geht es um die **Gestaltung der Vertriebswege** zum Kunden. Dabei wird zwischen einem direkten Vertrieb und einem indirekten Vertrieb unterschieden.

Die Auswahl der **Distributionspartner** richtet sich nach den Distributionszielen, wobei das wichtigste quantitative Ziel der **Distributionsgrad** ist. Weitere Zielgrössen sind die Kosten, die Flexibilität, die Entwicklungsmöglichkeiten, das Image, die Unabhängigkeit und die Integrationsmöglichkeiten.

Wählt ein Produzent für den Absatz seines Produkts unterschiedliche Absatzkanäle für die einzelnen Zielkunden-Segmente, spricht man vom **Multichanneling** (Mehrkanal-Distribution). Das Multichanneling stellt für viele Unternehmen eine grosse Herausforderung dar, die ein wichtiger Wettbewerbsvorteil sein kann.

Je nach Markt und Kundenstruktur lohnt es sich, den Vertrieb zu den wichtigsten Kunden, den Schlüsselkunden, speziell zu regeln. Das **Key-Account-Management** stellt einen intensiven Informationsaustausch zwischen dem Unternehmen und dem Kunden her, der die Kundenpflege und die Koordination verbessern soll.

[1] Peppers & Rogers Group Inside1to1Privacy@1to1.com, E-Mail vom 11.3.2004.

Wird der Verkauf von Produkten und Dienstleistungen über elektronische Netze wie das Internet abgewickelt, sprechen wir von **E-Commerce.** Der grosse Vorteil des Internets liegt in der Überwindung des traditionellen Zielkonflikts von Reichhaltigkeit und Reichweite. E-Commerce-Lösungen können sowohl Reichhaltigkeit und Reichweite anbieten. Das grösste Wachstumspotenzial im E-Commerce ist im **Business to Business** (B2B) Bereich zu vermuten. Weitere Typen sind das **Business to Consumer (B2C), Consumer to Business (C2B), Consumer to Consumer (C2C) und das E-Government.**

Repetitionsfragen

71 Ein Hersteller überlegt sich, ob er im Ausland eine Filiale eröffnen oder einen Kommissionär beauftragen soll. Angenommen, beide Varianten erfüllen die Handelsfunktionen absolut identisch, wird die Entscheidung einzig aufgrund der Kosten gefällt. Bei der Filiale entstehen jährliche Fixkosten von CHF 500 000.–. Zudem darf die Filiale 10% des Umsatzes für Werbung, Bonus etc. behalten. Der Kommissionär verursacht jährliche Fixkosten in der Höhe von CHF 100 000.–, behält aber 20% des Umsatzes. Ab welchem Umsatz lohnt sich die Filiale?

Umsatz	Fixkosten Filiale	Variable Kosten Filiale	Totalkosten Filiale	Fixkosten Kommissionär	Variable Kosten Kommissionär	Totalkosten Kommissionär
1 Mio.						
2 Mio.						
3 Mio.						
4 Mio.						
5 Mio.						

72 Wir haben gesagt, dass bei traditionellen Kanälen ein Zielkonflikt zwischen Reichhaltigkeit und Reichweite besteht. Trifft das auch auf E-Government-Lösungen zu?

73 Betrachtet man die Funktionen des Key Account Management (KAM), scheint es die ideale Form der Kundenbetreuung zu sein. Warum wird das KAM nicht überall und für alle Kunden angewendet?

74 Warum verkaufen fünf der grössten zehn B2B-E-Commerce-Plattformen der Schweiz Büromaterialien?

75 Worin besteht das typische Dilemma zwischen Fixkosten und variablen Kosten bei der Gestaltung des Vertriebssystems?

Fallbeispiel 14 – Lidl Schweiz mit Bioprodukten

Autor: Stefan Michel

Ausgangslage

Bevor Lidl am 19. März 2009 in der Schweiz die erste Filiale eröffnete, befürchteten die Schweizer Grossverteiler und Detailhändler eine **Verstärkung des Preiskriegs.** Migros hatte sich mit dem Kauf der Denner-Gruppe bereits in Stellung gebracht.

Die Überraschung war einigermassen gross, als Lidl vermehrt auf **Frischprodukte** von lokalen Lieferanten setzte und diese mit grossem Aufwand bewarb. Erstens griff Lidl damit die Grossverteiler frontal in ihrem **Kerngeschäft** an, zweitens hatten sie mit einem **Imagedefizit** zu kämpfen. Eine Untersuchung von GfK ergab 2010, dass bei den Schweizer Konsumenten Migros, Coop und Volg mit «Frische» assoziiert werden. Aldi und Lidl trauen nur 9% bzw. 8% der Befragten ein Frischsortiment zu. In der Zwischenzeit ist es Lidl gelungen, sich erfolgreich zu positionieren. Der Discounter erzielte 2016 ein Umsatzwachstum von 10% auf 960 Mio. CHF und konnte bei dieser Kennzahl von Rang 12 auf Rang 9 in der Schweiz vorrücken, da er schneller wächst als alle Konkurrenten.

Lidl führt auch **Biomarken,** die etwa 3–5% des Umsatzes ausmachen. Die Tatsache allein, dass ein Harddiscounter aktiv ein Bio-Sortiment aufbaut, ist bemerkenswert. Dabei schneiden die Bioprodukte von Lidl in den Vergleichen von Kassensturz und Beobachter mitunter recht gut ab.

Seit 2016 kommuniziert Lidl auch **Nachhaltigkeitsziele** und führt verschiedene Labels, z. B. Fair Trade mit Max Havelaar, FSC für Holz und MSC für Fisch. Daneben bemüht sich Lidl auch um Gespräche für die Führung der anerkannten Bio-Label, den Marienkäfer von IP Suisse und die Knospe von Bio Suisse.

Bild: PhotoSG / Fotolia.com

Aufgaben

1	Macht es für Lidl Sinn, auf Bioprodukte zu setzen, wenn das Image eigentlich dagegen spricht, «Bio Suisse» die Knospe verweigert und der Anteil nur etwa 3–5% des Umsatzes ausmacht?
2	Bei welchen Produkten wird Lidl vermutlich einen numerischen Distributionsgrad von 100% erzielen? Kann der gewichtete Distributionsgrad bei diesen Produkten auch 100% sein?
3	Denken Sie, dass Biobauern Lidl eher begrüssen oder eher ablehnen?

17 Marketingmix

Lernziele

Nach der Bearbeitung dieses Kapitels können Sie …

- das Marketing von Konsumgütern, Dienstleistungen und Investitionsgütern unterscheiden.
- das Standard-Dominanz-Modell beschreiben.
- Schwierigkeiten bei der Bestimmung des optimalen Marketingmix nennen.

Schlüsselbegriffe

Absatzbedeutung, Bewerbungsmarketing, Dienstleistungsmarketing, interaktives Marketing, internes Marketing, Investitionsgütermarketing, Kirchenmarketing, Konsumgütermarketing, Marketingmix, nicht gewinnorientiertes Marketing, Politmarketing, Servicekultur, soziales Marketing, Standard-Dominanz-Modell

Als Marketingmix bezeichnen wir die **Kombination aller Marketinginstrumente zur Umsetzung der Marketingstrategie.** Der Begriff wurde von James Culliton geprägt, der meinte, dass ein Marketingmanager eigentlich ein Mischer von Bestandteilen ist, der auf kreative Weise einen Mix von Marketingverfahren und -massnahmen konzipiert und umsetzt.

17.1 Marketingziele

Das **qualitative Ziel** bei der Gestaltung des optimalen Marketingmix lautet: Die Marketinginstrumente sind so eingesetzt, dass sie den strategischen Vorgaben bezüglich Segmentierung, Positionierung, CRM etc. entsprechen und sich gegenseitig ergänzen. Ziel ist also eine optimale Anpassung gegen aussen (Markt) und gegen innen (Unternehmen).

Das **quantitative Ziel** bei der Gestaltung des optimalen Marketingmix lautet: Die Marketingziele werden mit minimalem Mitteleinsatz (Finanzen, Personal etc.) erreicht.

Beispiel

Abonnentenwerbung

Eine Tageszeitung setzt sich zum Ziel, 1 000 Neuabonnenten zu gewinnen. Als mögliche Massnahmen werden genannt:

- Plakatwerbung
- Direct-Mailing an Nichtleser
- Inserate in der Zeitung für Gelegenheitsleser
- Probeabo-Promotion an gut frequentierten Lagen (Bahnhof, Einkaufszentrum)
- Telefonmarketing an Nichtleser

Die Kalkulation der Kosten der verschiedenen Massnahmen und die Abschätzung der Erfolgsquote führen zum Ergebnis, dass die kostengünstigste Kombination darin besteht, ca. 400 Gelegenheitsleser mit Inseraten in der eigenen Zeitung und ca. 600 Nichtleser mit Telefonmarketing als Abonnenten zu gewinnen. Beiden Gruppen wird ein Einführungsrabatt und ein Willkommensgeschenk offeriert.

17.2 Unterscheidung zwischen Konsumgut, Dienstleistung und Investitionsgut

Die Gestaltung des Marketingmix ist abhängig von der **Marktleistung und den anzusprechenden Segmenten.** Im Marketing ist üblich, zwischen Konsumgütern, Investitionsgütern und Dienstleistungen zu unterscheiden. Vereinfacht betrachtet denken wir bei Konsumgütern deshalb vor allem an «Dinge», die man in einem Geschäft kaufen kann. Bei Investitionsgütern handelt es sich meistens um teurere Anschaffungen auf dem Business-to-Business-Markt. Dienstleistungen sind Leistungen von Banken, Versicherungen, Ärzten, Gastronomen, Schulen etc.

Die nachfolgende Tabelle zeigt die wesentlichen und typischen Unterschiede zwischen Konsumgüter-, Investitionsgüter- und Dienstleistungsmarketing.

Abb. [17-1] **Vergleich Konsumgüter-, Investitionsgüter- und Dienstleistungsmarketing**

Kriterien	Konsumgütermarketing	Investitionsgütermarketing	Dienstleistungsmarketing
Produkt- und Marktleistungsmix	Standardisiert	Individuell, je nach Kundenbedürfnis	Heterogen, wird im Prozess mit dem Kunden erstellt
Preis- und Konditionenmix	Standardisiert, transparent, Aktionen sind wichtig	Komplexe Vertragsaushandlung, nicht der Kaufpreis, sondern die Kosten über die gesamte Nutzungsdauer zählen	Variantenreich, verschiedene Module
Distributionsmix	Zwischenhandel sehr bedeutend, weil viele kleine Kunden	Handel weniger bedeutend, weil viel Direktvertrieb	Direkter Kundenkontakt ohne Zwischenhandel
Kommunikationsmix	Ziel ist emotionale Positionierung und Verkaufsförderung am POS[1]	Ziel ist Information	Ziel ist es, «unsichtbare» Leistungen sichtbar zu machen
Kundenstruktur	Viele kleine Kunden	Wenig grosse Kunden	Unterschiedlich
Typische Käufer	Privatpersonen ohne besondere Kenntnisse	Geschäftsleute mit Fachwissen, mehrere Personen in unterschiedlichen Rollen am Kaufentscheid beteiligt	Kunden mit hohem Einsatz, weil persönlicher Kontakt
Beziehung Produzent–Kunde	Häufig keine, anonym	Langjährig und intensiv	Persönlicher Kontakt, häufig nicht intensiv
Kaufprozess	Einfach	Komplex	Einfach bis komplex
Marktforschung	Primär- und Sekundär-Mafo, viele Multi-Client-Studien, Handels- und Haushaltspanel, grosses Universum für Ad-hoc-Studien	Viele Sekundärquellen, Adressen erhältlich über Verbände oder Adressenhändler, hohe Rücklaufquoten, grosses Fachwissen der Befragten	Qualitätsforschung nimmt einen wichtigen Platz ein, Befragungen sind oft schwierig, weil Dienstleistungen nicht greifbar sind, persönliche Erfahrungen sind wichtig

[1] POS = Point of Sale, Verkaufspunkt.

17.3 Konsumgütermarketing (4 P)

Im Konsumgütermarketing spricht man von den 4 P. Diese vier Submixe ergeben den Marketingmix:

- Product (Marktleistungsmix)
- Price (Preis- und Konditionenmix)
- Place (Distributionsmix)
- Promotion (Kommunikationsmix)

Die **4 P des Marketings** wurden auf der ganzen Welt sehr populär, als sie von Philip Kotler in seinem Lehrbuch aufgenommen wurden. Sie gelten seit über 30 Jahren als die «Grundformel» des Marketings. Die 4 P werden häufig unbesehen für Dienstleistungen übernommen. Das ist nicht sinnvoll, da sich bei der Vermarktung von Dienstleistungen spezielle Herausforderung stellen, wie wir unten sehen.

Die verschiedenen Instrumente wie Preisfestsetzung oder Werbung lassen sich den Marketingsubmixen zuordnen. Dabei müssen wir uns allerdings bewusst sein, dass diese Zuordnung nicht immer trennscharf ist.

Beispiel **Persönlicher Verkauf**

Der persönliche Verkauf wird typischerweise im Submix «Promotion» aufgeführt. Wenn der Aussendienstmitarbeiter Beratung anbietet oder Schulungen durchführt, ist das ein Teil des «product». Wenn er über Preise und Zahlungskonditionen verhandelt, gehört das zum «price». Wenn er die Bestellung bei Kunden entgegennimmt und dann selbst ausliefert, wäre das «place».

Trotz dieser Ungenauigkeit ist die Idee des Marketingmix in der Praxis sehr hilfreich, weil sie deutlich macht, dass alle Instrumente und Massnahmen richtig miteinander kombiniert werden.

17.4 Dienstleistungsmarketing

In Kapitel 12, S. 195 Marktleistung wurden Dienstleistungen mit Produkten verglichen. Basierend auf dieser Unterscheidung ist es notwendig, den Marketingmix für Dienstleistungen neu zu überdenken.

Unter einer Dienstleistung verstehen wir ein Leistungsangebot, das sich durch **vier Merkmale** auszeichnet, die wir am Beispiel einer Theateraufführung zeigen:

- **Unmittelbarkeit** (Simultanität): Die Herstellung und der Verbrauch bzw. die Produktion und die Konsumation fallen zeitlich zusammen. Während die Schauspieler arbeiten, geniessen die Besucher die Unterhaltung.
- **Nichtgreifbarkeit** (Intangibilität): Die Leistung ist physisch nicht greifbar. Die Unterhaltung als Leistung kann nicht angefasst werden.
- **Kundenbeziehung** (Interaktion): Es findet ein persönlicher Kontakt statt. Die Schauspieler sind «live» mit ihrem Publikum zusammen.
- **Kundenbeteiligung:** Die Nachfrager sind oft an der Erstellung der Dienstleistung beteiligt. Im Musical «The Rocky Horror Show» sind viele Zuschauer verkleidet und sprechen den Text mit bzw. machen Zwischenbemerkungen, die einen festen Teil der ganzen Show ausmachen.

Die folgende Tabelle zeigt, welche Konsequenzen sich aus den typischen Eigenschaften von Dienstleistungen ergeben und welche neuen Submixe (3 P) die klassischen 4 P ergänzen, sodass wir von den **7 P des Dienstleistungsmarketings** sprechen, die wir bereits in Kapitel 12, S. 195 besprochen haben.

Abb. [17-2] **Begründung der zusätzlichen 3 P im Dienstleistungsmarketing**

Eigenschaft der Dienstleistung →	Konsequenz für das Marketing →	Marketingsubmix
Interaktion →	Mitarbeitende erbringen die Leistung im direkten Kundenkontakt →	People (Personal)
Kundenbeteiligung →	Die Leistung wird mit dem Kunden zusammen erstellt →	Process (Prozess)
Simultanität →	Der Kunde ist bei der «Produktion» aktiv oder passiv anwesend →	Physical Tangibles (Umgebung)

Die vierte Eigenschaft, **Intangibilität,** hat wesentliche Auswirkungen auf die 4 P:

- **Product:** Die Dienstleistung ist nicht greifbar, die Qualitätskontrolle ist schwierig, eine Standardisierung erfolgt durch Prozesse, nicht durch Produkte.
- **Price:** Die Nichtlagerbarkeit von Dienstleistungen führt zu einer sehr dynamischen Preisstrategie. Wenn ein Sitz in einem Flugzeug heute leer bleibt, kann er morgen nicht mehr verkauft werden.
- **Place:** Es gibt keine Lager- und Transportmöglichkeit. Häufig kommt der Kunde zum Dienstleistungsunternehmen hin oder der Dienstleister geht zum Kunden. Die Dienstleistung kann teilweise auch über Telefon, E-Mail, Internet erbracht werden.
- **Promotion:** Es ist schwierig, etwas zu bewerben, was man nicht anfassen und «zeigen» kann. Häufig geht es darum, den Nutzen einer Dienstleistung zu demonstrieren und Vertrauen zu schaffen.

17.4.1 Elemente des Dienstleistungsmarketings

Bei Dienstleistungen, die sehr personalintensiv sind und bei denen die Kunden persönlich bedient werden, eignet sich das **Dreieck des Dienstleistungsmarketings** noch besser als die 7 P. Das Dreieck des Dienstleistungsmarketings betont die Bedeutung der Mitarbeitenden und der Kunden bei der Dienstleistungserstellung.

Das Dreieck ergänzt das externe Marketing, das bei Konsumgütern im Vordergrund steht, durch die Betonung des

- internen Marketings und des
- interaktiven Marketings.

Im Mittelpunkt des Dreiecks steht die **Servicekultur.** Die Servicekultur ist ein gemeinsames Verständnis darüber, wie man die Kunden behandelt und welchen Stellenwert man der Kundenzufriedenheit beimisst.

Abb. [17-3] **Externes, internes und interaktives Marketing**

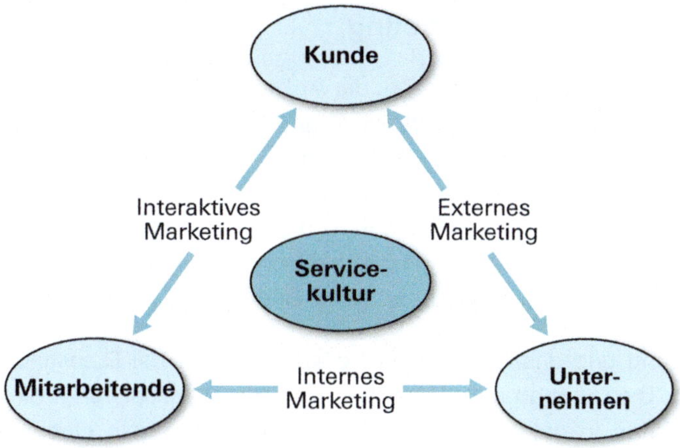

17.4.2 Internes Marketing

Ziel des internen Marketings ist es, die Mitarbeitenden auf die Interaktion mit dem Kunden optimal vorzubereiten. Das interne Marketing ist eng verwandt mit einem der **7 P,** nämlich **«people».** Das heisst, dass die Mitarbeitenden «im Moment der Wahrheit», also beim Kundenkontakt, den bestmöglichen Service bieten

- können (Fähigkeit, Wissen, Know-how),
- wollen (Motivation, Einstellung, Wille) und
- dürfen (Kompetenzen und Entscheidungsmacht).

Neben konkreten Massnahmen geht es beim internen Marketing um die **Gestaltung einer Unternehmenskultur,** einer Philosophie, nach der sich alle Bemühungen auf den «Moment der Wahrheit» konzentrieren.

Als **Instrumente des internen Marketings** werden folgende Punkte genannt:[1]

- **Internes Training:** Es dient der Einführung von Neulingen und der permanenten Schulung der Mitarbeitenden.
- **Interne interaktive Kommunikation:** Damit wird der kontinuierliche Dialog zwischen dem Management und den Mitarbeitenden an der Front sichergestellt.
- **Interne Massenkommunikation:** Regelmässige Berichterstattung, z. B. am «schwarzen Brett» oder in der Mitarbeiterzeitung, fördert sowohl den Wissensstand als auch die Motivation an der Front.
- **Personalmanagement:** Die Bewerberauswahl, Stellenbesetzungen und Beförderungen richten sich nach dem Ziel, den bestmöglichen Kundennutzen zu erzielen.
- **Werbung:** Auch wenn die Werbung vorwiegend dem externen Marketing dient, ist ihre Wirkung auf die eigenen Mitarbeitenden des Unternehmens nicht zu unterschätzen. Insbesondere übernimmt sie eine wichtige Identifikationsfunktion.
- **Interne Marktforschung:** Mit systematischen persönlichen und schriftlichen Befragungen, eingebauten Feedbacks usw. geht das Management auf die Wünsche und Bedürfnisse der Mitarbeitenden ein. Zufriedene Mitarbeitende bedienen den Kunden besser.

17.4.3 Interaktives Marketing

Interaktives Marketing hat zum Ziel, die **Anbieter-Nachfrager-Interaktion** bei der Erstellung der Dienstleistung möglichst optimal zu gestalten. Häufig wird deshalb das interaktive Marketing einem der **7 P, «process»** eingeordnet. Aus vielen Untersuchungen ist bekannt, dass Kunden die Dienstleistungen nicht nur aufgrund des Resultats, sondern auch aufgrund des Prozesses beurteilen. Für den Kunden ist nicht nur das Resultat wichtig (z. B. gutes Essen im Restaurant), sondern auch der gesamte damit zusammenhängende Prozess (z. B. genügend Parkplätze, Nichtrauchertisch, freundliche Bedienung, angenehme Atmosphäre etc.).

Die Messung und das Management der Qualität ist bei Dienstleistungen ausserordentlich schwierig. Dies liegt an den Besonderheiten der Dienstleistung. Sie wird nicht wie ein Auto am Fliessband in grossen Auflagen produziert, wo sie in einer Qualitätskontrolle geprüft werden könnte, sondern findet in vielen Tausenden «Momenten der Wahrheit» statt. Als **«Moment der Wahrheit»** bezeichnen wir jede Interaktion zwischen dem Kunden und dem Unternehmen und seinen Mitarbeitenden.

Beispiel

SAS Fluggesellschaft

Jan Carlzon, der frühere CEO der Airline SAS, schuf den Begriff des «moment of truth». Er errechnete, dass es bei der SAS täglich ca. 50 Millionen Kundeninteraktionen gibt. Seine Hauptaussage an die Mitarbeitenden war, dass jeder dieser 50 Millionen Interaktionen darüber entscheiden kann, ob die Kunden in Zukunft wieder SAS wählen oder eine andere Fluggesellschaft bevorzugen.[2]

Ein Instrument des interaktiven Marketings sind die aus der Organisationslehre bekannten **Flussdiagramme,** die hier um den Teil der Kunden erweitert werden. Mit anderen Worten: Der Kunde kann aus dieser Perspektive als «partieller Mitarbeiter» des Unternehmens betrachtet werden. Der Dienstleistungsprozess wird nicht nur aus der Sicht des Unternehmens, sondern auch aus der Sicht des Kunden analysiert. Die folgende Abbildung zeigt einen Dienstleistungsprozess (Service Blueprint)[3] für eine Hotelübernachtung.

[1] Stauss, Bernd; Schulze, H.: Internes Marketing, Wiesbaden 1990.
[2] Carlzon, Jan: Moments of Truth, Cambridge, 1987.
[3] Shostack, G. Lynn: How to Design a Service, European Journal of Marketing 16, 1982.

Abb. [17-4] **Dienstleistungsprozess einer Hotelübernachtung**

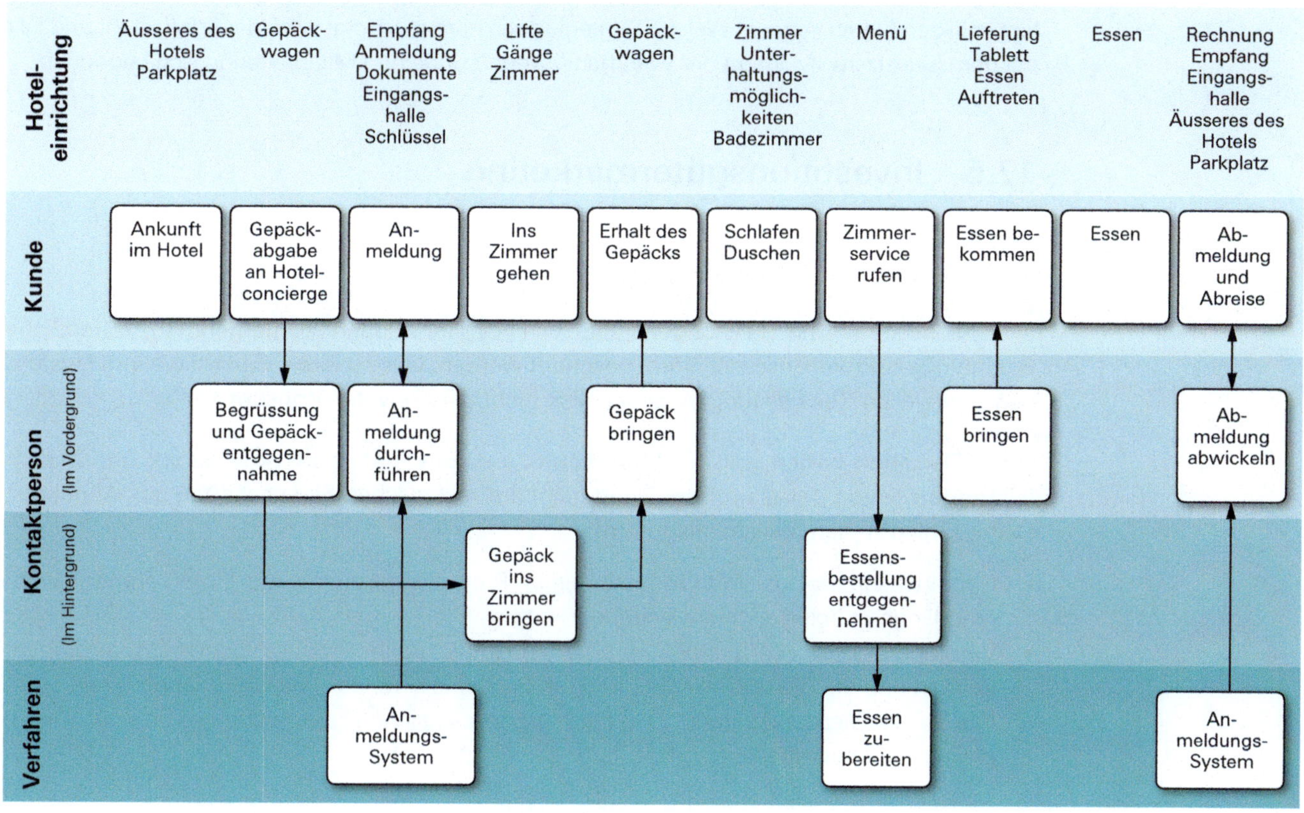

Dabei kann jeweils unterschieden werden zwischen Prozessen und Produkten wie auch zwischen einem Platz auf der Bühne und einem hinter der Bühne, die durch eine sichtbare Linie getrennt werden. Durch eine solche **strukturelle** Analyse sollen Optimierungspotenziale erkannt und Innovationsnischen ausfindig gemacht werden.

Verschiedene Forschungsarbeiten zur Dienstleistungsqualität wenden sich ab von der Idee, dass sich die Qualität als additive Verknüpfung verschiedener Merkmale ergibt. Sie plädieren für die **«Methode der kritischen Ereignisse».** Danach bewerten Konsumenten Dienstleistungen aufgrund besonders positiver oder besonders negativer Erfahrungen. Dieser Ansatz ist sehr viel versprechend, weil er den Blick des Dienstleistungsanbieters für diese kritischen Ereignisse schärft. Die strukturelle Darstellung des Dienstleistungsprozesses hilft mit, solche neuralgischen Punkte zu erkennen und ihre Gestaltung für die Erzielung von Wettbewerbsvorteilen zu nutzen.

Die Prozesse sind die entscheidenden **Kostentreiber bei der Erstellung von Dienstleistungen.** Das gedankliche Auseinandernehmen von Prozessen ermöglicht konkrete Kosten-Nutzen-Betrachtungen (activity based costing) und dient so einem effektiven Kostenmanagement.

17.4.4 Servicekultur

Die enge Verzahnung zwischen den Funktionen Marketing, Produktion, Beschaffung, Personal- und Rechnungswesen etc. sowie die Unmöglichkeit, jede einzelne Kunden-Mitarbeiter-Interaktion überwachen zu können, verlangt einen **Koordinationsmechanismus,** der sich mit herkömmlichen Planungs- bzw. Strukturansätzen kaum bewerkstelligen lässt. Deshalb kommt der serviceorientierten **Unternehmenskultur** hier eine Schlüsselfunktion zu. Unter Kultur verstehen wir die Gesamtheit der gemeinsamen Werte, Verhaltensnormen, Denk- und Handlungsweisen aller Mitarbeitenden eines Unternehmens. Diese Kultur muss auf die Erfordernisse des Markts ausgerichtet werden.

In diesem Zusammenhang entsteht für Mitarbeitende, die in direktem Kundenkontakt stehen, eine grosse **Rollenvielfalt**, die aufgrund der vielfältigen Ansprüche verschiedener Akteure zu Rollenkonflikten führen können. Welche Strategie auch immer verfolgt wird, der Erfolg steht und fällt mit dem Einsatz im «Moment der Wahrheit», wenn Kunde und Mitarbeitende sich begegnen.

17.5 Investitionsgütermarketing

17.5.1 Was sind Investitionsgüter?

Investitionsgüter sind Leistungen, die von Organisationen (Unternehmen, öffentliche Betriebe, Non-Profit-Gesellschaften) beschafft werden, um mit ihrem Einsatz weitere Leistungen zu erstellen. Die Leistungen dienen also nicht dem privaten Konsum.

Diese Definition basiert auf der **Unterscheidung des Verwendungszwecks der Marktleistungen sowie der Nachfrager** und nicht auf technischen Eigenschaften des Angebots. Damit zählen zu den Investitionsgütern:

- Gebrauchsgüter: Das sind Produkte, die im Produktionsprozess des Unternehmens während längerer Zeit gebraucht werden.
- Verbrauchsgüter: Hier handelt es sich um Güter, die im Produktionsprozess verbraucht werden und die Bestandteile des fertigen Produkts sind, das das Unternehmen verkauft.
- Industrielle Dienstleistungen: Diese umfassen sämtliche Dienstleistungen, die nicht dem privaten Konsum dienen.

Beispiel

Bäckerei

Für eine Bäckerei ist der Backofen ein Gebrauchsgut, das Mehl ein Verbrauchsgut und die Arbeit des Treuhandexperten eine industrielle Dienstleistung (Business-to-Business).

17.5.2 Charakteristiken von Investitionsgütermärkten

Charakteristische Merkmale von Investitionsgütermärkten sind:[1]

- **Weniger Käufer.**
- **Grössere Kaufmengen.**
- **Enge Anbieter-Nachfrager-Beziehung:** Umfangreiche Projekte werden oft über Monate und Jahre mit dem Kunden gemeinsam entwickelt.
- **Häufig geografisch konzentrierte Käufer:** Beispiele in der Schweiz sind die chemischen Betriebe in Basel, Banken in Zürich.
- **Abgeleitete Nachfrage:** Die Konsumgüternachfrage ist vom Konsum der Privatpersonen abhängig, die Nachfrage nach Investitionsgütern wird aus dieser Konsumgüternachfrage abgeleitet. Wenn z. B. die Bevölkerungsentwicklung rückläufig ist, kann die Nachfrage nach Wohnungen abnehmen. Dadurch werden weniger Neubauwohnungen gebaut und in der Folge weniger Baugrundprodukte gekauft.
- **Professioneller Einkauf:** Investitionsgüter werden oft von professionellen Einkäufern beschafft, die auf ihrem Gebiet Spezialisten sind und lernen, beim Einkauf das bestmögliche Geschäft abzuschliessen.
- **Rationaler Einkauf oder persönliche Beziehung** (Vitamin B): Die emotionale Komponente ist weniger ausgeprägt als bei Konsumgütern. Dafür spielen persönliche Beziehungen eine wichtige Rolle.

Diese Merkmale führen dazu, dass im Investitionsgütermarketing das **Key-Account-Management** eine sehr grosse Bedeutung erlangte. Eine wesentliche Herausforderung ist, dass eine Vielzahl von verschiedenen Personen mit unterschiedlichen Bedürfnissen innerhalb

[1] Kotler, Philip; Keller, Kevin Lane; Brady, Mairead; Goodman, Malcolm; Hansen, Torben: Marketing Management, Harlow 2009.

der Kundenorganisation überzeugt werden muss. Nach dem Modell von Webster / Wind hat man es im Investitionsgütermarkt selten mit einem einzigen Einkäufer zu tun, sondern mit einer ganzen Gruppe, die sich durch folgende **Rollenverteilung** charakterisiert:[1]

- **Verwender:** Diese Personen verwenden das Produkt bei ihrer Arbeit. Sie geben oft den Anstoss zu neuen Investitionen.
- **Beeinflusser:** Häufig beeinflussen technische Experten den Kaufprozess, z. B. indem sie Einfluss auf Spezifikationen der Leistung nehmen.
- **Entscheider:** Sie bestimmen schlussendlich, was gekauft wird.
- **Bewilligungsinstanz:** Sie bestätigt die getroffene Entscheidung.
- **Käufer:** Mit ihnen werden Verkaufsgespräche geführt und die Vertragsbedingungen ausgehandelt.
- **Gate Keepers:** Diese «Türöffner» haben direkt keine Macht im Entscheidungsprozess, können aber informal eine wichtige Kontaktbrücke zu anderen Gruppenmitgliedern sein.

Beispiel

Messestand

Bild: Gustavo Fadel / Shutterstock.com

Messebauunternehmen richten ihre Verkaufsbemühungen an mehrere Personen im Unternehmen des Autoimporteurs.

Ein Messebauunternehmen offeriert seine Leistung einem Autoimporteur, der am Genfer Autosalon die neuesten Modelle ausstellen möchte. Dabei richtet er seine Verkaufsbemühungen nicht nur an den zuständigen Verkaufsleiter, sondern an eine ganze Reihe von Personen innerhalb des Unternehmens des Autoimporteurs:

- Verwender: Der Verwender ist der Messeverantwortliche, der für den Messestand in Genf zuständig ist. Ihn interessiert vor allem ein praktisches Design mit attraktiver Kundenzone, aber auch mit einem funktionalen Mitarbeiterbereich.
- Beeinflusser: Der Kommunikationsverantwortliche ist nicht direkt beim Entscheid involviert. Da er aber für die gesamte visuelle Erscheinung zuständig ist, kann er den Entscheid zumindest beeinflussen.
- Entscheider: Die Marketingleiterin entscheidet, welche Offerte den Zuschlag erhält.
- Bewilligungsinstanz: Das Geschäft und das Budget müssen von der Geschäftsleitung genehmigt werden.
- Käufer: Eigentlicher Käufer der Dienstleistung ist der Verkaufsleiter, der hierarchisch zwischen der Marketingleiterin und dem Messeverantwortlichen steht.
- Gate Keepers: Vor der Offertphase sind Gate Keepers besonders wichtig. In diesem Beispiel ist es für den Messebauverkäufer von Vorteil, dass er mit einem Product Manager des Autoimporteurs seit vielen Jahren bekannt ist und dass sie sich öfters auch privat treffen. Der Gatekeeper ist zwar nicht direkt am Kaufentscheid beteiligt, stellt aber den Kontakt sicher und liefert Zusatzinformationen.

[1] Webster, Frederick E. Jr.; Wind, Yoram: Organizational Buying Behavior, Journal of Marketing 36, 1972.

17.6 Nicht gewinnorientiertes Marketing

Das klassische Marketing ist stark auf Konsumgüter ausgerichtet. In den letzten 20 Jahren haben das Dienstleistungsmarketing und das Investitionsgütermarketing aufgeholt und konnten sich als eigenständige Teilgebiete des Marketings etablieren.

Parallel dazu hat sich die Idee des Marketings auch in anderen Bereichen unseres Lebens verbreitet. Hier geht es meistens darum, Erkenntnisse und Instrumente des Marketings zu nutzen, um gesetzte Ziele besser zu erreichen. Dabei wird nicht ein Gewinnziel verfolgt, sondern ein soziales oder ein individuelles Ziel.

Abb. [17-5] **Nicht gewinnorientiertes Marketing**

Marketingansatz	Beschreibung	Marketingziel	Beispiele von Marketingstrategien und -instrumenten
Soziales Marketing	Die Krankenkassen versuchen, die Bevölkerung mit einer Kampagne, vom Rauchen abzuhalten	Anteil der Raucher in der Bevölkerung senken, Konsum der Raucher senken, Jugendliche vom Rauchen abhalten	TV-Spots mit dem Slogan «uns stinkts» und Signal von aussetzenden Herztönen
Kirchenmarketing	Die Kirchen organisieren Events, um die Besucherzahl zu steigern	Kurzfristige Steigerung der Besucherzahl, langfristige Zunahme der gläubigen Kirchengänger	Segmentierung (z. B. junge Familien), Event-Marketing (Brunch mit Gospel)
Politmarketing	Parteien betreiben Werbung, um eine Abstimmung zu gewinnen	Gewinn der Abstimmung und Erhöhung des Wählerpotenzials	Werbeplakate, Veranstaltungen, Informationsmaterial
Bewerbungsmarketing	Eine Fachhochschulabsolventin erstellt ein Marketingkonzept für ihre eigene Stellensuche	Stellenangebot von einem attraktiven Arbeitgeber	SWOT-Analyse, Segmentierung, Positionierung, Kommunikation, Preis

17.7 Standard-Dominanz-Modell

Bei der Gestaltung des Marketingmix ist zu berücksichtigen, dass nicht alle Instrumente und Submixe gleich wichtig sind. In einigen Märkten ist die Werbung sehr wichtig (z. B. Waschmittel, Autos), in anderen Branchen ist es die persönliche Beratung (z. B. Drogerie), das Design (z. B. Elektronik) oder die Marke (z. B. Kleidung).

Richard Kühn hat vorgeschlagen, die **Wichtigkeit eines Marketinginstruments** anhand von zwei Dimensionen zu bestimmen. Erstens bewerten wir das **Instrument** (z. B. Werbungsgestaltung) nach seiner **Absatzbedeutung.**

Zweitens bewerten wir dasselbe Instrument nach dem Freiheitsgrad. Der **Freiheitsgrad** gibt an, wie gross der Entscheidungsspielraum gemessen an der Anzahl der möglichen Alternativen ist. Wenn z. B. das Gesetz genau vorschreibt, wie hoch der Alkoholgehalt eines Getränks sein darf, dann ist der Freiheitsgrad minimal. Diese Überlegung soll uns helfen, bei der Gestaltung der einzelnen Instrumente prioritäre Bereiche zu erkennen und so das Wichtige vom Unwichtigen zu trennen.

Abb. [17-6] **Massnahmenschwerpunkte im Marketingmix**[1]

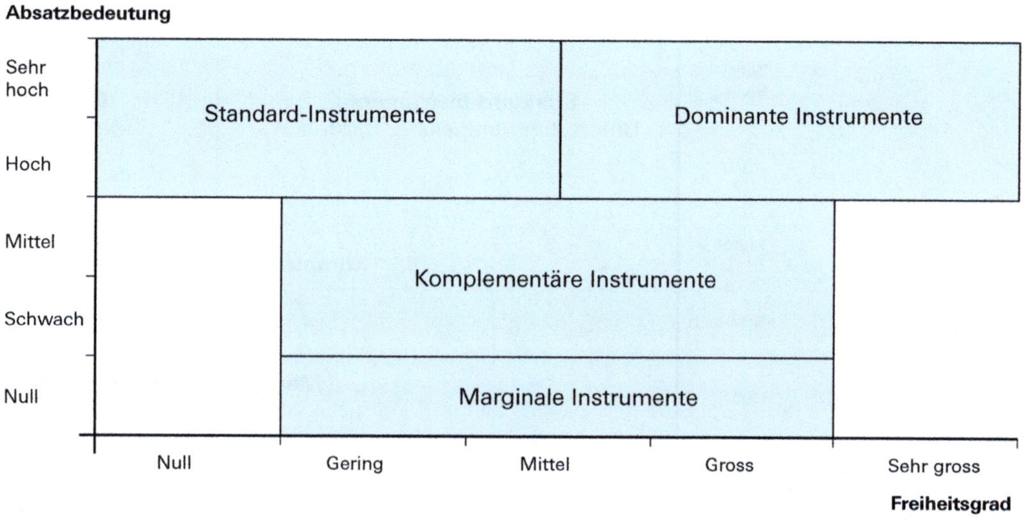

Dominante Instrumente: Diese Instrumente sind dominant, weil sie wichtig sind im Sinn ihrer hohen Absatzbedeutung. Im Gegensatz zu den Standard-Instrumenten, die ebenfalls wichtig sind, bieten sie aber grosse Freiheitsgrade, die es zu nutzen gilt. Bei der Gestaltung des Marketingmix müssen diese Instrumente allererste Priorität erhalten.

Standard-Instrumente: Die Standard-Instrumente dürfen im Marketingmix nicht vernachlässigt werden, denn sie sind ebenfalls von hoher Bedeutung für den Absatz. Allerdings bieten sie durch ihren tiefen Freiheitsgrad wenig Möglichkeiten für eine Differenzierung gegenüber der Konkurrenz. Das heisst, bis zu einem gewissen Grad ist der Einsatz dieser Instrumente unerlässlich, ab einem gewissen Grad jedoch nicht mehr sinnvoll.

Komplementäre Instrumente: Ist das Instrument auf beiden Dimensionen nur mittelstark ausgeprägt, sprechen wir von einem komplementären Instrument. Es wird vor allem zur Stützung der dominanten Instrumente eingesetzt.

Marginale Instrumente: Mangels Wirkung werden diese Instrumente nicht und nur sehr schwach eingesetzt. Die Mittel, die man dafür verwenden könnte, werden mit Vorteil für den Einsatz der dominanten Instrumente eingesetzt.

Beispiel

Im Private Banking ist die Marke sehr wichtig bei der Kundenakquisition. Hier können die Banken auch sehr viel selbst steuern. Für die langfristige Kundenbeziehung ist dann allerdings die persönliche Beziehung zum Relationship Manager entscheidend. Der Preis ist nicht allein entscheidend, er darf aber auch nicht zu hoch sein. Manche Kunden wollen eine spezielle Unterschriftenregelung, z. B., dass bei einem Todesfall des Kontoinhabers eine andere Person über das Geld verfügen kann. Obwohl das für die Kunden sehr wichtig ist, hat die Bank praktisch keinen Spielraum, da das Gesetz genau vorschreibt, wer über Konten von Verstorbenen verfügt. Auch die Diskretion, die sehr wichtig ist, wird durch das Gesetz strikt geregelt. Völlig unerheblich ist hingegen der Standort der Bank innerhalb der Stadt. Somit ergibt sich folgendes Standard-Dominanz-Diagramm für das Private Banking.

[1] Kühn, Richard; Pfäffli, Patrick: Marketing: Analyse und Strategie, Zürich 2014.

Abb. [17-7] **Standard-Dominanz-Modell im Private Banking**

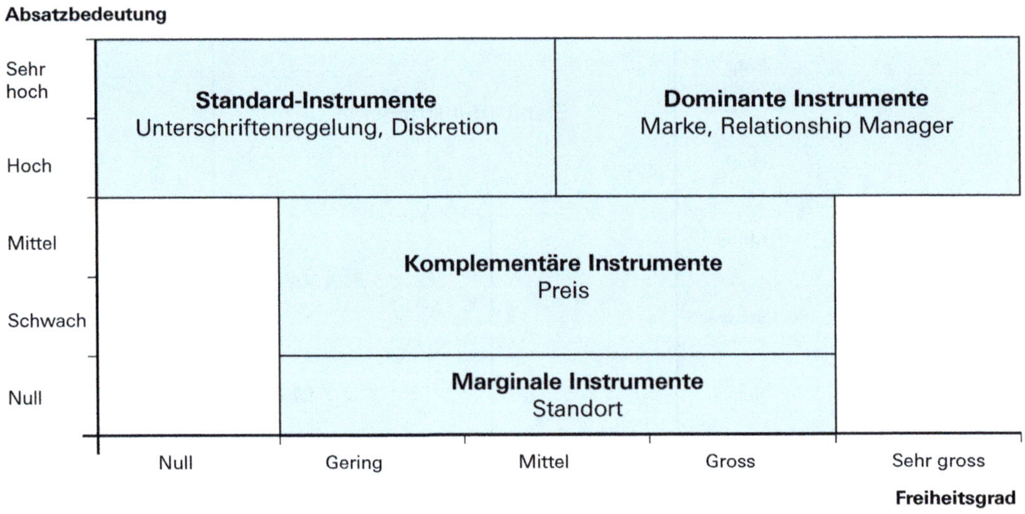

17.8 Schwierigkeiten bei der Bestimmung des optimalen Marketingmix

Die Gestaltung des optimalen Marketingmix gilt als eine der grössten Schwierigkeiten im Marketing. Auch nach über 50 Jahren Forschung gibt es keine «beste Lösung» für die Frage, wie ein Unternehmen die Marketinginstrumente einsetzen soll und welche Budgets für welche Massnahmen optimal sind. Typische Schwierigkeiten bei der Bestimmung des optimalen Marketingmix sind hier zusammengefasst.

A] Ursache-Wirkungs-Kette

Als Ursache-Wirkungs-Kette bezeichnet man beispielsweise den Zusammenhang zwischen Werbeausgaben (Ursache) und Bekanntheitsgrad (Wirkung). Obwohl einige Faktoren dieser Ursache-Wirkungs-Kette gut erforscht sind, ist es im Einzelfall sehr schwierig, die konkrete Wirkung einer Massnahme abzuschätzen. Erfahrungswerte und Prognosemodelle können höchstens Anhaltspunkte liefern. Die Frage «Um wie viele Prozentpunkte erhöht sich der Bekanntheitsgrad, wenn ich statt CHF 200 000.– CHF 300 000.– in die Werbung investiere?» kann nie genau beantwortet werden.

B] Konkurrenzreaktionen

Ein Problem, das mit der oben beschriebenen Ursache-Wirkungs-Kette zusammenhängt, sind die nicht vorhersehbaren Konkurrenzreaktionen.

Beispiel **Verkaufsförderung**

Die Wirkung einer Verkaufsförderungskampagne mit Plakaten und Preisreduktionen wird weniger erfolgreich ausfallen, wenn die Konkurrenz gleichzeitig ebenfalls eine Verkaufsförderungsaktion durchführt.

C] Gegenseitige Abhängigkeiten und Überlagerungen

Der Grundgedanke des Marketingmix ist, dass die **Kombination** der Instrumente entscheidend ist; eine Optimierung ist extrem komplex. Wenn der Absatz im Verkaufskanal «Coop» von zehn verschiedenen Massnahmen abhängt, die sich gegenseitig beeinflussen, ist eine exakte Bestimmung des Optimums nicht möglich. So wirkt ein Plakat z. B. am Verkaufspunkt besser, wenn das entsprechende Produkt gleichzeitig im Werbefernsehen beworben wird. Diese gegenseitige Abhängigkeit wird als **Spill-over-Effekt (Überlaufeffekt)** bezeichnet.

D] Zeitverzögerung

Marketingmassnahmen beeinflussen das Marktgeschehen unterschiedlich rasch. Ein Reisebüro, das ein neues Last-Minute-Angebot auf den Markt bringt, kann unter Umständen das gesamte Kontingent innerhalb von einigen Stunden verkaufen. Andere Marketingmassnahmen wie der Aufbau eines Händlernetzes im Ausland, die Produktschulung der Mitarbeitenden oder der Aufbau einer Marke dauern Jahrzehnte. Die Investitionen von heute zahlen sich erst in der Zukunft aus, was wir als **Carry-over-Effekt (Übertragungseffekt)** bezeichnen. Bei der Bestimmung des Marketingmix muss deshalb darauf geachtet werden, dass die kurzfristigen Ziele nicht auf Kosten der langfristigen verfolgt werden.

E] Zusammenhänge zwischen Aufwand und Ertrag

Eine weitere Schwierigkeit bei der Bestimmung des optimalen Marketingmix basiert auf den unterschiedlichen Zusammenhängen von Aufwand und Ertrag. Wenn diese Zusammenhänge immer linear wären, könnte man davon ausgehen, dass eine Erhöhung des Aufwands von x% immer zu einer Erhöhung des Umsatzes von y% führt. Dies ist jedoch nicht der Fall. Die nächste Abbildung zeigt **vier unterschiedliche, typische Zusammenhänge:**

- **Directmarketing:** Eine interne Direct-Marketing-Aktion verursacht Fixkosten von CHF 1 000.–. Danach **steigt der Aufwand kontinuierlich** an, da jedes Direct-Mail die gleichen Kosten (Porto etc.) verursacht, bis alle Kunden angeschrieben sind.
- **Werbefernsehen:** Hier wird ein **S-förmiger Zusammenhang** vermutet. Es müssen mindestens CHF 100 000.– in die Produktion des Spots investiert werden. Wenn nur wenig Geld für die Schaltung des Spots vorhanden ist, bleibt die Wirkung gering. Zu wenige Zuschauer sehen den Spot (zu geringe Reichweite) und sie sehen ihn zu wenig häufig (zu geringe Kontaktfrequenz). Bei einer Investition zwischen CHF 400 000.– und CHF 800 000.– wird der grösste Zuwachs erzielt. Deshalb bezeichnet man CHF 400 000.– als untere Wirkungsschwelle und CHF 800 000.– als obere Wirkungsschwelle. Ist der Aufwand jenseits der oberen Wirkungsschwelle, nimmt der Umsatz zwar noch zu, aber in weitaus geringerem Mass. Die Zuschauer kennen den Spot jetzt und diejenigen, die sich für das Produkt interessieren, haben es bereits gekauft.
- **Distributionsnetz:** Beim Aufbau eines Distributionsnetzes konzentriert man sich zuerst auf die grossen Händler, die viel Umsatz schaffen. Wenn diese das Produkt in ihr Sortiment aufgenommen haben, werden immer kleinere Händler angesprochen, die immer weniger Mehrumsatz schaffen können. Man spricht bei dieser Kurvenform, die in der Mikroökonomie weitverbreitet ist, von einem **positiven, aber abnehmenden Grenzertrag.**
- **Rabatte:** Bei den Rabatten kann man sich vorstellen, dass einige Kunden nur kaufen, wenn sie einen Rabatt bekommen. Deshalb **steigt die Kurve rasch** an und erreicht bei durchschnittlich 1% des Umsatzes ein Optimum. Nicht alle Kunden erhalten dabei genau 1% Rabatt, sondern die «Schnäppchenjäger» werden mit 5–10% geködert, während die meisten den vollen Preis bezahlen. Wird jedoch mehr als 3% des Umsatzes für Rabatte ausgegeben, kann der Mehrumsatz negativ werden. Das heisst, die grössere Menge kann den Preiszerfall nicht mehr kompensieren.
- **Suchmaschinenwerbung:** Die Suchmaschinenwerbung (engl. Search Engine Advertising bzw. SEA) verursacht wie das Direktmarketing interne Fixkosten. Die Kosten steigen linear an, da üblicherweise ein zuvor festgelegter Betrag pro Klick an den Suchmaschinenbetreiber bezahlt werden muss.

Abb. [17-8] **Zusammenhänge zwischen Aufwand und Ertrag von Marketinginstrumenten**

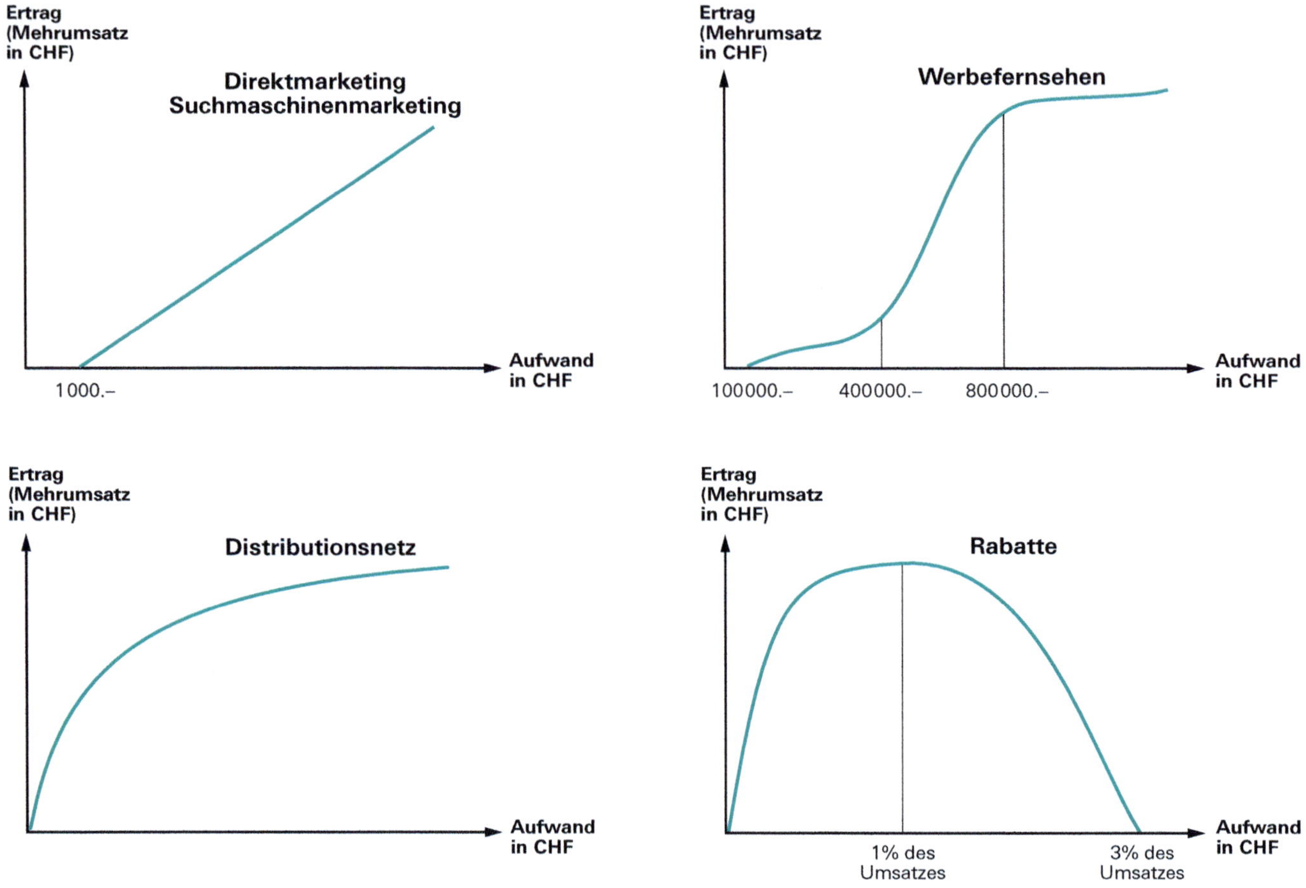

F] Schrittweises Vorgehen, Feedback und Lernprozesse

In einigen Marketingbüchern und -kursen wird der Eindruck erweckt, dass die Marketingmanagerin oder der Produktmanager einen Marketingplan für das nächste Jahr schreibt, das Budget dafür erhält und dass dieser Plan dann umgesetzt wird. Die Realität sieht jedoch meistens ganz anders aus.

Abb. [17-9] **Lineares und zirkuläres Vorgehen**

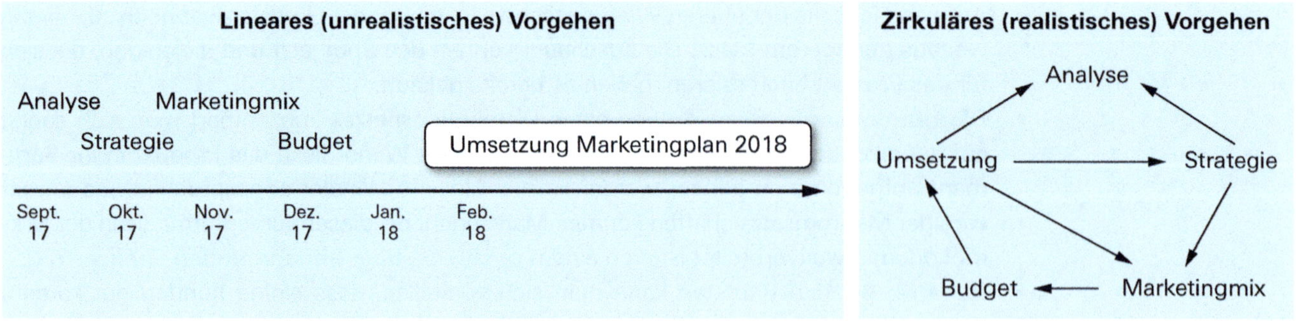

In der Realität werden **alle Schritte gleichzeitig** durchgeführt. Aufgrund von Umsetzungsresultaten (erfolgreiche oder missglückte Massnahmen) werden die Strategie oder der Marketingmix unverzüglich angepasst, manchmal auch ohne vorherige Analyse. In der Praxis arbeitet man deshalb selten mit «grossen Würfen», sondern schrittweise. Der Vorteil dieses zirkulären Vorgehens liegt in der Möglichkeit, Erfahrungen sofort zu nutzen und Lernprozesse zu ermöglichen. Der Nachteil liegt in der Gefahr eines unkontrollierten, nicht systematischen Einsatzes der Marketinginstrumente.

G] Budgethoheiten und -limiten

Eine Optimierung des Marketingmix scheitert in der Praxis manchmal auch an unterschiedlichen **Zuständigkeiten,** die sich konkret in der Zuteilung des Marketingbudgets spiegeln.

Beispiel

Verkaufs- und Marketingbudget

In einem Unternehmen, das japanische Medizinalgeräte in der Schweiz vertreibt, sind der Verkaufsleiter und die Kommunikationsleiterin hierarchisch auf derselben Position angesiedelt und unterstehen direkt dem Marketingleiter, der Mitglied der Geschäftsleitung ist. Der Verkaufsleiter verfügt für Innen- und Aussendienst über ein Jahresbudget von CHF 1 200 000.–, die Kommunikationsleiterin kann über ein Budget von CHF 900 000.– verfügen. Im Sommer erkennen die Marketingverantwortlichen auf einer Messe, dass eines ihrer neuen Produkte bei den Kunden auf sehr grosses Interesse stösst. Der Verkaufsleiter möchte diese Chance nutzen und seine Verkaufsplanung anpassen, indem er zwei zusätzliche Aussendienstmitarbeiter einstellt. Da das Marketinggesamtbudget aber nicht überzogen werden darf, müssten die zusätzlichen CHF 180 000.– für das zweite Halbjahr vom Kommunikationsbudget gestrichen werden. Dagegen wehrt sich verständlicherweise die Kommunikationsverantwortliche, die das neue Kommunikationskonzept geplant hat und umsetzen will.

17.9 Marketingfehler

A] Mangelnde Integration der einzelnen Marketinginstrumente

Das bei Weitem grösste Problem in der Praxis besteht darin, dass die einzelnen Marketinginstrumente aus den genannten Gründen nicht integriert werden. Die **Instrumente** werden nicht strategiegerecht eingesetzt und nur **ungenügend aufeinander abgestimmt.**

B] Fehlende Analyse und Diagnose

Marketingmanager neigen dazu, bei Problemen sofort die **erstbeste Massnahme zu ergreifen, ohne die Ursache zu analysieren und zu diagnostizieren** (siehe Teil B dieses Buchs). Zum Beispiel wird bei einem Umsatzrückgang sofort mit einer Preisreduktion reagiert oder mit einem panikartigen Versand von Broschüren. Eine sorgfältige Analyse und Diagnose hätte vielleicht ergeben, dass weder der Preis zu hoch noch die Bekanntheit zu gering ist, sondern dass die Kunden mit dem Kauf abwarten, bis der Konkurrent seine neuen Modelle präsentiert.

C] Fehlender Einbezug der Frontmitarbeitenden

Dienstleistungsunternehmen, die nach den 4 P vorgehen, vernachlässigen häufig den Einbezug der Frontmitarbeitenden. Wenn im Wellnesshotel ein neues Angebot kreiert wird und dieses Angebot nur den Gästen, aber nicht den betroffenen Mitarbeitenden kommuniziert wird, entsteht auf allen Seiten Frustration. Marketingmanager unterschätzen häufig den Zeitbedarf, um eine Dienstleistungsinnovation bei den Mitarbeitenden zu verankern.

Zusammenfassung

Als Marketingmix bezeichnen wir die Kombination aller Marketinginstrumente zur Umsetzung der Marketingstrategie. Häufig wird zwischen dem Konsumgütermarketing, dem Investitionsgütermarketing und dem Dienstleistungsmarketing unterschieden. Obwohl die Abgrenzung theoretisch schwierig ist, macht sie in Bezug auf die Gestaltung des Marketingmix Sinn. Beim Konsumgütermarketing hat sich die Formel mit den 4 P (product, price, place, promotion) gut bewährt.

Den Besonderheiten der Dienstleistungen im Vergleich zu den Produkten kann einerseits mit drei zusätzlichen P (people, process, physical tangibles) Rechnung getragen werden. Bei personalintensiven Dienstleistungen macht es andererseits Sinn, das externe Marketing durch das interne Marketing und das interaktive Marketing zu ergänzen. Die Servicekultur hat eine wichtige Funktion bei der Umsetzung dieses Dreiecks.

Beim Investitionsgütermarketing besteht der Markt aus weniger Käufern, zu denen eine enge Beziehung besteht. Der Kaufentscheid wird von mehreren Personen gefällt, die unterschiedliche Rollen wahrnehmen.

Die Marketinginstrumente lassen sich anhand der Dimensionen «Absatzbedeutung» und «Freiheitsgrade» kategorisieren und priorisieren. Dominante Instrumente zeichnen sich durch eine hohe Absatzbedeutung und viele Freiheitsgrade aus. Standard-Instrumente sind ebenfalls wichtig, allerdings hat das Unternehmen wenig Freiheitsgrade. Komplementäre Instrumente sind weniger wichtig und marginale Instrumente haben nur geringe Bedeutung.

Das nicht gewinnorientierte Marketing nutzt Marketingerkenntnisse und -instrumente, um soziale oder individuelle Ziele zu erreichen. Beim sozialen Marketing wird z. B. versucht, den Raucheranteil in der Bevölkerung zu senken, neue Kirchengänger zu finden oder eine Abstimmung zu gewinnen. Beim individuellen Marketing nutzt eine Person Marketinginstrumente, um eigene Ziele zu erreichen, z. B., um eine neue Stelle zu finden.

Die Gestaltung des optimalen Marketingmix gilt als eine der grössten Schwierigkeiten im Marketing. Dafür verantwortlich sind unklare Ursache-Wirkungs-Ketten, Aggregationsprobleme, unvorhersehbare Konkurrenzreaktionen, gegenseitige Abhängigkeiten und Überlagerungen (spill over), Zeitverzögerungen (carry over) und nichtlineare Zusammenhänge zwischen Aufwand und Ertrag. Zudem ist das Unternehmen bei der Wahl der Instrumente nicht völlig frei, wenn bestimmte Muss-Massnahmen zwingend durchgeführt werden müssen und die Soll-Massnahmen nicht vernachlässigt werden dürfen. Eine Optimierung ist auch deshalb schwierig, weil der Marketingmix nicht als «grosser Wurf» geplant werden kann, sondern schrittweise in einem zirkulären Prozess entsteht. Schlussendlich können unternehmensinterne Budgethoheiten und -limiten einer Gesamtoptimierung des Marketingmix im Weg stehen.

Repetitionsfragen

76 Warum ist die Werbung im Investitionsgütermarketing weniger wichtig als bei einem Konsumgut?

77 Erstellen Sie ein Marketingkonzept für eine Stellensuche nach Ihrem Traumjob.

78 Beschreiben Sie die folgende Darstellung. Was sind Ihre Schlussfolgerungen?

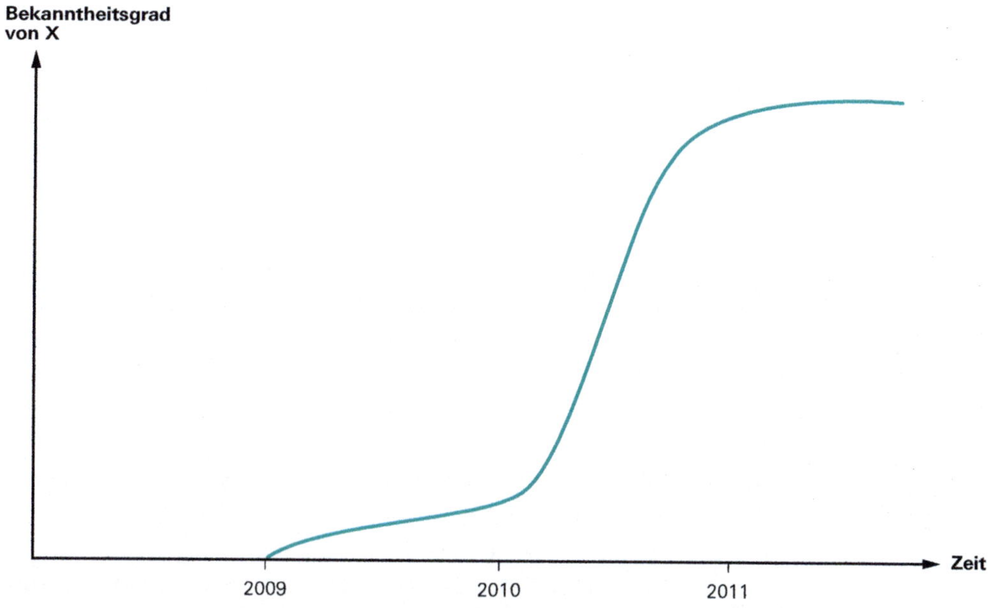

79 Besteht zwischen Carry-over- und Spill-over-Effekt ein Zusammenhang?

80 Eine Marketingleiterin erwägt, das Marketingbudget umzulagern. «Standard-Instrumente» werden ganz zurückgefahren (eben weil sie ja «Standard» sind) und alle Marketingmittel fliessen in die «dominanten Instrumente». Wie beurteilen Sie diese Entscheidung?

Fallbeispiel 15 – Bossard

Autor: Stefan Michel

Ausgangslage

Bossard ist ein globaler Anbieter von Schrauben, Nieten und anderen Befestigungselementen, die in der Industrie benötigt werden. Das börsenkotierte Unternehmen erzielt einen Jahresumsatz von über 650 Mio. CHF. Bossard fokussiert sich auf profitable Kunden und verzichtet bewusst auf Marktanteile im tiefen Preissegment. Dabei werden alle Elemente des Marketingmix eingesetzt.

- **Product:** Der Produktkatalog von Bossard umfasst 70 000 verschiedene Verbindungselemente. Neben Normschrauben verkauft Bossard patentierte Verbindungslösungen oder entwickelt eigene Produkte. Bossard bietet zudem mehrere Dienstleistungen an. Das Smart-Bin-System optimiert die Logistik in der Fabrik des Kunden und die Engineering-Abteilung von Bossard hilft den Kunden, die Verbindungselemente in den Maschinen zu optimieren.
- **Place:** Da Bossard Grosshändler ist, zählt die Distribution zu seinen Kernkompetenzen. Von einzelnen Paketlieferungen für Kleinkunden bis zur integrierten Logistiklösung für Grosskunden sind alle Zwischenstufen erhältlich.
- **Price:** Bossard beteiligt sich nicht an Preiskriegen, sondern fokussiert sich auf Kunden, die ihre Gesamtkosten und nicht den Preis der Schrauben senken wollen.
- **Promotion:** Unter dem neuen Brand Promise «Proven productivity» wird über Online- und Printmedien kommuniziert, wobei das Zusammenspiel zwischen Innen- und Aussendienst entscheidend ist.
- **Process:** Die Prozesse von Bossard sind sowohl bei der Logistik wie beim Engineering mit den Prozessen des Kunden synchronisiert und in vielen Fällen sind die IT-Systeme (ERP) miteinander verknüpft.
- **People:** Die Fachkompetenz der Mitarbeitenden von Bossard ist der entscheidende Faktor, wenn es darum geht, die Produktivität der Kundenprozesse zu erhöhen. Ohne bessere Mitarbeitende müsste das Unternehmen Kunden über tiefere Preise gewinnen.
- **Physical Tangibles:** Die Geschäftsstellen und Lager von Bossard sind in der ganzen Welt ähnlich, egal ob sie in Penang (Malaysia), Cedar Falls (USA) oder Ammannsmatt (Zug, Schweiz) sind. Sie unterscheiden sich nur durch ihre Grösse.

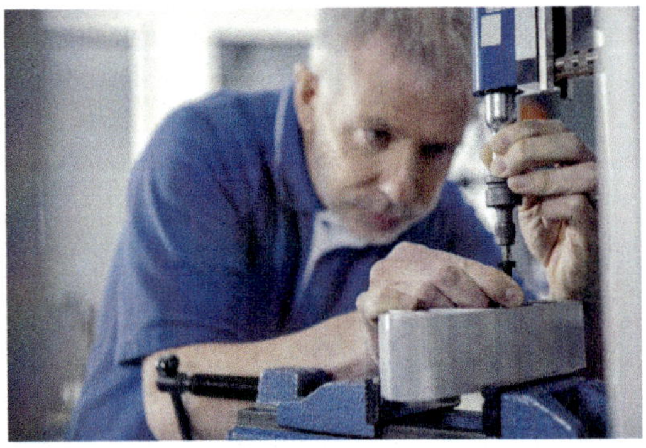

Bild: Bossard AG Zug

Aufgaben

1	Die Kernidee des Marketingmix besteht darin, dass sich die Instrumente ergänzen. Welche Instrumente ergänzen sich im Fall Bossard?
2	Mit welchen Widerständen müssen die Aussendienstmitarbeiter von Bossard rechnen, wenn sie potenzielle Neukunden besuchen?
3	Warum ist es für die Schweizer Firma Bossard wichtig, in über 50 Ländern präsent zu sein?

18 Marketingbudget und -kontrolle

Lernziele

Nach der Bearbeitung dieses Kapitels können Sie …

- erklären, wie ein Marketingbudget erstellt wird.
- die verschiedenen Budgetierungsarten und die Budgetszenarien unterscheiden.
- darstellen, wie die Marketingkontrolle durchgeführt wird.
- den Aufbau eines Marketing-Informationssystems beschreiben.

Schlüsselbegriffe

Ad-hoc-Budgetierung, Bottom-up-Budgetierung, Budgetanpassung, Budgetszenarien, Budgetüberwachung, Effizienzkontrolle, internes Rapportwesen, Jahresplankontrolle, Kontrollplan, Marketingbudget, Marketingforschung, Marketing-Informationssystem, Marketingintelligenz, Marketingkontrolle, Profitabilitätskontrolle, Strategiekontrolle, Top-down-Budgetierung

Das Budget und die Kontrolle sind beides unerlässliche Schritte bei der Umsetzung eines Marketingkonzepts. Verzichtet ein Unternehmen auf diese Schritte, so operiert es im luftleeren Raum. Die Folge sind kurz- oder mittelfristige Fehlentscheide, weil wichtige Instrumente zur Planung fehlen.

Abb. [18-1] **Erarbeitung eines Marketingkonzepts**

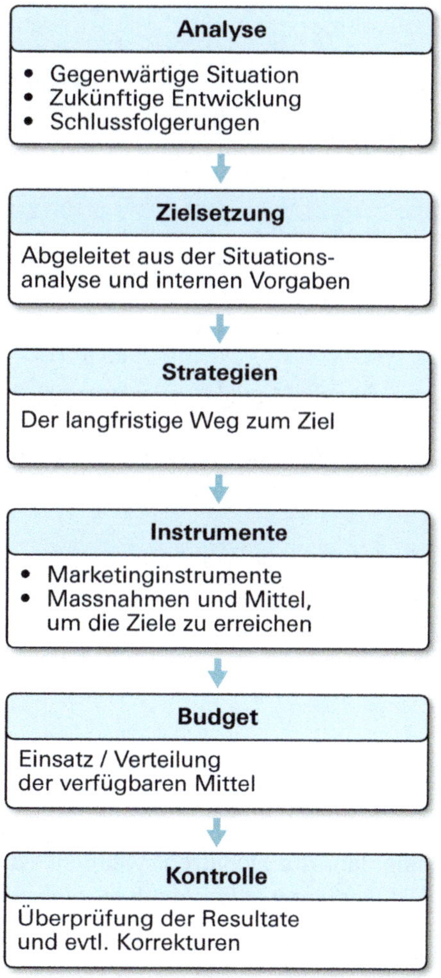

18.1 Marketingbudget

Unter einem Budget verstehen wir die Konkretisierung eines Plans in Hinblick auf die **finanziellen Konsequenzen.** Weil ein Plan die gedankliche Vorwegnahme von Massnahmen **in der Zukunft** beinhaltet, ist das Budget auch zukunftsorientiert. Wir veranschaulichen das mit einem Beispiel.

Beispiel

Erstellung eines Jahresbudgets

Das folgende Beispiel zeigt die Entwicklung eines Unternehmens der Unterhaltungselektronik. Wir befinden uns am Ende des Jahrs t. Die Spalten t–2 und t–1 zeigen Vergangenheitsresultate, die Spalte t fusst auf einer Hochrechnung nach den ersten drei Quartalen dieses Jahrs und die Spalte t+1 zeigt das Budget für das kommende Jahr.

Abb. [18-2] **Jahresbudget**

	Jahr t–2	Jahr t–1	Jahr t	Jahr t+1
1. Marktvolumen (in 1 000 St.)	2 000	2 100	2 205	2 200
2. Marktanteil	3%	3%	4%	3%
3. Preis pro Stück in CHF	200	220	240	250
4. Variable Stückkosten in CHF	120	125	140	150
5. Deckungsbeitrag / Stück (3 – 4)	80	95	100	100
6. Verkäufe in Stück (1 · 2)	60 000	63 000	88 200	66 000
7. Umsatz in Mio. CHF (3 · 6)	12	13.86	21.168	16.5
8. Deckungsbeitrag (5 · 6) in Mio. CHF	4.8	5.985	8.82	6.6
9. Gemeinkosten in Mio. CHF	2	2	3.5	3.5
10. Bruttogewinn (8 – 9) in Mio. CHF	2.8	3.985	5.32	2.9
11. Werbung, Promotion in Mio. CHF	0.8	1	1	0.9
12. Verkauf und Distribution	0.7	1	1.1	1
13. Marketingforschung	0.1	0.12	0.15	0.1
14. Reingewinn (10 – 11 – 12 – 13)	1.2	1.865	3.07	1.1

Weitere konkrete Budgetbeispiele finden sich im Internet.

Bergbahn Engadin:
www.bergbahnenengadin.ch/images/shared/021/pdf/jahresrechnung99_00.pdf

Pro Natura Basel:
www.pronatura.ch/bl/PDFDokumente/Buchh-PNBL2006-Budget%2007.pdf

Wir behandeln in diesem Kapitel folgende drei Themen:

- Top-down- und Bottom-up-Budgetierung
- Ad-hoc-Budgetierung
- Budgetszenarien

18.1.1 Top-down- und Bottom-up-Budgetierung

Bei der Budgetierung geht es nicht nur darum, den Geldfluss für den nächsten Monat, das nächste Quartal oder das nächste Jahr abzuschätzen. Vielmehr ist das Budget **Dreh- und Angelpunkt für die Planung.** Die Planung wiederum erfüllt **wichtige Ziele:**

- Sie stellt die Konsistenz der Ziele innerhalb des Unternehmens und des Marketings sicher.
- Sie macht die Annahmen der Entscheidungsträger und Planer transparent.
- Sie ermöglicht einen optimalen Einsatz der Ressourcen (Finanzen, Mitarbeitende u. a.).
- Durch einen laufenden Vergleich zwischen Planung und Kontrolle ermöglicht sie eine lernende Organisation und dauernde Verbesserung.
- Sie hilft der Durchsetzung der Verantwortlichkeiten.

In diesem Sinn ist die Budgetierung ein **integrales Element der Planung.** Wie diese kann sie auch top down (engl. von oben nach unten) oder bottom up (engl. von unten nach oben) vorgenommen werden. Im ersten Fall wird das Unternehmensbudget heruntergebrochen auf das Marketingbudget und dieses weiter heruntergebrochen auf das Budget der Marketinginstrumente. Im zweiten Fall werden die einzelnen Budgets der Instrumente (Werbung, Verkauf usw.) zu einem Marketingbudget verdichtet und das Marketingbudget fliesst mit anderen Budgets in das Unternehmensbudget ein.

Abb. [18-3] **Top-down- und Bottom-up-Budgetierung**

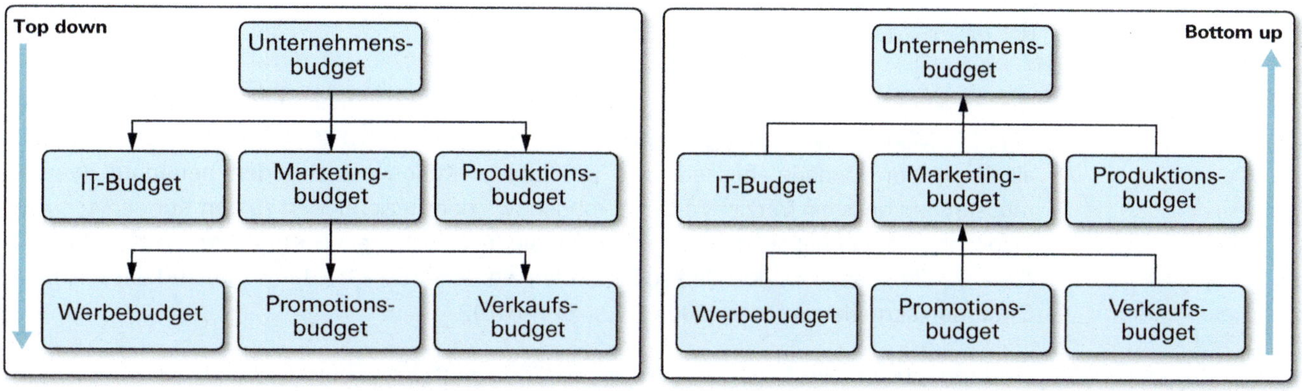

In der Praxis ist es realistischerweise nicht möglich, nur bottom up oder nur top down zu budgetieren, sondern es findet ein **laufender Abgleichungsprozess** statt, der die angestrebte Koordinationsfunktion sicherstellt.

18.1.2 Ad-hoc-Budgetierung

Neben der kontinuierlichen Budgetierung, die quartalsweise oder jährlich durchgeführt wird, wird auch ad hoc, d. h., bei **konkreten Ereignissen** budgetiert. Zum Beispiel wird ein Markteintritt, ein Event, die Lancierung einer Kundentreue-Karte und alle anderen grösseren Marketingprojekte ad hoc budgetiert. Das folgende Beispiel zeigt das Budget einer regionalen Speditionsfirma, die in fünf verschiedenen Schweizer Städten ein Kundenevent plant, an dem sie die neuesten Trends in der Logistik vorstellt.

Abb. [18-4] **Budget für Roadshow-Event einer Speditionsfirma**

Ausgangslage 2017	Anzahl	DB[1] in CHF	Gesamt-DB in CHF
A-Kunden	25	120 000	3 000 000
B-Kunden	150	8 000	1 200 000
C-Kunden	800	1 000	800 000
			5 000 000
5 Roadshow-Events 2018			
Eventkonzeption, Design, CI		30 000	30 000
Promomaterial		20 000	20 000

Ausgangslage 2017	Anzahl	DB[1] in CHF	Gesamt-DB in CHF
Pro Event (100 Teilnehmer)			
Speaker, Show		5 000	
Technik		5 000	
Catering		4 000	
Administration		3 000	
		17 000	85 000
Ad-hoc-Budget			135 000

[1] DB = Deckungsbeitrag.

Dieser **Budgetvorschlag** von CHF 135 000.– muss von der Geschäftsleitung genehmigt werden. Die Marketingleitung argumentiert, dass diese CHF 135 000.– nicht als Kosten, sondern als Investition in neue, bessere und profitablere Kundenbeziehungen betrachtet werden müssen und dass ein Verzicht auf die Roadshows den Beziehungen zu den Kunden schadet. Insbesondere rechnet sie damit, dass durch die fünf Events ein B-Kunde zum A-Kunden wird (25 + 1 = 26), dass 11 C-Kunden zu B-Kunden werden (150 – 1 + 11 = 160) und dass 21 neue C-Kunden akquiriert werden (800 – 11 + 21 = 810).

Bei **konstanten Durchschnitts-DB pro Kunde** steigt der DB um CHF 210 000.–. Abzüglich der Investition von CHF 135 000.– bleibt ein Netto-DB von CHF 75 000.–. Dies entspricht 55.56% der Investition.

Budget 2008 mit Roadshow	Anzahl	DB in CHF	Gesamt-DB in CHF
A-Kunden +1	26	120 000	3 120 000
B-Kunden +10	160	8 000	1 280 000
C-Kunden +10	810	1 000	810 000
			5 210 000
Soll-Ist-Abweichung			5 000 000
Zusatz-DB durch Roadshow			210 000
Marketing-Investition			135 000
Netto-DB			75 000
Marketing-ROI		= 75 000 / 135 000	55.56%

18.1.3 Budgetszenarien

Ein Szenario ist nicht dasselbe wie eine Prognose. Bei einem Szenario werden die verschiedensten **Prognosen zu einem Gesamtbild der Zukunft verdichtet.** In diesem Sinn ist das Szenario «eine Geschichte, die sich in der Zukunft abgespielt hat».

Im vorliegenden Fall hat die Marketingleitung den Kundenzuwachs (+1 A-Kunde, +10 B- und C-Kunden) nach bestem Wissen und Gewissen geschätzt. Der Finanzchef macht geltend, dass der positive Marketing-ROI zu einem grossen Teil davon abhängt, ob mindestens ein neuer A-Kunde gewonnen werden kann. Auf diese berechtigte Kritik kann mit einem Budget geantwortet werden, das verschiedene Szenarien berücksichtigt.

Neben dem **Basis-Szenario,** das mit 50% geschätzter Wahrscheinlichkeit eintrifft, wird ein **Worst Case**[1] berechnet, bei dem lediglich 10 neue C-Kunden gewonnen werden. Dieser Worst Case tritt mit 20% geschätzter Wahrscheinlichkeit ein. Ein drittes Szenario übernimmt die Kundenzahlen vom Basis-Szenario, geht aber davon aus, dass durch die Kontakte am Event der DB pro Kunde im Schnitt um 2% gesteigert werden kann (20% Wahrscheinlichkeit).

Das **Best-Case-Szenario**[2] geht von einer Verdoppelung der Neukundenakquisition gegenüber dem Basis-Szenario aus und von einer 2% Steigerung des Durchschnitt-DB. Diese Szenarien zeigen die Streubreite des Netto-DB auf. Sie reicht von CHF –125 000.– bis CHF +393 400.–. Gewichtet man die Netto-DB der Szenarien mit den jeweiligen Wahrscheinlichkeiten, ergibt sich ein Erwartungswert von CHF 87 680.–, der also höher liegt als beim Basis-Szenario.

Abb. [18-5] **Budgetszenarien**

Worst-Case-Szenario	Anzahl	DB in CHF	Gesamt-DB in CHF
A-Kunden	25	120 000	3 000 000
B-Kunden	150	8 000	1 200 000
C-Kunden +10	810	1 000	810 000
			5 010 000

Zusatz-DB	10 000
Netto-DB	–125 000
Marketing-ROI	–92.59%
Wahrscheinlichkeit	20%

Basis-Szenario	Anzahl	DB in CHF	Gesamt-DB
A-Kunden +1	26	120 000	3 120 000
B-Kunden +10	160	8 000	1 280 000
C-Kunden +10	810	1 000	810 000
			5 210 000

Zusatz-DB	210 000
Netto-DB	75 000
Marketing-ROI	55.56%
Wahrscheinlichkeit	50%

Basis Plus 2% DB Szenario	Anzahl	DB in CHF	Gesamt-DB
A-Kunden +1	26	122 400	3 182 400
B-Kunden +10	160	8 160	1 305 600
C-Kunden +10	810	1 020	826 200
			5 314 200

Zusatz-DB	314 200
Netto-DB	179 200
Marketing-ROI	132.74%
Wahrscheinlichkeit	20%

Best Case Plus 2% DB Szenario	Anzahl	DB in CHF	Gesamt-DB
A-Kunden +2	27	122 400	3 304 800
B-Kunden +20	170	8 160	1 387 200
C-Kunden +20	820	1 020	836 400
			5 528 400

Zusatz-DB	528 400
Netto-DB	393 400
Marketing-ROI	291.41%
Wahrscheinlichkeit	10%

Multiplikation von Wahrscheinlichkeit mit Netto-DB ergibt gewichteten

Netto-DB	87 680
Marketing-ROI	64.95%

[1] Worst Case: schlechtestmöglicher Fall, der eintreten kann.
[2] Best Case: bestmöglicher Fall, der eintreten kann.

18.2 Marketingbudgets in der Praxis

In diesem Abschnitt zeigen wir **drei typische Beispiele für die Konsumgüter-, Dienstleistungs- und Investitionsgüterbranche.** Je nach Marktsituation und Unternehmenszielen und -ressourcen können die Budgetbeträge erheblich schwanken. Bei allen Beispielen gehen wir davon aus, dass die Produktentwicklung abgeschlossen ist und dass das Budget ausschliesslich für den Produktlaunch in der Schweiz erstellt wird. Die Kosten von Forschung und Entwicklung, die Kosten für den Launch im Ausland und das reguläre Marketingbudget nach dem Launch werden nicht berücksichtigt. Das Budget ist auf die im Marketingmix für die Lancierung der Produkte und Dienstleistungen festgelegten Massnahmen abgestimmt.

Beispiel

Markteinführung Konsumgüterindustrie:

Lancierung eines neuen Joghurts. YoQua von Emmi ist der sättigende Joghurt-Snack mit 8% Protein und nur 2% Fett. Bild: Emmi Management AG, Luzern

Budgetposten	Beispiel	Budgetbetrag in CHF
Marktforschung	Konzepttest qualitativ und quantitativ	50 000
Verpackungs-entwicklung	Desgin & Naming – Agenturhonorar	50 000
Teilmix Endverbraucher		
Printmedien	Inserate Publikumsmedien	90 000
TV	TV und Online-TV, national alle Sender	1 100 000
Radio	–	
Plakat	Megaposter, F12-Plakatkampagne im Einzugsgebiet der grössten Einkaufszentren und Citys der Schweiz	100 000
Kino	–	
Events	Bahnhofssampling 2× im Jahr (Frühjahr und Herbst) in den grössten fünf Bahnhöfen der Schweiz inkl. Personal	80 000
Verkauf	–	
Promotion	–	
PR	Advitorials[1] in verschiedenen Zeitschriften in Kooperation mit einem Verlagshaus	40 000
Webseite	Inhalt und Programmierung	30 000
Social Media	Facebook, Instagram	15 000
Werbemittel	Kühltaschen, Löffel, Postkarten; Preise für Gewinnspiele	35 000
Total Endverbraucher		1 590 000

Budgetposten	Beispiel	Budgetbetrag in CHF
Teilmix Handel		
Werbung	Inserate «Coop-Zeitung», 4 Stück, unterschiedliches Format	55 000
Special Interest	–	
Listing	Handel Schweiz, gesamt 4 Produkte	120 000
Verkauf	–	
Sampling	POS-Sampling, 2× im Jahr bei 80 Verkaufsstellen inkl. Personal	60 000
Werbebeiträge	Aktionen / Preisreduktion im Schweizer Detailhandel	135 000
POS	–	
Konditionen, Incentive	–	
Schulung	–	
Events	–	
PR	Versand mit Mustern	10 000
Total Handel		**380 000**
Agenturkosten	Gemäss Agenturvertrag	80 000
Produktionskosten	TV und Print	200 000
Reserve	Rund 10% vom Total des Budgets	**25 000**
Total		**2 275 000**

[1] Advitorial: auch Publireportage, Werbeanzeige, die den Anschein eines redaktionellen Beitrags erwecken soll.

Dieses Beispiel wurde von Christian Stoffels, dem Global Marketing Manager der Emmi Management AG, Luzern erstellt.

Markteinführung einer Dienstleistung

Die amerikanische Firma CBR (http://www.cordblood.com) plant mit einer Marktentwicklungsstrategie nach Ansoff den Markteintritt in die Schweiz. CBR schliesst Verträge ab mit werdenden Eltern, damit bei der Geburt ihres Kinds die Stammzellen in der Nabelschnur auf unbestimmte Zeit eingefroren werden. Diese Stammzellen können bei über 70 Krankheiten (z. B. Knochenmark-Schädigung) durch Transplantation Leben retten.

In der Schweiz werden jährlich ca. 70 000 Kinder geboren. CBRs Ziel ist es, dass jährlich 1 400 (2% Penetration) Eltern die Nabelschnur einfrieren lassen. Die Kosten betragen einmalig CHF 2 400.– und dann jährlich CHF 200.–.

Budget für die Einführung CHF 450 000.–.

Budgetposten	Beispiel	Budgetbetrag in CHF
Marktforschung	Fokusgruppen mit a) werdenden Eltern und b) Gynäkologen und c) Hebammen Telefoninterviews über Wissen, Akzeptanz, Einstellung und Zahlungsbereitschaft von werdenden Eltern	70 000
Teilmix Kunde		
• Onlinewerbung	Auf Google AdWords	20 000
• Printmedien	Inserate in Fachzeitschriften	50 000
• TV		
• Radio		
• Plakat		
• Events	Teilnahme an Elterninfo-Tagen	30 000
• Verkauf	Inbound-Callcenter mit 800-Nummer, dreisprachig	30 000 (erste 3 Monate)
• Promotion	Direktversand an werdende Eltern (Adressenliste einkaufen)	70 000
• PR	Pressekonferenz mit Experten und Personen, die ihre Heilung Stammzellen von CBR verdanken	50 000

Budgetposten	Beispiel	Budgetbetrag in CHF
Teilmix Beeinflusser		
• Werbung	Inserate in Fachzeitschriften	50 000
• PR	Fachvorträge an medizinischen Kongressen und Hebammen-Konferenzen	30 000 (Sponsoringbeiträge für Forschende)
• Events		
• Verkauf	Besuch	
Internet	Webseite mit Zielgruppe a) werdende Eltern, b) Gynäkologen, c) Hebammen	25 000
Recht		
Reserve		45 000
Total		470 000

Markteinführung eines Investitionsguts

Ein Unternehmen in der Luft-Messtechnikbranche hat ein neuartiges Verfahren für die Messung von Partikeln in geschlossenen Räumen (Labors, Operationssäle, Industrieküchen etc.) entwickelt. Das neue Verfahren ist nicht nur zuverlässiger als die bestehenden Verfahren, es lassen sich auch gleichzeitig Partikel von sehr unterschiedlicher Grösse messen. Das neue, bereits patentierte Verfahren ist wesentlich einfacher in der Bedienung und die Gefahr von menschlich verursachten Messfehlern ist drastisch reduziert. Die Markteinführung zielt vor allem auf Bereiche, bei denen die Lufthygiene kritisch ist. Das Unternehmen macht geltend, dass die EU innert einem Jahr die Höchstgrenzen für Partikel in solchen Räumen neu regelt und dass die Schweiz höchstwahrscheinlich diese Regelungen übernimmt. Für die Einhaltung dieser neuen, verschärften Höchstgrenzen sind herkömmliche Messgeräte in den allermeisten Fällen zu ungenau.

Budget für die Einführung CHF 300 000.–.

Budgetposten	Beispiel	Budgetbetrag in CHF
Marktforschung	Strukturierte Evaluationsgespräche durch Aussendienstmitarbeiter oder Telefoninterviews durch Innendienst mit Laborleitung, Hausdienst etc.	20 000 Konzeption (Befragung durch AD)
Teilmix Kunde		
• Werbung		
• Printmedien	Inserate in Branchen-Magazinen	40 000
• TV		
• Radio		
• Plakat		
• Events	Stände an Branchenmessen (andere Geräte werden auch gezeigt, sodass die Kosten geteilt werden können)	60 000 (15% von 400 000)
• Verkauf	Telefonaktion zur Identifizierung von Ansprechperson und Bedarfsabklärung	50 000
• Promotion		
• PR	Fachartikel zur neuen EU-Regelung und Produkt-PR	20 000
Teilmix Beeinflusser		
• Werbung		
• PR	Fachartikel zur neuen EU-Regelung und Produkt-PR	(Wie oben)
• Events	Demonstration an Universitäten, Fachhochschulen und Berufsschulen	10 000 (interne Präsentierende)
• Verkauf		
Internet	Fachliche Webseite mit a) neuer Regelung (werbefrei, sehr informativ) und b) Produkt-PR	30 000
Recht	Aktive Überwachung des Patentschutzes	40 000
Reserve		30 000
Total		300 000

18.3 Budgetüberwachung und -anpassung

Interne Kontrollmechanismen im Unternehmen sollten die Einhaltung der Budgets kontinuierlich überwachen. Häufig ist es jedoch so, dass die Einhaltung der Budgets erst nach Projektende, häufig erst beim nächsten Jahresabschluss kontrolliert wird. Kommt es zu Budgetüberschreitungen, dann ist es zu diesem Zeitpunkt zu spät, um Gegenmassnahmen zu ergreifen.

Deshalb ist es notwendig, dass die **Einhaltung der vereinbarten Budgets kontinuierlich verfolgt** wird. Für Marketingverantwortliche geht es insbesondere darum, vorgesetzte Stellen rechtzeitig über Abweichungen vom Budget zu informieren. Zeichnet sich ein Mehrbedarf ab, dann muss eine gut begründete Budgeterhöhung rechtzeitig beantragt werden. Insbesondere, wenn der Kostenanstieg durch eine andere Stelle verursacht wird, ist es wichtig, vor der Auftragserteilung die Budgeterhöhung absegnen zu lassen.

Outbound-Telefonaktionen werden meist von Callcentern durchgeführt.
Bild: WavebreakMediaMicro / Fotolia.com

Beispiel

Der Verkauf, CHF 150 000.– in eine **Outbound-Telefonaktion** zu investieren. Mit der Informatikabteilung wird vereinbart, in welcher Form die **Kundenkartei** aufbereitet wird, damit das externe Callcenter die Anrufe tätigen kann und die Bestellungen direkt ins System einspeist. Kurz vor Aktionsbeginn gibt die Informatik bekannt, dass sie zwar die Kundenlisten erstellen kann, dass sie aber keine Ressourcen hat, um eine Schnittstelle für die automatische Erfassung der Bestellung zu programmieren.

Die Verkaufsleitung muss zusätzliche Hilfskräfte anstellen, um die Bestellung im System zu erfassen, was zu einem Mehraufwand von ca. CHF 20 000.– führt. Obwohl es sich bei dieser Budgeterhöhung um einen Sachzwang handelt, für den der Verkauf nicht verantwortlich ist, sollte die Budgeterhöhung rechtzeitig bei der vorgesetzten Stelle bewilligt werden. Wird die Budgetabweichung erst im Nachhinein begründet, so schwächt das die Position des Verkaufs.

18.4 Marketingkontrolle

Der formale Management-Prozess beginnt mit der Situationsanalyse, führt über die Zieldefinition zur Erarbeitung von Strategien und dem Marketingmix. Nach der Budgetierung werden die Instrumente umgesetzt. Nach der Durchführung der Massnahmen bildet die Kontrolle den Abschluss des Prozesses. In Wirklichkeit sind die Phasen jedoch nicht so strikt voneinander zu trennen. Sie gehen fliessend ineinander über und beeinflussen sich gegenseitig.

Wir behandeln in diesem Kapitel folgende zwei Themen:

- Arten von Marketingkontrollen
- Kontrollplan

18.4.1 Arten von Marketingkontrollen

Es lassen sich vier Arten von Marketingkontrollen unterscheiden:[1]

- Jahresplankontrolle
- Profitabilitätskontrolle
- Effizienzkontrolle
- Strategiekontrolle

Wir besprechen diese im folgenden Text.

Jahresplankontrolle

Die Jahresplankontrolle soll sicherstellen, dass die gesetzten Ziele, die in die Jahresplanung eingeflossen sind, erreicht werden. Das Management untersucht z. B.

- die erzielten Verkaufsergebnisse,
- die Entwicklung des Marktanteils,
- das Verhältnis Umsatz zu Marketingausgaben,
- die Entwicklung der finanziellen Grössen,
- Veränderungen in der Wahrnehmung des Konsumenten (Bekanntheitsgrad unserer Produkte, Image etc.).

Profitabilitätskontrolle

Bei dieser Kontrolle steht die Frage im Vordergrund, wo das Unternehmen Gewinne bzw. Verluste macht. Dabei kann die Profitabilität nach verschiedenen Kriterien ermittelt werden, z. B.

- nach Produkten,
- nach Regionen,
- nach Kunden,
- nach Distributionswegen oder
- nach Auftragsgrössen.

Effizienzkontrolle

Die Effizienzkontrolle untersucht die Wirkungen der einzelnen Marketinginstrumente im Hinblick auf die gesetzten Ziele und unter Berücksichtigung der entstandenen Kosten.

[1] Kotler, Philip; Bliemel, Friedhelm: Marketing-Management: Analyse, Planung, Umsetzung und Steuerung, 8. Auflage, Stuttgart: Schäffer-Poeschel, 1995, S. 1150.

Abb. [18-6] **Effizienzkontrollen im Verkauf, der Werbung und der Verkaufsförderung**

Verkaufskontrolle	• Durchschnittliche Verkaufserfolgsquote pro Verkaufsbesuch • Durchschnittliche Wiederkaufsrate von Erstkäufern • Anzahl neu akquirierter Kunden • Anteil der Kosten für den Verkauf gemessen am Umsatz
Werbekontrolle	• Werbekosten pro tausend Kontakten in der Zielgruppe nach Werbemedium • Anteil des Zielpublikums, das sich an die Werbung erinnern kann • Einstellung des Zielpublikums zum Produkt vor und nach der Werbekampagne • Rücklaufquoten
Verkaufsförderungs-kontrolle	• Verkaufssteigerung bei Zweitplatzierungen • Verkaufssteigerung bei Aktionen, Doppelpackungen etc. • Anteil der Verkaufsförderungsausgaben an den gesamten Marketingausgaben • Verhältnis von Mitarbeiter-Verkaufsförderung (Staff Promotion), Handels-Verkaufsförderung (Dealer Promotion) und Kunden-Verkaufsförderung (Consumer Promotion)

Strategiekontrolle

Während die bisher besprochenen Kontrollen als Soll-Ist-Vergleiche bezeichnet werden können, ist die Strategiekontrolle eine eigentliche **Soll-Soll-Kontrolle.** Die Frage heisst also nicht, ob das Unternehmen sein Ziel erreicht hat, sondern ob die Ziele des Unternehmens dem Umfeld und seiner eigenen Situation noch angemessen sind. Um es anders auszudrücken: Es genügt nicht, die Dinge richtig zu tun. Man muss auch die richtigen Dinge tun.

Das folgende Beispiel illustriert, wie die Marktkontrolle bei einem Handelsunternehmen funktioniert, das Bauteile an die Maschinenindustrie liefert. Die Tabelle zeigt auch, auf welche Kontrollen verzichtet wird und welche Kontrollen besonders häufig durchgeführt werden.

Beispiel **Auswahl von Kontrollmethoden**

Kontrollart	Kontrollinstrument	Entscheid
Jahresplankontrolle	• Verkaufsstatistik • CRM-Auswertungen • Betriebsbuchhaltung	Ja. Alle diese Daten werden ausgewertet und dienen unter anderem dem jährlichen Strategiemeeting und dem Budgetprozess.
	Imagestudie	Nein. Auf diese Daten wird verzichtet, da die Geschäftsleitung der Einschätzung der Aussendienstmitarbeiter vertraut und eine separate Marktforschungsstudie als zu kostspielig beurteilt.
Profitabilitäts-kontrolle	Verkaufsstatistik	Ja. Die Deckungsbeiträge werden monatlich nach Produktkategorie und nach Region ausgewertet.
		Nein. Die Deckungsbeiträge werden nicht nach Kunden oder nach einzelnen Projekten ausgewiesen, weil nur mit Durchschnittskosten und nicht mit aktuellen Kosten (kunden- und projektbezogen) operiert wird.
Effizienzkontrolle	Persönlicher Verkauf	Ja. Das CRM-System zeigt auf, bei welchen Kunden ein persönliches Gespräch zu einer Veränderung der Bestellungen geführt hat.
	Werbung, Messen	Nein. Es werden keine Daten über die Wirkung von Werbemassnahmen und Messepräsenz auf den Kundenumsatz erhoben. Diese Erhebung wäre sehr aufwendig und würde durch viele Faktoren verzerrt.
Strategiekontrolle	Produktkategorien, Regionen und Kunden-Segmente	Ja. Die Geschäftsleitung und der Verwaltungsrat diskutieren zweimal jährlich, ob die Strategie bezüglich der Produktkategorien, der Regionen und der Kunden-Segmente noch stimmt oder ob sie angepasst werden muss (Produkte aufnehmen oder eliminieren, neue Länder bedienen oder Rückzug, neue Kunden-Segmente erobern oder bestehende Kunden aufgeben).
	Konkurrenten	Nein. Die Geschäftsleitung verfügt nicht über ein zuverlässiges Datenmaterial, das die Marktanteile der Konkurrenten in den verschiedenen Produktkategorien aufzeigt. Häufig wird basierend auf anekdotischen Erfahrungen entschieden.

Beispiel **Google Analytics**

Google Analytics ist eine Dienstleistung, die sich zur Datenverkehrsanalyse eignet und in die eigene Webseite integrieren lässt. Die Nutzung der Webseite wird aufgezeichnet und kann anschliessend online analysiert werden. Dadurch erhält der Webseitenbetreiber ein besseres Verständnis über die Nutzung. Dabei erfährt man je nach Einstellung, wie Besucher auf die Webseite gestossen sind, wie sie sie verwenden, und damit, wie sie die eigene Dienstleistung verbessern können. Damit lassen sich Marketingmassnahmen effizienter auf die Kundenbedürfnisse abstimmen und es kommt zu einer höheren Conversion und Kundenbindung.

18.4.2 Kontrollplan

Der Kontrollplan ist das logische Gegenstück zu den Zielen, die wir in Kapitel 5, S. 93 behandelt haben. Wenn die Kontrolle nicht geplant erfolgt, besteht die Gefahr, dass sie gar nie gemacht wird. Das führt einerseits dazu, dass Entscheidungsträger nicht verantwortlich sind für ihr Handeln, andererseits verpasst das Unternehmen eine wichtige Lernchance. Die Abweichungen der Ist-Resultate von den Soll-Zielen können dem Management helfen, Annahmen über die Wirkungsweise von Marketingstrategien und -instrumenten zu überprüfen und den aktuellen Marktsituationen anzupassen.

Der Kontrollplan beantwortet 4-W-Fragen: Was? (Zielobjekt / Zielgrösse), Wie? (Kontrollmethode), Wer? (Verantwortlichkeit) und Wann? (Zeitpunkt).

Abb. [18-7] **Beispiel eines Kontrollplans für ein Musical in Zürich**

Was? (Zielobjekt / Zielgrösse)	Wie? (Kontrollmethode)	Wer? (Verantwortlichkeit)	Wann? (Zeitpunkt)
Gestützte Bekanntheit ist 10% in der Bevölkerung der Deutschschweiz im Segment der über 30-Jährigen drei Monate vor Premiere	Omnibus-Telefon-Umfrage	Roman Plüss (intern), LINK (extern)	Drei Monate vor Premiere
20% der Tickets sind zwei Monate vor Premiere verkauft	Interne Verkaufsstatistik	Roman Plüss (intern)	Zwei Monate vor Premiere
Besprechung des Musicals in «Tages-Anzeiger», NZZ, «20 Minuten» und «Blick»	Argus Medienbeobachtung	Roman Plüss (intern), Argus Medienbeobachtung (extern)	Wöchentlich, ab Vorpremiere bis Ende der Laufzeit

18.5 Marketing-Informationssystem

Die Planung, Budgetierung und Kontrolle benötigen aktuelle Informationen, die von einem Marketing-Informationssystem (MIS) zur Verfügung gestellt werden. Ein Marketing-Informationssystem besteht aus Personen, Maschinen und Prozessen, die entscheidungsrelevante Marketing-Informationen sammeln, strukturieren, analysieren, interpretierten und kommunizieren.[1] In Kapitel 3.2, S. 40 haben wir bereits verschiedene Verfahren zur Kundenanalyse diskutiert, die in einem Marketing-Informationssystem (MIS) integriert sind.

[1] In Anlehnung an Kotler, Philip; Keller, Kevin Lane; Brady, Mairead; Goodman, Malcolm; Hansen, Torben: Marketing Management, Harlow 2009.

Abb. [18-8] **Marketing-Informationssystem**

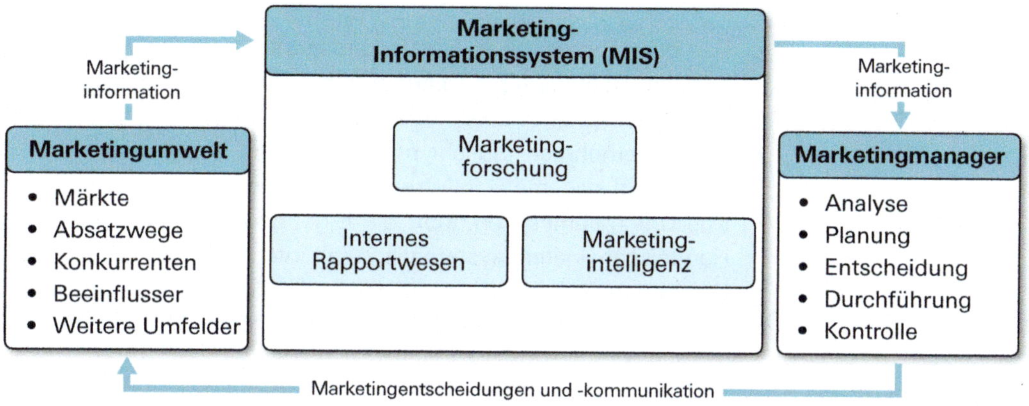

Das MIS besteht mindestens aus den drei folgenden Elementen.

Internes Rapportwesen

Die internen Rapporte sind die **wichtigsten Informationsquellen der Marketingmanagerin.** Bestellungen, Anfragen, Lagerbestände, Debitoren, Kreditoren usw. liefern grundlegende Informationen, die Probleme und Chancen direkt offenlegen. Die in der Modebranche tätige Kette C&A kennt jeden Tag die genauen Verkaufszahlen des Vortags aller Artikel in allen Filialen der Schweiz. Regionale Über- oder Unterbestände können so innert 24 Stunden ausgeglichen werden, Sortimentanpassungen sind kurzfristig möglich, was gerade bei modischen Gütern wichtig ist.

Marketingforschung

Da die Marketingforschung in einem separaten Buch behandelt wird (Marktforschung von Kathrin ter Hofte-Fankhauser und Hans F. Wälty, Compendio), werden wir hier nur ganz kurz auf dieses Element eingehen. Die Marketingforschung wird unterteilt in **primäre Forschung** (field research), die aktiv Informationen erhebt, und **sekundäre Forschung** (desk research), die bereits vorhandene Informationen neu kombiniert, analysiert und interpretiert (siehe Kap. 4, S. 69).

Aus Effizienzgründen werden in der Regel zuerst sämtliche Möglichkeiten der sekundären Marketingforschung ausgeschöpft. Wenn diese Ansätze keine Antwort auf die relevanten Fragen geben, wird ausgehend vom konkreten Informationsbedürfnis die Durchführung von primärer Forschung ins Auge gefasst.

Marketingintelligenz

Während das interne Rapportwesen Informationen darüber liefert, was passiert ist, und die Marketingforschung Antworten auf spezifische Fragestellungen gibt, führt das «Management» dieser Informationen zur Marketingintelligenz.

Diese Marketingintelligenz wird **durch verschiedene Massnahmen geschaffen und gefördert:**

- Das Unternehmen kann das Verkaufspersonal, aber auch alle anderen Mitarbeitenden mit Kunden-, Lieferanten-, Distributoren- oder Konkurrenzkontakt motivieren, wesentliche Informationen aktiv zu sammeln und weiterzuleiten.
- Das Unternehmen tauscht mit Lieferanten, Distributoren und anderen kooperierenden Elementen systematisch Informationen aus.
- Das Unternehmen verknüpft die Ergebnisse der Marktforschung, z. B. den Einkauf der Handelspaneldaten, systematisch mit internen Analysen.
- Das Unternehmen richtet ein Marketing-Informationszentrum ein, dessen Ziel die zielgerichtete Schaffung und Pflege der Marketingintelligenz ist.

Je intensiver der Wettbewerb wird, je anspruchsvoller die Kunden werden und je höher die Dynamik des Unternehmensumfelds ist, desto wichtiger werden Informationen für die Entscheidungsfindung. Nur selten sind Marketingmanager mit den ihnen zur Verfügung stehenden Informationen zufrieden. Die **häufigsten Klagen** sind:

- Ich erhalte zu wenig Marketing-Informationen, die ich brauchen kann.
- Ich erhalte zu viel Marketing-Informationen, die ich nicht brauchen kann.
- Die Informationen sind im ganzen Unternehmen verstreut, sodass ich lange brauche, um auch nur die einfachste Information zu bekommen.
- Informationen werden von den Untergebenen bewusst nicht weitergeleitet, weil sie ihrem Leistungsausweis schaden könnten.
- Wichtige Informationen erhalte ich erst, wenn es schon zu spät dafür ist.

Das folgende Beispiel beschreibt, wie die Firma Aggreko ein MIS für die Verbesserung der Kundenzufriedenheit und -loyalität aufgebaut hat, nachdem das Unternehmen traditionell vor allem die finanziellen Kennzahlen (Umsatz, Marge, Kosten, Preise etc.) verfolgt hatte.[1]

Aggreko gilt als Weltmarktführer in temporären Bauten, z. B. werden mobile Kraftwerke für die olympischen Spiele oder nach dem Atomunfall in Fukushima zur Verfügung gestellt (siehe www.aggreko.com).

Beispiel

Einführung eines neuen Managementinformationssystems (MIS)

Als die Geschäftsleitung von Aggreko sich zum Ziel setzte, kundenorientierter zu werden, stellte sie rasch fest, dass sie für die Beurteilung der Kundennähe und die Kundenzufriedenheit nicht genügend Informationen zur Verfügung hatte. Erschwerend kam dazu, dass Aggreko sehr regional arbeitet, sodass jede Region die Daten anders erhob und aufbereitete, falls überhaupt Kundendaten erforscht wurden. Die folgende Tabelle zeigt illustrativ, welche Entscheidungen der Marketingleiter von Aggreko fällen musste, bevor er der Geschäftsleitung sein neues MIS vorstellen konnte.

[1] Meehan, Sean (2011), «Aggreko (A): Measuring Customer Satisfaction with Net Promotor Score», IMD Case 5-0772. Meehan, Sean (2011), «Aggreko (B): Net Promotor Score Implementation», IMD Case 5-0773. Meehan, Sean (2011), «Aggreko (C): Update», IMD Case 5-0774.

Fragestellung	Entscheidung und Begründung
Braucht Aggreko mehr Kundendaten, um kundenorientierter zu werden?	Ja. Insbesondere müssen die Kundendaten objektiv und systematisch erhoben werden und sie müssen konzernweit vergleichbar sein.
Wie werden die erhobenen Daten genutzt?	Die Daten sollen zwischen den Regionen und über die Zeit verglichen werden. Das ist aber nicht das Entscheidende. Erstens geht es darum, dass Fehler erkannt werden und dass dafür gesorgt wird, dass sie nicht mehr passieren. Zweitens sollen unzufriedene Kunden reklamieren können, sodass Aggreko ihr Problem lösen kann. Drittens kann das Kundenfeedback ein wichtiger Input für neue Innovationen sein.
Soll das MIS intern oder mit externer Hilfe durchgeführt werden?	Externe Hilfe. Aggreko hat zu wenig Erfahrung auf dem Gebiet. Zudem können externe Spezialisten mit anderen Unternehmen vergleichen und das MIS rascher einführen. Es ist auch wichtig, dass die Kunden das Feedback den externen Spezialisten geben, da sie gegenüber ihrem direkten Ansprechpartner eher Hemmungen haben, kritisch zu sein.
Soll das MIS quantitative oder qualitative Daten enthalten?	Beides. Quantitative Daten sind wichtig für den Vergleich zwischen Regionen und über die Zeitachse, qualitative Daten sind wichtig, um den Kunden besser zu verstehen.
Welche Kennzahlen sollen aus dem Marketing-Informationssystem in die Geschäftsleitung rapportiert werden?	Basierend auf Erfahrungen in anderen Branchen. Aggreko entscheidet sich für die Einführung des «Net Promotor Score»[1], bei dem die Wiederempfehlungsbereitschaft der Kunden gemessen wird. Die zentrale Frage lautet: «Wie wahrscheinlich ist es auf einer Skala von 1 bis 10, dass Sie Aggreko weiterempfehlen?» Im Anschluss an diese zentrale Frage werden verschiedene Fragen zur Dienstleistung gestellt, sodass die Führungskräfte vor Ort lernen, wie sie ihren Service verbessern können. Die Resultate der einzelnen Filialen und Regionen werden intern publiziert, was den Druck auf die schwächeren Filialen erhöht. Gleichzeitig werden sie aufgefordert, von den besseren Standorten zu lernen, oder die Führungskräfte werden ausgetauscht.

[1] Keiningham, Timothy L.; Cooil, Bruce; Andreassen, Tor Wallin; Aksoy, Lerzan (2007): «A Longitudinal Examination of Net Promoter and Firm Revenue Growth», Journal of Marketing, 71 (3), 39–51. Reichheld, Frederick F. (2003): «The One Number You Need to Grow», Harvard Business Review, 81 (12), 46–54.

Zusammenfassung

Das **Budget** ist die Konkretisierung eines Plans im Hinblick auf die finanziellen Konsequenzen. Bei der **Budgetierung** geht es nicht nur darum, den Geldfluss für den nächsten Monat, das nächste Quartal oder das nächste Jahr abzuschätzen. Es ist auch Dreh- und Angelpunkt für die Planung. Die Budgetierung kann top down (engl. von oben nach unten) oder bottom up (engl. von unten nach oben) vorgenommen werden.

Neben der kontinuierlichen Budgetierung, die quartalsweise oder jährlich durchgeführt wird, wird auch **ad hoc,** d. h. bei konkreten Ereignissen budgetiert. Wird dem Aufwand ein Ertrag gegenübergestellt, so lassen sich Netto-Deckungsbeitrag und Marketing-ROI berechnen. Da das Budget auf Annahmen und Prognosen beruht, macht es häufig Sinn, verschiedene mögliche **Szenarien** im Hinblick auf ihre finanzielle Konsequenzen auszuarbeiten. Nachdem das Budget abgesegnet wird, muss dessen Einhaltung laufend überprüft werden. Bei Abweichungen müssen Korrekturmassnahmen getroffen werden oder man muss rechtzeitig eine Budgeterhöhung beantragen.

Der letzte Schritt bei der Umsetzung eines Marketingkonzepts ist die **Kontrolle,** wobei zwischen vier verschiedenen Arten unterschieden wird. Die **Jahresplankontrolle** soll sicherstellen, dass die gesetzten Ziele, die in die Jahresplanung eingeflossen sind, erreicht werden. Bei der **Profitabilitätskontrolle** steht die Frage im Vordergrund, wo das Unternehmen Gewinne bzw. Verluste macht.

Die **Effizienzkontrolle** untersucht die Wirkungen der einzelnen Marketinginstrumente im Hinblick auf die gesetzten Ziele und unter Berücksichtigung der entstandenen Kosten, z. B. im Verkauf, in der Werbung und der Verkaufsförderung. Die vierte Form ist die **Strategiekontrolle,** die eine eigentliche Soll-Soll-Kontrolle darstellt. Die Frage heisst also nicht, ob das Unternehmen sein Ziel erreicht hat, sondern ob die Ziele des Unternehmens dem Umfeld und seiner eigenen Situation noch angemessen sind. Damit das Unternehmen sinnvoll budgetieren und kontrollieren kann, braucht es ein **Marketing-Informationssystem** (MIS), das häufig aus den Elementen «Internes Rapportwesen», «Marketingforschung» und «Marketingintelligenz» besteht.

Repetitionsfragen

81 Was würden Sie tun, wenn Sie zwischen einer strikten Top-down-Budgetierung und einer strikten Bottom-up-Budgetierung wählen müssen?

82 Für eine Werbekampagne werden zwei Varianten (nicht Szenarien) ausgearbeitet, die zu folgenden Budgetzahlen führen (die Details interessieren hier nicht).

Variante 1: Investition: CHF 300 000.–, Zusatz-DB CHF 440 000.–

Variante 2: Investition CHF 500 000.–, Zusatz-DB CHF 680 000.–

Für welche Variante soll sich das Unternehmen entscheiden?

83 Um welche Art von Kontrolle handelt es sich bei den folgenden Beispielen?

Überprüfung von:	Jahresplankontrolle	Profitabilitätskontrolle	Effizienzkontrolle	Strategiekontrolle
Rücklaufquoten einer Coupon-Werbung	☐	☐	☐	☐
Vergleich des DB mit den Kosten dieser Coupon-Werbung	☐	☐	☐	☐
SWOT-Profil im Vergleich zu einem neuen Konkurrenten	☐	☐	☐	☐
Positionierung der eigenen Marken mittels Marktforschung	☐	☐	☐	☐
Zielerreichungsgrad des Verkaufsvolumens in der Ostschweiz im Jahr 20xx	☐	☐	☐	☐

84 Stimmen Sie der folgenden Aussage zu: «Szenarien sind etwas für Leute, die entweder zu faul oder zu dumm sind, Prognosen zu erstellen»?

85 Viele Unternehmen, vor allem kleinere, verzichten auf die Festlegung eines Marketingbudgets und entscheiden ad hoc, je nach Situation. Auch die Marketingkontrolle fehlt. Sie sind damit sehr erfolgreich. Würden Sie einem solchen Unternehmen trotzdem empfehlen, ein Marketingbudget zu erstellen und eine Marketingkontrolle durchzuführen?

Teil E
Anhang

Antworten zu den Repetitionsfragen

1 Seite 17

Ja. Es ist gut möglich, dass ein Unternehmen kein ausformuliertes Marketingkonzept besitzt und sehr erfolgreich ist. Wir können aber davon ausgehen, dass diese Unternehmen von Personen geführt werden, die – ohne es vielleicht zu wissen und ohne es anderen zu kommunizieren – sehr wohl konzeptionell vorgehen. Es ist aber auch sehr gut möglich, dass ein Unternehmen mit einem Marketingkonzept keinen Erfolg erzielt. Es ist jedoch davon auszugehen, dass die Erstellung eines Marketingkonzepts hilft, die wichtigen und richtigen Entscheidungen herbeizuführen und ein systematisches Vorgehen unterstützt.

2 Seite 17

Ein Marketingkonzept kann für ein Produkt, für ein Segment oder für eine strategische Geschäftseinheit geschrieben werden. In der Praxis macht es Sinn, ein Konzept so zu formulieren, dass es einen Marketingmix umfasst. Wenn man also für die Lancierung eines Produkts einen Marketingmix kreiert, dann sollte dieser in ein Marketingkonzept eingebettet sein.

3 Seite 33

Ja. Wenn der Preis des Produkts stärker fällt als der Absatz (die abgesetzte Menge) steigt.

4 Seite 33

Die Identifikation und Definition von strategischen Geschäftsfeldern dient der Marktwahl und wird dem strategischen Management zugerechnet. Ein SGF wird im Marketing weiter unterteilt in nachfrageorientierte Segmente und angebotsorientierte Teilmärkte.

5 Seite 33

Nein. Jede Rolle hat ihre Berechtigung und die Verkäufer sollten sich mit allen Beteiligten austauschen, Informationen sammeln, Bedürfnisse erkennen und entsprechende Lösungen erarbeiten.

6 Seite 33

Teilmärkte und Segmente:

Beispiel	Teilmarkt	Segment
Studierende an Fachhochschulen, Universitäten und ETHs, die Bücher kaufen	☐	☒
Lehrmittel für Fachhochschulen, Universitäten und ETHs, die von Verlagen produziert werden	☒	☐
Sportliche Fahrer, die BWM, Audi oder Ford Mustang lieben, und Luxus-Fahrer, die eher Mercedes oder Lexus fahren	☐	☒
Die Firma Dow Chemicals beliefert Unternehmen in der Kosmetikbranche und in der Automobilbranche mit Silikonen.	☐	☒

7 Seite 65

B] ist richtig. Marketingmanager und Unternehmer beschäftigten sich so intensiv mit ihren Kunden, Produkten und Dienstleistungen, dass sie übersehen, wie sich ihr Markt entwickelt. Sie sehen vor lauter Bäumen den Wald nicht und nehmen die Marktdefinition als gegeben hin. Wichtig ist, dass der Markt nicht eine gegebene, statische Grösse ist, sondern vom Management definiert werden muss.

8 Seite 65

A] 9-Felder-Matrix von McKinsey.

B] Die 9-Felder-Matrix von McKinsey zeigt, dass die **Geschäftseinheit A** in einem unterdurchschnittlich attraktiven Markt positioniert ist, in dem die Firma unterdurchschnittliche Wettbewerbsvorteile hat. Von allen drei Einheiten ist sie umsatzmässig die kleinste (Grösse des Kreises), aber die Marge ist besser als (B) (Winkel des **roten** Segments). **B** ist in einem überdurchschnittlichen Markt die Geschäftseinheit mit dem grössten Umsatz. Allerdings sind die Wettbewerbsvorteile unterdurchschnittlich, ebenso die Gewinnmarge. **C** ist extrem profitabel, der Gewinn ist beinahe so gross wie der Umsatz. Wettbewerbsvorteile und Marktattraktivität sind überdurchschnittlich.

C] Folgende Informationen können wir aber nicht entnehmen:

- In welchem Lebenszyklus befinden sich die entsprechenden Angebote?
- Wie haben sich A, B, C in der Vergangenheit entwickelt und wo werden sie sich hinentwickeln?
- Warum sind die Wettbewerbsvorteile bei C ausgeprägter als bei A und B?
- Etc.

9 Seite 65

Auf beiden. Die Unternehmensanalyse zeigt Stärken und Schwächen auf (SW = Strengths and Weaknesses), die Umfeldanalyse Chancen und Gefahren (OT = Opportunities and Threats).

10 Seite 65

Spiele AG: numerisch: 5 + 10 + 50 + 0 = 65, d. h. 65%, gewichtet: 5 Mio. + 5 Mio. + 4 Mio. = 14 Mio., d. h. 70%

Robotics AG, numerisch 5 + 0 + 25 + 10 = 40%, gewichtet: 5 Mio. + 0 + 2 Mio., + 4 Mio. = 11 Mio., d. h. 55%

11 Seite 66

	t_0	t_1	t_2	t_3
	2015	2016	2017	2018
Mitglieder	1 000			
Anzahl Kunden	2 000	1 000	600	420
Kundentreue	50%	60%	70%	70%
Umsatz / Kunde	CHF 210	CHF 230	CHF 260	CHF 260
Gesamtumsatz	CHF 420 000	CHF 230 000	CHF 156 000	CHF 109 200
Var. Kosten in %	60%	50%	45%	45%
Var. Kosten in CHF	CHF 252 000	CHF 115 000	CHF 70 200	CHF 49 140
Akquisitionskosten CHF 88.	CHF 176 000			
Fixkosten	CHF 3 500			
Kundenbrief CHF 4	CHF 4 000	CHF 4 000	CHF 4 000	CHF 4 000
Gesamtkosten	CHF 435 500	CHF 119 000	CHF 74 200	CHF 53 140
Deckungsbeitrag DB	CHF –15 500	CHF 111 000	CHF 81 800	CHF 56 060
Diskontierung mit 16% p. a.	1	0.862	0.743	0.641
Disk. DB	CHF –15 500	CHF 95 690	CHF 60 791	CHF 35 915
Kumulativer disk. DB	CHF –15 500	CHF 80 190	CHF 140 980	CHF 176 896
Kundenwert CLV per t_0	CHF –8	CHF 40	CHF 70	CHF 88
Kum. DB	CHF 176 896			
Investitionen	CHF 176 000			
Disk. Investitionen	CHF 7 500	CHF 3 448	CHF 2 973	CHF 2 563
Kum. disk. Investitionen	CHF 7 500	CHF 10 948	CHF 13 921	CHF 16 484
Gesamtinvestionen	CHF 192 484			
Return-on-Marketing	92%			

12 Seite 67 Wettbewerbsanalyse:

	Neue Konkurrenten	Abnehmer	Lieferanten	Ersatzprodukte	Rivalität
Airbnb-Vermietungsplattform				Wer ein Airbnb mietet, braucht kein Hotelzimmer mehr.	
Booking.com-Reservationsplattform			Der Vertriebskanal Booking.com wird so mächtig, dass die Hotels viel für die Reservationen bezahlen müssen.		
Tiefpreispolitik von Hilton in Zürich					Hilton ist ein direkter Rivale von Hyatt.
Fusion der grössten Konferenz- und Messeveranstalter			Diese Grosskunden können teilweise Preise diktieren.		

13 Seite 67 Businessanalyse:

Begriffe	Beispiel anhand einer Wanderung auf die Rigi
Information	• Ich habe eine App mit dem SBB-Fahrplan. • Ich habe eine Wanderkarte der Rigi-Region.
Wissen = Information + Vernetzung	Mit der SBB-App kann ich die Fahrroute auf die Rigi herausfinden zum Startort der Wanderung (z. B. Rigi Kaltbad).
Handeln = Wissen + Anwendungsbezug + Wollen	Ich habe meine Wanderung geplant, wir haben unsere Rucksäcke gepackt, wir fahren in einer Stunde los.

14 Seite 91 In der Regel wird bei Marktforschungsprojekten nicht zwischen Primär- und Sekundärforschung entschieden, sondern es werden zunächst Sekundärdaten aus internen und externen Quellen gesichtet, bevor der Entschluss gefasst wird, eine Primärforschung durchzuführen.

15 Seite 91

Quellen	Intern	Extern
Kundenkartei	☒	☐
Statistiken von öffentlichen Ämtern	☐	☒
Betriebliches Rechnungswesen	☒	☐
Daten der Konkurrenz	☐	☒
Mitarbeiterbericht	☒	☐
Alte Marktforschungsberichte	☐	☒
Publikationen der Banken	☐	☒
Wissenschaftliche Statistiken	☐	☒
Datenbank des Unternehmens	☒	☐

16 Seite 91 Wenn die Fragestellung noch offen ist, kann mit qualitativer Forschung das Gebiet erkundet werden. Informationen werden gesammelt, um relevante Faktoren zu finden. Mit quantitativer Forschung kann die Fragestellung anschliessend quantifiziert werden.

17 Seite 91

Es sollen diejenigen Merkmale gewählt werden, die sich auch als Segmentierungskriterien eignen. Das heisst, das Merkmal sollte für das Kundenverhalten relevant sein. Das Alter ist z. B. nur dann eine gutes Merkmal, wenn sich das Kaufverhalten von Jungen und Alten unterscheidet.

18 Seite 91

Nein, nicht unbedingt. Produkttests werden oft nur mit 25 Personen durchgeführt, an einer Gruppendiskussion nehmen selten mehr als 10 Personen teil. Trotz dieser kleinen Fallzahl und der unsystematischen Auswahl können solche Untersuchungen oft wertvolle Informationen liefern. Die Ergebnisse solcher Studien dürfen jedoch nicht auf die Grundgesamtheit hochgerechnet werden, weil diese Stichprobe die Grundgesamtheit eben **nicht** repräsentiert.

19 Seite 91

Die beiden Befragungsarten unterscheiden sich darin, dass beim Omnibus mehrere Unternehmen verschiedene Themen erfragen lassen, während bei einer Multi-Client-Studie mehrere Unternehmen das gleiche Thema erfragen lassen.

20 Seite 99

Was? **Zielinhalt**	**Wie viel?** **Zielquantifizierung**	**Wem?** **Zielgruppe / Segment**	**Wann?** **Zielperiode**	**Wo?** **Zielmarkt**
Welche Zielgrösse soll erreicht werden?	Welcher Wert soll erreicht werden?	Bei welchem Segment soll dieser Wert erreicht werden?	Bis wann soll dieses Ziel erreicht werden?	Wie ist der Markt geografisch definiert?
Image als innovative Marke	Auf einer Skala von 1 (überhaupt nicht innovativ) bis 10 (sehr innovativ) wird ein Durchschnitt von 8.0 erzielt.	Mobiltelefon-Kunden zwischen 14 und 20 Jahren	Umfrage im Sommer 2018	Ganze Schweiz

21 Seite 99

Was? **Zielinhalt**	**Wie viel?** **Zielquantifizierung**	**Wem?** **Zielgruppe / Segment**	**Wann?** **Zielperiode**	**Wo?** **Zielmarkt**
Welche Zielgrösse soll erreicht werden?	Welcher Wert soll erreicht werden?	Bei welchem Segment soll dieser Wert erreicht werden?	Bis wann soll dieses Ziel erreicht werden?	Wie ist der Markt geografisch definiert?
Wertmässiger Marktanteil	Wertmässiger Marktanteil in der Kategorie «Frischbackwaren» fällt nicht unter 10.5%.	Retailmarkt ohne Gastronomie und Grossverbraucher	2018 und 2019	Ganze Deutschschweiz

22 Seite 99

Was? **Zielinhalt**	**Wie viel?** **Zielquantifizierung**	**Wem?** **Zielgruppe / Segment**	**Wann?** **Zielperiode**	**Wo?** **Zielmarkt**
Welche Zielgrösse soll erreicht werden?	Welcher Wert soll erreicht werden?	Bei welchem Segment soll dieser Wert erreicht werden?	Bis wann soll dieses Ziel erreicht werden?	Wie ist der Markt geografisch definiert?
Penetration	5% der Schweizer Haushalte sollen unsere Schokolade mindestens einmal pro Jahr kaufen.	Grundgesamtheit (definiert durch das Haushaltspanel)	2019	Ganze Schweiz (definiert durch das Haushaltspanel)

23 Seite 99

Das Renditeziel ist übergeordnet, Umsatz- und Kostenziel sind untergeordnet.

24 Seite 99

	Zielkonflikt	Zielkongruenz	Zielindifferenz
Umsatz und Gewinn	☐	☒	☐
Kundenzufriedenheit und Preis	☒	☐	☐
Umsatz und Marge	☐	☐	☒ (Die Marge ist immer 50%, also unabhängig vom Umsatz)

25 Seite 131

	Markt-penetration	Produkt- und Sortiments-entwicklung	Markt-entwicklung	Diversifi-kation
Der Online-Bookshop Amazon.com verkauft neben Büchern viele andere Produkte, z. B. CD, Tierfutter, Computerspiele, Spielzeuge.	☐	☒	☐	☐
Die mittlerweile konkursite Erb-Gruppe hat neben dem Autoimportgeschäft auch den Küchenbauer Piatti aufgekauft.	☐	☐	☐	☒
Disney baute Themenparks wie Disneyland in Kalifornien, in Florida, in Tokyo und in Paris.	☐	☐	☒	☐
Die «Handelszeitung» offeriert ein Probeabo für 10 Wochen für CHF 25.	☒	☐	☐	☐

26 Seite 131 Häufig ist eine Marktpenetration nicht möglich, weil der Markt schon gesättigt ist.

27 Seite 131 Im Lauf der Zeit profitiert der chinesische Partner vom Know-how der Schweizer. Wenn der Schweizer die Patente und Lizenzen nicht schützen kann bzw. die Schutzgebühren in China rechtlich nicht durchsetzen kann, könnte der chinesische Partner mit der Zeit zum Konkurrenten werden.

28 Seite 131 Das Produkt wird an den Kunden verkauft, der den höchsten Preis dafür bezahlt. Dieser kann über dem Preis liegen, den das Unternehmen verlangen wollte.

29 Seite 131 Es ist einfacher als bei manchen anderen Geschäften, weil Amazon viele Daten über die Kunden sammeln und auswerten kann, z. B. RFM-Analyse oder Entscheidungsbäume.

30 Seite 131 Die Inhalte werden von den Nutzern generiert (nicht von Unternehmen), die Verbreitung findet eher über Blogs und Social Networks statt, weniger über Webseiten, und die Kommunikation findet eher über Gemeinschaften (Communities) statt anstatt als Dialog zwischen Anbieter und Kunde.

31 Seite 144 Wenn die Kunden sehr ähnliche Bedürfnisse haben, sind sie alle mit demselben Produkt zufrieden. Ein Massenmarketing lohnt sich auch dann, wenn die zusätzlichen Kosten einer Segmentierung von den Kunden nicht akzeptiert werden.

32 Seite 144 Generell ist es ein gutes Segmentierungskriterium, wenn Personen im selben Alter ähnliche Bedürfnisse haben. Beispiele sind Windeln, Jugendzeitschriften, Versicherungsprodukte, Gesundheitsprodukte etc.

33 Seite 144 Derselbe Kunde kauft nach anderen Kriterien ein, wenn er für sich selbst einkauft, für eine Einladung oder für ein Geschenk. Seine Bedürfnisse sind unterschiedlich, je nach Kaufanlass (Geschmack, Prestige, Preis, Etikettendesign).

34 Seite 144 Es sind verschiedene Ansätze möglich.

Segmentierungskriterium	Jeweils 3 Ausprägungen		
Besuchshäufigkeit	**Lokale Stammgäste**	**Gelegenheitsgäste**	**Touristen, Einmalgäste**
Familienstatus	Junge Paare	Familie mit Kindern unter 12 Jahren	Familie mit Kindern über 12 Jahren
Bedürfnis	Abenteuer	Erholung	Ferienstimmung

35 Seite 144 Es ist möglich, dass ein Zielkonflikt besteht, aber es muss nicht zwingend sein. Wenn ein Unternehmen seine Kunden an sich binden kann und diese nicht bei der Konkurrenz einkaufen, steigert das auch den Marktanteil. Wenn das Unternehmen aber versucht, Marktanteil zu gewinnen, indem immer neue Kunden angeworben werden, dann werden unter Umständen die treuen Kunden vernachlässigt.

36 Seite 161 Das Unternehmen könnte sich auch entscheiden, eine neue Dachmarke oder Familienmarke aufzubauen.

37 Seite 161 Als staatliches Fernsehen sollte SF1 alle Bevölkerungsgruppen ansprechen und nicht nur Konservative oder Progressive oder Introvertierte oder Extrovertierte. In diesem Sinn ist es eine gute Positionierung für den gesamten Sender. Einzelne Sendungen sollten durchaus anders positioniert sein.

38 Seite 161 Eine Marke erfüllt unter anderem eine Prestige- und Imagefunktion. Die Kunden wollen nicht mit einer Volksbank-EC-Karte einkaufen, weil sie dadurch zu erkennen geben, dass sie kein Vermögen besitzen. Zweitens ist eine Dachmarkenstrategie, wie besprochen, kostengünstiger.

39 Seite 162

	Line Extension	Brand Extension	Multi-brands	New Btands
Virgin betreibt eine Airline und verkauft: • Cola • Cola-Lösung	☐	☒	☐	☐
Logitech lanciert eine Solarbatterie für Laptops.	☒	☐	☐	☐
Chocolat Frey und der Migros-Genossenschafts-Bund Basel kreieren die Marke «Unlimited», die verschiedene andere Schokoladenmarken der Migros ergänzt.	☐	☐	☒	☐
Watson ist eine neue Onlinezeitung.	☐	☐	☐	☒

40 Seite 162

Beispiel	Grobpositionierung	Feinpositionierung
Schuhe der Marke «Mephisto» gelten als besonders langlebig.	☐	☒
Die Feriendestinationen von REKA sind besonders familienfreundlich.	☐	☒
Autos der Marke Dacia sind sehr günstig.	☐	☒

41 Seite 175 In der Wachstumsphase. In der Einführungsphase sind die Kosten hoch und der Umsatz ist noch gering. In der Wachstumsphase steigt der Umsatz so stark an, dass er die Kosten deckt.

42 Seite 175 Wenn man es als **Planungsinstrument** verwendet, zeigt es die wichtigsten Aufgaben für das Marketing in den Zyklusphasen und liefert somit Hinweise auf strategische Alternativen des Unternehmens. Als **Prognoseinstrument** ist das PLZ-Konzept kaum brauchbar, da die einzelnen Zyklusphasen nicht vorhersehbar sind und zudem durch die Aktivitäten des Marketings beeinflusst werden.

43 Seite 175

Sie ist eine Einführungsstrategie. Bei der Strategie der langsamen Marktabschöpfung erfolgt die Einführung zu einem hohen Preis und mit wenig Kommunikation. Der Zweck dieser Strategie ist, einen hohen Gewinn abzuschöpfen. Dies soll durch den hohen Preis und die geringen Vermarktungskosten erreicht werden. Die Strategie ist sinnvoll, wenn keine unmittelbare Konkurrenz droht, der Markt klein ist (und er sich durch eine Preissenkung nicht ausdehnen lässt), das Produktkonzept schon weiten Kreisen bekannt ist und die potenziellen Käufer nicht preisempfindlich reagieren.

44 Seite 175

	Schnelle Abschöpfung	Schnelle Penetration	Langsame Abschöpfung	Langsame Penetration
Lidl hat den Markteintritt als Discounter in der Schweiz mit einer starken Werbekampagne forciert.	☐	☒	☐	☐
Microsoft HoloLens ist eine Mixed-Reality-Brille, die dem Benutzer erlaubt, interaktive 3-D-Projektionen in der direkten Umgebung darzustellen. Sie wird von Experten gekauft, die nicht preissensitiv sind.	☐	☐	☒	☐
Samsung positioniert, mit einem grossen Werbebudget, das Galaxy S III als direkte Konkurrenz zum hochpreisigen iPhone.	☒	☐	☐	☐
Roxann Hills Krimi «Wo die toten Kinder leben» wird auf Amazon für 9 Euro verkauft, das Kindle-E-Book ist aber für 1 Euro erhältlich.	☐	☐	☐	☒

45 Seite 175

Zu Beginn steht die Bekanntmachung im Vordergrund (Einführung, Wachstum). Später geht es häufig um die Positionierung gegenüber der Konkurrenz (Wachstum, Reife). Danach geht es darum, Marktanteile zu verteidigen (Reife, Relaunch, Revival).

46 Seite 179

Die Marktentwicklungsstrategie nach Ansoff bedeutet, dass ein Unternehmen ein bestehendes Produkt oder eine bestehende Dienstleistung in einen für sie neuen Markt einführt. Die Markterweiterungsstrategie verlangt ein Gesamtmarktwachstum. Somit gilt als Voraussetzung, dass ein Unternehmen ein bestehendes Produkt in einem wachsenden Markt einführt.

47 Seite 179

In den Phasen Einführung und Wachstum. Bei der Reife, Sättigung und im Rückgang wächst der Markt nicht mehr.

48 Seite 179

Alle Faktoren sind multiplikativ verknüpft. Deshalb können die Produkte berechnet werden. Da alle kleiner sind als 1, sinkt der Umsatz in allen drei Fällen.

A] $1.02 \cdot 0.9 = 0.918$

B] $1.1 \cdot 1.1 \cdot 0.8 = 0.968$

C] $1.5 \cdot 0.5 = 0.75$

49 Seite 189

Beispiel	Synergieform
Ein Produzent von Halb- und Fertigprodukten für die Gastronomie erweitert sein Sortiment und verkauft nun auch Weizentortillas. Die Produktion von Weizentortillas wird aufgenommen, obwohl dafür eine neue Maschine angeschafft werden muss, da die bereits vorhandene Maschine für Maistortillas nicht gleichzeitig Weizentortillas produzieren kann. Man hat aber festgestellt, dass die Kunden gerne alle mexikanischen Speisen vom selben Hersteller kaufen.	Verbundeffekte (economies of scope)
Eine Immobilienfirma bearbeitet sowohl den Markt für Wohnbauten als auch für Bürobauten, obwohl die Käufer und die Objekte sehr verschieden sind. Die beiden Teilmärkte zeichnen sich auch durch ein unterschiedliches zyklisches Verhalten aus.	Risikoverminderung
Drei Ärzte legen ihre Praxen zusammen, weil sie so die Fixkosten (medizinische Geräte, Medikamentenschrank, Empfangstheke, EDV-System) auf mehrere Personen aufteilen können.	Grösseneffekte (economies of scale)

50 Seite 189

Zum Beispiel kann ein schnelles Wachstum (marktbezogene SEP) auf Kosten der Mitarbeiterrekrutierung und -schulung gehen (funktionale SEP). Solche Zielkonflikte sind oft nicht zu vermeiden. Werden sie jedoch frühzeitig erkannt, können sinnvolle Kombinationen eher gefunden werden.

51 Seite 189

Dieses Vorgehen widerspricht mehreren Leitsätzen für die Festlegung von SEP. Erstens ist die Ressourcenzuteilung wohl mangelhaft (Delegation an den Marketingchef), zweitens sind SEP mittel- bis langfristig und drittens können SEP nicht gegen die herrschende Unternehmenskultur «verordnet» werden (z. B. konservativ versus innovativ, technikorientiert versus kundenorientiert).

52 Seite 217

	Kernprodukt und -dienstleistung	**Formales Produkt / Dienstleistung**	**Erweitertes Produkt / Dienstleistung**
Die Touristen erhalten einen 20%-Rabattcoupon für ein Musical am Broadway.	☐	☐	☒
Die Tageskarte erlaubt es den Touristen, bei jeder Haltestelle auszusteigen und den nächsten Bus zu nehmen. Die Busse verkehren in einem Halbstundenintervall.	☐	☒	☐
Der Bus stoppt, sodass die Touristen die Freiheitsstatue fotografieren können.	☒	☐	☐

53 Seite 217

Durch die Unterscheidung können Marketingmassnahmen wie Werbung und Preis differenziert werden.

54 Seite 217

	Muss-Faktor	**Soll-Faktor**	**Plus-Faktor**
Sortiment: «Ich finde vor allem das Sortiment super. Der Laden auf der anderen Strassenseite hat ein mickriges Sortiment, da war ich sehr enttäuscht.»	☐	☒	☐
Öffnungszeiten: «Es hat mich richtig geärgert, dass das Geschäft am letzten Samstag nicht geöffnet war. Ich bin vergebens in die Stadt gefahren.»	☒	☐	☐
Shoppingtipps: «Die Verkäuferin hat mir auf der Karte gezeigt, wo es die besten Badeanzüge gibt in der Stadt.»	☐	☐	☒

55 Seite 217

Ja, weil sowohl der Prozess wie das Produkt als Gesamtheit vom Kunden wahrgenommen und nachgefragt wird. Zum Beispiel wird eine Werbeagentur nicht nur nach dem Produkt (Werbekampagne), sondern auch nach dem Prozess (Debriefing, Zusammenarbeit, Zuverlässigkeit, Termintreue, Vertrauensverhältnis) beurteilt. Bei Amazon zählt einerseits das Produkt (Buch), aber auch der Prozess (Lieferung).

56 Seite 217

Gewisse Rollenkonflikte sind gefährlich, weil sie die Beziehung zum Kunden ruinieren können. Andererseits kann sich ein Dienstleister (z. B. Architekt) gerade über die Kompetenz profilieren und zeigen, dass er mit Konflikten umgehen kann (z. B. zwischen den Partnern beim Bau eines Einfamilienhauses).

57 Seite 244

Kennzahlen	**Kommunikationsziele**	**Marketingziele**
Umsatz	☐	☒
Reichweite	☒	☐
Kaufabsicht	☒	☐
Ungestützte Bekanntheit	☒	☐
Wiederkauf	☐	☒

58 Seite 244

1. Internetkommunikation
2. Werbung
3. PR
4. Verkaufsförderung
5. Direktmarketing
6. Persönlicher Verkauf

59 Seite 244

Beides sind Elemente der Werbeplanung. Bei der Copyplattform wird der Werbeinhalt (Positionierung, Werbebotschaft, Stil / Tonalität) definiert, bei der Mediaplattform werden Werbeträger und -mittel definiert.

60 Seite 244

Der Return-on-Marketing ist 15.98%, also kleiner als beim RFM-Modell, aber viel besser als ohne Modell.

	Ohne Modell		Entscheidungsbaum	
Absatz	4522		3110	
Ertrag	CHF 81396		CHF 55980	
Variable Kosten	CHF 40698		CHF 27990	
Versandkosten	CHF 13566		CHF 9330	
Bruttoertrag	CHF 27132	33.33%	CHF 18660	33.33%
Anzahl Mailings	50000		16089	
Mailingkosten	CHF 50000		CHF 16089	
Nettoertrag	CHF –22868		CHF 2571	
Return-on-Marketing		–45.74%		15.98%

61 Seite 244

Die RFM-Analyse klassifiziert Kunden anhand von drei Kennzahlen: Wann haben sie das letzte Mal gekauft (recency)? Wie häufig haben sie gekauft (frequency)? Wie viel Geld haben sie ausgegeben (monetary)? Die ABC-Analyse sortiert die Kunden nach einer Kennzahl in A-Kunden, B-Kunden und C-Kunden. Üblicherweise wird der Umsatz betrachtet (20% der Kunden sind A-Kunden, die 80% des Umsatzes ausmachen). Es gibt aber auch Unternehmen, die die Kundenprofitabilität berücksichtigen.

Der Vorteil der ABC-Analyse ist, dass sie relativ einfach vorgenommen werden kann und relativ stabil ist (A-Kunden bleiben in der Regel A-Kunden über das ganze Jahr). Die RFM-Analyse verlangt mehr Daten und ist sehr dynamisch (ein einziger Kauf erhöht den R-Wert unmittelbar). Dafür ist sie häufig sehr präzis für die Kampagnensteuerung.

62 Seite 268

Eine Webseite wird so gestaltet, dass die Suchmaschinen wie Google, MSN oder Yahoo die URL bei der Eingabe eines Stichworts möglichst weit vorne auflisten.

63 Seite 268

In der Regel macht es Sinn, SEO und SEA zu kombinieren. Die optimale Budgetaufteilung muss jedoch nicht 50%:50% sein. SEO sind häufig Fixkosten (Optimierung der Webseiten), während SEA in der Regel variable Kosten sind (pro Klick). Geico, eine amerikanische Versicherung, hat ein Google-Adwords-Budget von über 300 000 Dollar pro Tag (!). Dieser Betrag wird um ein Vielfaches höher sein als Geico's SEO-Budget.

64 Seite 268

Nicht zwingend. Einerseits hängt es davon ab, was ein Klick kostet und wie viel eine Bestellung bringt. Zweitens können die Klicks den Kaufentscheid beeinflussen, ohne dass der Kunde sofort kauft.

65 Seite 268

Natürlich sollte man eine Webdesign-Firma aussuchen, die sich mit Google auskennt. Aber keine Firma «kennt» Googles Algorithmus.

66 Seite 279

Gemäss den Annahmen im Modell ist das richtig. Natürlich ist der Strommarkt stark reguliert und der Preis kann nicht ohne Weiteres so festgesetzt werden, dass die Werke möglichst viel verdienen.

67 Seite 280

A] Der optimale Preis beträgt CHF 99.–, es resultiert ein DB von CHF 1 922.–.

Preis	Absatz	Var. Kosten	DB/Stück	Gesamt-DB
CHF 80	100	CHF 68	CHF 12	CHF 1 200
CHF 90	80	CHF 68	CHF 22	CHF 1 760
CHF 100	60	CHF 68	CHF 32	CHF 1 920
CHF 110	40	CHF 68	CHF 42	CHF 1 680
CHF 120	20	CHF 68	CHF 52	CHF 1 040
CHF 99	62	CHF 68	CHF 31	CHF 1 922

B] Ja, der DB reicht für die London-Reise. Jeder Preis zwischen CHF 92.– und CHF 106.– führt zu einem DB, der grösser ist als CHF 1 800.–.

68 Seite 280

Nein. Es handelt sich nicht um eine positive Nachfragefunktion, sondern um zwei verschiedene negative Funktionen. Wenn der Preis in der Nebensaison beispielsweise von CHF 1 200.– auf CHF 1 700.– erhöht würde, würde die Auslastung sinken und nicht auf die 100% der Hauptsaison steigen.

69 Seite 280

	Konsumenten-zahlungs-bereitschaft	Konkurrenz	Kapazität	Kosten
Wir sollten günstiger sein als Polyconsult, sonst kriegen sie diesen Auftrag auch noch und können weiter Mitarbeitende einstellen, die uns dann fehlen.	☐	☒	☐	☐
Wenn wir das Projekt im Januar machen können, können wir 10% Rabatt geben. Im Januar ist wenig los. Sonst offerieren wir den normalen Preis.	☐	☐	☒	☐
Ich glaube, wir sollten dieses Projekt wirklich tief offerieren, weil sie kaum Budget haben. Wenn wir dieses Projekt sauber durchführen, dann können wir bei Folgeprojekten, wenn der Kredit gesprochen ist, die verlorene Marge wieder gutmachen.	☒	☐	☐	☐
Für den Marktforschungsteil müssen wir höhere Ansätze verlangen, weil wir den extern einkaufen müssen.	☐	☐	☐	☒

70 Seite 280

	Vorher	Nachher
	CHF 724 910	CHF 724 910
Rabatt	16.5%	12%
Umsatz	CHF 605 300	CHF 637 921
Kosten	CHF 524 190	CHF 524 190
Gewinn	CHF 81 110	CHF 113 731
		40%

71 Seite 294

Umsatz	Fixkosten Filiale	Variable Kosten Filiale	Totalkosten Filiale	Fixkosten Kommissionär	Variable Kosten Kommissionär	Totalkosten Kommissionär
1 Mio.	500 000	100 000	600 000	100 000	200 000	300 000
2 Mio.	500 000	200 000	700 000	100 000	400 000	500 000
3 Mio.	500 000	300 000	800 000	100 000	600 000	700 000
4 Mio.	500 000	400 000	900 000	100 000	800 000	900 000
5 Mio.	500 000	500 000	1 000 000	100 000	1 000 000	1 100 000

Die Filiale lohnt sich bei mindestens 4 Mio. Umsatz pro Jahr.
Gleichungssystem für x = Umsatz

1. 500 000 + x / 10 < 100 000 + x / 5, auf beiden Seiten 100 000 und x / 10 subtrahieren.
2. 400 000 < x / 10, beide Seiten mit 10 multiplizieren.
3. 4 Mio. < x, d. h., der Umsatz muss über 4 Mio. liegen.

72 Seite 294

Ja. Traditionell konnten die Behörden hohe Reichhaltigkeit und tiefe Reichweite bieten (z. B. Gespräch am Schalter) oder grosse Reichweite bei tiefer Reichhaltigkeit (z. B. Erläuterung zum Ausfüllen der Steuererklärung). Mit elektronischen Steuerformularen wird einerseits eine hohe Reichweite erzielt (die Kosten pro Steuerpflichtigen sind sehr gering), gleichzeitig eine hohe Reichhaltigkeit (bei jedem Posten können interaktiv die wesentlichen Punkte eingeblendet werden, z. B. Abzugsberechtigung oder maximale Beträge).

73 Seite 294

KAM ist sehr personalintensiv und verlangt eine grosse Koordinationsleistung im Unternehmen (damit der Kunde nur einen Ansprechpartner hat). Deshalb sind nicht alle Unternehmen fähig, ein KAM aufzuziehen, und es lohnt sich nur für sehr rentable Kunden.

74 Seite 294

Büromaterialien sind ein sehr häufiges Verbrauchsgut für praktisch alle Firmen (d. h. hohes Marktvolumen) und sie verlangen selten viel Beratung. Deshalb ist eine Bestellung übers Internet sehr einfach und kostengünstig.

75 Seite 294

Entweder baut das Unternehmen den Vertriebskanal selbst auf (z. B. eigene Filialen), was hohe Fixkosten verursacht. Oder es arbeitet mit Händlern zusammen, die die Marge (variable Kosten) drücken.

76 Seite 310

Bei Investitionsgütern sind die Käufer viel besser informiert als die Kunden bei einem Konsumgut. In der Regel ist die Auswahl viel kleiner und der Kaufentscheid wird eher aufgrund der Produkteigenschaften oder der Dienstleistungsqualität gefällt und weniger aufgrund des Images.

77 Seite 310

Eine gute Lösung zeichnet sich dadurch aus, dass Sie die erwähnten Punkte abgedeckt haben und dass sie miteinander in Beziehung stehen.

78 Seite 311

Im Gegensatz zum S-förmigen Zusammenhang zwischen Aufwand und Ertrag bei der TV-Werbung handelt es sich hier um eine zeitliche Betrachtung. Die Zeitachse ist mit der Achse des Aufwands **nicht** identisch. Die Grafik sagt aus, dass die Marke X bis 2009 praktisch nicht bekannt war und in den Jahren 2010 bis 2011 relativ stark an Bekanntheit gewonnen hat. Da auf der Y-Achse jedoch jede Masseinheit fehlt, kann es auch sein, dass der Bekanntheitsgrad nach wie vor sehr klein ist, z. B. 1%.

79 Seite 311

Zwischen Carry-over- und Spill-over-Effekt kann ein Zusammenhang bestehen, muss aber nicht. Betrachten wir eine Werbekampagne im 4. Quartal im Jahr 2005, so stellt sich ein Spill-over-Effekt ein, wenn die Werbung einen Einfluss auf die Distribution hat (z. B. sind Händler eher bereit, ein Produkt aufzunehmen, wenn es gerade beworben wird). Von einem Carry-over-Effekt sprechen wir, wenn sich diese Werbung auch positiv auf den Umsatz des Jahrs 2006 auswirkt. Von einem kombinierten Carry-over- und Spill-over-Effekt könnten wir sprechen, falls diese Werbung die Akzeptanz einer Preiserhöhung im Jahr 2006 steigert.

80 Seite 311

Gemäss dem Standard-Dominanz-Modell sind sowohl «Standard-Instrumente» wie «dominante Instrumente» bedeutend für den Umsatz. Aus diesem Grund ist es fahrlässig, auf die Standard-Instrumente zu verzichten. Allerdings sollte dort nicht überinvestiert werden, sondern man sollte mit «dominanten Instrumenten» eine Differenzierung suchen.

81 Seite 328

In der Praxis ist es realistischerweise nicht möglich, nur bottom up oder nur top down zu budgetieren. Es findet ein laufender Abgleichungsprozess statt, der die angestrebte Koordinationsfunktion sicherstellt.

82 Seite 328

Variante 1: Investition: CHF 300 000, Zusatz-DB CHF 440 000, Netto-DB (440 000 – 300 000) 140 000, Marketing-ROI = 140 000 / 300 000 = 46.7%

Variante 2: Investition CHF 500 000, Zusatz-DB CHF 680 000, Netto-DB (680 000 – 500 000) 180 000, Marketing-ROI = 180 000 / 500 000 = 36.0%

Variante 1 erzielt einen höheren ROI, Variante 2 einen höheren Netto-DB. Das Unternehmen muss nun eine dieser beiden Kennzahlen priorisieren und dann entscheiden.

83 Seite 328

Überprüfung von:	Jahresplankontrolle	Profitabilitätskontrolle	Effizienzkontrolle	Strategiekontrolle
Rücklaufquoten einer Coupon-Werbung	☐	☐	☒	☐
Vergleich des DB mit den Kosten dieser Coupon-Werbung	☐	☒	☐	☐
SWOT-Profil im Vergleich zu einem neuen Konkurrenten	☐	☐	☐	☒
Positionierung der eigenen Marken mittels Marktforschung	☐	☐	☐	☒
Zielerreichungsgrad des Verkaufsvolumens in der Ostschweiz im Jahr 20xx	☒	☐	☐	☐

84 Seite 328

Szenarien und Prognosen sind nicht dasselbe, aber sie ergänzen sich gegenseitig. Insofern ist diese Aussage falsch. Bei einem Szenario werden die verschiedensten Prognosen zu einem Gesamtbild der Zukunft verdichtet. In diesem Sinn ist das Szenario «eine Geschichte, die sich in der Zukunft abgespielt hat».

85 Seite 328

Es empfiehlt sich auf jeden Fall, zu budgetieren. Das Budget kann aber sehr einfach gehalten sein, z. B. als Jahresbudget auf einer A4-Seite. Verzichtet ein Unternehmen auf diese Schritte, so operiert es im luftleeren Raum. Die Folge sind kurz- oder mittelfristige Fehlentscheide, weil wichtige Instrumente zur Planung fehlen.

Glossar

A

ABC-Analyse Kunden- oder Produktanalyse, bei der die Kunden gemäss ihrem Anteil am Umsatz in A-, B- und C-Kunden oder in Produkte eingeteilt werden.

Absatzorientierte Public Relations Werbung für Produkte, Menschen, Ideen, Länder, Orte, Organisationen und Aktivitäten in Form von redaktionellen Beiträgen in den Medien.

Analytisches CRM Beim analytischen CRM geht es darum, Kundenwerte für Einzelkunden und für Kohorten zu berechnen, um sicherzustellen, dass die profitablen Kunden identifiziert und bearbeitet werden können.

B

Blog Tagebücher im Internet, deren Inhalte häufig über RSS auf andere Internetseiten übertragen werden.

Boston-Consulting-Group-Portfolio (BCG) Einteilung der Produkte nach ihrer Position im → Produktlebenszyklus in Stars, Cash Cows, Question Marks und Dogs mit den Achsen Marktanteil und Marktwachstum.

Brand → Marke

Branding Strategy → Markenstrategie

C

Communities Zusammenführung von Menschen mit ähnlichen Interessen durch das Internet.

Consumer Promotion Verkaufsförderung beim Kunden.

Convenience-Güter Güter und Dienstleistungen des täglichen Bedarfs.

Copyplattform → Werbeinhalt

Crossmedia-Integration Einheitliche inhaltliche und grafische Gestaltung in allen verfügbaren Medien.

Customer Relationship Management (CRM) Besteht aus dem analytischen CRM, dem operativen CRM und dem strategischen CRM.

D

Dachmarkenstrategie Verschiedene Produkte und Dienstleistungen werden unter derselben Marke angeboten.

Data Mining Analyse grosser Datenmengen.

Dealer Promotion Verkaufsförderung beim Handel.

Defensives Marketing Ausrichtung des Marketings auf Wiederverkauf. Unrentable Kunden werden nicht mehr bedient oder zu rentablen Kunden gemacht.

Desk Research → Sekundärmarktforschung

Detailhandelspanel Panelart, bei der die Konsumgüter des täglichen Bedarfs am Verkaufspunkt durch den eigenen Aussendienst elektronisch erfasst werden.

Dienstleistung	Jede Handlung oder jeder Nutzen, die im Markt zwischen zwei Parteien ausgetauscht werden und nicht greifbar sind. Man unterscheidet Kerndienstleistung, formale Dienstleistung und erweiterte Dienstleistung.
Differenzierung	1. Unterschiedliche Ausrichtung des Marketings nach Bedürfnissen je nach Segment (Segmentierung). 2. Unternehmen, seine Produkte oder Dienstleistungen unterscheiden sich von der Konkurrenz (Positionierung).
Direkter Vertrieb	Produkt wird durch unternehmenseigene Verkaufskanäle vom Hersteller zum Verbraucher gebracht.
Direktmarketing	Direkte Kommunikation mit genau bestimmten, identifizierten Kunden.
Disintermediation	Umgehung oder Aufhebung von Handelsstufen zwischen dem Leistungsanbieter und den Kunden dank Internet.
Diversifikation	Wachstumsorientierte Marketingstrategie, bei der neue Märkte oder Segmente mit neuen Produkten und Dienstleistungen erschlossen werden. Man unterscheidet horizontale, vertikale und laterale Diversifikation.

E

E-Business	Alle Geschäftsmöglichkeiten, die durch das Internet ermöglicht werden.
E-Commerce	Verkauf und Bezahlung von Produkten und Dienstleistungen über Telekommunikationsnetze.
Economies of scale	→ Skaleneffekte
Economies of scope	→ Verbundeffekte
E-Government	Abwicklung von amtlichen Handlungen durch das Internet.
Einzelhandel	Handelspartner, der Produkte und Dienstleistungen ohne Be- und Verarbeitung an Endverbraucher verkauft.
E-Mail-Marketing	Informationen werden an eine E-Mail-Adresse gesendet.
Entscheidungsbaum	Analytisches CRM-Modell, bei dem grafisch die Variablen von guten und schlechten Kunden dargestellt werden.
Erweiterte Dienstleistung	Umfasst Prozesse und Ergebnisse, die über die Erwartungen hinausgehen, die Qualität der Dienstleistung aber entscheidend erhöhen.
Erweitertes Produkt	Zusätzliche Produkteigenschaften, die einen Zusatznutzen schaffen können.

F

Feinpositionierung	Das Produkt oder die Dienstleistung nimmt im Markt eine bestimmte Position ein.
Field Research	→ Primärmarktforschung
First-Mover-Strategie	Strategie, bei der das Unternehmen als erstes im Markt sein muss.
Follower-Strategie	Strategie, bei der das Unternehmen nicht das erste im Markt ist. Es wird ein ähnliches Produkt wie ein bestehendes Produkt auf den Markt gebracht.
Formale Dienstleistung	Umfasst die charakteristischen Eigenschaften der Dienstleistung, die vom Konsumenten erwartet werden.

Formales Produkt Beschreibt die Eigenschaften, die die Erfüllung des Grundnutzens ermöglichen.

Franchising Art von → Lizenzvergabe, bei der der Franchisegeber dem Franchisenehmer gegen eine laufende Franchisegebühr ein komplettes System bietet.

G

Gesamtmarktentwicklungsstrategie Das gesamte Marktvolumen wird zum Vorteil aller Anbieter ausgedehnt.

Gestützte Bekanntheit Bei der Befragung wird der Name genannt, über den der Befragte Auskunft geben soll.

Gewichteter Distributionsgrad Gibt an, wie gross der Umsatz der Verkaufsstellen im Vergleich zum Gesamtumsatz der Produktkategorie ist.

Grobpositionierung Das Unternehmen legt fest, in welchem strategischen Geschäftsfeld es seine Marktleistung anbieten will.

Grösseneffekte Skaleneffekte.

Grosshandel Handelspartner, der ohne Be- und Verarbeitung an Weiterverarbeiter und Wiederverkäufer verkauft.

H

Handelsvertreter Handelspartner, der im Namen und auf Rechnung des Herstellers Waren verkauft.

Haushaltspanel Panelart, bei der die Befragten ihre Haushaltseinkäufe notieren.

Horizontale Diversifikation Art von → Diversifikation. Die neuen Produkte haben in Bezug auf die Technologie oder das Marketing Synergien mit den bisherigen Produktlinien, selbst wenn ein neues Segment angesprochen wird.

I

Indirekter Vertrieb Produkt wird durch unternehmensfremde Verkaufskanäle – die Handelspartner – vom Hersteller zum Verbraucher gebracht.

Individualisierte Massenfertigung Ermöglicht eine kostengünstige Individualisierung der Marktleistung. Englisch: Mass Customizing.

Industriegüter Produktart; werden von Personen oder Organisationen für die Herstellung von weiteren Produkten oder Dienstleistungen verwendet.

Influencer Promotion Verkaufsförderung bei Beeinflussern.

Interaktives Marketing Optimale Gestaltung der Anbieter-Nachfrager-Interaktion.

Intermediavergleich Vergleich zwischen verschiedenen Werbeträgern.

Internes Marketing Vorbereitung der Mitarbeitenden auf die Interaktion mit dem Kunden.

Internetkommunikation Alle Kommunikationsformen über das Internet.

Intramediavergleich Vergleich von zwei Titeln innerhalb einer Kategorie.

J

Joint Venture	Selbstständiges Unternehmen, an dessen Grundkapital zwei oder mehrere Partner beteiligt sind mit dem Ziel, durch eine gemeinsame Tätigkeit eine ihren jeweiligen Einlagen entsprechende Verzinsung zu erzielen.

K

Kampagnensteuerung	Form des operativen → Customer Relationship Management (CRM). Bezweckt, den richtigen Kunden, das richtige Informations- und Leistungsangebot im richtigen Kommunikationsstil über den richtigen Kommunikationskanal im richtigen Zeitpunkt zu kommunizieren.
Kerndienstleistung	Beschreibt die eigentliche Leistung, die der Konsument in Anspruch nimmt.
Kernprodukt	Beschreibt den Grundnutzen des Produkts.
Key Account Management (KAM)	Management von Gross- oder Schlüsselkunden.
Kohorte	Genau definierte Gruppe von Kunden, die mit einer gezielten Marketingmassnahme akquiriert wurde.
Kollektive Intelligenz	Elektronische Plattformen, die offen sind für Beiträge Dritter.
Kommissionär	Externes Verkaufsorgan, das im eigenen Namen auf Rechnung des Herstellers Waren verkauft.
Kommunikative Profilierung	Das Image der Marktleistung wird vom Kunden als positiv wahrgenommen.
Konkurrenzstrategie	Das Unternehmen versucht, den Umsatz auf Kosten der Konkurrenz zu steigern.
Konsumgüter	Produktart; werden von den Konsumenten für ihren persönlichen Verbrauch gekauft.
Konversionsrate	Verhältnis zwischen erhaltenen Aufträgen und erstellten Offerten.
Kritische Erfolgsfaktoren	Erfolgsfaktoren, die einen entscheidenden Einfluss auf Erfolg oder Misserfolg haben.
Kundenertrag	Ertrag, den das Unternehmen mit einem Kunden während der gesamten Beziehungsdauer erzielen kann.
Kundenloyalität	Kundentreue, misst sich daran, wie lange ein Kunde einem Unternehmen treu bleibt oder wie viele Kunden des Vorjahrs dem Unternehmen auch in diesem Jahr treu geblieben sind.

L

Laterale Diversifikation	Art von → Diversifikation. Das neue strategische Geschäftsfeld hat keinerlei Bezug zu den bisherigen Aktivitäten des Unternehmens.
Lead User	Kunden, die besonders innovativ und anspruchsvoll sind.
Leistungsprofilierung	Die Eigenschaften des Produkts oder der Dienstleistung verschaffen dem Kunden einen höheren Nutzen.
Lizenzvergabe	Lizenzgeber schliesst mit dem Lizenznehmer eine Vereinbarung ab, die ihm das Nutzungsrecht für Produktionsverfahren, Warenzeichen, Technologie oder etwas anderes einräumt.
Lost-Order-Analyse	Auftragsverlustanalyse. Element des operativen CRM-Verkaufssystems, das die Gründe für die Nichtberücksichtigung von Offerten im System erfasst.

M

Makler	Handelspartner, der zwischen dem Verkäufer und dem Käufer vermittelt, ohne dass er Eigentümer oder Besitzer der Sache wird.
Marke	Name, Begriff, Zeichen, Symbol, Gestaltungsform oder eine Kombination dieser Bestandteile zur Kennzeichnung der Produkte oder Dienstleistungen eines Anbieters.
Markenstrategie	Bestimmt alle Entscheidungen über die → Marke, Markenname, Markengeber und Markenentwicklung. Auf Englisch → Branding Strategy.
Markenzeichen	Verbal nicht wiedergebbarer Teil der → Marke.
Marketingmix	Kombination aller Marketinginstrumente zur Umsetzung der Marketingstrategie.
Marktentwicklung	Die Eroberung neuer geografischer Märkte mit den bestehenden Produkten und Dienstleistungen.
Markterweiterungsstrategie	→ Gesamtmarktentwicklungsstrategie
Marktkapazität	Anzahl möglicher Nutzer bzw. Menge von Produkten in einem Markt unabhängig vom Preis.
Marktnische	Relativ kleines Marktsegment und kleiner Teilmarkt, der konzentriert bearbeitet wird.
Marktpenetration	Marktdurchdringung. Es soll mit bestehenden Produkten ein Mehrumsatz innerhalb eines bestehenden → Strategisches Geschäftsfeld (SGF) erzielt werden.
Marktpotenzial	Anzahl möglicher Nutzer bzw. Menge von Produkten bei gegebenem Preis.
Markttest	Tests, die durchgeführt werden, um Informationen über die Reaktion des Markts auf Marketingmassnahmen zu erhalten.
Marktvolumen	Summe der Absätze resp. der Umsätze aller Anbieter im Markt.
Mash up	Zusammenwürfeln (Engl. Mash up) von verschiedenen Webinhalten, um etwas Neues zu kreieren.
Mass Customizing	→ Individualisierte Massenfertigung
McKinsey-Portfolio	Analysiert das Unternehmen in einer 9-Felder-Matrix anhand der beiden Dimensionen «Hohe Marktattraktivität» und «Hoher Wettbewerbsvorteil».
Mediaplattform	Element der Werbeplanung, bei dem Werbeträger und Werbemittel definiert werden.
Multichannel	Der Produzent wählt für den Absatz seines Produkts unterschiedliche Absatzkanäle.
Multi-Client-Studie	Mehrere Unternehmen lassen bei einer Umfrage ein Thema erfragen.

N

Navigator	Helfen Kunden, im Internet das beste Angebot im Markt zu finden.
Negative Elastizität	Es wird mehr von einem Produkt verkauft, wenn es billiger wird.
Numerischer Distributionsgrad	Gibt an, wie das Verhältnis ist zwischen der Anzahl von Verkaufsstellen, die das Produkt führen, und allen Verkaufsstellen, die diese Produktkategorie führen.

O

Offensives Marketing Ausrichtung des Marketings auf Erstkauf.

Omnibus-Umfrage Mehrere Auftraggeber lassen bei einer Umfrage verschiedene Themen erfragen.

Operatives Customer Relationship Management Basierend auf den Ergebnissen des analytischen CRM werden loyale und profitable Kunden angesprochen insbesondere über die Kampagnensteuerung und die Verkaufsautomation.

Opportunitymanagement Verkaufschancensteuerung. Element des operativen CRM-Verkaufssystems, bei dem der Verkauf Informationen darüber erhält, welche Kunden am ehesten an einem Verkaufsgespräch oder an einer anderen Kontaktform interessiert sind.

Over-engineering Qualitativ sehr hoch stehende, aber teure Produkte, die keinen Absatz finden.

Overreporting Panelteilnehmer verzeichnen im Panel Käufe, die sie gar nicht gemacht haben.

P

Panel Regelmässige Befragungen einer gleich bleibenden Stichprobe, die durchgeführt werden, um Informationen über die Reaktion des Markts auf Marketingmassnahmen zu erhalten. Es gibt → Haushaltspanel und → Detailhandelspanel.

Paneleffekt Verzerrungen, wenn Personen aufgrund ihrer Panelteilnahme das zu untersuchende Kaufverhalten ändern.

Panelsterblichkeit Ausfall von Personen, die beim Panel befragt werden.

Peer-to-Peer-Verknüpfung (P2P) Nutzer (Engl. peer: Gleichgesinnter) bilden ein P2P-Netzwerk und stellen sich gegenseitig Daten zur Verfügung.

Permission Marketing Form des → E-Mail-Marketing, bei der der Inhaber einer E-Mail-Adresse sein Einverständnis für den Erhalt von Informationen gibt.

Persönlicher Verkauf Alle Verkaufsformen, bei denen sich Mitarbeitende und Kunden persönlich begegnen und einen Kaufabschluss herbeiführen.

Podcast Audio- und Videoaufnahmen, die über Plattformen verbreitet werden.

Positionierung Gestaltung einer Marktleistung mit dem Ziel, dass sie sich von den Marktleistungen der Konkurrenz abhebt.

Positive Elastizität Je teurer ein Produkt ist, desto mehr wird verkauft.

Präferenzstrategien Die Vorlieben der Kunden sollen vom Unternehmen besser abgedeckt werden als von der Konkurrenz.

Preiselastizität der Nachfrage Verhältnis zwischen der relativen Änderung der Nachfragemenge und der relativen Preisänderung.

Preisführerschaft Der Preis ist tiefer als der der Konkurrenz. Bedingt in der Regel, dass der Anbieter über eine günstigere Kostenstruktur verfügt.

Preis-Mengen-Strategie Strategie, bei der fast nur der Preis als Wettbewerbsmittel eingesetzt wird.

Primärmarktforschung Die Daten werden für die Beantwortung einer spezifischen Fragestellung eigens erhoben.

Produkt Alles, was im Markt angeboten werden kann, um einen Kauf auszulösen. Man unterscheidet → Kernprodukt, → Formales Produkt und → Erweitertes Produkt.

Produktentwicklung Umsatzwachstum, wenn die bestehenden Kunden neue oder andere Produkte des Unternehmens anfragen bzw. Leistungen in Anspruch nehmen.

Produktlebenszyklus Zeitliche Entwicklung eines Produkts in 6 Phasen: Einführung, Entwicklung, Wachstum, Reife, Sättigung, Rückgang.

Produktmodifikation Produktveränderung. Umsatzwachstum, wenn das neue und das bisherige Produkt sehr ähnlich sind.

Psychologische Marktforschung → Qualitative Marktforschung

Public Relations (PR) Kommunikationsinstrument, mit dem Vertrauen in das Unternehmen, in seine Tätigkeit und seine Produkte geschaffen werden soll.

Pull-Strategie Die Kunden werden von der Werbung angezogen und verlangen das Produkt.

Push-Strategie Das Produkt wird in den Handel und vom Handel zum Kunden gedrückt.

Q

Qualität Fähigkeit eines Produkts oder einer Dienstleistung, Kundenbedürfnisse zu befriedigen.

Qualitative Marktforschung Eine Art von Primärmarktforschung, bei der das Problem wenig strukturiert ist und die Faktoren noch gefunden werden müssen.

Quantitative Marktforschung Eine Art von Primärmarktforschung, bei der das Problem gut strukturiert ist und die entscheidenden Faktoren bekannt sind.

R

Reichhaltigkeit Menge an Informationen, die zwischen den Parteien ausgetauscht werden kann.

Reichweite Anteil der Bevölkerung oder der Zielgruppe, die in einem bestimmten Zeitraum Kontakt mit dem Unternehmen hatte.

Relativer Marktanteil (Share of market) Absatz oder Umsatz eines Produkts im Vergleich zum Marktvolumen.

Repräsentativität Die befragten Personen repräsentieren die Grundgesamtheit, sodass von der Stichprobe auf die Grundgesamtheit geschlossen werden kann.

RFM-Modell Analytisches CRM-Modell, bei dem die Kunden nach drei Variablen eingeteilt werden: R = Recency (Zeitpunkt der letzten Bestellung), F = Frequency (Häufigkeit der gemachten Bestellungen), M = Monetary (Gesamtkosten der gemachten Bestellungen).

RSS (Really Simple Syndication) Technologie, dank der verschiedene Webinhalte abonniert werden können. Diese werden von einem RSS-Reader aktualisiert.

S

Sales-Cycle-Analyse	Wiederkaufsteuerung. Element des operativen CRM-Verkaufssystems, bei dem der Verkauf aus der Kundendatenbank Informationen über den optimalen Zeitpunkt für einen Verkaufskontakt erhält.
Sättigungsgrad	Das Verhältnis vom → Marktvolumen zum → Marktpotenzial.
Segment	Ergibt sich, wenn ein → strategisches Geschäftsfeld (SGF) nach der Art der Nachfrager unterteilt wird.
Segmentierung	Unterteilung der → strategischen Geschäftsfelder (SGF) in Segmente und Teilmärkte. Dient der Marktbearbeitung.
Sekundärmarktforschung	Sie beruht auf Daten, die zu einem früheren Zeitpunkt erhoben wurden.
Servicekultur	Gemeinsames Verständnis darüber, wie man die Kunden behandelt und welchen Stellenwert man der Kundenzufriedenheit beimisst.
Share of mind	→ Ungestützte Bekanntheit
Shopping-Güter	Güter der mittleren Preisklassen, die nicht so häufig benötigt werden wie Convenience-Güter.
Skaleneffekte	Sie entstehen, wenn die Durchschnittskosten mit der zunehmenden Produktionsmenge pro Zeiteinheit laufend sinken. Andere Bezeichnung: Grösseneffekte; Begriff auf Englisch: economies of scale.
Social Commerce	E-Commerce wird mit den Technologien des Web 2.0 verknüpft.
Social Networking	Plattform, in der Nutzer mit anderen Nutzern kommunizieren, sich anderen vorstellen und an Diskussionen teilnehmen.
Sortiment	Summe aller Marktleistungen, die ein Unternehmen anbietet.
Sortimentsentwicklung	Umsatzwachstum, wenn die bestehenden Kunden neue oder andere Produkte des Unternehmens anfragen bzw. Leistungen in Anspruch nehmen.
Spam	Form des → E-Mail-Marketings, bei der die E-Mail-Adresse ohne Einverständnis des Inhabers verwendet wird.
Spezialgüter	Güter des obersten Preissegments.
Staff Promotion	Verkaufsförderung im Unternehmen.
Strategiemix	Optimale Kombination der Strategien.
Strategische Erfolgspositionen (SEP)	Vom Unternehmen bewusst geschaffene Voraussetzungen, um im Vergleich zur Konkurrenz überdurchschnittliche Ergebnisse zu erzielen. Man unterscheidet funktionale, leistungsbezogene und marktbezogene SEP.
Strategische Geschäftseinheit (SGE)	Organisatorische Einheit im Unternehmen, die bestimmte strategische Geschäftsfelder (SGF) bearbeitet.
Strategische Public Relations	Sie beinhalten die aktive Gestaltung von Kommunikationsbeziehungen zwischen dem Unternehmen und allen internen und externen Anspruchsgruppen.

Strategisches Customer Relationship Management (CRM) Beinhaltet alle Strategien, die dazu dienen, profitable Kunden langfristig an das Unternehmen zu binden. Bei der Umsetzung werden das analytische und operative CRM angewendet.

Synonyme:Loyalitätsmanagement, Kundenmanagement.

Strategisches Fenster Zeitspanne, innerhalb der eine Strategie erfolgreich sein kann.

Strategisches Geschäftsfeld (SGF) Markt im Markt. Unterscheidet sich von den anderen SGF durch unterschiedliche Kunden, Konkurrenten, Angebote und Marken.

SWOT-Analyse Analysiert das Unternehmen aufgrund von vier Bereichen: S = Strengths (Stärken), W = Weaknesses (Schwächen), O = Opportunities (Chancen) und T = Threats (Gefahren).

SWOT-Matrix Kombination der Stärken-Schwächen-Analyse mit der Chancen-Gefahren-Analyse. Es ergeben sich vier Strategien: SO-Strategien, WO-Strategien, ST-Strategien und WT-Strategien.

Syndicated research Panelergebnisse werden an mehrere Auftraggeber gleichzeitig verkauft.

Synergie Allgemein: Das Zusammenwirken von Lebewesen, Stoffen oder Kräften, die sich gegenseitig fördern und in Kombination zu einer verbesserten Wirkung führen.

Im Rahmen des Strategiemix sollen sich die Strategien gegenseitig fördern.

T

Teilmarkt Ergibt sich, wenn ein → strategisches Geschäftsfeld (SGF) nach der Art des Angebots unterteilt wird.

Time to market Zeitspanne von der Produktidee bis zum Verkauf an den ersten Kunden.

U

Umsatz von Produkten Geldwert aller Verkäufe (in Franken).

Ungestützte Bekanntheit Befragter nennt die Marke spontan. Bezeichnung in Englisch: Share of mind.

Unique CommunicationProposition (UAP) Kommunikationsvorteil aufgrund der → kommunikativen Profilierung.

Unique Selling Proposition (USP) Echte → Leistungsprofilierung – je stärker das Kundenbedürfnis befriedigt wird, desto höher ist der Leistungsvorteil.

V

Verbundeffekte Es entsteht ein Vorteil dadurch, dass sich zwei unterschiedliche Aktivitäten besser, billiger und schneller ausführen lassen, als wenn beide Aktivitäten isoliert verrichtet werden.

Bezeichnung auf Englisch: economies of scope.

Verkaufsautomation Form des operativen → Customer Relationship Management (CRM). Das CRM-System unterstützt den Verkauf bei der täglichen Arbeit, indem die richtigen Kunden und Interessenten angesprochen werden und ihnen ein Angebot unterbreitet wird, das ihren Bedürfnissen am ehesten entspricht.

Verkaufsförderung Massnahmen zur Verkaufssteigerung einer bestimmten Marktleistung innerhalb einer bestimmten Periode.

Vertikale Diversifikation Art von → Diversifikation. Die neuen Produkte befinden sich in nachgelagerten oder vorgelagerten Branchen.

Vertrauensintervall Bereich, innerhalb dem Unterschiede bei Befragungen als unbedeutend angesehen werden.

Virales Marketing Marketingansatz zur Unterstützung und Steigerung der Kommunikation zwischen Kunden.

W

Wachstumsstrategien nach Ansoff Ansoff definiert anhand von zwei Dimensionen – neu / bestehende Märkte und neue / bestehende Produkte – vier Wachstumsstrategien: → Marktpenetration, Produkt- oder Sortimentsentwicklung, → Marktentwicklung und → Diversifikation.

Web 2.0 Inhalte werden von Nutzern erstellt und kontrolliert.

Webseiten-Marketing Marketing durch die Webseite. Der Betrachter holt sich die Informationen, die ihn interessieren, aktiv.

Werbeinhalt Element der Werbeplanung. Es wird der Werbeinhalt (Positionierung, Werbebotschaft, Stil) festgelegt.

Bezeichnung in Englisch: Copyplattform.

Werbetest Empirische Untersuchungen, in denen Massnahmen der Werbung hinsichtlich ihrer Wirkung auf die Zielpersonen überprüft werden.

Werbung Unpersönliche Kommunikation in bezahlten Werbeträgern.

Wiki Plattformen für Gemeinschaftspublikationen, zu denen alle Nutzer beitragen können, ohne dass zentral redigiert wird.

Stichwortverzeichnis

Bildungsmedien für jeden Anspruch
compendio.ch/marketing

Marketing

Das Ende dieses Buchs ist vielleicht der Anfang vom nächsten. Denn dieses Lehrmittel ist eines von rund 300 im Verlagsprogramm von Compendio Bildungsmedien. Darunter finden Sie zahlreiche Titel zum Thema Marketing, Verkauf und Kommunikation. Zum Beispiel:

Kommunikationsinstrumente für Marketing- und Verkaufsverantwortliche
Marktforschung für Marketing- und Verkaufsverantwortliche
Selbstmanagement für Marketing- und Verkaufsverantwortliche
Statistik für Marketing- und Verkaufsverantwortliche
Distribution für Marketing- und Verkaufsverantwortliche

Marketing, Verkauf und Kommunikation bei Compendio heisst: übersichtlicher Aufbau und lernfreundliche Sprache, Repetitionsfragen mit Antworten, je nach Buch auch Kurztheorie oder Glossar für den schnellen Überblick.

Eine detaillierte Beschreibung der einzelnen Lehrmittel mit Inhaltsverzeichnis, Preis und bibliografischen Angaben finden Sie auf unserer Website: compendio.ch/marketing

Nützliches Zusatzmaterial

Von unserer Website herunterladen:
Professionell aufbereitete Folien

Für den Unterricht, die firmeninterne Schulung oder die Präsentation – auf unserer Website können Sie professionell aufbereitete Folien mit den wichtigsten Grafiken und Illustrationen aus den Büchern herunterladen.
Bitte respektieren Sie die Rechte des Urhebers, indem Sie Compendio als Quelle nennen.

Immer und überall einsetzen:
E-Books

E-Books bieten maximalen Lesekomfort, Geräteunabhängigkeit und die Möglichkeit, Notizen und Markierungen einzufügen.
Die E-Version des Lehrmittels lässt sich einfach auf dem Tablet mitnehmen und erlaubt, die Inhalte flexibel zu erarbeiten, zu vertiefen und zu repetieren.

Alle Lehrmittel können Sie via Internet sowie per E-Mail, Post oder Telefon direkt bei uns bestellen:
Compendio Bildungsmedien AG, Neunbrunnenstrasse 50, 8050 Zürich
E-Mail: bestellungen@compendio.ch, Telefon +41 (0)44 368 21 11, www.compendio.ch

Bildungsmedien nach Mass

Kapitel für Kapitel zum massgeschneiderten Lehrmittel

Was der Schneider für die Kleider, das tun wir für Ihr Lehrmittel. Wir passen es auf Ihre Bedürfnisse an. Denn alle Kapitel aus unseren Lehrmitteln können Sie auch zu einem individuellen Bildungsmedium nach Mass kombinieren. Selbst über Themen- und Fächergrenzen hinweg. Bildungsmedien nach Mass enthalten genau das, was Sie für Ihren Unterricht, das Coaching oder die betriebsinterne Schulungsmassnahme brauchen. Ob als Zusammenzug ausgewählter Kapitel oder in geänderter Reihenfolge; ob ergänzt mit Kapiteln aus anderen Compendio-Lehrmitteln oder mit personalisiertem Cover und individuell verfasstem Klappentext, ein massgeschneidertes Lehrmittel kann ganz unterschiedliche Ausprägungsformen haben. Und bezahlbar ist es auch.

Kurz und bündig:
Was spricht für ein massgeschneidertes Lehrmittel von Compendio?

- **Sie wählen einen Bildungspartner mit langjähriger Erfahrung in der Erstellung von Bildungsmedien**
- **Sie entwickeln Ihr Lehrmittel passgenau auf Ihre Bildungsveranstaltung hin**
- **Sie können den Umschlag im Erscheinungsbild Ihrer Schule oder Ihres Unternehmens drucken lassen**
- **Sie bestimmen die Form Ihres Bildungsmediums (Ordner, broschiertes Buch, Ringheftung oder E-Book)**
- **Sie gehen kein Risiko ein: Erst durch die Erteilung des «Gut zum Druck» verpflichten Sie sich**

Auf der Website www.compendio.ch/nachmass finden Sie ergänzende Informationen. Dort haben Sie auch die Möglichkeit, die gewünschten Kapitel für Ihr Bildungsmedium direkt auszuwählen, zusammenzustellen und eine unverbindliche Offerte anzufordern. Gerne können Sie uns aber auch ein E-Mail mit Ihrer Anfrage senden. Wir werden uns so schnell wie möglich mit Ihnen in Verbindung setzen.

Modulare Dienstleistungen

Von Rohtext, Skizzen und genialen Ideen zu professionellen Lehrmitteln

Sie haben eigenes Material, das Sie gerne didaktisch aufbereiten möchten? Unsere Spezialisten unterstützen Sie mit viel Freude und Engagement bei sämtlichen Schritten bis zur Gestaltung Ihrer gedruckten Schulungsunterlagen und E-Materialien. Selbst die umfassende Entwicklung von ganzen Lernarrangements ist möglich. Sie bestimmen, welche modularen Dienstleistungen Sie beanspruchen möchten, wir setzen Ihre Vorstellungen in professionelle Lehrmittel um.

Mit den folgenden Leistungen können wir Sie unterstützen:

- **Konzept und Entwicklung**
- **Redaktion und Fachlektorat**
- **Korrektorat und Übersetzung**
- **Grafik, Satz, Layout und Produktion**

Der direkte Weg zu Ihrem Bildungsprojekt: Sie möchten mehr über unsere Verlagsdienstleistungen erfahren? Gerne erläutern wir Ihnen in einem persönlichen Gespräch die Möglichkeiten. Wir freuen uns über Ihre Kontaktnahme.

Compendio Bildungsmedien AG, Neunbrunnenstrasse 50, 8050 Zürich
E-Mail: postfach@compendio.ch, Telefon +41 (0)44 368 21 11, www.compendio.ch